镍基合金管材挤压及组织控制

董建新　著

北　京
冶金工业出版社
2014

内 容 提 要

本书以材料变形过程的再结晶行为和晶粒演化的材料学特征为基础，将微观的材料变形机理与高温合金的宏观加工参数、模具设计准则和组织控制原则相结合，同时利用计算材料学的基本手段对合金的变形规律及加工工艺进行优化，研究了高温合金挤压变形过程中坯料的优化设计、模具损伤与润滑及管材组织控制的关联性。

本书可供核电、火电、石化领域镍基合金管材的设计单位、生产单位（各大钢厂）、应用单位及评估单位的技术人员参考阅读。

图书在版编目(CIP)数据

镍基合金管材挤压及组织控制／董建新著．—北京：冶金工业出版社，2014.2

ISBN 978-7-5024-6431-8

Ⅰ.①镍…　Ⅱ.①董…　Ⅲ.①镍基合金—管材轧制　Ⅳ.①TG146.1

中国版本图书馆 CIP 数据核字(2014)第 016069 号

出 版 人　谭学余

地　　址　北京北河沿大街嵩祝院北巷 39 号，邮编 100009

电　　话　(010)64027926　电子信箱　yjcbs@cnmip.com.cn

责任编辑　李　臻　美术编辑　彭子赫　版式设计　孙跃红

责任校对　石　静　责任印制　牛晓波

ISBN 978-7-5024-6431-8

冶金工业出版社出版发行；各地新华书店经销；北京慧美印刷有限公司印刷

2014 年 2 月第 1 版，2014 年 2 月第 1 次印刷

169mm×239mm；26.75 印张；523 千字；417 页

79.00 元

冶金工业出版社投稿电话：(010) 64027932　投稿信箱：tougao@cnmip.com.cn

冶金工业出版社发行部　电话：(010)64044283　传真：(010)64027893

冶金书店　地址：北京东四西大街 46 号(100010)　电话：(010)65289081(兼传真)

前言

目前，国外在钢管挤压生产技术领域处于领先地位的企业有瑞典Sandvik、德国Mannesmann、意大利Dalmine、加拿大Akuoma、日本Sumitomo、西班牙Tubacex、奥地利Schotter - B1等。这些企业在挤压力的计算、模具、润滑剂、加热等方面做了大量的基础研究工作，但均属保密范畴。国内企业虽然从20世纪60年代以来引进了几条3000t级的钢管热挤压生产线，但是由于技术上的问题，仍然存在一些关键的控制因素无法掌握。综合性能较高的镍基合金管材，如油井管、锅炉管等，主要依赖进口。随着我国经济的快速发展，在核电、火电和石化等行业，对具有优异高温强度和耐蚀性能的镍基合金管材的需求急剧增长。近几年，我国投产建成了两条6000t卧式热挤压机生产线，该装备为我国镍基合金管材的国产化提供了重要保障。但我国在高附加值镍基合金管材的加工控制技术方面与先进国家有明显的差距，加之对镍基合金管材成型过程的材料学、摩擦学、塑性变形力学等本质问题尚缺乏系统研究，因此，系统地研究材料体系、挤压过程的相关科学问题及针对该类设备的相关应用等问题，对我国在镍基合金热挤压管方面奠定理论和工艺基础具有重要的学术和应用意义。

镍基合金热加工过程的最大特点在于：(1) 由于合金化程度不断提高，镍基合金的组织结构变得愈加复杂，而合金的加工塑性随高温强度的提高而降低；(2) 镍基合金的热加工温度范围很窄，一般在150℃左右，难变形镍基合金甚至只有70～80℃，而结构钢可达到400℃，铝合金甚至在中低温度下也可以进行成型加工；(3) 镍基合金变形过程对模具及设备的要求比较高。由于镍基合金的热强性高，在挤压变形过程中工件对模具的磨损比较大；(4) 镍基合金的导热性较差，在高速变形条件下，变形热效应引起的温升效应会影响材料的相变规律和组织演化，另外，由于挤压过程的复杂应力状态，其应力的不均匀性也会对组织控制带来很大的影响，尤其对管材的内外表面的质量状态，都将增加镍基合金热挤压过程的组织控制难度。

本书以材料变形过程的相变机理和晶粒演化的材料学特征为基础，将微观的材料变形机理与高温合金的宏观加工参数、模具设计准则相结合，同时利用计算材料学的基本手段对合金的相变规律及加工工艺进行优化，研究高温合金挤压变形过程中坯料的优化设计、模具损伤与润滑及管材缺陷间的关联性，研究结果对我国镍基合金管材的工程化生产具有重要的理论和实际指导意义，为我国镍基合金热挤压管材的制备奠定理论和设计基础，并为实际生产过程提供有效和可行的理论指导。

本书是作者所在的课题组对镍基合金长期研究成果的积累，主要是基于国家自然科学基金——钢铁联合基金重点项目“镍基合金管材挤压变形机理”（No. 50831008）研究期间的结果分析和总结。项目组成员张清东、张立红、邵卫东、张麦仓、孙朝阳等对该项研究投入了大量的精力，谢锡善和胡尧和老师给予了具体指导和大力帮助，在此对他们无私的投入和精诚的合作表示衷心感谢。

尤其需要指出的是，作者的研究生做了大量的工作，在此要感谢博士研究生焦少阳、王宝顺、杨亮、姚志浩、王珏、毛艺伦，硕士研究生罗坤杰、朱冠妮、何智勇、耿志宇、郑理理、林奔等的努力工作。

作　者

2013年9月

目　录

1 镍基合金的挤压特点

管材的生产往往采用挤压成型，从国际上来看，对于软金属如 Mg、Al、Cu 等的管材挤压成型已经有较为深入的研究，约在 1797 年，英国人布拉曼就设计了世界上第一台用于铅挤压的机械式挤压机，并取得了专利。从 20 世纪 50 年代后期至 80 年代初期，欧美、日本等先进国家对建筑、运输、电力、电子电器用铝合金挤压型材需要量的急剧增长，促进了铝合金管材挤压工艺的迅速发展。2005 年全世界挤压铝材产量约 1100 万吨（可近似地视为消费量），有约 2012 个挤压厂，生产能力 1850 万吨左右。1930 年欧洲出现了钢的热挤压，但由于当时采用油脂、石墨等润滑剂，其润滑性能差，存在挤压制品缺陷多、工具寿命短等致命的弱点。钢的挤压真正得到较大发展并被应用于工业生产，是在 1942 年发明了玻璃润滑剂之后。

1.1 挤压成型技术

挤压是对放在容器（挤压筒）内的金属坯料施加外力，使之从特定的模孔中流出，获得所需断面形状和尺寸的一种塑性加工方法。与其他金属塑性加工方法（如轧制、锻压）相比，挤压法出现得比较晚。约在 1797 年，英国人布拉曼（S. Braman）设计了世界上第一台用于铅挤压的机械式挤压机，并取得了专利。1820 年英国人托马斯（B. Thomas）首先设计制造了液压式铅管挤压机，这台挤压机具有现代管材挤压机的基本组成部分：挤压筒、可更换挤压模、装有垫片的挤压轴和通过螺纹连接在挤压轴上的随动挤压针。从此，管材挤压得到了较快速的发展。著名的 Tresca 屈服准则就是法国人 Tresca 在 1864 年通过铅管的挤压实验建立起来的。1870 年，英国人 Haines 发明了铅管反向挤压法，即挤压筒的一端封闭，将挤压模固定在空心挤压轴上实现挤压。1897 年法国的 Borel、德国的 Wesslau 先后开发了铅包裹电缆生产工艺，成为世界上采用挤压法制备复合材料的历史开端。大约在 1893 年，英国人 J. Robertson 发明了静液挤压法，但当时没有发现这种方法有何工业价值，直到 20 世纪 50 年代（1955 年）才开始得以实用化。1894 年英国人 G. A. Dick 设计了第一台可挤压熔点和硬度比较高的黄铜及其他铜合金的挤压机，其操作原理与现代的挤压机基本相同。1903 年和 1906 年美国人 G. W. Lee 申请并公布了铝、黄铜的冷挤压专利。1910 年出现了铝材挤压机，1923 年 Duraaluminum 最先报道了采用复合坯料成型包覆材料的方法。1927

年出现了可移动挤压筒，并采用了电感应加热技术。1930 年欧洲出现了钢的热挤压，但由于当时采用油脂、石墨等润滑剂，其润滑性能差，存在挤压制品缺陷多、工具寿命短等致命弱点。钢的挤压真正得到较大发展并被应用于工业生产，是在 1942 年发明了玻璃润滑剂之后。1941 年美国人 H. H. Stout 报道了铜粉末直接挤压的实验结果。1965 年，德国人 R. Schnerder 发表了等温挤压实验研究结果，英国的 J. M. Sabroff 等人申请并公布了半连续静液挤压专利。1971 年英国人 D. Green 申请了 Conform 连续挤压专利之后，挤压生产的连续化受到极大重视，于 80 年代初实现了工业化应用。

由上述可知，挤压技术的前期发展过程是从软金属到硬金属，从手工到机械化、半连续化，进一步发展到连续化的过程。从 20 世纪 50 年代后期至 20 世纪 80 年代初期，欧美、日本等先进国家对建筑、运输、电力、电子电器用铝合金挤压型材需求量的急剧增长，近 20 年来高速发展的工业技术对挤压制品断面形状复杂化、尺寸大范围化（向小型化与大型化两个方向发展）与高精度化、性能均匀化等要求的增多，以及厂家对高效率化生产和高剩余价值产品的追求，促进了挤压技术的迅速发展，具体表现为：

（1）小断面超精密型材与大型或超大型型材（如大型整体壁板）的挤压、等温挤压、水封挤压、冷却模挤压、高速挤压等正向挤压技术的发展与进步。

（2）反向挤压、静液挤压技术应用范围的扩大。

（3）以 Conform 为代表的连续挤压技术的实用化。

（4）各种特殊挤压技术，如粉末挤压，以铝包钢线和低温超电导材料为代表的层状复合材料挤压技术的广泛应用。

（5）半固态金属挤压、多坯料挤压等新方法的开发研究等。

从应用范围看，从大尺寸金属铸锭的热挤压开坯至小型精密零件的冷挤压成型，从以粉末、颗粒料为原料的直接挤压成型到金属间化合物、超导材料等难加工材料的挤压加工，现代挤压技术得到了极为广泛的开发与应用[1]。

1.1.1 挤压成型技术的分类

根据挤压筒内金属的应力应变状态、挤压方向、润滑状态、挤压温度、挤压速度、工模具的种类和结构、坯料的形状或数目、制品的形状或数目等的不同，挤压的分类方法也不同。各种分类方法如图 1 - 1 所示。这些分类方法并非一成不变，许多分类方法可以作为另一种分类方法的细分。例如，当按照挤压方向来分时，一般认为有正向挤压、反向挤压、侧向挤压三种，而正向挤压、反向挤压又可以按照变形特征进一步分为平面变形挤压、轴对称变形挤压、一般三维变形挤压等。

1.1.2 挤压加工的特点

挤压加工的优点为：

（1）提高金属的变形能力。金属在挤压变形区处于强烈的三向压应力状态，可以充分发挥其塑性，获得大变形量。例如，纯铝的挤压比（挤压筒断面积与制品断面积之比）可以达到500，纯铜的挤压比可达400，钢的挤压比可达40～50。对于一些采用轧制、锻压等方法加工困难乃至不能加工的低塑性难变形金属和合金，甚至有如铸铁一类脆性材料，也可以采用挤压法进行加工。

（2）制品综合质量高。挤压变形可以改善金属材料的组织，提高其力学性能，特别是对于一些具有挤压效应的铝合金，其挤压制品在淬火后时效，纵向（挤压方向）力学性能远高于其他加工方法生产的同类产品。对于某些需要采用轧制、锻造进行加工的材料，例如钛合金、LF6、LC4、MB15锻件，挤压法还常被用作铸锭的开坯，以改善材料的组织，提高其塑性。与轧制、锻造等加工方法相比，挤压制品的尺寸精度高、表面质量好。随着挤压技术的进步、工艺水平的提高和模具设计与制造技术的进步，现已可以生产壁厚0.3～0.5mm、尺寸精度达±(0.05～0.1)mm的超小型高精密空心型材。

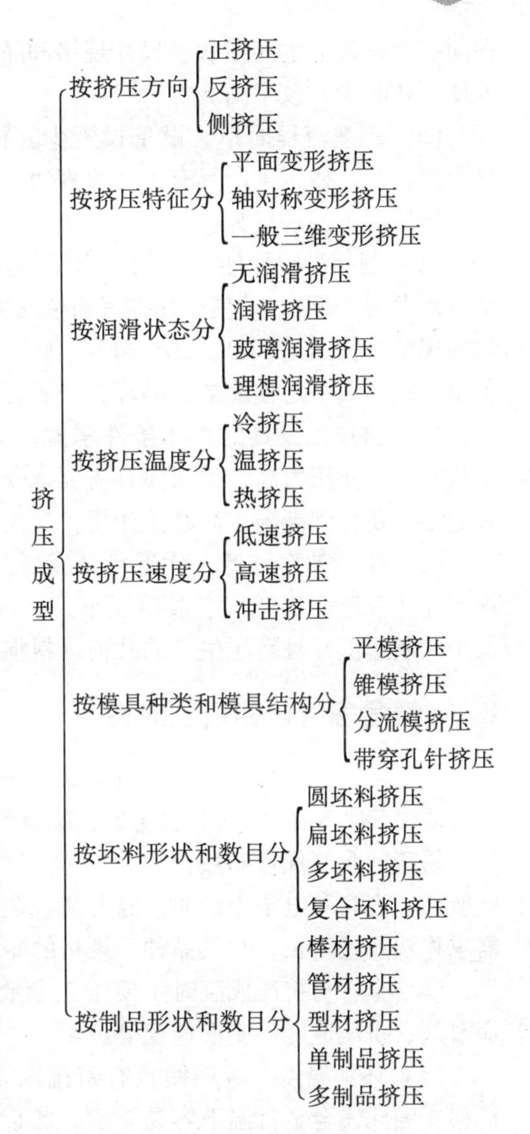

图1－1　挤压成型分类

（3）产品范围广。挤压加工不但可以生产断面形状简单的管、棒、线材，而且还可以生产断面形状非常复杂的实心和空心型材、制品断面沿长度方向分阶段变化的和逐渐变化的变断面型材，其中许多断面形状的制品是其他塑性加工方法所无法成型的。挤压制品的尺寸范围也非常广，如从断面外接圆直径达500～1000mm的超大型管材，到断面尺寸有如火柴棒大小的超小型精密型材。

（4）生产灵活性大。挤压加工具有很大的灵活性，只需要更换模具就可以在同一台设备上生产形状、尺寸规格和品种不同的产品，且更换模具的操作简单方便、费时少、效率高。

（5）工艺流程简单、设备投资少。相对于穿孔轧制、孔型轧制等管材与型材生产工艺，挤压生产具有工艺流程短、设备数量与投资少等优点。

挤压加工的缺点为：

（1）制品组织性能不均匀。由于挤压时金属的流动不均匀（在无润滑正向挤压时尤为严重），致使挤压制品存在表层与中心、头部与尾部的组织性能不均匀的现象。特别是LD2、LD5、LD7等合金的挤压制品，在热处理后表层晶粒显著粗化，形成一定程度的粗晶环，严重影响制品的使用性能。

（2）挤压工模具的工作条件恶劣、工模具耗损大。挤压时坯料处于近似密闭状态，三向压力高，因而模具需要承受很高的压力作用。同时，热挤压时工模具通常还要受到高温、高摩擦作用，从而大大影响模具的强度和使用寿命。

（3）生产效率较低。除近年来发展的连续挤压法外，常规的各种挤压方法均不能实现连续生产。一般情况下，挤压速度（这里指制品的流出速度）远远低于轧制速度，且挤压生产的几何废料损失大，成品率较低。

1.2　镁合金管材的挤压成型

镁合金是常用金属结构材料中最轻的一种，其密度约为铝的2/3、钢的1/4，具有质量轻、比强度和比刚度高、减震性好、屏蔽和导热性优良、成型加工性好、易于回收等优点而被誉为“21世纪的一种绿色工程材料”，被广泛应用于航空航天、汽车和电子等行业。随着镁合金成型技术的不断进步，对镁合金管材的需求将快速地增长，对其品种、规格的需求也会越来越多。

镁合金管材挤压成型时主要工艺参数有坯料温度、模具预热温度、挤压比、润滑剂、挤压速度、变形速度等。

（1）坯料温度：金属镁具有密排六方晶格，室温下只有基面{0001}产生滑移，因此镁合金常温下容易脆裂，难以进行塑性成型加工；200℃以上时第一类角锥面{1011}也产生滑移，塑性因此明显提高；225℃以上时第二类角锥面{1012}也可能产生滑移，塑性提高更大，因此镁合金宜在200℃以上成型。镁合金MB2在热态下具有较高塑性，甚至在不利的应力－应变状态下也可以变形，但变形速度不能太大。镁合金在较高温度下，尤其400℃以上很容易产生腐蚀氧化，因而不易锻造。

（2）模具预热温度：镁合金的变形温度范围狭窄，与冷模接触时，极易产生裂纹，所以对模具必须进行预热。由于坯料与模具的接触面积较大，变形时间较长，所以模具的加热温度要低于坯料加热温度，范围在200～300℃。

（3）润滑剂：挤压镁合金时，为了减轻坯料与挤压筒及凹模之间的摩擦，防止粘模，降低摩擦力从而有利于金属流动，必须采用润滑剂，同时润滑剂还可以起到隔热作用，从而提高模具寿命。在实验过程中，润滑剂采用石墨、动物油或植物油。

（4）变形速度：当变形速度较高时，由变形引起的热效应，会使挤压毛坯的温度升高，从而流动应力明显降低。当变形速度再增高时，虽然毛坯的升温很明显，但是由于变形过程中金属的加工硬化速度比再结晶过程的软化过程快，坯料流动应力不但不减小，反而明显增大。镁合金（MB2）在压力机上变形时，变形温度在350～450℃的范围内塑性最高；当在锤上变形时，变形温度范围缩小为350～425℃。由于镁合金（MB2）对变形速度极为敏感，变形速度不能太大，动变形时的允许变形程度不大于40%；静变形时塑性明显增加，变形程度可达80%以上而不出现脆性状态。

1.3 铝合金的挤压成型

铝及铝合金型材被广泛应用于建筑、交通运输、电子、航天航空等部门。近年来，由于对汽车空调设备小型化、轻量化的要求，热交换器用管材及空心型材中铝挤压制品的比例迅速增加。据资料介绍，挤压加工制品中铝及铝合金制品约占70%以上。

在世界铝挤压发展史上最值得称道的是美国铝业公司，1905年首次生产铝挤压材，1934年研制成了6061合金，1944年研制成6063合金，6063合金既有一定的强度性能又有良好的可挤压性能，还可在挤压机上淬火，从此获得低生产成本挤压铝材，提高了市场竞争力，使铝材在建筑工业上的大量应用取得了突破性进展。1933年又是美国铝业公司首创挤压机淬火工艺；另外，直接水冷铸造工艺（DC铸造法）于1935年问世与完善，为铸造又长又大的成本低的挤压圆锭开辟了一片新天地；20世纪50年代至60年代铝熔体炉外连续净化处理工艺的完善，对生产品质高的铝材与提高产量起了决定性的作用，大规格铝材生产才成为现实，高品质铝材的批量生产才有可能。

2005年全世界挤压铝材产量约1100万吨（可近似地视为消费量），有约2012个挤压厂，生产能力1850万吨左右。可生产挤压材的国家与地区有90个，其中前10名是中国、美国、日本、德国、意大利、西班牙、韩国、俄罗斯、中国台湾、土耳其，它们的总生产能力占世界总产能的72%，前5个国家的生产能力占全球总产能的57.9%。另一个值得注意的现象是，亚洲国家挤压材的生产能力约占世界总产能的50.7%。中国拥有最多的大挤压企业，但也有最多的小企业。

铝及铝合金的挤压参数与镁合金相似，包括挤压温度、挤压比、挤压速度、润滑剂等。各种铝合金的挤压温度主要视合金的性质、用户对产品性能的要求以及生产工艺而定。挤压温度越高，被挤压材料的变形抗力越低，有利于降低挤压压力，减少能耗。但挤压温度越高时，制品的表面质量越差，容易形成粗大组织。6000系合金采用较高的挤压温度，是由于大部分场合下采用直接风冷淬火的需要，但实验结果表明，500℃以上挤压的6063合金材料经自然冷却后，其延性有较明显降低。而7000系（除7075外）高强度铝合金采用较高的温度进行挤压，是为了降低其变形抗力，减轻工模具过大的负荷应力，提高生产率。但随着挤压温度的提高，制品的耐应力腐蚀性能下降。

挤压速度与合金的可挤压性有很大关系。软铝合金的挤压制品流出速度一般可达20m/min以上，部分型材的挤压流出速度高达80m/min以上。中高强度铝合金挤压速度过高时，制品的表面质量显著恶化，故其挤压速度一般限制在20m/min以下。挤压速度的选择往往还与挤压温度有关，由于铝合金通常在近似于绝热条件下进行挤压（挤压筒温度与坯料温度相差较小），挤压速度越快，挤压过程中的发热越不容易逸散，从而导致坯料温度的上升。当模口附近的温度上升到接近被挤压材料的熔点时，制品表面容易产生裂纹等缺陷，并导致制品组织性能的显著恶化[2]。

为确保制品的表面质量，铝及铝合金通常采用无润滑剂挤压。对表面质量要求较高的场合，可将加热好了的坯料在挤压前进行剥皮，以消除氧化表皮及油污流入制品的可能性。

1.4 钢铁材料的挤压成型

钢铁材料的挤压与铝、铜等有色金属一样，按挤压方法分为正挤压、反挤压、复合挤压等[3]；按挤压温度分为冷挤压、温挤压、热挤压等几类。

1.4.1 冷挤压

从金属学的概念出发，冷挤压应定义为温度低于回复温度的挤压，而对于铝、铜、钛等大多数有色金属以及钢铁材料，通常所说的冷挤压一般是指在室温下的挤压。钢铁材料的冷挤压主要用于零件的直接成型或近净形成型，具有节约原材料、制品尺寸精度高、表面质量好、强度高、生产率高等优点。适合于冷挤压的材料应具有较好的塑性、较低的加工硬化能力，例如中低碳钢、低合金钢等。镍含量比较高的钢一般不采用冷挤压进行成型。冷挤压坯料的形状与尺寸主要根据成型件的形状与尺寸、挤压成型工艺来确定。确定坯料形状的主要原则为：形状尽可能简单，所需成型工序尽可能少，有利于获得均匀的金属流动和均匀性能的制品。冷挤压前的坯料一般需要经过退火处理和润滑处理。冷挤压的变形程度远远低于相应的热挤压变形程度。

1.4.2 温挤压

挤压温度低于再结晶温度而高于回复温度时的挤压称为温挤压。在温挤压过程中，被挤压金属的变形抗力低，挤压能耗下降；模具磨损减轻、寿命提高；道次变形量大，可以减少成型工序；金属可成型性提高，有利于成型形状较为复杂的制品；可用于冷挤压难加工材料的零部件成型。挤压温度对于温挤压来说十分重要，选择挤压温度，主要应综合考虑产品的性能、形状与尺寸精度、表面质量、工模具强度、设备能力等因素。表 1-1 为各种材料的温挤压温度范围[4]。

表 1-1　各种材料的温挤压温度范围

材　料	温挤压温度/℃	备　注
10，15，20，35，40，45，50，40Cr，45Cr，30CrMnSi，12CrNi3	550～800 650～600	液压机挤压 曲柄机挤压
调制合金结构钢 38CrA	600～800	
中合金结构钢 18Cr2Ni4WA	670±20	
T8，T12，GCr15，Cr12MoV，W9Cr4V2	700～800	
2Cr13，4Cr13，1Cr13，Cr17Ni2	700～850	
1Cr18Ni9Ti	260～350，800～900	
高温合金（如 GH140）	850～900，280～340	
铝及铝合金	≤250	
铜及铜合金	≤350	
HPb59-1	300～400，680	冷挤压困难合金
钛及钛合金	260～550	

润滑是温挤压的重要工艺环节，对制品的表面质量、尺寸精度、挤压能耗、模具寿命均有重要影响，润滑剂的好坏甚至直接影响成型加工的可行性。对温挤压用润滑剂的主要要求如下：

（1）耐高压，可以承受 2000MPa 以上的压力作用。

（2）在挤压温度范围内具有足够的黏性和较强的表面吸附能力、较好的流动性能。

（3）尽可能低的摩擦系数。

（4）良好的高温稳定性，要求在 800℃以下的温度范围内不产生化学反应。

（5）良好的抗金属质点黏附性能。

1.4.3　热挤压

热挤压是在再结晶温度以上的温度条件下的挤压。钢铁材料热挤压成型技术取得飞跃发展是在 1941 年法国的 J. Sejournet 发明了玻璃润滑剂挤压法之后。钢铁材料热挤压时，在挤压温度、挤压压力、挤压速度、润滑条件与方式等方面，与铝及铝合金、铜及铜合金等有色金属的热挤压相比，具有如下特点：

（1）挤压温度高，通常在1000～1250℃。

（2）挤压压力高，工模具工作条件恶劣。

（3）为了防止挤压过程中工模具过度升温而影响其强度，通常选用快速挤压。

（4）为了确保高温润滑性能，一般采用玻璃润滑剂热挤压，挤压完成后需对制品进行脱出玻璃处理。

（5）良好的玻璃润滑剂可以使金属流动均匀性大为改善。

钢铁材料热挤压中，挤压模、芯杆、挤压筒、挤压垫片等工模具的工作条件十分恶劣。用作工模具的材料，既要求具有高强度，又要求具有优良的耐高温、耐磨损性能。实际生产中所用的工模具材料主要有H13（美国）、SKD61、SKD62、SKD6（日本）、2Cr2W8V（中国）。由于以上特点，钢铁材料的热挤压生产成本要比铝合金及铜合金的高得多。

1.4.4 无缝钢管的热挤压技术

用热挤压技术生产无缝钢管时，管坯必须是空心坯。一种是对锻坯或铸坯进行穿孔的空心坯，另一种是离心铸造的空心坯。对锻坯或铸坯进行穿孔，按照其钢种和规格的不同，可以采取三种不同的穿孔方法：实心管坯在立式穿孔机上穿孔；预先在管坯中心钻一个小孔（也叫导向孔），在压力穿孔机上进行穿孔；在管坯中心钻一个直径稍大于挤压芯杆的大孔，直接送到挤压机上挤压。在立式穿孔机上对实心管坯进行穿孔时，管坯经加热并除鳞后在表面粘上一层玻璃粉，装入穿孔筒中。穿孔后空心管坯的温度已有所降低，必须进行再加热，以达到要求的挤压温度。空心管坯经过加热，温度升到1180～1250℃，达到塑性变形状态。加热后的管坯先经除鳞，然后在玻璃粉上滚动，粘上一层玻璃粉，玻璃粉起润滑和隔热的作用。管坯装入卧式挤压机的圆柱形挤压筒中，在挤压筒的底部装有挤压模和玻璃垫；在挤压杆内装有一根圆芯杆（亦称穿孔针）伸到模孔中。挤压杆进入挤压筒，通过挤压垫将管坯向模孔端挤压，随着施加的压力不断加大，先使管坯镦粗，消除管坯与挤压筒内壁之间的间隙，接着将其从模孔中挤出（图1-2）。在挤压过程中，处于管坯与挤压模之间的玻璃垫熔化，覆盖在钢件的表面上充当了润滑剂。

1.5 镍基合金管材的生产工艺

核电蒸汽发生器传热管均是无缝管，无缝管材由于是整体成型，无焊接接头，所以其耐压性和耐腐蚀性要远好于焊接管，成为压力管道的首选管材。通常

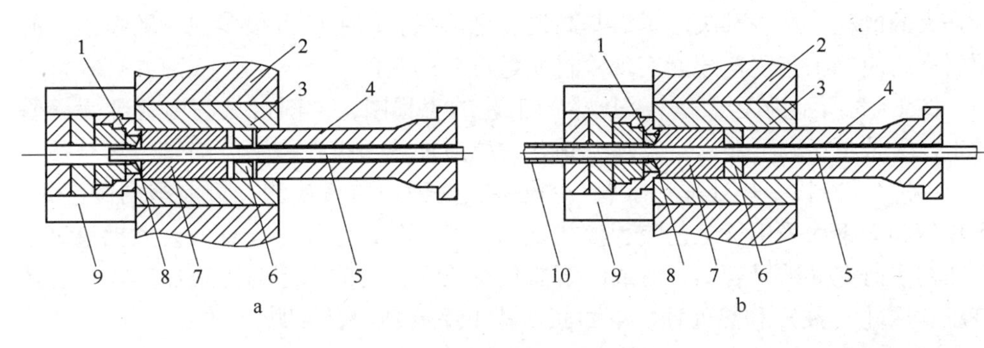

图1-2 无缝钢管挤压示意图

a—挤压前；b—挤压中

1—模具；2—挤压筒；3—内衬；4—挤压杆；5—芯杆；6—挤压垫；
7—管坯；8—玻璃垫；9—模座；10—钢管

情况下我们所说的无缝管是指低合金钢管、有色金属管等无缝钢管，基本上采用热轧无缝钢管的生产方法，该方法的基本变形工序可以概括为3个阶段：穿孔、延伸和精轧。穿孔工序的主要目的是将实心圆坯穿孔成为空心毛管。毛管在规格、精度和表面质量上都不可能满足成品要求，需要进一步通过金属的变形加以改善。延伸机的主要目的是进一步减小截面，获得较大的轴向延伸，使毛管在尺寸精度、表面质量和组织性能上获得改善。经延伸机轧制的钢管统称荒管，需要在精轧机上进一步成型以达到成品管的要求。

高温合金无缝管不像普通钢管，其合金化程度高，给加工带来一系列的困难，制成无缝钢管就更加困难。它们往往由于热加工温度范围窄、热塑性差，热穿孔时管坯很容易出现裂纹甚至破碎[5]，这直接造成了热穿孔生产高温合金无缝管的可行性大大降低。生产实践也表明高温合金管采用上述热轧无缝钢管的生产方式基本上达不到管材的性能要求。各国科学家、工程人员通过科研生产，在了解掌握高温合金的热加工特点和各种工艺参数影响规律的基础上，并结合无缝钢管的生产经验，提出了通过钻孔/扩孔然后热挤压的方式生产荒管，然后再通过多道次的冷轧/冷拔结合中间热处理的工艺模式来生产高温合金无缝管，取得了良好的效果。其中管坯经钻孔、扩孔获得毛管，然后热挤压生产荒管，其成型功能等效于上述热轧无缝钢管生产中的穿孔功能和部分的延伸功能，多机架的冷连轧有继续延伸成型的作用。

对于镍基耐蚀合金无缝管，要取得良好的生产效果比较困难，首先是因为镍基合金的合金化程度高、传热慢，这导致在扩孔时感应加热的温度分布不均匀性；其次镍基合金的可变形温度很窄，这就要求荒管的挤压应在高温高速下进行，而高速挤压会导致产品性能的不均匀性增加，易产生大量缺陷；再者由于镍基合金的硬度比较大，在加工过程中的抗力很大，对挤压模具的要求很高，同时带来大的能耗。这些都决定了镍基高温合金无缝管的生产有很多独特的特点，必须要有相应的工艺规范才能实现管材质量可控的生产。

图1－3所示为无缝管热挤压生产工艺的流程图，由图可见高温合金无缝管的生产大致包括以下步骤：管坯→钻孔→感应加热→扩孔→感应加热→热挤压→固溶→冷轧/冷拔→热处理→冷轧/冷拔→热处理→质量检测。目前国内的宝钢、攀长钢和太钢均采用该工艺流程模式试制生产690合金传热管直管，大批量试生产和初步研究的结果表明，对成品管质量有较大影响的工序为感应加热扩孔、热挤压、冷轧（拔）和热处理，下面就这些工序分别加以说明。

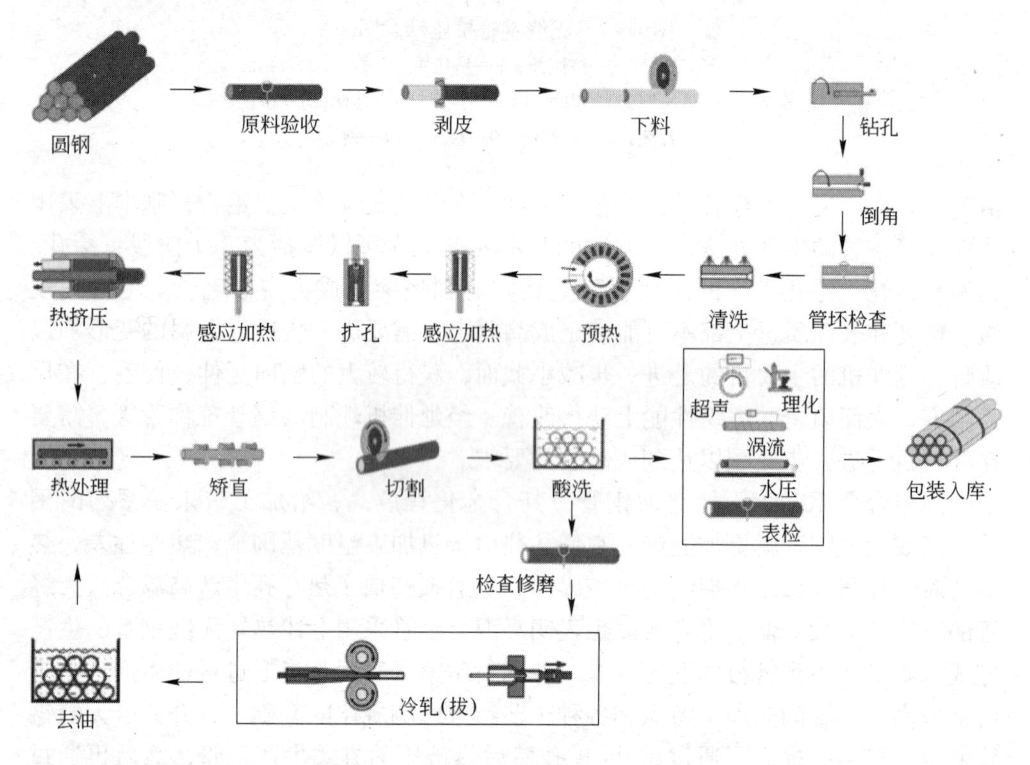

图1－3 无缝管热挤压生产工艺流程

1.5.1 感应加热扩孔

感应加热是利用电磁感应原理，把坯料放在交变磁场中，使其内部产生感应电流，从而产生焦耳热来加热坯料的方法。感应加热具有很多优点：首先是能耗低，感应加热炉的实际坯料加热热效率可达到65%～75%，而火焰炉和各种室式炉只有30%左右。第二，感应加热炉无需煤炉、燃气炉及电阻炉等必需的预热过程，使用方便，操作简单。第三，无需对工件整体加热，可选择局部加热，因而电能消耗少，工件变形小而且加热速度快，可使工件在短时间内达到所需的温度，这样690合金管坯在感应加热时发生晶粒长大的倾向较小。虽然感应加热有上述诸多优点，但由于690合金的高合金化，传热慢，容易在后续扩孔时产生诸如热裂纹等缺陷，其次如果扩孔的变形量控制不当，可能导致管坯组织不均匀，这直接影响热挤压成材率，因此控制好感应加热扩孔工艺是挤压出质量良好的荒管的前提条件。

1.5.2 热挤压

挤压是对放在容器（挤压筒）内的金属坯料施加外力，使之从特定的模孔中流出，获得所需断面形状和尺寸的一种塑性加工方法，主要用于不锈钢、镍基高温合金和难熔合金的棒材、管材及异型材的生产。区别于传统钢铁材料和有色金属材料采用轧制穿孔工艺生产荒管，690合金无缝管的生产主要是采用热挤压成型方式，图1-4是690合金荒管的热挤压工艺工装简化图。用热挤压方式生产无缝管要求管坯是空心的坯料，国内较多采用先钻孔后经感应加热扩孔的方式得到热挤压空心管坯。扩孔后的空心管坯温度有所下降，需再经过感应加热，使温度提升到设定的坯料预热温度。挤压开始之前，把能起到润滑作用的玻璃垫片放在挤压模上，同时用玻璃粉末对空心管坯的内外表面进行润滑。将预热后涂抹玻璃粉润滑的管坯运送到挤压筒附近的上料台，然后滚进挤压筒和柱塞之间的料槽里，将挤压垫片运送到料槽中并贴近坯料，挤压杆缓慢移动并靠近挤压垫后，伸出挤压芯棒，将坯料、挤压垫片、挤压芯棒连成一个整体。挤压杆在低挤压压力下向前移动，将坯料送入挤压筒中，料槽自动下降，随着挤压力的不断增加，挤压杆逐渐向前移动，先进行预挤压，填充管坯与挤压筒之间的缝隙，接着坯料会从挤压模与挤压芯棒之间的间隙挤出。在此过程中，玻璃垫片与热坯料接触后逐渐软化，并在坯料表面形成一层玻璃润滑膜。挤压杆在大挤压力下继续向前移动，直到最后剩下一段很短的余料，完成一次热挤压。

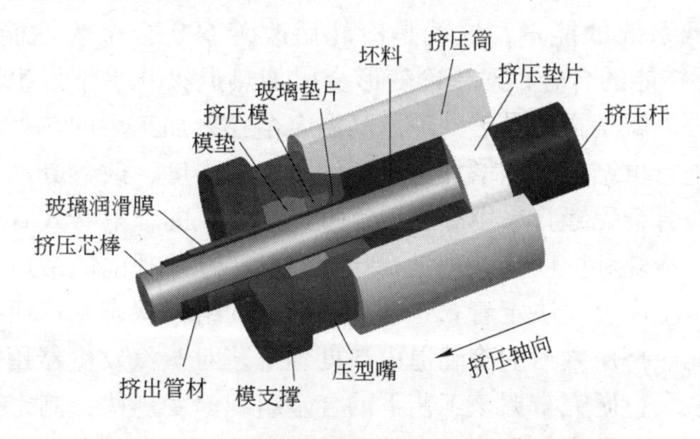

图1-4 690合金荒管热挤压工艺工装简化图

1.5.3　冷轧/冷拔+热处理

热挤压得到的690荒管经矫直后，先要经过张力减径机以减小直径，然后进行多道次的冷轧或者冷拔，以减小管材的壁厚，最终得到法国的RCC－M零部件采购技术规范——M4105压水堆蒸汽发生器管束用无缝镍－铬－铁合金(NC30Fe)管的尺寸规格。图1－5是690合金管的冷连轧示意图，轧制在两个轧辊的孔型和芯棒组成的密闭环中进行，在轧制过程中芯棒和荒管不动，当带变动面孔型的轧辊沿轧制方向运动时，实现对管坯的轧制，当轧辊返回到后极限位置时，回转送进机构将管坯向前推进一定距离（送进量）并翻转一个角度[6]。

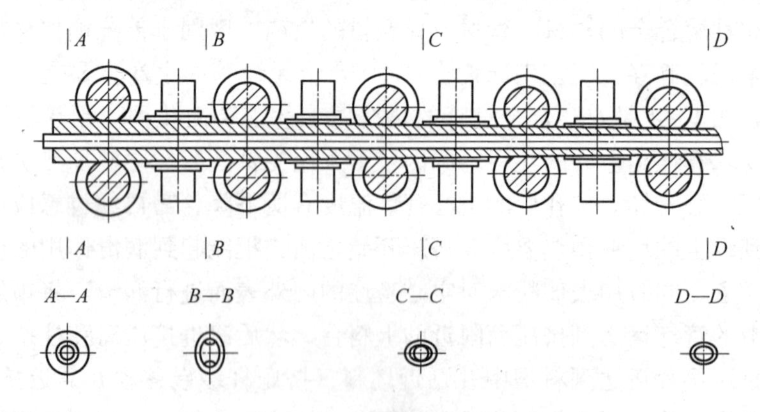

图1－5　690合金的冷连轧示意图

合金管材在轧制过程中，不仅形状、尺寸发生了变化，其内部显微组织也发生了一系列的变化，包括晶粒形状改变以及晶粒内部出现滑移带、孪晶带。此外，材料的亚结构也将发生变化，如点阵畸变、位错密度的迅速增大等。这些变化的结果会使得材料内部的能量增加，因此热力学处于不稳定的状态，当动力学条件许可时（如加热到某一温度），材料内部就会发生一系列的变化，如回复和再结晶，以降低系统的能量，这就是冷轧后改善690合金管性能的理论依据。690合金是低层错能的合金，对于冷变形金属加热退火几乎不发生回复，其冷加工硬化后的热处理就是再结晶热处理。高温合金在冷加工后的热处理，主要目的是消除应力和进行再结晶，以增加材料塑性，降低强度，改善其冷加工性能。宝钢特钢试制690合金无缝管采用冷轧后经过保护气氛的辐射管式直通辊底炉进行光亮退火处理。冷轧和中间热处理是690合金管特殊处理前的最后变形加热处理工序，所以此步工序直接决定着690合金成品管的组织状态，从而决定了管材的使用性能，因此热挤压之后的冷轧退火热处理工艺对蒸汽发生器用690合金传热管的组织影响最大，研究掌握该工艺下的合金组织演变规律，制定合理的热处理工艺制度对保证690合金传热管的产品质量具有重要的实际意义。

1.6　典型镍基合金的特点

1.6.1　蒸汽发生器传热管690合金

20世纪70年代以前，国际上一直普遍采用Inconel 600合金作为核电站压水堆蒸汽发生器传热管的材料[7]，但1970年一蒸汽发生器管损坏成了压水堆的致命缺陷。经Tatone的系统研究发现，应力腐蚀开裂是压水堆蒸汽发生器管损坏最重要的原因，从此开始寻找具有更好应力腐蚀开裂抗力的材料。人们大量对比分析研究发现，Inconel 690合金即为可以取代Inconel 600合金（表1－2）作为核电站压水堆蒸汽发生器传热管的理想材料。Inconel 690合金是一种含30% Cr的奥氏体型镍基耐蚀合金，它不仅在含氯化物溶液和氢氧化钠溶液中具有比Inconel 600、Incoloy800、304不锈钢优异的抗应力腐蚀开裂能力，还具有高的强度、良好的冶金稳定性和优良的加工特性[8]。特别是在各种类型的高温水中，Inconel 690合金显示出了低的腐蚀速率和优异的应力腐蚀开裂抗力，对于核蒸汽发电站来说，这是一些理想的特性[23]。据G. S. Was报道[7]，在美国被广泛用作核反应堆蒸汽发生器传热管的Inconel 600合金，对晶间浸蚀和晶间应力腐蚀开裂有高的敏感性，在其一次循环侧和二次循环侧都遭受到了严重的晶间开裂的危害，而Inconel 690合金却恰恰具有在各种水环境中不受晶间应力腐蚀开裂影响的特点。Inconel 690合金与Inconel 600合金在成分上的差异仅仅在于Cr含量不同。前者含30.0% Cr，后者含15.5% Cr。因此，相对于Inconel 600合金而言，性能优异而成分并不复杂，是Inconel 690合金的又一特点。

表1－2　退火态690合金的室温物理常数

密度/$g \cdot cm^{-3}$	8.19	电阻率/$\mu\Omega \cdot m$	1.148
熔化温度范围/℃	1343～1377	弹性模量（拉伸）/GPa	211
比热容/$J \cdot (kg \cdot ℃)^{-1}$	450	泊松比	0.289

690合金多在退火态使用，在室温和高于室温的温度范围内，690合金保持较高的强度并具有很好的塑性。表1－3为室温下对退火试样进行拉伸试验的结果，表明拉伸性能与材料状态和尺寸有密切关系，图1－6显示了从室温到982℃时材料的拉伸性能，该曲线代表了产品冷加工和热加工的平均取值。图1－7为690合金常温下在不同形变速率下的应力应变曲线[9]，在室温下应变速率比较小（10^{-3}～10^{-1}）时，合金对应变速率的敏感性很低，但随着应变速率的增大，敏感度增大的幅度提升很快。而对于加工硬化率来说，在所有实验加工速率下，加工硬化率都随着应变的增加而降低。

表1-3 690退火试样室温拉伸性能

状 态	尺寸/mm	屈服强度/MPa	抗拉强度/MPa	伸长率/%
管，冷拉	12.7×1.27	461	758	39
	19.0×1.65	379	700	46
	88.9×5.49	282	648	52
板，热轧	13×51	352	703	46
杆，热轧	$\phi51$	334	690	50
	$\phi16$	372	738	44

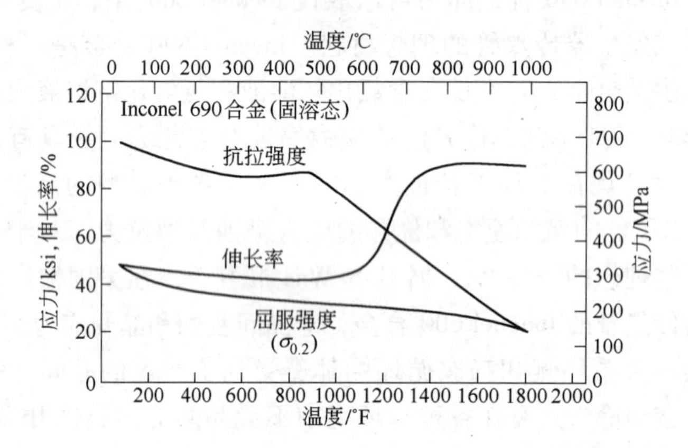

图1-6 690合金不同材料平均冷加工热加工性能曲线

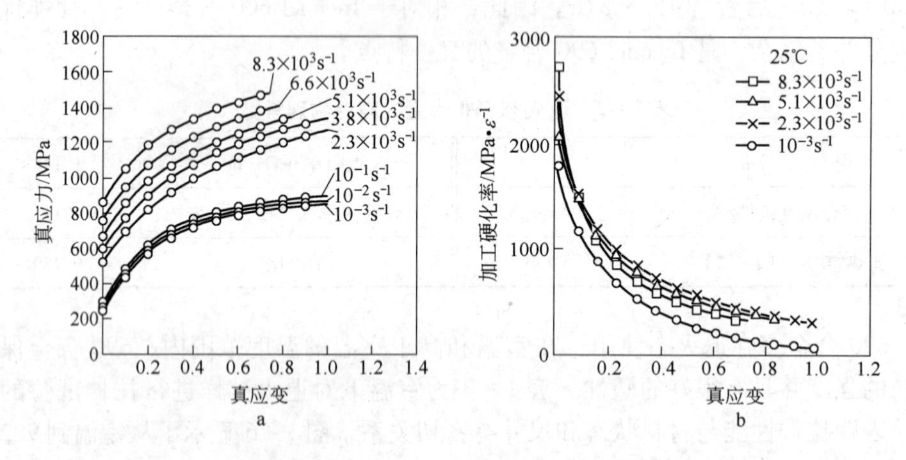

图1-7 690合金常温下在不同形变速率下的应力-应变曲线

a—应力-应变曲线；b—加工硬化率与应变的关系曲线

690合金的主要性能要求是抗晶间应力腐蚀的能力。而晶界的铬贫化、杂质向晶界的偏析、晶间碳化物及其对应力集中的力学效应，都是引起材料腐蚀的原因。因此需对精确控制合金成分、选择最佳的化学成分范围、有微量元素处理技术以及低成本、高纯度、低杂质含量，同时又能满足钢综合性能的冶炼工艺进行研究。核电蒸汽发生器传热管表面质量要求高，尺寸控制严格，需进行特殊的热处理，采用一般轧制、热处理设备，通常的工艺很难达到要求。需要对制管的工艺进行优化研究，包括挤压、冷拔、冷轧、弯管的制造工艺及中间产品的退火工艺。

690 合金 U 型管在制造过程中要经过两道真空热处理工艺，一道是在直管无损检测后，另一道是在弯管后。其目的是消除制造应力，改善铬的贫化，优化析出碳化物的形态，消除管弯曲后产生的应力。通过研究 TT 热处理工艺对管材性能的影响，确定 TT 热处理工艺制度。

1.6.2 油井管 G3 合金

随着整个工业领域的技术进步与实际需求，自 20 世纪 80 年代以来，镍基耐蚀合金比早先已得到较广泛的应用，包括在海水这样并非苛刻的介质中大量使用，目的在于设备的可靠性及降低维护成本。鉴于大规模工业生产的连续性，目前选择在腐蚀场合应用的结构材料时，不仅要考虑成本，而且还要考虑设备容易维护、停止操作时间短、使用寿命长（不少于 20 年）、可靠性高。因此，具备多种优越性能的镍基耐蚀材料的研究、应用范围与使用量呈不断上升的势头。

多年应用已表明，镍合金是最能适应各种严酷环境的优良耐蚀材料，有时是唯一可供选择的品种。近年，化工生产工质复杂并强调环境净化，因而选择具有足够耐蚀性能的工程材料已愈发困难。不锈钢曾经适应的地方，现在由于操作温度和工作压力的不断提高、再循环造成化学浓度的升高以及使用卤族基之类的侵蚀性更强的介质，使腐蚀问题更为严重。加之现代结构材料必须能耐包括应力腐蚀在内的各种形式的腐蚀，这往往限制了其他合金材料（Ti 合金、Cu 合金等）的应用。最终的选择常常不得不考虑使用有更高耐腐蚀性能的镍基耐蚀材料。如在中等浓度的 HCl 沸腾溶液中，316 不锈钢的腐蚀速率要高过 G3 镍基合金 4 个数量级以上。

近年来，随着石油与天然气勘探开发技术的深入发展，我国石油钻井进尺已排列世界第三，这使得与油、气井安全可靠性和使用寿命密切相关的油井管的需求量逐年递增，目前已超过了 120 万吨/年，年耗资高达 100 多亿元人民币。面对这一潜力巨大的市场，专业科研机构该如何发挥特长，引导、推动其持续健康稳定地向前发展？作为保证钻井、完井和采油（气）安全可靠性以及油（气）井使用寿命的重要基础，油井管在石油勘探开发中具有举足轻重的作用。多年的实践和研究已清楚地表明，油田在油井管使用和管理过程中遇到的许多问题，不仅涉及油井管本身的质量和性能，而且还与油、气井工程密切相关，必须尽快走出把油井管问题单纯看成一个管子问题的误区，站在系统工程的高度，努力寻找从根本上系统解决油井管深层次问题的办法。镍基合金由于具有优良的耐蚀性能，必将成为以后油井管材的首选合金，但是镍基合金由于合金度很高，且变形抗力高，管材的成型只能采用热挤压方式。而国内对热挤压的研究主要集中在铝合金、镁合金等轻质金属，由于合金的材料学特征不同，其难度远远小于镍基合金的热挤压。因此，有必要建立镍基合金材料学特性与热挤压工艺的关联，为镍基合金管材的国产化提供一定的技术支持。

G3 合金是一种以 Ni－Cr－Fe 为基础并添加一定量 Mo、Cu 的耐蚀合金，并同时加入其他微量元素以提高其抗 HAZ（热影响区）腐蚀的能力以及改善焊接性能。较高的 Cr 含量使 G3 合金在氧化性酸及腐蚀环境中表现出较好的抗腐蚀性，同时由于 Ni 和 Cu 元素的作用，其对还原性介质也具有较好的耐蚀性。较低的 C 含量使其抗晶间腐蚀能力提高，而 Mo 元素的加入提供了优良的抗局部腐蚀能力。因此 G3 合金被广泛应用于磷酸、硫酸工作环境，如烟气脱硫系统，蒸汽发生器传热装置，造纸、纸浆工业等。近年来石油天然气等能源工业的发展，对合金在高温高氧化腐蚀环境下的性能提出了较高要求，镍基合金 G3 以优异的耐腐蚀能力，良好的加工性能以及较高的强度恰好满足这一要求。图 1－8 为 Special Metals 公司退火态 G3 合金标准力学性能曲线。对于 G3 合金的管材目前我国还不能完全工业化生产，主要因为 G3 合金可加工的温度范围很窄，高温热塑性较差，无法采用热轧或热穿孔方法实现，必须通过热挤压工艺进行加工，由于 G3 合金并没有析出强化机制，所以为了提高管材的强度，往往采用多道次冷加工的方式使合金强度升高，但冷加工工艺控制同样难度较大。

（退火）
抗拉强度：100ksi
690MPa
弯曲强度（$\sigma_{0.2}$）：47ksi
320MPa
伸长率：50%

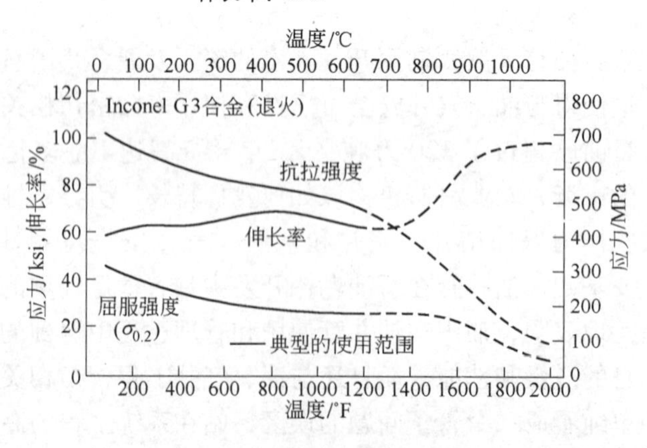

图 1－8 退火态 G3 合金标准力学性能曲线

20 世纪 70 年代 Haynes 公司利用氩氧脱碳冶炼技术，发明了 G3 合金，不需要加入铌和钽来就可以将碳含量控制在非常低的水平。G3 合金主要应用于酸性油气开采和磷酸生产蒸汽发生器中。目前国外除了 Haynes 公司，主要有美国特殊钢公司、日本住友金属公司、德国 V&M 公司研究和生产 G3 合金。这些公司对 G3 合金的研究较早，具有多年的开发和生产经验，对合金的冶炼、冷热加工技术掌握得比较充分，但是由于技术封锁和保密等原因，对 G3 合金的冶炼、成型技术的报道很少。而有关 G3 合金在腐蚀环境下的耐蚀性能方面的研究则有报道。如 Hibner 等人的研究结果表明，冷加工强化型的镍耐蚀合金中，G3 合金的耐蚀性能优于 825、028 合金。G3 合金在温度为 220℃，pH = 3.3，Cl^- 浓度为 15.175%，H_2S 和 CO_2 分压均为 2.1MPa 的腐蚀环境中，仍表现出良好的腐蚀性能[6]。此外，Hibner 等人还研究了 G3 合金晶粒尺寸大小对其在墨西哥湾模拟酸性溶液（25% NaCl + 1.03MPa H_2S + 1.03MPa CO_2，温度为 218℃）中的耐应力腐蚀开裂和晶间腐蚀的影响。慢应变速率腐蚀试验结果表明，G3 合金断面收缩率和伸长率均大于 92% 且不出现二次裂纹，G3 合金表现出良好的抗应力腐蚀开裂能力。当晶粒度从 6 ~ 7.5 级变化到 4 ~ 5.5 级时，对其抗应力腐蚀开裂的影响很小。晶间腐蚀试验表明，G3 合金的腐蚀速率大约为 0.27 ~ 0.36mm/a，明显低于化工过程最大容许腐蚀速率（0.61mm/a），晶粒度对晶间腐蚀的影响也很小。Thompson 等人采用循环动电位扫描法研究了 G3 合金 Cl^- 含量为 100g/L、温度为 50℃ 的酸性溶液中的点蚀行为，结果表明，G3 合金的点蚀电位为 0.59V，当电位超过此值时，腐蚀电流迅速增大，耐腐蚀性能大大降低[10]。国内由于高酸性油气田的开采，对 G3 耐蚀合金的需求量很大，国内已经有几家单位对该合金进行了相关的研究开发工作。采用真空感应炉进行了 G3 合金的冶炼，对其高温热变形行为、第二相析出及溶解行为进行了研究，采用热挤压和离心铸造方法试制了 ϕ133mm × 16mm 的荒管，并采用冷加工方法对其进行了强化。研究结果表明，锻态 G3 合金的高温塑性差、变形区间窄，变形温度低于 1150℃ 时，合金中含有一定数量的碳化物和析出相，从而热塑性较差，随着热变形温度升高，第二相（M_6C、$M_{23}C_6$ 和 σ 相）溶解，合金塑性逐渐提高，当温度高于 1220℃ 时，合金晶粒长大明显，造成热塑性降低，因此锻态 G3 合金在 1150 ~ 1220℃ 的高温热塑性好，是比较合适的热变形温度。张春霞、严密林等人对 G3 合金在含 CO_2、H_2S、Cl^- 腐蚀性环境中的电偶腐蚀、钝化膜的行为进行了研究[11,12]。陈长风等人采用 XPS 技术对 G3 合金在 CO_2、H_2S 环境中不同温度、不同压力下的钝化膜进行了研究，研究结果表明，G3 合金在 2MPa CO_2、3MPa H_2S、温度为 130℃ 的环境下服役时，合金表面形成一层具有双层结构的钝化膜，钝化膜表层主要为 $Cr(OH)_3$，内层主要组成为 Cr_2O_3、Fe_3O_4 及各种合金元素，钝化膜为双极性 n - p 型半导体特征，当介质温度、压力逐渐升高（3.5MPa CO_2、3.5MPa H_2S、温度为205℃）时，钝化膜为三层结构，外层主要是硫化物，过渡层含有较多的氢氧化物和金属硫化物，内层主要是氧化物和金属单质。随着介质压力和温度的升高，钝化膜内的金属氧化膜向金属硫化膜转变，导致合金的耐蚀性能降低[13]。崔世华等人研究了高温高压 CO_2、H_2S 环境中 CO_2、Cl^- 浓度、pH 值对合金腐蚀行为的影响。结果表明，镍基合金在腐蚀介质中，容易形成闭塞腐蚀微电池，Cl^- 出现后，Cl^- 容易扩散到闭塞腐蚀微电池内部，并与金属离子形成化合物，发生阳极反应，阳极反应破坏了钝化膜的形成，加速了腐蚀行为的进行，降低了合金的耐腐蚀性能。腐蚀介质 pH 值增大时，合金的自腐蚀电位降低（电位负移），腐蚀电流逐渐升高，钝化膜的稳定性受到破坏，合金的耐蚀性能逐渐降低[14]。

1.7 镍基合金管材制备过程中存在的问题

为了早日实现核电蒸汽发生器传热管的国产化，攀长钢于 1999 年率先在国内开展 690 合金传热管的试制研究工作，并成功开发出尺寸规格为 ϕ19. 05mm × 1. 09mm × 6500mm 的 690 合金传热管。现在宝钢、攀长钢和太钢都在大量试制生产 690 合金传热管，但是基于生产保密的因素，国外文献中涉及实际工业生产有关工艺参数的报道极少，而 690 合金传热管生产流程长，重要的工序控制点多，生产工序要求严格并要符合特殊规定，因此 690 合金管材国产化还存在很多技术难点、关键问题有待解决突破。

1.7.1 成材率

虽然文献［15］报道了攀长钢小批量（仅 10 根）试制 690 合金荒管的挤压成材率为 82%，但也出现了严重的闷车未能挤压成型事故。同时挤出荒管晶粒度不均匀，基体晶粒为 7 ~ 8 级，大晶粒为 2 ~ 3 级，挤出荒管的晶粒度不均匀将严重影响成品管的质量，若再考虑荒管的表面质量，挤压成材率会大大降低。

根据国内热挤压机调试生产期间反馈的信息，挤出荒管经常出现分层开裂、内表面橘皮缺陷等问题，实际挤压成材率较低。此外，即便是对同一钢种采用同一挤压工艺参数下，挤压成材率和挤出荒管的表面质量也会出现很大波动，这种情况很可能与管坯间质量差别大有关系。为了增强国产蒸汽发生器用 690 合金传热管的市场竞争力，必须努力提高热挤压成材率。

1.7.2 荒管内表面橘皮状缺陷

在国内 6000t 挤压机调试生产期间，挤出荒管的内表面质量问题严重，经常出现表面裂纹、开裂和橘皮状皱折等缺陷。其中橘皮状缺陷不仅会影响荒管的表观质量，还会降低管材的强度。热挤压荒管表面质量还对冷轧成品管表面质量有重要影响，挤压荒管内外表面如果存在较深的直道、橘皮状皱折、凹坑和裂纹等缺陷，经大变形量冷轧后不能完全消除，严重影响成品管表面质量，降低合格率。图1－9所示是热挤压荒管未经任何处理的内表面质量，可以看出有明显的橘皮状皱折沿圆周延伸，橘皮状缺陷呈“之”字形台阶相连。对荒管用丙酮超声清洗、内磨和酸洗处理使内表面缺陷完全暴露，可以看出缺陷的长短和深浅不一。同时经过光镜观察发现部分橘皮缺陷的末端有类似脆性夹杂物颗粒存在，经分析确定是残留的玻璃润滑剂。造成上述情况出现的因素除了材料自身的高温塑性外，主要与热挤压工艺参数有关。

图1－9 热挤压荒管内表面橘皮缺陷

a，b—宏观形貌；c，d—光镜观察

1.7.3 冷轧管和成品管内表面丝状皱折

管材冷加工工艺决定了成品管的尺寸精度和表面质量，690合金传热管成品直管的规格为ϕ19.05mm×1.09mm×（20000~25000）mm，管材的尺寸允许偏差和表面质量控制得较严，每根管子都要经过严格的超声波探伤、涡流探伤和背景噪声检测，这些都对冷轧变形工模具、冷加工工艺参数（包括变形量、变形道次、送进量和轧制速度等）及润滑工艺提出了十分严格的要求。在冷轧及中间退火处理过程中，如果工艺参数控制不当也会出现一些问题，比如一次冷轧管和成品管内表面出现丝状皱折等，如图1－10所示。

图 1－10　冷轧管内表面丝状皱折宏观观察

a—一次冷轧管；b—成品尺寸管

图 1－11 所示为一次冷轧管和成品管内表面上存在的丝状皱折，其深度在 1～15μm 之间。扫描电镜观察未发现夹杂或者氧化物存在，同时通过能谱谱线图分析皱折周围的化学成分，均是 690 合金主成分元素，没有其他异常元素存在，所以推断主要是由管材冷轧过程金属流动的不协调造成的皱折。一般来说，管材

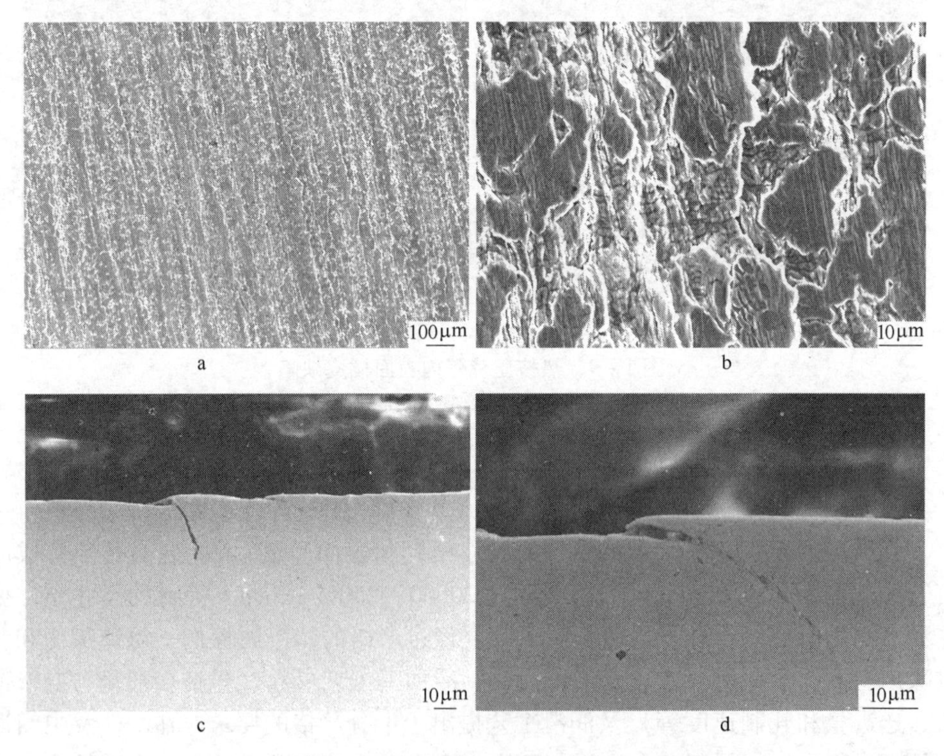

图 1－11　冷轧管内表面丝状皱折扫描电镜分析

a，b—丝状皱折长度方向；c，d—丝状皱折深度方向

冷轧过程中金属的流动主要有沿管材周向的剪切流动及沿管材轴向的延伸流动。在轧制过程中，如果轧制孔型的匹配不好或坯料的尺寸波动太大可能引起金属周向的剪切流动速度大于轴向的延伸流动速度，就容易造成曲率半径较小的内表面产生类似“折叠”的效果，该皱折随着管材轴向延伸，最终导致冷轧管和成品管内表面出现丝状的皱折。有两种方法可以解决丝状皱折问题，一是调整轧制孔型匹配，增大轧制孔型的曲率半径，实际就是调节金属周向的剪切流动速度与轴向的延伸流动速度的匹配性，这样内壁便不会因为周向和轴向金属流动速率的不匹配，而导致出现类似折叠的现象，从而解决了丝状皱折的问题；二是调整坯料内孔尺寸，使内外表面曲率半径差量减小，同样可以起到减少丝状皱折的作用，但这种方法在工程实际中难度较大。

1.7.4 成品管内壁细晶层及晶粒尺寸不均匀性

蒸汽发生器用690合金传热管的服役环境恶劣，服役年限要求长，抗应力腐蚀开裂能力是690合金最重要的性能。除了合金晶粒度、晶间铬的贫化、杂质向晶界的偏析、晶间碳化物及其对应力集中的力学效应影响690合金的耐腐蚀性能之外，晶粒尺寸的均匀性对690合金的耐蚀性能也有极其重要的影响。如果690合金传热管内部晶粒大小不均，势必造成合金不同位置的耐腐蚀性能不同，结果耐蚀性弱的部位不断被优先腐蚀，这样整个管子的使用寿命大大缩短，所以研究解决690合金管的组织均匀性问题具有非常重要的意义。

1.7.4.1 成品管内表面细晶层

图1－12为国内试制和法国Valinox生产的690合金成品管内表面晶粒组织，可以看出国内试制的690合金管内表面存在几个微米厚的细晶粒层，而法国Valinox生产的690合金管不存在这种现象。研究表明，内表面细晶层的存在使合金管的抗晶间腐蚀、点蚀和应力腐蚀的性能受到一定程度的影响。

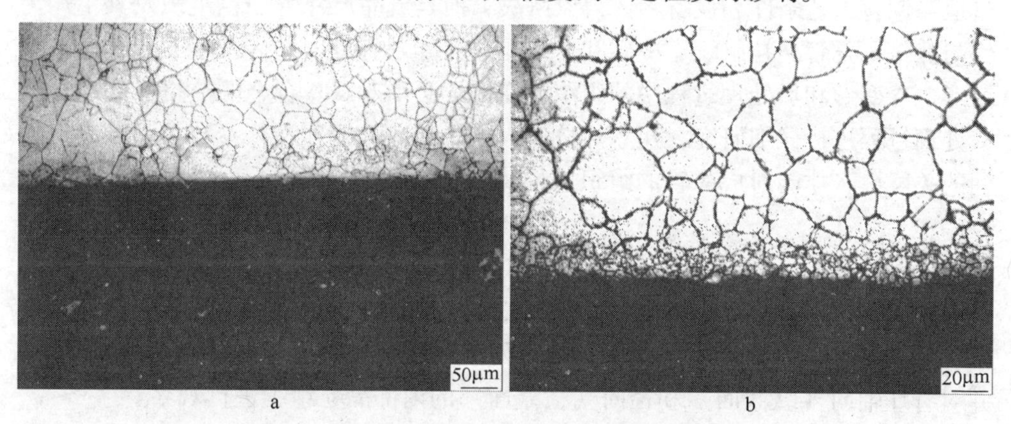

图1－12 690合金传热管内表面晶粒组织对比

a—法国Valinox 690合金管（200×）；b—国内试制690合金管（500×）

1.7.4.2 成品管晶粒尺寸不均匀性

图1－13为国内试制前期和法国 Valinox 生产的690合金成品管晶粒尺寸均匀性对比，国内试制的690合金管晶粒均匀性明显要比法国的差。热处理后的混晶往往是由于原始晶粒尺寸不均匀，从而在冷加工时变形不均匀性，造成金属材料内不同位置的形变储存能不一，这样在后续热处理过程中再结晶形核不均匀，晶粒长大的驱动力也不均匀，必然导致再结晶过程出现混晶组织。为了保证690合金成品管材的质量满足设计标准要求，合理的冷变形和热处理工艺在消除晶粒尺寸不均匀因素对690合金耐蚀性能的不利影响方面至关重要。

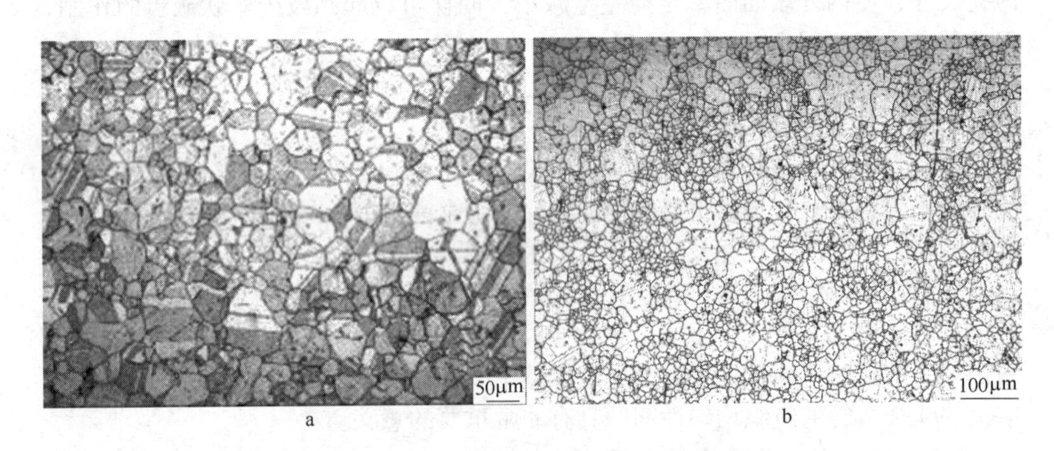

图1－13 690合金传热管晶粒尺寸均匀性对比
a—法国 Valinox 690合金管；b—国内试制前期690合金管

在核电蒸汽发生器传热管国产化存在的问题中，热挤压成材率及荒管内表面橘皮状缺陷、冷轧管和成品管内表面丝状皱折主要影响管材的表面质量，可以通过适当调整工艺条件和设备参数得以解决，但是成品尺寸管晶粒组织及其不均匀性与热挤压荒管晶粒组织、冷轧和再结晶退火处理有关，它涉及了690合金在热变形、冷变形和热处理过程中的组织演变，故必须对690合金的热挤压和冷轧退火处理过程进行详细研究，建立热挤压、冷轧和退火处理工艺参数与晶粒组织之间的关联性，才能对成品管的组织进行精确控制。

1.7.5 油井管G3合金荒管开裂

图1－14为G3合金热挤压荒管，在管材的圆周方向上，靠近管坯内径处产生了宏观裂纹。为了分析荒管坯开裂原因，从管坯上截下一段，制备金相试样，并对管坯轴向（纵截面）和径向（横截面）的内部晶粒组织进行观察。

管坯径向方向上，晶粒尺寸有所不同，内径处和外径处晶粒尺寸相差不大，大约为55～70μm，而在1/2R处晶粒尺寸稍微大些。在轴向方向上，管坯外径处

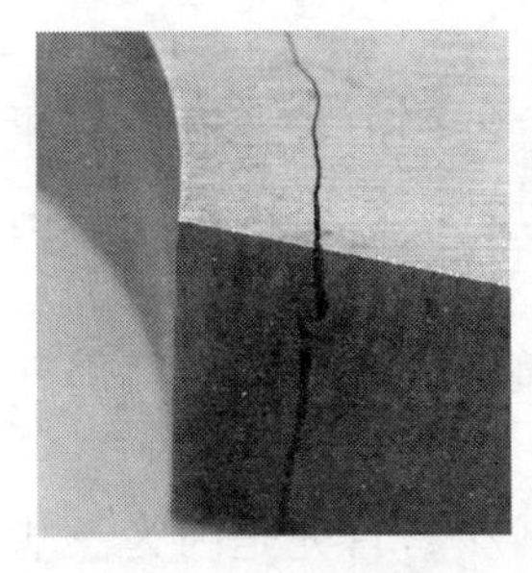
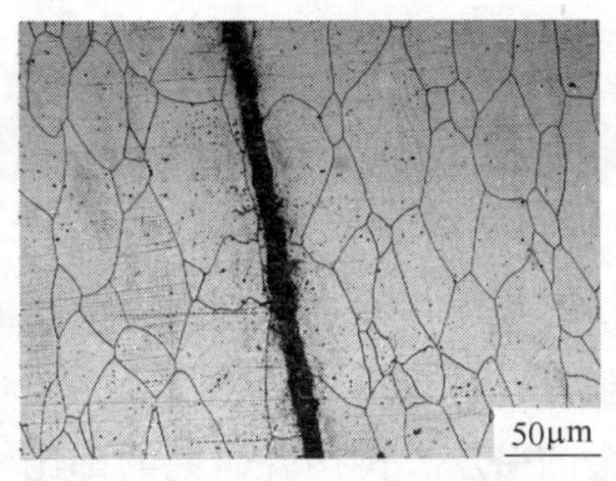

图1-14 三根G3合金热挤压荒管

的晶粒尺寸偏小。在三个不同的观察位置处，晶粒为扁平状，且呈现流线状，方向和挤压方向一致。

综合分析认为，造成开裂的原因有：（1）模具润滑剂选择不妥，造成坯料和模具之间摩擦系数过大；坯料预热温度偏高；热挤压速度过高，三者引起热挤压变形区及挤出管材内部温度升高，并且高于其热加工温度范围（1050～1230℃）。温度升高，这不仅造成合金热塑性降低，还促进了晶粒长大，合金的热加工性能下降。（2）上述三个工艺参数不合理，造成挤出管材内部应力状态从压应力突变为拉应力，或者直接产生了拉应力。

1.7.6 坯料温升引起的热塑性降低

G3合金是一种高温热塑性差、易变形温度范围窄的合金，其热加工温度范围大约为1050～1230℃。因此，当G3合金管材热挤压工艺中，坯料温度升高过大时，合金的热塑性降低，这可能是挤压荒管产生开裂的一个原因。

苏玉华[16]采用热拉伸试验研究了G3合金高温热塑性随温度变化的特性，如图1-15所示。从图中可以看出，当拉伸速率为200mm/s时，断面收缩率随温度先增加后逐渐下降，温度升高到1230℃左右时，断面收缩率降为60%左右，温度继续升高到1240℃时，试样发生断裂。温度为1150℃左右时，合金的热塑性达到峰值。实际热加工工艺中，通常要求合金断面收缩率为50%以上。据此，可以认为，G3合金的热加工温度范围大约

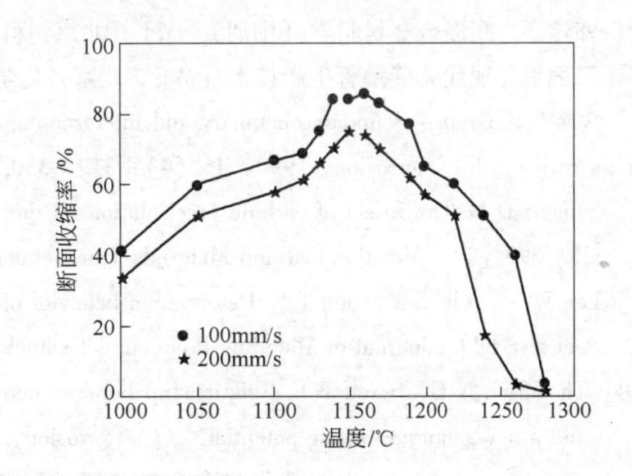

图1-15 G3合金断面收缩率随温度变化的关系曲线[16]

为1050~1230℃。

可见，G3合金管材热挤压工艺中，必须对模具进行合理润滑，降低坯料和模具之间的摩擦热，从而可以防止坯料内部温升过高。同时，必须在充分认识G3合金组织特点、热变形行为及组织演变过程的基础上，对G3合金热挤压工艺参数进行正确选择，确保合金在热挤压变形中即使发生温度升高现象，坯料仍有较高的热塑性，从而可以得到符合技术要求的管材。

总之，对于镍基耐蚀合金的挤压，国内外研究的都比较少，首先是因为镍基合金的可变形温度很窄，要求挤压在高温高速下进行。高速挤压会导致产品性能的不均匀性增加，产生大量的缺陷；同时由于合金的硬度比较大，在加工过程中的抗力很大，对模具的要求很高，同时带来大的能耗，所以对镍基合金的挤压研究比较困难。

由于管材挤压成型过程比较复杂，单纯地重复试验需要大量的费用，而且很不方便，所以在研究管材成型时往往采用计算机数值模拟。通过有限元模拟，可以深入了解金属塑性加工中的材料成型机制、预测工艺缺陷等。相关内容将在后续章节进行阐述。

参考文献

[1] Laue K, Stenger H. Extrusion [M]. Ohio: American Society for Metals, 1981.

[2] 冷艳，景作军. 铝型材等温挤压技术综述 [J]. 北方工业大学学报，2004，16（1）：56~61.

[3] 杨长顺. 冷挤压工艺实践 [M]. 北京：国防工业出版社，1984.

[4] 周大隽. 锻压技术数据手册 [M]. 北京：机械工业出版社，1998.

[5] 郭建亭. 高温合金材料学（中册）[M]. 北京：科学出版社，2008.

[6] 双远华. 现代无缝钢管生产技术 [M]. 北京：化学工业出版社，2007.

[7] Was G S. Grain - Boundary chemistry and intergranular fracture in austenitic nickel - base alloys a review [J]. Corrosion, 1990, 46 (4): 319~330.

[8] Symons D M. The Effect of carbide precipitation on the hydrogen - enhanced fracture behavior of alloy 690 [J]. Metallurgical and Materials Transactions, 1998, 4 (29): 1265~1277.

[9] Lee W S, Liu C Y, Sun T N. Deformation behavior of Inconel 690 superalloy evaluated by iMPact test [J]. Journal of Materials Processing Technology, 2004, 153: 219~255.

[10] Thompson N G, Syrett B C. Relationship between conventional pitting and protection potentials and a new, unique pitting potential [J]. Corrosion, 1992, 48 (8): 649~659.

[11] 张春霞，张忠铧. G3镍基耐蚀合金钝化膜的耐蚀性研究 [J]. 宝钢技术，2008，32（5）：35~38.

[12] 严密林，李鹤林. G3油管与SM80SS套管在CO_2环境中的电偶腐蚀行为研究 [J]. 天然气工业，2009，29（2）：111~116.

[13] 陈长风，范成武．高温高压 H_2S/CO_2 G3 合金表面的 XPS 分析［J］．中国有色金属学报，2008，11（11）：2050 ~ 2055.

[14] 崔世华，李春福，荣金仿，等．镍基合金 G3 在高含 H_2S/CO_2 环境中的腐蚀影响因素研究［J］．热加工工艺，2009，38（6）：29 ~ 34.

[15] 王怀柳．GH690 合金热挤压工艺的研究［J］．特钢技术，2008，14（2）：31 ~ 34.

[16] 苏玉华．高酸性气田用镍基耐蚀合金 G3 油管的研究［D］．昆明：昆明理工大学，2006.

2 镍基合金 690 的热变形行为

镍基合金 690 具有高温塑性低、变形区间窄、变形抗力大等特征，热加工工艺要求比较苛刻。长期以来，我国均广泛采用锻造和轧制等方法生产镍基变形高温合金的棒材、型材和管材，在热挤压成型方面没有太多的技术和经验可以借鉴。国内关于 690 合金热变形过程中的流变应力和组织演变模型方面则缺乏系统的研究，在计算变形载荷、制定热挤压工艺参数中遇到了困难，特别是在热挤压成型过程数值模拟中难以建立材料的本构关系和组织演变模型。研究 690 合金的热变形行为特性对于建立镍基耐蚀合金材料学特性与热挤压工艺参数的关联和实现镍基合金管材国产化的组织精确控制具有重要意义。

通过系统的热物理模拟实验研究 690 合金的热变形行为，研究 690 合金在热变形温度为 1000～1250℃、应变速率为 0.01～$10s^{-1}$、应变量为 15%～60% 条件下的热变形行为，确定热力参数对 690 合金流变应力的影响，建立 690 合金的本构关系模型并对其可靠性进行验证。同时，对热变形后的金相组织进行观察，分析热变形参数对再结晶组织的影响规律，得到 690 合金在热变形过程中发生完全动态再结晶条件图、再结晶图和加工图，建立 690 合金在热变形过程中的动态再结晶、亚动态再结晶和晶粒长大的组织演变模型。基于 690 合金的热变形行为特性，制订了主要热挤压工艺参数的选择范围，为该合金的热挤压成型和数值模拟奠定基础。

2.1 流变应力的影响规律

2.1.1 热变形行为的研究方案

为了拉开晶粒度等级，经不同固溶制度处理得到具有三种晶粒尺寸的试样，晶粒尺寸分别为 34.7μm、125.1μm 和 211.3μm，如图 2－1 所示。用 Gleeble－1500 热模拟试验机进行等温恒应变速率轴向压缩实验，压缩试样是直径为 8mm、轴长为 12mm 的圆柱。热压缩实验中为使变形均匀，压缩前在圆柱体试样两端加放石墨钽箔以减少摩擦对应力状态的影响，并在试样表面焊上热电偶以补偿试样表面温度的变化，加热方式为高频感应加热。为保持变形组织，变形后立即水冷。压缩后的试样从中心沿压缩轴方向剖开，机械研磨、抛光后制成金相试样，用光学金相显微镜观察试样心部晶粒组织。

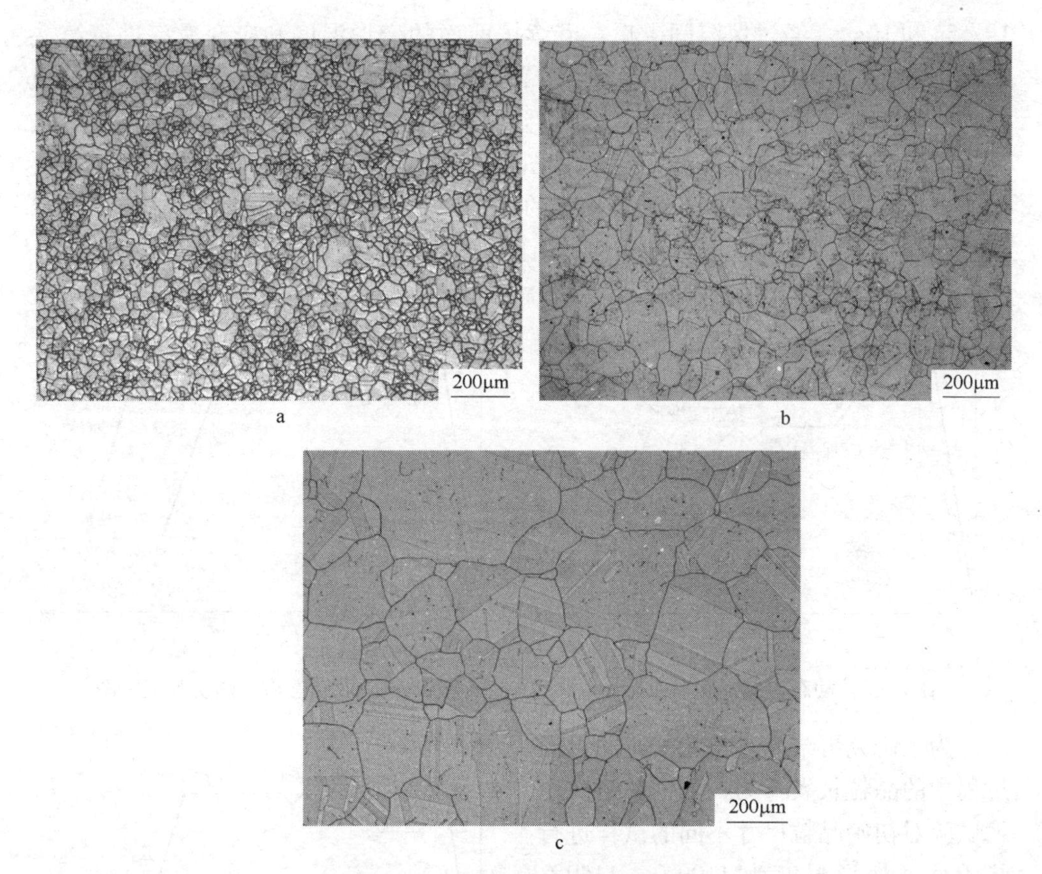

图 2-1 三种晶粒尺寸的金相组织

a—35μm; b—125μm; c—211μm

为了获得 690 合金的本构关系及动态再结晶动力学模型，对初始晶粒尺寸为 125μm 的试样（图 2-1b）进行了单道次热压缩实验，实验工艺如图 2-2 所示。首先以 20℃/s 的升温速度加热到 1220℃，保温 3min 以使试样温度均匀，再以 10℃/s 的速度降至设定的热变形温度（1000～1250℃）保温 2min，变形方式为恒温恒应变速率轴向压缩，应变速率为 $0.1s^{-1}$、$1s^{-1}$、$5s^{-1}$ 和 $10s^{-1}$，工程应变量分别为 15%、30%、50% 和 60%。热压缩完成后立即水淬以保留变形态组织。虽然在实际挤压过程中应变速率可以达到 $100s^{-1}$ 以上，但在实验室的条件下难以进行，因此实验主要集中在低应变速率条件下的变形。

研究 690 合金的亚动态再结晶行为主要采用双道次压缩实验，其工艺如图 2-3 中 A 曲线所示。将三种晶粒尺寸（图 2-1）试样以 20℃/s 的升温速度加热到相应变形温度（1100～1200℃），保温 30s 后在恒应变速率下（$0.1s^{-1}$、$1s^{-1}$ 和 $10s^{-1}$）进行第一道次压缩，卸载并停留一段时间进行保温（时间为 0.5s、

1s、5s 和 10s）。经过保温间歇后，继续按前面的变形温度和应变速率进行第二道次压缩，试样由于发生了亚动态再结晶行为而软化，通过测定试样的软化分数得到亚动态再结晶的完成情况。为了得到试样在亚动态再结晶刚完成时的晶粒尺寸，采用单道次热压缩试验，其工艺如图 2－3 中 B 曲线所示。首先将三种晶粒尺寸的试样加热到热变形温度后，在恒定的应变速率下进行单道次压缩，卸载并停留一段时间（软化分数为 95% 所对应的时间）后，制备金相试样，测量晶粒尺寸。

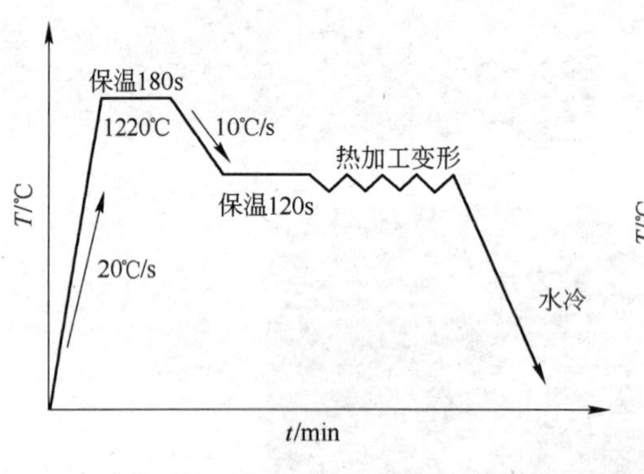

图 2－2　动态再结晶实验工艺图

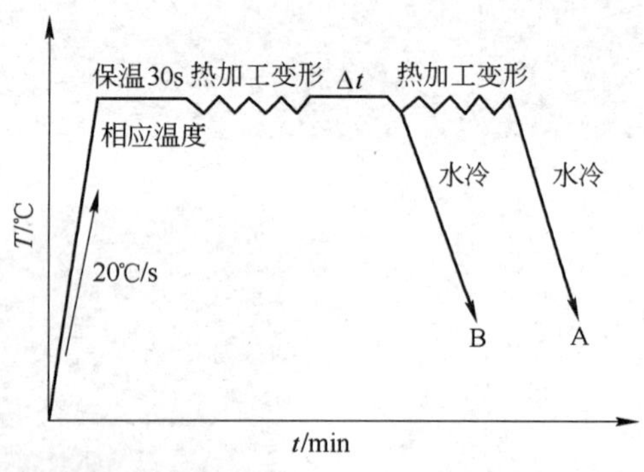

图 2－3　亚动态再结晶实验工艺图

为了研究再结晶晶粒在长时间保温过程中的晶粒长大行为，采用单道次压缩试验对初始晶粒尺寸不同的试样进行热压缩（变形温度为 1100℃、1150℃ 和 1200℃，应变速率分别为 $0.1s^{-1}$、$1s^{-1}$ 和 $10s^{-1}$、应变量均为 15%），卸载并进行保温（时间为 15s、30s 和 60s），观察保温后的晶粒尺寸变化，如图 2－4 所示。

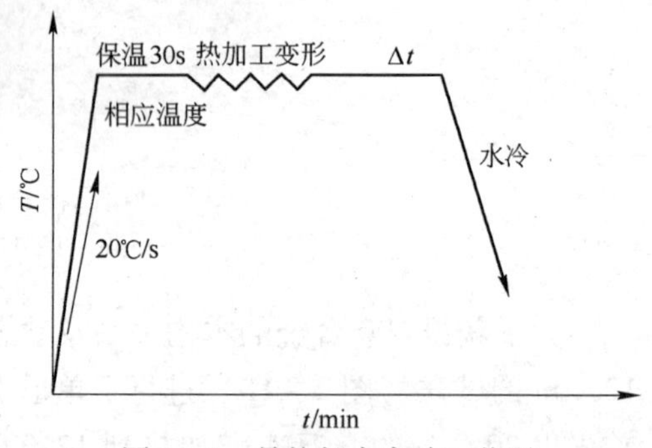

图 2－4　晶粒长大实验工艺图

2.1.2　流变应力曲线

金属热变形流变应力是指材料在单向的变形条件下足以引起塑性变形的应力强度。流变应力的大小决定了材料变形所需的负荷和所要消耗的能量，它是材料在高温下的基本性能之一，其大小取决于金属的化学成分、内部微观组织、变形温度、应变速率和应变量等因素。流变应力是变形过程中金属内部微观组织演变和性能变化的综合反映，研究不同热变形条件下的流变应力变化规律并建立合适的模型，对于了解材料的热变形特点，制定正确的热加工工艺制度，保证产品质量等方面都是极其重要的。当金属的化学成分一定时，材料热变形过程中的流变应力主要与变形温度、应变速率和应变量有关。

图2－5～图2－7所示为690合金热压缩工程应变量分别为30%、50%和60%时的真应力－真应变曲线。从图中曲线可以看出，在热压缩变形的开始阶段，690合金的流变应力随应变量的增加而迅速增大，这是因为在热压缩变形过程中，690合金发生动态回复较迟缓，动态回复不能完全消除加工硬化，此时晶粒内部积累的畸变能逐渐增大，位错不断缠结，表现为应力随应变量的增加而大幅上升；当应变量增加到一定程度后，真应力－真应变曲线上会出现一个峰值应力，峰值应力的大小对估算最大变形载荷具有重要作用；达到一个峰值应力后，流变应力随应变量的增加开始逐渐下降，这是因为发生了动态再结晶，动态软化速率大于加工硬化速率，表现为流变应力随着应变量的增加而下降；继续压缩变形时，690合金在较高温度下，真应力－真应变曲线出现稳态流变的特征。

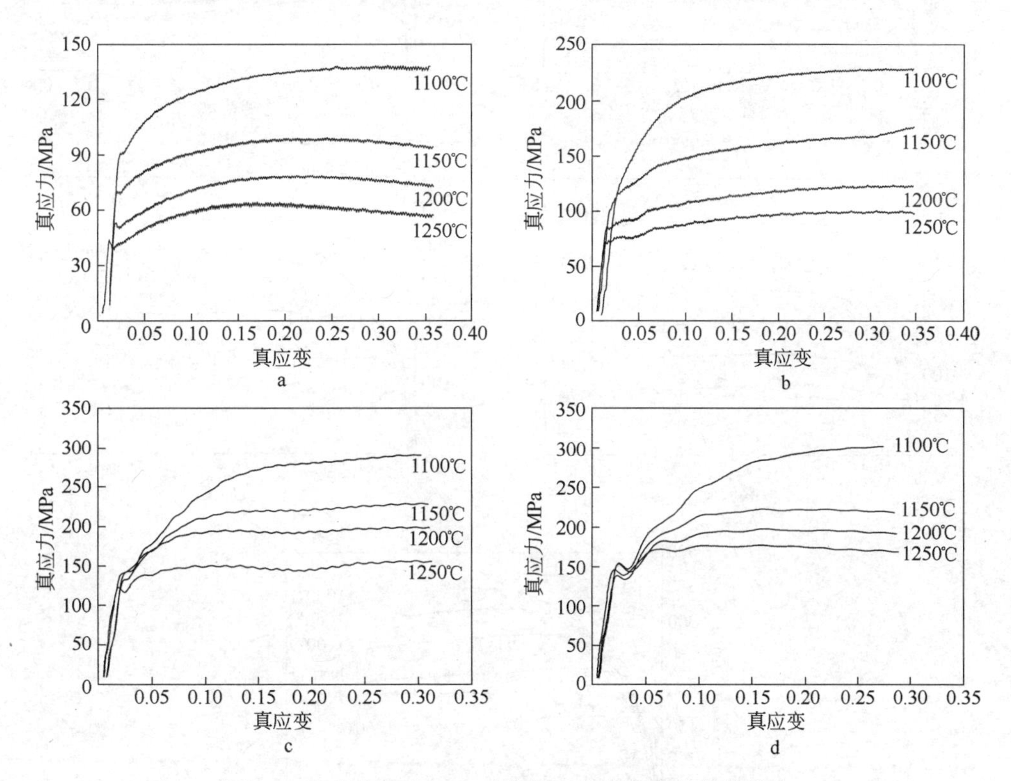

图2－5　应变量为30%时变形温度对流变应力的影响

a—0.1s^{-1}；b—1s^{-1}；c—5s^{-1}；d—10s^{-1}

2.1.2.1　变形温度的影响

从图2－5和图2－6可以看出，在一定的应变速率和应变量下，流变应力与变形温度有强烈的依赖关系，变形温度越高，690合金的流变应力越低。从图中还可以看出，在同一应变速率下，随着变形温度的升高，发生动态再结晶所需的临界应变减小。下面分析温度升高合金流变应力降低的原因：

（1）热变形过程中合金内部会发生回复和再结晶动态软化行为。变形温度的升高会使空位、原子扩散驱动力增大，更易于发生动态再结晶，变形过程中的加工硬化被减轻或消除，使合金流变应力降低。

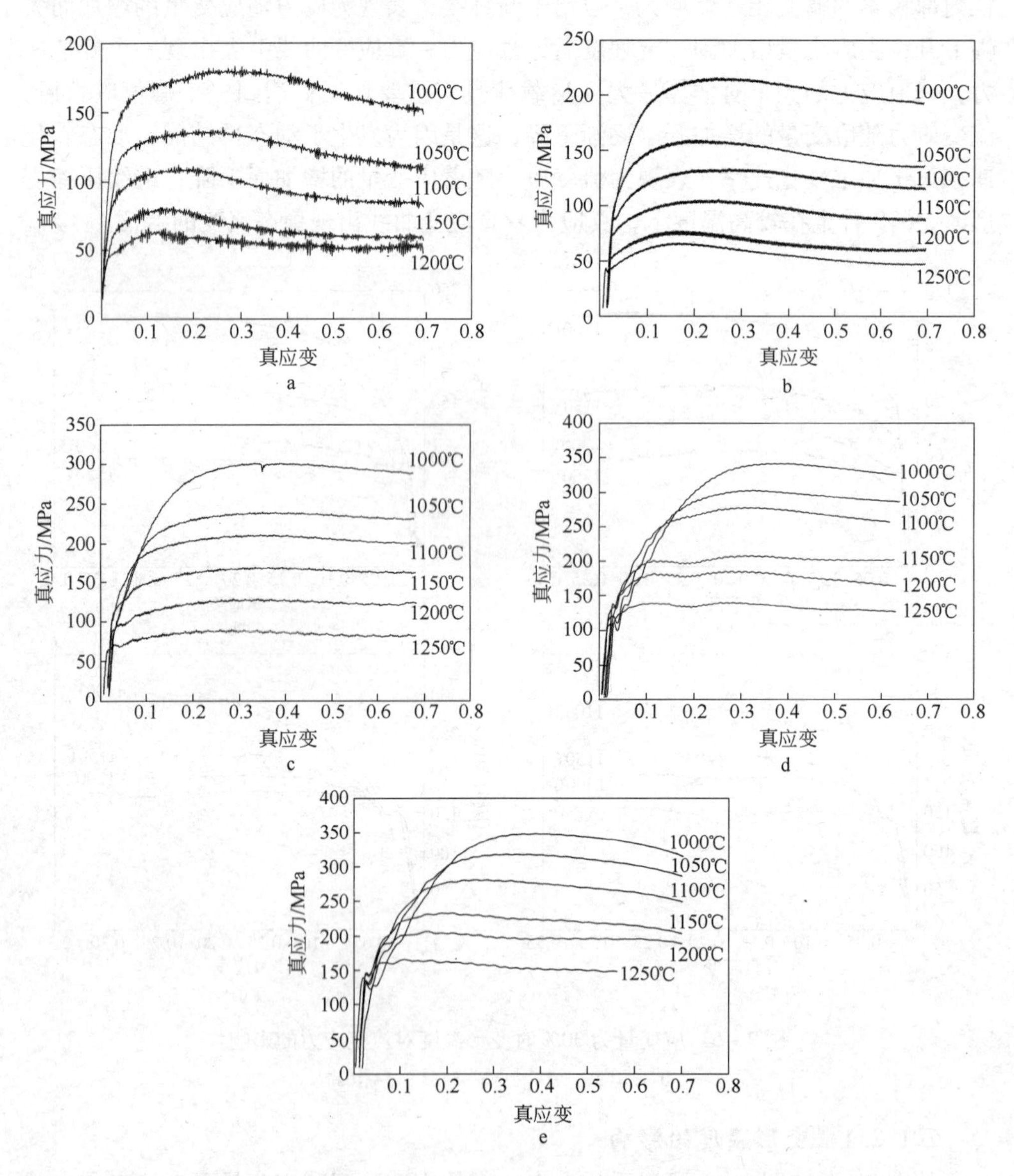

图2-6　应变量为50%时变形温度对流变应力的影响

a—0.01s^{-1}；b—0.1s^{-1}；c—1s^{-1}；d—5s^{-1}；e—10s^{-1}

（2）随着变形温度的升高，原子的热振动振幅也增大，原子间的结合力势必减弱，临界切应力得以降低，进而可开动滑移系的数量增加。

（3）因为晶界原子的排列是不规则的，原子处于不稳定状态，当变形温度升高时，晶界原子的移动和扩散易于进行，其强度比晶内强度下降得更快，晶界对晶内塑性变形的阻碍作用降低，同时晶界自身也会出现滑移变形。

（4）在热变形过程中合金组织发生变化，由多相组织变为单相组织。研究表明，合金在1000℃时晶界上会有 $M_{23}C_6$ 型碳化物出现，虽然碳化物所占的比例较小，但它对晶界移动起钉扎作用，使低温变形的流变应力增加。随着温度的升高，晶界碳化物回溶，钉扎作用消除，使合金在高温下具有良好的塑性和低的流变应力。

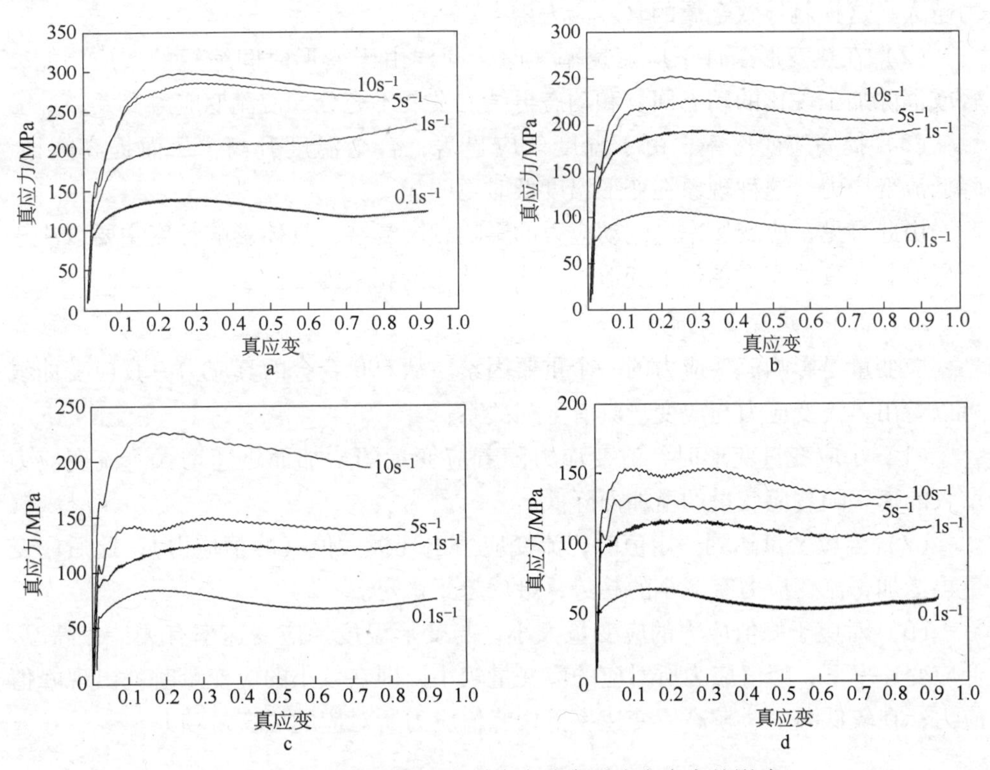

图 2-7 应变量为60%时应变速率对流变应力的影响

a—1100℃；b—1150℃；c—1200℃；d—1250℃

2.1.2.2 应变速率的影响

当变形温度一定时，应变速率对流变应力影响的一般规律为：应变速率越高，流动应力越大，如图 2-7 所示。

应变速率对合金流变应力的影响比较复杂。塑性变形时物体所吸收的能量，将转化为弹性变形能和塑性变形热能，塑性变形热能一部分散失于周围介质中，其余部分使变形体温度升高，这种由塑性变形过程中产生的热量而使变形体温度升高的现象即为温度效应。温度效应首先取决于应变速率，应变速率越高，单位时间的变形量大，产生的热量多，温度效应就越大。其次，变形体与工具和周围介质的温差越小，热量的散失越小，温度效应就越大。此外，温度效应还与变形温度有关，温度升高，因材料的流变应力降低，单位体积的变形能减小，温度效应自然也减小。

（1）应变速率大，由于塑性变形没有充分的时间来完成，合金的流变应力必然提高，而塑性则降低。同时，应变速率大会使塑性变形来不及在整个体积内均匀地传播开，更多地表现为弹性变形。根据胡克定律，弹性变形量越大，则应力越大，这样就导致金属的真实应力增大。

（2）在热变形条件下应变速率大时，同样由于变形时间缩短的效应，能减轻或消除加工硬化的动态回复和动态再结晶发展不充分，使流变应力变大。

（3）提高应变速率，由于温度效应显著，合金温度升高，从而提高塑性，降低流变应力，这种现象在变形温度低时更明显。

由此可见，应变速率对流动应力的影响相当复杂，具体影响程度主要取决于金属材料在具体变形条件下变形时硬化与软化的相对强度。

2.1.2.3 应变量的影响

应变量是影响流变应力的一个重要因素。从690合金的真应力-真应变曲线可以看出，流变应力与应变量具有下列关系：

（1）小应变量变形时，流变应力随着应变量的增加而迅速增大。流变应力增大的速率随着应变量的增加而降低。

（2）当应变量达到一定值时，流变应力出现极大值（峰值应力），此后应变量再增加，流变应力有减小的趋势，最后趋于稳定。

（3）对应于峰值应力的应变量大小，与变形温度、应变速率有关：在高温、低应变速率下，峰值应力所对应的应变量较小，即在较小的应变量时就出现峰值应力；在较低温度、较高应变速率下，峰值应力所对应的应变量较大。

2.2 本构关系的构建及验证

峰值应力作为材料在热加工过程中的重要指标，一定程度上决定了热加工过程中力能参数的设置以及材料显微组织的演变。当应变量为50%时，690合金在不同变形温度和应变速率下的峰值应力变化曲线如图2-8所示。由图可见，随着变形温度的升高和应变速率的降低，峰值应力值逐渐下降。

在热变形过程中，因为低应变速率和高变形温度的作用相似，同样高应变速率和低变形温度的作用相似，所以通常用一个概括了变形温度 T 和应变速率 $\dot{\varepsilon}$ 的参数 Z（Zener - Hollomon 参数）来描述热加工参数[1]。Z 定义为：

$$Z = \dot{\varepsilon}\exp[Q/(RT)] \quad (2-1)$$

式中 $\dot{\varepsilon}$——应变速率，s^{-1}；

Q——变形激活能，J/mol；

R——气体常数，取 R = 8.314J/mol；

T——变形温度，K。

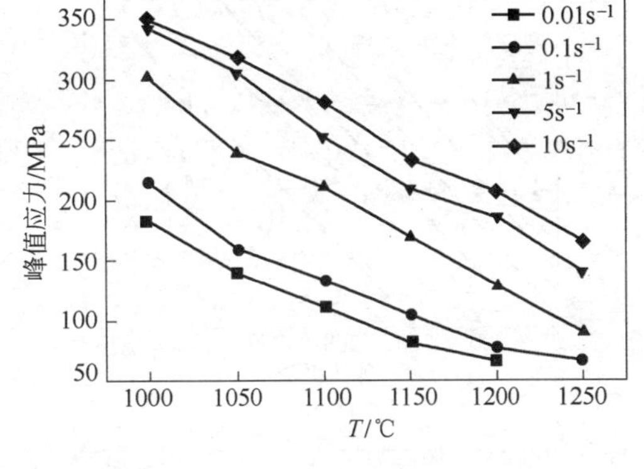

图 2-8 峰值应力与变形条件的关系

考虑到高温变形过程中的热激活行为，可用变形温度、应变速率和流变应力构成的函数关系来描述，且普遍采用以下 3 种形式的本构关系[2]：

$$\dot{\varepsilon} = AF(\sigma)\exp[-Q/(RT)] \quad (2-2)$$

式中，$F(\sigma)$ 为应力的函数。

（1）当应力水平较低，即 $\alpha\sigma < 0.8$ 时：

$$F(\sigma) = \sigma^n \quad (2-3)$$

（2）当应力水平较高，即 $\alpha\sigma > 1.2$ 时：

$$F(\sigma) = \exp(\beta\sigma) \quad (2-4)$$

（3）在所有应力条件下：

$$F(\sigma) = [\sinh(\alpha\sigma)]^n \quad (2-5)$$

大量的研究结果表明，式（2-5）能较好地描述热变形流变应力变化规律，该式还广泛用于估算各种金属及合金的热变形表观激活能，于是：

$$Z = A[\sinh(\alpha\sigma)]^n = \dot{\varepsilon}\exp[Q/(RT)] \quad (2-6)$$

式中，$\alpha = \beta/n$，n、β、A 均为常数；A 为结构因子，s^{-1}；α 为应力水平参数，MPa^{-1}；n 为应力指数。

将式（2-3）和式（2-4）代入式（2-2）并两边取对数可得：

$$\ln\dot{\varepsilon} = \ln A + n\ln\sigma - Q/(RT) \quad (2-7)$$

$$\ln\dot{\varepsilon} = \ln A + \beta\sigma - Q/(RT) \quad (2-8)$$

对式（2-6）两边取自然对数，并假定热变形激活能与温度无关，可得：

$$Q = R\left.\frac{\partial\ln\dot{\varepsilon}}{\partial\ln[\sinh(\alpha\sigma)]}\right|_T \cdot \left.\frac{\partial\ln[\sinh(\alpha\sigma)]}{\partial(1/T)}\right|_{\dot{\varepsilon}} \quad (2-9)$$

根据式（2-7）~式（2-9），对实验测得的峰值应力进行如图 2-9 所示的线性回归分析，分别得出 690 合金的材料常数 $n = 6.6718$，$\beta = 0.03899$，$\alpha = 0.005844$，$Q = 440823.5959$J/mol，$A = 1.3450 \times 10^{16} s^{-1}$。

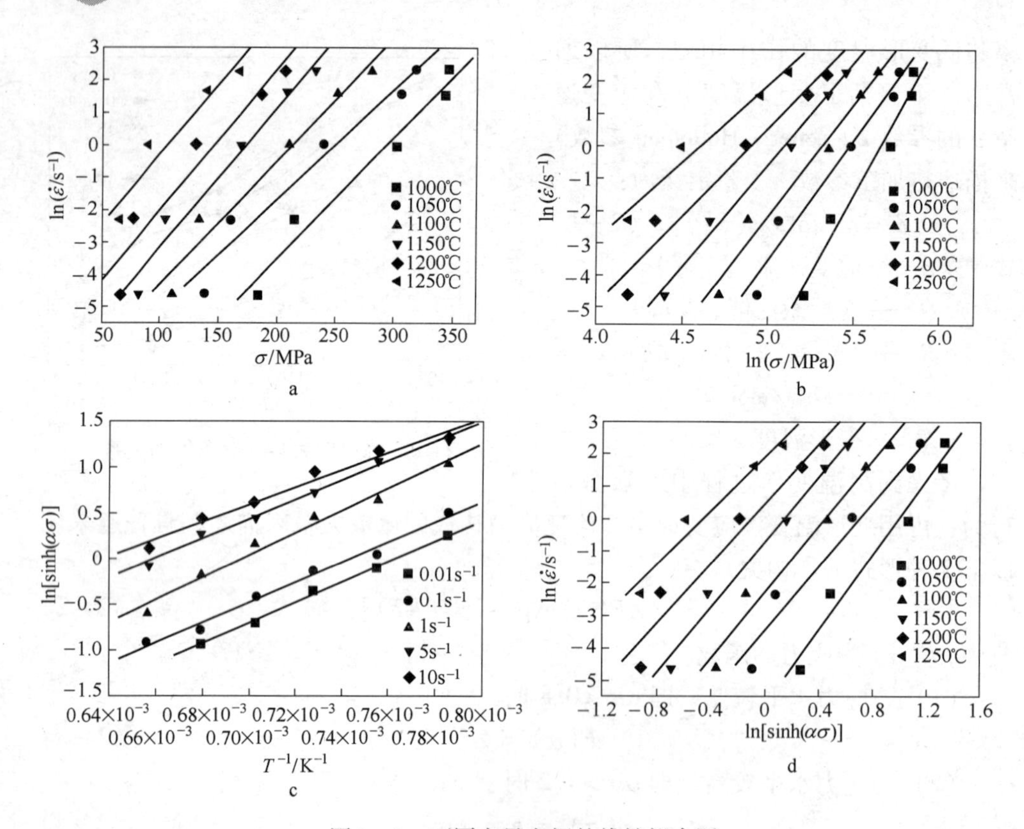

图 2-9　不同变量之间的线性拟合图

a—$\ln\dot{\varepsilon}-\sigma$；b—$\ln\dot{\varepsilon}-\ln\sigma$；c—$\ln[\sinh(\alpha\sigma)]-T^{-1}$；d—$\ln\dot{\varepsilon}-\ln[\sinh(\alpha\sigma)]$

于是可获得690合金Z参数和峰值应力表达式分别为：

$$Z = \dot{\varepsilon}\exp[440823.5959/(RT)] \tag{2-10}$$

$$\dot{\varepsilon} = 1.3450\times10^{16}[\sinh(0.005844\sigma)]^{6.6718}\exp[-440823.5959/(RT)] \tag{2-11}$$

图2-10所示为不同变形温度、应变速率下690合金峰值应力实验值和计算值的比较。图中的直线是采用所建立的式（2-11）计算得到的，数据散点是实验测量值。由图可知，实验数据点都在计算值直线附近，线性相关系数$R=0.9884$，这说明模型计算和实验测得的峰值应力吻合较好。采用双曲正弦函数形式的

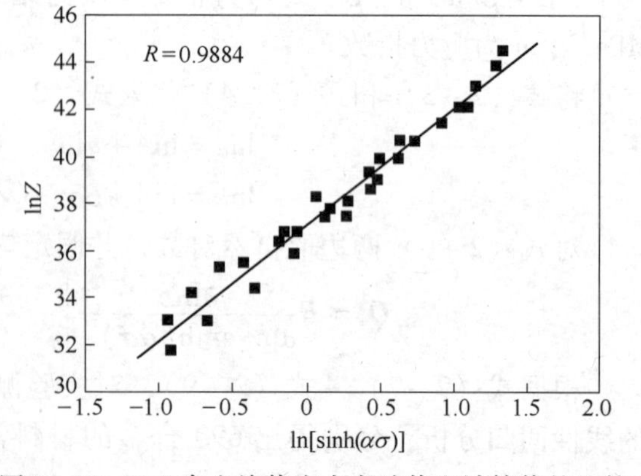

图2-10　690合金峰值应力实验值和计算值的比较

模型能够很好地预测690合金在热变形时不同变形温度、应变速率下的峰值应力值，利用该模型可以在实际生产工艺中快速地计算材料热加工过程的最大载荷，同时也为690合金热变形过程中完整本构关系的选择和建立提供了依据。

本构关系反映了材料本构行为的规律，在690合金锻造、穿孔和热挤压的生产工艺研究中，它是计算求解塑性成型问题的基本方程，也是合金热加工工艺参数制定及加工设备吨位选择的重要依据。由前面的分析可知，应变量是影响流变应力的一个重要因素，而表征峰值应力的式（2-10）和式（2-11）使用双曲正弦函数形式只是表示了变形温度、应变速率和流变应力三者之间的相互关系，忽略了应变量对本构方程中材料常数的影响，这势必会增加预测材料在热变形过程中实际流变应力的误差。因此有必要建立较为精确的含有应变量参数的本构关系模型，以便更准确地预测金属在热变形过程中的变形阻力，同时也可以提高金属热加工成型过程有限元数值模拟的精确度。

为了确定在不同变形温度、应变速率和应变量作用下690合金的本构模型，加入应变量补偿，建立变形温度、应变速率、应变量和应力之间的本构关系。按照690合金各材料常数确定和峰值应力表征的方法，分别在应变量为0.05~0.65范围内，以0.05为最小间隔，分别求出不同应变量下的β、n、α、Q、$\ln A$的值，然后用式（2-12）进行四次多项式拟合，从而获得β、n、α、Q、$\ln A$与应变量ε的多项式函数关系，如图2-11所示。各个材料常数都随着应变量的增加呈现出规律性的变化，通过四次多项式拟合能够精确地表达材料常数的变化规律，多项式中的各项系数见表2-1。

$$\left.\begin{aligned}\beta &= C_0 + C_1\varepsilon + C_2\varepsilon^2 + C_3\varepsilon^3 + C_4\varepsilon^4 \\ n &= D_0 + D_1\varepsilon + D_2\varepsilon^2 + D_3\varepsilon^3 + D_4\varepsilon^4 \\ \alpha &= E_0 + E_1\varepsilon + E_2\varepsilon^2 + E_3\varepsilon^3 + E_4\varepsilon^4 \\ Q &= F_0 + F_1\varepsilon + F_2\varepsilon^2 + F_3\varepsilon^3 + F_4\varepsilon^4 \\ \ln A &= G_0 + G_1\varepsilon + G_2\varepsilon^2 + G_3\varepsilon^3 + G_4\varepsilon^4\end{aligned}\right\} \tag{2-12}$$

表2-1 多项式拟合的系数

β	n	α	Q	$\ln A$
$C_0=0.08017$	$D_0=10.193$	$E_0=0.008$	$F_0=5.436\times10^5$	$G_0=48.705$
$C_1=-0.395$	$D_1=-22.331$	$E_1=-0.029$	$F_1=-1.171\times10^6$	$G_1=-115.108$
$C_2=1.450$	$D_2=47.010$	$E_2=0.128$	$F_2=5.755\times10^6$	$G_2=511.261$
$C_3=-2.361$	$D_3=-52.570$	$E_3=-0.220$	$F_3=-1.161\times10^7$	$G_3=-979.273$
$C_4=1.420$	$D_4=26.237$	$E_4=0.133$	$F_4=7.867\times10^6$	$G_4=644.394$

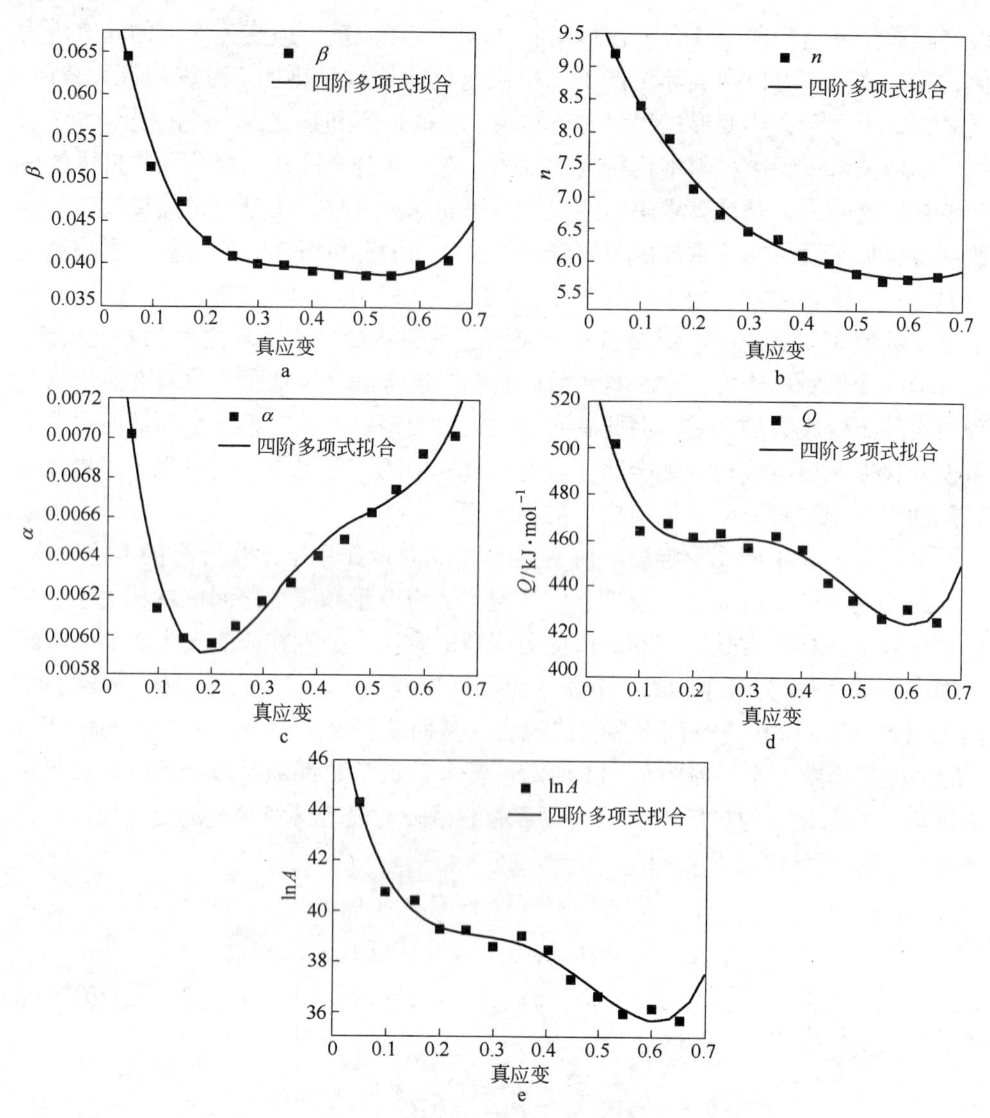

图2-11　材料常数与应变量多项式拟合关系曲线

a—β；b—n；c—α；d—Q；e—ln$A$

在利用式（2-12）和表2-1确定材料常数之后，就可以通过式（2-6）计算得到不同应变量下的流变应力σ，也可通过式（2-1）得到σ与Z参数之间的关系，即：

$$\sigma = \frac{1}{\alpha}\ln\left\{\left(\frac{Z}{A}\right)^{\frac{1}{n}} + \left[\left(\frac{Z}{A}\right)^{\frac{2}{n}} + 1\right]^{\frac{1}{2}}\right\} \tag{2-13}$$

这样，由式（2-12）、式（2-1）、式（2-13）及表2-1就构成了加入应变量补偿的690合金热变形全过程本构方程：

$$\left.\begin{aligned}
n &= D_0 + D_1\varepsilon + D_2\varepsilon^2 + D_3\varepsilon^3 + D_4\varepsilon^4 \\
\alpha &= E_0 + E_1\varepsilon + E_2\varepsilon^2 + E_3\varepsilon^3 + E_4\varepsilon^4 \\
Q &= F_0 + F_1\varepsilon + F_2\varepsilon^2 + F_3\varepsilon^3 + F_4\varepsilon^4 \\
\ln A &= G_0 + G_1\varepsilon + G_2\varepsilon^2 + G_3\varepsilon^3 + G_4\varepsilon^4 \\
Z &= \dot{\varepsilon}\exp[Q/(RT)] \\
\sigma &= \frac{1}{\alpha}\ln\left\{\left(\frac{Z}{A}\right)^{\frac{1}{n}} + \left[\left(\frac{Z}{A}\right)^{\frac{2}{n}} + 1\right]^{\frac{1}{2}}\right\}
\end{aligned}\right\} \quad (2-14)$$

为了验证不同变形温度、应变速率和应变量下本构方程预测流变应力的准确性，将本构方程计算所得流变应力曲线与实验曲线进行对比分析，如图 2 – 12 所示。图中的曲线是实验值，曲线附近数据点是通过式（2 – 14）和表 2 – 1 计算得到的，由图可知，模型计算和实验测得的真应力 – 真应变曲线吻合较好，说明该模型能够很好地预测 690 合金在不同变形温度、应变速率和应变量下热变形时的流变应力。

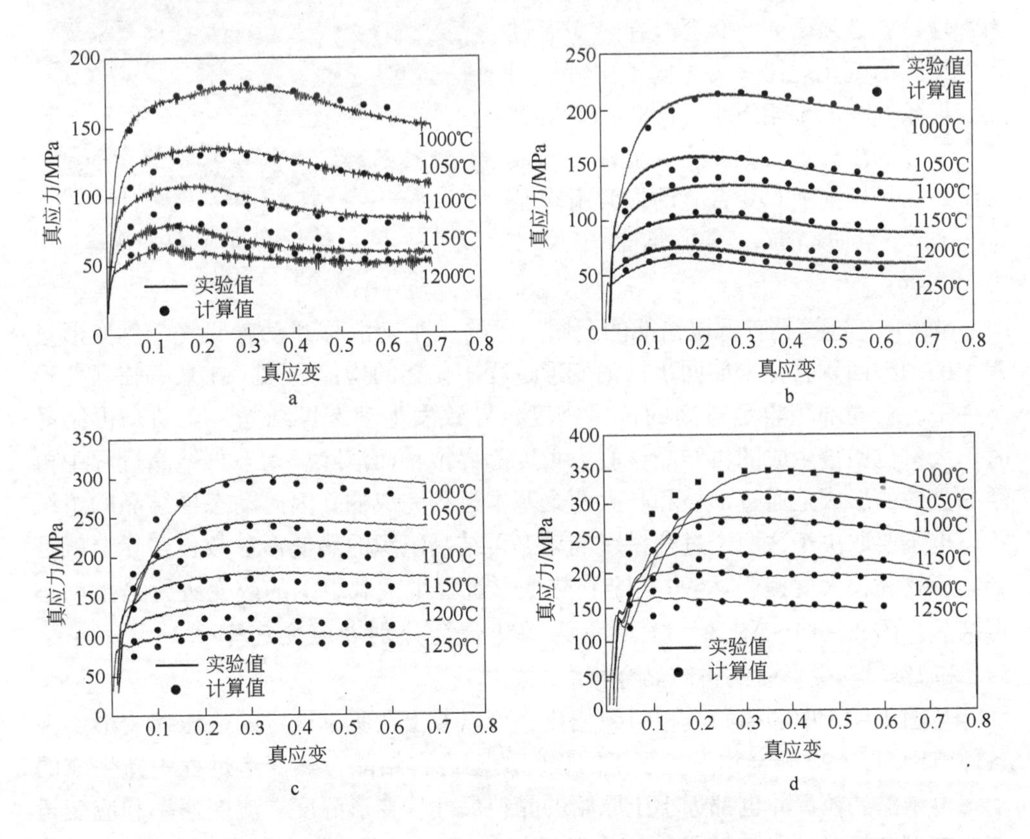

图 2 – 12 流变应力实验值与计算值的比较

a—0.01s^{-1}；b—0.1s^{-1}；c—1s^{-1}；d—10s^{-1}

2.3 再结晶组织的影响规律

金属材料在热变形过程中除了宏观性质（形状尺寸、流变应力等）会发生改变外，材料内部的微观组织也会发生改变，对热变形后材料的显微组织进行分析是对材料热加工工艺进行评价的重要手段。通过组织分析，一方面可以与真应力－真应变曲线相结合推断材料在热变形过程中的组织演化方式；另一方面可以更细致地考察热变形工艺参数选择的合理性。在实际生产中通常利用对变形温度、应变速率和应变量等热加工工艺参数的控制来改变工件制品的微观组织，获得所需要的组织结构，从而提高材料的使用力学性能和利用率。

以上两节分析了690合金热压缩变形时，变形温度、应变速率和应变量对流变应力的影响，热变形过程中之所以表现出来宏观流变应力的变化，就是因为合金内部微观组织在热变形过程中发生了相应的变化，所以要了解690合金的热变形行为特性，就必须研究690合金在热变形过程中组织的变化规律。为了便于比较不同热变形条件下的金相组织，图2－13再次给出了经固溶处理后的690合金锭坯的金相组织。热压缩前690合金的显微组织基本为均匀等轴晶粒，其平均晶粒尺寸为125μm。

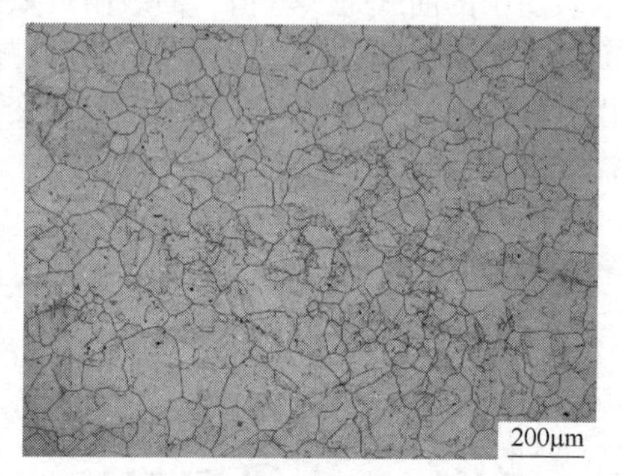

图2－13 经固溶处理后的690合金锭坯的金相组织

690合金这类具有低层错能的金属，不易发生交滑移和动态回复，热变形过程中的动态回复软化未能同步抵消变形过程中位错的增值积累，在某一临界变形条件下，会局部积累足够高的位错密度，导致发生动态再结晶。在动态再结晶时，大量位错被生成的再结晶核心大角度晶界推移而消除。动态再结晶过程中再结晶晶粒的形成是通过形核和长大两个基本过程完成的，因此动态再结晶的组织状态也主要取决于这两个过程，影响动态再结晶组织的热变形参数，实际上就是影响形核和长大过程[3]。690合金在热变形过程中微观组织的改变主要是指动态再结晶，图2－14～图2－17所示为690合金分别以应变速率$0.1s^{-1}$、$1s^{-1}$、$5s^{-1}$和$10s^{-1}$热变形后的再结晶金相组织。

与图2－13中的原始金相组织相比，可以看出在所有设定的热压缩变形实验条件范围内，690合金均发生了不同程度的动态再结晶，热变形过程中新生成的动态再结晶晶粒尺寸也都远小于原始的晶粒尺寸。变形温度、应变速率和应变量等热变形参数对动态再结晶体积分数和动态再结晶晶粒尺寸均有不同程度的影响，使合金内部的金相组织出现严重混晶、细小等轴晶粒或者粗大晶粒。此外还可以从图中直观地看出，在低变形温度1100℃下增加应变量能显著提高动态再结晶体积分数，而同一应变速率下提高变形温度使动态再结晶体积分数和动态再结晶晶粒尺寸都明显增大，下面详细分析热变形参数对动态再结晶组织状态的影响规律。

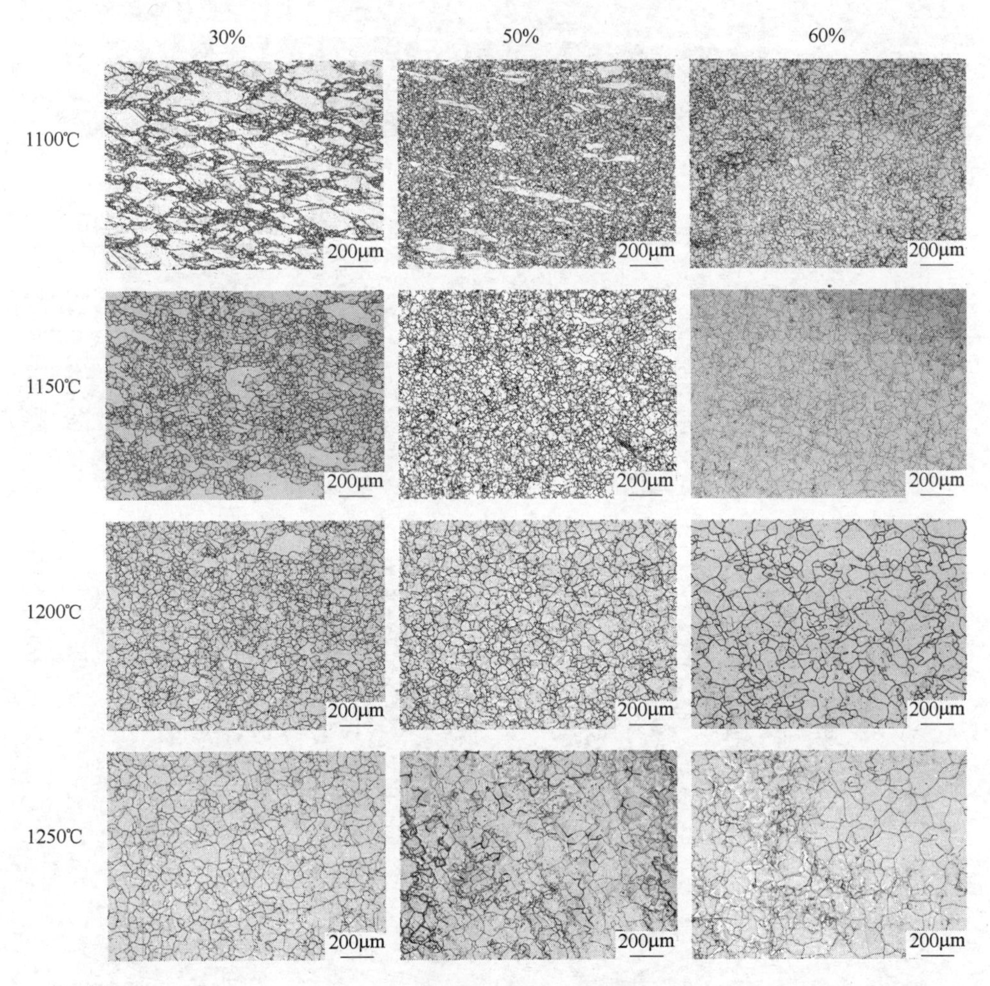

图2-14 690合金以应变速率0.1s^{-1}变形后的显微组织

2.3.1 热变形参数对再结晶组织的影响

2.3.1.1 应变量对再结晶组织的影响

图2-18为690合金在1150℃以1s^{-1}的应变速率变形时的真应力-真应变曲线以及对应曲线上a~e点的显微组织。由图可见，当应变量较小时便已开始在三叉晶界处发生动态再结晶，部分晶界出现明显弓弯现象，这表明与已有大量研

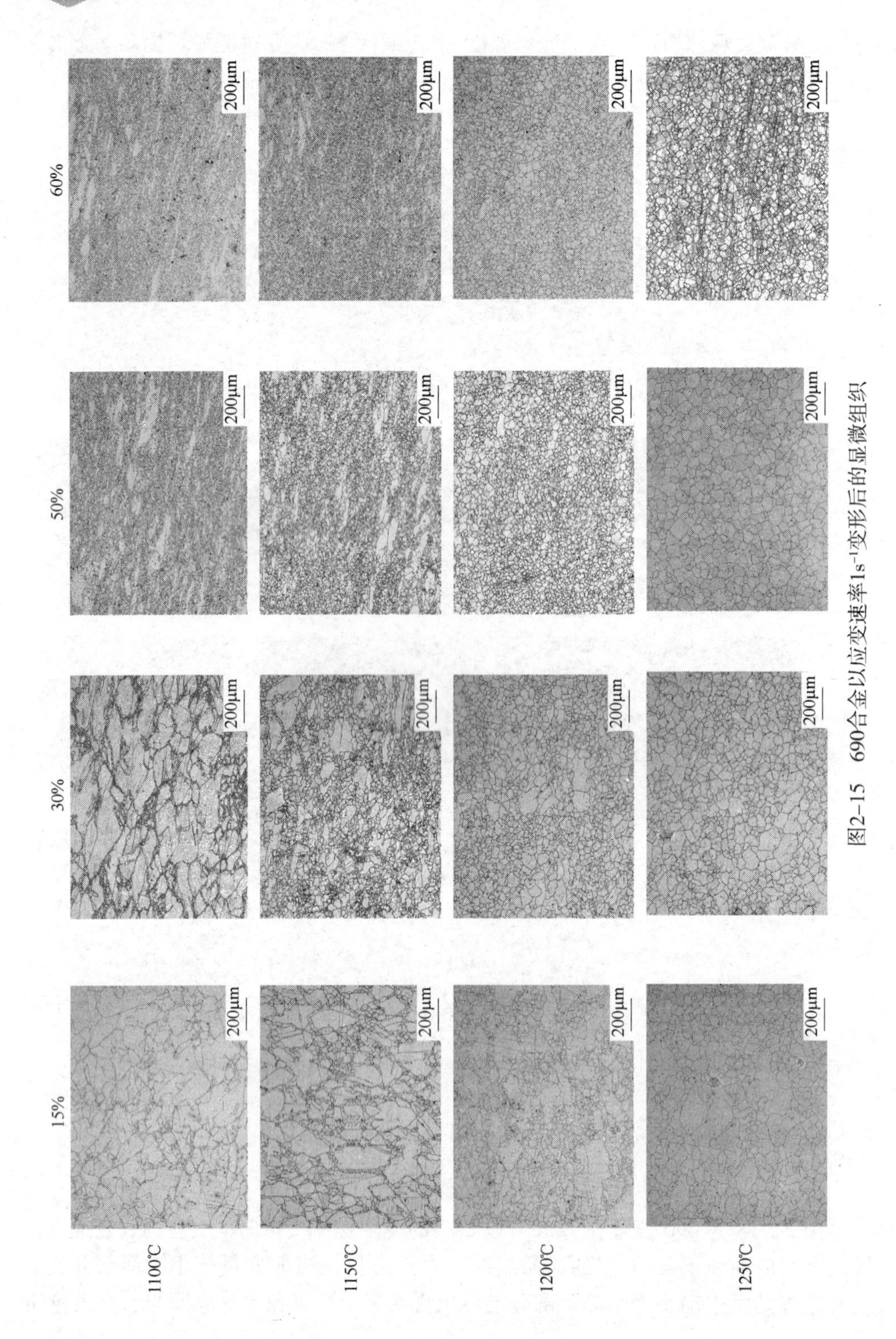

图2-15　690合金以应变速率$1s^{-1}$变形后的显微组织

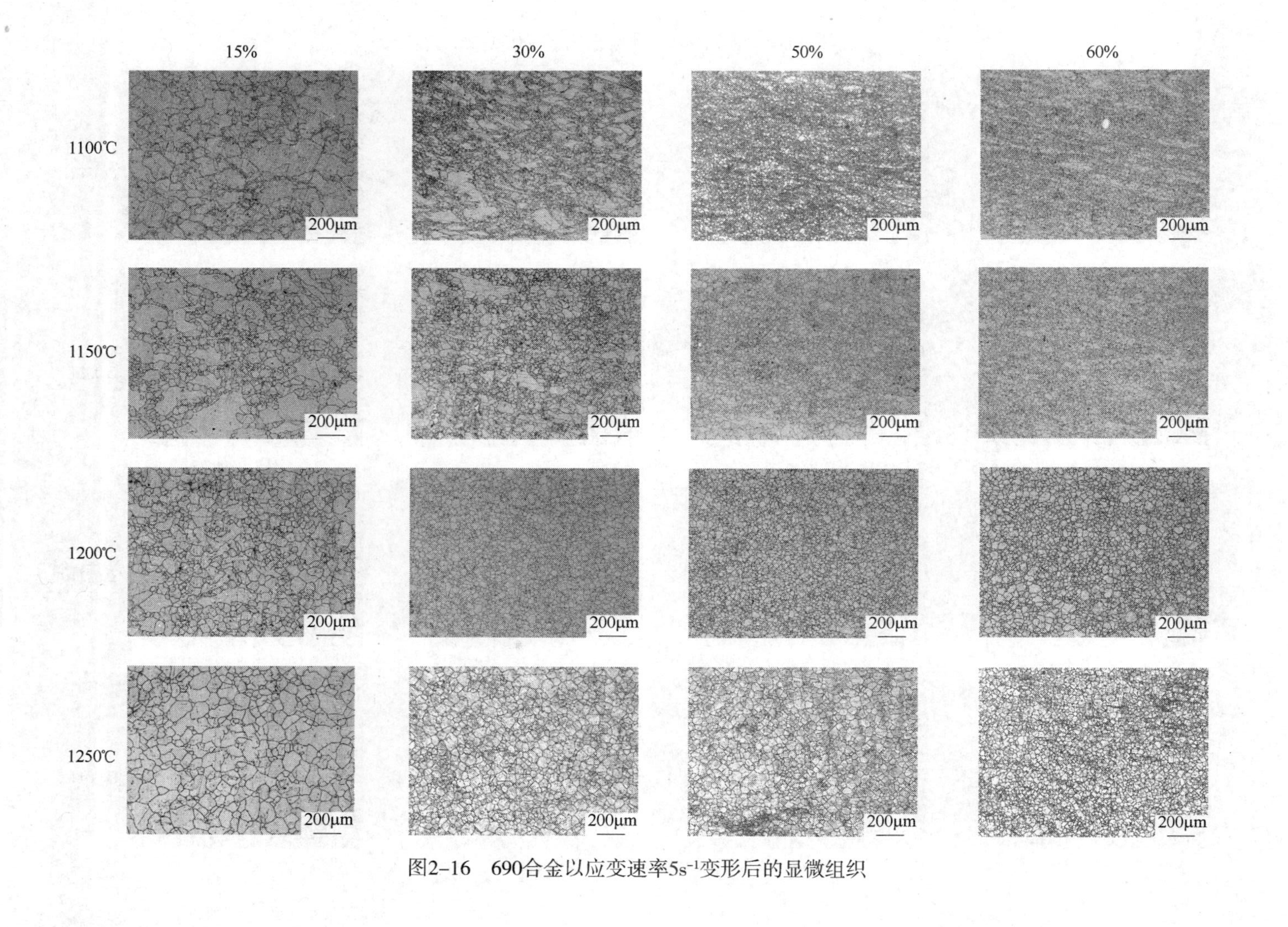

图2-16 690合金以应变速率$5s^{-1}$变形后的显微组织

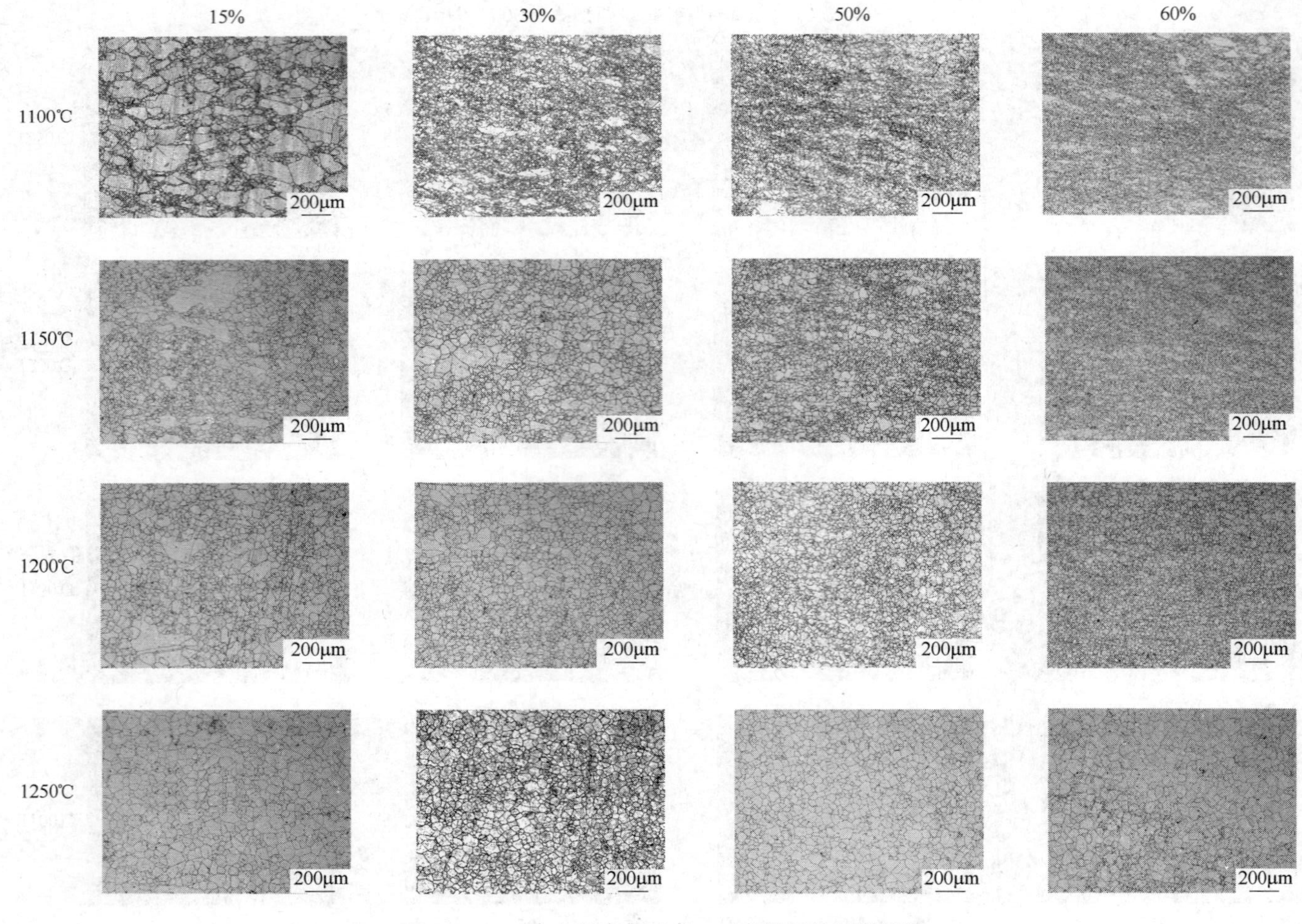

图2-17 690合金以应变速率$10s^{-1}$变形后的显微组织

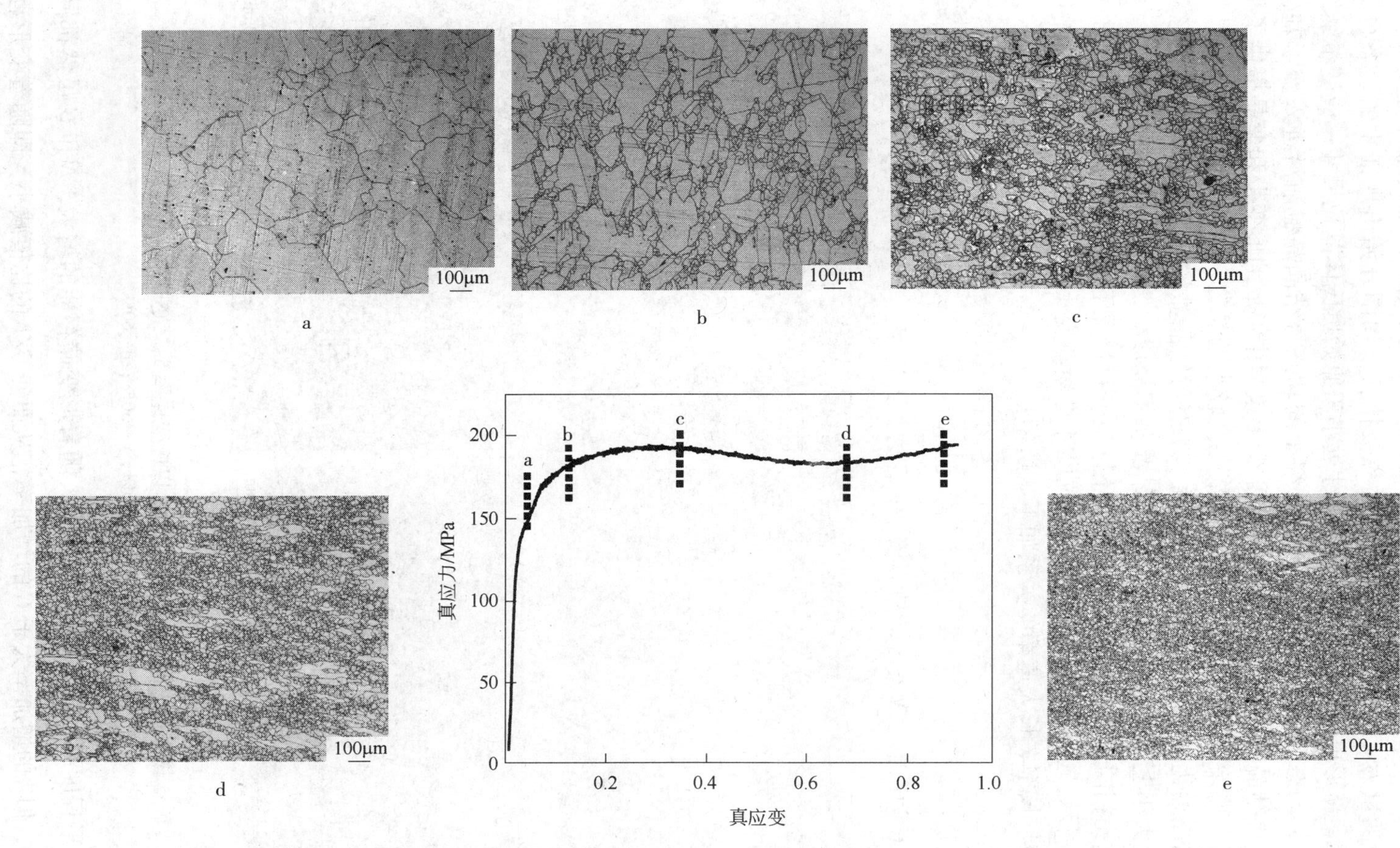

图2-18 690合金在1150℃以应变速率$1s^{-1}$变形的应力-应变曲线及显微组织演变

究的奥氏体合金钢相比，镍基奥氏体耐蚀合金发生动态再结晶的临界应变要小很多；应变量为15%时，原始奥氏体晶粒被拉长，周围开始出现细小的动态再结晶晶粒，新形成的动态再结晶晶粒尺寸远小于原始奥氏体晶粒尺寸；应变量继续增加时，动态再结晶晶粒大量形成，细小的动态再结晶晶粒前沿进入变形基体中，未再结晶区逐渐被消耗，同时由于变形过程中形成的形变带和孪晶提供了形核位置，原始粗大奥氏体晶粒被分割成几个较小的晶粒，加速了原始奥氏体晶粒的再结晶细化；当应变量达到60%时，动态再结晶晶粒与未再结晶晶粒在形貌和尺寸大小上已经很难区分，动态再结晶基本完成。

对比相同变形温度和应变速率、不同应变量情况下变形后的组织特征，如图2－19所示，还可发现动态再结晶晶粒尺寸是逐渐变小的。这是因为再结晶晶粒尺寸与形核率、长大速率的关系如下式所示：

$$d = C\left(\frac{G}{\dot{N}}\right)^{\frac{1}{4}} \qquad (2-15)$$

式中，C为系数；$\dot{N}$为再结晶形核率；G为长大速率。

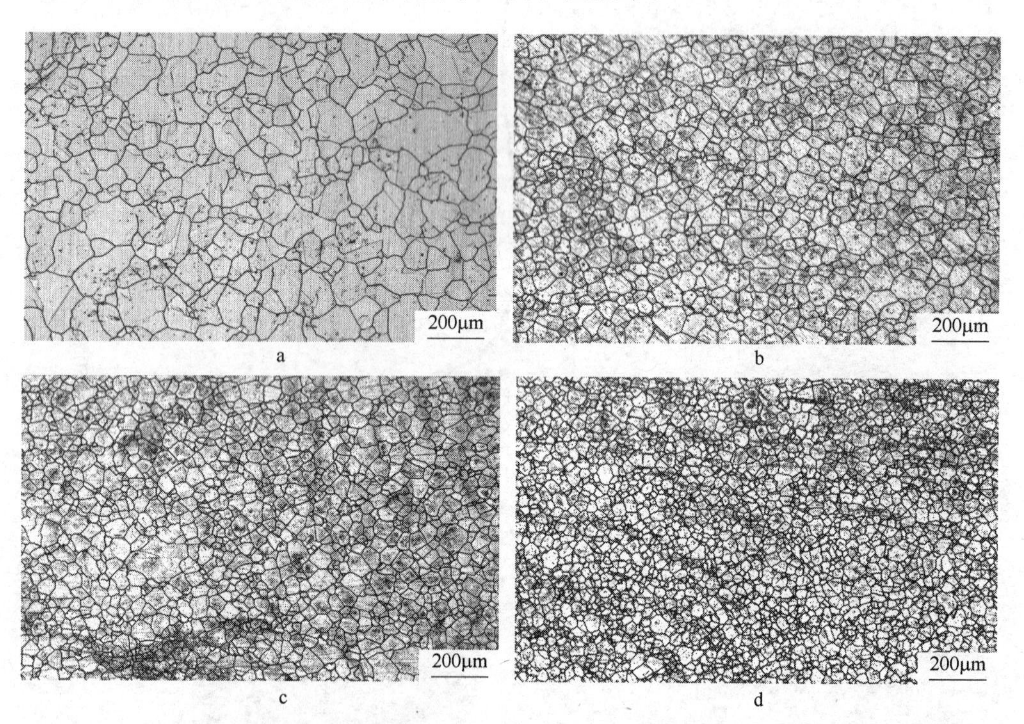

图2－19　690合金在1250℃以应变速率$5s^{-1}$变形后的显微组织
a—15%；b—30%；c—50%；d—60%

变形程度越大，形变储存能越大，随着形变储存能的增大，$\dot{N}$和G虽然都同时增加，但$\dot{N}$的增加率大于G的增加率，从而使$G/\dot{N}$的比值减小，即随着变形程度的增大，再结晶晶粒尺寸逐渐减小。

通过以上分析可知，应变量的大小直接影响到试样变形后的组织状态，特别是组织的均匀性，因为变形后的组织和再结晶过程发展程度密切相关，同时为了减小各向异性，必须有足够的应变量。应变量不够大时原始晶粒未被打碎，在此基础上进行再结晶，得到的组织难以满足设计的要求，且试样力学性能各向异性大。因此，为了得到均匀的组织，减小各向异性，确定合理的应变量是非常重要的。

2.3.1.2 变形温度对再结晶组织的影响

690 合金在不同变形温度以 $1s^{-1}$ 的应变速率变形 50% 后的显微组织和定量分析结果如图 2－20 和图 2－21 所示。由图可见，在其他条件一定的情况下，变形

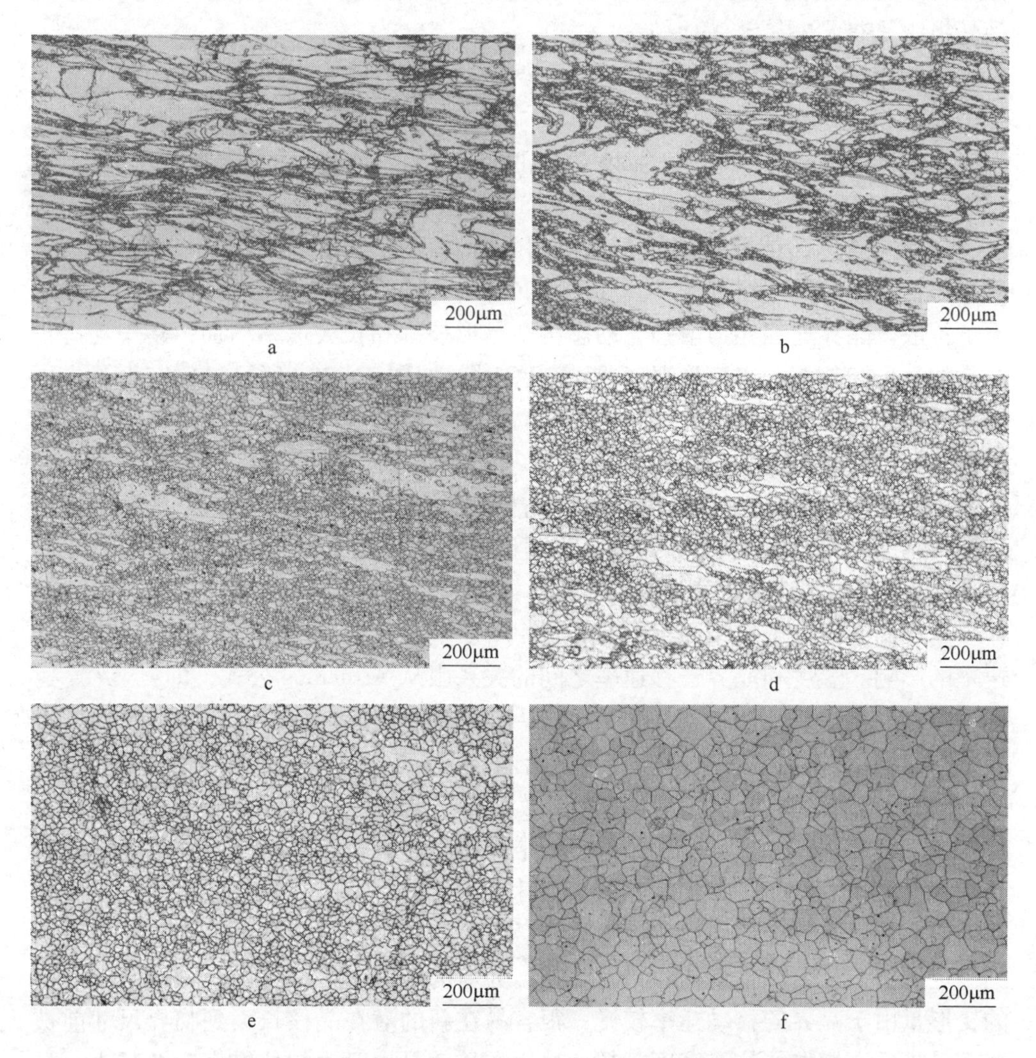

图 2－20 690 合金以应变速率 $1s^{-1}$ 变形 50% 后的显微组织

a—1000℃；b—1050℃；c—1100℃；d—1150℃；e—1200℃；f—1250℃

温度对动态再结晶显微组织的影响非常明显。随着变形温度的升高，动态再结晶体积分数和动态再结晶晶粒尺寸均呈现增加趋势。当变形温度为1000℃和1050℃时，如图2－20a、b所示，由于变形温度低以及晶界未回溶碳化物的钉扎作用，动态再结晶不充分，再结晶组织是被严重拉长的原始奥氏体晶粒和在其周围分布的细小动态再结晶晶粒，经统计得到动态再结晶体积分数仅为29.7%和35.0%，动态再结晶晶粒尺寸分别为6.1μm和11.6μm。当变形温度升高到1100℃和1150℃时，如图2－20c、d所示，未再结晶奥氏体晶粒减少，动态再结晶体积分数增加到53.1%和58.2%，动态再结晶晶粒尺寸增大到21.1μm和26.0μm，这是因为随着变形温度的提高，原子扩散、晶界迁移能力增强，动态再结晶形核率和长大速率增加，易于动态再结晶的发生和长大。当变形温度为1200℃时，如图2－20e所示，仅有少量未再结晶晶粒残留，晶粒基本为细小的等轴晶，晶粒尺寸大小也比较均匀，动态再结晶体积分数和晶粒尺寸分别为75.7%和29.5μm。当变形温度达到1250℃时，如图2－20f所示，由于变形温度很高，晶粒发生了完全动态再结晶，晶界比较平直，再结晶晶粒也呈现均匀的等轴状，但是再结晶晶粒尺寸已经长大到76.3μm，呈现明显的粗化趋势。

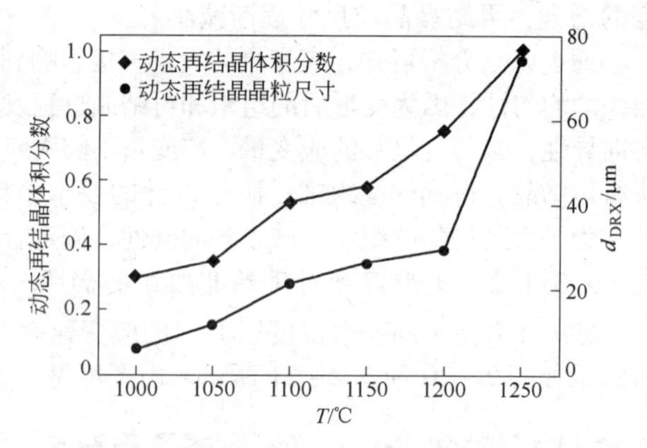

图2－21　变形温度对动态再结晶体积分数和动态再结晶晶粒尺寸的影响

变形温度对动态再结晶组织的影响，本质上就是温度对原子扩散和晶界移动速率的影响。温度和晶界迁移速率之间的关系服从Arrhenius公式，即：

$$v = v_0 \exp[-Q/(RT)] \tag{2-16}$$

式中，v为晶界迁移速率；Q为变形激活能。

690合金在不同变形条件下的变形激活能Q基本一致，因此晶界迁移速率主要依赖于温度T。在温度较高时变形晶界的移动速率较快，而凸起的晶界迁移较快则容易在较短时间长大到临界形核尺寸成为新的再结晶晶粒，同时由于晶界的移动速率快，连续变形引起的迁移晶界后方位错密度的剧烈减小很难被补充增加到一定的值，从而产生新的位错密度差，为新的形核做好准备。温度较低时同样的变形量由于晶界的移动速率较慢，很容易在新的潜在晶核长大到临界尺寸前被移动晶界后方增加的位错密度赶超，这样在移动晶界两边的位错密度差减小，晶界移动缺少足够的驱动力，潜在晶核就会停止生长，同时由于表面能的原因它可能会自动消退，进而减少了动态再结晶体积分数。

2.3.1.3　应变速率对再结晶组织的影响

图2－22为690合金在1150℃下以不同应变速率变形60%后的显微组织，定量分析结果见图2－23。由图可见，随应变速率升高，合金的动态再结晶体积分数先下降后上升，而动态再结晶晶粒尺寸是逐渐下降的。当应变速率为0.1s^{-1}时，合金的动态再结晶程度和再结晶晶粒尺寸都是最大的，这是因为当应变速率较小时，合金有充分的时间进行动态再结晶的形核和长大。当应变速率为1s^{-1}时，由于变形速率较快，晶界来不及迁移导致再结晶晶粒来不及充分地长大，此时动态再结晶体积分数最小，动态再结晶晶粒尺寸也减小。当应变速率进一步提高到10s^{-1}时，由于应变速率快，产生很大变形热，致使合金温度升高，再结晶速率加快，动态再结晶体积分数增加，而动态晶粒尺寸因时间太短来不及长大。

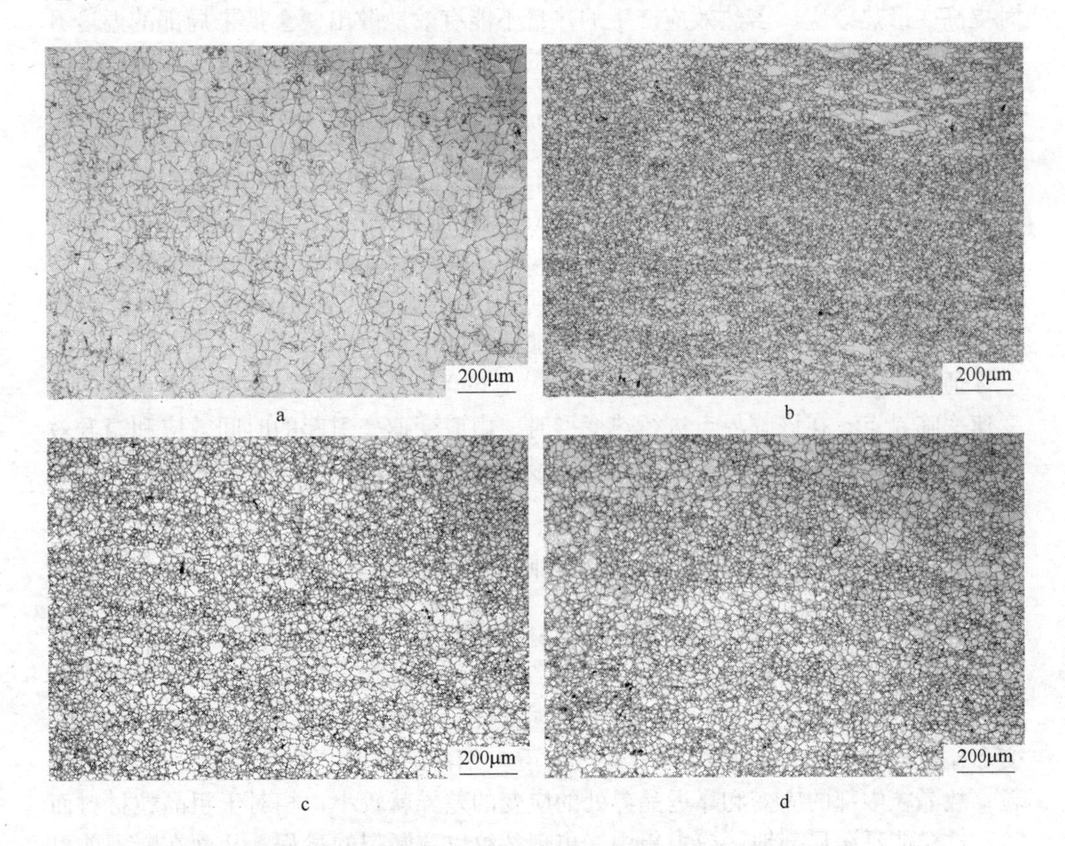

图2－22　690合金在1150℃下变形60%后的显微组织

a—0.1s^{-1}；b—1s^{-1}；c—5s^{-1}；d—10s^{-1}

可见应变速率对动态再结晶的影响比较复杂，在热变形过程可以同时起到几种作用，具体如下：

(1) 提高应变速率，有利于原始组织形成大量的位错和结构缺陷，形变储存能增大，这为再结晶提供了有利的形核位置，提高了形核率，从而达到了细化晶粒的效果。

(2) 在高应变速率下变形时，由于变形时间较短，晶界和原子的迁移受到时间的抑制，再结晶来不及发展。

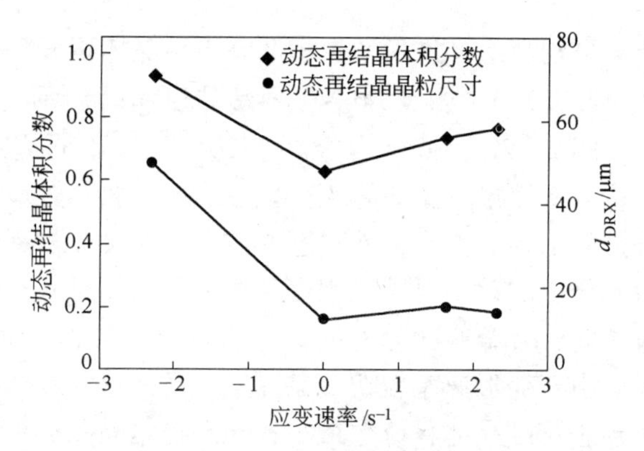

图2-23　应变速率对动态再结晶体积分数和动态再结晶晶粒尺寸的影响

(3) 提高应变速率，会同时提高变形热效应，若热效应产生的热量不能有效地散出便会带来局部的温度升高[4]。假定试样内部的温度升高是均匀的，则有：

$$\Delta T = \eta\beta \frac{\bar{\sigma}\Delta\varepsilon}{\rho c_p} \tag{2-17}$$

式中，η为热转化效率，一般取$\eta=0.9$；β为压缩过程中的绝热系数，可近似认为β只与应变速率$\dot{\varepsilon}$有关；$\bar{\sigma}$为相应于$\Delta\varepsilon$的平均等效应力；c_p和ρ分别为比热容和密度。温度升高ΔT可能造成再结晶体积分数和再结晶晶粒尺寸的增大。

实际的热加工过程中，应变速率对再结晶的影响可能是以上三点的综合作用，具体哪种因素占主导作用需进行更加细致的讨论。

通过以上的分析可知，应变速率$1s^{-1}$是690合金热变形过程中非常重要的应变速率临界点，在该临界点进行热变形时，由应变速率引起的时间效应和温升效应均不明显，进而导致动态再结晶程度最小。在小于或大于该应变速率下变形都会使合金的动态再结晶体积分数增加。

2.3.2　初始晶粒尺寸对热变形特性的影响

一般认为金属和合金晶粒越细小，材料的塑性越好，即晶粒细化有利于提高金属的塑性。这是因为晶粒越细，在同一体积内晶粒数目越多，塑性变形时位向有利于滑移的晶粒也较多，在一定变形数量下，变形可分散在许多晶粒内进行，变形比较均匀。从每个晶粒的应变分布看；细晶粒时晶界的影响能遍及整个晶粒，故晶粒中部的应变和靠近晶界处的应变的差异就较小，相对于粗晶粒材料而言，这样能延缓局部地区应力集中、出现裂纹以致断裂的过程，从而在断裂前可以承受较大的变形量，提高了塑性[5]。总之，细晶粒金属的变形不均匀性和由变形不均匀性所引起的应力集中均较小，故开裂的机会也少，断裂前可承受的塑性变形量增加。另外，金属和合金晶粒越细小，同一体积内的晶界就越多，室温时晶界强度高于晶内，因而金属和合金的实际应力高。以上所说晶粒大小对流变应力的影响，是考虑到温度较低时的情况。这时多晶体材料细化晶粒后，的确可按霍尔－佩奇公式的关系提高材料的屈服强度、断裂强度和疲劳强度，可以改善塑性、韧性。但是在高温下，细化晶粒却使材料弱化。主要是因为晶粒变小时增强了晶界滑动和晶界扩散变形机理的作用，使细晶粒材料的实际应力反而较低。

在已发表的文献中关于晶粒尺寸对合金流变应力和再结晶晶粒尺寸等热变形特性的影响结论不统一。文献［6、7］认为流变应力和稳态晶粒尺寸几乎与原始晶粒尺寸无关；文献［8］的结论是初始晶粒尺寸越小，流变应力越高；文献［9］结果表明粗大晶粒会使得流变应力值有所增加。为了提高有限元计算的精度，提供更具参考价值的计算结果，需要研究初始晶粒尺寸对690合金高温变形特性的影响。

2.3.2.1　初始晶粒尺寸对流变应力的影响

图2－24所示为具有三种晶粒尺寸（35μm、125μm和211μm）的试样在变形温度1100℃、应变速率$1s^{-1}$条件下热压缩变形时的真应力－真应变曲线。在相同变形温度和应变速率的条件下，125μm和35μm以及211μm和125μm的曲线相比都高出10MPa左右，说明晶粒的粗化会使得690合金在变形时的抗力有所增加。图2－25给出了所有变形条件下应变达到0.16时的流变应力值，均可以看出流变应力有随晶粒尺寸的增大而升高的趋势。

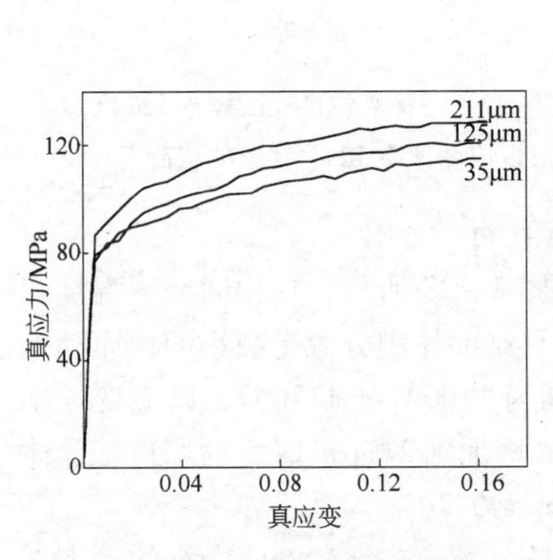

图2－24　不同晶粒度试样在1100℃以应变速率$1s^{-1}$变形的真应力－真应变曲线

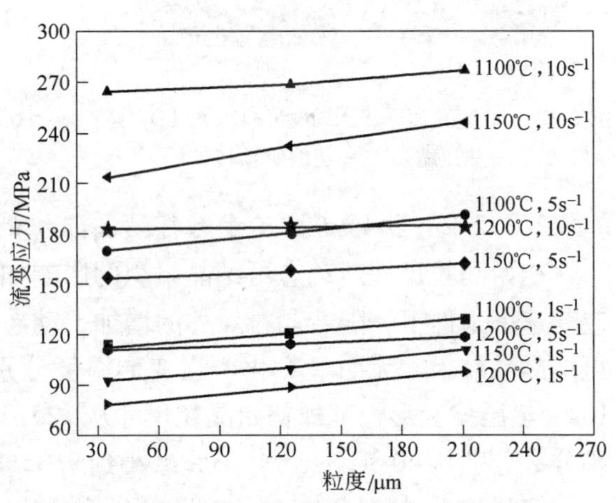

图2－25　流变应力随晶粒度变化曲线

为了验证初始晶粒尺寸对690合金实际热加工变形抗力的影响，利用有限元软件DEFORM－2D，结合三种晶粒尺寸试样热变形时的真应力－真应变曲线，建立等温恒应变速率热压缩有限元模型，模型采用四边形节点单元，变形过程采用弹塑性有限元法，并且由于在几何上的对称性而采用轴对称的处理方式，如图

2－26所示。其中试样是直径为8mm、长为12mm的圆柱，变形温度1200℃，应变速率为$10s^{-1}$。图2－27给出了三种晶粒尺寸试样热压缩过程中载荷随位移变化的曲线，压缩初始晶粒尺寸为35μm和211μm，试样的压下量达到1.8mm（应变量15%），所需载荷分别为11134.41N和12057.36N，载荷增加了923N，增加比例接近10%。所以，如果材料变形所需最大载荷已接近生产设备的极限吨位时，就得考虑初始晶粒尺寸改变对实际热加工过程中变形抗力的影响。但是，如果材料变形所需最大载荷远低于生产设备的极限吨位时，可以忽略初始晶粒尺寸对材料热加工变形抗力的影响。

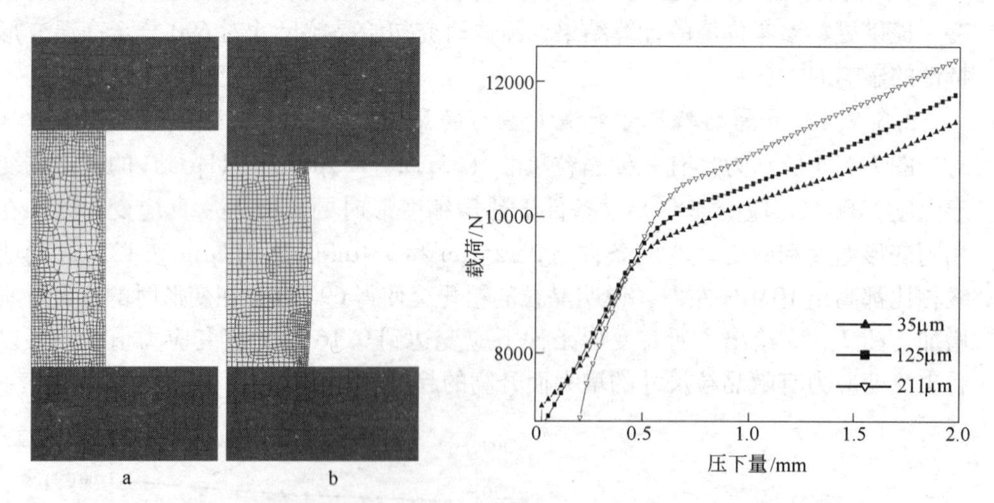

图2－26 恒应变速率热压缩变形有限元几何模型
a—热压缩前；b—压缩变形15%

图2－27 三种晶粒尺寸试样在1200℃以应变速率$10s^{-1}$变形的载荷

2.3.2.2 初始晶粒尺寸对再结晶组织的影响

初始晶粒尺寸对动态再结晶组织的影响如图2－28所示。在相同变形温度和应变速率条件下，随着晶粒尺寸的增加，动态再结晶体积分数是减小的，而动态再结晶晶粒尺寸无明显变化。当变形温度分别为1100℃和1150℃，以应变速率$10s^{-1}$热压缩变形，试样初始晶粒尺寸从125μm增加到211μm时，动态再结晶体积分数分别从40.92%、74.63%减小到9.35%、40.70%。

解释初始晶粒尺寸对再结晶体积分数的影响，就应先清楚690合金的动态再结晶形核机制。再结晶过程新晶粒的形成包括形核和核心长大两个基本过程。首先在变形基体中形成无畸变的再结晶核心，然后核心在变形基体中扩张、长大，最后变形基体消失，全部形成新晶粒。再结晶的形核是一个比较复杂的过程，这一过程可能从几十个或几百个原子范围的微观尺度开始发生，并常常局限于变形基体的某些局部[10]。

（1）三叉晶界（位错塞积区）：从图2－29a可以看出，690合金再结晶核优

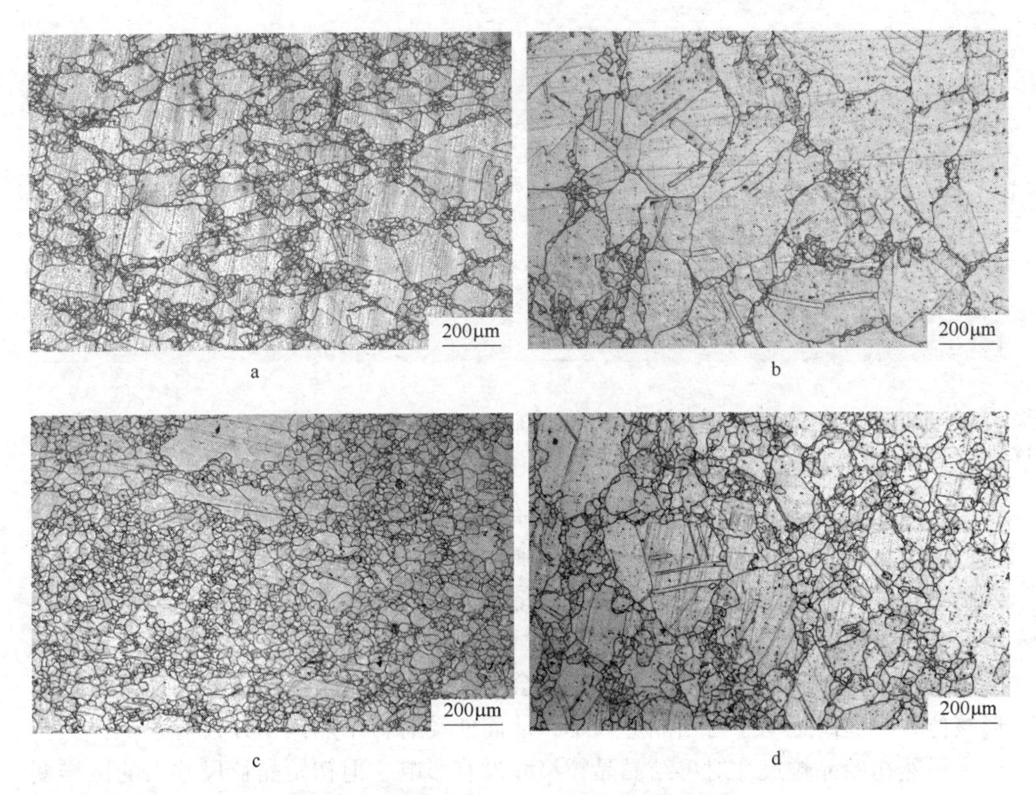

图 2-28　初始晶粒尺寸对动态再结晶的影响

a—125μm，1100℃/10s^{-1}；b—211μm，1100℃/10s^{-1}；
c—125μm，1150℃/10s^{-1}；d—211μm，1150℃/10s^{-1}

先在已存在的三个或三个以上的晶界相交处形成，变形金属中存在的某些位错塞积区，也可以成为有利于再结晶核生成的部位[11]。一般认为，如果在变形过程中金属组织中的任何缺陷结构不被位错滑移及其他变形机制切过或消除，则会在其周围出现位错塞积的现象，进而形成高位错密度区，即高储能区。变形组织中的多个晶界交接处就属于这种情况，这种缺陷结构在加热时容易首先发生变化，从而造成形核的机会。

（2）晶界弓弯（应力诱导晶界迁移）：多晶体的变形具有不均匀性，由于晶粒取向的差别，不同取向的晶粒所经受的应变量可能不同，应变量大的晶粒具有较高的位错密度，应变量小的晶粒位错密度较低，这样就在原始大角度晶界两侧造成位错密度差。大角度晶界两侧位错密度差在一定能量条件下，造成位错密度低的区域长入相邻位错密度高的晶粒中，出现锯齿形晶界[12]，如图 2-29b 所示。凸进高位错密度晶粒的区域几乎无应变硬化，就作为再结晶核心。

690 合金在热变形过程中优先在已存在的三个或三个以上的晶界相交处再结晶形核，而初始晶粒尺寸小的试样比初始晶粒尺寸大的试样在单位面积内具有更

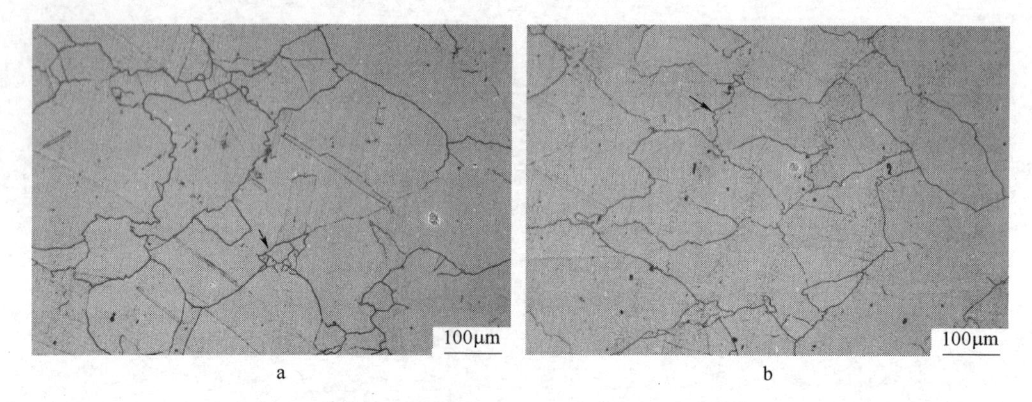

图2-29　690合金动态再结晶的形核位置
a—三叉晶界位置形核；b—应力诱导晶界迁移

多的三叉晶界，能够提供更多的动态再结晶形核位置，从而促进动态再结晶发生，增大动态再结晶软化效果，降低流变应力值。690合金动态再结晶的形核主要是大角度晶界两侧存在位错密度差的结果，也就是晶界弓弯机制，与初始晶粒尺寸大的试样相比，初始晶粒尺寸小的试样在单位体积内会有更多的晶界，那么出现两侧具有不同取向大角度晶界的机会增多，也有利于提供更多的动态再结晶形核位置，提高了动态再结晶形核率，从而使动态再结晶体积分数增大。

虽然初始晶粒尺寸对再结晶晶粒尺寸没有影响，但初始晶粒尺寸大的试样变形后的显微组织没有初始晶粒尺寸小的试样均匀，会有部分未完全再结晶的原始组织，如图2-30b所示。同时在图中还可以看出两种初始晶粒尺寸试样均在已再结晶区域发生了多轮动态再结晶。小晶粒尺寸试样形核较均匀，进而动态再结晶以及多轮动态再结晶晶粒均匀，更加细化原始晶粒。晶粒粗大时，动态再结晶发展不平衡，很多区域还未发生动态再结晶，而已再结晶的部分区域也发生了多轮动态再结晶，导致组织均匀性变差，最终晶粒尺寸相差较大。

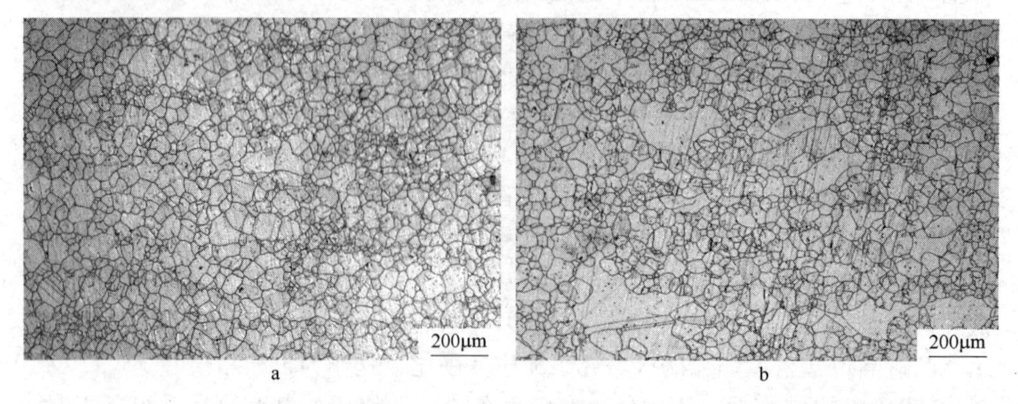

图2-30　在1200℃应变速率$10s^{-1}$下变形晶粒尺寸对再结晶组织均匀性的影响
a—35μm；b—211μm

2.3.3　再结晶图

晶粒尺寸对镍基高温合金的力学性能有非常显著的影响。由于镍基高温合金是以面心立方奥氏体为基体的，且不存在同素异构转变，热加工过程中形成的显微组织状态往往难以通过后续的热处理工艺进行调整。为了得到细小均匀的晶粒组织，减小各向异性，应尽量使合金发生完全动态再结晶，避免出现部分再结晶混晶组织，同时充分利用动态再结晶过程来调整和控制晶粒尺寸，以保证高温合金的冶金质量。前面分别论述了晶粒尺寸与变形温度、应变速率和应变量密切相关，再结晶图能综合表示应变量、变形温度和晶粒尺寸之间的关系，利用再结晶图可以确定热变形后的晶粒大小，通过改变热变形参数来控制动态再结晶工艺。

分别统计690合金在应变速率为$0.1s^{-1}$、$1s^{-1}$、$5s^{-1}$和$10s^{-1}$时，不同变形温度和应变量参数对应的动态再结晶完成程度，发生完全再结晶的变形条件用○标表示，发生部分再结晶的变形条件用×标表示，于是便能绘出690合金发生完全再结晶条件图，如图2-31所示，图中曲线即为完全动态再结晶临界线，曲线的左下方为部分再结晶区域，曲线的右上方为完全再结晶区域。测量不同变形温度

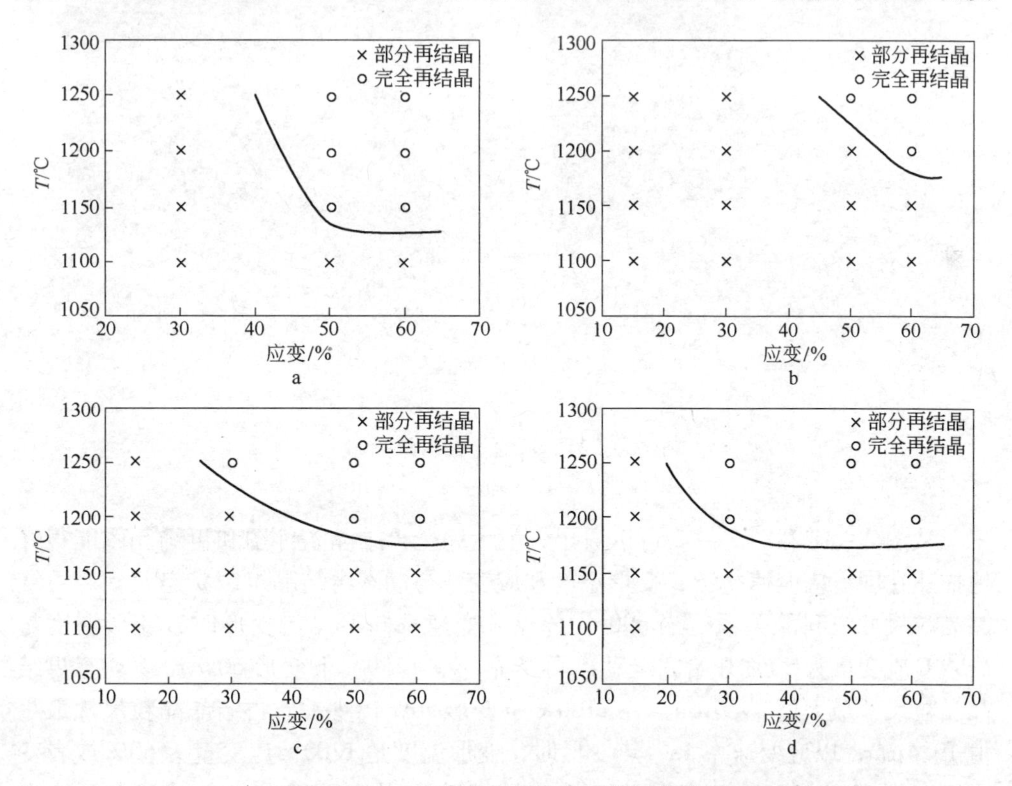

图2-31　690合金发生完全再结晶条件图

a—$0.1s^{-1}$；b—$1s^{-1}$；c—$5s^{-1}$；d—$10s^{-1}$

和应变量参数对应的动态再结晶晶粒尺寸，用水平面上两个相互垂直的坐标轴分别表示应变量和变形温度，垂直于水平面的坐标轴表示晶粒尺寸大小，即得到690合金的再结晶图，如图2－32所示。

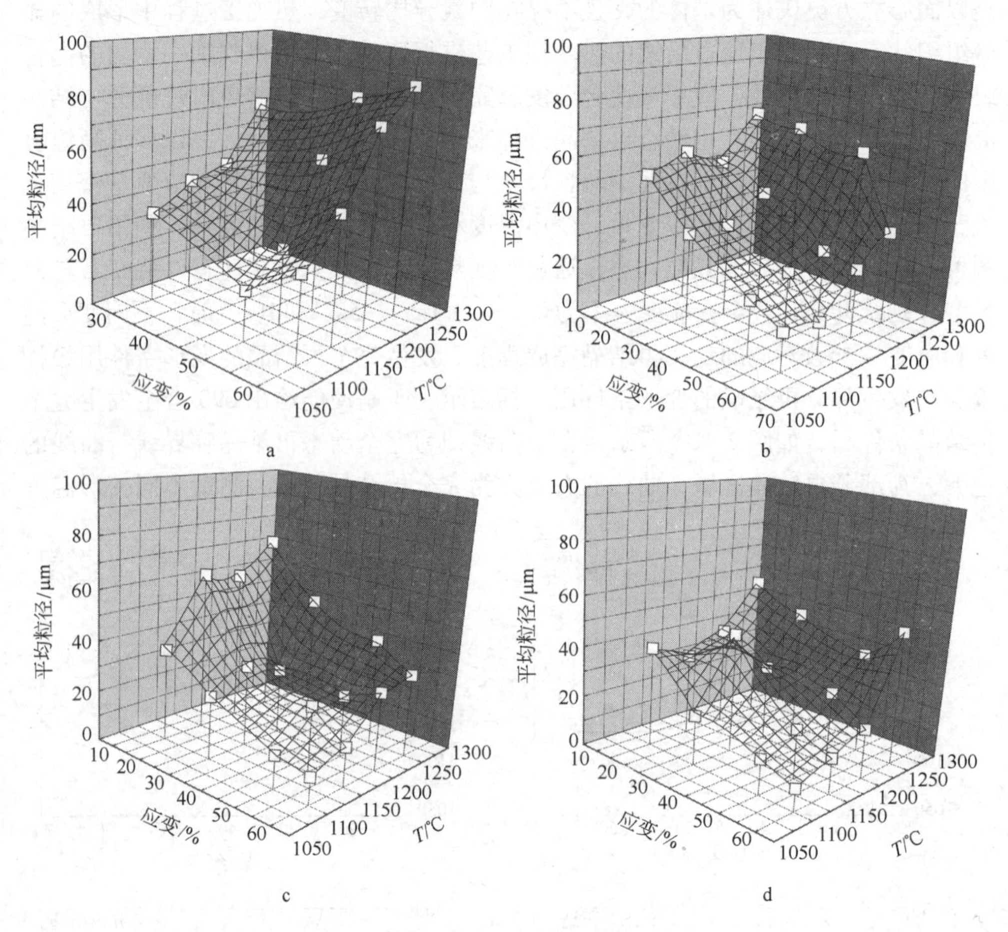

图2－32　690合金的再结晶图

a—0.1s^{-1}；b—1s^{-1}；c—5s^{-1}；d—10s^{-1}

从图2－31和图2－32可以看出，发生完全再结晶条件图和再结晶图能很好地描述在同一应变速率下，变形温度和应变量与动态再结晶组织状态及动态再结晶晶粒尺寸之间的关系。当690合金以应变速率0.1s^{-1}热变形时，变形温度是1150℃应变量为50%开始完全动态再结晶，在1250℃下变形60%出现动态再结晶晶粒尺寸最大值89.9μm，在1100℃下变形50%出现动态再结晶晶粒尺寸最小值19.4μm；以应变速率1s^{-1}热变形时，变形温度是1200℃应变量为60%或者变形温度提高到1250℃应变量为50%才开始完全动态再结晶，在1250℃下变形15%出现动态再结晶晶粒尺寸峰值69.8μm，在1100℃下变形60%出现动态再结晶晶粒尺寸最小值 14.6μm；以应变速率 $5s^{-1}$ 热变形时，变形温度是 1200℃应变量为 50% 或者变形温度提高到 1250℃应变量减小到 30% 开始完全动态再结晶，同样在 1250℃下变形 60% 后得到最大动态再结晶晶粒尺寸 72.2μm，在 1100℃下变形 60% 后得到最小动态再结晶晶粒尺寸 10.6μm；以应变速率 $10s^{-1}$ 热变形时，变形温度是 1200℃应变量为 30% 即可完全动态再结晶，同样动态再结晶晶粒尺寸峰值出现在变形温度 1250℃应变量 60% 处，动态再结晶晶粒尺寸最大值为 57.8μm，动态再结晶晶粒尺寸最小值出现在变形温度 1100℃应变量 60% 处，最小值仅为 8.71μm。

对比四个应变速率下的发生完全再结晶条件图可知，部分再结晶组织均存在于低温小应变量区域（完全再结晶图的左下方），而完全再结晶组织则在高温大应变量区域（完全再结晶图的右上方）出现，即随着变形温度的升高和应变量的增加，动态再结晶体积分数增大，动态再结晶更容易进行。同时，对比四个应变速率下的再结晶图可知，当变形温度一定时，动态再结晶晶粒尺寸基本上随着应变量的增加而减小，特别是当应变速率大于 $1s^{-1}$ 时表现得更明显；当应变量一定时，动态再结晶晶粒尺寸随着变形温度的升高而单调增大，即动态再结晶晶粒尺寸最大值均出现在高温小应变量区域，然后向低温大应变量区域减小过渡，亦即三维再结晶图中的晶粒尺寸面整体由后向前倾斜降低。

由于在 690 合金管材的实际生产中，需经过开坯、锻造、穿孔和挤压等热加工工序，各工序的应变速率往往变化很大，各部位应变速率搭配复杂，利用这种相同应变速率下的动态再结晶图并不能很好地满足实际需求。因此，可以简单地将不同应变速率下的完全动态再结晶临界曲线放置在同一个图中，定性地表示不同应变速率条件下的动态再结晶难易程度，如图 2－33 所示。由图可知，$1s^{-1}$ 时完全动态再结晶临界曲线在最右侧，即满足完全再结晶条件最少，不利于动态再结晶完成；应变速率低于 $1s^{-1}$ 时，完全动态再结晶曲线向左下方移动，说明应变速率较低时仍可在较低的变形温度下完全再结晶；应变速率高于 $1s^{-1}$ 时，完全动态再结晶临界曲线向左侧水平移动，说明应变速率较高时可在较小的应变量下完全再结晶。此外，因为初始晶粒尺寸增大，690 合金的动态再结晶体积分数减小，那么完全再结晶临界线也将向左移动。

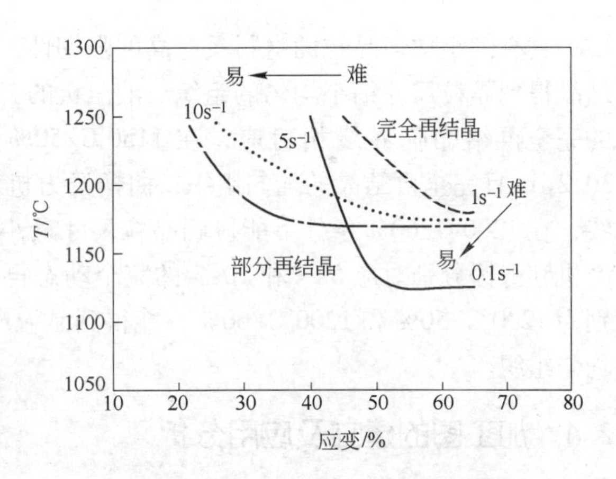

图 2－33 690 合金完全再结晶曲线图

690合金发生完全动态再结晶条件图和再结晶图能为690合金热加工工艺参数的选择提供重要帮助。对690合金的热加工建议选择完全动态再结晶区，避开部分再结晶区，因为完全动态再结晶组织均匀且晶粒大小易于控制，而部分再结晶组织多为混晶组织。热加工应变速率参数是由工厂实际加工设备决定的，设备选定后合金热变形的应变速率范围即可确定。若该应变速率在本文设定的热压缩实验应变速率变化范围内，即可使用绘制出的不同应变速率下690合金发生完全动态再结晶条件图和再结晶图，选择合适的热加工变形温度和应变量，以获得预期的晶粒组织。表2－2列出了工厂常用金属锻压设备的实际运动速度和应变速率范围，同时给出依据对应应变速率的发生完全动态再结晶条件图和再结晶图制定的热加工工艺，以及可能得到的动态再结晶晶粒尺寸。

表2－2　金属锻压设备的运动速度及参考热加工工艺

锻压设备	运动速度范围/$m \cdot s^{-1}$	应变速率范围/s^{-1}	热加工工艺	晶粒尺寸/μm
液压机	0.05～0.15	0.03～0.1	$0.1s^{-1}$　1150℃/50%	30.2
曲柄压力机	0.25～0.5	1～5	$1s^{-1}$　1200℃/60%	26.8
螺旋压力机	1.2～3.6	2～10	$5s^{-1}$　1200℃/50%	24.8
锻　锤	4～9	10～250	$10s^{-1}$　1200℃/60%	19.6

具有细小均匀晶粒的材料具有高的强韧性，在热变形过程中可以通过充分再结晶得到晶粒尺寸细小均匀的组织。液压机的工作行程速度低，基本上与$0.1s^{-1}$的完全再结晶临界线相对应，在1150℃/50%条件下能得到晶粒尺寸最小为30.2μm且完全再结晶的均匀组织；曲柄压力机对应$1s^{-1}$的完全动态再结晶临界线，在1200℃/60%条件下能得到晶粒尺寸最小为26.8μm的均匀组织；螺旋压力机和锻锤分别对应$5s^{-1}$和$10s^{-1}$的完全动态再结晶临界线，推荐热加工工艺分别为1200℃/50%和1200℃/60%，能得到晶粒尺寸为24.8μm和19.6μm的细小均匀组织。

2.4　加工图的建立及应用分析

2.4.1　加工图的建立

对金属在高温变形时的组织演变同塑性变形参数之间关系的表示，除了使用动态再结晶图外，还可以采用加工图方法。加工图主要有两种类型，一种是基于原子模型的加工图，另一种是基于动态材料模型DMM（Dynamic Material Modeling）的加工图。动态材料模型由K. P. Rao和Y. V. R. K. Prasad等人于1983年提出[13,14]，基于动态材料模型的加工图方法在研究材料的组织、性能和变形机理对热变形参数的响应时非常有效，对材料在热变形时的[illegible]组织和性能控制起到了指导作用。因此，为了制定合理的热加工工艺参数，避免热加工缺陷的产生和节省工艺设计时间，国内外许多学者陆续采用该理论和方法来研究合金钢、钛合金、锆合金以及镍基高温合金等难变形材料的组织性能控制和热加工工艺优化。

在恒定的温度和应变条件下，热变形金属材料所受的应力 σ 与应变速率 $\dot{\varepsilon}$ 之间存在如下动态关系：

$$\sigma = K\dot{\varepsilon}^{m} \tag{2-18}$$

式中，K 表示应变速率为 $1s^{-1}$ 时的流变应力；m 为应变速率敏感因子，可表示如下：

$$m = \partial(\ln\sigma)/\partial(\ln\dot{\varepsilon}) \tag{2-19}$$

材料在热变形过程中单位体积内所吸收的总功率可以用两个互补函数的和来表示：

$$P = \sigma\dot{\varepsilon} = \int_0^{\dot{\varepsilon}} \sigma \mathrm{d}\dot{\varepsilon} + \int_0^{\sigma} \dot{\varepsilon} \mathrm{d}\sigma \tag{2-20}$$

第一部分叫功率耗散量，用 G 表示，代表由塑性应变引起的功率耗散，其大多数转化为黏塑性热；第二部分叫功率耗散余量，用 J 表示，代表材料变形过程中由于组织结构变化而耗散的功率，所以 J 的变化就代表微观组织的变化。

$$\left(\frac{\partial J}{\partial G}\right)_{\varepsilon,T} = \left(\frac{\dot{\varepsilon}\partial\sigma}{\sigma\partial\dot{\varepsilon}}\right)_{\varepsilon,T} = \left[\frac{\partial(\ln\sigma)}{\partial(\ln\dot{\varepsilon})}\right]_{\varepsilon,T} = m \tag{2-21}$$

由式（2-21）可知应变速率敏感因子 m 亦决定了 P 在 G 和 J 之间的分配。将 J 与理想线性耗散因子 J_{max} 进行标准化后得到功率耗散系数，定义为 η：

$$\eta = J/J_{max} = 2m/(m+1) \tag{2-22}$$

η 是一个关于变形温度、应变速率和应变量的三元变量。在一定的应变量下，就其与变形温度和应变速率的关系作图，可以得到功率耗散图，功率耗散图是在 $\dot{\varepsilon}-T$ 平面上绘制功率耗散效率 η 的等值图。

一般认为高 η 区域对应着最佳加工性能区，但并不是功率耗散效率越大，材料的内在可加工性越好。因为在加工失稳区功率耗散效率也可能较高，所以有必要先判断合金的加工失稳区。

在动态材料模型中，将不可逆热动力学的极大值原理应用于大应变塑性流变中，给出加工失稳区的判据，推导出保持塑性流变稳定的微商不等式：

$$\frac{\mathrm{d}D}{\mathrm{d}\dot{\varepsilon}} > \frac{D}{\dot{\varepsilon}} \tag{2-23}$$

式中，D 是一个表示材料本征行为的耗散函数，由于 J 值反映了冶金学过程的功率耗散，所以可用 J 代替 D。于是就得到了在一定温度和应变下的微观组织保持稳定条件的表达式：

$$\xi(\dot{\varepsilon}) = \frac{\partial\ln[m/(m+1)]}{\partial\ln\dot{\varepsilon}} + m > 0 \tag{2-24}$$

式中，ξ 为变形温度和应变速率的函数，因此流变失稳同样与应变速率敏感因子 m 有关。在温度 T 和应变速率 $\dot{\varepsilon}$ 所构成的二维平面上绘出 ξ 的等值线图，在负值区域会出现流变失稳，这就是失稳图。

基于上述动态材料模型原理，建立690合金的功率耗散图和失稳图。采用应变量50%的热压缩模拟实验数据，读取不同变形条件下应变量为50%时的流变应力值，用式（2－25）三次多项式拟合 $\ln\sigma$ 和 $\ln\dot{\varepsilon}$ 的关系曲线，回归求得多项式系数 a、b、c、d 的数值。

$$\ln\sigma = a + b\ln\dot{\varepsilon} + c(\ln\dot{\varepsilon})^2 + d(\ln\dot{\varepsilon})^3 \tag{2-25}$$

对式（2－25）两边关于 $\ln\dot{\varepsilon}$ 求导，得到：

$$m = \frac{\mathrm{d}(\ln\sigma)}{\mathrm{d}(\ln\dot{\varepsilon})} = b + 2c\ln\dot{\varepsilon} + 3d(\ln\dot{\varepsilon})^2 \tag{2-26}$$

计算得到不同变形条件下应变速率敏感指数 m 值，见表2－3。将 m 值代入到式（2－22）即可求出功率耗散效率因子 η 值，见表2－4。在变形温度和应变速率所构成的平面上绘制功率耗散效率因子的等值轮廓曲线，就得到690合金应变量50%的功率耗散图，如图2－34所示。

表2－3 690合金不同变形条件下应变速率敏感指数 m 值

应变速率/s^{-1}	温度/℃					
	1000	1050	1100	1150	1200	1250
0.01	0.09858	0.08039	0.13998	0.17621	0.05063	0.05815
0.1	0.13593	0.15619	0.18594	0.21797	0.18306	0.14493
1	0.12226	0.18247	0.19363	0.19847	0.25542	0.25652
5	0.04995	0.10088	0.09057	0.1141	0.21449	0.22829
10	0.02865	0.06882	0.02577	0.091	0.23362	0.17526

表2－4 690合金不同变形条件下功率耗散效率因子 η 值

应变速率/s^{-1}	温度/℃					
	1000	1050	1100	1150	1200	1250
0.01	0.179468	0.148817	0.245583	0.299623	0.09638	0.109909
0.1	0.239328	0.270181	0.313574	0.357923	0.309469	0.253168
1	0.217882	0.308625	0.324439	0.331206	0.406908	0.408302
5	0.095147	0.183272	0.166097	0.204829	0.353218	0.37172
10	0.055704	0.128778	0.050245	0.166819	0.378755	0.298249

将式（2－26）代入到式（2－24）中，得到：

$$\xi(\dot{\varepsilon}) = \frac{\partial \ln(m/m+1)}{\partial \ln \dot{\varepsilon}} + m = \frac{2c + 6d\lg\dot{\varepsilon}}{m(m+1)\ln 10} > 0 \qquad (2-27)$$

把 m 值代入到式（2－27）即得到不同变形条件下的流变失稳判据值，具体结果见表2－5，在变形温度和应变速率所构成的平面上绘制流变失稳判据的等值轮廓曲线，就得到690合金应变量50%的失稳图，如图2－35所示，图中等值线上的数值是流变失稳判据值扩大100倍的结果。若等值线数值为负，表示该区域处于加工失稳区。

表2－5　690合金不同变形条件下流变失稳判据 ξ 值

应变速率 /s^{-1}	温度/℃					
	1000	1050	1100	1150	1200	1250
0.01	0.22359	0.33939	0.24612	0.25342	0.55726	0.42053
0.1	0.17805	0.31458	0.24641	0.23973	0.49581	0.4299
1	－0.15552	0.04945	－0.00697	0.03233	0.2709	0.33114
5	－0.59364	－0.31558	－0.97991	－0.18326	0.22088	0.04028
10	－0.74373	－0.44028	－1.6992	－0.20513	0.33433	－0.14244

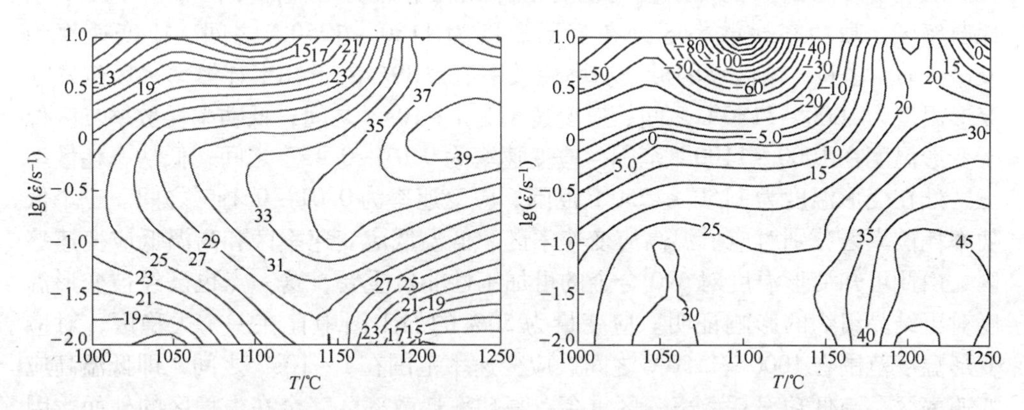

图2－34　690合金的应变量为50%时功率耗散图　　图2－35　690合金应变量为50%时的失稳图

将加工失稳图叠加到功率耗散效率图上就得到了材料的加工图。在材料的加工图中会存在加工安全区，同时也会有容易出现断裂和流变失稳的失稳区及危险区。加工安全区在微观机制上与动态再结晶、动态回复以及超塑性有关；加工失稳机制主要有绝热剪切带、楔形裂纹、沿晶开裂和局部流变等。加工图中的 η 值与合金在热加工过程中的显微组织演变有关，可以利用在一定变形温度和应变速率下 η 值的大小对显微组织演变的微观机制进行解释，并且通过金相组织观察得到进一步验证。在材料加工安全区域内，η 值越大（峰值区），表明能量耗散状态越低，材料的内在可加工性越好。而加工图中 η 值急剧降低的区域，如果热加工参数控制不当，可能出现楔形裂纹和绝热剪切等现象，因此是加工危险区。

将690合金应变量50%的功率耗散图与失稳图叠加，就构成了690合金热变形应变量为50%的加工图，如图2－36所示，图中渐进阴影填充部分是失稳图中等值线值为负的失稳区，同样方法作出应变量为30%的加工图，如图2－37所示。

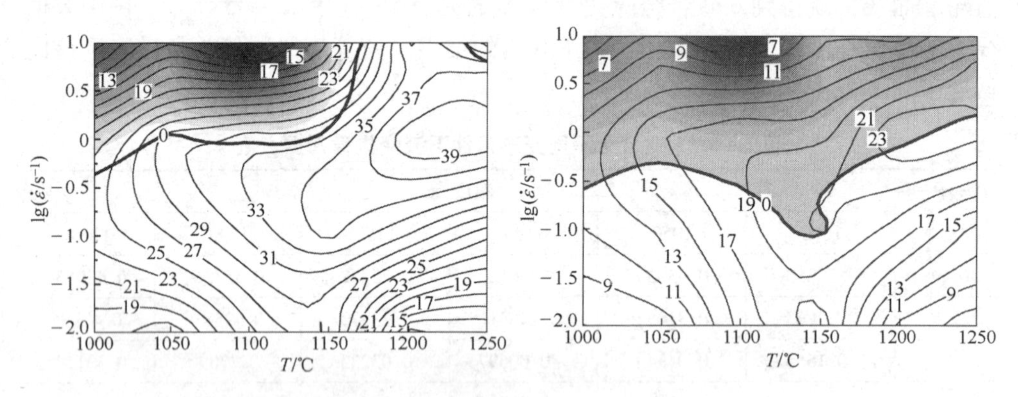

图2－36　690合金应变量为50%时的加工图　　图2－37　690合金应变量为30%时的加工图

从应变量为50%的加工图可以看出存在三个低功率耗散率区和一个高功率耗散率区，高功率耗散率区处在变形温度为1180～1250℃之间、应变速率为0.1～10s^{-1}之间，该区域的最大功率耗散率值为39%；低功率耗散率一区位置在变形温度为1000～1150℃之间、应变速率为1～10s^{-1}之间；低功率耗散率二区位于变形温度在1000～1100℃范围、应变速率为0.01～0.1s^{-1}之间；低功率耗散率三区处在变形温度为1150～1250℃范围、应变速率为0.01～0.1s^{-1}之间。三个低功率耗散率区分别对应低温高应变速率区、低温低应变速率区和高温低应变速率区，由此可知变形温度对690合金的可加工性非常重要，这一点也已经被变形温度对再结晶组织的影响证明。应变量为50%的加工图中存在一个失稳区，对应变形温度范围在1000～1150℃之间、应变速率范围在1～10s^{-1}之间，即低温高应变速率区，与低功率耗散率一区重合，高功率耗散率区完全在失稳区的外面，因此是加工安全区域。

与应变量为50%的加工图相比，应变量为30%的加工图中也存在三个低功率耗散率区和一个高功率耗散率区，且对应位置也基本一致，只是高功率耗散率区的最大值降低到23%。应变量为30%的加工图中也存在一个失稳区，该区的范围非常大，对应变形温度范围在1000～1250℃之间、应变速率范围基本在1～10s^{-1}之间，当变形温度为1150℃时，应变速率范围扩大到0.1～10s^{-1}之间。同时，从图2－37中可以看出，失稳区包含了部分高功率耗散率区，这充分说明了并不是功率耗散率值越大，材料的可加工性越好，失稳区功率耗散效率也可能较高。

基于动态材料模型和流变失稳判据基本原理所建立的690合金加工图，对研究690合金的热变形机理、动态再结晶组织与热变形参数之间的响应有非常大的帮助。下面对690合金应变量为50%加工图的基本特点进行分析。

2.4.2 加工图的分析

2.4.2.1 加工图中的安全区

在图2－36中仅存在一个安全区，该区最大峰值效率达到0.39，对应的温度范围1150～1250℃，应变速率范围是1150℃/0.1～$1s^{-1}$、1200℃/0.1～$10s^{-1}$、1250℃/0.5～$5s^{-1}$；峰值点对应的温度和应变速率分别为1250℃与$1s^{-1}$。

从图2－38可以看出安全区域内的金相组织具有以下特点：完全发生动态再结晶，晶粒呈等轴状，晶粒尺寸细小均匀，晶界较平直，即典型完全动态再结晶组织。在该峰值区的流变应力曲线（图2－6c）呈现明显的稳态流变软化特征，即在变形初期，流变应力随着应变量的增加迅速上升，当应变量达到峰值应变后，随着应变量的增加流变应力开始下降并趋于稳定。1250℃/$1s^{-1}$的流变曲线在较小的应变量下即达到稳态流变阶段，流变应力未发生改变。

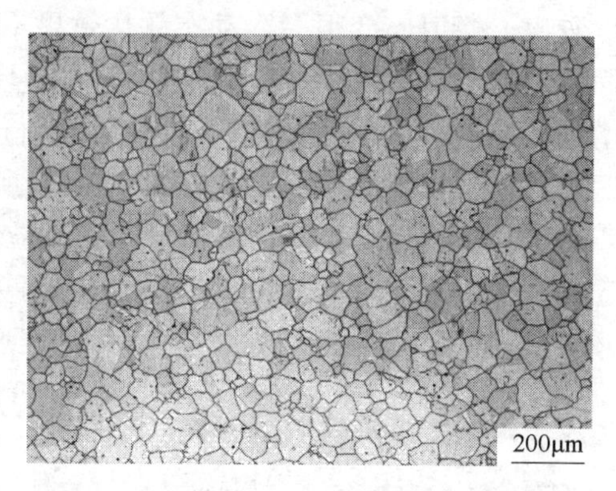

图2－38 690合金在1250℃/$1s^{-1}$安全区效率为0.39时的动态再结晶组织

当峰值效率降低到0.35时，变形温度在1150～1200℃之间，应变速率$0.1s^{-1}$，从图2－39可以看出导致效率降低的原因是：1150℃时仍有少量未完全再结晶晶粒，而1200℃时个别再结晶晶粒已经发生了长大。

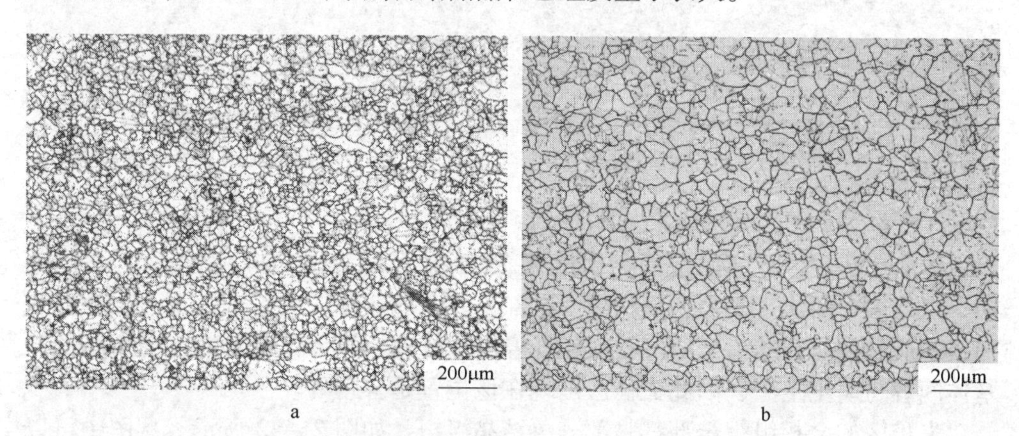

图2－39 690合金在功率耗散率为0.35时的动态再结晶组织

a—1150℃/$0.1s^{-1}$；b—1200℃/$0.1s^{-1}$

2.4.2.2　加工图中的危险区

若加工图中功率耗散率急剧降低，表明合金的热加工性能严重恶化，该区域就是加工危险区。从图2－36可以看出图中包含两个危险区：

危险区Ⅰ：温度范围在1000～1050℃，应变速率为$0.01s^{-1}$。

危险区Ⅱ：温度在1200℃，应变速率为$0.01s^{-1}$；温度在1250℃，应变速率为$0.01 \sim 0.1s^{-1}$。

导致危险区Ⅰ功率耗散率急剧降低的原因是未完全再结晶，再结晶组织中残留着被拉长的原始奥氏体，如图2－40所示。从流变应力曲线（图2－6a）也可以看出，峰值应变很大，动态软化效果不明显。这是因为实验温度较低，通过前面的热力学计算可知，在此温度下晶界上会存在少量$M_{23}C_6$型碳化物钉扎晶界，增加了晶界扩展阻力，抑制动态再结晶行为。

危险区Ⅱ的金相组织如图2－41所示，可以看出在变形条件为$1250℃/0.1s^{-1}$即高温低应变速率的情况下，晶粒粗化非常明显。这是因为在高温下晶界迁移速度快，而且低应变速率又给晶界移动提供充足的时间，最终导致晶粒长大非常快。同时在三叉晶界处还可以观察到楔形裂纹，使合金加工性能降低。

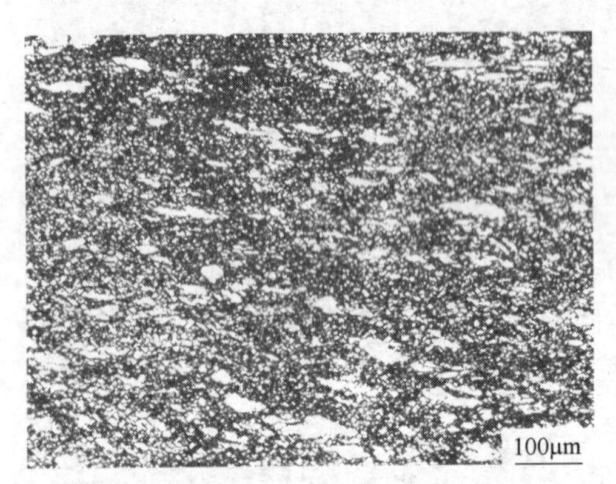

图2－40　690合金在$1000℃/0.01s^{-1}$危险区Ⅰ的动态再结晶组织

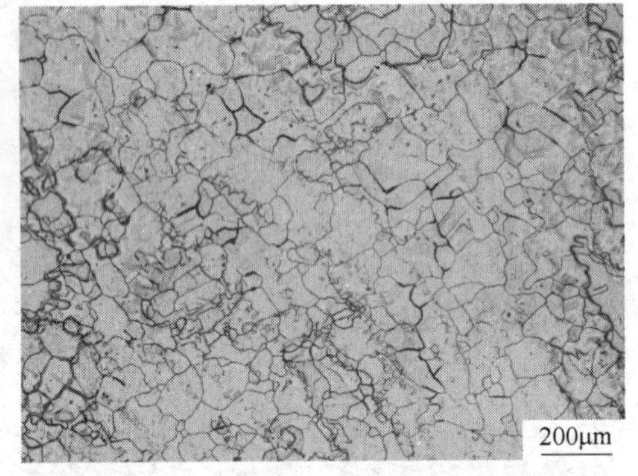

图2－41　690合金在$1250℃/0.1s^{-1}$危险区Ⅱ的动态再结晶组织

2.4.2.3　加工图中的失稳区

图2－36中失稳区的范围是温度在1000～1150℃，应变速率在$1 \sim 10s^{-1}$之间，对应图中的阴影部分，且随着阴影部分颜色的加深，失稳程度增大。塑性变形损伤机制的研究结果表明，材料在低温高应变速率条件下变形时，硬质粒子与基体间容易萌生空洞，因此失稳区出现在该位置是合理的。

失稳区的金相组织全部都是部分再结晶组织，如图2－42所示。从图中可以看出，大量被拉长的原始奥氏体晶粒周围被细小的再结晶晶粒包围，呈现出明显的“项链”状组织特征，晶粒尺寸相差非常大，组织很不均匀，这是导致加工失稳最主要的原因。另外从流变应力曲线（图2－6e）也可看出，低温高应变速率下变形抗力非常大，峰值应变要达到很大值后才发生动态软化效果。

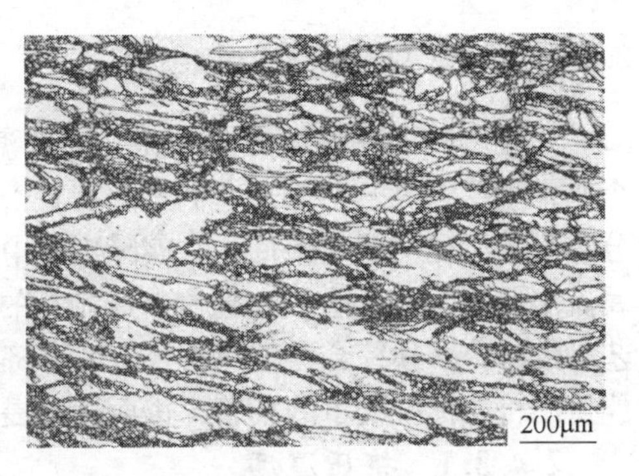

图2－42 690合金在1050℃/1s⁻¹失稳区的动态再结晶组织

当热加工在部分再结晶组织进行时，很容易由于微观组织结构的不稳定产生一些冶金缺陷甚至形成裂纹，使工件报废，如图2－43a、b所示。图中裂纹是690合金锭坯在穿孔过程中形成的，究其产生原因在很大程度上与原始晶粒尺寸过于粗大以及工艺参数控制不当导致部分再结晶有关，所以应当尽量避免出现部分再结晶组织。

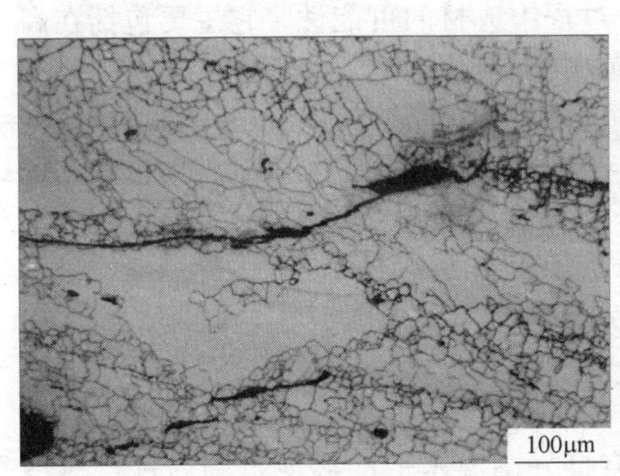

a

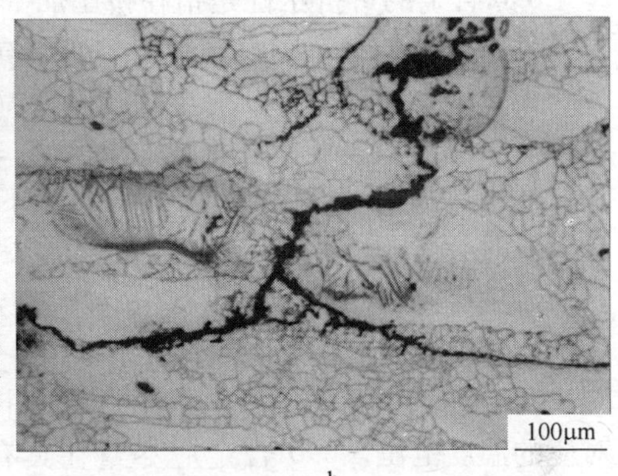

b

图2－43 部分再结晶组织与裂纹形成

为了更容易理解690合金的热变形行为特性，便于对690合金热加工工艺进行优化设计，将690合金加工图中各个区域的解释定性地总结于图2－44中。在图2－44所示加工图中有一个加工安全区，该区域完全再结晶；有两个加工危险区，即部分再结晶区Ⅰ和晶粒粗化区Ⅱ；还有一个加工失稳区，该区域部分再结晶。建议在完全动态再结晶区进行热加工，避开加工危险区和失稳区。

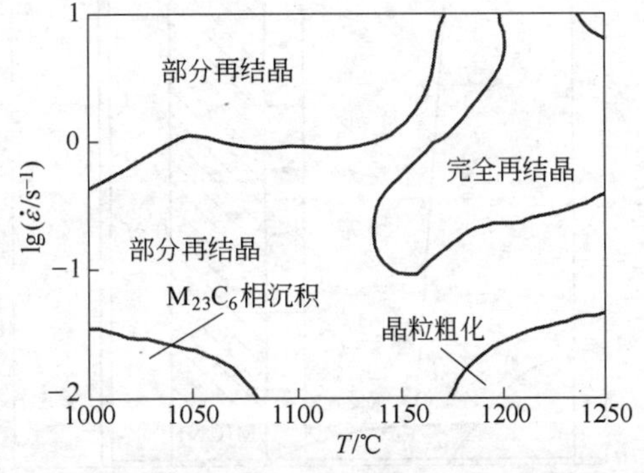

图2－44 给定热加工参数范围内各种微观过程在加工图中对应的区域

2.4.3　管材热挤压的控制原则

对于管材的热挤压成型来说，挤压温度和挤压速度（或金属流出速度）是两个非常重要的工艺参数，它们之间有着密切的关系，两者构成了对挤压过程控制十分重要的温度－速度条件。在实际生产中，选择适当的挤压温度和挤压速度（或金属流出速度）的配合，对控制挤压制品的晶粒组织具有重要作用。在确定热挤压工艺参数时，必须综合考虑690合金的可挤压性和对热挤压荒管的组织性能要求，才能挤出符合标准要求的荒管，进而达到提高热挤压成材率和生产效率的目的。

2.4.3.1　挤压温度

确定挤压温度的原则是要求在所选的温度范围内，保证690合金具有非常好的塑性及较低的变形抗力，同时要保证挤出荒管具有均匀良好的组织性能等。

A　合金的可挤压性

690合金的可挤压性是指在挤压加工过程中成材的可能性，它主要包括在高温条件下合金的状态图、塑性图与变形抗力等指标。

图2－45所示为690合金的状态图（相图），它能够初步给出坯料加热温度范围。挤压上限应低于固相线的温度 T_0 = 1380℃，为了防止铸锭加热时过热和过烧，通常热加工温度上限取 $0.9T_0$，而下限温度一般为 $0.7T_0$。由于690合金在1050℃时会有 $M_{23}C_6$ 碳化物析出，为了尽量在单相奥氏体条件下进行挤压变形，挤压温度要高于相析出温度50～70℃，要求挤压下限温度应在1100℃，因此初步确定690合金的挤压温度范围在1100～1250℃。

690合金在高温条件下的塑性图如图2－46所示，它能给出合金的最高塑性对应的温度范围。690合金应尽量在具有良好高温塑性的温度范围内进行热挤压，从图中可以看出，当温度在800℃以上，伸长率值显著增加，随着温度的升高，伸长率值变化不明显，在1100～1250℃范围内690合金具有良好的塑性。

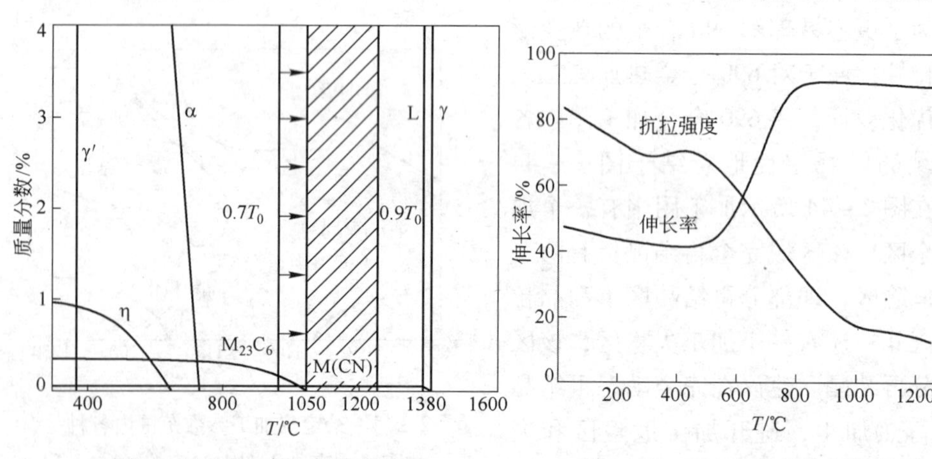

图2－45　690合金的状态图　　图2－46　690合金的高温塑性图

挤压温度范围的下限，除了考虑材料的高温塑性外，还应使690合金的变形抗力不得太高。从图2-8可以看出，以应变速率$10s^{-1}$变形，温度在1000℃时，峰值流变应力为348MPa，温度上升到1100℃时，峰值流变应力为281MPa，当温度达到1250℃时，峰值流变应力降低到165MPa，应力值降低50%以上。

因此，从合金的可挤压性方面出发，可以确定690合金的热挤压温度范围在1100~1250℃之间，且温度越高，合金变形抗力越低，在同一条件下，高温挤压与低温挤压相比能增大变形程度和锭坯尺寸。

B 荒管的组织与性能

合金的可挤压性能够给出热挤压的温度区间，它是确定加工温度的主要依据，但塑性图不能反映挤压后荒管的组织与性能，因此还要看合金的加工图和再结晶图。

参照690合金的再结晶图和加工图，当应变速率在$10s^{-1}$时，随着变形温度的升高，功率耗散率η呈现出上升趋势，η值越大，对应的动态再结晶发展越充分，但当温度达到1250℃时，功率耗散率η迅速下降，在该区域出现加工失稳区。从动态再结晶组织看，当温度低于1150℃时，动态再结晶进行得不充分，仅发生部分动态再结晶，会导致挤出荒管的组织性能不均匀。690合金的加工安全区内温度为1200℃、应变速率$10s^{-1}$，该应变速率与挤压的应变速率比较接近，因此可以在该完全动态再结晶区域内挤压变形，挤出荒管能得到均匀细小的等轴晶粒组织。同时在温度1250℃，应变速率$10s^{-1}$时，仍存在加工失稳区，再结晶晶粒尺寸粗大。因此690合金管材的挤压温度不宜过高，考虑到挤压过程中的温升效应，挤压温度不应高于1250℃，进而进一步缩小690合金的热挤压温度范围在1150~1250℃之间。

C 挤压时的变形热效应

由于挤压变形程度比其他压力加工方法的变形程度高，挤压时的变形热和摩擦热不可忽视，产生的大量附加热量导致变形区温度升高。对于镍基合金，能使挤压温度上升50℃左右，所以选择挤压温度上限要适当降低到1230℃。

最终可以确定690合金的挤压温度范围在1150~1230℃之间。

2.4.3.2 挤压速度和金属流出速度

挤压时的速度一般有三种表示方法，挤压速度v_j：挤压机主体塞运动速度，也就是挤压杆与挤压垫的移动速度；金属流出速度v_1：金属流出模孔的速度，$v_1=\lambda v_j$，λ为挤压比；变形速度（即应变速率）$\dot{\varepsilon}$：单位时间内应变量变化的大小。在工厂生产中，一般比较注重金属流出速度v_1，因为它对不同的合金都有一定的数值范围，v_1值的范围取决于合金在挤压温度下的塑性，如果流出速度选择不当，则会在挤压制品上产生裂纹。确定挤压时的实际金属流出速度，可以在挤压温度已知的条件下，综合被挤压金属材料的特性与工艺参数（如金属的变形抗力与塑性、挤压比等），根据允许的 v_l 范围和挤压比 λ 计算得到 v_j，用以控制挤压过程。

依据文献［15］镍基合金的金属流出速度在2.4~6.0m/s，同时文献［16］指出，690合金应采用低速挤压，较低的挤压速度也使金属流动较均匀，可得到组织较均匀的挤压产品，控制690合金的金属流出速度小于3m/s。若690合金管材的挤压比 λ 为15时，挤压速度 v_j 就在160~200mm/s之间。此范围仅能作为参考，实际上还是应当全面考虑合金的可挤压性、制品质量要求等因素来确定金属的流出速度。

因为690合金热挤压温度区间（1150~1230℃）窄，为了避免模具对金属的冷却作用，减少热加工时的热量散失，需要适当提高挤压速度，从而减少锭坯温度的下降和温度分布的不均匀性。但挤压管材时，金属流出速度应比挤压同样断面棒材时取小些，而且较高挤压温度下的金属流出速度要比较低挤压温度下的金属流出速度低一些。

在制定挤压工艺参数范围时，想要找到一个既考虑到所有影响因素又能保证实际生产要求的方法是非常困难的。因此，在选择挤压工艺参数时，一般都是在理论分析的基础上参考实际生产经验。

2.5 热变形组织演变模型及挤压组织控制

上一节使用再结晶图和加工图定性地描述了690合金热变形过程中的组织变化规律，并且基于690合金的热变形行为特性，给出了能实现690合金管材顺利挤出的热挤压工艺参数控制范围。但是，核电蒸汽发生器传热管主要通过热挤压工艺加工成型，镍基合金的热挤压工艺的特点是温度较高、高应变速率以及大应变。高应变速率大应变条件下热变形的组织演化情况无法通过常规实验获得，要实现690合金热挤压荒管组织的精确控制，仅仅基于再结晶图和加工图分析成型过程还是不够的。

随着有限元数值模拟及仿真技术在金属塑性成型中的广泛应用，对金属塑性成型过程的分析不再困难。有限元数值模拟法不仅能直观描述金属塑性成型过程中的应力、应变、温度等的分布状态，还能为金属塑性成型优化设计提供基本依据，如模具型腔与结构的合理性，工件成型缺陷、成型形状尺寸对质量的影响等。在众多模拟材料成型的软件中，DEFORM是能在一个集成环境内完成建模、成型、热传导和成型设备特性分析的有限元模拟仿真软件。它可以用于各种金属成型过程和热处理工艺的模拟仿真分析，能模拟自由锻、模锻、挤压、拉拔、轧制等多种塑性成型工艺过程，可提供极有价值的工艺分析数据，如材料流动、模具填充、锻造负荷、模具应力、晶粒流动、金属微观组织和缺陷产生发展情况等[17]。

通过有限元软件对690合金热挤压变形过程进行仿真模拟和组织精确控制，就必须建立完整、精确的组织演变模型，它是进行组织预测和控制的基础。本节首先建立690合金在热变形过程中的组织演变模型，并通过DEFORM－2D软件验证所建立热变形组织演变模型的正确性，然后对该软件进行二次开发，用以实现热挤压过程中的组织演变预测和控制。

2.5.1 热变形过程中的组织演变及模型构建

金属体积成型（如锻造、轧制和挤压）工艺需要消耗大量的机械能，这部分能量大部分转变为热能，还有一部分则储存在材料中。从热力学角度来看，变形金属处于不稳定的高能态，只要有合适的动力学条件，它就会向低能态转变，因此金属体积成型工艺中不仅发生形状的变化而且还伴随着微观组织的变化，如热变形期间的加工硬化、动态回复和动态再结晶，变形间歇时间内的静态再结晶、亚动态再结晶及再结晶后的晶粒长大，而微观组织的变化最终决定材料的使用性能。因此，金属热变形的另一个重要目的就是控制热变形中的组织演变，避免宏观、微观缺陷的产生。

镍基合金由于含有大量的合金化元素，因此，高温强度高，塑性低，这导致了它的热变形性能具有一些鲜明的特点：

（1）动态软化现象复杂。镍基合金在热变形时，变形过程中同时进行着形变硬化和形变软化（动态再结晶）两个矛盾的过程。变形间歇时间和变形后期则发生静态再结晶、亚动态再结晶及再结晶后的晶粒长大。

（2）变形抗力大。为了提高合金的力学性能，镍基合金中加入了大量的合金元素，随着合金化程度的提高，由于固溶强化和时效强化作用的增强，镍基合金的高温变形抗力非常高。镍基合金的热变形抗力一般是普通结构钢的3～7倍。

（3）热变形温度范围窄。如GH738合金的最佳热加工温度范围大约是1020～1120℃。

（4）热塑性低。镍基合金由于合金化程度很高，塑性较低。普通结构钢一次变形量可以达到80%以上，而一般镍基高温合金则远远低于这个水平，尤其是难变形高温合金，如GH4720Li的临界变形量小于40%。因此，在热变形过程中极易出现裂纹。

镍基合金的组织通常是通过热变形和后期热处理来控制的，通过研究镍基合金的热变形行为，选择合适的热变形工艺条件，可以实现镍基合金组织的可控。因此，国内外的研究人员为了更好地实现镍基合金热变形组织的可控性，对其热加工中的组织演变行为进行了大量的研究。有关镍基合金热加工中组织控制研究主要可以分为以下两大类。

2.5.1.1　定性模型

为了将材料本构变形行为准确地应用于有限元分析中，人们基于大塑性流动连续力学、物理系统模型和不可逆热力学而建立了动态材料模型。该模型被视为大塑性变形连续力学和耗散体组织演变之间的一座桥梁。基于动态材料模型的加工图是材料热加工工艺优化和组织控制的一个重要方法。该模型目前广泛应用于金属材料的热加工工艺参数优化，同时对材料在热变形时的微观组织控制也起到了指导作用。许多研究人员采用热加工图研究了镍基合金、铝合金、铁基合金等热加工工艺参数的制定。

但是该方法只能定性描述材料在某一范围内进行热加工，从而得到比较好的组织和可加工性，而不能定量描述变形后的再结晶情况和晶粒组织的变化。因此它只是一个定性的微观组织控制模型。为了精确控制热挤压变形工艺中材料的组织演变，必须引入一定的数学公式，将热变形工艺中组织的演变（再结晶分数、再结晶晶粒大小）过程进行量化，从而得到微观组织的定量控制。

2.5.1.2　定量模型

目前有关热加工工艺中的组织定量控制模型主要就是采用Avrami动力学方程，来预测和控制热加工工艺中的组织演变行为。Avrami动力学形式主要有以下几种。

A　动态再结晶动力学方程

对于一些低层错能的金属，由于位错攀移不利，滑移的灵便性较差，热加工时的主要软化机制是动态再结晶。动态再结晶发生与否的条件是应变大小是否达到所需的临界应变量。现有文献表明，唯象的Avrami方程可以用来描述热加工中动态再结晶动力学转变行为，其方程可以表达为[18,19]：

$$\left.\begin{aligned} X_{\mathrm{DRX}} &= 1 - \exp\left[\beta\left(\frac{\varepsilon - \varepsilon_{\mathrm{c}}}{\varepsilon_{0.5}}\right)^{k_1}\right] \\ \varepsilon_{0.5} &= k_2 d_0^{k_3} \varepsilon^{k_4} \dot{\varepsilon}^{k_5} \exp\left(\frac{Q_1}{RT}\right) \\ \varepsilon_{\mathrm{c}} &= c\varepsilon_{\mathrm{p}} \\ \varepsilon_{\mathrm{p}} &= k_6 d_0^{k_7} \dot{\varepsilon}^{k_8} \exp\left(\frac{Q_2}{RT}\right) \\ d_{\mathrm{DRX}} &= k_9 d_0^{k_{10}} \varepsilon^{k_{11}} \dot{\varepsilon}^{k_{12}} \exp\left(\frac{Q_3}{RT}\right) \end{aligned}\right\} \qquad (2-28)$$

式中　X_{DRX}——动态再结晶分数；

$\varepsilon_{0.5}$——动态再结晶分数为50%时对应的应变量；

ε_{c}——动态再结晶发生所需的临界应变；

ε_{p}——峰值应变；

d_{DRX}——动态再结晶完成后的晶粒尺寸；

β，c，$k_1 \sim k_{12}$，$Q_1 \sim Q_3$——与材料有关的常数。

上述方程为金属热变形动态再结晶动力学转变的基础方程，当材料、热处理条件、变形条件不同时，得到的方程参数和方程形式稍有变化，如 Yada 模型。

B 亚动态再结晶动力学方程

金属热变形时，如果变形量超过动态再结晶临界变形量时，变形体发生动态再结晶。在变形后停滞间隙时，动态再结晶后的组织则发生亚动态再结晶。对亚动态再结晶的研究，以前的处理要么忽略，要么隐含在静态再结晶中。近十几年来，Hodgson 及 Roucourcels 等人把这种软化机制区分开来，认为亚动态再结晶与静态再结晶是两个不同的软化过程。两者最主要的区别是亚动态再结晶不受变形量的影响，温度对它有弱的影响，应变速率是决定性的影响因素，而静态再结晶主要受应变的影响，温度次之，应变速率影响最弱。

亚动态再结晶过程是热变形中没有来得及长大的动态再结晶晶粒在很短时间内迅速长大的过程。但这种晶粒长大过程和一般再结晶后的晶粒长大过程并不一样。再结晶后的晶粒长大过程是无畸变晶粒在高温时在晶界表面能的作用下的晶界迁移过程，其驱动力是晶界的表面能。而亚动态再结晶过程中的细晶长大虽然也是晶界迁移过程，但比上面所述晶粒长大过程迅速得多，且亚动态再结晶过程除了晶界的表面能外，主要还有来自于晶粒内部储存的畸变能。此外，亚动态再结晶的发生没有孕育期，在变形后直接进行，而静态再结晶则有一定的孕育期。亚动态再结晶模型可用下式表示：

$$\left.\begin{aligned} X_{MDRX} &= 1 - \exp\left[\beta\left(\frac{t}{t_{0.5}}\right)^{k_1}\right] \\ t_{0.5} &= k_2 d_0^{k_3} \varepsilon^{k_4} \dot{\varepsilon}^{k_5} \exp\left(\frac{Q_1}{RT}\right) \\ d_{MDRX} &= k_6 d_0^{k_7} \varepsilon^{k_8} \dot{\varepsilon}^{k_9} \exp\left(\frac{Q_2}{RT}\right) \\ d_{GG}^{m} &= d_{MDRX}^{m} + at\exp\left(\frac{Q_3}{RT}\right) \end{aligned}\right\} \tag{2-29}$$

式中 X_{MDRX}——亚动态再结晶分数；

$t_{0.5}$——亚动态再结晶分数为50%时所需的时间；

T——温度；

R——气体常数；

d_{MDRX}——亚动态再结晶刚完成后的晶粒尺寸；

d_{GG}——亚动态再结晶晶粒长大后的尺寸；

β，m，a，$k_1 \sim k_9$，$Q_1 \sim Q_3$——与材料有关的常数。

C　静态再结晶动力学方程

当变形量小于临界变形量时，在变形时没有发生动态再结晶。在变形间隙时，则发生静态回复、静态再结晶和晶粒长大（停滞时间足够长）。由于静态回复和再结晶相互重叠，作用不大，往往在研究中不单独考虑而是归并到再结晶模型中。由再结晶理论可知，静态再结晶过程主要包括无畸变的晶核形核及其长大过程。由于形核和长大就其本质来讲都是热激活过程，因此人们也采用 Avrami 方程描述静态再结晶的动力学转变：

$$\left.\begin{aligned} X_{\mathrm{SDRX}} &= 1 - \exp\left[\beta\left(\frac{t}{t_{0.5}}\right)^{k_1}\right] \\ t_{0.5} &= k_2 d_0^{k_3} \varepsilon^{k_4} \dot{\varepsilon}^{k_5} \cdot \exp\left(\frac{Q_1}{RT}\right) \\ d_{\mathrm{SDRX}} &= k_6 d_0^{k_7} \varepsilon^{k_8} \dot{\varepsilon}^{k_9} \exp\left(\frac{Q_2}{RT}\right) \end{aligned}\right\} \tag{2-30}$$

式中　X_{SDRX}——静态再结晶分数；

$t_{0.5}$——静态再结晶分数为50%时所需的时间；

d_{SDRX}——静态再结晶晶粒尺寸；

β，$k_1 \sim k_9$——与材料性能有关的常数。

虽然由热变形引起的变形体内能升高通过静态再结晶得到明显下降，但由于金属的温度高，材料组织仍是不稳定的，内能的进一步下降是通过再结晶晶粒长大来实现的。其方程可用下式表示：

$$d_{\mathrm{g}}^{m} = d_0^{m} + at\exp\left(\frac{Q_{\mathrm{g}}}{RT}\right) \tag{2-31}$$

式中　d_{g}——静态再结晶晶粒长大后的尺寸；

d_0——初始晶粒尺寸；

Q_{g}——晶粒长大激活能；

a——与材料有关的系数；

t——保温时间；

m——晶粒长大指数。

早在20世纪90年代初，Shen 等人就采用等温热压缩试验，专门研究了 Waspaloy 合金的热变形行为，并建立了该合金动态再结晶、亚动态再结晶、晶粒长大动力学转变方程，用来预测和控制 Waspaloy 合金在热加工工艺中的组织演变行为。此后，他们还将此模型写入有限元软件（DEFEOM）中，成功实现了 Waspaloy 合金的微观组织有限元模拟。此外，Jeong 等人则对 Nimonic80A 合金的热加工行为进行了研究，并得到了该合金动态再结晶组织演变的控制模型。刘东等人则建立了 GH4169 合金热加工过程中的显微组织演化数学模型，从而可以预测和控制 GH4169 合金锻件的组织。

2.5.2 动态再结晶

动态再结晶是690合金在热变形过程中非常重要的软化机制，动态再结晶的体积分数和晶粒尺寸直接决定了工件的内部组织。由式（2-28）可知，若要构建完整的动态再结晶组织演变模型，需确定动态再结晶的临界应变 ε_c、峰值应变 ε_p、动态再结晶完成50%所需应变 $\varepsilon_{0.5}$ 和动态再结晶晶粒尺寸 d_{DRX}。下面根据等温恒应变速率热压缩实验得到的真应力-真应变曲线和动态再结晶金相组织，建立完整的动态再结晶组织演变模型。

2.5.2.1 动态再结晶的临界应变

在热变形过程中，只有变形材料的位错密度达到一定程度即积累的畸变能足够大时才能形成再结晶核心，这个临界值就是临界应变。有多种方法可以确定动态再结晶临界应变，利用加工硬化率与应变量的关系曲线可以准确地判断动态再结晶是否发生。图2-47所示为690合金在1100℃以应变速率 $0.01s^{-1}$、$0.1s^{-1}$、$1s^{-1}$、$5s^{-1}$ 和 $10s^{-1}$ 变形时的加工硬化率曲线。由图可见加工硬化率随着应变量的增大而变化，曲线斜率的变化表征了合金在热变形过程中显微组织的变化，图中加工硬化率曲线存在两个折点，第一个折点意味着亚晶的形成，第二个折点意味着动态再结晶发生，该点对应的应变即是动态再结晶临界应变，而加工硬化率降至0时的应变为峰值应变。根据热压缩变形实验获得的流变应力曲线数据，用七次多项式拟合成较为平滑的曲线，再对拟合后的真应力-真应变曲线进行微分，这样便得到了加工硬化率-应变量的曲线。690合金在热压缩实验设定变形条件范围内的临界应变和峰值应变见图2-48和表2-6。

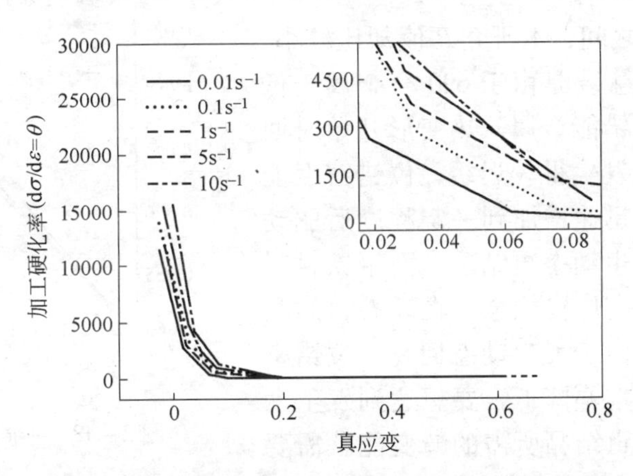

图2-47 690合金在1100℃变形时的加工硬化率曲线

动态再结晶理论一般以 $\varepsilon_c = B\varepsilon_p$ 来确定动态再结晶临界条件，其中 ε_c 为发生动态再结晶的临界应变，ε_p 为峰值应变，B 为常数。

根据图2-48和表2-6中的 ε_c 和 ε_p 数据拟合 $\varepsilon_c - \varepsilon_p$ 直线，所得直线斜率即系数 $B=0.3463$，于是有：

$$\varepsilon_c = 0.3463\varepsilon_p \tag{2-32}$$

表2-6　不同热变形条件下的峰值应变

应变速率/s^{-1}	温度/℃			
	1100	1150	1200	1250
0.01	0.16665	0.15542	0.13489	—
0.1	0.27307	0.25053	0.16942	0.14774
1	0.37412	0.33469	0.34101	0.28262
5	0.31423	0.31230	0.28022	0.25601
10	0.26197	0.21191	0.15530	0.10910

一般已建立的钢铁材料再结晶动力学模型中B值在0.8～1之间，本研究B值却比较小。这主要是由于690合金属于低层错能金属，热变形开始时回复发生得较迟缓，位错密度能够迅速增加到一定程度后驱动发生动态再结晶，而钢铁材料等高层错能金属在动态再结晶前由于发生动态回复，位错密度增幅降低，要想达到发生动态再结晶所需的畸变能就需要更大的应变。同时690合金热变形过程中产生大量孪晶，可以提供更多的形核位置，这也促进了动态再结晶的发生，使临界应变减小。此外，为了与实际热挤压工艺联系起来，本研究的实验温度选择较高，也是B值较小的原因。

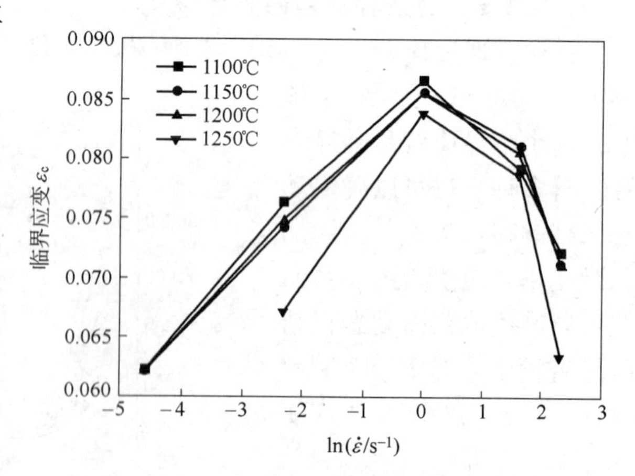

图2-48　不同热变形条件下的临界应变

发生动态再结晶所需的临界应变和峰值应变主要受变形温度和应变速率的影响。从上节分析内容已经得知应变速率$1s^{-1}$是非常重要的应变速率临界点，在该临界点进行热变形时动态再结晶程度最小。这从图2-48和表2-6也得以体现，同一变形温度下应变速率为$1s^{-1}$时的临界应变和峰值应变均是最大的。当应变速率小于$1s^{-1}$时，临界应变和峰值应变随着应变速率的升高而增加，当应变速率大于$1s^{-1}$时，临界应变和峰值应变随着应变速率的升高而减小。因此有必要分别建立应变速率小于$1s^{-1}$和大于$1s^{-1}$时的动态再结晶动力学模型。

对所确定的峰值应变数据进行多元线性拟合，如图2-49所示，可以得到690合金的动态再结晶峰值应变ε_p与应变速率$\dot{\varepsilon}$、变形温度T之间的定量关系式为：

$$\varepsilon_p = 6.7765\times10^{-3}\dot{\varepsilon}^{0.2063}\exp\left(\frac{47097.5545}{RT}\right)\quad(\dot{\varepsilon}<1)\tag{2-33}$$

$$\varepsilon_p = 4.8505\times10^{-3}\dot{\varepsilon}^{-0.2430}\exp\left(\frac{51699.0441}{RT}\right)\quad(\dot{\varepsilon}>1)\tag{2-34}$$

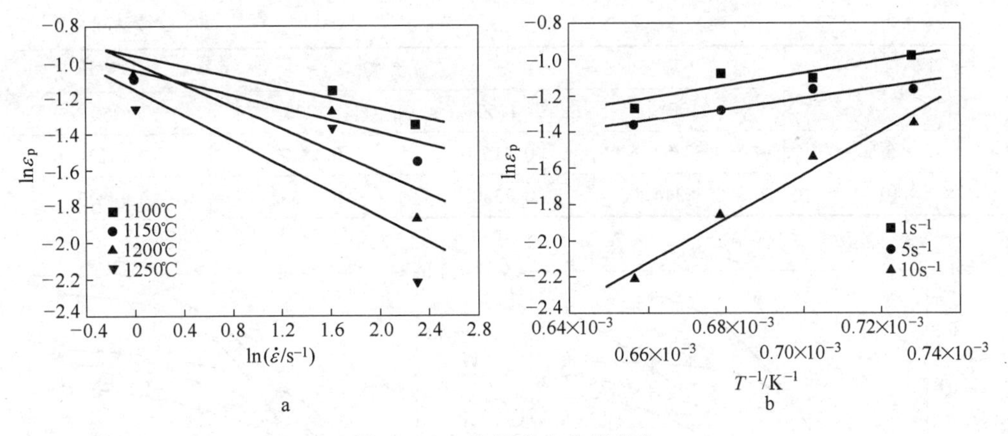

图 2-49 峰值应变曲线拟合

a—$\ln\dot{\varepsilon}-\ln\varepsilon_p$ 关系图；b—$1/T-\ln\varepsilon_p$ 关系图

2.5.2.2 动态再结晶的体积分数

动态再结晶体积分数可以采用热压缩后淬火试样的金相组织（图 2-14 ~ 图 2-17）直接进行评定，再结晶分数的大小主要受变形温度、应变速率以及应变量的影响。

A $\varepsilon_{0.5}$的确定

测量不同变形条件下 690 合金的动态再结晶体积分数，定量金相分析结果表明，当变形温度和应变速率一定时，动态再结晶体积分数与应变量的关系呈现典型的“S”形曲线特征，如图 2-50 所示。从图中可以看出应变量对动态再结晶体积分数的影响是递增关系，即增加应变量动态再结晶分数也增大。应变速率对$\varepsilon_{0.5}$的影响规律与峰值应变相同，这一点从图 2-50 也可以体现出来，应变速率 $1s^{-1}$的动态再结晶体积分数曲线在图中所有曲线的最下方，即在其他条件一定的情况下，应变速率 $1s^{-1}$时的动态再结晶体积分数最小。对应图中动态再结晶体积分数等于 0.5 的应变量值即 $\varepsilon_{0.5}$，具体结果见表 2-7。从表中数据可以看出，在同一变形温度的条件下，完成动态再结晶体积分数 50% 时所需的应变量 $\varepsilon_{0.5}$随应变速率的增大先增加后减小；在同一变形速率条件下，完成动态再结晶体积分数 50% 时所需的应变量 $\varepsilon_{0.5}$随变形温度的升高而减小。

表 2-7 不同热变形条件下的 $\varepsilon_{0.5}$ 值

应变速率/s^{-1}	温度/℃			
	1100	1150	1200	1250
0.01	0.21853	0.21353	0.20226	—
0.1	0.54260	0.35802	0.33357	0.25630
1	0.66043	0.46545	0.25767	0.15947

续表2-7

应变速率/s^{-1}	温度/℃			
	1100	1150	1200	1250
5	0.50852	0.31650	0.18795	0.11234
10	0.30344	0.23802	0.16582	0.14373

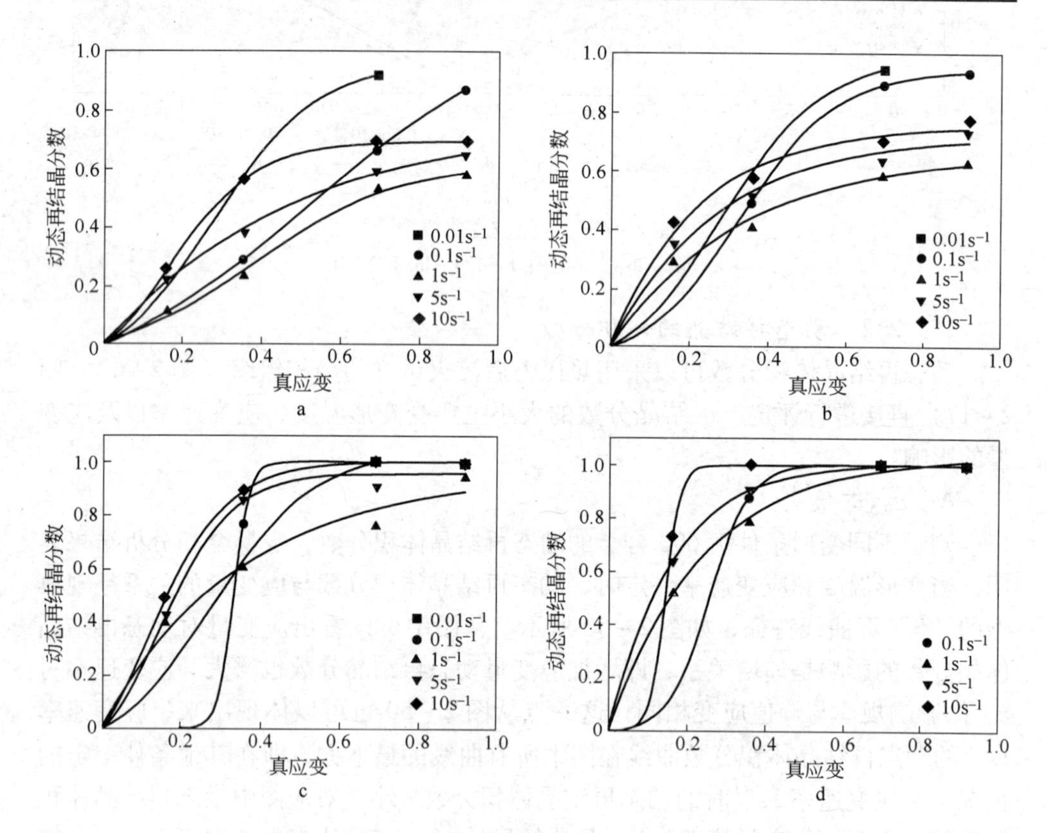

图2-50　不同变形温度下再结晶体积分数与应变量的关系曲线

a—1100℃；b—1150℃；c—1200℃；d—1250℃

同样按照求峰值应变表达式的拟合方法，得到发生再结晶体积分数50%对应的应变$\varepsilon_{0.5}$与应变速率$\dot{\varepsilon}$、变形温度T之间的定量关系式为：

$$\varepsilon_{0.5} = 2.8990 \times 10^{-4} \dot{\varepsilon}^{0.1540} \exp\left(\frac{87435.7251}{RT}\right) \quad (\dot{\varepsilon} < 1) \tag{2-35}$$

$$\varepsilon_{0.5} = 1.9903 \times 10^{-6} \dot{\varepsilon}^{-0.2142} \exp\left(\frac{144811.8536}{RT}\right) \quad (\dot{\varepsilon} > 1) \tag{2-36}$$

B　动态再结晶体积分数公式

动态再结晶体积分数广泛使用Avrami方程来反映，将式（2-28）中的动态再结晶分数公式两边取双对数可得：

$$\ln\left(\ln\frac{1}{1-X}\right) = -\ln 2 + n\ln\frac{\varepsilon-\varepsilon_c}{\varepsilon_{0.5}} \tag{2-37}$$

进而得到：

$$n = \frac{\ln\left[-\dfrac{\ln(1-X)}{\ln 2}\right]}{\ln\dfrac{\varepsilon-\varepsilon_c}{\varepsilon_{0.5}}} \tag{2-38}$$

图2－51为应变速率大于1s^{-1}时不同实验条件下$\ln\left[-\dfrac{\ln(1-x)}{\ln 2}\right]$与$\ln\dfrac{\varepsilon-\varepsilon_c}{\varepsilon_{0.5}}$的拟合曲线图，图中直线斜率即为$n$值。当应变速率小于1s^{-1}时$n=1.2457$，当应变速率大于1s^{-1}时$n=1.0301$，于是690合金动态再结晶动力学方程为：

$$X_{DRX} = 1 - \exp\left[-0.693\left(\frac{\varepsilon-\varepsilon_c}{\varepsilon_{0.5}}\right)^{1.2457}\right] \quad (\dot{\varepsilon} < 1) \tag{2-39}$$

$$X_{DRX} = 1 - \exp\left[-0.693\left(\frac{\varepsilon-\varepsilon_c}{\varepsilon_{0.5}}\right)^{1.0301}\right] \quad (\dot{\varepsilon} > 1) \tag{2-40}$$

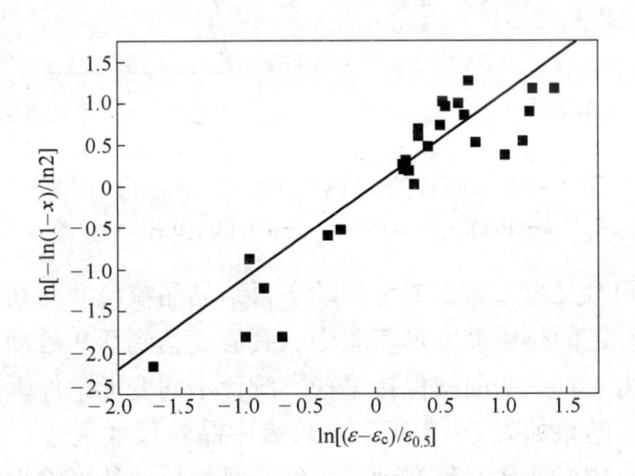

图2－51　应变速率大于1s^{-1}时动态再结晶分数方程系数n拟合

利用式（2－32）～式（2－40）就能计算出690合金在给定热变形条件下的动态再结晶体积分数，图2－52为动态再结晶模型计算值与实验值的比较，可以看出两者基本一致，说明动态再结晶动力学模型可靠，该模型能够较好地预测变形温度范围1100～1250℃、应变速率范围0.01～10s^{-1}和应变量范围15%～60%下690合金的动态再结晶完成情况，可以满足实际工程应用的需求。

2.5.2.3　稳态动态再结晶晶粒尺寸

动态再结晶模型中的再结晶晶粒尺寸一般是指动态再结晶达到稳态时的晶粒尺寸，并不是指变形刚开始时的动态再结晶晶粒尺寸。在2.3.1节提到了随着应变量的增加，动态再结晶晶粒尺寸减小，但是当动态再结晶达到稳态时晶粒尺寸

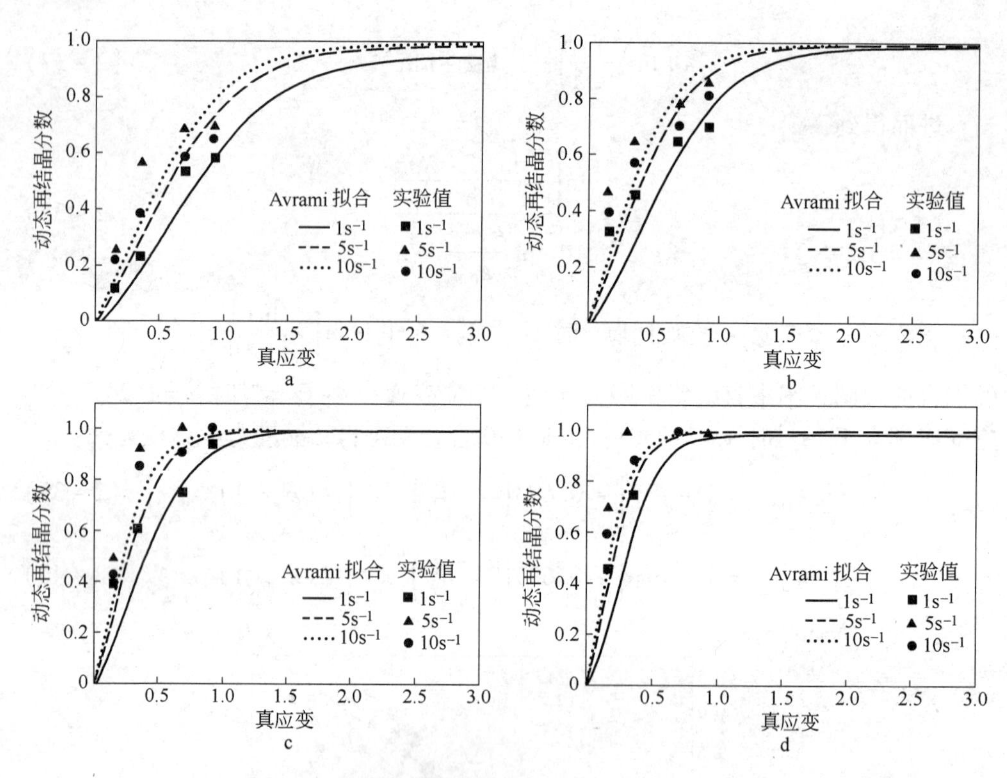

图2-52 动态再结晶模型计算值与实验值的比较

a—1100℃；b—1150℃；c—1200℃；d—1250℃

基本保持不变，同时又由2.3.2节可知动态再结晶晶粒尺寸与初始晶粒的尺寸大小无关。在本文设定的热压缩变形实验中，真应变达到0.9后动态结晶已经进入稳态阶段，真应力-真应变曲线保持平稳。统计不同变形条件下的稳态动态再结晶晶粒尺寸 d_{DRX}，结果如表2-8所示。从表中晶粒尺寸大小可知，进入稳态动态再结晶阶段后，应变速率对稳态动态再结晶晶粒尺寸的影响规律和对动态再结晶体积分数的影响规律有所不同，仅是简单的递减关系，即随着应变速率的增加，稳态再结晶晶粒尺寸逐渐减小，这也与2.3.1节里的分析结果一致。因此在建立稳态动态再结晶晶粒尺寸方程时，不再区分应变速率是否大于或小于 $1s^{-1}$。

表2-8 不同热变形条件下的稳态动态再结晶晶粒尺寸 (μm)

应变速率/s^{-1}	温度/℃			
	1100	1150	1200	1250
0.1	33.18	49.76	77.41	89.9
1	14.61	13.4	31.54	36.52
5	10.56	15.48	30.84	33.04
10	8.71	13.93	19.55	53.59

经过多元线性回归求得稳态动态再结晶晶粒尺寸 d_{DRX} 与应变速率 $\dot{\varepsilon}$、变形温度 T 之间的定量关系式为：

$$d_{DRX} = 1.1857 \times 10^{6} \dot{\varepsilon}^{-0.2759} \exp\left(\frac{-127404.5824}{RT}\right) \tag{2-41}$$

上式综合表现了变形温度和应变速率对稳态动态再结晶晶粒尺寸的交互作用，该式对预测变形温度范围1100～1250℃、应变速率范围0.01～10s^{-1}和应变量范围15%～60%时690合金的稳态动态再结晶晶粒尺寸 d_{DRX} 具有指导性。图2－53为稳态动态再结晶晶粒尺寸方程的计算值与实验测量值的比较结果，可以看出两者基本一致，说明稳态动态再结晶晶粒尺寸方程也是可靠的，也能够满足实际工程应用的需求。

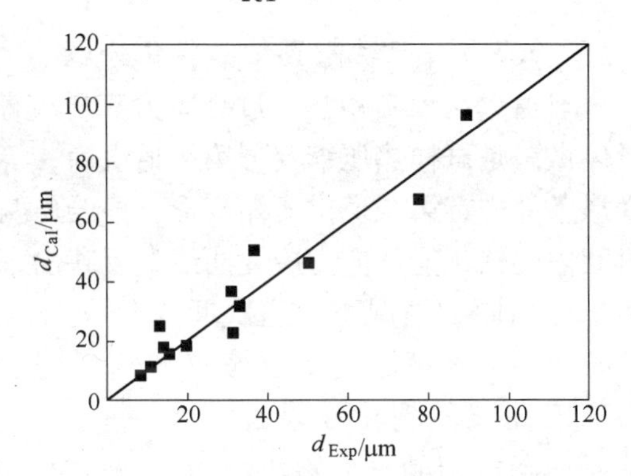

图2－53　稳态动态再结晶晶粒尺寸计算值与实验值比较

2.5.3　亚动态再结晶

在热变形间隙或热变形结束后的高温停留阶段发生的软化行为（亚动态再结晶和静态再结晶）与热变形过程中是否发生动态再结晶有关。如果变形过程施加的应变量超过了动态再结晶临界应变，合金在变形过程中会发生动态再结晶，那么在热变形间隙或变形后的高温停留阶段就会发生亚动态再结晶软化行为。亚动态再结晶是热变形过程中形成并且尚未长大的动态再结晶核心在变形间隙或变形结束后的长大过程，因为已经存在再结晶形核，所以亚动态再结晶软化过程进行得非常迅速。如果变形过程施加的应变量小于动态再结晶临界应变，合金在热变形间隙或变形后的高温停留阶段发生的软化为静态再结晶，静态再结晶是在高位错密度区无畸变晶核的形核及其长大过程，需要有一定的孕育期，因此静态再结晶软化速度较慢。两者最主要的区别是亚动态再结晶不受应变量的影响，变形温度对它有较弱的影响，应变速率是决定性的影响因素，而静态再结晶强烈依赖于应变量，对变形温度较敏感，应变速率对它的影响最弱。

有研究表明，要获得完全与应变量无关的亚动态再结晶，就需要变形过程中施加的应变量必须大于一个临界值 ε^*，该临界值大于动态再结晶临界应变 ε_c，小于发生稳态动态再结晶的应变量。由于本文设定双道次压缩实验的应变量为15%（真应变是0.16），均超过了690合金发生动态再结晶所需的临界应变，所以在双道次压缩实验道次间歇停留时间内主要发生亚动态再结晶。

亚动态再结晶模型可以用式（2－29）表示，在该公式中包含了初始晶粒尺寸、应变速率、应变量、变形温度和保温时间五个变量。但由于亚动态再结晶与应变量无关，因此体现应变量影响大小的指数 k_4 等于0。本节采用双道次热压缩和单道次压缩保温实验来研究初始晶粒尺寸、应变速率、变形温度和保温时间对690合金亚动态再结晶行为的影响规律，并建立690合金的亚动态再结晶模型。

2.5.3.1　亚动态再结晶软化分数

双道次压缩实验是通过真应力真应变曲线来确定亚动态再结晶分数的方法。具体做法是试样热压缩变形第一道次后，等温停留一定时间，然后再以相同的热变形条件进行第二道次压缩变形，描绘出两道次的真应力真应变曲线，道次间歇时间内的软化能从应力应变曲线上反映出来，如图2－54所示。在第一道次热变形条件相同的情况下，道次间歇时间短时，第二道次压缩应力应变曲线的软化效果就小，即亚动态再结晶百分数小。当道次间歇时间为1s时，第二道次压缩的流变应力曲线在出现很小的加工硬化阶段后马上达到稳态流变阶段，这说明亚动态再结晶产生的软化只抵消部分第一道次压缩留下的加工硬化，因而第二道次压缩变形只需较少的加工硬化就能与动态再结晶的软化相平衡，进入稳态流变阶段。当道次间歇时间增加到10s时，亚动态再结晶百分数增大，亚动态再结晶产生的软化基本抵消掉第一道次残留的加工硬化，因而第二道次压缩变形有很明显的加工硬化现象，第二道次压缩流变应力曲线的峰值应变增加。

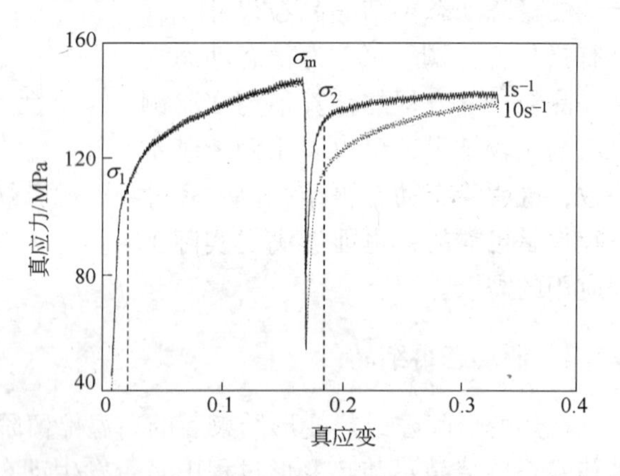

图2－54　双道次压缩实验的真应力－真应变曲线

通过双道次压缩实验的流变应力曲线来计算软化分数（或亚动态再结晶分数 X_{MDRX}）一般采用补偿法，用下式计算：

$$X_{MDRX}=\frac{\sigma_m-\sigma_2}{\sigma_m-\sigma_1} \tag{2-42}$$

式中，σ_m 为第一道次结束时的流变应力；σ_1 和 σ_2 分别为第一道次和第二道次应变量2%对应的流变应力值。

图2－55所示为热变形参数对软化分数的影响。由图可见，随着道次停留时间的延长，道次间歇的软化效果增大。如果道次间歇时间足够长，亚动态再结晶软化可以完全抵消第一道次的加工硬化。同时，由于亚动态再结晶进行得十分迅速，当热变形温度高且应变速率大时，热变形后合金内部亚动态再结晶分数很快

达到1。图2－55a表示了软化分数与应变速率之间的关系，随着应变速率的增大，软化分数会迅速升高。这是因为在其他热变形参数相同的情况下，应变速率越大会使因位错密度增加产生的加工硬化作用变大，同时时间变短也使动态再结晶的软化作用减小，这样亚动态再结晶驱动力就越大，亚动态再结晶软化也容易发生。由图2－55b可知，随着变形温度的升高软化分数也会增加，当初始晶粒尺寸125μm的试样以应变速率为$1s^{-1}$变形，道次间歇时间为1s时，1100℃下的软化分数为0.25，而温度升高到1250℃后，软化分数增大到0.53。这主要是由于变形温度升高，亚动态再结晶晶粒长大速率加快。由图2－55c可知，随着初始晶粒尺寸的增加软化分数有所减小。

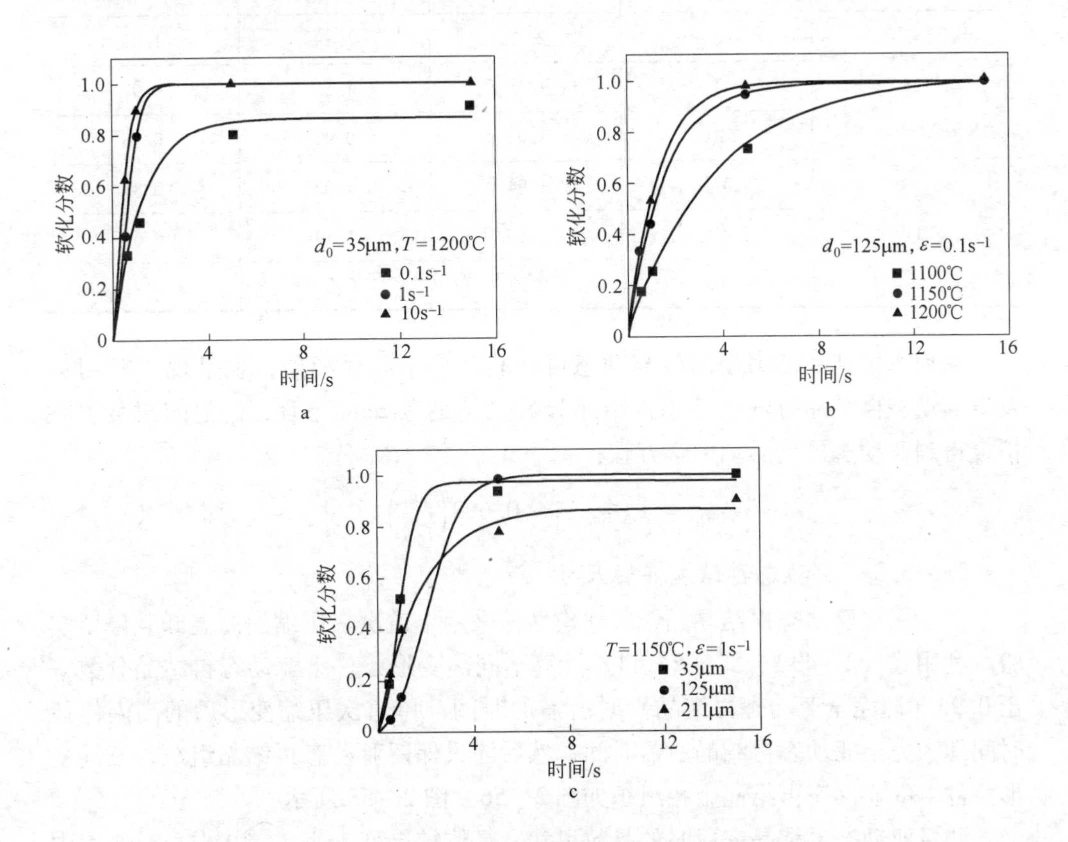

图2－55　热变形参数对软化分数的影响

a—应变速率；b—变形温度；c—初始晶粒尺寸

2.5.3.2　亚动态再结晶动力学

通过拟合软化分数和道次间歇时间的关系曲线，可以得到各个变形条件下，软化分数为50%时所需的间歇时间$t_{0.5}$，如表2－9所示，经过多元线性回归求得亚动态再结晶软化分数为50%时所需时间$t_{0.5}$与应变速率$\dot{\varepsilon}$、变形温度T和初始

晶粒尺寸 d_0 之间的定量关系式为：

$$t_{0.5} = 1.0070 \times 10^{-4} d_0^{-0.2707} \dot{\varepsilon}^{-0.2241} \exp\left(\frac{122844.0657}{RT}\right) \tag{2-43}$$

表 2-9　不同热变形条件下软化分数 50% 所需时间 $t_{0.5}$ 值

初始晶粒尺寸/μm	应变速率/s^{-1}	温度/℃		
		1100	1150	1200
35	0.1	2.31	1.48	1.12
	1	0.98	0.99	0.51
	10	1.10	0.86	0.40
125	0.1	2.27	1.19	1.02
	1	1.15	1.15	0.97
	10	1.07	0.92	0.56
211	0.1	1.94	1.02	0.85
	1	1.20	1.49	0.61
	10	0.37	0.21	0.22

亚动态再结晶动力学曲线与动态再结晶动力学曲线相似，也呈现“S”形，发生亚动态再结晶时的亚动态再结晶分数也满足 Avrami 方程，经过双对数线性拟合得到亚动态再结晶动力学方程：

$$X_{MDRX} = 1 - \exp\left[-0.693\left(\frac{t}{t_{0.5}}\right)^{0.5629}\right] \tag{2-44}$$

2.5.3.3　亚动态再结晶晶粒尺寸

为了建立亚动态再结晶晶粒尺寸模型，采用单道次热压缩加高温卸载停留实验。利用式（2-43）、式（2-44）计算不同热变形条件下亚动态再结晶分数等于 0.95（即完全亚动态再结晶）时所需的时间，单道次压缩变形后的高温停留时间即为完全亚动态再结晶所需时间，然后淬火保留亚动态再结晶组织，不同变形条件下的亚动态再结晶金相组织如图 2-56～图 2-58 所示。

测量亚动态再结晶完成时的晶粒尺寸，具体结果列于表 2-10 中。对比表中的晶粒尺寸大小可知，随着变形温度的升高和应变速率的降低，亚动态再结晶晶粒尺寸增大，初始晶粒尺寸对亚动态再结晶晶粒尺寸的影响规律大体上是随着初始晶粒尺寸的增大，亚动态再结晶晶粒尺寸减小。经过多元线性回归后得到亚动态再结晶晶粒尺寸方程为：

$$d_{MDRX} = 7.0339 \times 10^{4} d_0^{-0.06959} \dot{\varepsilon}^{-0.08369} \exp\left(\frac{-83988.0029}{RT}\right) \tag{2-45}$$

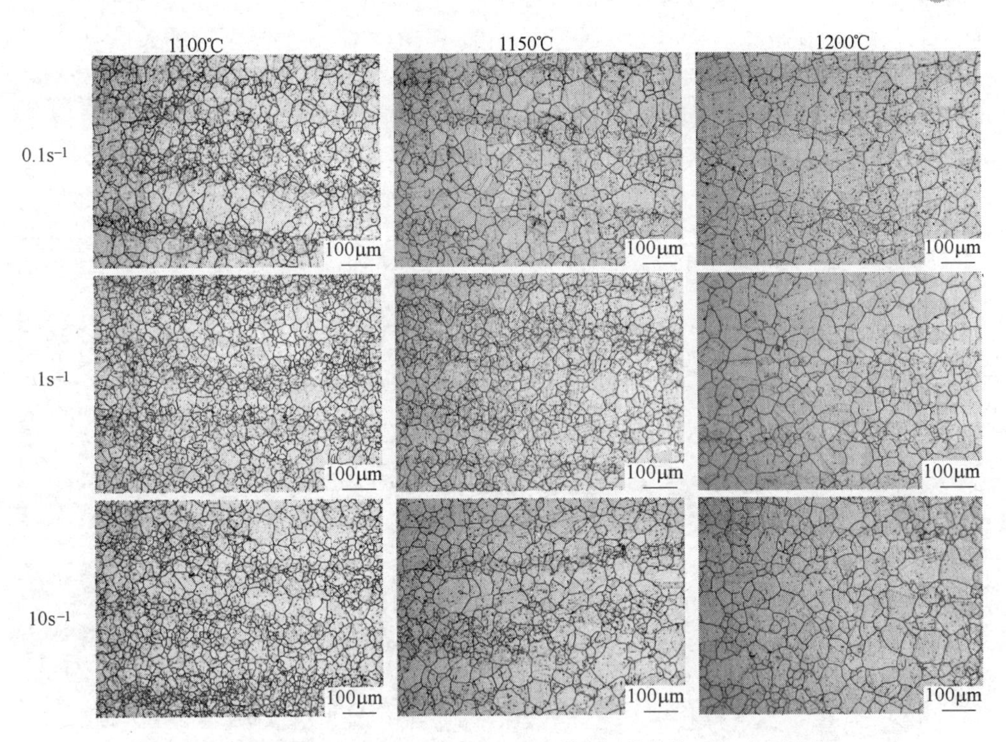

图 2－56 初始晶粒尺寸为 35μm 在不同变形条件下完全再结晶

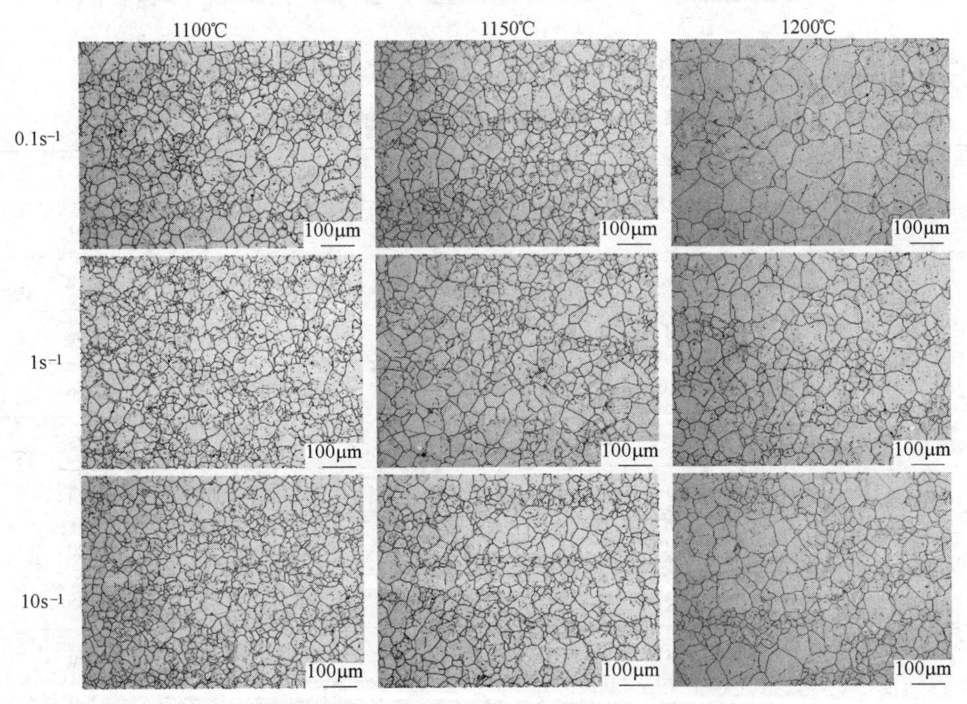

图 2－57 初始晶粒尺寸为 125μm 在不同变形条件下完全再结晶

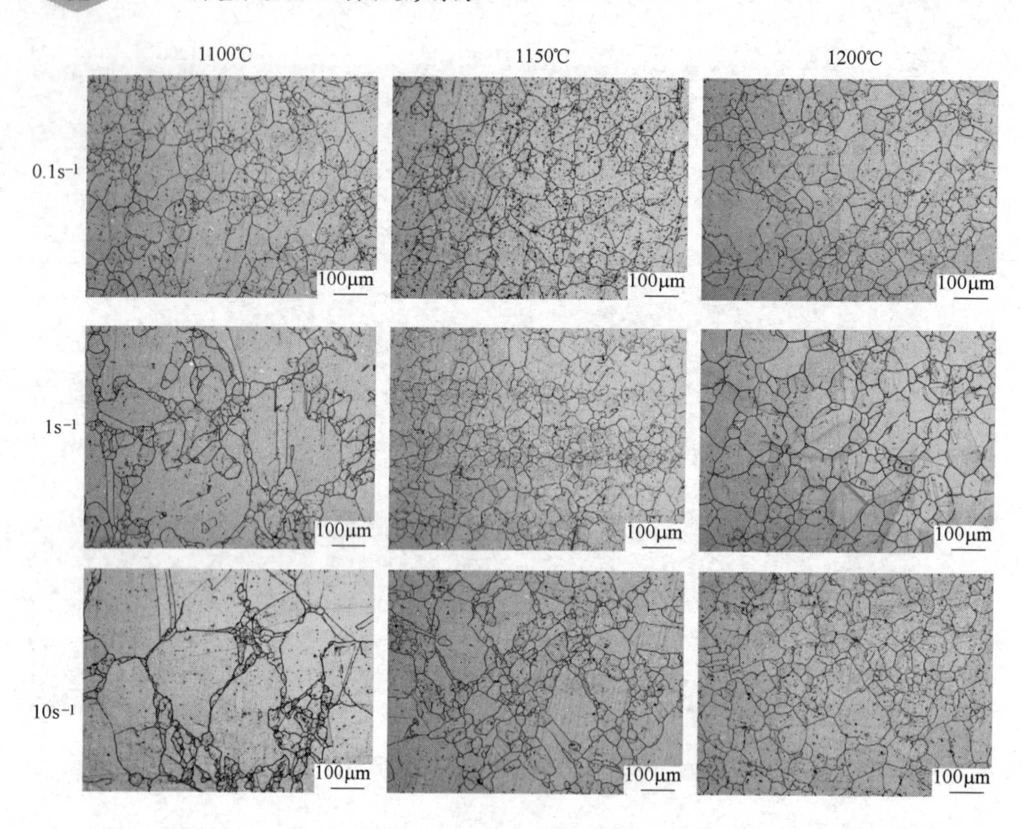

图2-58 初始晶粒尺寸为211μm在不同变形条件下完全再结晶

表2-10 亚动态再结晶完成时的晶粒尺寸

初始晶粒尺寸/μm	应变速率/s^{-1}	温度/℃		
		1100	1150	1200
35	0.1	32.65	50.96	74.14
	1	29.27	45.81	50.96
	10	27.22	39.46	43.36
125	0.1	36.28	34.35	57.85
	1	31.72	37.62	49.24
	10	31.37	42.09	36.20
211	0.1	44.19	48.41	62.45
	1	47.62	45.81	65.76
	10	24.66	27.22	44.64

图2-59为不同变形条件下亚动态再结晶模型计算得到的亚动态再结晶分数和亚动态再结晶晶粒尺寸与实验测量值的比较，可见，计算值和实验值比较接近。

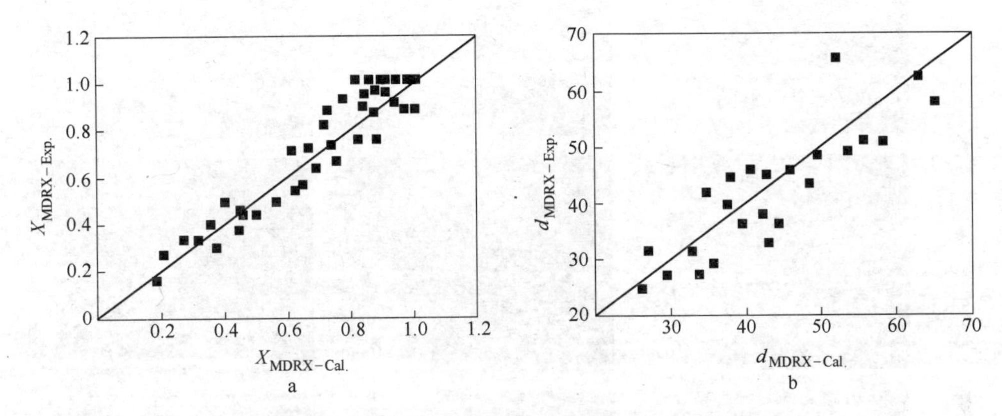

图2-59　亚动态再结晶量模型计算值和实验值的比较

a—亚动态再结晶分数；b—亚动态再结晶晶粒尺寸

2.5.4　晶粒长大

在亚动态再结晶完成以后，虽然由热变形引起的合金形变储存能已经释放，但金属的温度高使合金内部组织仍未达到最稳定状态。组织中的晶界为了减小总的界面能，晶粒将发生长大。在晶粒长大过程中，小晶粒缩小而大晶粒长大，即大晶粒吞食小晶粒，从而逐渐减小系统总的界面能，因此晶粒长大的驱动力是总界面能的减少。690合金坯料在挤压变形区因温升效应使得挤出荒管温度很高，荒管出模孔后会停留一定时间，这期间荒管的晶粒会发生长大。

温度和保温时间直接决定着合金晶粒长大后的晶粒尺寸，从而影响合金获得的最终组织。图2-60为保温时间和变形温度对晶粒大小的影响。从图中可以看出，随着保温时间的延长和变形温度的升高，晶粒尺寸逐渐增大。

晶粒长大模型可以采用式（2-31）表示，式中晶粒长大指数n取2，统计不同变形条件下晶粒长大组织的晶粒尺寸，数据回归得到晶粒长大方程各系数分别为$a = 3.5003 \times 10^{10}$，$Q_{GG} = 234255.7053$J/mol，于是得到晶粒长大方程为：

$$d_{GG}^2 = d_{MDRX}^2 + 3.5003 \times 10^{10} t \exp\left(\frac{-234255.7053}{RT}\right) \qquad (2-46)$$

图2-61中的结果也显示出不同热变形条件下晶粒长大模型计算值和实验值很接近。

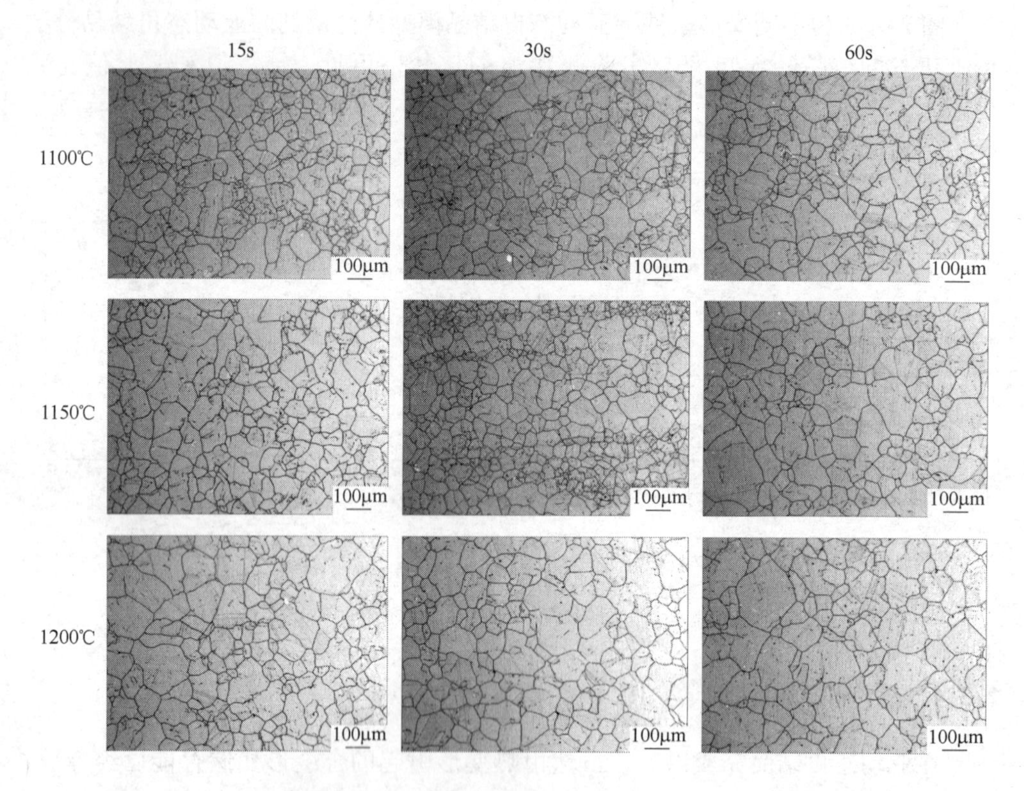

图2-60　初始晶粒尺寸为211μm的试样以应变速率$10s^{-1}$变形后晶粒长大组织

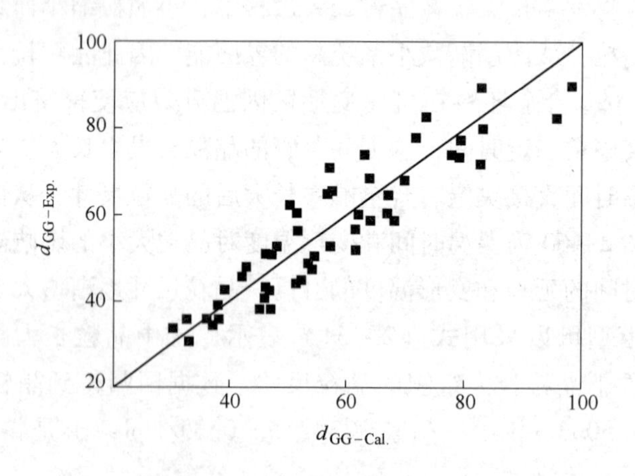

图2-61　晶粒长大模型计算值和实验值的比较

在单道次和双道次热压缩变形实验的基础上，通过定量分析建立了690合金热变形过程中的组织演变模型如下：

（1）动态再结晶模型：

$$\left.\begin{aligned}
\varepsilon_{c} &= 0.3463\varepsilon_{p} \\
\varepsilon_{p} &= 6.7765\times10^{-3}\dot{\varepsilon}^{0.2063}\exp\left(\frac{47097.5545}{RT}\right) \\
\varepsilon_{0.5} &= 2.8990\times10^{-4}\dot{\varepsilon}^{0.1540}\exp\left(\frac{87435.7251}{RT}\right) \\
X_{DRX} &= 1-\exp\left[-0.693\left(\frac{\varepsilon-\varepsilon_{c}}{\varepsilon_{0.5}}\right)^{1.2457}\right] \\
d_{DRX} &= 1.1857\times10^{6}\dot{\varepsilon}^{-0.2759}\exp\left(\frac{-127404.5824}{RT}\right)
\end{aligned}\right\}\quad(\dot{\varepsilon}<1)$$

$$\left.\begin{aligned}
\varepsilon_{c} &= 0.3463\varepsilon_{p} \\
\varepsilon_{p} &= 4.8505\times10^{-3}\dot{\varepsilon}^{-0.2430}\exp\left(\frac{51699.0441}{RT}\right) \\
\varepsilon_{0.5} &= 1.9903\times10^{-6}\dot{\varepsilon}^{-0.2142}\exp\left(\frac{144811.8536}{RT}\right) \\
X_{DRX} &= 1-\exp\left[-0.693\left(\frac{\varepsilon-\varepsilon_{c}}{\varepsilon_{0.5}}\right)^{1.0301}\right] \\
d_{DRX} &= 1.1857\times10^{6}\dot{\varepsilon}^{-0.2759}\exp\left(\frac{-127404.5824}{RT}\right)
\end{aligned}\right\}\quad(\dot{\varepsilon}>1)$$

（2）亚动态再结晶模型：

$$t_{0.5} = 1.0070\times10^{-4}d_{0}^{-0.2707}\dot{\varepsilon}^{-0.2241}\exp\left(\frac{122844.0657}{RT}\right)$$

$$X_{MDRX} = 1-\exp\left[-0.693\left(\frac{t}{t_{0.5}}\right)^{0.5629}\right]$$

$$d_{MDRX} = 7.0339\times10^{4}d_{0}^{-0.06959}\dot{\varepsilon}^{-0.08369}\exp\left(\frac{-83988.0029}{RT}\right)$$

（3）晶粒长大模型：

$$d_{GG}^{2} = d_{MDRX}^{2}+3.5003\times10^{10}t\exp\left(\frac{-234255.7053}{RT}\right)$$

虽然所建组织演变模型的计算值与实验值比较接近，但是这些模型是否能用于 DEFORM－2D 有限元数值模拟中，并能对热变形后的显微组织进行预测，还需要进一步的验证。因此，在 DEFORM－2D 中新建 690 合金材料库，将前面得到的 690 合金的流变应力曲线和组织演变模型写入到材料库中，然后使用图 2－26所示的几何模型进行 690 合金的等温恒应变速率热压缩过程模拟，通过对比热压缩实验金相和 DEFORM－2D 有限元计算出的平均晶粒尺寸，可以判断已建立的组织演变模型是否准确。

参考文献

[1] Zener C, Hollomon J H. Effect of Strain – Rate upon the Plastic Flow Steel [J]. Journal of Applied Physics, 1944, 15 (1): 22 ~ 32.

[2] 刘鹏飞，刘东，罗子健，等. GH761合金的热变形行为与动态再结晶模型 [J]. 稀有金属材料与工程，2009，38 (2)：275 ~ 280.

[3] McQueen H J. Development of dynamic recrystallization theory [J]. Materials Science and Engineering A, 2004, 387 ~ 389: 203 ~ 208.

[4] 罗子健，杨旗，姬婉华. 考虑变形热效应的本构关系建立方法 [J]. 中国有色金属学报，2000，10 (6)：804 ~ 808.

[5] 李尧. 金属塑性成型原理 [M]. 北京：机械工业出版社，2004.

[6] 余永宁. 金属学原理 [M]. 北京：冶金工业出版社，2000.

[7] 赵晓东. 304不锈钢热变形条件下动态再结晶行为研究 [D]. 太原：太原科技大学，2009.

[8] 兰胜威. 晶粒尺寸对纯铝动态力学性能的影响 [D]. 长沙：国防科学技术大学，2006.

[9] 张玲. TSDR工艺热加工过程的组织演变与控制 [D]. 北京：北京科技大学，2007.

[10] 毛卫民，赵新兵. 金属的再结晶与晶粒长大 [M]. 北京：冶金工业出版社，1994.

[11] Miura H, Sakai T, Hamaji H. Preferential nucleation of dynamic recrystallization at triple junctions [J]. Scripta Materialia, 2004, 50 (1): 65 ~ 69.

[12] Angella G, Wynne B P, Rainforth W M. Microstructure evolution of AISI 316L in torsion at high temperature [J]. Acta Materialia, 2005, 53 (5): 1263 ~ 1275.

[13] Rao K P, Doraivelu S M, Roshan H M, et al. Deformation processing of an aluminum alloy containing particles: studies on Al – 5 pct Si alloy 4043 [J]. Metallurgical Transactions A, 1983, 14A (8): 1671 ~ 1679.

[14] Prasad Y V R K, Gegel H L, Doaraivelu S M, et al. Modeling of dynamic material behavior in hot deformation: forging of Ti – 6242 [J]. Metallurgical Transactions A, 1984, 15A (10): 1883 ~ 1892.

[15] 马怀宪. 金属塑性加工学——挤压、拉拔与管材冷轧 [M]. 北京：冶金工业出版社，1991.

[16] 王怀柳. GH690合金热挤压工艺的研究 [J]. 特钢技术，2008，14 (2)：31 ~ 34.

[17] 张莉，李升军. DEFORM在金属塑性成形中的应用 [M]. 北京：机械工业出版社，2009.

[18] Scientific forming technologies corporation. Deform – 2D user's manual version 9.0 [EB/OL]. Ohio: Scientific forming technologies corporation, 2006 (2006 – 6 – 7).

[19] Schikorra M, Donati L, Tomesani L, et al. Microstructure analysis of aluminum extrusion: prediction of microstructure on AA 6060 alloy [J]. Journal of Materials Processing Technology, 2008, 201 (1 ~ 3): 156 ~ 162.

3 镍基合金 G3 的热变形行为

热挤压变形是在高温、高压下进行的，同时伴随着大应变、高应变速率。因此，坯料不仅发生外部形状的变化，同时坯料内部组织也发生重组。即使在模具润滑良好的前提下，当热挤压工艺参数选择不当时，坯料内部温度升高，且高于G3 合金的热加工温度区间，造成合金热塑性降低。同时，在挤出管材内部温度升高更明显，导致晶粒长大，从而影响到挤出管材的内部组织质量。可见，为了得到高质量的、符合技术要求的挤出管材，热挤压工艺中还应该对 G3 合金的热变形行为、微观组织演变及其控制原则有正确的认识。

G3 合金热挤压工艺中，其显微组织的主要变化有：热变形期间的加工硬化、动态再结晶软化。热挤压后期（刚挤出及随后的停留阶段）的亚动态再结晶和晶粒长大。因此，本章采用热物理模拟的方法，设计了一系列的试验来模拟 G3 合金的热挤压工艺中的动态再结晶和亚动态再结晶行为，系统研究 G3 合金的热变形特征及内部组织演变特点，为 G3 合金热挤压工艺的数值模拟奠定基础。同时，采用热物理模拟的方法，建立 G3 合金在高温热变形时组织演变的数学控制模型，为 G3 合金热挤压工艺再结晶组织的数值模拟提供理论依据。

3.1 G3 合金的本构方程建立

根据热力学计算结果，1050℃以上 G3 合金基本为单相区。实际镍基合金热挤压温度一般较高，所以制定热模拟实验的温度为：1050℃、1100℃、1150℃、1180℃、1200℃；应变速率为：$0.1s^{-1}$、$1s^{-1}$、$5s^{-1}$、$10s^{-1}$；变形量 15%、30%、50%、60%（工程应变）。加热阶段试样的升温速度为 10℃/s，先升温到1220℃保温 120s 后，以 10℃/s 降到变形温度，待温度稳定后压缩变形，变形后立即水冷。试样先升温到 1220℃是因为原始组织为锻态，为了减轻原始锻态不均匀组织对再结晶的影响，先让其发生静态再结晶。为减少压缩过程中摩擦和温度变化对实验的影响，预先在压头和试样两端接触处夹一层石墨进行润滑，并在试样表面焊上热电偶以补偿试样表面温度的变化。

3.1.1 真应力 - 真应变曲线

真应力 - 真应变曲线是材料热变形时，反映材料特性的重要参数，也是了解材料本构关系及建立反映材料本构关系的数学表达式的重要原始数据。因此，分析材料的热变形过程以及随后的组织演化，首先必须深入分析热变形时的流变曲线。

图 3－1 与图 3－2 给出了 G3 合金在不同实验条件下典型的真应力－真应变曲线。从图中可以看出在一定的变形条件下，随着变形的进行，应力值先迅速上升，到达最高点（峰值应力）后下降最后达到一个相对稳定值。还可以看出在相同变形温度下，随着应变速率的提高，变形抗力增大，并且达到峰值应力所需的峰值应变也增加；在相同应变速率下变形抗力随着变形温度的提高而降低，达到峰值应力所需的峰值应变也是增加的。

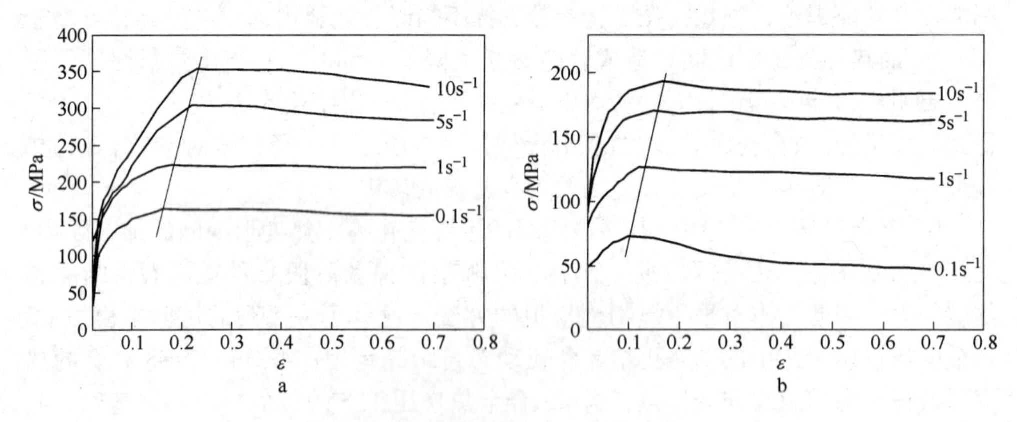

图 3－1　G3 合金在不同温度下典型的真应力－真应变曲线

a—1050℃；b—1200℃

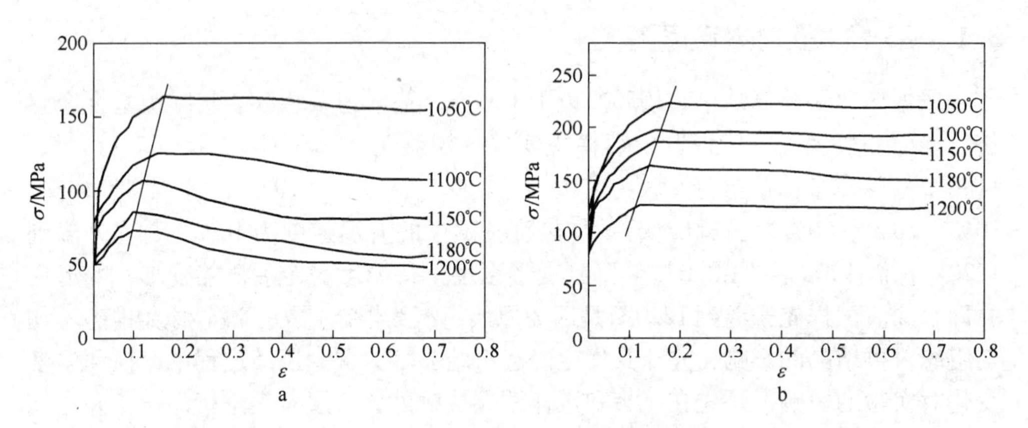

图 3－2　G3 合金在不同应变速率下典型的真应力－真应变曲线

a—0.1s⁻¹；b—1s⁻¹

为了综合考虑温度和应变速率对流变应力（变形抗力）的影响规律，引入 Zener－Hollomon 参数。$Z=\dot{\varepsilon}\exp\left(\frac{Q}{RT}\right)$，其物理意义是温度补偿的变形速率因子。

在其他条件一致时，材料的变形抗力随着 Z 值的增大而减小，随 Z 的减小而增大。

材料热变形机制一般有动态回复和动态再结晶两种，一般认为反映在真应力－真应变曲线上的区别是：前者在真应力达到峰值之后软化并不明显，基本保持一条相对水平的曲线；后者在真应力达到峰值之后软化非常明显，应力值出现明显下降，随后达到相对稳态。从这种观点来看，在 $0.1s^{-1}$、温度高于 1100℃ 变形时，实验试样发生了动态再结晶，其他条件下热变形时试样发生的是动态回复。但是在随后的金相分析中，发现所有变形条件下 G3 合金均发生了动态再结晶（图 3－11～图 3－14）。分析原因可能是与钢铁材料或其他金属材料相比，镍基合金由于大量的固溶或者析出强化，因此在变形过程中的硬化效果非常大以至于动态再结晶引起的软化不足以使流变曲线出现显著的降低。而在 $0.1s^{-1}$、温度高于 1100℃ 变形时，由于应变速率和变形温度较高，硬化效果有所降低而软化作用提高，所以这些变形条件下的流变曲线呈现典型金属材料热变形时的动态再结晶特征。

3.1.2 峰值应力的表征

从 G3 合金的真应力－真应变曲线上可以得到 G3 合金在不同变形温度和应变速率下的峰值应力 σ_p，见表 3－1。

表 3－1 不同变形条件下的峰值应力 σ_p （MPa）

变形条件	1050℃	1100℃	1150℃	1180℃	1200℃
$0.1s^{-1}$	163.58	125.54	106.98	85.91	73.19
$1s^{-1}$	223.58	197.6	186.77	164.23	126.93
$5s^{-1}$	304.38	261	225.37	200.95	170.61
$10s^{-1}$	353.39	284.74	238.9	223.95	193.2

峰值应力随温度和应变速率的变化规律，可用 Arhenius 方程来表达[1]，即：

$$A\sigma_p^n = \dot{\varepsilon}\exp\left(\frac{Q}{RT}\right) \tag{3-1}$$

式中，σ_p 为峰值应力；Q 为对应的表观激活能；R 为气体常数；A、n 为与材料有关的常数。将式（3－1）两边取对数可得：

$$\ln\dot{\varepsilon} + Q/(RT) = \ln A + n\ln\sigma_p \tag{3-2}$$

在温度恒定的条件下，将式（3－2）两边对 σ_p 求偏导，得到：

$$n = \left[\frac{\partial(\ln\dot{\varepsilon})}{\partial\ln\sigma_p}\right]_T \tag{3-3}$$

假定应变速率恒定，式（3－2）两边对 $1/T$ 求偏导，得到表观激活能：

$$Q = nR\left[\frac{\partial(\ln\sigma_p)}{\partial(1/T)}\right]_{\dot{\varepsilon}} \tag{3-4}$$

$\ln\dot{\varepsilon}$ 与 $\ln\sigma_p$ 的关系如图 3-3 所示，在不同变形温度下两者基本上呈线性关系，且各直线斜率基本相同。用最小二乘法经线性回归得到平均斜率 $n=5.27$。$\ln\sigma_p$ 与 $1/T$ 的关系如图 3-4 所示，两者也呈线性关系，平均斜率 $k=7624.3$。由式（3-4）可得到 G3 合金峰值应力表观激活能 $Q=340.057\text{kJ/mol}$。

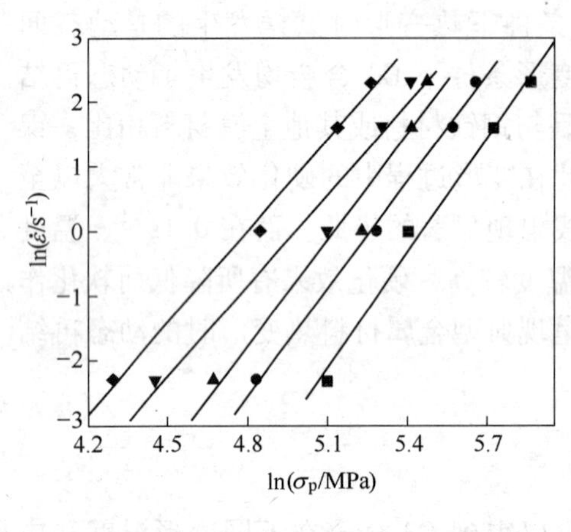

图 3-3　$\ln\dot{\varepsilon}$ 与 $\ln\sigma_p$ 的关系　　　图 3-4　$\ln\sigma_p$ 与 $1/T$ 的关系

由式（3-2）可得：

$$A = \dot{\varepsilon}\sigma_p^{-n}\exp[Q/(RT)] \tag{3-5}$$

求得各变形条件下 A 的平均值为 8.43。

通过以上计算可得到 G3 合金峰值应力的表达式为：

$$\sigma_p = 0.6672\dot{\varepsilon}^{0.1898}\exp(7774.6/T) \tag{3-6}$$

为了验证式（3-6）的正确性，用由式（3-6）计算得到的 σ_p 与实验所得 σ_p 作图 3-5。由图 3-5 可知线性相关系数达到 0.99，可见式（3-5）可以很好地反映 G3 合金变形过程中峰值应力与变形温度和应变速率间的本构关系。

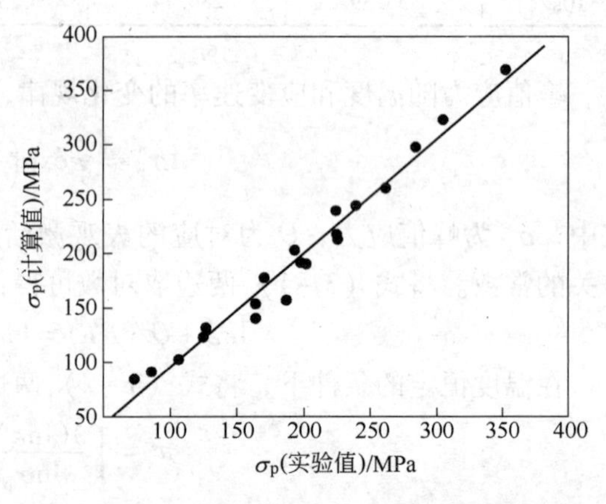

图 3-5　G3 合金峰值应力计算值与实验值的比较

G3 合金采用热挤压方式生产，而挤压变形一般应变坯料某些部位应变速率很大（局部可达 50s^{-1} 甚至 100s^{-1}），峰值应力也就是变形抗力无法通过实验方式来获得。通过计算得出的峰值应力表达式（3-6）便可以获得。准确的峰值应力预测是选择设备吨位的重要依据。应变速率和温度对 G3 合金峰值应力的影响如图 3-6 所示。

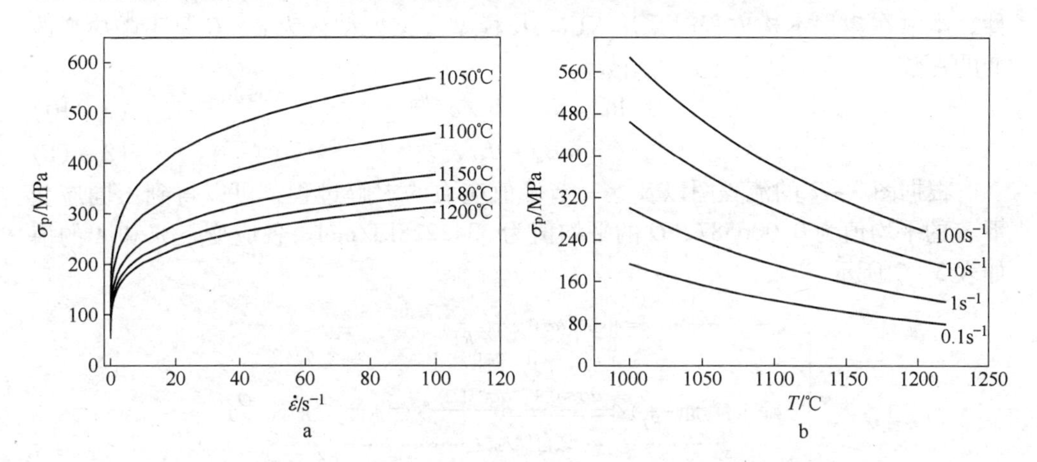

图 3-6 G3 合金峰值应力随变形条件的变化规律

a—应变速率的影响；b—温度的影响

3.1.3 G3 合金的本构方程

上一节中通过建立峰值应力的表达式可以得到 G3 合金在不同变形条件下的最大变形抗力。但是要想通过有限元模拟的方法得到 G3 管坯在热挤压过程中的应力-应变分布，还必须建立能够动态反映变形全过程的流变应力本构方程。

流变应力的准确描述对金属热变形组织演化的有限元模拟有着非常重要的意义，流变应力是构成有限元求解的本构方程之一，是决定有限元变形模拟迭代是否有解及精度如何的重要因素。在高温变形时，由流变应力描述不准确而造成的模拟误差有时远远大于由描述边界条件不准确造成的误差，甚至导致错误的结果。流变应力的数学表达式起着材料模型和塑性力学模型之间的接口作用，其曲线形式反映着受变形决定的材料组织演化，同时也反映了受组织演化影响的流变应力的变化。

本构方程对应力-应变曲线的预测具有实用价值。对某一钢种或合金来说，一个能够准确预测不同温度与应变速率的模型有助于预测变形过程中组织的变化及各个道次的轧制力或热挤压时的挤压力。金属材料在变形时，经历了加工硬化、动态回复、再结晶过程，流变曲线反映了这些现象的顺序及交互作用。流变应力本构方程主要有以下形式：

$$Z = \dot{\varepsilon}\exp[Q/(RT)] = A_1\sigma^{n_1} \quad (3-7)$$

$$Z = \dot{\varepsilon}\exp[Q/(RT)] = A_2\exp(\beta\sigma) \quad (3-8)$$

$$Z = \dot{\varepsilon}\exp[Q/(RT)] = A_3[\sinh(\alpha\sigma)]^{n_3} \quad (3-9)$$

式（3-7）适用于应力水平较低，即 $\alpha\sigma < 0.8$ 时；式（3-8）适用于应力

水平较高，即 $\alpha\sigma<1.2$ 时。Sellars 等根据式（3-7）、式（3-8）提出了在所有应力条件下均适用的式（3-9）。考虑到与有限元软件 MSC. SUPERFORM 的兼容性，本书在建立本构方程时采用 KUMAR 模型。该模型认为 α、Q 是不随应变改变的常数，n 和 A 是应变 ε 的函数。

$$\ln A = B_1 + B_2/\varepsilon^{-B_3} \tag{3-10}$$

$$n = B_4 + B_5/\varepsilon^{-B_6} \tag{3-11}$$

根据图 3-7 的流程图以及上一节峰值应力的求解过程，可以得到不同应变下 α 的平均值为 0.006587，Q 的平均值为 334.228kJ/mol。各应变下 n 和 A 的值如表 3-2 所示。

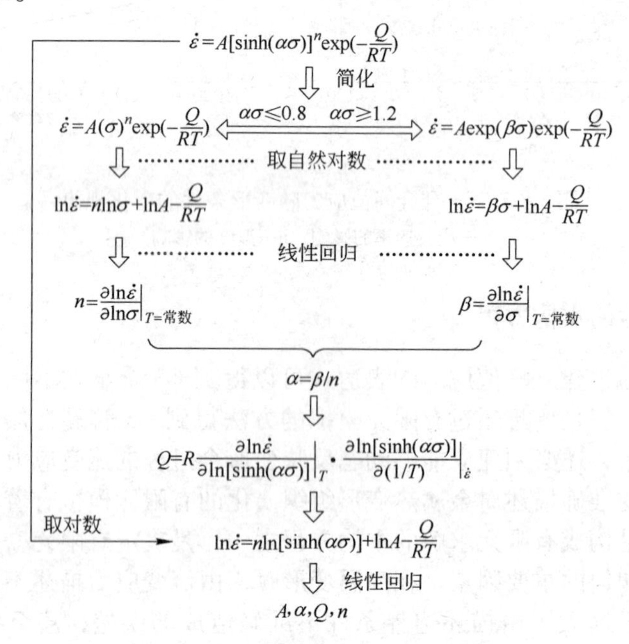

图 3-7 流变应力参数求解流程

表 3-2 不同应变下 n 和 A 的值

ε	0.1	0.2	0.3	0.4	0.5	0.6	0.7
n	3.834	3.4067	3.1464	3.0122	2.9271	2.8548	2.8264
$\ln A$	27.6053	27.7334	27.7558	27.7611	27.758	27.7672	27.7676

通过 matlab 利用多元非线性回归拟合，见图 3-8，得到 $B_1=27.77$，$B_2=-0.001154$，$B_3=2.156$；$B_4=1.93$，$B_5=0.7594$，$B_6=0.4007$。

将式（3-9）变形，可得：

$$\sigma = \frac{1}{\alpha}\ln\left\{\left(\frac{Z}{A}\right)^{\frac{1}{n}} + \left[\left(\frac{Z}{A}\right)^{\frac{2}{n}} + 1\right]^{\frac{1}{2}}\right\} \tag{3-12}$$

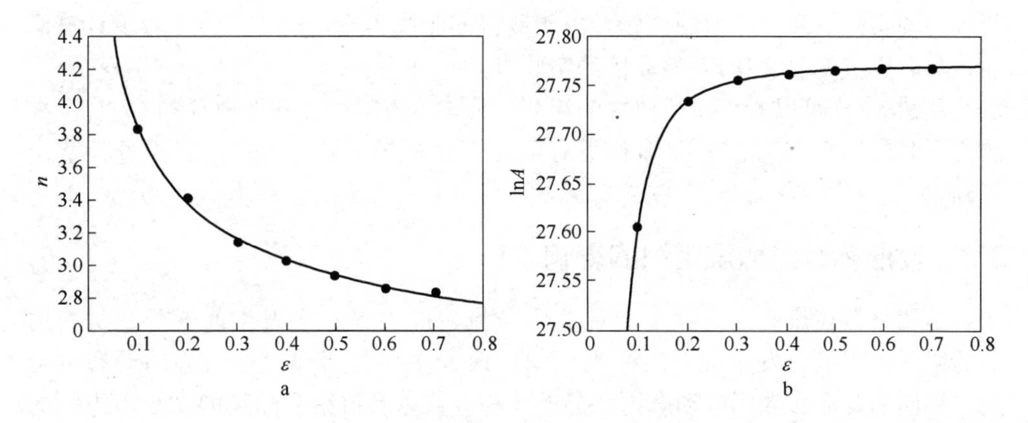

图 3-8 多元非线性回归拟合 n 和 $\ln A$

a—n 与 ε 的关系；b—$\ln A$ 与 ε 的关系

结合式（3-10）~式（3-12）即得到可以预测 G3 合金热变形流动应力的本构模型（KUMAR 模型）。

图 3-9 为在变形温度 1100℃、1150℃、1180℃、1200℃下变形时 G3 合金流

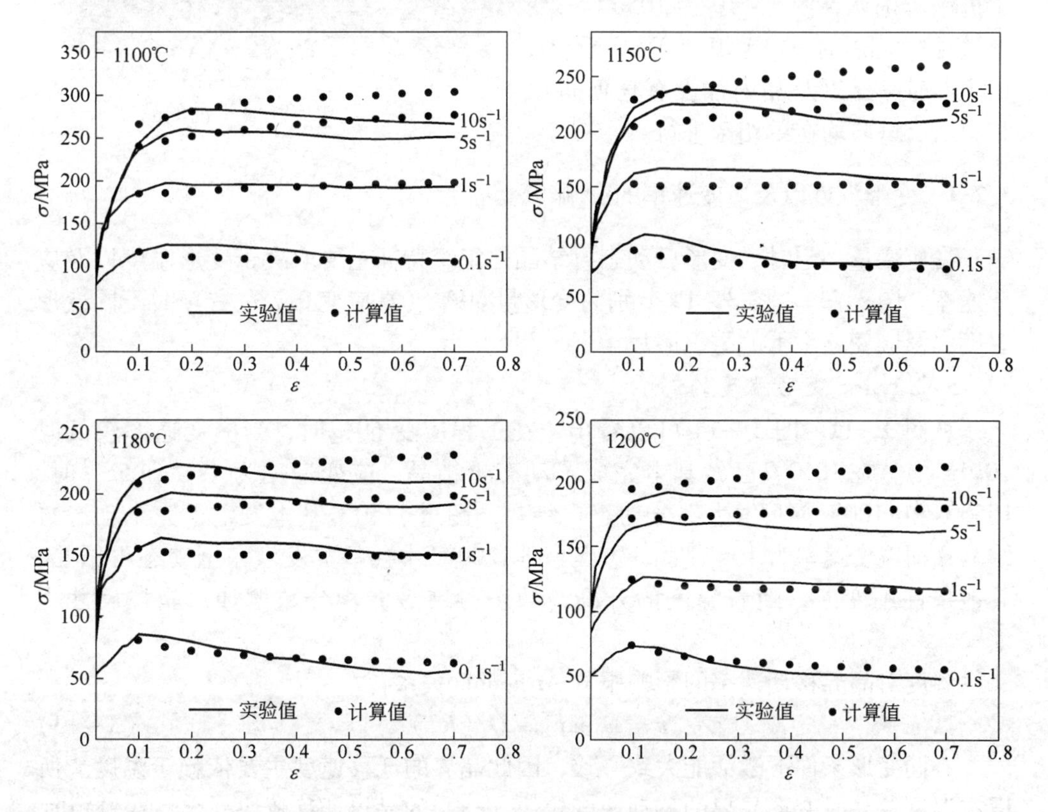

图 3-9 流变应力计算值与实验值的比较

变应力的实验值和计算值的比较。由于测得的曲线实验点较多，为了减少计算麻烦，只取真应变值为0.05整数倍的实验点。

从图3-9可以看出，所建立的流变应力本构方程可以很好地预测G3合金在热变形时的流动应力，为准确利用有限元方法模拟G3合金的热挤压过程奠定基础。

3.2　变形参数对微观组织的影响

金属材料在热变形时除了宏观性质（流变应力等）会发生改变外，材料内部的微观组织也会发生改变。微观组织的改变主要是指热变形引起的动态再结晶，不同的变形参数影响动态再结晶的体积分数以及再结晶晶粒的大小。组织的改变主要受变形温度、应变速率以及应变量的影响。由于耐蚀合金并不需要金属间化合物或碳化物来控制晶粒度，所以一般选择在单相区变形。通过热力学计算，1050℃以上G3合金为单相区，为了进一步确认，图3-10为1050℃不变形直接水冷时的组织。可以看出，1050℃时晶界以及晶内都没有任何析出相，所有试验均在单相区进行。

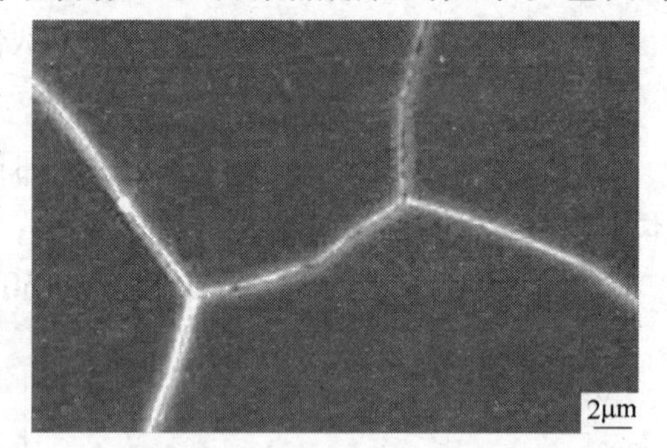

图3-10　1050℃变形前的晶界

3.2.1　变形温度以及应变速率的影响

在应变量一定时，变形后动态再结晶的组织特征主要取决于变形温度以及应变速率。图3-11~图3-14分别为变形量60%（真应变0.7左右）时不同变形温度以及应变速率下的组织照片。

3.2.1.1　变形温度的影响

从图3-11~图3-14可以看出，在工程应变60%时，当应变速率较低时（$0.1s^{-1}$），在1050℃已经基本完成了动态再结晶；应变速率为$1s^{-1}$和$5s^{-1}$时，1050℃和1100℃都只发生部分动态再结晶，超过1150℃基本发生了完全动态再结晶；而应变速率为$10s^{-1}$时，温度达到1200℃才会基本发生完全动态再结晶。其他条件不变时，随着温度的升高，动态再结晶体积分数增加，晶粒尺寸也增大。

温度对晶界移动速率的影响服从Arrhenius关系：

$$v = v_0\exp[-Q/(RT)] \tag{3-13}$$

不同变形条件下激活能大致一致，因此晶界的迁移速度主要依赖于温度，所以在温度较高时变形晶界的移动速度较快。凸起的晶界迁移较快，容易在较短时

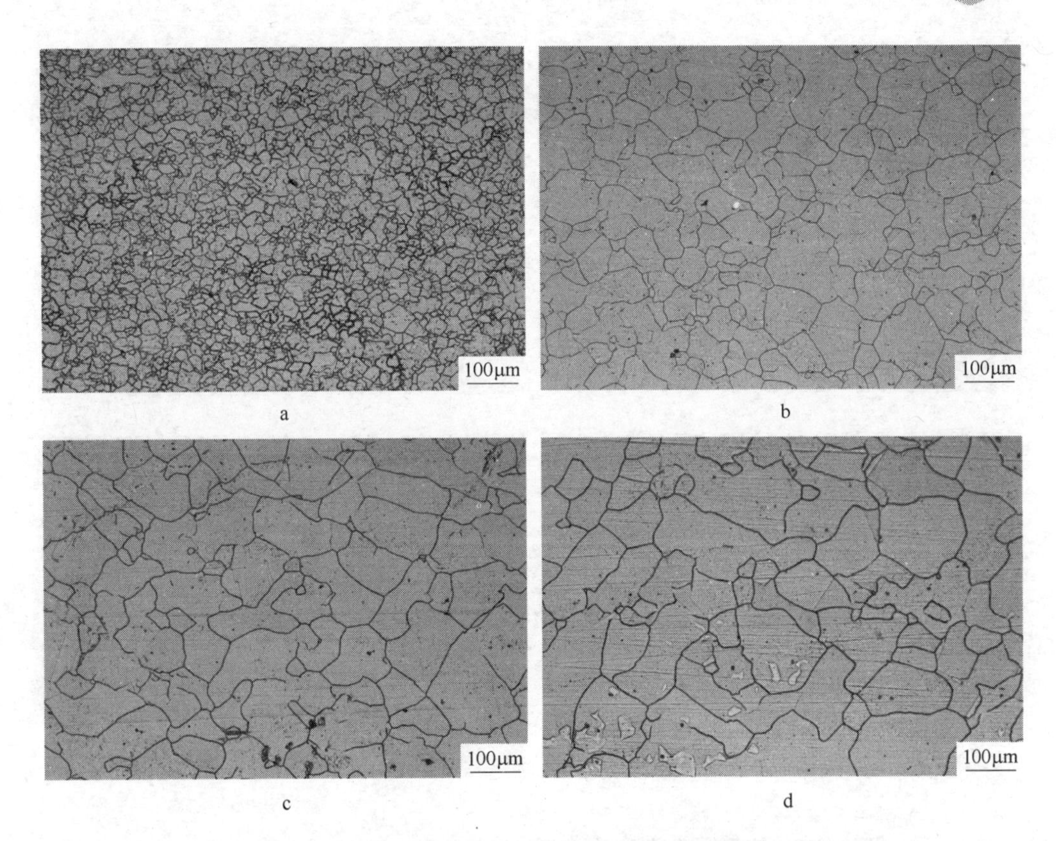

图 3-11 变形参数对 G3 合金组织形貌的影响规律（$0.1s^{-1}$，60%）

a—1050℃；b—1100℃；c—1150℃；d—1200℃

间长大到临界形核尺寸成为新的再结晶颗粒，同时由于晶界的移动速度大，连续变形引起的迁移晶界后方位错密度的剧烈减小很难会被补充增加到一定的值，从而产生新的位错密度差，为新的形核做好准备。温度较低时同样的变形量由于晶界的移动速度较慢，很容易在新的潜在晶核长大到临界尺寸前被移动晶界后的增加的位错密度赶超，这样在移动晶界的两边位错密度减小，晶界移动缺少驱动力，潜在晶核停止生长。由于表面能的原因它可能会自动消退，从而减少了再结晶体积分数。温度的提高使晶界迁移能力增强，原子的扩散能力也增强，晶粒易于长大。

3.2.1.2 应变速率的影响

从图 3-11～图 3～14 可以看出，1050～1150℃时，相同温度下，应变速率提高，再结晶体积分数降低，当温度达到 1200℃时，四种应变速率下 G3 合金都基本发生了完全动态再结晶。从图中还可以看出，当应变速率为 $0.1s^{-1}$时，随着变形温度的提高，再结晶晶粒尺寸明显增加；而当应变速率增大时，随着变形温度的提高，再结晶晶粒尺寸虽然也增加，但是增加的幅度要低于应变速率为 $0.1s^{-1}$

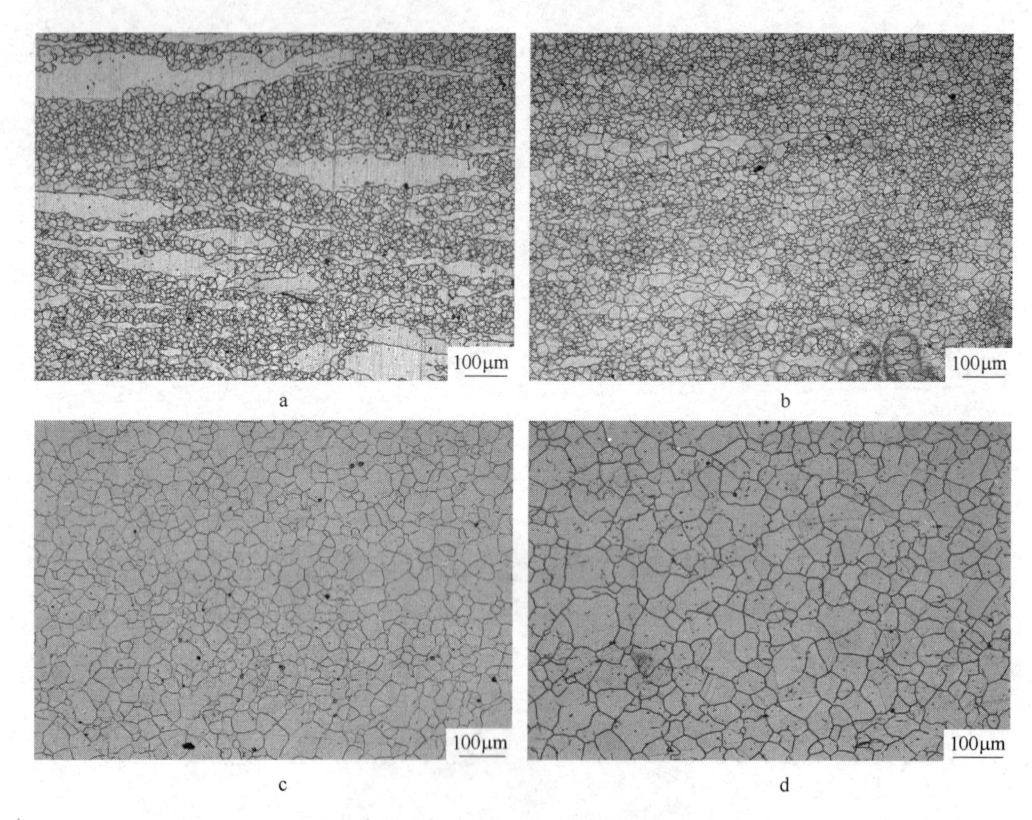

a b c d

图 3－12 变形参数对 G3 合金组织形貌的影响规律（$1s^{-1}$，60%）

a—1050℃；b—1100℃；c—1150℃；d—1200℃

时的增幅，并且此种增幅与应变速率成反比。这主要是由于当应变速率较大时，相同条件下试样变形时间较短，晶界来不及迁移导致再结晶晶粒来不及充分地长大，这时即使提高了变形温度，再结晶晶粒尺寸也相差不大。

可见应变速率对再结晶的影响比较复杂，在热变形过程可以同时起到好几种作用，具体如下：

（1）提高应变速率，有利于原始组织形成大量的位错和结构缺陷，形变储存能增大，这为再结晶提供了有利的形核位置，提高了形核率，从而达到了细化晶粒的效果。

（2）在高应变速率下变形时，由于变形时间较短，晶界和原子的迁移受到时间的抑制，温度的作用不如在低应变速率下那么明显。

（3）提高应变速率，会同时提高变形热效应，若热效应产生的热量不能有效地散出便会带来局部的温度升高。假定试样内部的温度升高时均匀的，则[2]：

$$\Delta T = \eta\beta \frac{\bar{\sigma}\Delta\varepsilon}{\rho c_{\mathrm{p}}} \tag{3-14}$$

式中，η 为热转化效率，一般取 $\eta = 0.9$；β 为压缩过程中的绝热系数，可近似认为

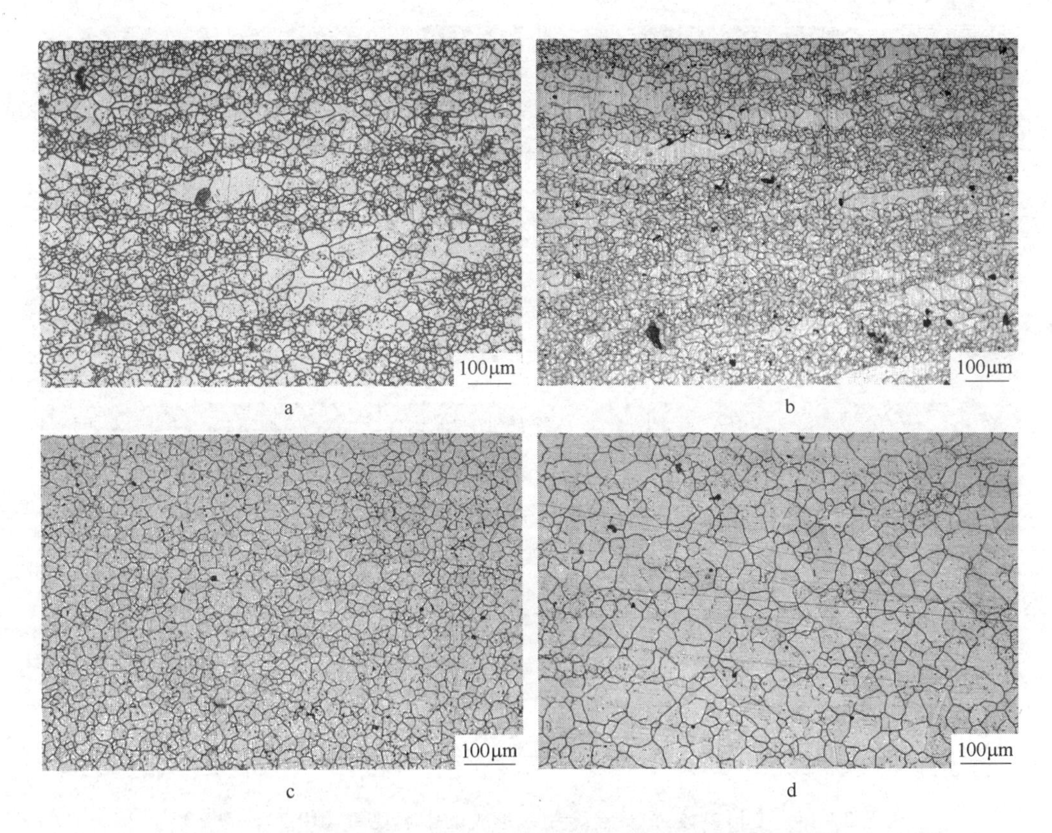

图 3-13 变形参数对 G3 合金组织形貌的影响规律（$5s^{-1}$，60%）

a—1050℃；b—1100℃；c—1150℃；d—1200℃

β 只与等效应变速率 $\dot{\varepsilon}$ 有关；$\bar{\sigma}$为相应于 $\Delta\bar{\varepsilon}$的平均等效应力；c_p 和 ρ 分别为比热容和密度。温度升高 ΔT 可能造成再结晶体积分数和再结晶晶粒尺寸的增大。

实际的热加工过程中，应变速率对再结晶的影响可能是以上三点的综合作用，具体哪种因素占主导作用需进行更加细致的讨论。

3.2.2 应变量的影响

合金在热变形期间均处于动态回复状态，它能平衡一定的加工硬化效应，提高工艺塑性。当合金变形量达到一定程度时，晶格畸变能增高，储存能增多，则再结晶的驱动力也将增大，动态再结晶开始形核并成为软化的主导机制，从而使得变形抗力下降。

当应变量很小时，如图 3-15 所示（变形温度 1100℃、应变速率为 $1s^{-1}$、真应变 0.05），可以看出大量晶界发生凸起，形成弯曲。但是弯曲晶界部分并不都是再结晶核心，而只是其中曲率较大且尺寸较小的才是核心，而曲率较小且尺寸较大的则是由于应变诱导所产生的晶界迁移，它们并没有足够的驱动力形成核

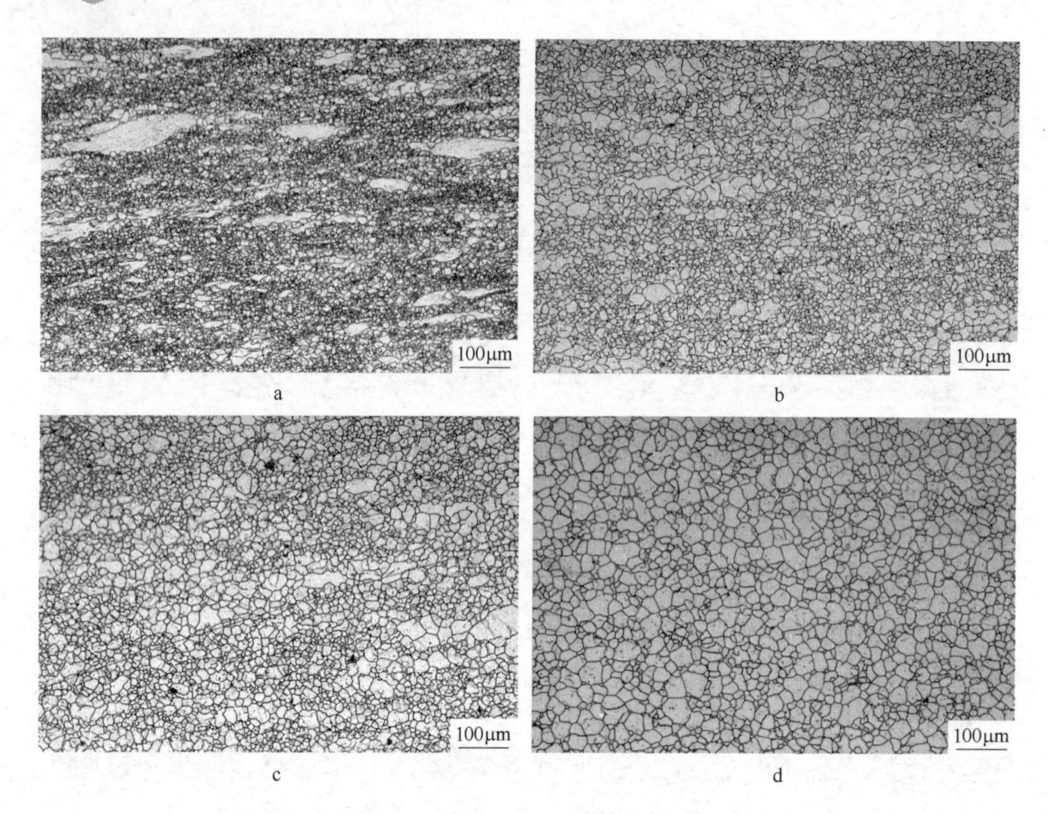

图 3-14　变形参数对 G3 合金组织形貌的影响规律（$10s^{-1}$，60%）

a—1050℃；b—1100℃；c—1150℃；d—1200℃

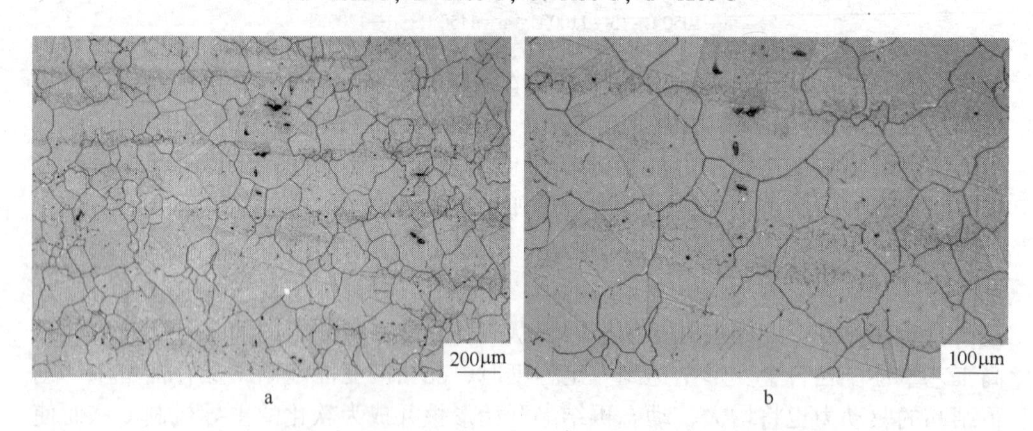

图 3-15　G3 合金在 1100℃、$1s^{-1}$、5% 变形时的显微组织

（b 图是 a 图的局部放大图）

心。在较低应变量下形成的动态再结晶核心变得并不明显，没有明显的小晶粒存在，即动态再结晶核心没有发生明显的长大。这可能是因为原始晶粒尺寸较大，变形很不均匀，在部分晶界附近产生了较大的应变梯度，从而具有足够的驱动力

导致“凸起”形核。而仅仅能发生应变诱导所产生的晶界迁移。在小变形量下，这种晶界迁移可能会使晶粒发生异常长大，严重影响合金的各项性能，这在一般热加工中是需要避免的。

在热变形过程中，再结晶一般在原始晶界或靠近原始晶界的地方形核，除此之外再结晶核心也可能产生在变形带、孪晶或晶内的夹杂物上，尤其是在高的应变速率条件下的粗晶粒材料。在动态再结晶和静态再结晶里，晶界凸起形核是再结晶形核的重要机制。新的再结晶晶核以凸起的方式在原有晶界上形成，直到原有晶界被全部占据，那么这样包在原有晶界上的第一层新晶粒生长到它们的直径达到 d_s（d_s 是稳态再结晶尺寸）时停止生长。这层晶粒停止生长后如果变形的增加使位错密度增大，那么将在这层新形成的晶粒和原有的晶粒的表面形核直到原有晶粒被完全消耗掉，最终被新的晶粒覆盖。动态再结晶从开始到结束全过程可以近似用图 3 – 16 说明。

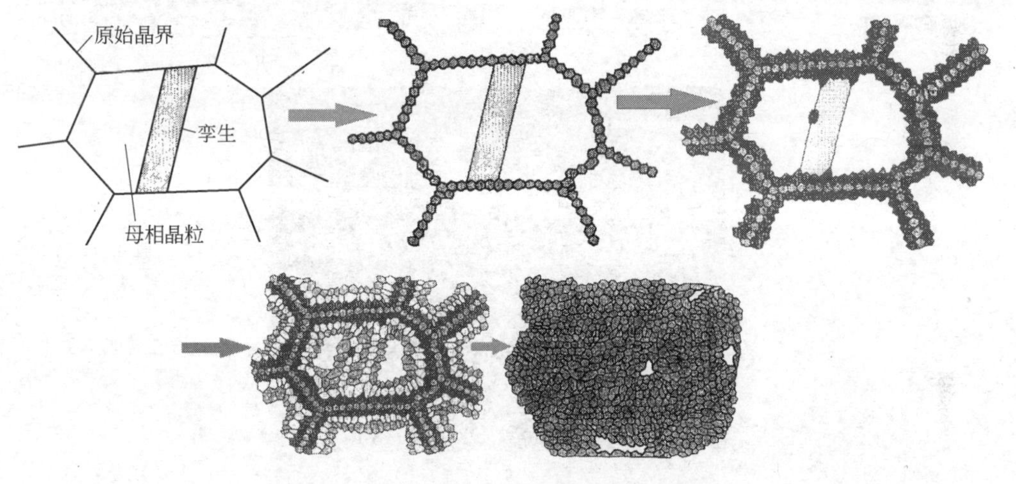

图 3 – 16 动态再结晶项链状组织的发展
（从左到右表示应变量增大）

发生动态再结晶后，变形量的大小直接影响到制件变形后的组织状态，因为变形后所获得的组织和再结晶过程的发展程度密切相关。同时，为了减小各向异性，必须有足够的变形量，变形量不够大时，合金中的晶粒未被打碎，进而进行再结晶，得到的组织难以满足设计的要求，且试件力学性能的各向异性大，因此，为了得到均匀的组织，减小各向异性，确定合理的变形量是非常重要的。在动态再结晶及相对低的应变情况下（≈0.02）就产生位错的胞状结构，这种位错结构通常是等轴的并且在高的应变下也保持等轴。当应变增大时，平均的位错胞（亚晶）尺寸 d 很快下降并且胞壁更加锐化。一般情况下晶界附近的亚晶大小比晶内小；位错密度比晶内高。这样随应变的增大位错密度增大，位错密度差也变大，这为凸起形核带来了强大的驱动力，所以形核数量增大。其他条件相同的情况下增大应变量，再结晶的分数增大。

从图 3－17～图 3－19 可以看出当变形温度和应变速率一定时，试样动态再结晶的分数随着应变的增大显著增大。

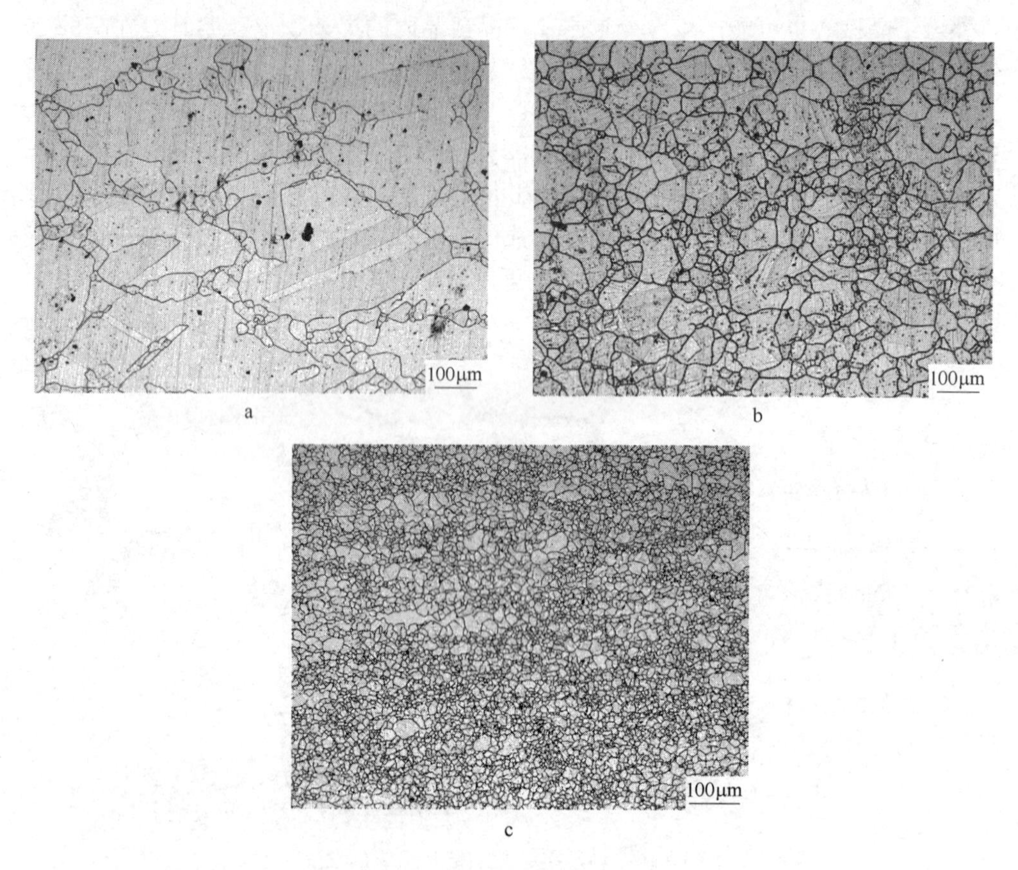

图 3－17　变形参数对 G3 合金组织形貌的影响规律（$10s^{-1}$，1100℃）

a—15%；b—30%；c—60%

对比相同变形条件和应变速率、不同应变量情况下变形后的组织特征还可发现，动态再结晶晶粒尺寸是逐渐变小的。这是因为再结晶晶粒尺寸与形核率、长大率的关系如下式所示：

$$d = K\left(\frac{G}{N}\right)^{\frac{1}{4}} \tag{3-15}$$

式中，G 为晶粒长大率；N 为再结晶晶粒形核率。

变形程度越大，形变储存能越大，随着形变储存能的增大，N 和 G 虽然都同时增加，但 N 的增加率大于 G 的增加率，从而使 G/N 的比值减小，即随着变形程度的增大，再结晶晶粒尺寸逐渐减小，当变形量增加到一定程度后，再结晶的

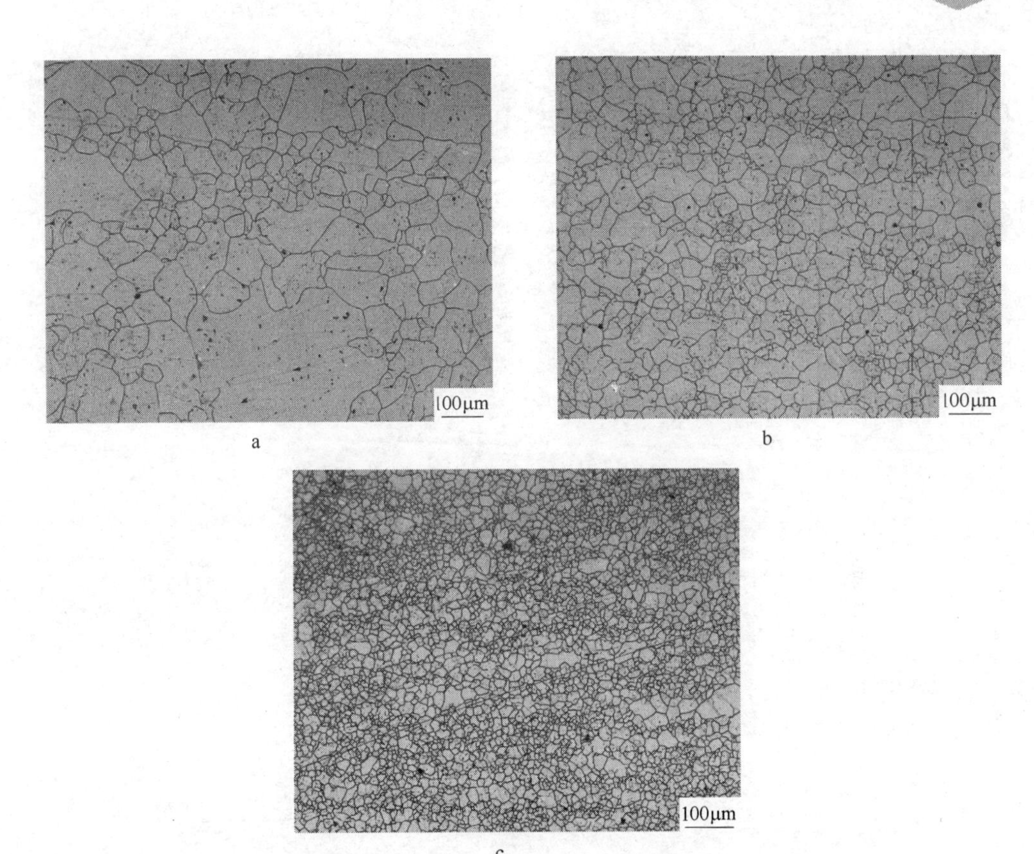

图 3－18　变形参数对 G3 合金组织形貌的影响规律（$10s^{-1}$，1150℃）
a—15%；b—30%；c—60%

晶粒尺寸逐渐趋于平稳，通常所说的再结晶晶粒尺寸即稳态再结晶晶粒尺寸 d_s。

通过以上分析，可以获得如下结论：

（1）大部分变形条件下 G3 合金的流变曲线呈“动态回复”状，但是却都发生了动态再结晶，这区别于一般钢铁材料。通过多元线性回归等数学手段得到了 G3 合金的峰值应力表达式以及能够预测变形全过程流变应力的本构关系模型（KUMAR 模型），并且该模型具有较好的精确度，能够满足工程应用的需求。

KUMAR 模型如下：

$$\sigma = \frac{1}{\alpha}\ln\left\{\left(\frac{Z}{A}\right)^{\frac{1}{n}} + \left[\left(\frac{Z}{A}\right)^{\frac{2}{n}} + 1\right]^{\frac{1}{2}}\right\}$$

$$\alpha = 0.006587$$

$$Z = \dot{\varepsilon}\exp[Q/(RT)]$$

$$\ln A = -0.001154\varepsilon^{-2.156} + 27.77$$

$$n = 0.7594\varepsilon^{-0.4007} + 1.93$$

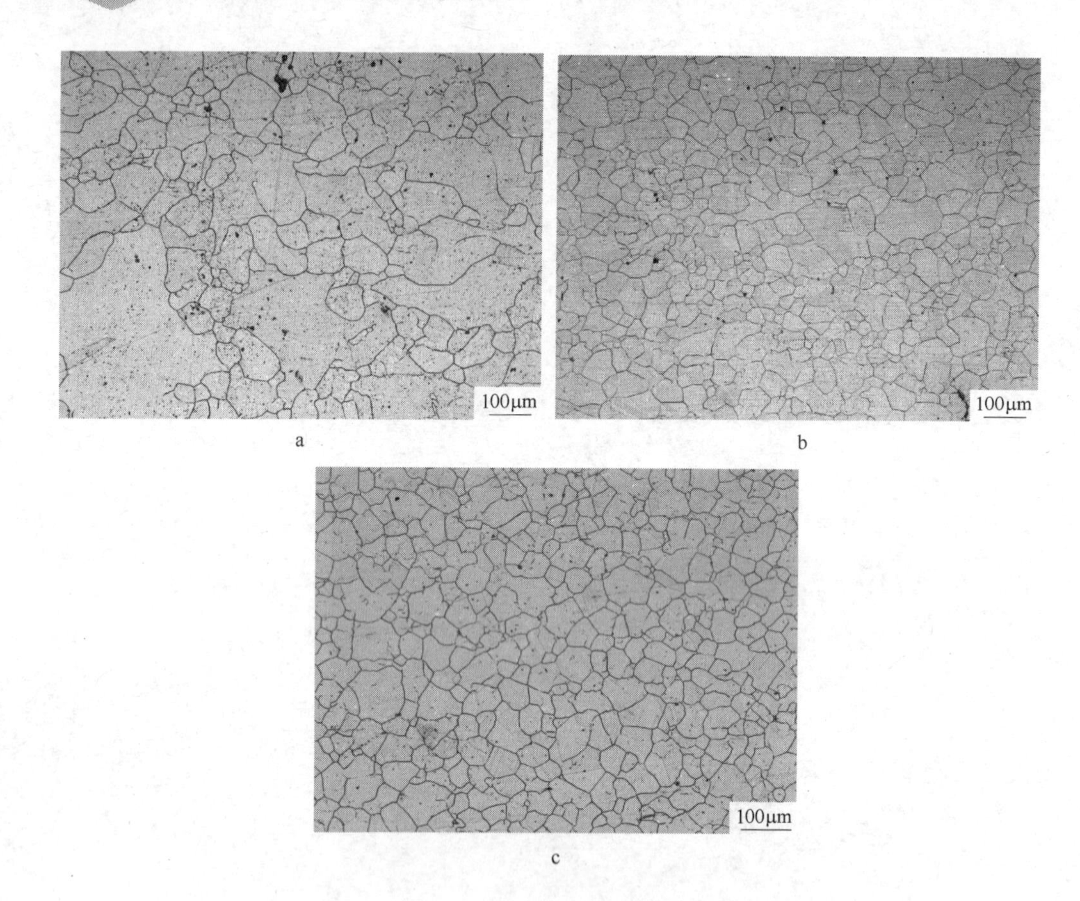

图 3－19 变形参数对 G3 合金组织形貌的影响规律（$10s^{-1}$，1200℃）
a—15%；b—30%；c—60%

$$Q = 334.228\text{kJ/mol}$$

（2）变形参数对 G3 合金变形后的组织特征具有重要影响：提高变形温度，动态再结晶越充分，晶粒尺寸也越大；变形速率的影响较为复杂，一般情况下提高变形速率会使再结晶晶粒尺寸减小，但有时因为变形热效应也会使晶粒尺寸增大或不变；变形量对再结晶体积分数至关重要，提高变形量可以显著提高再结晶分数。

3.3 动态再结晶行为

动态再结晶通常是热变形时，位错密度超过一定临界值后的晶粒的形核与长大，这个临界值用临界变形量来表示。通常来说，动态再结晶行为与四个变形条件（应变速率、应变量、变形温度、初始晶粒度有关）有关。为了简化试验，假设动态再结晶行为与初始晶粒度无关。因此，在 Gleeble－1500 热/力模拟试验机上，采用单道次恒温热压缩试验来研究变形温度、应变速率和应变量对 G3 合金的动态再结晶行为的影响规律，热变形工艺如图 3－20 所示。热压缩试样以

20℃/s的升温速度，升到变形温度后保温数十秒，待温度均匀后进行热压缩变形试验，变形后立即水冷。然后沿着平行于压缩方向将压缩试样对半切开，制备金相试样，进行组织观察，晶粒显示试剂为：1g高锰酸钾+10mL浓硫酸+90mL水煮沸溶液。采用截线法测量晶粒尺寸，同时测量再结晶分数。

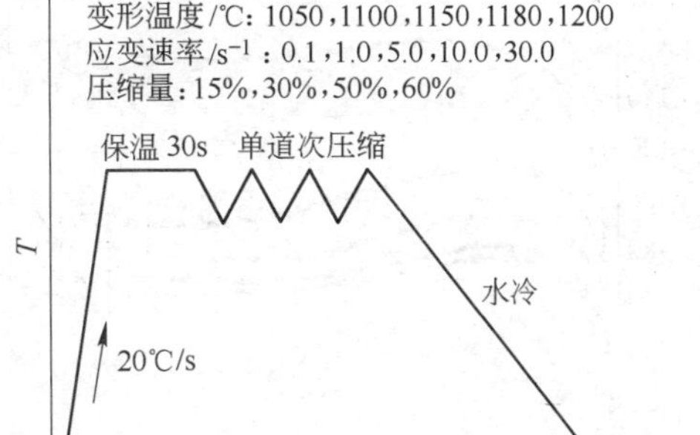

图3-20　动态再结晶热变形工艺示意图

3.3.1　真应力-真应变曲线

图3-21和图3-22给出了G3合金在不同试验条件下的真应力-真应变曲线。从两个图中可以看出在给定的变形条件下，随着应变量的增加，应力值先迅速上升，到达最高点（峰值应力）后有所下降，并逐渐趋于一个稳定值。

随着应变量的增加，位错密度不断增加，产生加工硬化，变形抗力也不断增加直到最大值。同时，由于材料在高温下变形，变形体中积累的位错通过滑移和攀移等方式运动，产生动态回复，削弱了一部分加工硬化。但是，当变形量逐渐增大时，位错消失速度也增大，应力-应变曲线上随着变形量增大加工硬化速度减慢，由于硬化过程大于软化现象，因此随着变形量增加应力不断增加。

随着变形量的增加，变形体内部畸变能不断升高，累积到一定程度后变形体中将发生动态再结晶。通过大角度晶界的移动，位错大量消失，位错原来集聚的地方形成新的晶核。随着变形的继续进行，在热加工过程中不断形成再结晶核心并长大直到完成一轮再结晶，变形应力降到最低值。动态再结晶发生后，随着变形的继续，一方面再结晶继续发展，使金属软化；另一方面已发生动态再结晶的晶粒继续承受变形，产生加工硬化。这两个过程同时进行，达到平衡时，流变应力趋于稳定，这种情况称为连续动态再结晶。如果变形温度较高，变形速率较小，则应力-应变曲线可能出现波浪式变化，如图3-21a所示，称为间断动态再结晶。

此外，从图3-21还可以看出，在相同应变速率下，变形抗力随着变形温度的升高而逐渐降低，达到峰值应力所需的峰值应变也是逐渐增加的；这是因为变形温度升高时，原子的动能增加，原子间的结合力降低，合金的临界切应力降低。同时由于变形温度的升高，还可能产生新的滑移系。因此，合金的塑性大大增加，流变应力逐渐降低。

同时，在相同变形温度下，随着应变速率的升高，合金由于没有足够的时间完成塑性变形，金属的真应力提高，即变形抗力逐渐增大。达到峰值应力所需的

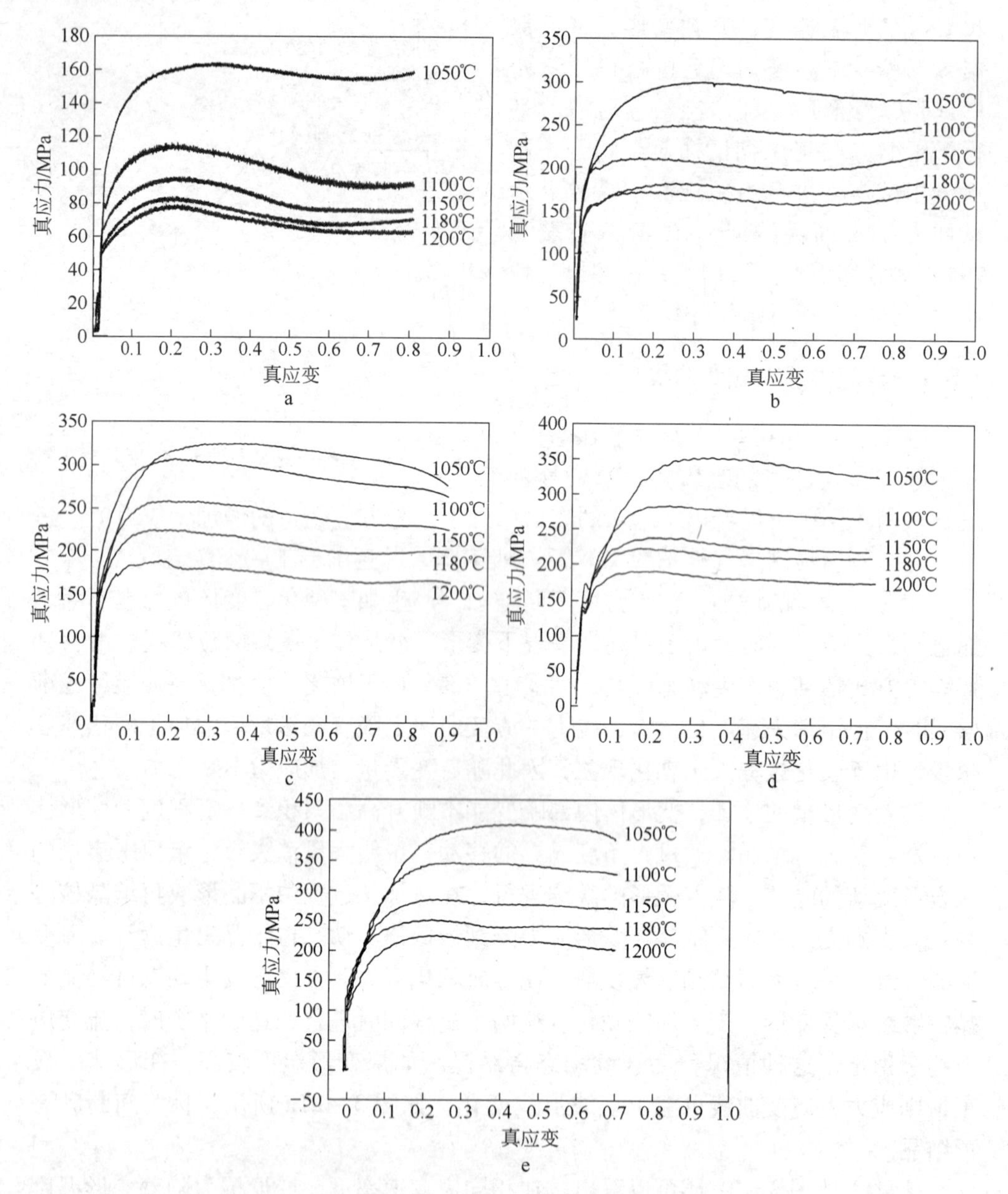

图 3－21　G3 合金在不同变形速率下的真应力－真应变曲线

a—$0.1s^{-1}$；b—$1.0s^{-1}$；c—$5.0s^{-1}$；d—$10.0s^{-1}$；e—$30.0s^{-1}$

峰值应变也逐渐增加，如图 3－22 所示。

综上所述，本节首先得到了 G3 合金在高温（1050～1200℃）、变形速率为 0.1～$30.0s^{-1}$时的真应力－真应变曲线图。将这些流变应力数据做成表格式，从而可以写入 DEFORM－2D 有限元软件中，并进行 G3 合金管材热挤压工艺的数值模拟。

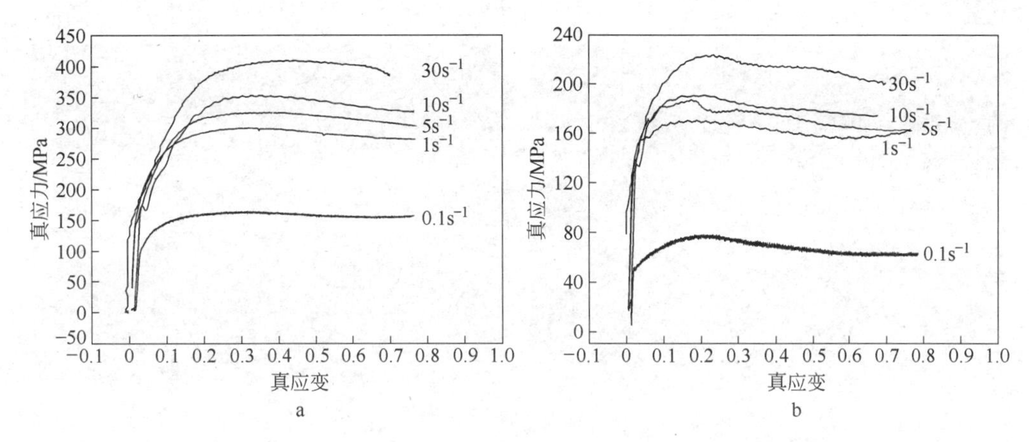

图 3－22 G3 合金在不同温度下的真应力－真应变曲线

a—1050℃；b—1200℃

3.3.2 显微组织特征

从式（2－28）中可以看出，合金的动态再结晶行为及其内部组织的转变主要和应变量、应变速率和应变温度三个因素有关。因此，本节先研究了这三个因素对试样显微组织变化的影响规律。

3.3.2.1 应变量的影响

热变形工艺中，变形量的大小直接影响到试样变形后的组织状态，因为变形后所获得的组织与再结晶过程发展程度密切相关。对比 1200℃下、应变速率为 $5.0s^{-1}$时，不同应变量情况下变形后的组织特征，可以发现动态再结晶晶粒尺寸随着应变量的增加而逐渐变小，如图 3－23 所示。而图 3－24 表明，当变形温度和应变速率一定时，试样动态再结晶的分数随着应变量的增大显著增大。

合金在热变形期间会产生一定的动态回复，它能消除一定的加工硬化效应，提高合金的塑性。当合金变形量达到一定程度时，晶格畸变能增高，储存能增多，则再结晶的驱动力也将增大，动态再结晶开始形核并成为软化的主导机制，大大削弱了加工硬化现象，从而使得变形抗力下降。当应变量很小时，大量晶界发生凸起，形成弯曲。但是弯曲晶界部分并不都是再结晶核心，而只有其中曲率较大且尺寸较小的才是核心，而曲率较小且尺寸较大的则是由应变诱导所产生的晶界迁移，它们并没有足够的驱动力形成核心。

在较低应变量下形成的动态再结晶核心并不明显，也没有明显的再结晶晶粒存在，即动态再结晶核心没有发生明显的长大。这可能是因为原始晶粒尺寸较大，变形不均匀，在部分晶界附近产生了较大的应变梯度，从而具有足够的驱动力导致“凸起”形核，而仅仅能发生应变诱导所产生的晶界迁移。在小变形量下，这种晶界迁移可能会使晶粒发生异常长大，严重影响合金的各项性能，一般

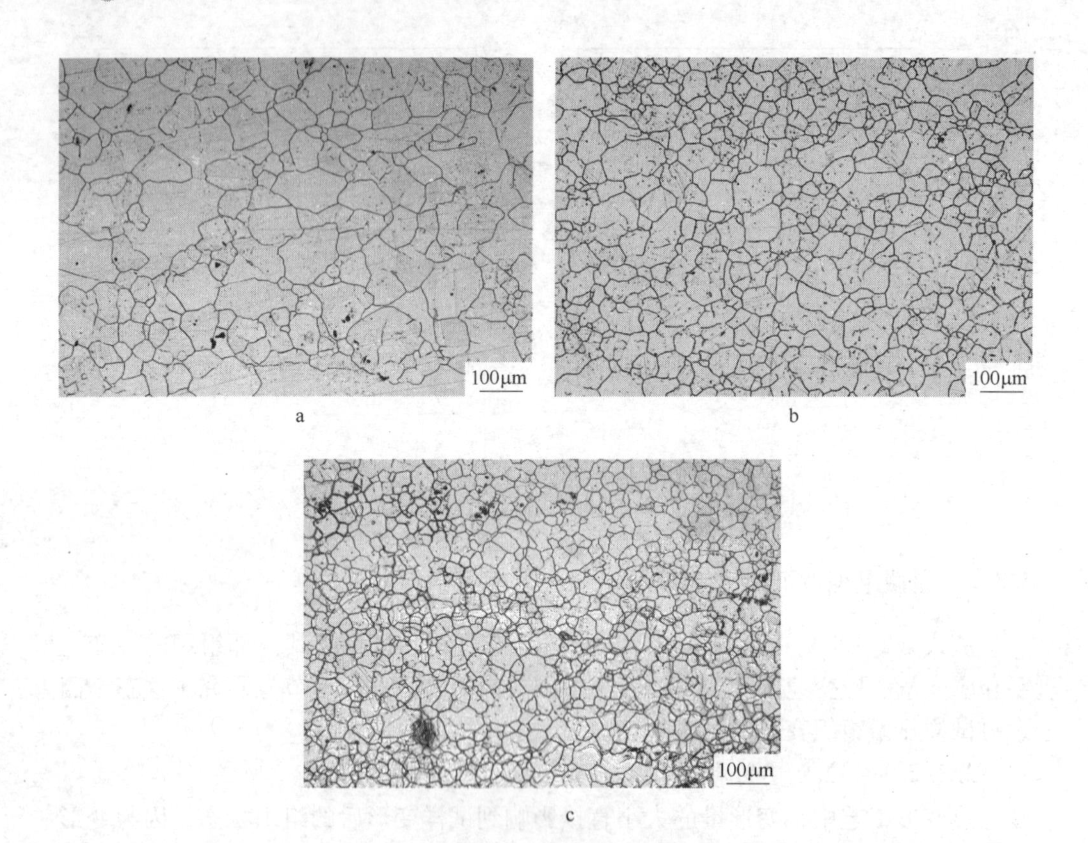

图 3－23 1200℃下应变量对再结晶晶粒尺寸的影响（应变速率为 $5.0s^{-1}$）

a—15%；b—30%；c—50%

在热加工中是需要避免的。因此，要发生动态再结晶，需要一定量的应变量。

在热变形过程中，再结晶一般在原始晶界或靠近原始晶界的地方形核（图 3－25*a* 处），除此之外再结晶核心也可能产生在变形带、晶内的夹杂物或孪晶上（图3－25*b* 处）。在动态再结晶和静态再结晶里，晶界凸起形核是再结晶形核的重要机制。新的再结晶晶核以凸起的方式在原有晶界上形成，直到原有晶界被全部占据，晶界上的新晶粒生长到它们的直径达到 d_s（d_s 是稳态再结晶尺寸）时停止生长。这层晶粒停止生长后，如果变形量的增加使位错密度增大，那么将在这层新形成的晶粒和原有的晶粒表面再次形核，直到原有晶粒被完全消耗掉，最终被更新的晶粒覆盖。因此，随着变形量的增加，再结晶分散逐渐增加。

3.3.2.2 变形温度和应变速率的影响

在应变量一定时，变形后动态再结晶的组织特征主要取决于变形温度以及应变速率。图 3－26 为 G3 合金试样在变形量为 60%（真应变 0.7 左右）时，不同变形温度、应变速率下的显微组织图。

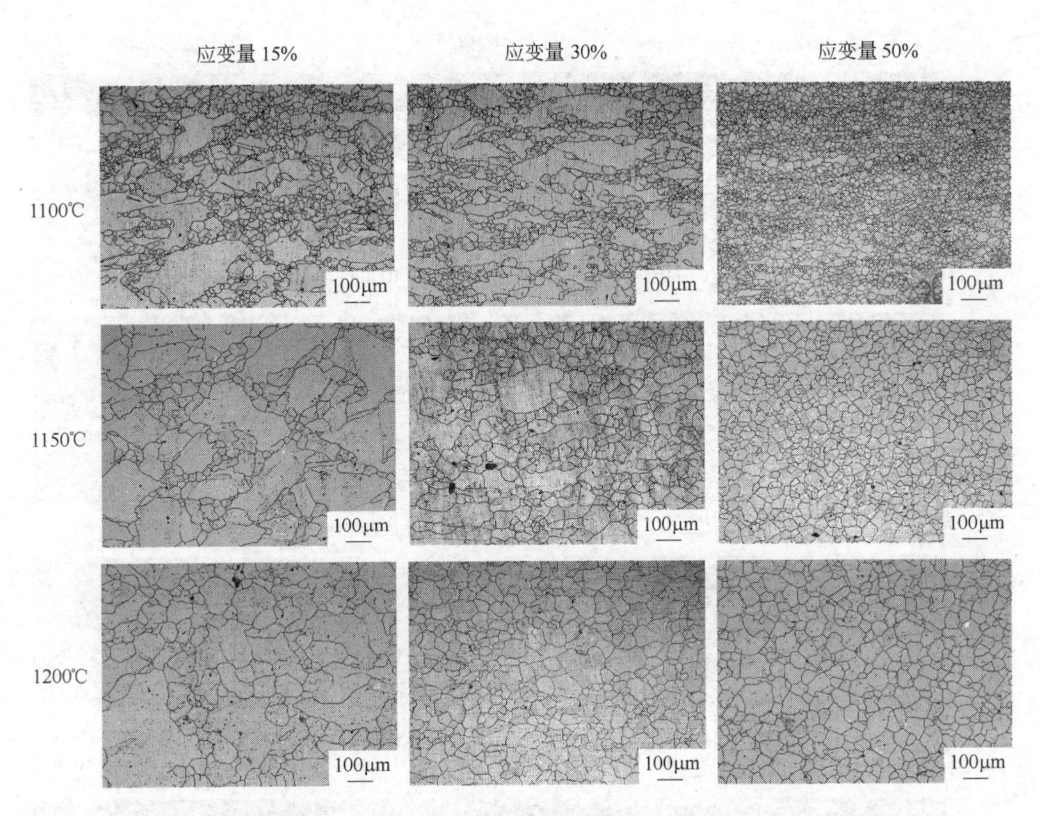

图 3-24 应变速率为 $1.0s^{-1}$ 时，在不同应变温度（1100℃、1150℃、1200℃）下再结晶分数随应变量（15%、30%、50%）的变化

从图 3-26 中可以看出，在变形量和应变速率一定的情况下，随着变形温度的升高，动态再结晶体积分数逐渐增加。当应变速率较小（$0.1s^{-1}$）时，再结晶晶粒还发生长大现象。当变形量和应变温度一定时，动态再结晶分数随着应变速率的增加而逐渐降低，但是当温度足够高（1200℃）时，动态再结晶的转变仍然能完成。

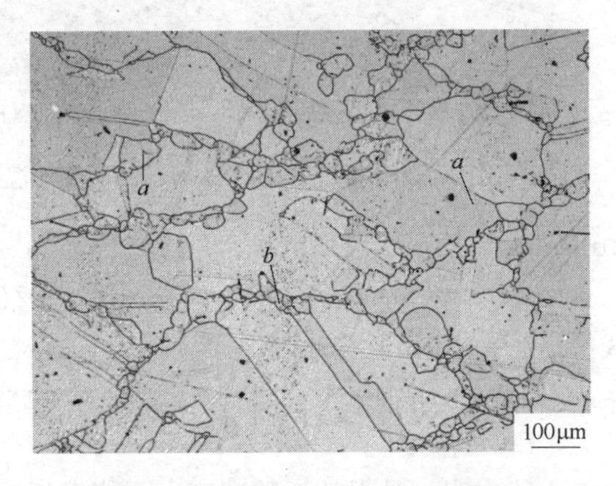

图 3-25 G3 合金热变形后的显微组织
（温度 1100℃，应变速率为 $5.0s^{-1}$，应变 15%）

可见，变形温度和应变速率对动态再结晶的动力学转变有很大影响，且两者交互影响。

温度对再结晶动力学转变的影响主要体现在晶界移动速率上，两者之间符合

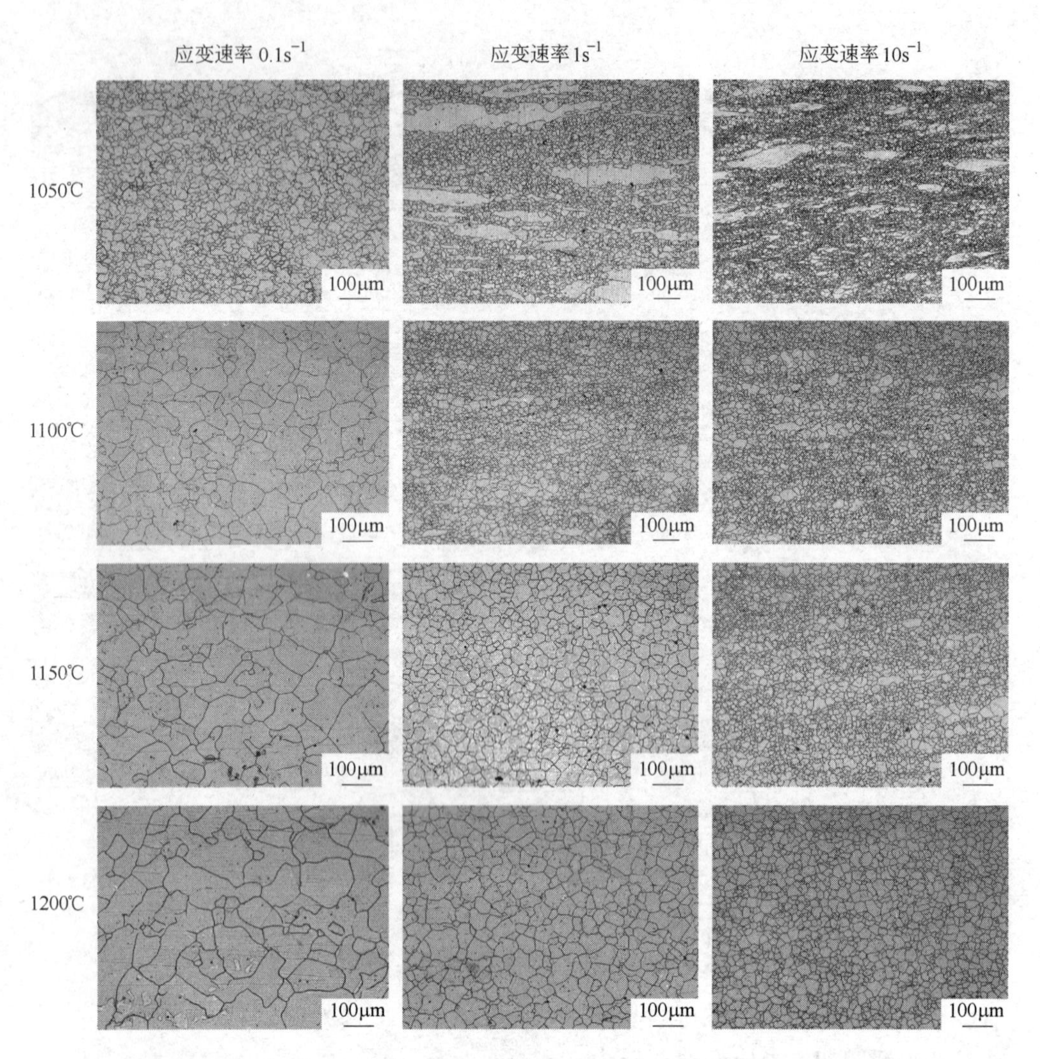

图 3－26 应变量为 60% 时，不同变形温度、应变速率下的再结晶情况

Arrhenius 关系：

$$v = v_0 \exp[-Q/(RT)] \tag{3-16}$$

式中 v——晶界迁移速度；

Q——激活能；

T——温度。

上式表明，晶界的迁移速度主要依赖于温度，在较高的温度下变形时晶界的移动速度较快。所以，温度的升高导致再结晶分数的增加，试样的塑性显著提高，流变应力也逐渐降低，如图 3－21 所示。

前面已经述及在热变形过程可以同时起到好几种作用。

3.3.3 动态再结晶动力学方程

G3 合金热挤压过程中，内部组织发生一系列变化，同时存在加工硬化和再结晶软化两种机制。再结晶体积分数以及再结晶晶粒尺寸除了与原始晶粒尺寸和析出相有关外，主要取决于变形温度、应变速率和应变量。动态再结晶动力学方程有许多种类型，本节采用 Aravmi 形式，并假设再结晶分数与初始晶粒度、应变量无关。因此，G3 合金的动态再结晶转变方程可以用下列方程来表示：

$$X_{\mathrm{DRX}} = 1 - \exp\left[-0.693\left(\frac{\varepsilon - \varepsilon_{\mathrm{c}}}{\varepsilon_{0.5}}\right)^{n}\right] \tag{3-17}$$

$$\varepsilon_{0.5} = k_1\dot{\varepsilon}^{k_2}\exp\left(\frac{Q_1}{RT}\right) \tag{3-18}$$

$$\varepsilon_{\mathrm{c}} = c\varepsilon_{\mathrm{p}} \tag{3-19}$$

$$\varepsilon_{\mathrm{p}} = k_3\dot{\varepsilon}^{k_4}\exp\left(\frac{Q_2}{RT}\right) \tag{3-20}$$

$$d_{\mathrm{DRX}} = k_5\dot{\varepsilon}^{k_6}\exp\left(\frac{Q_3}{RT}\right) \tag{3-21}$$

式中 X_{DRX}——动态再结晶分数；

$\varepsilon_{0.5}$——动态再结晶分数为 50% 时所需的应变量；

ε_{p}——峰值应变；

ε_{c}——动态再结晶发生所需的临界应变量；

d_{DRX}——动态再结晶完成后的晶粒尺寸；

c，$k_1 \sim k_6$，$Q_1 \sim Q_3$——与材料有关的常数。

从动态再结晶动力学方程的特点，可确定求解步骤：（1）求峰值应变与应变温度、应变速率之间的表达式（3－20），并利用公式（3－19）可得到临界应变量的表达式。（2）求动态再结晶分数为 50% 时所需应变量与温度、应变速率之间的表达式（3－18）。（3）求动态再结晶分数与变形温度、应变速率之间的关系式（3－17）。（4）通过截线法测定不同变形制度下的再结晶晶粒尺寸，求出再结晶晶粒尺寸与变形速率、变形温度之间的关系式（3－21）。具体求解过程如下。

3.3.3.1 峰值应变表达式

根据前文可知，G3 合金在所有实验条件下均发生了动态再结晶，有的是部分再结晶，而有的条件下是完全再结晶。发生动态再结晶的临界应变为 ε_{c}，峰值应变为 ε_{p}。根据 G3 合金的真应力－真应变曲线（图 3－21）可以得到合金在不同变形条件下的峰值应变，如表 3－3 所示。

表3-3 不同变形条件下的峰值应变（ε_p）

变形温度/℃	变形速率/s^{-1}		
	1.0	5.0	10.0
1100	0.17	0.19	0.20
1150	0.15	0.17	0.18
1200	0.12	0.15	0.17

将式（3-20）两边取自然对数，可得：

$$\ln\varepsilon_p = \ln k_3 + k_4\ln\dot{\varepsilon} + \frac{Q_2}{RT} \tag{3-22}$$

当变形温度一定时，将式（3-22）两边对 $\ln\dot{\varepsilon}$ 求偏导，得到：

$$k_4 = [\partial(\ln\varepsilon_p)/\partial(\ln\dot{\varepsilon})]_T \tag{3-23}$$

当应变速率一定时，式（3-22）两边对 $1/T$ 求偏导，得到：

$$Q_2 = R[\partial(\ln\varepsilon_p)/\partial(1/T)]_{\dot{\varepsilon}} \tag{3-24}$$

分别以 $\ln\varepsilon_p-\ln\dot{\varepsilon}$、$\ln\varepsilon_p-1/T$ 作图，如图3-27所示。可得 k_4 的平均值为0.10393，Q_2 的平均值为41068J/mol。将 k_4、Q_2 代入式（3-20）中，则可得到 k_3 的平均值为0.0044517。

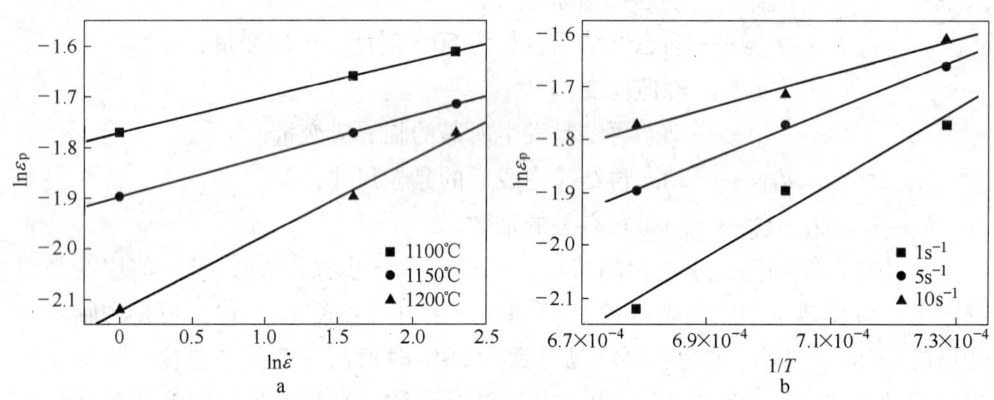

图3-27 峰值应变的求解

a—$\ln\varepsilon_p-\ln\dot{\varepsilon}$ 关系图；b—$\ln\varepsilon_p-1/T$ 关系图

因此，峰值应变与应变速率、变形温度之间的关系式可表示为：

$$\varepsilon_p = 0.0044517\dot{\varepsilon}^{0.10393}\exp[41068/(RT)] \tag{3-25}$$

一般认为临界应变与峰值应变的关系可以表示为：$\varepsilon_c = c\varepsilon_p$，常数 c 在不同的文献中报道的有很大的差异，因材料与实验工艺的差异使得 c 值可能是0.4~1中的某一个值[3]，大多数研究人员在建立钢铁材料再结晶动力学模型时一般取 c 值为0.8~0.9。本章试验结果表明，当工程应变为15%（真应变0.16）时，试样的再结晶分数基本达到15%以上，有的甚至达到30%~40%。因此本文取 c 值为0.5。

3.3.3.2 再结晶百分数为50%时所需应变量的表达式

材料在发生动态再结晶时，再结晶分数的多少与变形温度、应变速率以及应变量密切相关。金属学理论认为变形温度和应变量对再结晶量满足线性关系，即变形量、变形温度增加时，再结晶分数也增加，而应变速率的影响比较复杂。

因此，首先测量不同变形条件下G3合金的再结晶分数，并将同一变形温度下，不同应变速率时，再结晶分数与应变量之间的关系绘图，如图3-28所示。

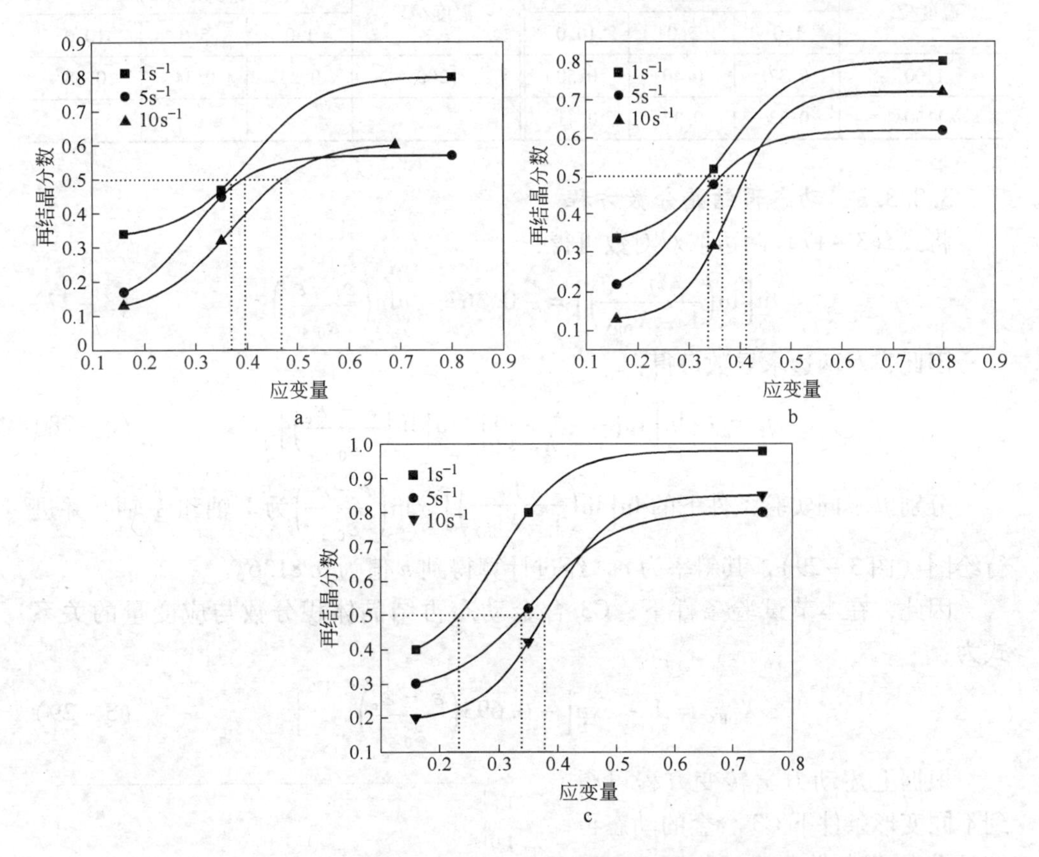

图3-28 不同温度下，再结晶分数与应变量的关系图

a—1100℃；b—1150℃；c—1200℃

从图3-28中可以看出，随着应变量的增加，合金的再结晶分数逐渐趋于1。因此，为了得到当变形温度和应变速率一定时，合金再结晶分数为50%所需的应变量，首先拟合动态再结晶分数与应变量的关系，然后直接从再结晶-应变曲线上，读出再结晶分数为50%时所对应的应变量（$\varepsilon_{0.5}$）。G3合金在不同变形工艺下，再结晶分数为50%时所对应的应变量（$\varepsilon_{0.5}$）可参见表3-4。从表中可以看出，$\varepsilon_{0.5}$随着应变速率的增加、变形温度的降低而增加。

同理，仿照峰值应变的求解方法可计算得到：$k_1=0.0034887$，$k_2=0.14187$，$Q_1=52695\text{J/mol}$。

因此，再结晶百分数为 50% 时，所需的应变量与应变速率、变形温度之间的关系式为：

$$\varepsilon_{0.5}=0.0034887\dot{\varepsilon}^{0.14187}\exp[52695/(RT)] \tag{3-26}$$

表 3-4 不同变形条件下的 $\varepsilon_{0.5}$

温度/℃	变形速率/s⁻¹			温度/℃	变形速率/s⁻¹		
	1.0	5.0	10.0		1.0	5.0	10.0
1100	0.37	0.40	0.50	1200	0.23	0.34	0.38
1150	0.33	0.37	0.41				

3.3.3.3 动态再结晶分数方程

将式（3-17）两边取双对数可得：

$$\ln\left[\ln\left(\frac{1}{1-X_{\text{DRX}}}\right)\right]=-0.367+n\ln\left(\frac{\varepsilon-\varepsilon_c}{\varepsilon_{0.5}}\right) \tag{3-27}$$

因此，对两边求导数可得：

$$n=\partial\left\{\ln\left[\ln\left(\frac{1}{1-X_{\text{DRX}}}\right)\right]\right\}\Big/\partial\left[\ln\left(\frac{\varepsilon-\varepsilon_c}{\varepsilon_{0.5}}\right)\right] \tag{3-28}$$

分别以不同实验条件下的 $\ln\left[\ln\left(\frac{1}{1-X_{\text{DRX}}}\right)\right]$、$\ln\left(\frac{\varepsilon-\varepsilon_c}{\varepsilon_{0.5}}\right)$ 为 Y 轴和 X 轴，并进行绘图（图 3-29），其斜率为 n，经过计算得到 n 值为 0.8136。

因此，在本节试验条件下，G3 合金动态再结晶体积分数与应变量的关系式为：

$$X_{\text{DRX}}=1-\exp\left[-0.693\left(\frac{\varepsilon-\varepsilon_c}{\varepsilon_{0.5}}\right)^{0.8136}\right] \tag{3-29}$$

根据上述动力学转变方程可得到不同变形条件下 G3 合金的动态再结晶分数动力学曲线，如图 3-30 所示。从图中可以看出计算值和实验值比较吻合，并且与 Shen 等人在研究 Wasploy 动态再结晶规律的结果是相似的[5]。

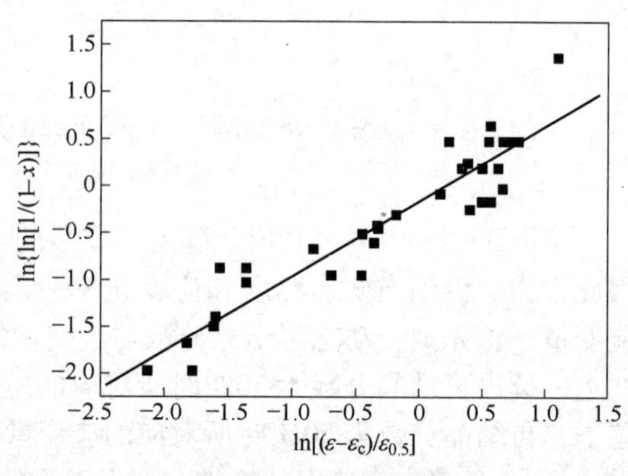

图 3-29 n 值的计算

可见，本节所建立的再结晶体积分数曲线能够较好地预测一定温度和一定应变速率下 G3 合金的再结

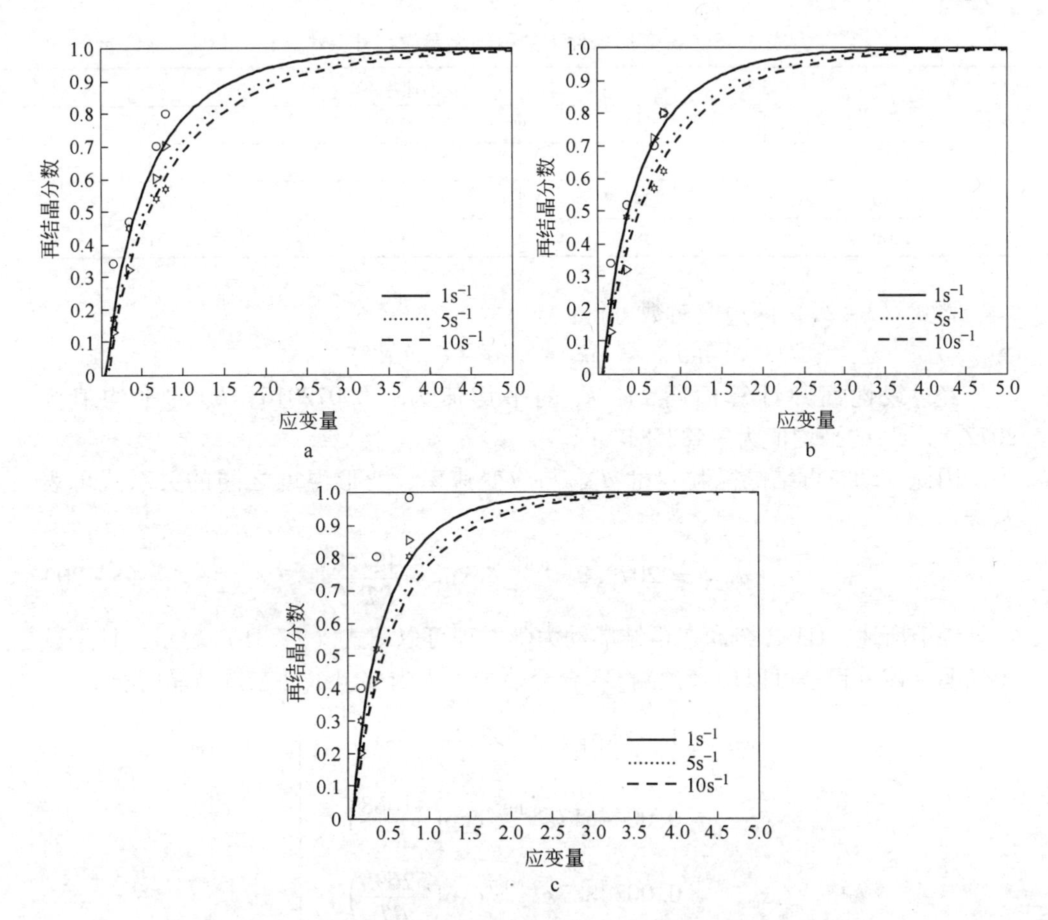

图 3-30 不同温度下的再结晶分数拟合曲线与实测点

a—1100℃；b—1150℃；c—1200℃

晶状况，可以满足工程应用的需求，但是扩展至大应变区域（如应变量大于3.0)，则可能有一定的局限性。这也是需要进一步研究的内容。此外，G3 合金再结晶动力学曲线形状与经典的钢铁材料再结晶 S 曲线略有差别，其原因可能是 G3 合金的热变形机理与钢是有很大不同的，变形初期 G3 合金几乎没有动态回复的发生，因此再结晶进行得非常早，而变形后期再结晶的速度相对放缓是因为镍基合金的硬化效果太大，回复又较困难，已经发生再结晶的晶粒可能会发生二次硬化。

3.3.3.4 动态再结晶晶粒尺寸

动态再结晶的晶粒尺寸是指再结晶达到稳态时的晶粒尺寸。由前文可知，随着应变量的增加，晶粒尺寸下降。本文的热压缩实验中，真应变达到 0.7 后变形基本达到稳态。在不同变形条件下的稳态动态再结晶晶粒尺寸 d_{DRX}，如表 3-5 所示。

表 3-5　各变形条件下的再结晶晶粒尺寸（d_{DRX}）　（μm）

温度/℃	变形速率/s^{-1}		
	1.0	5.0	10.0
1100	28	27	24
1150	34	32	28
1200	38	36	31

将式（3-21）两边取对数可得：

$$\ln d_{DRX} = \ln k_5 + k_6 \ln\dot{\varepsilon} + Q_3/(RT)$$

经过线性回归计算后得到：k_5 的平均值为 -0.072016，k_6 的平均值为 2072.8，Q_3 的平均值为 -48758J/mol。

因此，动态再结晶晶粒尺寸 d_{DRX} 与应变速率、变形温度之间的关系式可表示为：

$$d_{DRX} = 2072.8\dot{\varepsilon}^{-0.072016}\exp\left(\frac{-48758}{RT}\right) \tag{3-30}$$

综上所述，G3 合金动态再结晶动力学方程可以用式（3-31）表示，且经试验证明，该方程是可以用来预测 G3 合金热加工中内部组织动态再结晶的演化。

$$\left.\begin{aligned} X_{DRX} &= 1 - \exp\left[-0.693\left(\frac{\varepsilon - \varepsilon_c}{\varepsilon_{0.5}}\right)^{0.8136}\right] \\ \varepsilon_p &= 0.0044517\dot{\varepsilon}^{0.10393}\exp\left(\frac{41068}{RT}\right) \\ \varepsilon_{0.5} &= 0.0034887\dot{\varepsilon}^{0.14187}\exp\left(\frac{52695}{RT}\right) \\ \varepsilon_c &= 0.5\varepsilon_p \\ d_{DRX} &= 2072.8\dot{\varepsilon}^{-0.072016}\exp\left(\frac{-48758}{RT}\right) \end{aligned}\right\} \tag{3-31}$$

3.4　G3 合金亚动态（静态）再结晶行为

亚动态再结晶通常是由于发生了部分动态再结晶晶粒在间歇过程中发生的软化行为，是动态再结晶晶核在应变结束后的晶粒长大。其应变量小于发生动态再结晶所需的临界变形量。热挤压工艺中，由于应变量大（大于1.0），可以认为在热挤压变形区，大部分区域发生了动态再结晶行为。而在挤压后期则发生了亚动态再结晶和晶粒长大行为。

亚动态再结晶动力学可以使用式（3-32）表示。从该公式中可以看出亚动态再结晶行为与五个变形条件（应变速率、应变量、变形温度、初始晶粒度、保温时间）有关。因此，本节采用双道次热压缩试验来研究 G3 合金的亚动态再结晶行为，如图 3-31 所示。为了简化试验，两个道次的压缩量均设定为 15%。

首先将初始平均晶粒分别为100μm、160μm、334μm的试样加热到热变形温度（1100℃、1150℃、1200℃）后，在恒定的应变速率下（$0.1s^{-1}$、$1.0s^{-1}$、$10.0s^{-1}$）进行第一道次压缩，卸载、停留一段时间进行保温（时间为0.5s、1.0s、5.0s、10.0s）。经过保温间歇后，继续按前面的应变温度、应变速率进行第二道次压缩，试样由于发生了亚动态再结晶行为而软化。通过测定试样的软化分数，从而可以得到合金的亚动态再结晶的完成情况。为了得到试样在亚动态再结晶刚完成时的晶粒尺寸，采用单道次热压缩试验，首先将初始平均晶粒分别为100μm、160μm、334μm的试样加热到热变形温度（1100℃、1150℃、1200℃）后，在恒定的应变速率下（$0.1s^{-1}$、$1.0s^{-1}$、$10.0s^{-1}$）进行单道次压缩，保载停留一段时间（软化分数为95%所对应的时间，通过前面的软化分数试验获得）后，制备金相试样，测量晶粒尺寸。

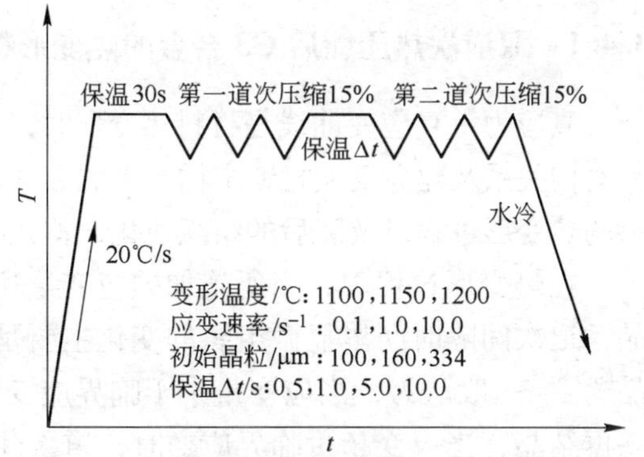

图3-31 双道次压缩试验热变形工艺示意图

本节采用双道次压缩试验来研究亚动态再结晶动力学行为，并忽略应变量对其影响。因此，亚动态再结晶及晶粒长大动力学可以用下式（3-32）表示：

$$\left.\begin{aligned} X_{\mathrm{MDRX}} &= 1 - \exp\left[-0.693\left(\frac{t}{t_{0.5}}\right)^{k_1}\right] \\ t_{0.5} &= k_2 d_0^{k_3} \dot{\varepsilon}^{k_4} \exp\left(\frac{Q_1}{RT}\right) \\ d_{\mathrm{MDRX}} &= k_5 d_0^{k_6} \dot{\varepsilon}^{k_7} \exp\left(\frac{Q_2}{RT}\right) \\ d_{\mathrm{g}}^{m} &= d_0^{m} + at\exp\left(\frac{Q_{\mathrm{g}}}{RT}\right) \end{aligned}\right\} \tag{3-32}$$

式中 X_{MDRX}——亚动态再结晶体积分数；

t——保温时间；

$t_{0.5}$——软化分数为50%所需的保温时间；

d_{MDRX}——亚动态再结晶刚完成时晶粒尺寸；

d_{g}——再结晶晶粒长大后的尺寸；

d_0——初始晶粒尺寸；

Q_{g}——晶粒长大激活能；

m——晶粒长大系数，本书假设为2；

a，$k_1 \sim k_7$，Q_1，Q_2——与材料性能有关的常数。

3.4.1 双道次热压缩后G3合金的热变形特性

真应力-真应变曲线是材料热变形时，反映材料特性的重要参数，也是了解材料本构关系及建立反映材料本构关系的数学表达式的重要原始数据。因此，分析材料的热变形过程以及随后的组织演化，首先必须深入分析热变形时的流变曲线。

在热变形过程中，当所施加的应变量达到临界应变时，合金会发生动态再结晶，道次间隔时间里显微组织的变化主要是因为发生了静态再结晶或亚动态再结晶[6,7]。一般认为，当应变量小于临界应变时，道次间隔时间内合金就会发生静态再结晶；当应变超过临界应变时，道次间隔时间内合金的软化主要是亚动态再结晶的作用引起的。亚动态再结晶和静态再结晶对软化率的贡献是不同的。静态再结晶主要发生在变形过程中未发生动态再结晶的组织，其过程包括再结晶形核与长大，需要的时间较长，应变和温度对其速度的影响较大，而应变速率对其的影响较小；而亚动态再结晶发生在变形过程中发生了动态再结晶的组织，主要是动态再结晶期间形成的晶核的静态长大，其速度比静态再结晶速度快，受变形温度应变速率的影响较大，而受应变的影响较小。

图3-32~图3-34为双道次热压缩试验中得到的G3合金的应力-应变曲线，是G3合金在不同的热变形参数下进行热压缩变形时得到的应力-应变曲线，这些应力-应变曲线都是定性分析对比了不同热变形条件对G3合金的热变形组织的影响趋势，通过变化其中单独的一个热变形工艺参数，对应力-应变曲线的变化趋势进行观察和对比，从而可以发现各个热变形参数对G3合金的热变形组织的影响趋势，并利用应力-应变曲线上的2%的应力、应变值和峰值应力、应变值求得G3合金的软化分数X，得到软化曲线和软化50%对应的时间，为G3合金的亚动态（静态）再结晶数学模型的建立提供条件和依据，为实际生产中合金的热加工提供一定的理论依据。

如图3-32~图3-34所示，在热变形过程中，当所施加的应变量达到临界应变时发生动态再结晶，道次间隔时间里显微组织的变化主要是因为发生了动态回复或亚动态（静态）再结晶。在道次间歇后，G3合金的应力-应变曲线先快速上升到达最高点——峰值应力后下降，继而达到一个相对稳定的值，即第二道次的流变应力经历加工硬化阶段，然后达到稳定阶段。这说明此时的亚动态再结晶的量较多，产生的软化还使得材料内部的位错密度降到动态再结晶的临界位错密度以下，因而第二道次变形时产生的加工硬化能与动态再结晶的软化抵消，流变应力达到稳定。当道次间隔时间增加时，材料软化程度逐渐增大，亚动态再结晶量也迅速增加。当道次间隔时间增加时，亚动态再结晶产生的软化迅速使得材料的位错密度下降到动态再结晶位错密度以下。因而第二次加载时，有明显的加工硬化现象，且随着道次间隔时间的增加，加工硬化现象越明显，表现为流变应

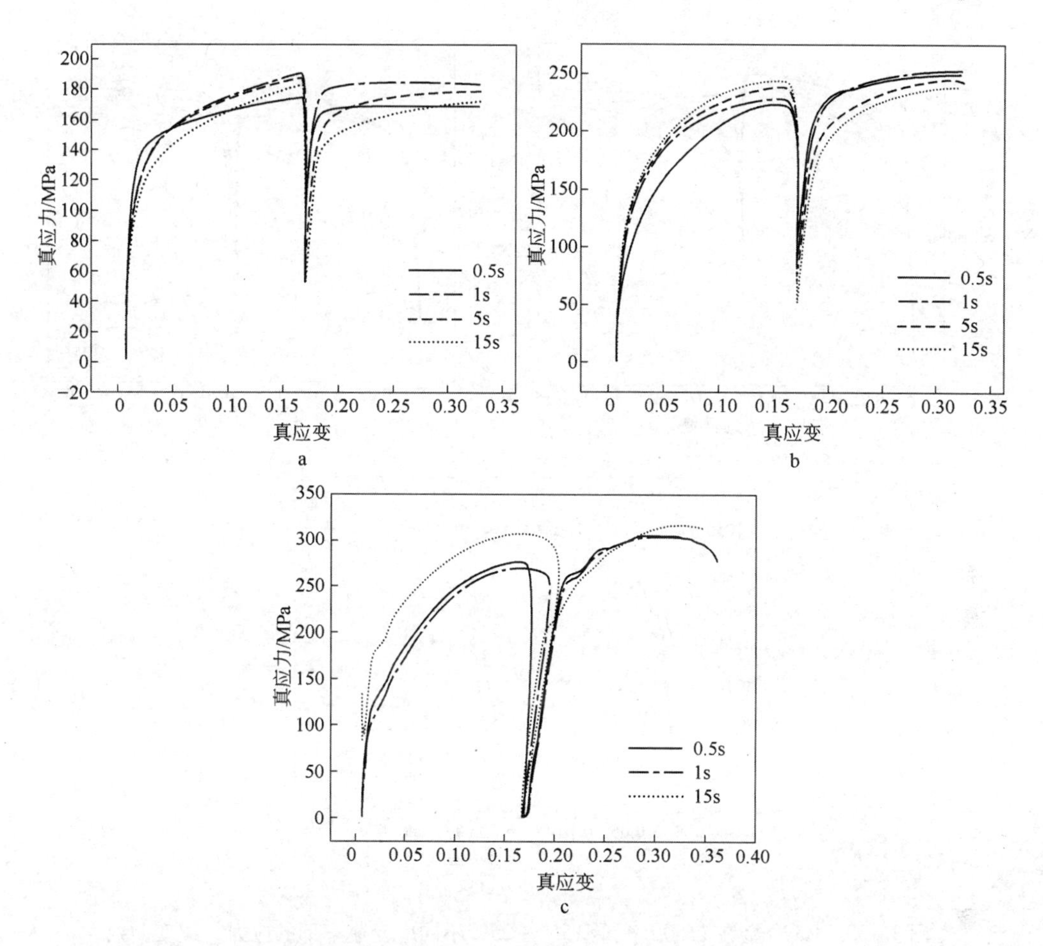

图 3－32　G3 合金在 1100℃变形 15%＋15%不同应变速率下的应力－应变曲线

a—0.1s^{-1}；b—1s^{-1}；c—10s^{-1}

力曲线达到峰值应力时对应的应变增加。

对比分析不同条件下各应力－应变曲线的特点，可得出以下规律：

（1）当应变速率和变形量一定时，随着变形温度的提高，流变应力呈下降趋势，这是由于随着变形温度的升高，热激活作用逐步增强，原子动能也逐步增大，原子间的结合力也逐渐减弱，位错滑移的临界切应力也跟着下降，合金的变形抗力也降低。除此之外，随着热变形温度的不断升高，由材料热变形激活能控制的动态再结晶的形核率也不断增大，也会使晶核长大的驱动力增加，进而使动态再结晶软化作用增强，即伴随着变形温度的升高，流变应力逐渐减小，动态再结晶的程度就越大，相反，伴随着变形温度的降低，流变应力逐渐增大，动态再结晶的程度就越小，甚至不发生动态再结晶。

（2）在热变形温度和变形量相同条件下，流变应力均随应变速率的增加而升

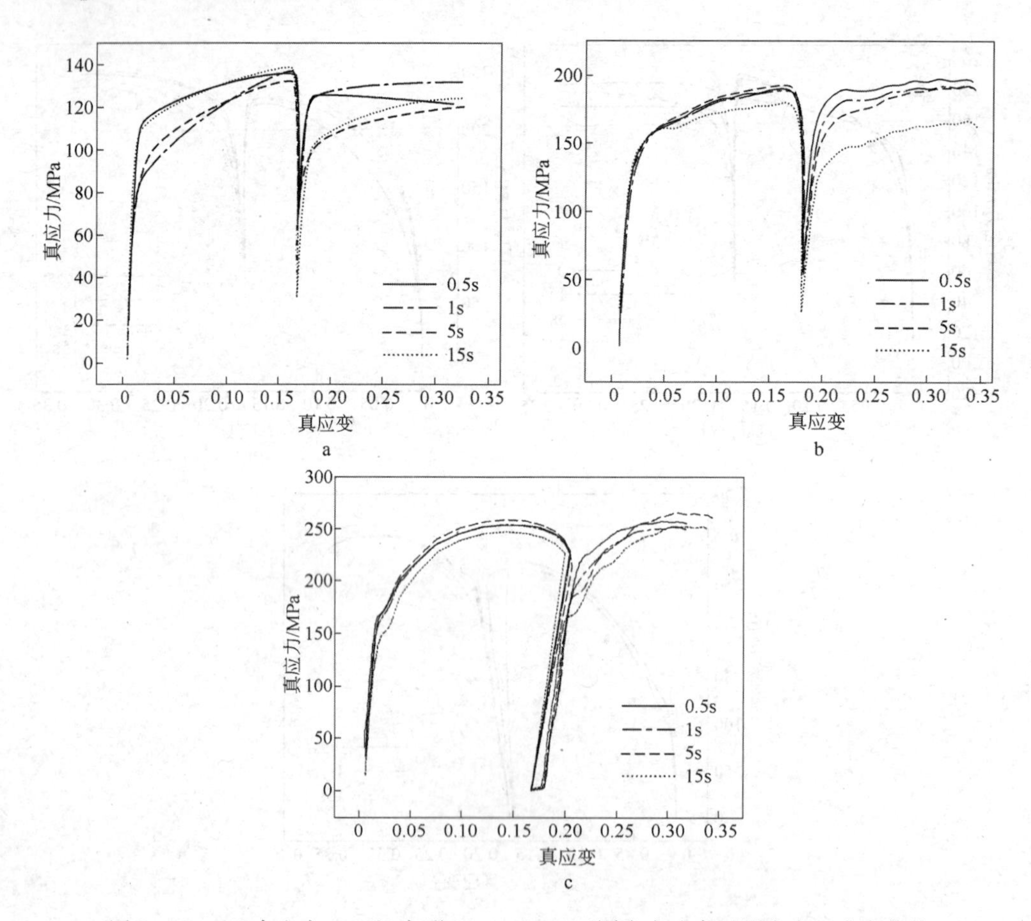

图 3-33 G3 合金在 1150℃变形 15% +15% 不同应变速率下的应力-应变曲线

a—$0.1s^{-1}$；b—$1s^{-1}$；c—$10s^{-1}$

高。这是由于应变速率提高，材料的临界剪切应力升高，流变应力也随之增大，呈现加工硬化现象。因此，随着应变速率的增加，流变应力增大，反之亦然。

（3）在应力达到峰值应力之前，在相同热变形温度和应变速率条件下，流变应力随变形量的增加而增大。这是由于在高的变形量下，位错密度增加，变形储能增加，即再结晶驱动力增加，使流变抗力增加。

图 3-35a 为 $T=1200℃$，$\dot{\varepsilon}=0.1s^{-1}$，$\varepsilon=15\%+15\%$ 及 $\Delta t=0.5s$，1s，5s，15s 时双道次压缩试验所得应力 σ、真应变 ε 的实测数据曲线。从图中可以看出，在一定的变形条件下，随着变形的进行，应力值先迅速上升，到达最高点（峰值应力）后下降，在相同变形温度和应变速率下，真应力随着间隙保温时间的延长而降低；应变速率为 $0.1s^{-1}$时，G3 合金的流动应力随着真应变的增加而增加，在达到峰值应力后迅速下降，最后达到稳态，可见此时发生的软化机制为动态再结晶，在道次间隙时间内，发生动态再结晶的组织将会发生亚动态回复、亚动态

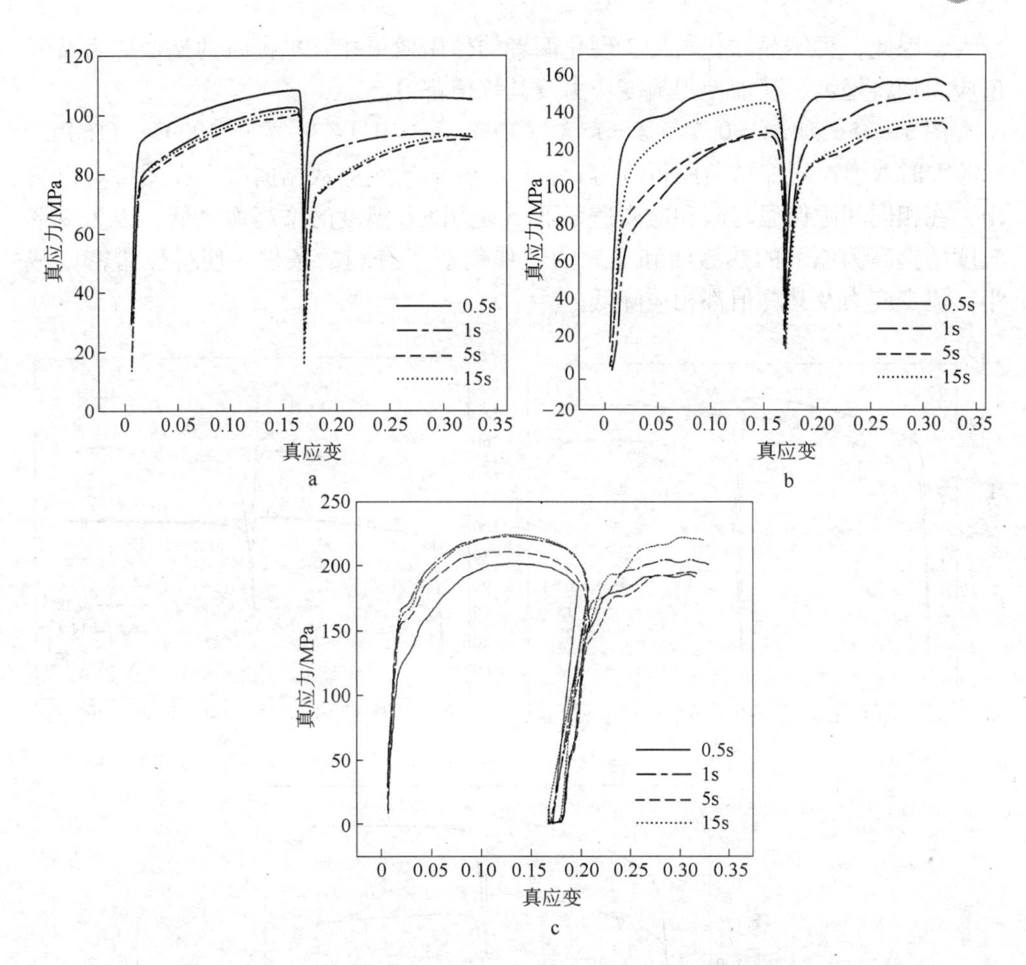

图3-34 G3合金在1200℃变形15%+15%不同应变速率下的应力-应变曲线

a—0.1s^{-1}；b—1s^{-1}；c—10s^{-1}

再结晶以及晶粒长大，随着道次停留时间的延长，道次间的软化增大。如果停留时间足够长时，道次间的软化能完全消除第一道次变形时所产生的位错，在第二道次变形加载时也就不会有残余应变，此时的软化分数达到100%。

图3-35b为$T=1200$℃，$\Delta t=0.5$s，$\varepsilon=15\%+15\%$，$\dot{\varepsilon}=0.1\text{s}^{-1}$，1s^{-1}，10s^{-1}时双道次压缩试验所得应力σ、真应变ε的实测数据曲线。在图中可以看出，在同一变形温度和间隙保温时间下，变形抗力随着应变速率的增加而大幅增加。在高应变速率下（$\dot{\varepsilon}=10\text{s}^{-1}$）变形后期，应力-应变曲线大幅下降，这主要是由于试样在高应变速率（$\dot{\varepsilon}=10\text{s}^{-1}$）时产生了大量变形热，使试样内部严重升温，加之高应变速率下变形时间短，产生的变形热无法以热传导和热辐射的方式及时消散，导致应力发生了严重下降。随着应变速率的提高，再结晶的驱动力也越大，然而，加工硬化作用也随着应变速率的增大而增大，亚组织中的位错密度

增大，因此，再结晶软化与加工硬化两者的作用效果相互平衡时的流变应力及峰值应力均将增大，从而使得流变应力及其峰值都升高。

图 3-35c 为 $\Delta t = 0.5\text{s}$，$\varepsilon = 15\% + 15\%$，$\dot{\varepsilon} = 0.1\text{s}^{-1}$，$T = 1100℃$，$1150℃$，$1200℃$ 时双道次压缩试验所得应力 σ、真应变 ε 的实测数据曲线。在图中可以看出，在相同间隙保温时间和应变速率下，应力随着温度的增高而降低，因为变形温度的提高为原子的热激活和晶界的迁移创造了有利的条件，使得位错密度减小，流变应力及其峰值都相应降低。

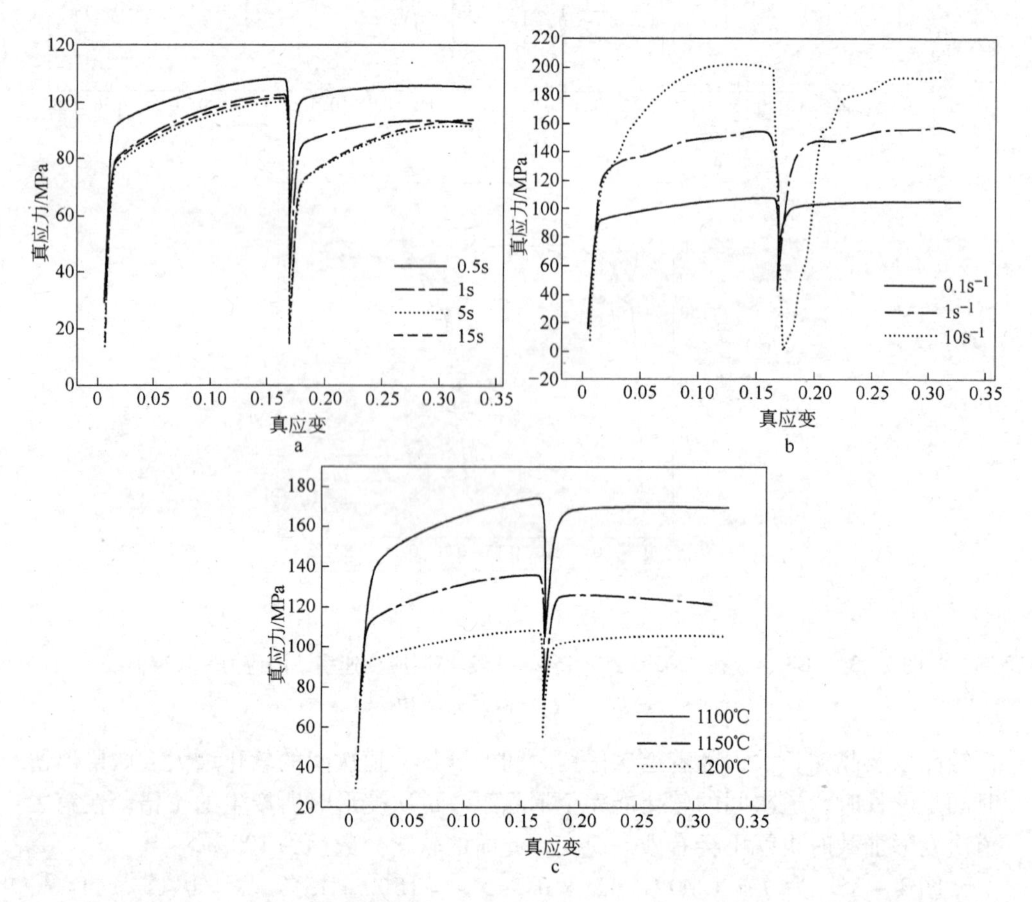

图 3-35 G3 合金经过双道次压缩试验后不同变形条件下的应力-应变曲线比较

表 3-6 给出了不同变形条件下的峰值应力。从表中可以看出，在一定的变形条件下，随着变形温度的升高，峰值应力会下降，这是因为随着温度升高，合金的变形抗力下降，则合金软化越严重，越容易发生变形，峰值应力相应减少；相同变形条件下，随着应变速率的增大，峰值应力也变大，这是因为变形速率越大，位错来不及移动，位错密度急剧增大，使得合金发生硬化，变形困难，从而峰值应力也会增大。

表 3-6 不同变形条件下的峰值应力 σ_m （MPa）

变形条件	1100℃	1150℃	1200℃
$0.1s^{-1}$	186.04	138.18	113.28
$1s^{-1}$	230.957	182.13	157.23
$10s^{-1}$	288.57	271.97	215.82

3.4.2 G3 合金的亚动态再结晶组织演化规律

根据塑性加工理论，圆柱样品在变形过程中会产生由端面摩擦而引起的变形不均匀现象，如图 3-36 所示，由变形的不均匀性导致了再结晶情况发生的不均匀性。图中Ⅰ区为难变形区域，变形量很小，几乎不发生再结晶；Ⅱ区为大变形区域，变形量最大，再结晶最为充分，再结晶晶粒尺寸也趋于均匀一致；而Ⅲ区为小变形区域，其变形量与再结晶分数介于Ⅰ、Ⅱ区之间，再结晶晶粒尺寸的大小也分布不一，为了得到比较接近实际情况的实验数据，如果无特殊说明，本节所采用的金相组织图片都是从Ⅱ区采集的。

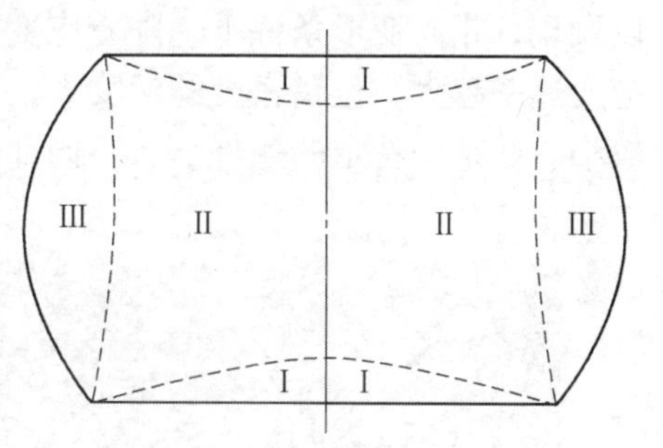

图 3-36 试样变形分区图
Ⅰ—难变形区；Ⅱ—大变形区；Ⅲ—小变形区

在实际的热加工条件下，亚动态再结晶决定着晶粒大小。当应变量大于一个临界值 ε^*，这个临界值小于发生再结晶的应变量，但远大于动态再结晶所需的临界应变量 ε_c 时，亚动态再结晶就会发生。静态再结晶是变形后的冷却和保温过程中在高位错密度区形成的没有应变的新核心的生成和长大过程。两者的主要区别是：亚动态再结晶没有形核过程，只有长大过程，因此亚动态再结晶发生得十分迅速；静态再结晶对温度敏感，强烈依赖于应变量，较小依赖于应变速率，而亚动态再结晶对温度不敏感，与应变速率有较大关系，与原始奥氏体晶粒尺寸及应变量无关。当 $\varepsilon_c < \varepsilon < \varepsilon^*$ 时，其软化过程由亚动态和静态再结晶共同控制，即本文研究的亚动态再结晶行为。当施加的应变量靠近 ε_c 时，动态再结晶较小，其软化主要由静态再结晶控制，当变形量接近 ε^* 时，亚动态再结晶所占的比例较大。本章研究的再结晶行为在热变形过程中为部分动态再结晶，变形后的间歇期间发生软化，该过程中既有亚动态再结晶又有静态再结晶的发生，故称其为亚动态再结晶行为。

试验结果表明，亚动态再结晶后的晶粒尺寸与变形温度、变形速率密切相关。变形温度降低，可以明显细化奥氏体的晶粒尺寸。晶粒细化的温度范围在 A_{c3} 附近或在略低于此温度的奥氏体亚稳区范围内。当变形温度为 1100℃、

1150℃、1200℃，应变速率为 $0.1s^{-1}$、$1s^{-1}$、$10s^{-1}$，保温时间分别为 0.5s、1s、5s、15s 时，G3 合金所得到的奥氏体晶粒尺寸根据变形条件的不同出现差别，在上述变形条件下奥氏体晶粒的细化是由静态再结晶机制所控制的。

图 3－37 为初始晶粒度 $d_0 = 160\mu m$ 时，在不同热变形条件下进行热模拟压缩后得到的亚动态再结晶刚完成时的组织，表 3－7 是对应的晶粒尺寸。由图中可以看出，亚动态刚完成时的晶粒都比较细小均匀，晶界弯曲，对比图 3－37a、b、c 可以看出，相同变形条件下，随着温度升高，晶粒度有逐渐变大的趋势，这是因为温度越高，可以提供给晶界能量越多，晶界移动越快，可以提供给晶粒长大合并的能越大，大晶粒吞并小晶粒，变得越来越大；对比图 3－37a、d、g 则可以发现，相同变形条件下，随着应变速率增大，晶粒度是逐渐减小的，这是因为应变速率越大，位错密度骤然变大，晶界来不及移动，晶粒长大受阻，故而晶粒较小。在某一特定的条件下，不同部位的再结晶情况是不同的，出现这种现象的

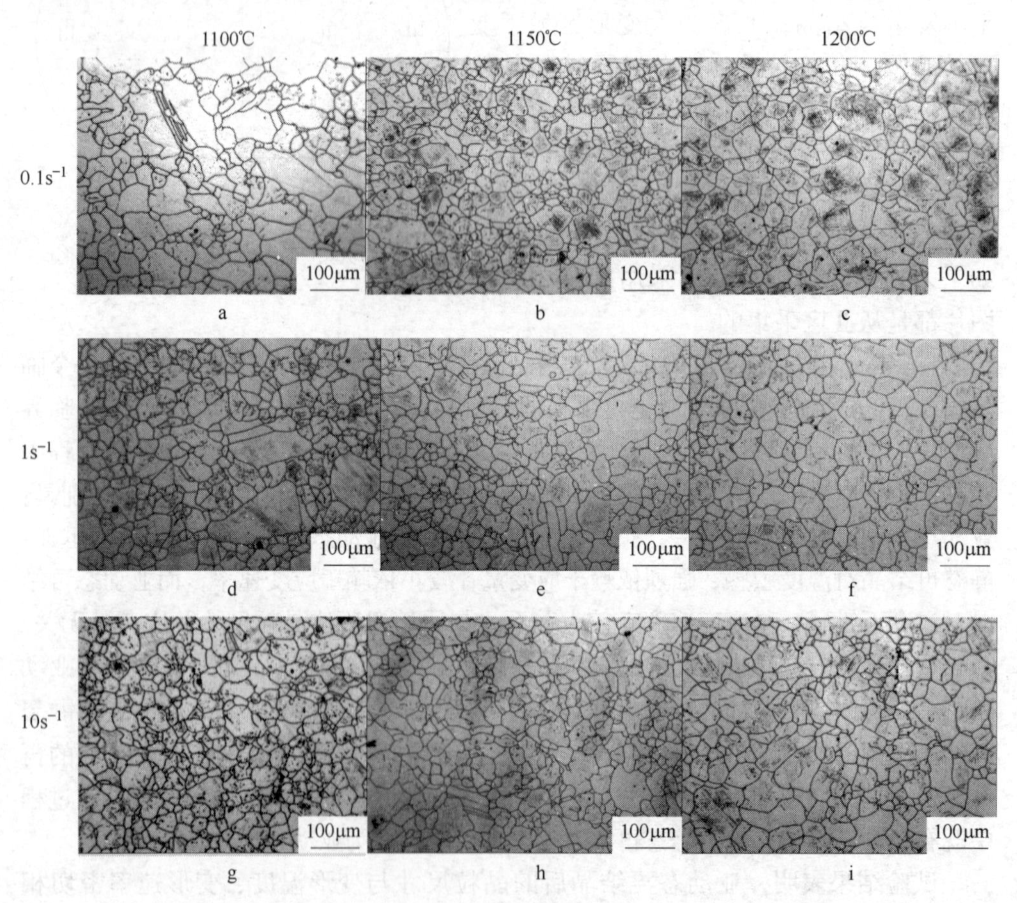

图 3－37　$d_0 = 160\mu m$ 时，G3 合金在不同热变形条件下进行热模拟压缩得到的亚动态（静态）再结晶刚完成时的组织

原因是在热模拟试验中，不同部位的变形量不一样，压缩方向的两端变形量较小，再结晶未发生或刚有少量晶核形成，而在中间部位变形量较大，原始晶粒基本上已全部发生再结晶的形核，甚至有个别晶粒已经开始长大。另外，金相组织形貌大致可分为三类：晶粒压扁型、晶粒压扁+部分细化型、晶粒细化型。晶粒只被压扁，没有发生细化说明只有加工硬化，动态再结晶还没有发生，随着变形温度升高，渐渐出现了晶粒细化现象，说明再结晶开始发生。

表3-7　再结晶刚完成时的晶粒尺寸

编　号	a	b	c	d	e	f	g	h	i
晶粒尺寸/μm	27.5	23.62	39.80	42.18	17.67	25.20	26.23	25.20	26.59

图3-38a~i为初始晶粒度 $d_0=334\mu m$ 时，G3合金在不同的热变形条件下，

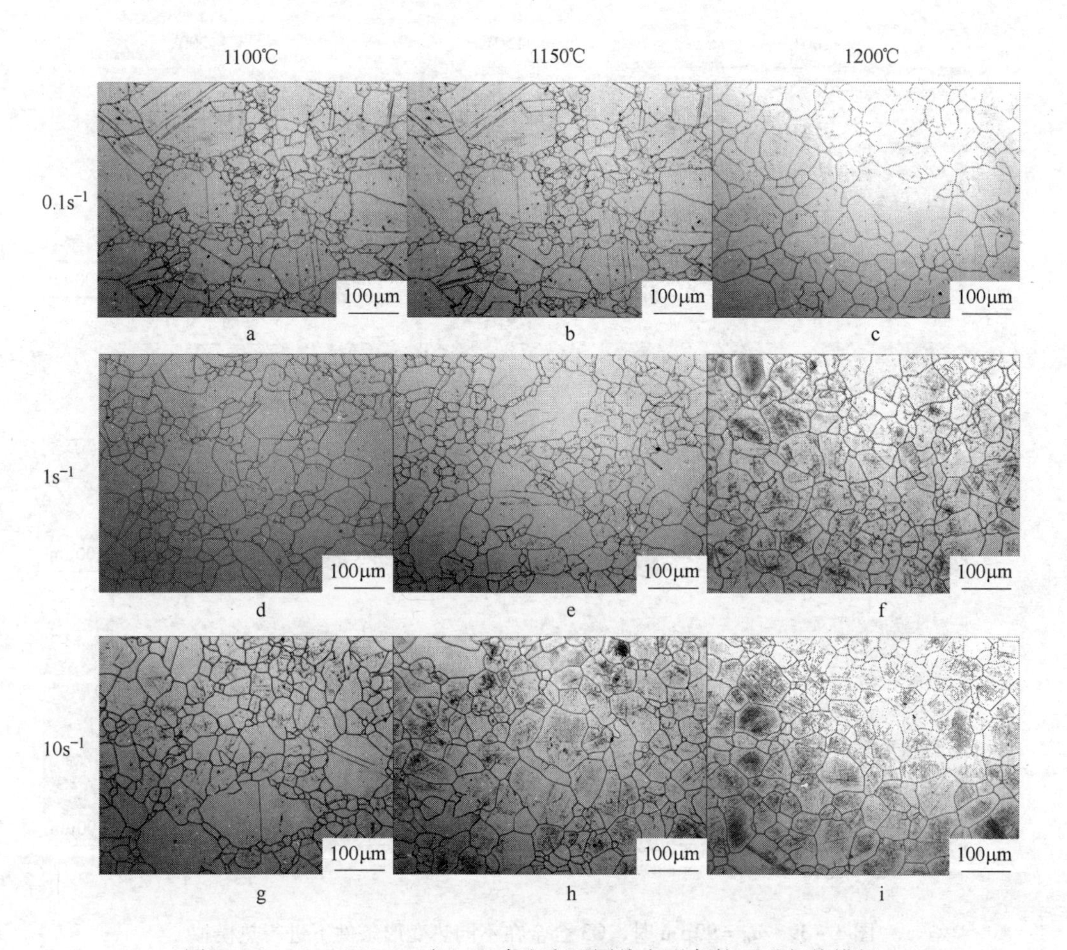

图3-38　$d_0=334\mu m$ 时，G3合金在不同热变形条件下进行热模拟压缩后得到的亚动态再结晶刚完成时的组织

进行热模拟压缩后得到的亚动态再结晶刚完成时的组织（相应的晶粒尺寸列于表 3－8 中），图 3－38a、b、c 和图 3－38a、d、g 分别进行比较，可以发现，G3 合金热变形后的晶粒长大规律与图 3－37 一致，再次证明在相同的热变形条件下，G3 合金的晶粒长大和变形温度成正比，而与应变速率成反比。

表 3－8　再结晶刚完成时的晶粒尺寸

编　号	a	b	c	d	e	f	g	h	i
晶粒尺寸/μm	18.14	24.14	64.85	26.38	27.27	49.82	22.71	29.06	44.55

图 3－39 为初始晶粒度 $d_0=99\mu m$ 时，G3 合金进行热模拟压缩后得到的亚动态再结晶刚完成时的组织，对应的晶粒大小列于表 3－9。与图 3－37 和图 3－38

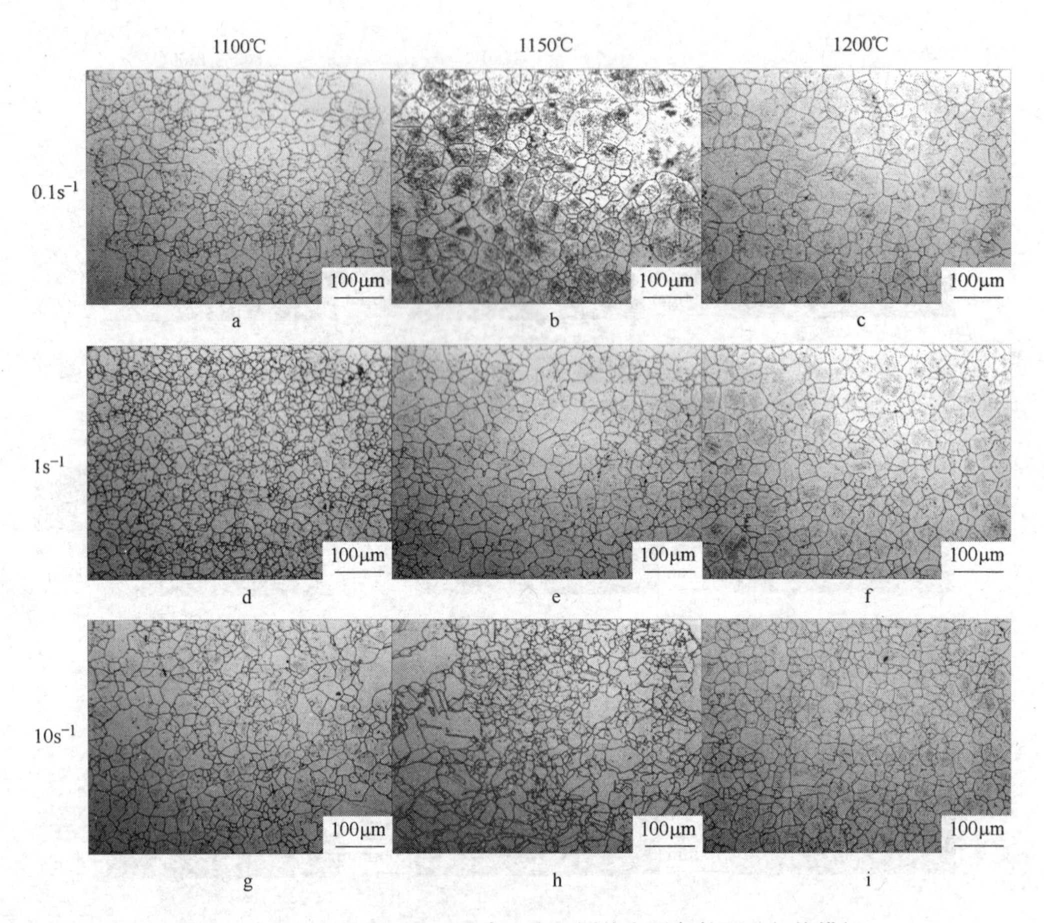

图 3－39　$d_0=99\mu m$ 时，G3 合金在不同热变形条件下进行热模拟压缩后得到的亚动态再结晶刚完成时的组织

比较可知，不同初始晶粒度的G3合金经过热模拟压缩试验后，得到的组织演化规律结果都相同，由此可知，晶粒长大与温度、应变速率有密切关系，但是和初始晶粒度的大小的关系却没有明显规律。通过a、d、g号试样的晶粒度统计结果可知（表3－9），在相同的初始晶粒度、变形温度、保温时间条件下，随着应变速率的加快，再结晶晶粒尺寸有减小的趋势；通过a、b、c号试样的统计结果可知，在相同的初始晶粒度、变形速率、保温时间条件下，随着变形温度的升高，再结晶晶粒尺寸有增大的趋势。

表3－9　再结晶刚完成时的晶粒尺寸

编　号	a	b	c	d	e	f	g	h	i
晶粒尺寸/μm	29.0	36.56	38.20	28.03	30.46	37.8	22.8	27.8	30.7

从表中结果可以看出：通过图3－37a、图3－38a和图3－39a晶粒度大小对比可知，在变形温度、应变速率以及保温时间不变的情况下，再结晶晶粒尺寸与原始晶粒度的关系如图3－40所示，可以看出，再结晶晶粒尺寸大小与原始的晶粒尺寸没有必然关系，但是所有的再结晶晶粒尺寸都远远小于初始晶粒尺寸，说明热变形可以明显细化晶粒，这是因为较小的晶粒在变形时，晶界较多，再结晶形核的潜在位置增加，所以形核率提高；较大的晶粒反而长大得慢，这样综合下来，原来小的晶粒长大得快，原来大的晶粒长大得慢，这样就使晶粒基本相差不大。

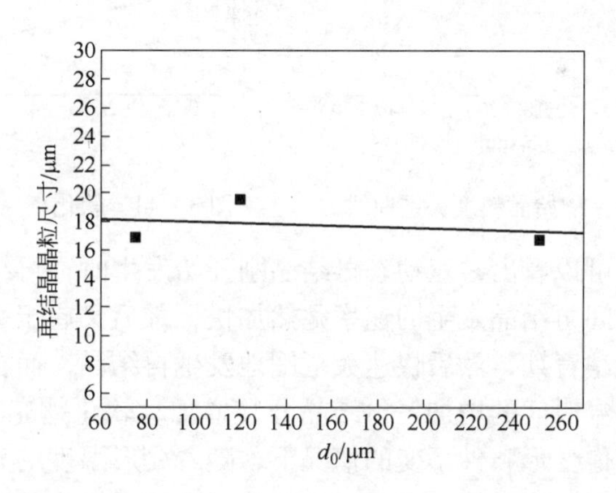

图3－40　再结晶晶粒尺寸与原始晶粒度的关系曲线

3.4.3　热变形参数对G3合金亚动态再结晶行为的影响

本文通过从试验中得到的实际数据，对不同的实验条件下（应变速率、变形温度、保温时间）各个方面对亚动态再结晶的规律做了分析。再结晶分数与变形温度、初始晶粒度、应变速率、保温时间Δt的关系通过实验数据分别定性分析后，得到图 3－41 ~ 图 3－44 的关系图。

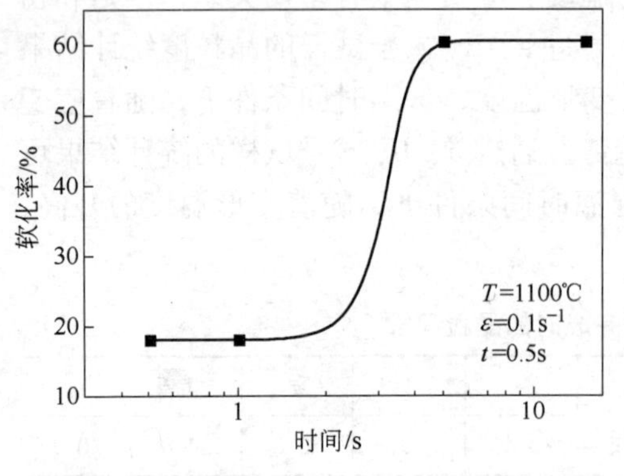

图 3－41　软化率－时间关系曲线

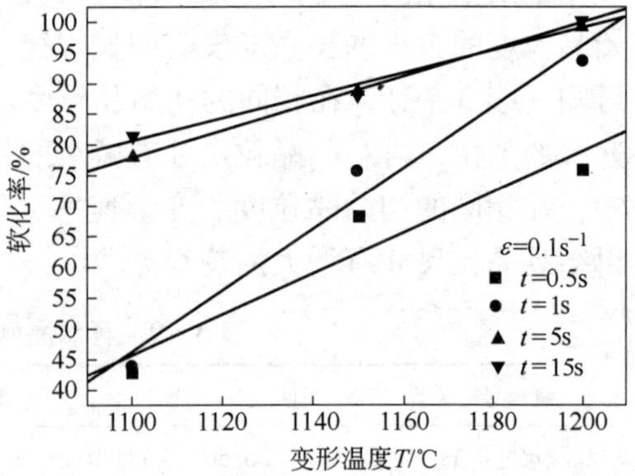

图 3－42　软化率－变形温度关系曲线

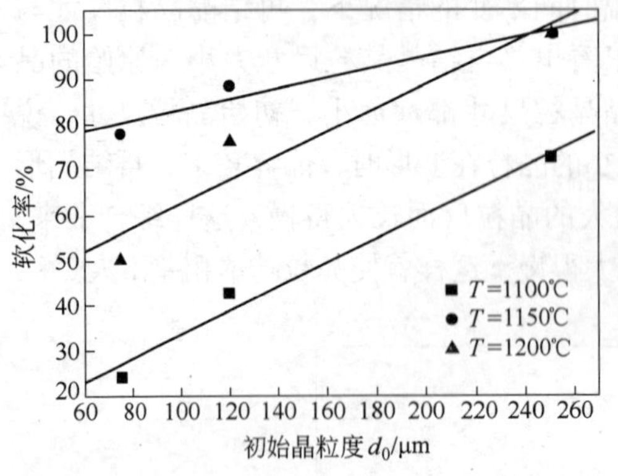

图 3－43　软化率－初始晶粒度关系曲线

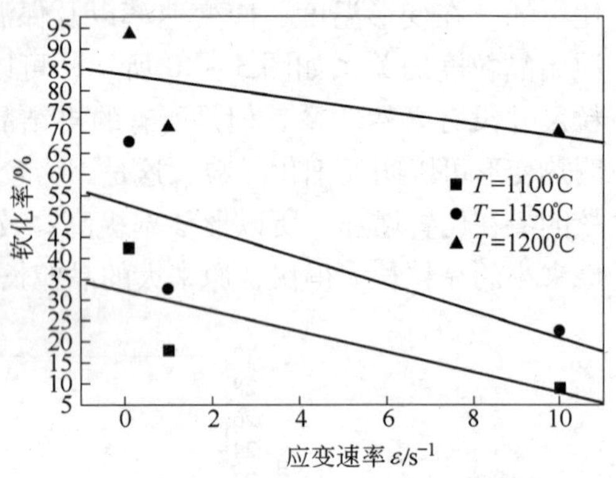

图 3－44　软化率－应变速率关系曲线

通过图 3－41 可以看出，亚动态再结晶刚开始发生时，再结晶发生的速度很慢，之后在某一时间再结晶发生的速率猛然加快，最后又趋于平缓，验证了再结晶发生时有一定的孕育期，然后快速大范围地发生再结晶，而在温度相同的条件下，随着道次间保温时间的增加，再结晶分数增加，软化越充分；通过图 3－42 还可以看出，在其他变形条件不变的情况下，随着变形温度的升高，再结晶分数升高，这是因为变形温度越高，晶界迁移越快，再结晶发生的数量越多，长大越快，从而软化越快。

图 3－43 是初始晶粒度和再结晶分数的关系曲线，显示了静态再结晶的软化程度随初始晶粒直径的变化情况，通过该图可以看出，其他变形条件相同时，不同的 d_0 对 G3 合金亚动态再结晶的体积分数有影响，随着 d_0 的增大，软化率有增大的趋势。这是由于晶粒越大，晶界面积越小，从而导致再结晶可能的形核区域减小，形核速率相应降低。

通过图 3－44 可以看出应变速率对再结晶分数的影响趋势，在形同变形条件下，G3 合金的亚动态再结晶的体积分数随着变形速率的增大有下降的趋势。

3.4.4　亚动态再结晶动力学方程

$t_{0.5}$表示金属的再结晶体积分数发生到 50% 时所需要的时间，$t_{0.5}$和再结晶过程中的软化率有密切关系，可以知道应变速率对再结晶的发生快慢和晶粒度大小有着密切关系。

3.4.4.1　软化分数及 $t_{0.5}$公式的确定

图 3－45 是 G3 合金双道次热压缩试验典型的真应力－应变曲线（初始晶粒尺寸 160μm，变形温度 1100℃，应变速率 0.1s^{-1}，间歇停留时间 1s）。从图中可以看出试样在两个道次之间的间歇时间内发生了软化行为，即试样在道次间停留时，合金的应力下降，随着第二道次压缩的进行，合金的应力值又逐渐上升。因此，本节在忽略动态回复软化作用下，可以将亚动态再结晶分数等效为软化分数，且软化分数可采用式（2－42）进行计算。

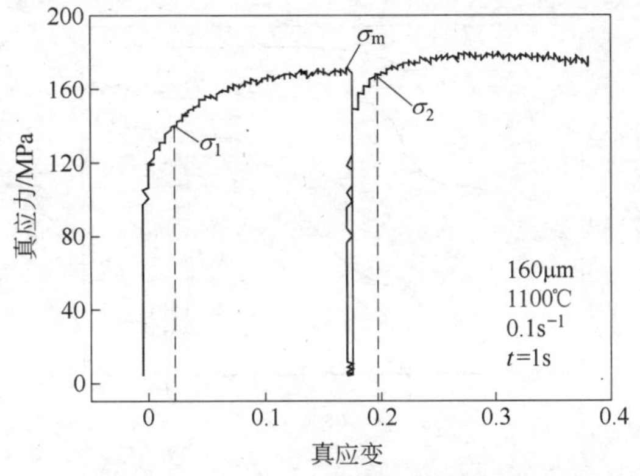

图 3－45　G3 合金双道次热压缩试验的真应力－真应变曲线

图 3－46 是热变形参数对变形试样软化分数的影响，从中可以看出随着停留时间的延长，合金软化分数逐渐增加。如果停留时间足够长，软化现象甚至可能完全消除第一道次的硬化现象。此外，随着变形温度的增加（图 3－46a），应变速率（图 3－46b）的降低，初始晶粒度的增加（图 3－46c），软化分数逐渐增加，且软化分数逐渐趋于 1.0。因此，通过拟合软化分数和间歇保温时间的关系，可以得到各个变形制度下，软化分数为 50% 时所需的保温时间（$t_{0.5}$），汇总列于表 3－10。

表 3－10　不同热变形参数下软化分数为 50% 时所需时间　（s）

初始晶粒尺寸/μm	应变速率/s^{-1}	温度/℃		
		1100	1150	1200
100	0.1	2.75	0.85	0.51
	1	4.95	0.70	1.21
	10	6.51	3.10	1.72

续表 3 - 10

初始晶粒尺寸/μm	应变速率/s^{-1}	温度/℃		
		1100	1150	1200
160	0.1	2.15	0.25	0.20
	1	3.63	2.11	0.57
	10	5.82	3.32	1.02
334	0.1	0.95	0.40	0.15
	1	2.11	0.60	0.50
	10	5.04	1.65	1.34

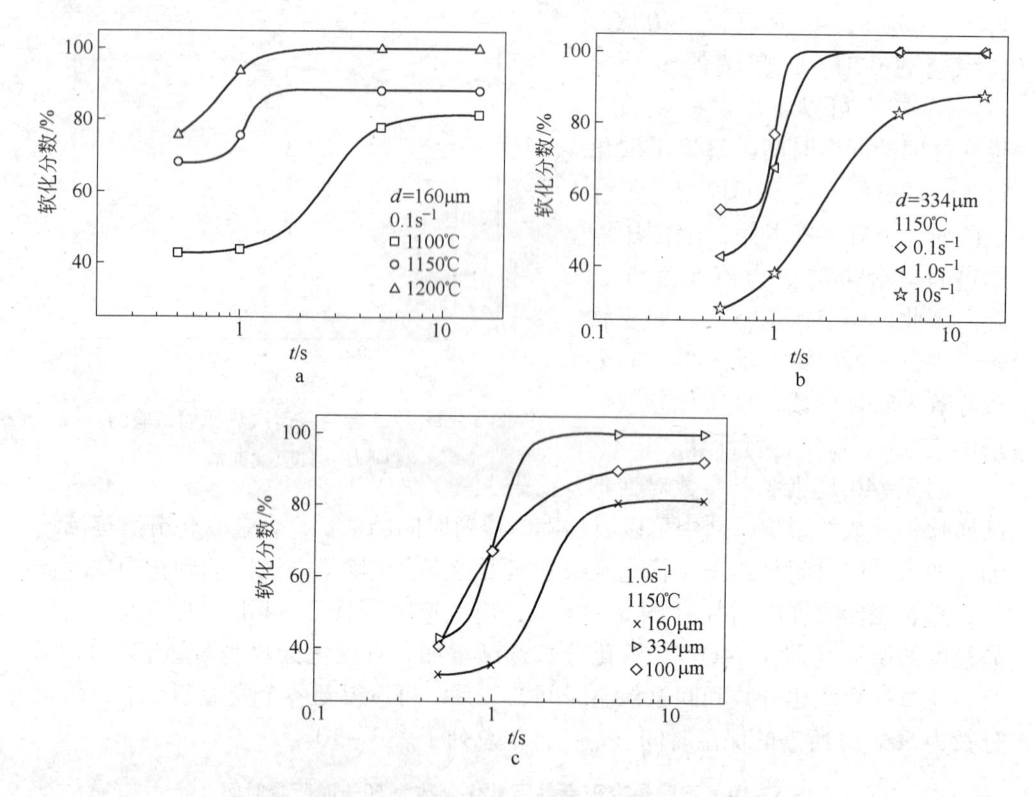

图 3 - 46 热变形参数对软化分数的影响

a—温度；b—应变速率；c—初始晶粒尺寸

从图 3 - 46 中可以看出 G3 合金亚动态再结晶动力学曲线呈 S 形，软化分数和初始晶粒度、变形温度、应变速率及保温时间有关，且可以用式（3 - 32）表示。因此，为了确定动力学方程中的各个系数，首先必须确定 $t_{0.5}$ 与初始晶粒度、应变速率、变形温度之间的关系。计算方法类似动态再结晶峰值应变方程的求解，经过计算，结果表明：

$$t_{0.5} = 1.365 \times 10^{-12} d_0^{-1.475} \dot{\varepsilon}^{0.31} \exp \frac{417242.3}{RT} \tag{3-33}$$

3.4.4.2 亚动态再结晶刚完成时的晶粒尺寸

图 3－37 是初始晶粒尺寸为 160μm，在不同的变形温度和应变速率下进行单道次压缩后，对晶粒尺寸的影响图。从图中可以看出，在所有的热变形参数组合下，试样的内部组织均发生了变化，几乎都是再结晶组织。说明在本节的试验条件下，试样几乎都完全软化，在 1200℃时，晶粒甚至发生了长大的趋势。不同变形制度下的晶粒尺寸，汇总列于表 3－11 所示。

表 3－11 不同热变形条件下刚完成再结晶时的晶粒尺寸 （μm）

初始晶粒尺寸/μm	应变速率/s⁻¹	温度/℃		
		1100	1150	1200
100	0.1	38.21	28.08	36.57
	1	22.38	30.47	30.04
	10	30.27	22.82	27.68
160	0.1	37.51	23.62	39.80
	1	25.20	17.67	42.18
	10	26.23	25.10	26.59
334	0.1	18.14	24.15	64.86
	1	26.39	27.27	49.83
	10	22.72	29.06	44.56

由于再结晶晶粒尺寸和热变形参数之间的关系可以用式（3－32）表示，因此，结合所有试样测定的晶粒尺寸，对式（3－32）进行数学变换后，得到了再结晶刚完成时的晶粒尺寸计算公式，即：

$$d_{MDRX} = 155147.7 d_0^{0.38} \dot{\varepsilon}^{-0.113} \exp\left(-\frac{124210}{RT}\right) \tag{3-34}$$

3.4.4.3 亚动态再结晶数学模型的验证

为了验证以上用数学方法得到的 G3 合金的亚动态再结晶数学模型系数的准确性，有必要对其计算值和测试值进行对比验证，则根据实验数据和计算数据可以得到数据验证对比，见图 3－47。

图 3－47a 为不同变形条件下所得 G3 合金亚动态再结晶分数模型计算值和实测值的比较，图 3－47b 是不同变形条件下所得到亚动态再结晶软化率完成 50% 时的模型计算值和实测值的对比，图 3－47c 为亚动态再结晶晶粒尺寸的计算值和实测值的比较，两者比较接近，吻合度较好。由图 3－47 可以看出，通过实验

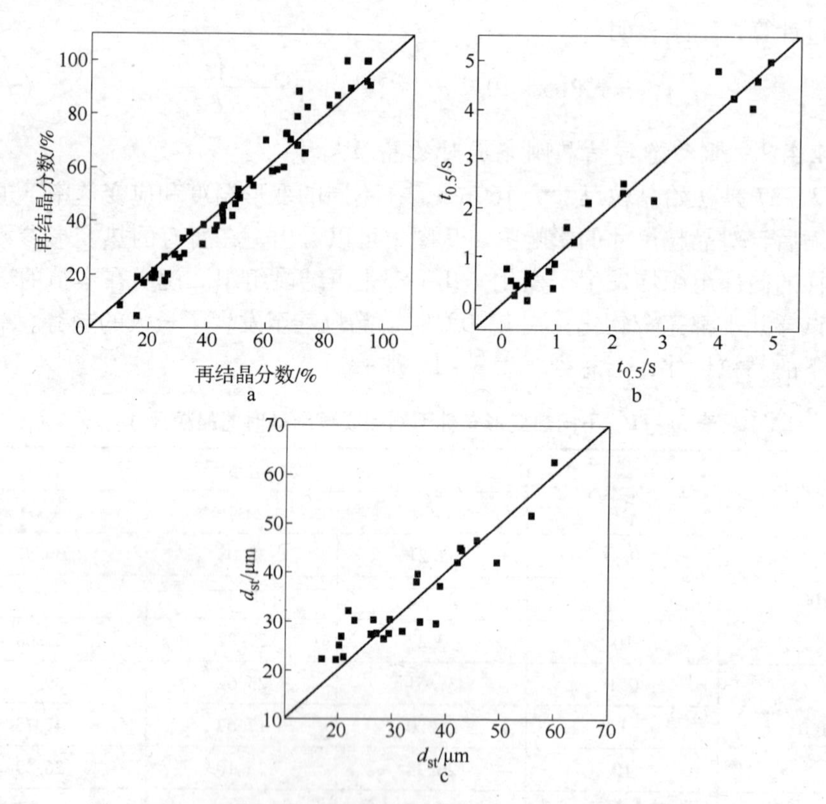

图 3-47　G3 合金亚动态再结晶模型的计算值和实测值的比较

数据建立的 G3 合金的亚动态再结晶模型的计算值和实测值吻合较好，模型比较准确，对实际的 G3 合金的热加工工艺有一定的参考价值。

3.5　G3 合金再结晶晶粒长大方程

G3 合金在完成亚动态再结晶以后，在高温变形条件下，再结晶晶粒会发生迅速长大、粗化。高温下，晶界能量是引起晶界迁移的驱动力，而晶界间的能量与组织中的晶粒尺寸有关。晶粒长大的本质就是晶界在晶体组织中的迁移。研究晶粒长大的最主要目的是控制晶粒度大小，进一步控制材料的加工性能和使用性能。晶粒度既反映材料的微观组织特征，又直接影响材料的性能。

为了研究再结晶晶粒在长时间的保温过程中的晶粒长大行为，采用单道次压缩试验对初始晶粒尺寸不同（100μm、160μm、334μm）的试样进行热压缩（变形温度为 1100℃、1150℃、1200℃，应变速率分别为 $0.1s^{-1}$、$1.0s^{-1}$、$10.0s^{-1}$，应变量均为 15%），卸载并进行长时间（20s、40s、60s）保温后，观察保温后的晶粒尺寸变化，如图 3-48 所示。

3.5.1 G3 合金晶粒长大阶段的组织演化规律

图 3－49 为不同变形条件下的组织特征：初始晶粒度 $d_0=160\mu m$，温度为 1100℃、1150℃、1200℃，保温时间为 20s、40s、60s，应变速率为 $0.1s^{-1}$，图下表是在上述不同热变形条件下得到的 G3 合金的晶粒尺寸。可以发现随着热变形时间的延长，G3 合金的亚动态再结晶晶粒发生了长大和粗化，部分晶粒的晶界有二次再结晶产生。

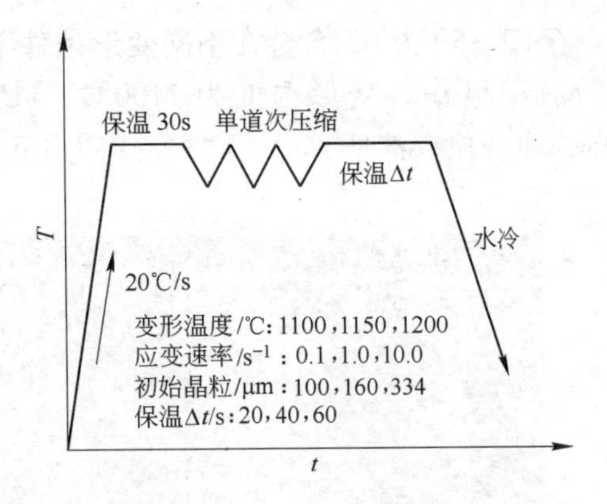

图 3－48 单道次压缩试验热变形工艺示意图

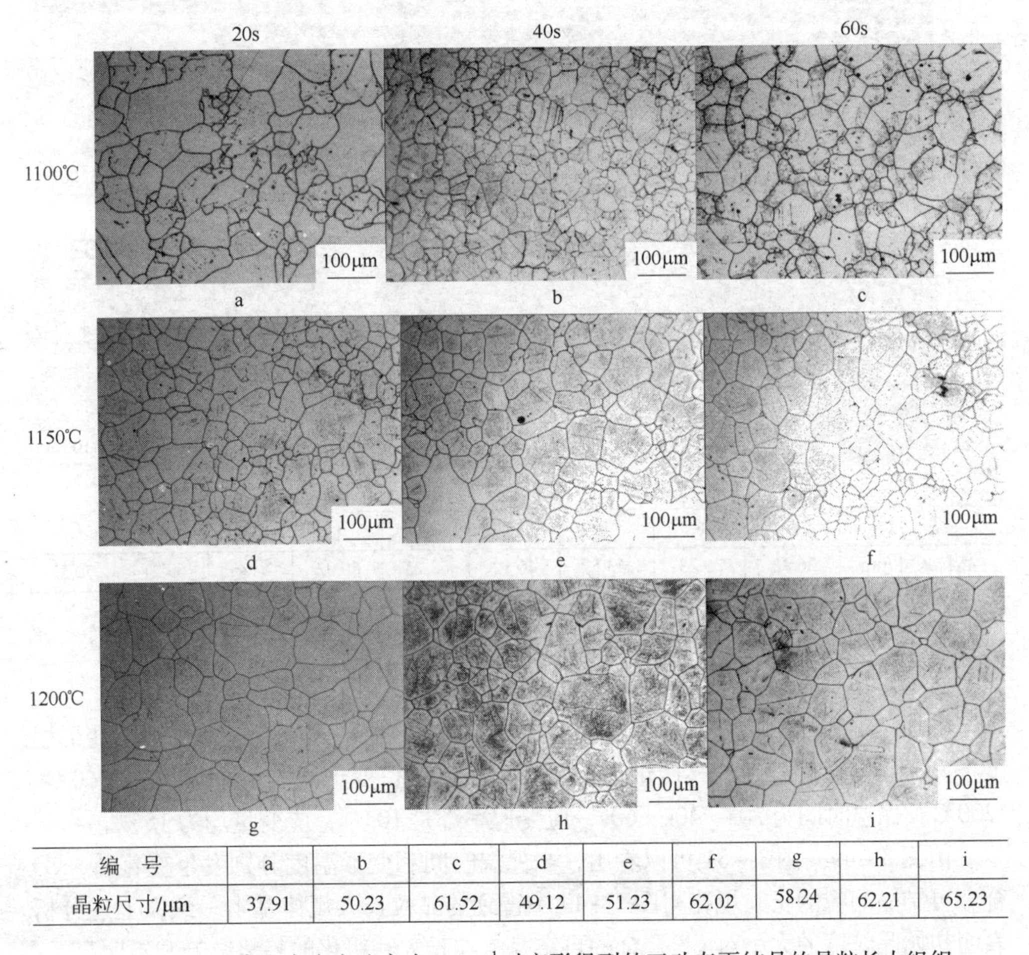

编号	a	b	c	d	e	f	g	h	i
晶粒尺寸/μm	37.91	50.23	61.52	49.12	51.23	62.02	58.24	62.21	65.23

图 3－49 G3 合金在应变速率为 $0.1s^{-1}$ 时变形得到的亚动态再结晶的晶粒长大组织
（$T=1100$℃，1150℃，1200℃；$\Delta t=20s$，40s，60s）

图3－50为G3合金在不同变形条件下的组织特征，变形条件为：初始晶粒度 d_0 = 334μm，变形温度为1100℃、1150℃、1200℃，保温时间为20s、40s、60s，应变速率都是1s^{-1}，应变量均为15%。

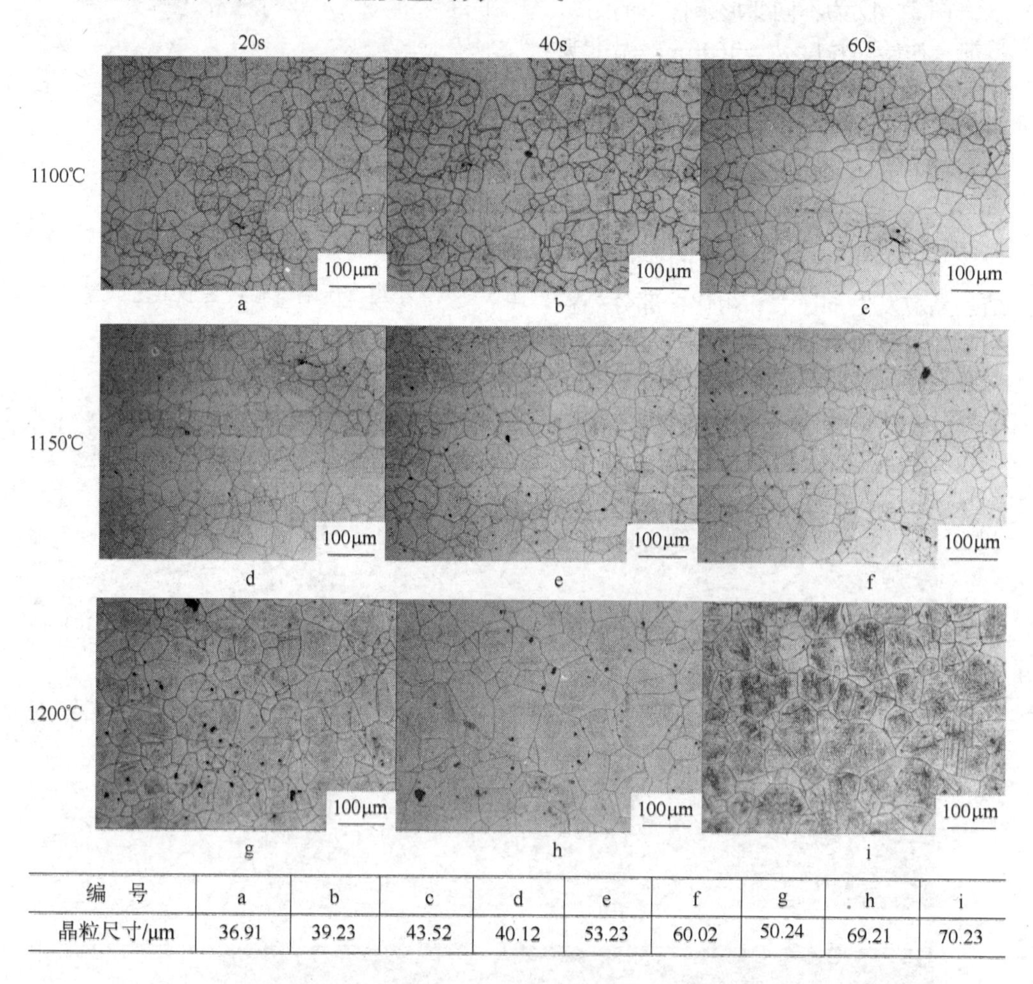

编　号	a	b	c	d	e	f	g	h	i
晶粒尺寸/μm	36.91	39.23	43.52	40.12	53.23	60.02	50.24	69.21	70.23

图3－50　G3合金在应变速率为1s^{-1}时变形得到的亚动态再结晶的晶粒长大组织

（T＝1100℃，1150℃，1200℃；Δt＝20s，40s，60s）

图3－51为初始晶粒度 d_0 ＝334μm 的G3合金，在一定应变速率及不同变形温度下发生热变形后得到的显微组织，热变形条件为：变形温度为1100℃、1150℃、1200℃，保温时间为20s、40s、60s，应变速率都是10s^{-1}，应变量均为15%。

由图3－49～图3－51可以看出，当保温时间和变形温度分别发生变化时，G3合金再结晶晶粒的长大规律与图3－49中得到的晶粒长大规律基本一致，上述分析表明初始晶粒度的大小对G3合金的再结晶晶粒长大和粗化的趋势影响并不明显。

从以上的实验结果可以看出，热变形后的试样在长时间的保温过程中，完全

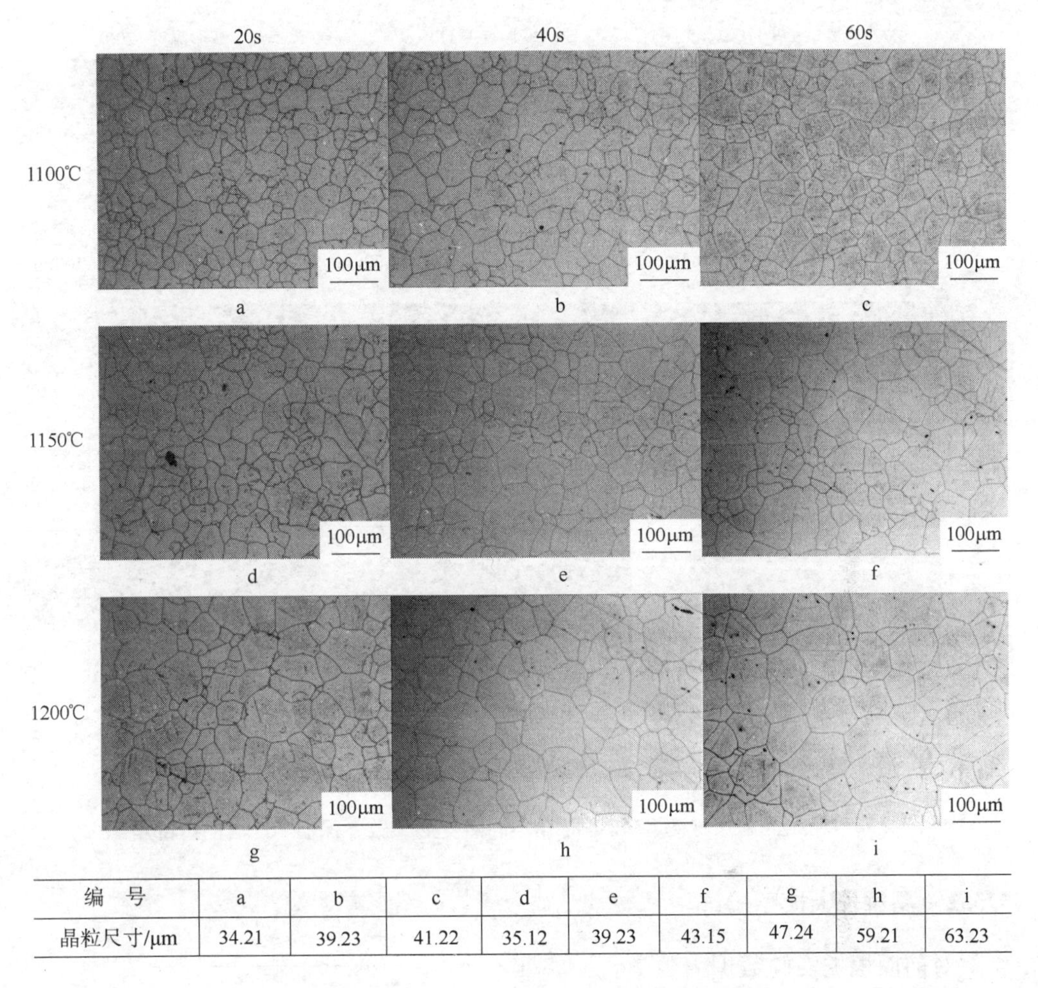

编　号	a	b	c	d	e	f	g	h	i
晶粒尺寸/μm	34.21	39.23	41.22	35.12	39.23	43.15	47.24	59.21	63.23

图 3－51　G3 合金在应变速率为 $10s^{-1}$ 时变形得到的亚动态再结晶的晶粒长大组织
（$T=1100℃$，1150℃，1200℃；$\Delta t=20s$，40s，60s）

再结晶晶粒将发生长大现象。随着保温时间的延长，晶粒尺寸逐渐增大。

此外，应变速率和变形温度对再结晶晶粒的长大也有很大影响。图 3－52 是初始晶粒为 334μm，保温时间为 40s 时，应变速率和应变温度对再结晶晶粒大小的影响。从图中可以看出随着变形温度的增加、应变速率的降低，晶粒尺寸逐渐增大。

由于晶粒长大模型可以采用式（3－32）表示，因此对式（3－32）进行数学变换，并结合 G3 合金在不同应变速率和应变温度经过不同保温时间后的晶粒尺寸，以 $\ln(1/T)-\ln(d_g^2-d_0^2)$ 为 X 轴、Y 轴进行作图，从而得到了系数 Q_g 值为 261682J/mol，a 值为 2.62×10^{11}。故得到晶粒长大的模型为：

$$d_g^2=d_0^2+2.62\times10^{11}t\exp\left(-\frac{261682}{RT}\right) \tag{3-35}$$

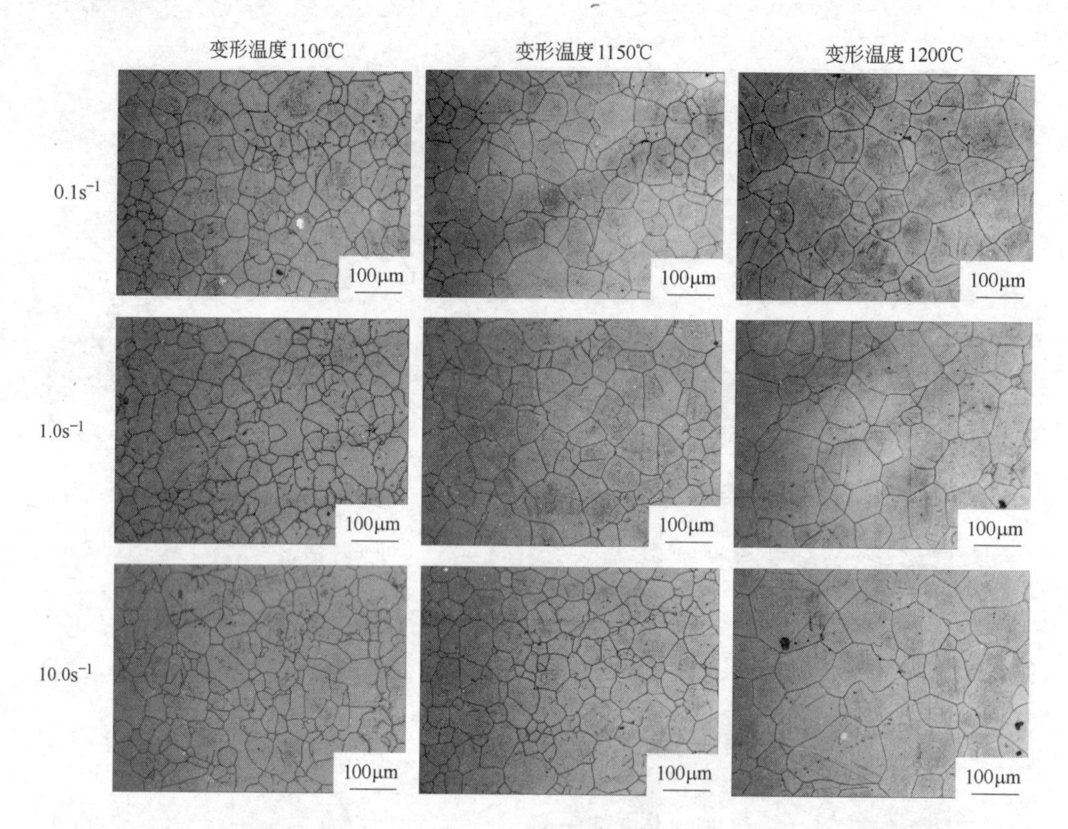

图3－52　初始晶粒尺寸为334μm时在不同热变形参数下保温40s后的内部组织

3.5.2　晶粒长大模型验证

对前面根据实验数据由数学方法建立的G3合金的结晶长大模型进行验证，为了验证所建数学模型的正确性，我们根据数学模型计算出多组不同热变形条件下的晶粒长大尺寸，并将数值结果与相同变形条件下的热模拟实验结果进行了对比。

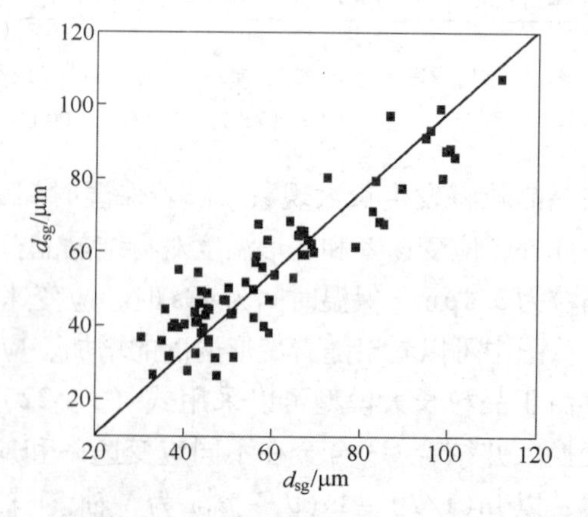

图3－53　静态再结晶模型的计算值和实测值的比较

图3－53为不同热变形条件下所得到的81个G3合金试样的亚动态再结晶晶粒长大模型的计算值和实测值的图示，由图3－53可以看出，利用所得实验数据建立的G3合金的亚动态再结晶晶粒长大模型

所得到的计算值和实验中得到晶粒度的实测值之差在可接受范围内，在图中的吻合程度较好，也就是说该数学模型系数比较准确，因此该模型对实际生产中的 G3 合金的热加工工艺具有一定的参考价值。

图 3－54a 是 G3 合金固溶处理后的晶粒度，图 3－54b 是合金进行热变形前的初始晶粒度，图 3－54c 是合金进行热变形后的晶粒长大尺寸。G3 合金的原始组织晶粒度为 99μm，把该试样在 Gleeble－1500 热模拟实验机上加热到 1120℃后，保温 2min，然后再以 10℃/s 的速度降温到 1100℃后进行热变形，变形速率为 $1s^{-1}$，变形量则设为 0.15，变形过程中 G3 合金会发生动态再结晶，按着提前设定的时间进行保温，可以得到改变条件下 G3 合金的亚动态再结晶组织，观察该组织的晶粒度大小，通过前面提到的方法，得到图 3－54b 为 G3 合金热变形后发生亚动态再结晶的组织照片，测得再结晶晶粒尺寸为 22.8μm，在相同热变形条件下的 G3 合金试样，使其发生亚动态再结晶后，继续保温，使晶粒长大 60s 后，得到 G3 合金的晶粒长大尺寸为 30.31μm，该测试值和通过模型计算出来的计算值相差不大，再一次证明了上面得到的 G3 合金晶粒长大的数学模型比较准确。

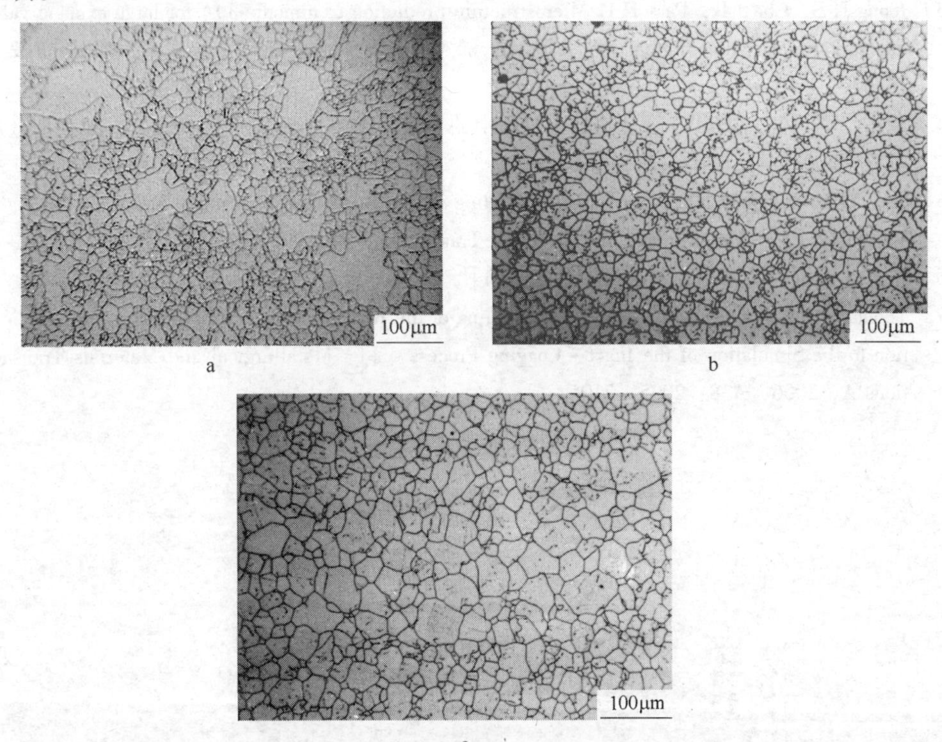

图 3－54　固溶处理后 G3 合金的组织

a—初始晶粒尺寸 99.8μm；b—静态再结晶晶粒尺寸 22.8μm；c—晶粒长大尺寸 30.3μm

综上可知，G3 合金亚动态再结晶动力学及晶粒长大可以用下面一组方程表示：

$$\left.\begin{aligned} X_{\mathrm{MDRX}} &= 1 - \exp\left[-0.693\left(\frac{t}{t_{0.5}}\right)^{0.535}\right] \\ t_{0.5} &= 1.365 \times 10^{-12} d_0^{-1.475} \dot{\varepsilon}^{0.31} \exp\frac{417242.3}{RT} \\ d_{\mathrm{MDRX}} &= 155147.7 d_0^{0.38} \dot{\varepsilon}^{-0.113} \exp\left(-\frac{124210}{RT}\right) \\ d_{\mathrm{g}}^2 &= d_0^2 + 2.62 \times 10^{11} t \exp\left(-\frac{261682}{RT}\right) \end{aligned}\right\} \quad (3-36)$$

参考文献

[1] Y Wang, W Z Shao, L Zhen. Flow behavior and microstructures of superalloy 718 during high temperature deformation [J]. Materials Science and Engineering A, 2008, (497): 479 ~ 486.

[2] 罗子健，杨旗，姬婉华．考虑变形热效应的本构关系建立方法［J］．中国有色金属学报，2002，10（6）：804 ~ 808.

[3] Jeong H S, Cho J R, Park H C. Microstructure prediction of nimonic 80A for large exhaust valve during hot closed die forging [J]. Journal of Materials Processing Technology, 2005, 162 ~ 163 (5): 504 ~ 511.

[4] 刘东，罗子健．GH4169 合金热加工过程中的显微组织演化数学模型［J］．中国有色金属学报，2003，13（5）：1211 ~ 1218.

[5] Shen G S, Semiatin S L, Shivpuri R. Modeling microstructural development during the forging of Waspaloy [J]. Metallurgical and Materials Transactions A, 1995, 26 (7): 1795 ~ 1803.

[6] 王有铭．钢材的控制轧制和控制冷却［M］．北京：冶金工业出版社，1995.

[7] Thomas J P, Semiatin S L. Mesoscale Modeling of the Recrystallization of Waspaloy and Application to the Simulation of the Ingot – Cogging Process [J]. Metallurgical and Materials Transactions A, 2006, A38: 2095 ~ 2105.

4 镍基合金 GH536 和 825 的热变形行为

在石油化工、核能工业等领域所用到的加热管、容器、热交换器、管道系统等部件长时间在高腐蚀性的溶液中工作，经常会造成管材的应力腐蚀开裂、点蚀、缝隙腐蚀，导致管材的报废。因此，具有良好耐蚀性能的镍－铁－铬基合金GH536 和 825 合金被广泛使用。虽然合金具有抗氯离子应力腐蚀开裂的能力，抗点蚀、缝隙腐蚀和许多腐蚀性溶液的能力，但是这种合金具有高温塑性低、变形区间窄、变形抗力大等特征，热加工工艺苛刻，其高温状态下的变形特性、机理及其组织演化特征需进一步研究。

4.1 GH536 合金

GH536 合金是以 Ni－Cr－Fe 为基的，用 W、Mo、Co 固溶强化，B、C 晶界强化的固溶强化型高温合金，具有良好的抗高温氧化性能，它的成型性和高温持久性能也比较好。GH536 合金在固溶状态下的相为 γ、MC、M_6C、$M_{23}C_6$ 和 M_3B_2，在不同温度长期时效后有 $M_{12}C$ 相析出[1]。该合金密度小（密度仅为 8.28g/cm^3），具有良好的抗氧化和耐腐蚀性能，在 900℃以下具有中等的持久蠕变强度，可被应用于航空发动机燃烧室部件、压气机盘、风扇、叶片及其他高温部件的加工制造中。根据设计指标的要求，一般选用 GH536 合金来制作 FWP－14 发动机的燃烧室、扩散器和尾喷口等，其工作温度可达 850～900℃。对于航空发动机上所用的 GH536 合金，要求其能在长期使用过程中具有良好的力学性能和内部组织的热稳定性。

GH536 合金是仿制美国的 Hastelloy X 合金，Hastelloy X 合金是美国航空发动机生产中用量最大的高温合金之一，英、法等国也都生产此合金，其性能水平相当于常用 GH44 合金，但密度小于 GH44 合金（GH536 合金为 8.28g/cm^3，GH44 合金为 8.89g/cm^3）。这说明 GH536 合金具有更高的比强度。这对于减轻发动机质量、提高发动机推重比极为重要。

GH536 合金具有优异的高温强度和塑性，良好的抗氧化和耐腐蚀性能，同时兼有良好的冷热加工成型性和焊接性等工艺性能，是目前制作航空发动机燃烧室部件的首选材料。它满足了 FWP－14 发动机的研制需要；为我国首台完全自行设计、自行研制的军用航空发动机的成功应用做出了重要贡献。至 1996 年底，共生产 FWP－14 发动机 25 台，并进行了台架试车、高空台试车和空中试飞。发动机累计试车超过 2400h，GH536 合金未发现异常情况。

4.1.1 GH536 的相组成及析出规律

GH536 合金是根据 Hastelloy X 合金仿制的[1]，人们对 Hastelloy X 合金的析出相和 TTT 曲线进行了研究。将实验样品分别加热到 750℃、850℃、900℃，保温 26h 和 100h，利用透射电子显微镜对其析出相进行分析，通过电子显微衍射和能谱仪确定析出相。实验观察发现，除了奥氏体基体外，还存在四个析出相：M_6C、σ 相、μ 相和 $M_{23}C_6$。

GH536 合金长期时效后的 X 射线衍射分析结果表明[2~4]，900℃ 时效后，$M_{23}C_6$碳化物析出得很少，而且在 800℃/1000h 的试样中，$M_{23}C_6$ 相最多，并且从 750℃/1000h 至 900℃/1000h 的样品中，均出现了 Laves 相，并从分析后得出，Laves 相为（Fe_2Mo）。

4.1.2 GH536 合金热加工性

GH536 合金的热变形行为与 Hastelloy X 合金具有相似性。人们对 Hastelloy X 合金在 900 ~ 1150℃，0.001 ~ 0.5s^{-1}应变速率范围内的热变形行为和流变应力行为进行了研究[5,6]。实验研究结果表明，在热变形中，软化机制、动态回复和动态再结晶三种机制同时进行。在低温下，合金就发生了动态回复，而动态再结晶则发生在 1050℃和应变速率为 0.001 ~ 0.5s^{-1}的条件下，但高应变速率下的绝热加热效应可以促使动态再结晶在较低的温度下进行。Hastelloy X 的能耗图存在两个区域：一个是在应变速率为 0.01 ~ 0.1s^{-1}和温度 1050 ~ 1150℃ 范围内，能量只有峰值的 36%；另一个区域是在应变速率低于 0.01s^{-1}和温度在 1000 ~ 1150℃，被称作楔形断裂区。热加工参数 m 和 v 随着应变下降，应变速率敏感性在试验温度范围内不是固定的，在温度 900 ~ 1150℃ 内随着温度的升高而增大，并且在高温下，Hastelloy X 合金的热加工性将得到提高。在 900 ~ 950℃ 的不同应变速率下，很可能存在流变硬化区，流变硬化参数和实验结果吻合得很好[6]。

经过对 GH536 高温合金的热扭转、热拉伸和热压缩性进行的研究发现，热扭转各个不同变形温度的曲线，都有一个应力高峰，温度越低，峰值越高，分为加工硬化区、加工软化区和稳态变形区。通过光学显微镜和透射电镜观察可知，加工硬化区呈胞状结构，胞壁由缠结的位错组成。加工软化区，一方面有亚晶结构，亚晶界由排列较规整的位错组成，即多边形；另一方面，在老晶粒的晶界上，出现新晶粒。前者是动态回复的结果，后者表明已开始动态再结晶。稳态变形区呈细晶组织，晶粒尺寸为 13 级，说明动态再结晶进行得很充分，该区的软化速率至少不小于硬化速率，且该区越长，加工塑性越好。GH536 合金的热变形温度高达 1000℃时，才有稳态变形区的出现，且随着温度的提高，该区的长度逐渐增大。但温度高到1220℃时，由于高温下晶界强度变弱，提前断裂造成稳态变形区变得很短。GH536 合金加热到不同温度下的拉伸塑性最大处于 1080 ~ 1100℃之间，其面缩率为90%左右，零塑性温度为1260℃。从热压缩试验来看，GH536 合金的热加工温度应大于 950℃。压缩实验最大应力为 533MPa，断面扩展率达到268%仍没有产生裂纹，也即压缩试样承受比拉伸试样大得多的应力，压缩断裂时产生的应变远远大于拉伸断裂时的应变。因此，在压缩试验中材料表现出极高的热加工塑性[7]。

4.1.3 GH536 合金的焊接性

GH536 合金板材手工电弧焊具有良好的操作性能，熔化金属流动性好，采用该合金板材切条及 HGH113、HGH128 和 HGH533 焊丝作为填充材料，均可获得完整无缺的焊接接头。GH536 合金板材的零塑性温度区间很窄，只有 10℃，在焊接冷却过程中塑性很快恢复，具有很好的塑性变形能力，因而其抗裂性能良好。在实际焊接过程中，焊接裂纹敏感性极小，焊接电流从 50A 增至 90A，焊接区均无裂纹产生，且组织致密，没有发生明显的近缝区晶粒长大现象。GH536 合金板材可以采用手工电弧焊进行补焊，经过两次补焊接头无裂纹产生，且补焊接头的力学性能达到了与母材相当的水平[8]。

GH536 合金焊管经过冷轧、冷拔加工后，成品焊管的力学性能同母材比较基本一致，焊缝凸量完全消除，说明焊管经过冷轧、冷拔加工后，不仅规格多样化，而且焊管的使用性能进一步得到改善，这种焊管与无缝管生产相结合的方式是可行的[9]。GH536 合金的合金化比较高，热变形抗力大，为了便于加工，常采用焊管工艺来生产 GH536 合金。但是焊管工艺存在焊区组织和基体不一致，以及焊缝晶粒度达不到无缝钢管的要求等问题。研究结果表明，未经变形的 GH536 合金焊管坯经 1130℃ ×15min 固溶处理后，基体晶粒度极不均匀，有混晶现象，晶粒度为 4.5 ~ 7.0 级。焊缝处为柱状晶，其边缘有 7.0 ~ 8.0 级的一层细晶薄层，而热影响区的晶粒度为 4.0 ~ 5.0 级。GH536 合金焊管经 950℃固溶处理后，焊缝区与基体的晶粒度均为 10 级，有孪晶和滑移存在，焊缝两边的晶粒取向差未完全消除；经 1100℃固溶处理后，焊缝和基体晶粒基本均匀一致，为 9.0 ~ 10.0 级，焊缝两边晶粒取向差依稀可见；经 1150℃固溶处理后，焊缝处晶粒度为 9.0 ~ 10.0 级，基体为 8.0 ~ 10.0 级，焊缝两边的晶粒取向差已不明显，可以认为在组织上基本实现了无缝化；经 1200℃固溶处理后，焊缝和基体的界限消失，晶粒度为 5.0 ~ 7.5 级，个别晶粒度为 4.0 级；经 1250℃固溶热处理后，焊缝与基体的界限消失，晶粒度达到 3.5 ~ 6.5 级，个别晶粒甚至长大到 2.0 级。

冷加工变形可对 GH536 合金焊管焊缝区的铸态组织和晶粒度产生影响[12]。当累计变形量达到 58% 以后，GH536 合金焊管基体和焊缝处的晶粒度趋于一致，为 8.0～9.0 级；进一步加大变形量时，GH536 合金焊管基体和焊缝处的晶粒度进一步细化；到 77% 变形量时，基体达到 9.5～10.0 级，焊缝处为 10.0 级。此后，在 85% 变形量时，基体和焊缝处的晶粒度也未见进一步细化，焊缝两边的晶粒取向差异明显。在冷变形过程中 σ_b、$\sigma_{0.2}$ 和 δ_5 都随着累计变形量的增大而升高，并且当累计变形量达到 77% 时，其所有力学性能均超过技术条件规定的要求。在变形量为 85% 时，强度性能 σ_b 和 $\sigma_{0.2}$ 达到最高值，随后有所下降。

4.1.4 GH536 合金的其他性能

采用非真空感应炉冶炼电渣炉重熔的双联工艺生产的 1.0mm 冷轧薄板 GH536 合金，在 1100～1200℃ 温度范围内固溶，固溶后材料的力学性能有显著的变化。固溶温度越高，合金的晶粒度越大，合金的室温强度降低，塑性提高。合金的高温强度、高温塑性和冷热疲劳性能均提高。综合晶粒度和力学性能的变化，为了得到最佳力学性能，GH536 合金较合理的固溶温度为 1140～1160℃[10]。

GH536 合金在三种不同温度下的低循环疲劳特性如下：在中等应变幅值之下，材料的疲劳寿命随温度的增加而降低。当寿命小于 NT 时，用塑性应变－寿命曲线描述材料的疲劳特性；当寿命大于 NT 时，用弹性应变－寿命曲线描述材料的疲劳特性。GH536 材料在 600℃、700℃、800℃ 时的 NT 分别为 2102、1182、1393。在完全对称的总应变控制下（$Re=-1$），GH536 材料呈现硬化现象，弹性模量在 600℃、700℃ 和 800℃ 时分别为 230GPa、195GPa 和 185GPa[11]。

GH536 合金在 600℃、700℃ 和 800℃ 时低循环疲劳/蠕变性如下：随保载应力（蠕变应力）的降低，亦即随蠕变应变的增加和蠕变时间的增长，试样的疲劳寿命降低，即蠕变损伤导致了试样疲劳寿命的降低。高温循环蠕变条件下，保持时间强烈地影响合金的断裂寿命和断裂塑性。在给定试验条件下，随保持时间增加，断裂寿命下降，断裂塑性提高，蠕变/疲劳交互作用下的断裂模式取决于蠕变/疲劳的相对作用程度[12]。

4.2 825 合金

825 合金是 Inco 公司发明的一种添加了钼、铜和钛的镍－铁－铬固溶强化合金。它是为了在还原性和氧化性两种介质中使用而开发的。该合金具有抗氯离子应力腐蚀开裂的能力，抗点蚀、缝隙腐蚀和许多腐蚀性溶液的能力。国内这种合金属于耐蚀合金，牌号为 NS142。

825 合金相比于其他 Ni 基高温合金有很多优点，是一种通用的工程合金，在氧化和还原环境下都具有抗酸和碱金属腐蚀性能。825 合金能抗氧化性变化很宽的化学药品的腐蚀，如硝酸溶液、硝酸盐、二价铜盐、三价铁盐和汞盐，但氯化物除外。825 合金还能抗许多酸和氧化性及还原性化学药品的混合酸的浸蚀。它有较高的镍含量，加上钼和铜，使得它能比任何普通不锈钢更适合于抗热硫酸、亚硫酸和磷酸溶液的浸蚀。铬则使合金在氧化性介质如硝酸、硝酸盐、氧化性盐中的耐腐蚀性能大大提高。它能抗几乎所有浓度和温度的硝酸溶液的浸蚀。通过合适的热处理，钛能使合金的抗晶间腐蚀性能更加优秀。该合金通过添加钛来稳定化，并由于有较低的碳含量，从而避免了正常使用的腐蚀性环境中由于焊接热影响区中碳化物沉淀而受到浸蚀。该合金的镍含量，足以使之抗奥氏体所受到的应力腐蚀开裂。

4.2.1　825 合金的热加工性

825 合金热成型区间窄，变形抗力较高。对 825 合金进行了热压缩和热拉伸试验后发现，825 合金在热拉伸时的断面收缩率随着拉伸温度的增加而先增加后降低。按照实际生产中的要求（实际生产中一般要求断面收缩率大于 50% 为热塑性临界值），825 合金的热加工临界温度值为 $T_c = 1240℃$，825 合金在高应变速率条件下的热加工区间为 $1050℃ < T < 1240℃$。

4.2.2　825 合金的焊接性

825 合金是一种含少量 Al 和 Ti 的 Ni－Cr－Fe 奥氏体金属材料，具有耐腐蚀性、强度高、抗高温氧化性能、焊接性好。825 合金焊接时，由于 S、P 等杂质在焊缝金属中偏析，S 和 Ni 形成的 Ni－NiS 低熔共晶在晶间形成薄膜，易导致晶间裂纹，因此 S 和 P 是有害元素。825 合金导热性差，焊接热量不易扩散，容易出现过热，造成晶粒粗大，使晶间夹层厚度增大，减弱了晶间合力。还能使焊缝金属的液固存在时间过长，促进了热裂纹的形成。

825 合金具有较高的热裂纹（结晶裂纹、液化裂纹和高温失塑裂纹）敏感性，在焊接时，结晶裂纹最容易在焊道弧坑产生，形成火口裂纹。结晶裂纹在固相线以上稍高温度形成。液化裂纹主要出现在靠近熔合线的热影响区。液化裂纹是一种沿奥氏体晶界开裂的微裂纹，其尺寸小，多出现在焊缝熔合线的凹陷区和多层焊的前层焊缝。液化裂纹的成因，一般认为是焊接时热影响区或多层焊焊缝层间金属在高温下使奥氏体晶界上的低熔点共晶被重新融化，金属的塑性和强度急剧下降，在拉伸力作用下沿奥氏体晶界开裂而形成的。高温失塑裂纹一般发生在热影响区或者焊缝中[13]。

825 合金的焊缝液态金属流动性很差，焊缝不像钢那样，焊缝金属容易湿润展开，即使增大焊接电流也不能改进焊缝金属的流动性，反而起到反作用。由于 825 合金液态焊缝金属的流动性差，不易流到焊缝两边，因此具有良好的焊缝形貌。在焊接时，需要采用摆动工艺，但是应该是小幅度摆动，摆动距离不能超过焊条及焊丝直径的 2.5 倍。为了更好地控制焊缝接头的金属填充，825 合金材质接头的坡口角度应该大一些，以便实现摆动焊接工艺。

825 合金材质坡口表面的污染物主要是表面氧化皮和引起脆化的元素。825 合金材质表面氧化皮的熔点比母材高很多，常常会形成夹杂或细小的不连续氧化物。由于 S、P 等元素存在会增加 825 合金的热裂纹倾向，因此焊接前必须对焊缝两侧内外 25mm 区域进行完全清理打磨。坡口加工完毕后，应使用丙酮溶液对坡口内外 50mm 区域进行清洗，以彻底清除油脂等杂质，并进行渗透检测。

4.2.3 825 合金的耐腐蚀性

825 合金是固溶强化型镍基耐蚀合金，在热加工过程中或热处理过程中可能会在晶界上析出碳化物，这些碳化物对 825 合金的耐腐蚀性能产生不利影响。国内某香料制造公司的 SR101 反应器由国内生产的 825 合金制造，使用半年后发现合金材料受到严重腐蚀，经过分析发现，腐蚀裂纹为晶间裂纹，裂纹粗大，深度较浅。材料金相分析结果显示材料中分布着大量碳化物。分析腐蚀产物，发现产物为碳化物。由于罐子材料存在大量碳化物，这些碳化物分布在材料中，使材料的耐蚀性下降。研究发现，经过固溶处理的管子在使用中耐蚀性较好。推荐的固溶处理温度为 980℃[14]。

825 合金从高温到常温均为奥氏体组织，通常情况下，当奥氏体不锈钢的晶间腐蚀是敏化处理时碳向晶粒间界的扩散较铬快，因此在晶粒间及其邻近区域的铬由于 $M_{23}C_6$ 型碳化物在晶粒间沉淀而发生贫化现象。如铬含量降低至钝化所需的铬含量极限以下，由于构成大阴极 - 小阳极的微电池，加速了沿晶粒间界的腐蚀。825 合金在中温敏化处理时，在晶界上出现富 Cr 的 $M_{23}C_6$ 沉淀，从而导致晶间腐蚀。另外，MC 相（TiC）也可能导致 825 合金的晶间腐蚀。TiC 为高温析出相，约从 800℃开始形成，900℃左右形成最快，大量细小的 TiC 分散沉淀，随温度升高 TiC 又开始溶解，从 900℃加热到 1200℃，TiC 数量不断减少，1150℃以上具有高溶解度，当温度超过 1150℃时 TiC 会大量溶解。因此，在强酸性环境中，$M_{23}C_6$ 和 TiC 都会对 825 合金的腐蚀性能产生影响。因此，为了降低腐蚀倾向，825 合金的最终热加工温度应在 1050℃以上。要防止 825 合金出现晶间腐蚀倾向，除了常规的降低 C 含量以外，还应提高 Ti/C 等成分比例，在热加工过程中应在 TiC 大量析出的温度区间反复变形，使形成的 TiC 沉淀分布在奥氏体基体中。

4.3 两种合金的组织特征

本节首先通过热力学计算，从理论上计算分析该合金中可能存在的析出相。随后，通过化学相分析、显微组织观察和能谱分析来研究两种合金的基本组织，以期对该合金在标准热处理状态下的基本组织、热轧态下的基本组织和热加工性能有初步的了解。

4.3.1 热力学模拟方法

本节将采用瑞典皇家工学院开发的热力学计算软件 Thermo – Calc 和 Thermo – Tech 公司研制的 Ni 基数据库，从热力学角度，通过计算系统吉布斯自由能的最小值来预测材料中可能存在的热力学平衡相，同时也可以计算出各平衡相随温度的变化情况和平衡相的组成。与常规的利用试验测定相图的方法相比，利用 Thermo – Calc 软件进行相计算既便捷、迅速，又可以获得很多关于相图和平衡相的详细信息。

GH536、825 合金的典型化学成分如表 4 – 1 所示，本节中没有特殊说明的合金成分均为典型成分。将两种合金的典型成分和温度作为 Thermo – Calc 软件的输入条件，通过改变合金中的主要析出相形成元素 C、Cr、Fe、Mo 的含量，得到可能析出的平衡相，并预测合金化学成分变化对析出相的影响，揭示各相的析出规律。在改变一个元素含量时，其他元素的含量均采用典型成分值。

表 4 – 1 合金的典型化学成分（质量分数） （%）

元素	C	Cr	Fe	Al	Ti	Si	Co	Mo	Mn	W	B	Cu	Ni
GH536 合金	0.09	21.72	17.58	0.12	0.06	0.49	1.58	9.17	0.68	0.66	0.006	0.02	余
GH825 合金	0.02	22	31	0.15	0.8	0.28	—	—	—	—	—	—	余

4.3.2 GH536 合金的热力学平衡相

经热力学平衡相计算，得出化学成分为典型含量时的各相析出量和析出温度的关系，结果如图 4 – 1 和图 4 – 2 所示，其中 b 图为 a 图的局部放大。从图 4 – 1 中可以看出，GH536 合金除面心立方的 γ 基体外，合金中还可能析出 σ、μ、M_6C 和 $M_{23}C_6$ 相。基体 γ 在大约 1288℃ 以上时为液相，固液两相共存的温度范围为 1288 ~ 1380℃。M_6C 相在 1314℃ 时开始析出，随着温度的降低，析出量逐渐增加，在 966℃ 左右达到峰值，然后在 765℃ 迅速转变为 $M_{23}C_6$ 相。在 730℃ 时，M_6C 相全部转变成 $M_{23}C_6$ 相。此后，随着温度的降低，$M_{23}C_6$ 相的析出量进一步增加，其增加速度与 M_6C 相析出量的增加速度相同。另外，热力学计算结果还表明 σ 和 μ 相也有类似的析出规律：σ 相在 1025℃ 时开始析出，在 736℃ 时达到峰值，然后迅速全部转变成 μ 相。此后，随着温度的降低，μ 相的析出量进一步增加，其增加速度和 σ 相的相同。

从图 4 – 2 中可以看出，825 合金所对应的初熔温度和终熔温度分别为 1348℃ 和 1407℃，凝固范围只有 59℃。825 合金的主要平衡相有 γ′、α – Cr、MC、$M_{23}C_6$、σ。由计算结果可知，γ′ 的开始析出温度为 540℃，α – Cr 的开始析出温度为 576℃，MC 的开始析出温度为 1147℃，$M_{23}C_6$ 的开始析出温度为

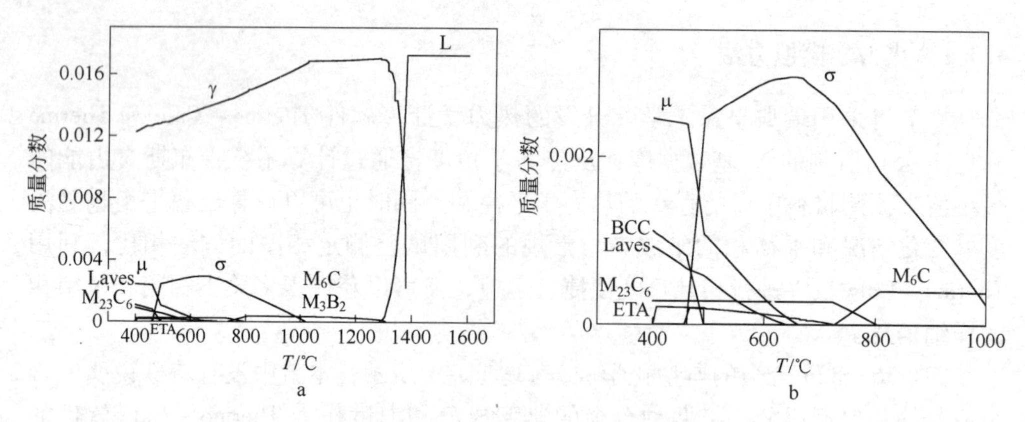

图 4-1　GH536 合金各析出相析出数量与温度的关系

a—平衡相图；b—局部放大图

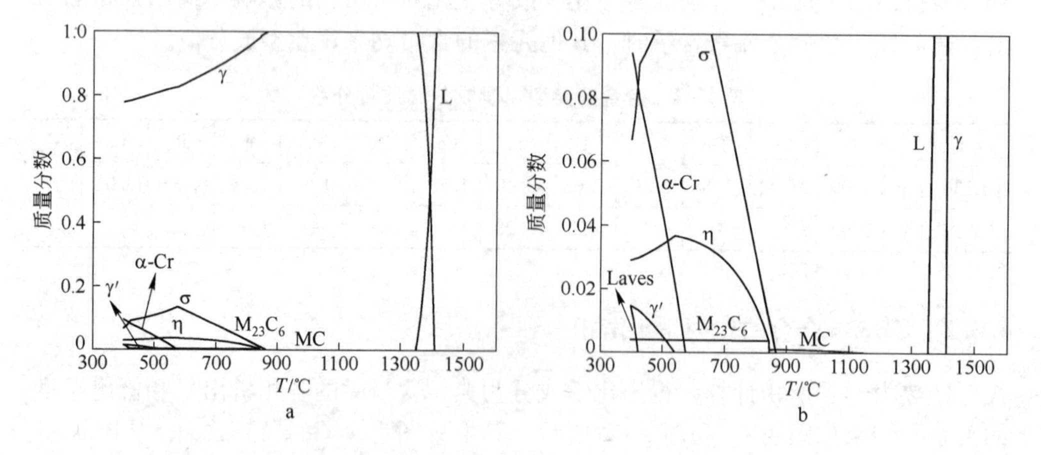

图 4-2　825 合金各相析出量与温度的关系

a—平衡相图；b—局部放大相图

851℃，σ 相的开始析出温度为 864℃。σ 相可以颗粒状分布在晶内，而 $M_{23}C_6$ 主要分布在晶界上，它们会对合金的性能有较大的影响。

4.3.3　GH536 合金凝固过程中的元素再分配规律

利用 Thermo - Calc 软件中的 Schell - Gulliver 模型，模拟计算了两种合金非平衡凝固过程随温度和液相含量变化的元素再分配规律。从图 4-3 可以看出，GH536 合金中的 Cr、Mo、Co 元素随着液相体积的减少，它们在液相中的含量呈快速增加的趋势。因此，通过理论计算可以认为，Cr、Mo、Co 元素在凝固的最后阶段含量最高，可能偏聚于液相最后凝固区域，即枝晶间；而 Ni、Fe 元素则刚好相反，它们随着液相体积的减少，在液相中的含量呈快速减少的趋势，可能偏聚于液相最初凝固区域，即枝晶干。从图 4-3 中可以推断，Cr 和 Mo 的偏聚

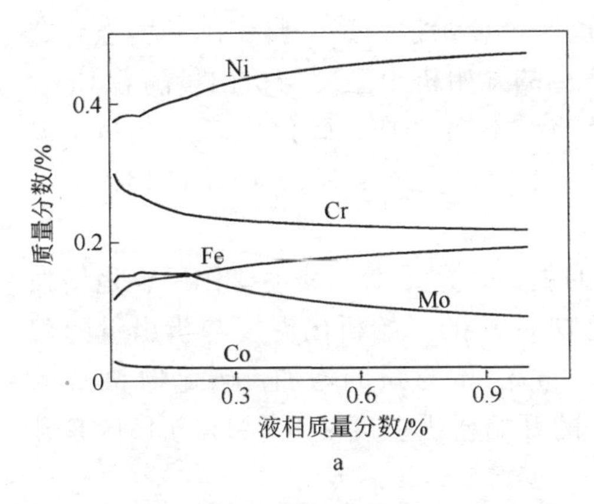

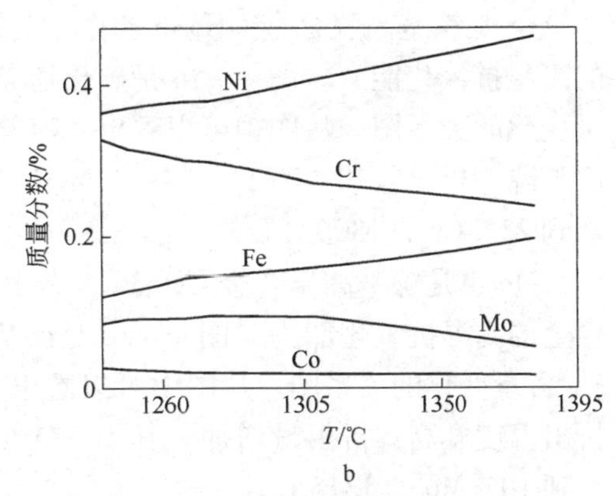

图 4-3 GH536 凝固过程中液相分数（a）和温度（b）与元素再分配的关系曲线

再分配程度比较严重。因此，在制定 GH536 合金均匀化和热处理制度时，应重点考虑 Cr 和 Mo 的偏析问题。而 825 合金凝固过程中，Ti 元素随着液相体积的减少，它们在液相中的含量呈快速增加趋势，如图 4-4 所示。因此，通过理论计算可以认为，Ti 元素在凝固的最后阶段含量最高，可能偏聚于液相最后凝固区域，即枝晶间；Cr、Fe 等元素则偏聚于枝晶干。因此在制定 825 合金均匀化和热处理制度时应重点考虑 Ti 的偏析问题。

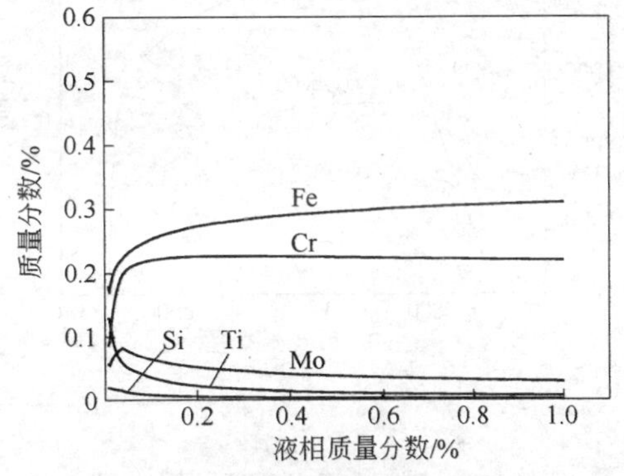

图 4-4 825 合金凝固过程中元素的再分配规律

4.3.4 合金元素对 GH536 合金平衡析出相的影响规律

加入 C 可以减少氧化物，提高合金的纯洁度，从而改善合金的可铸性。C 在镍基高温合金中的标准含量达到 0.10% 左右，对合金中的析出相，特别是碳化物的影响十分明显。图 4-5a 是碳化物 M_6C 的开始析出温度和析出量随着 C 含量变化的关系图。从图中可以看出，随着 C 含量的增加，碳化物 M_6C 的开始析出温度升高，析出量成线性递增的规律。M_6C 的开始析出温度从 0.05% C 的 1306℃升高到 0.15% C 的 1321℃，析出量从 0.05% C 的 0.02795% 增加到 0.15% C 的 0.08593%。若考虑合金在凝固过程中 C 的偏聚，可能导致在局部区域出现碳化物从液态直接析出，影响合金的综合性能。因此，系统研究合金凝固偏析与碳化物析出规律，反过来提出合金 C 含量的控制水平将对实际成分控制有较大的理论意义。

Cr 是镍基高温合金 GH536 合金中的重要合金元素，其主要作用是增强合金的高温抗氧化能力。图 4－5b 是碳化物 M_6C 的开始析出温度与析出量随着 Cr 含量变化的关系图。从图中可以看出，随着 Cr 含量的增加，碳化物 M_6C 的析出温度下降，析出量基本不变。其中，M_6C 的开始析出温度从 20.5% Cr 的 1319℃下降到 23% Cr 的 1306℃。

Mo 也是镍基高温合金 GH536 合金中的重要合金元素，其主要作用也是增强合金的高温抗氧化能力。图 4－5c 是碳化物 M_6C 的开始析出温度与析出量随着 Mo 含量变化的关系图。从图中可以看出，随着 Mo 含量的增加，碳化物 M_6C 的析出温度升高，析出量增加。其中，M_6C 的开始析出温度从 8% Mo 的 1311℃升高到 10% Mo 的 1315℃。

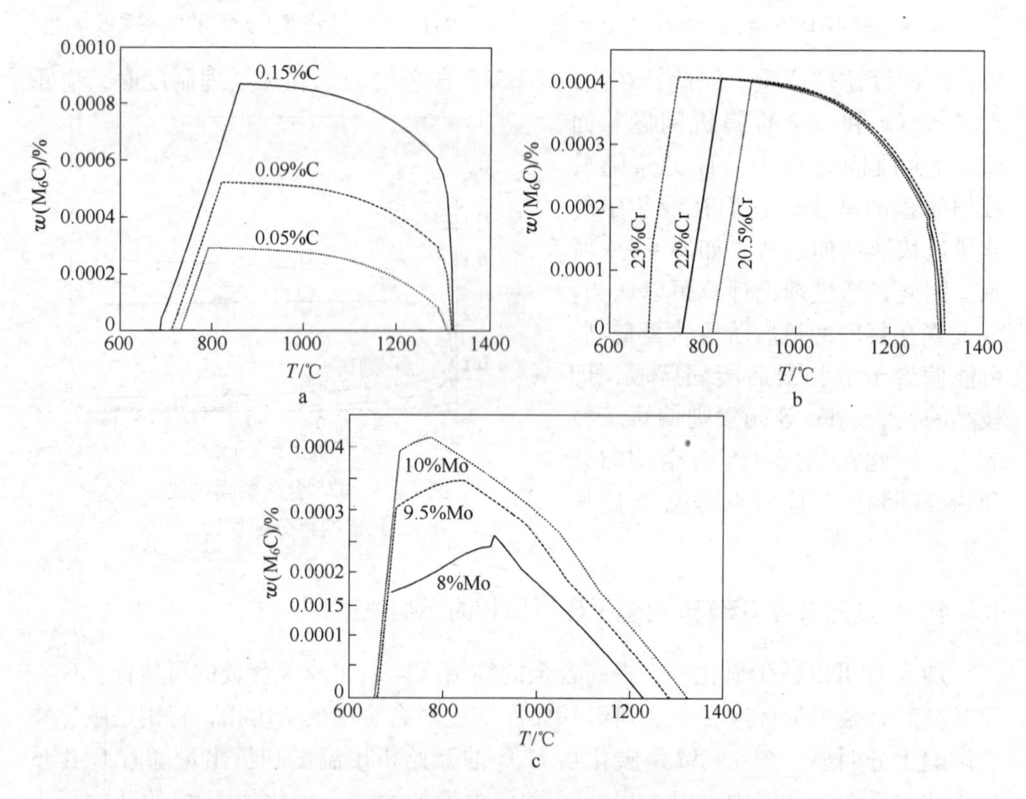

图 4－5 不同元素含量下 M_6C 的析出温度和析出量的关系

a—C；b—Cr；c—Mo

由于碳化物 M_6C 的析出对合金 GH536 合金的耐蚀性能有很大的影响，如果在较高温度析出 M_6C，其回溶温度必然也高，其析出温度受 C、Cr 和 Mo 含量的影响。碳化物 M_6C 的析出温度受 C 和 Cr 含量共同影响，析出量的变化则主要是由于 C 含量的变化。

图4－6a是碳化物$M_{23}C_6$的开始析出温度和析出量随着C含量变化的关系图。从图中可以看出，随着C含量的增加，碳化物$M_{23}C_6$的析出温度和析出量均线性增加。

Mo主要进入合金固溶体，减慢Al、Ti和Cr的高温扩散速度，并增加扩散激活能，加强固溶体中原子结合力，减慢软化速度，能显著增加镍基合金中γ相的稳定温度，即提高γ相的溶解温度。图4－6b是碳化物$M_{23}C_6$的开始析出温度和析出量随着Mo含量变化的关系图。从图中可以看出，随着Mo含量的增加，碳化物$M_{23}C_6$的析出温度线性下降，析出量基本不变。

Cr在镍基合金中最主要的作用是增加抗氧化性和耐蚀能力。当铬量达到一定的临界值后，会在表面上生成一层连续、致密、附着性良好的Cr_2O_3膜，对合金抗氧化腐蚀起保护作用。Cr在镍基合金中主要以固溶态存在于基体中，少量生成碳化物。图4－6c是碳化物$M_{23}C_6$的开始析出温度和析出量随着Cr含量变化的关系图。从图中可以看出，随着Cr含量的增加，碳化物$M_{23}C_6$的析出温度线性升高，析出量基本不受影响。

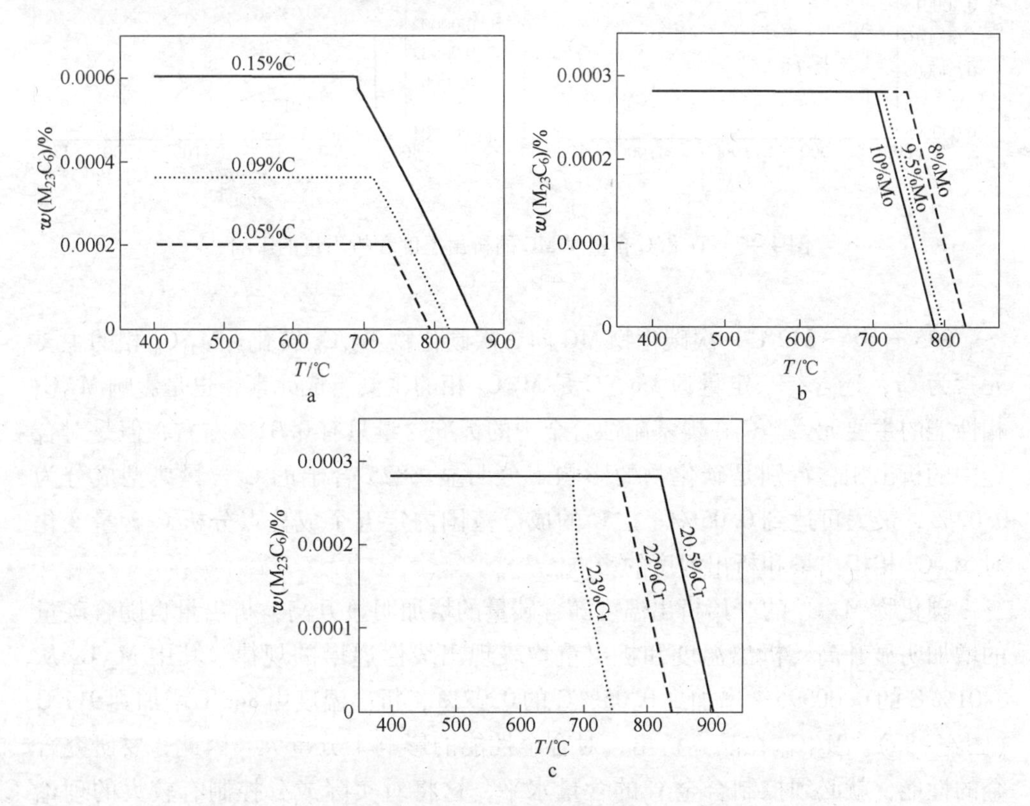

图4－6 不同元素含量下$M_{23}C_6$的析出温度和析出量的关系

a—C；b—Mo；c—Cr

4.3.5 合金元素对 825 合金平衡析出相的影响规律

合金在 1147℃开始有一次碳化物析出，热轧过程留有一次碳氮化物，主要成分为 Ti(CN)。图 4－7 为 Ti 和 C 含量对 MC 的析出温度和析出量的影响。Ti 是 MC 的主要组成成分，显著扩大 MC 的析出温度范围。随着 Ti 含量从 0.6% 增加至 1.2%，MC 的析出温度范围从 910～1105℃扩大至 836～1211℃，最大析出量从 0.0024% 增加到 0.0033%。随着 C 含量从 0.01% 增加至 0.05%，MC 的析出终了温度不变，开始析出温度从 1059℃扩大至 1283℃，最大析出量从 0.0015% 增加到 0.0081%。一般合金中不希望一次碳化物从液相中直接析出，可以降低 Ti 和 C 含量，降低 MC 的固溶温度，使之在标准热处理时能完全固溶。

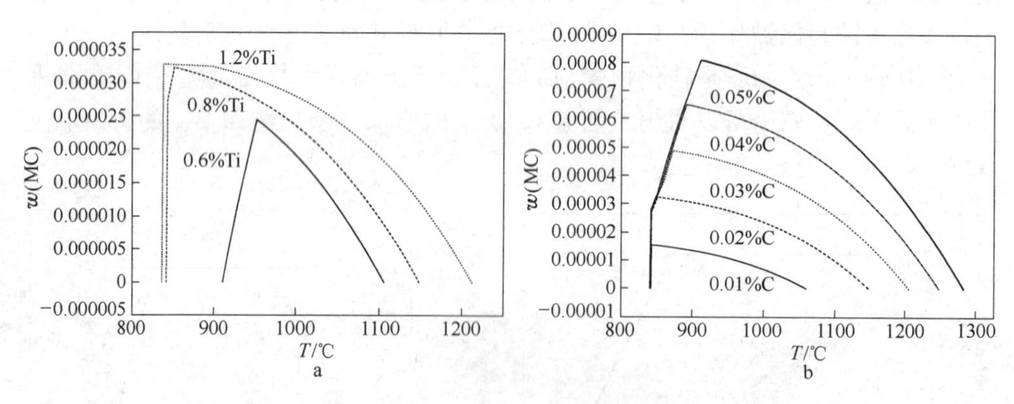

图 4－7 Ti 和 C 含量对 MC 的析出温度和析出量的影响

a—Ti；b—C

825 合金在 842℃一次碳化物 MC 向二次碳化物 $M_{23}C_6$ 转化。$M_{23}C_6$ 相的主要元素为 Cr，还含有一定量的 Mo，C 是 $M_{23}C_6$ 相的主要组成元素，也是影响 $M_{23}C_6$ 相性能的主要元素。C 在镍基耐蚀合金中的标准含量只有 0.01% 左右，但是对合金中的析出相，特别是碳化物的影响十分明显。825 合金的 C 含量典型成分为 0.02%，最大可达到 0.05%。在 C 的成分范围内定五个成分点分析 C 含量变化对 $M_{23}C_6$ 相析出量和析出温度的影响。

碳化物 $M_{23}C_6$ 的开始析出温度随含碳量的增加明显升高，析出量也随含碳量的增加明显升高，析出温度和析出量均表现出线性递增的规律。其中 $M_{23}C_6$ 从 0.01% C 的 0.00395% 增加到 0.05% C 的 0.02%，析出温度由 843℃增加到 911℃（图 4－8a）。$M_{23}C_6$ 在晶界析出，对合金性能的影响十分重大。因此，要研究合金的性能，就必须控制合金 C 的含量水平，这将对实际成分控制有较大的理论意义。

Cr 是 825 合金中重要的合金元素，其主要作用是增加合金的抗氧化能力和抗腐蚀能力，而 Mo 也是影响镍基耐蚀合金析出温度的重要合金元素，主要作用是增加合金的抗氧化能力和抗酸性腐蚀能力。Cr 含量和 Mo 含量的增加对 $M_{23}C_6$ 的析出量和析出温度影响不大，随 Cr 含量的增加，析出量维持在 0.00797%，析出温度也变化不大（图 4－8b）。随 Mo 含量的增加，$M_{23}C_6$ 的析出量维持在 0.00797%，析出温度也变化不大（图 4－8c）。

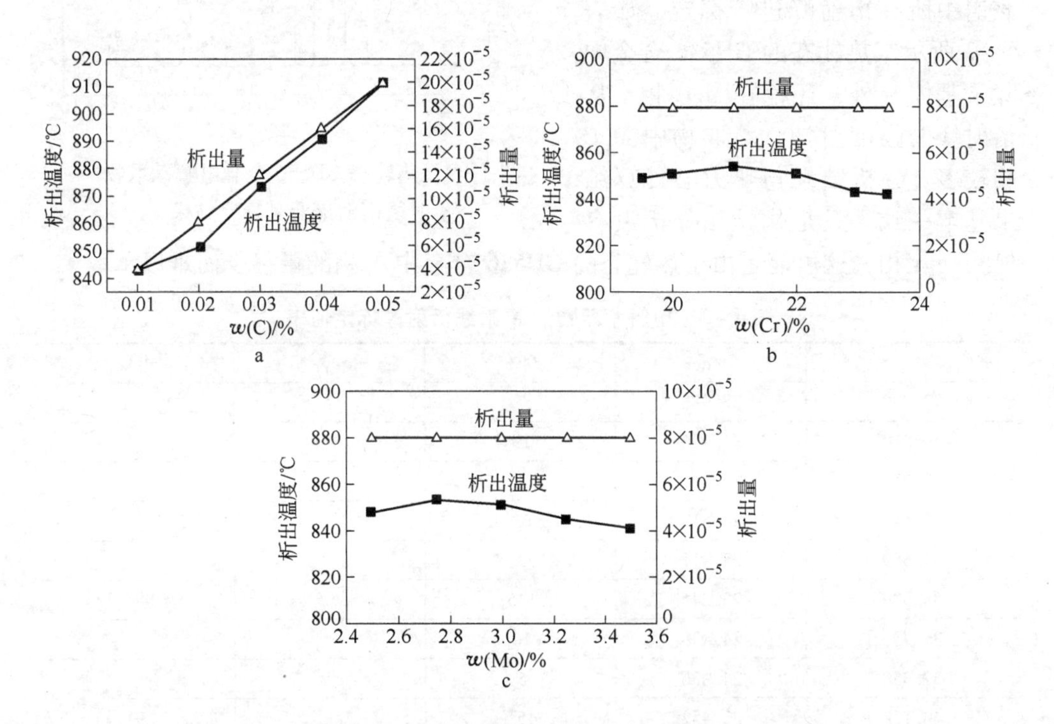

图 4－8　不同元素含量下 $M_{23}C_6$ 的析出温度和析出量的关系

a—C；b—Cr；c—Mo

虽然 Cr 含量从 19.5% 增加到 23.5%，可含 Cr 的 $M_{23}C_6$ 不仅对析出量，而且对开始析出温度都没有太明显的影响，可以认为，Cr 含量的变化对合金相析出行为主要通过影响 α－Cr 相，而非 $Cr_{23}C_6$ 碳化物相得以体现。Mo 对 $M_{23}C_6$ 的析出参数也没有影响。

4.3.6　GH536 合金相组成及相析出规律

GH536 的相析出规律和 TTT 曲线前人已经做过研究[5~7]，由研究可知，GH536 合金正常组织除了基体还有 M_6C 相，固溶后时效过程中会析出 $M_{23}C_6$ 相，随着时间的延长，低温下还会析出 σ 相，高温下析出 μ 相。$M_{23}C_6$ 相在 900℃ 以上不析出，只在 900℃ 以下析出。750℃、100h 时效 $M_{23}C_6$ 就已经析出。

为了确定 GH536 室温状态平衡组织，采用化学相分析方法，分析了热轧态 GH536 合金中析出相的组成。图 4－9 是热轧态的 GH536 合金电解萃取物的 X 射线衍射谱，对该谱中所有衍射峰进行标定，如表 4－2 所示。热轧态的 GH536 合金中除了基体 γ 外，还存在 M_6C 相。从衍射峰的强度可知，萃取物中 M_6C 相较多。分析结果与热力学计算结果基本一致。只是化学相分析没有检测到 σ 相，这可能是由于热轧态的 GH536 合金中 σ 相的量很少而难以萃取。

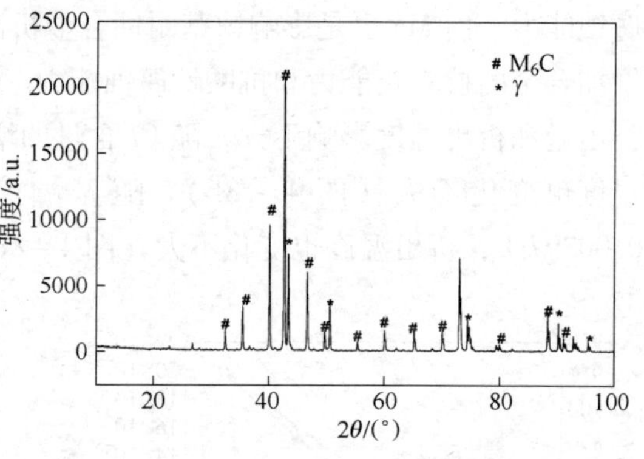

图 4－9 热轧态 GH536 合金电解萃取物 X 射线衍射谱及其标定结果

表 4－2 电解萃取物的 X 射线衍射谱标定值表

2θ/(°)	d/nm	I/%	γ	M_6C
22. 790	38. 988	7		
26. 810	33. 226	19		
28. 039	31. 797	4		
32. 510	27. 519	63		2. 750(m)
34. 589	25. 911	3		
35. 529	25. 246	145		2. 5240(s)
36. 750	24. 435	10		
37. 350	24. 056	5		
40. 129	22. 452	457		2. 2450(s)
41. 079	21. 955	6		
42. 670	21. 172	999		2. 1170(vs)
43. 429	20. 819	349	2. 0840(s)	
46. 689	19. 439	304		1. 9450(m)
47. 769	19. 024	3		
48. 000	18. 938	3		
49. 709	18. 326	74		1. 8330(m)
50. 590	18. 028	177	1. 8050(vs)	
55. 389	16. 574	35		1. 6580(w)
60. 049	15. 394	82		1. 540(m)
62. 070	14. 940	6		
63. 249	14. 690	3		
65. 129	14. 311	75		1. 4320(m)

续表 4-2

2θ/(°)	d/nm	I/%	γ	M_6C
68.209	13.738	8		
70.000	13.429	76		1.3440(m)
72.970	12.954	376		
74.390	12.742	123	1.2760(m)	
74.730	12.692	67		
75.349	12.603	7		
79.359	12.064	23		
79.949	11.990	22		1.200(m)
82.229	11.714	9		
88.430	11.046	150		1.106(vs)
90.310	10.864	111	1.0880(m)	
91.250	10.776	50		
92.949	10.623	59		1.063(m)
93.490	10.576	17		
93.759	10.553	3		
95.589	10.399	34	1.0420(w)	

4.3.7 825 合金的相组成及相析出规律

对于 825 合金，分别观察温度和时间对相析出的影响。线切割 21 个 10mm × 10mm × 10mm 的试样。其中 13 个全部在 1200℃ 固溶 3h，一个留下来当对比试样，其余 12 个试样分别在 1100℃、1050℃、1000℃、950℃、900℃、850℃、800℃、750℃、700℃、650℃、600℃、550℃时效 4h，砂纸打磨机械抛光后用草酸盐酸溶液电解侵蚀，在 SEM 下观察晶界和晶内的析出相，并进行分析。8 个在 980℃分别保温 10min、20min、30min、40min、1h、2h、3h 和 4h，之后砂纸打磨机械抛光后用草酸盐酸溶液电解侵蚀，在 SEM 下观察晶界和晶内的析出相，并进行分析。

对于 825 合金，由于其不具备足够的热稳定性（合金在 650 ~ 900℃温度范围内时效后，会在晶界析出碳化物，使抗晶间腐蚀性能下降），要想通过选择合理的热加工和热处理工艺获得良好的组织，进而提高合金的使用性能，就需要掌握相的析出规律。

825 合金在 650 ~ 900℃的析出相只有 $M_{23}C_6$ 和 σ 相。$M_{23}C_6$ 一般在晶界析出，对合金的耐蚀性能有很大的影响。σ 相主要为 Ni_3(Nb，Al)，析出速度慢，一般以球状存在于基体中。图 4 – 10、图 4 – 11 是完全固溶的 SEM 照片和在四个温度时效后的 SEM 照片。

从图 4 – 10 可以看出，经 1200℃完全固溶后晶界清晰可见，无析出物，从图 4 – 11 可以看出在 1100℃、1050℃、1000℃、950℃这四个温度时效后晶界也无析出物。由热力学计算可知 MC 碳化物会在高温下析出，但是由相图可知 MC 析出量很少，所以在这四个温度时效时晶界基本无析出物。

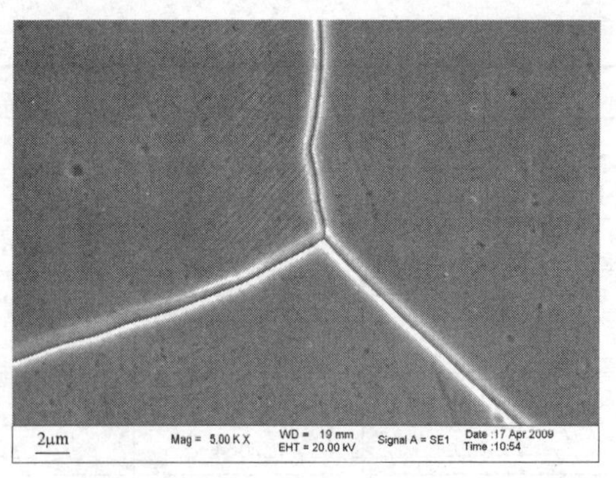

图 4 – 10　825 合金经 1200℃/3h 完全固溶后的 SEM 照片

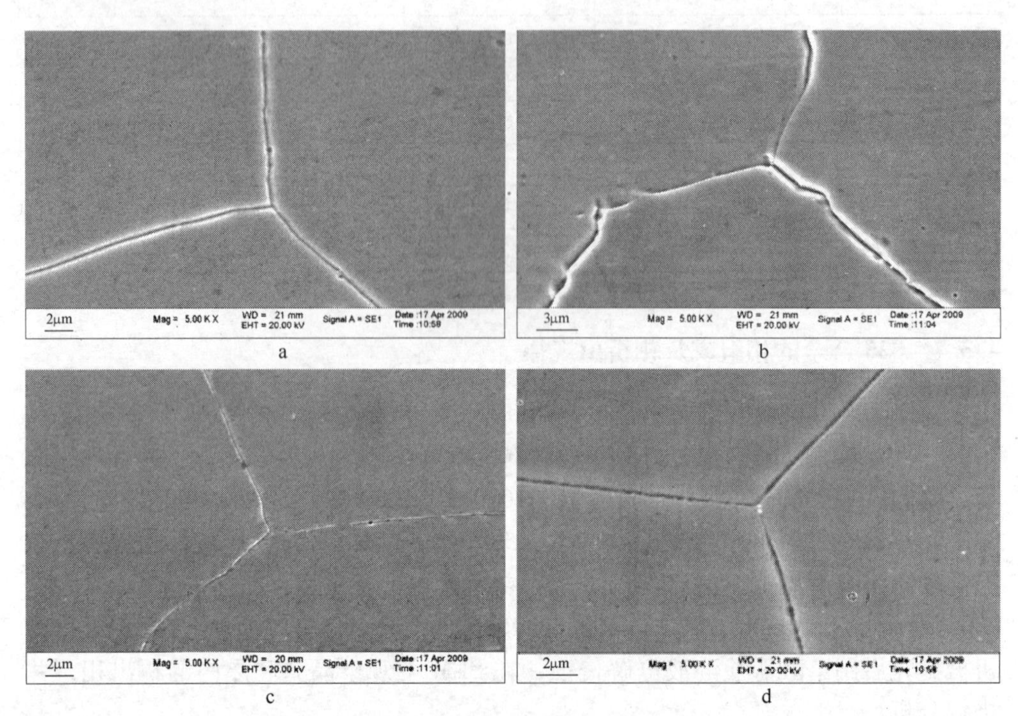

图 4 – 11　825 合金完全固溶后在四个温度时效后的 SEM 照片

a—1100℃/4h；b—1050℃/4h；c—1000℃/4h；d—950℃/4h

图 4 – 12 为 900 ~ 550℃时效后的晶界的 SEM 照片，从图中可以看出，900℃开始有少许析出物，以小块状嵌在晶界。从 900℃开始，随着时效温度的降低，晶界析出物增多，850℃和 800℃晶界有不连续析出，750℃和 700℃晶界有块状析出物嵌在晶界，析出最多，650℃后晶界析出几乎没有。

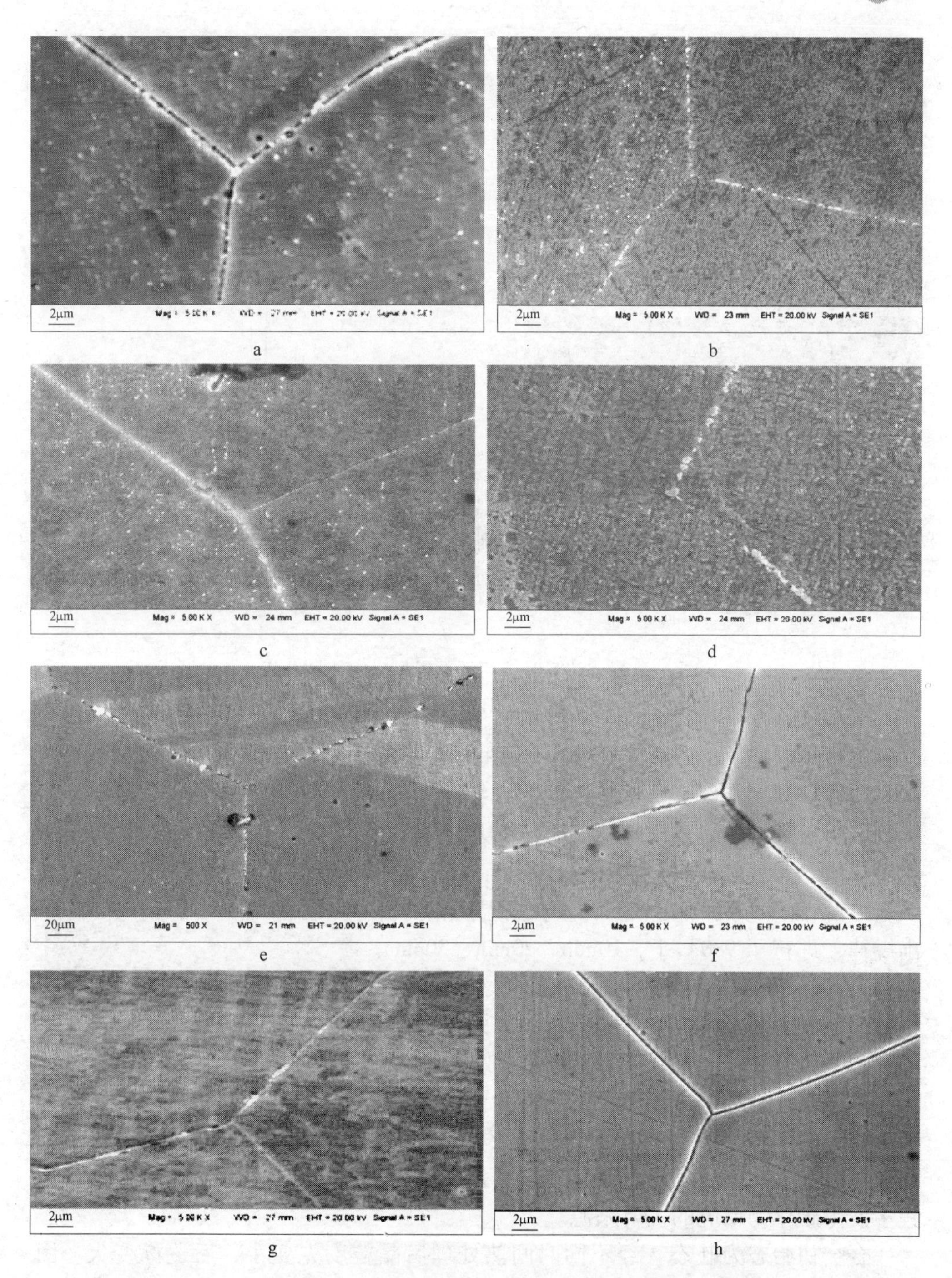

图 4－12 825 合金完全固溶后在各个温度时效时的 SEM 照片

a—900℃/4h；b—850℃/4h；c—800℃/4h；d—750℃/4h；

e—700℃/4h；f—650℃/4h；g—600℃/4h；h—550℃/4h

合金的严重敏化加热温度为 650 ~ 760℃，所以在 750℃和 700℃这两个温度时效晶界析出量达最大。之前和之后的温度时效后晶界析出物明显减少。这样从 1100℃到 550℃时效就得出了一个晶界析出物的变化规律。900℃开始析出碳化物，随着时效温度的降低，$M_{23}C_6$ 从晶界析出并逐渐增多，750℃和 700℃达到最大，之后晶界析出物又减少。对 850℃时的晶界析出物进行能谱分析，如图 4 - 13 所示，晶界析出物为富 Cr、Fe、Ni 相，初步确定为 $M_{23}C_6$。

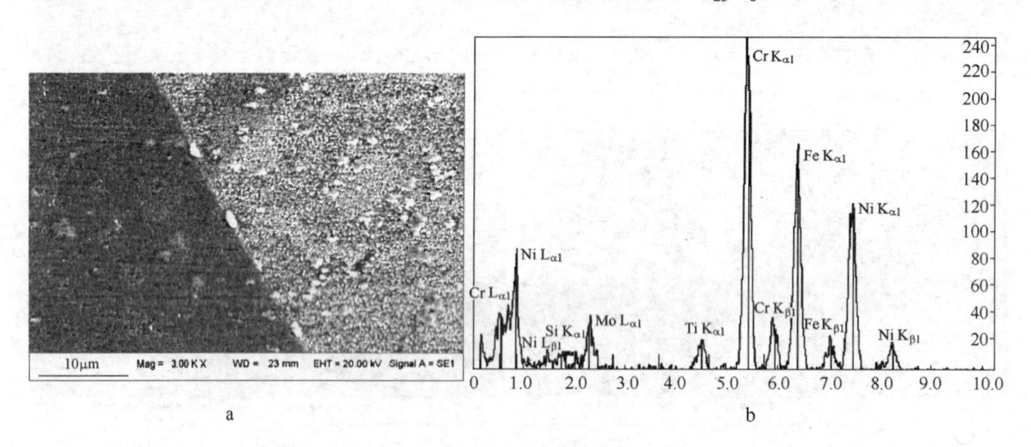

图 4 - 13 850℃时效后的晶界析出物能谱分析
a—析出物形貌；b—能谱分析图

观察热处理后的试样的晶粒度，图 4 - 14 为 900℃时效后放大 50 倍的晶粒度照片。由图 4 - 14 可知，由于时效时间长，晶粒都比较粗大。

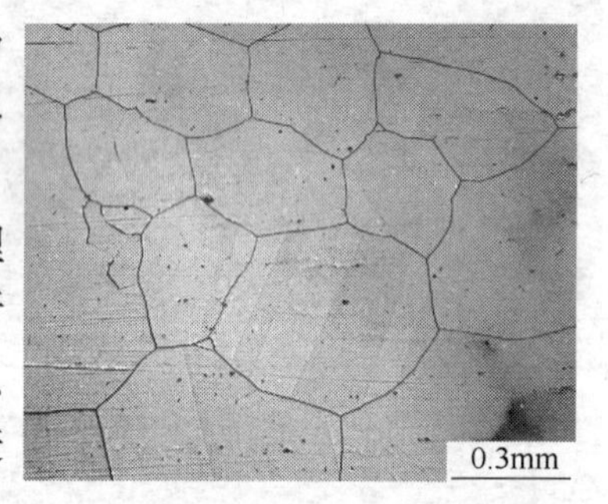

图 4 - 14 900℃时效后放大 50 倍的晶粒度照片

825 合金是固溶强化型耐蚀合金，标准热处理状态为固溶态。为了确定 825 合金在高温区相的析出规律，进行了 980℃下，10min、20min、30min、40min、1h、2h、3h 和 4h 热处理实验。之后对其进行了 SEM 观察和组织观察，如图 4 - 15 所示。

由图 4 - 15 可见，在 980℃时效，10min、20min、30min 和 40min 后，晶界上有少量析出物，随着时间的延长，1h 以后析出物数量逐渐增多。结合 825 合金的相图可以发现，在 980℃时只有少量的 MC 析出。MC 可能在晶内也可能在晶间，是后来在使用过程中发生碳化物反应的主要来源。

合金初始态为轧态，经不同时间热处理后晶粒度先变小，后逐渐变大。图 4 - 16 是 825 合金轧态组织经 980℃时效不同时间后的组织，可见，其组织随着时效时间延长，晶粒先变小后变大，发生了静态再结晶。晶粒度的变化规律见图 4 - 17。

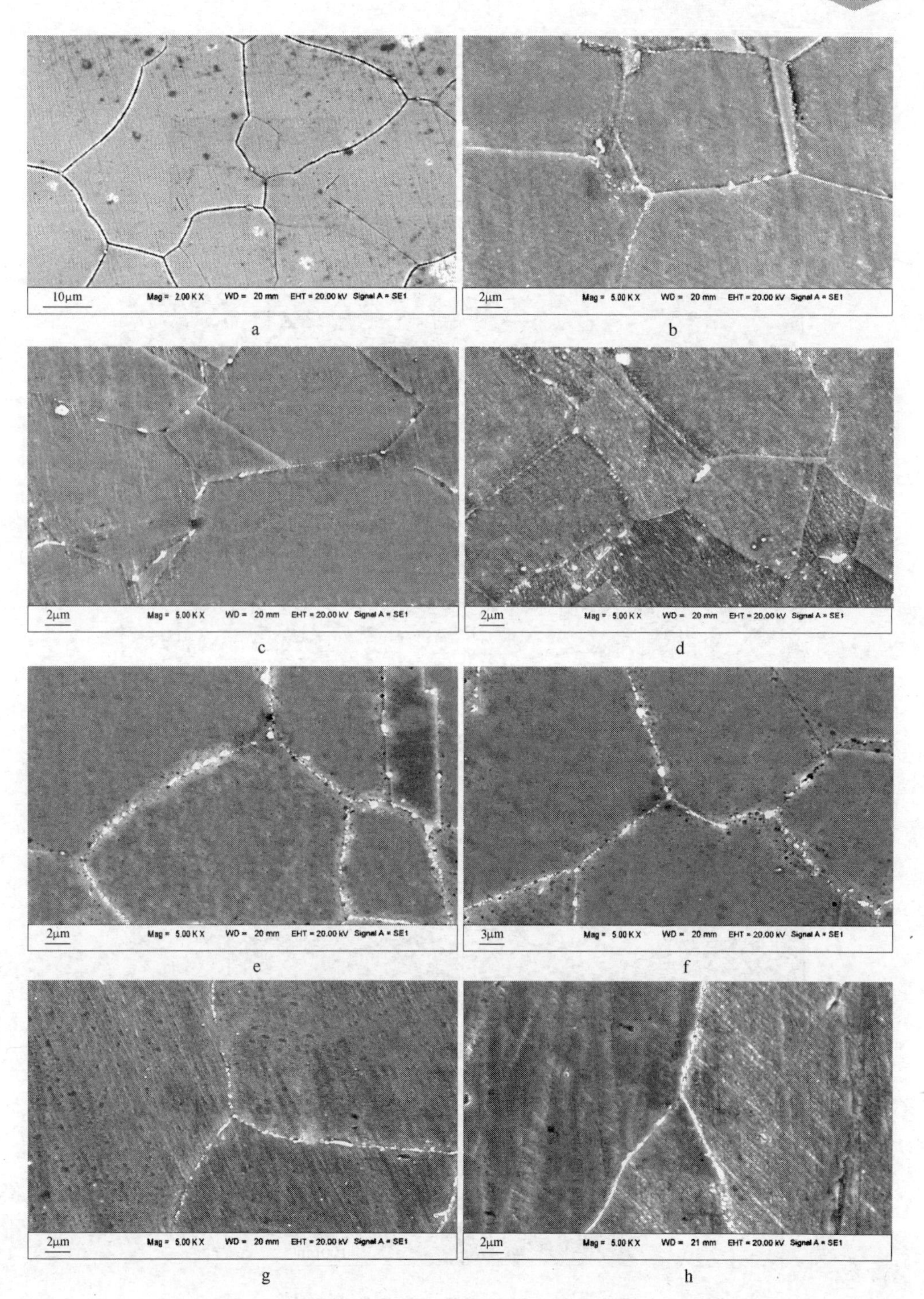

图 4-15 980℃时效后的 SEM 观察

a—10min；b—20min；c—30min；d—40min；e—1h；f—2h；g—3h；h—4h

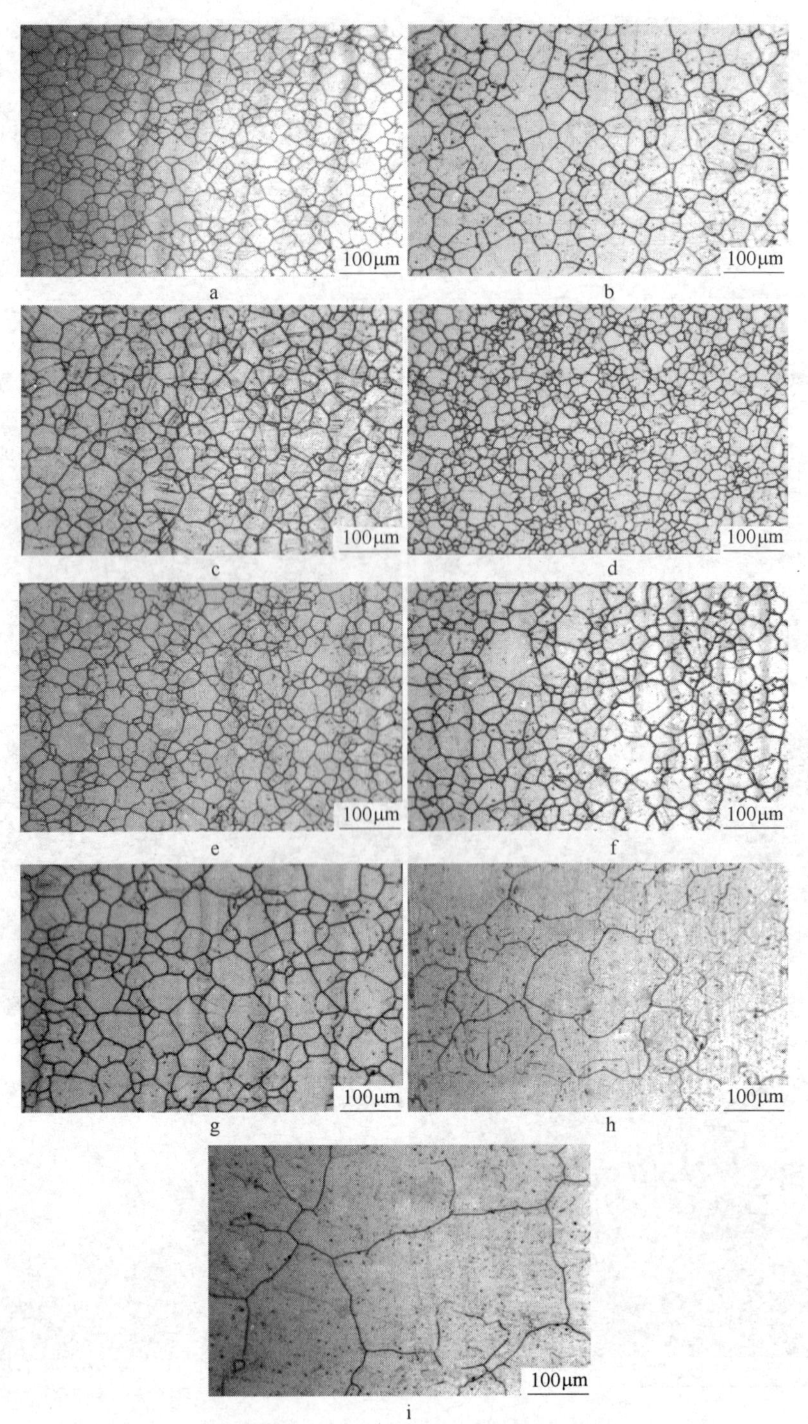

图 4－16　980℃时效后的晶粒度照片

a—未处理；b—10min；c—20min；d—30min；e—40min；f—1h；g—2h；h—3h；i—4h

由图 4－17 可见，经过不同时间热处理后的试样晶粒度先变小后变大。这是由于轧态金属经回复后未释放的储存，通过在变形组织的基体上产生新的无畸变再结晶晶核，并通过逐渐长大形成等轴晶，从而取代全部组织。由图 4－17 可见，在保温 30min 时，发生了比较完全的静态再结晶，之后晶粒逐渐长大。通过轧态 825 合金静态再结晶的观察，可以为 825 合金标准热处理工艺的制定提供参考。

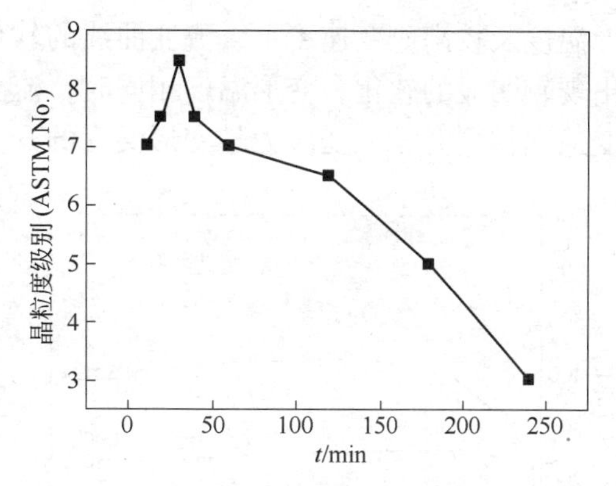

图 4－17　980℃时效后的晶粒度变化规律

4.4　两种合金的热变形特征

在 Gleeble－1500 热模拟机上对两种合金进行恒温恒速压缩实验，通过恒温热压缩实验研究了 GH536 合金在 950～1200℃、825 合金在 1050～1200℃，应变速率为 $0.1s^{-1}$、$1s^{-1}$、$10s^{-1}$条件下的热变形行为（变形量为 50%）。获得了合金的流变应力数据和变形后的金相组织，并对其进行分析。

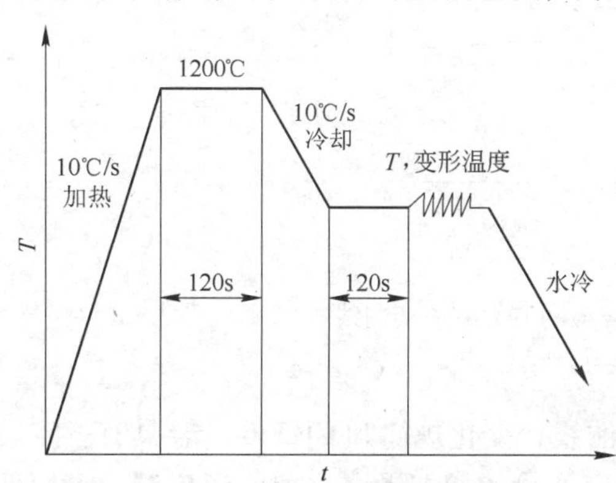

图 4－18　合金热模拟实验制度

热模拟制度见图 4－18。

在 Gleeble－1500 热模拟机上对两种合金进行恒温恒速压缩实验，试验规范前面已经详述过。热压缩完成后立即水淬以保留变形态组织，将试样沿着平行于压缩方向对半抛开，用光学金相显微镜对其中一部分变形的组织形貌进行观察。通过线性回归分析，确定合金的应变硬化指数和热变形激活能，建立合金高温热变形的流变应力方程。观察变形后的组织，分析其再结晶情况，建立其再结晶晶粒大小与变形条件（变形温度和应变速率）的关系；再结晶百分数与变形条件的关系。

4.4.1　两种合金的应力－应变曲线

GH536 合金的热变形应力－应变曲线属于典型的动态再结晶型应力－应变曲线，如图 4－19 所示。在不同变形条件下，变量较小时，流变应力随着应变量的增加迅速增加，当超过一定应变量后，流变应力趋于恒定或略有降低。在较低变形温度及较高应变速率下，流变曲线的软化不明显，在1200℃变形时，流变曲线出现较明显的软化。变形温度相同时，流变应力随着应变速率的增加而增加；应变速率相同时，流变应力随变形温度的升高而降低。

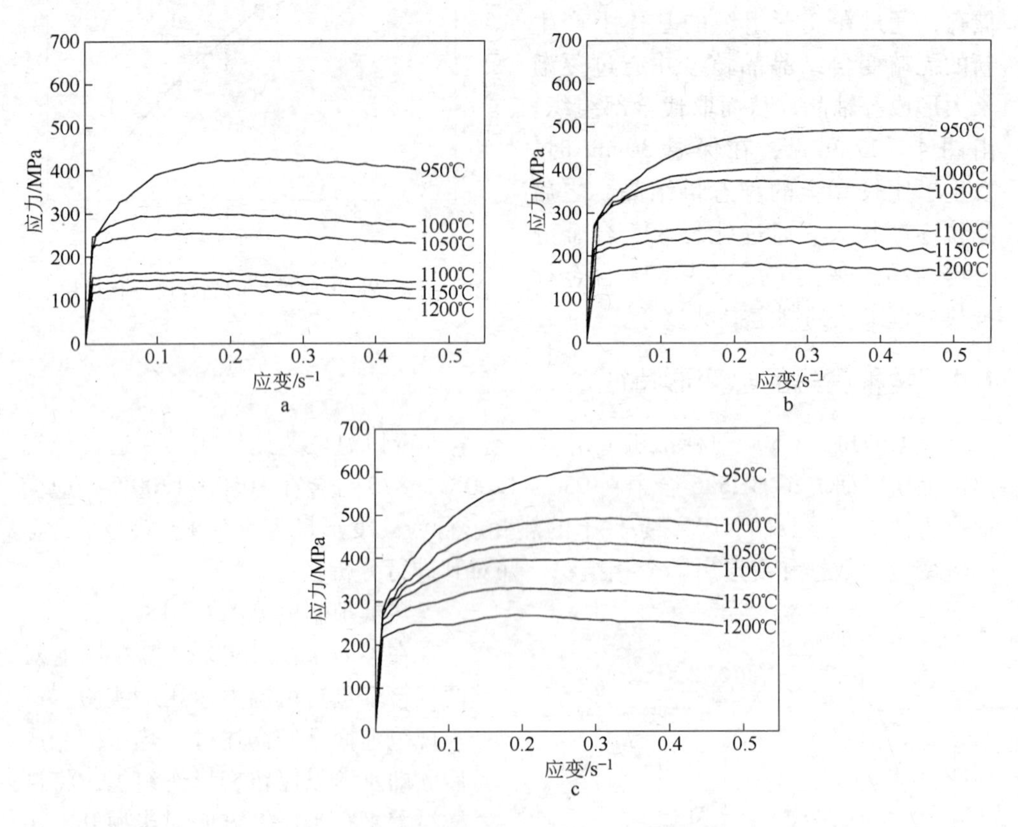

图 4－19　GH536 合金的应力－应变曲线

a—0.1s^{-1}；b—1s^{-1}；c—10s^{-1}

图 4－20 是 825 合金的应力－应变曲线，变化规律和 GH536 合金具有一定的相似性。应变量较小时，流变应力随着应变量的增加迅速增加，当超过一定应变量后，流变应力趋于恒定或略有降低。在较低变形温度及较高应变速率下，流变曲线的软化不明显。变形温度相同时，流变应力随着应变速率的增加而增加；应变速率相同时，流变应力随变形温度的升高而降低。

在高温区变形的合金，随着变形量的增加，加工硬化过程和高温动态软化过程同时进行。材料高温变形的应力－应变曲线由这两个过程的平衡情况来决定。如果动态软化过程比加工硬化过程快，应力－应变曲线将出现应力峰，即材料在变形过程中发生动态再结晶。否则，材料只发生动态回复，不发生动态再结晶。应力－应变曲线不仅能反映出材料变形过程中的力学行为，而且还能反映出材料在变形过程中的组织变化。

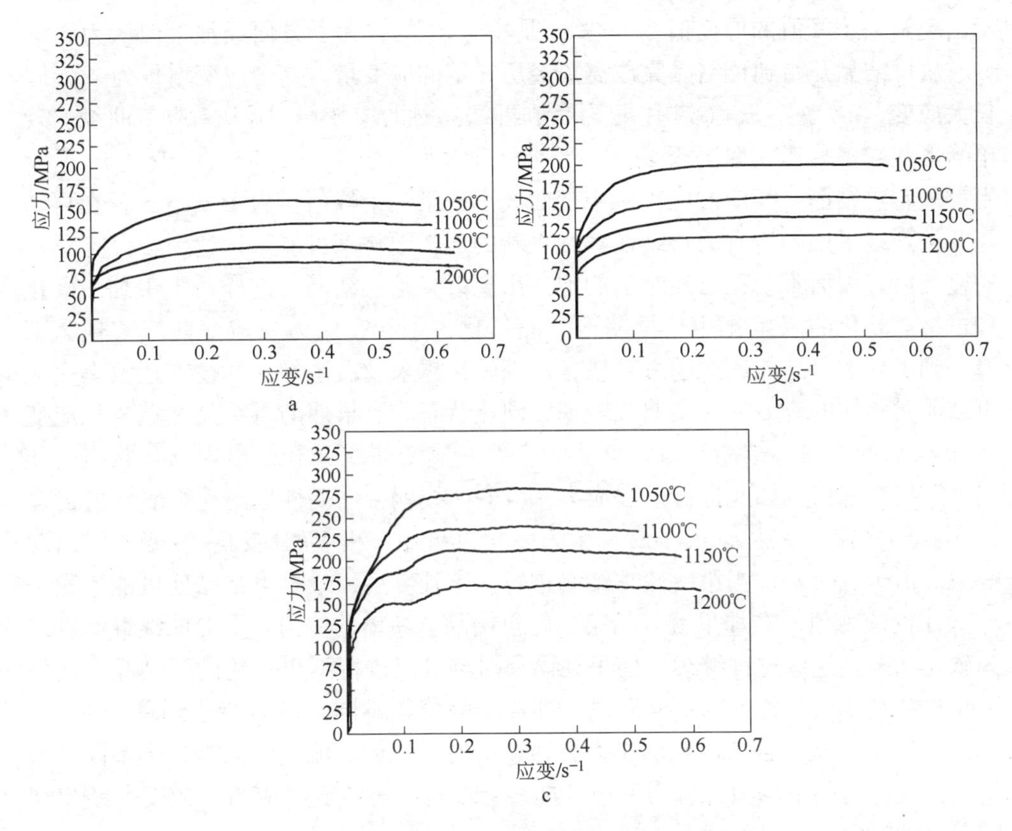

图 4－20　825 合金在不同温度下的应力－应变曲线

a—0.1s^{-1}；b—1s^{-1}；c—10s^{-1}

观察应力－应变曲线，和普通碳钢相比可以发现，普通碳钢的应力－应变曲线往往出现一个比较明显的峰值后又会出现多峰摆动的情况。而以上两种合金没有非常明显的峰值，而是出现一个比较宽阔的峰值。

根据金属学的基本理论，镍基合金属面心立方结构，层错能较低。具有低或中等层错能的金属，它的回复过程比较缓慢，在热加工过程中，动态回复未能同步抵消加工过程中位错的增值积累，在某一临界变形条件下会发生动态再结晶。再结晶时，大量位错被再结晶核心的大角度界面推移而消除，当这样的软化过程占主导地位时，流变应力下降，应力－应变曲线出现峰值。由于在再结晶形核和长大的同时材料继续变形，再结晶形成的新晶粒也经受变形，即硬化因素又重新增加。当新晶粒内形变达到一定程度后，又可能开始第二轮再结晶。在这样复杂的硬化和软化的叠加情况下，应力－应变曲线就可能出现一个比较宽阔的单峰。

热加工时，材料中的位错必须积累到一定程度才能形成再结晶核心，即是说要经历一定的孕育应变量 ε_c 才会开始再结晶。当开始再结晶后，应力－应变曲线就显示软化状态，即应力随应变增加而下降，相应出现第一个峰值。以 ε_p 表示出现第一个峰值的应变值。一般 ε_c 是小于 ε_p 的，为了方便经常近似认为 $\varepsilon_c = \varepsilon_p$。从再结晶开始到再结晶完成需要经历一定的应变量，这个应变增量为 ε_x，即长大应变，$\varepsilon_x = \varepsilon_s - \varepsilon_c$（其中 ε_s 为完成再结晶时的应变）。应力 - 应变曲线出现单峰形状或多峰形状取决于 ε_c 和 ε_x 的相对大小。当 $\varepsilon_c > \varepsilon_x$ 时，应变达 ε_c 后发生第一轮再结晶，相应的应力 - 应变曲线出现第一个峰值。由于 $\varepsilon_c > \varepsilon_x$，在再结晶开始到终了期间所有的再结晶区域重新的加工硬化不可能累计达到孕育应变 ε_c 的应变值，因而不会在已经结晶的地方出现第二轮再结晶。这样，由于加工硬化和再结晶软化的双重作用，早期再结晶软化占主导，应力 - 应变曲线表现为下降，到了后期再结晶速度越来越慢，加工硬化越来越占主导，往往在还没有完成再结晶时整体的应力 - 应变曲线表现为硬化状态。当早期的再结晶区域累积应变达到 ε_c 后第二轮再结晶开始，整体的应力 - 应变曲线又开始出现软化状态，便出现第二个峰值。如此进行下去应力 - 应变曲线就会周期性地出现峰值。当 $\varepsilon_c < \varepsilon_x$ 时，同样在应变达 ε_c 大小后发生第一轮再结晶，相应的应力 - 应变曲线出现峰值。由于 $\varepsilon_c < \varepsilon_x$，当第一轮再结晶进行一定程度后，最早再结晶处可能累积了 ε_c 大小的应变值，在那里就开始第二轮再结晶。整体的应力 - 应变曲线继续表现为软化状态。这些过程继续，使得在同一时刻可以进行不止一轮的再结晶，而每一轮再结晶都处在各自的不同阶段，即再结晶分数不同，最后会达到具有从 0 ~ ε_c 不同大小应变的各个区域的平衡分布，这时，总体的流变应力是各个不同区域不同流变应力的平均值，应力 - 应变曲线会出现稳态流变，应力 - 应变曲线出现的单一的峰值。

4.4.2　两种合金的流变应力本构方程

金属热变形流变应力是指材料在单向的变形条件下足以引起塑性变形的应力强度。因此，流变应力的大小决定了材料变形所需的负荷和所要消耗的能量，是材料在高温下的基本性能之一。它不仅受到变形温度、变形程度、应变速率和合金化学成分的影响，也是变形体内部显微组织演变的反映。合金的化学成分一定时，材料热变形过程中的流变应力主要与变形量、变形温度和变形速率有关。

GH536 合金在热变形过程中，合金的高温流变应力 σ 主要取决于变形温度 T（K）和应变速率 $\dot{\varepsilon}(s^{-1})$，通常用概括了变形温度 T(K) 和应变速率 $\dot{\varepsilon}(s^{-1})$ 的 Zener - Hollomon 参数 Z 来描述热加工参数。Zener 和 Hollomon 在 1944 年提出并证实了钢在高速拉伸实验条件下计算流变应力的方法，提出了 Z 参数的概念，其物理意义是温度补偿的变形速率因子，依赖于 T，而与 σ 无关。Z 定义为：

$$Z = \dot{\varepsilon}\exp[Q/(RT)] \tag{4-1}$$

式中　$\dot{\varepsilon}$——应变速率，s^{-1}；

　　Q——变形激活能，J/mol；

R——气体常数，取 $R=8.314\text{J/mol}$；

T——变形温度，K。

考虑到高温变形过程中的热激活行为，Sellars 等根据 Arrhenius 关系，提出如下含应力 σ 的双曲正弦形式来描述热激活行为：

$$\dot{\varepsilon}=AF(\sigma)\exp[-Q/(RT)] \tag{4-2}$$

式中，$F(\sigma)$ 为应力的函数。

（1）当应力水平较低，即 $\alpha\sigma<0.8$ 时：

$$F(\sigma)=\sigma^{n_1} \tag{4-3}$$

（2）当应力水平较高，即 $\alpha\sigma>1.2$ 时：

$$F(\sigma)=\exp(\beta\sigma) \tag{4-4}$$

（3）在所有应力条件下：

$$F(\sigma)=[\sinh(\alpha\sigma)]^n \tag{4-5}$$

$$Z=A[\sinh(\alpha\sigma)]^n=\dot{\varepsilon}\exp[Q/(RT)] \tag{4-6}$$

$$\alpha=\beta/n_1$$

式中，n_1、n、β、A 均为常数；A 为结构因子（s^{-1}）；α 为应力水平参数（MPa^{-1}）；n_1、n 为应力指数。

将式（4-3）和式（4-4）代入式（4-2）并两边取对数可得：

$$\ln\dot{\varepsilon}=\ln A+n\ln\sigma-Q/(RT) \tag{4-7}$$

$$\ln\dot{\varepsilon}=\ln A+\beta\sigma-Q/(RT) \tag{4-8}$$

由于流变应力的精度受测量精度的影响较大，故一般用峰值应力代替非稳态流变应力。分别作 $\ln\dot{\varepsilon}-\ln\sigma$ 和 $\ln\dot{\varepsilon}-\sigma$ 曲线，用最小二乘法回归，如图4-21a 和 b 所示，可得 $n_1=7.7999$，$\beta=0.0248$，于是 $\alpha=\beta/n=0.00318$。

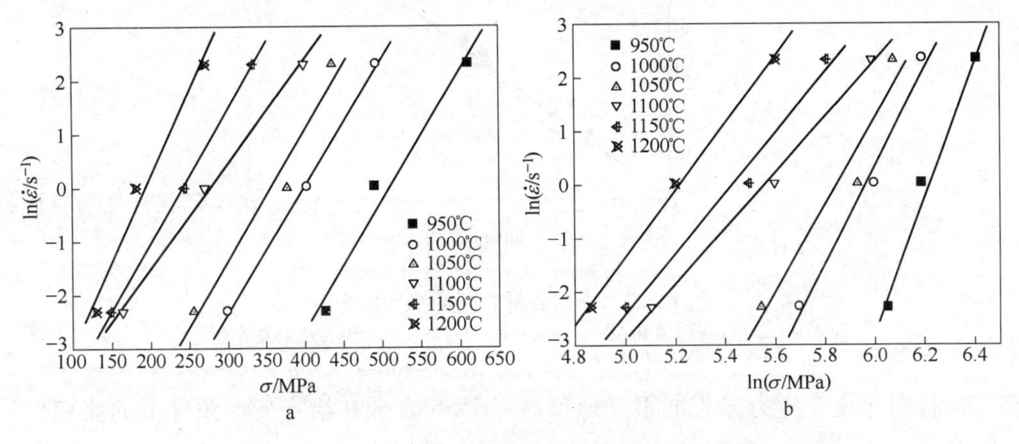

图4-21 应变速率和峰值应力之间的关系曲线

a—$\ln\dot{\varepsilon}-\sigma$；b—$\ln\dot{\varepsilon}-\ln\sigma$

对式（4－6）两边取自然对数，并假定热变形激活能与温度无关，可得：

$$Q = R\frac{\partial \ln\dot{\varepsilon}}{\partial \ln[\sinh(\alpha\sigma)]}\bigg|_T \cdot \frac{\partial \ln[\sinh(\alpha\sigma)]}{\partial(1/T)}\bigg|_{\dot{\varepsilon}} \tag{4-9}$$

分别绘制 $\ln[\sinh(\alpha\sigma)] - \ln\dot{\varepsilon}$、$\ln[\sinh(\alpha\sigma)] - 1/T$ 和 $\ln[\sinh(\alpha\sigma)] - \ln Z$ 的关系曲线，如图 4－22a、b 和 c 所示，再用最小二乘法进行线性回归。于是，可以得出 GH536 合金的热变形激活能 $Q = 443.3\text{kJ/mol}$，$A = 7.49 \times 10^{16}\text{s}^{-1}$。

用 Zener－Hollomon 参数的双曲正弦函数形式能较好地描述 GH536 合金高温变形时的峰值应力方程，获得的 GH536 合金 Z 参数和峰值应力表达式分别为：

$$Z = \dot{\varepsilon}\exp[443300/(RT)]$$

$$\dot{\varepsilon} = 7.49 \times 10^{16}[\sinh(0.0032\sigma)]^{5.6388}\exp[-443300/(RT)]$$

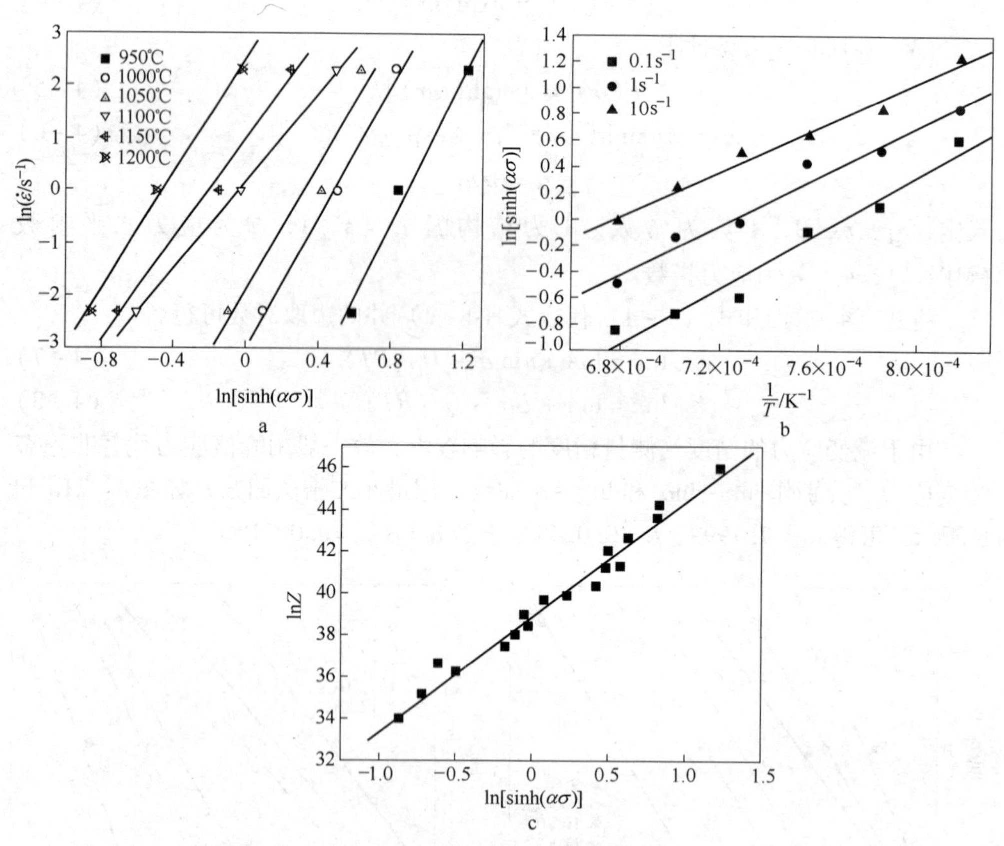

图 4－22　不同变量之间的线性拟合图

a— $\ln[\sinh(\alpha\sigma)] - \ln\dot{\varepsilon}$ 关系曲线；b— $1/T - \ln[\sinh(\alpha\sigma)]$ 关系曲线；c— $\ln[\sinh(\alpha\sigma)] - \ln Z$ 关系曲线

利用此流变应力方程能很好地预测 GH536 合金在给定变形条件下的流变应力值。

用同样的方法，计算 825 合金流变应力本构方程，计算过程中一些重要关系如图 4－23 所示。

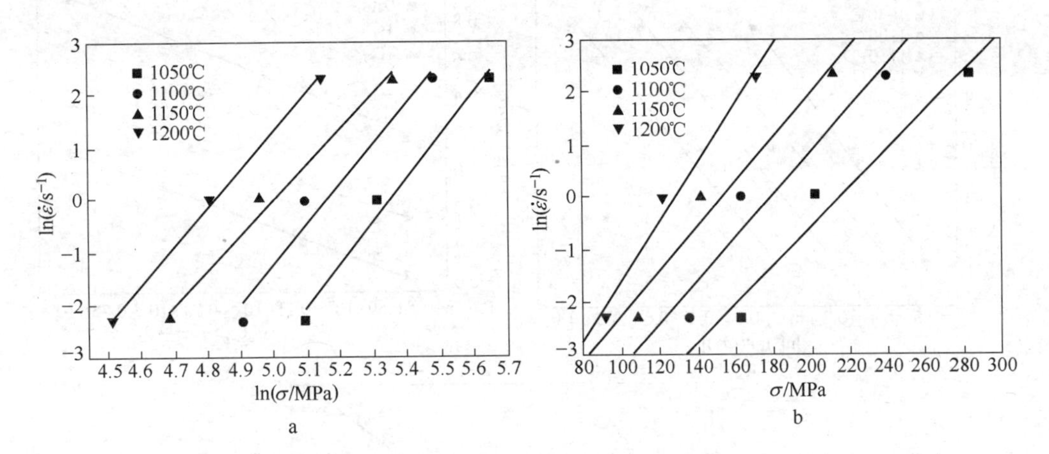

图 4－23 应变速率和峰值应力之间的关系曲线

a—$\ln\dot{\varepsilon}-\ln\sigma$；b—$\ln\dot{\varepsilon}-\sigma$

用最小二乘法回归，可得 $n_1=7.4913$，$\beta=0.0441$，于是 $\alpha=\beta/n_1=0.0059$。

绘制 $\ln[\sinh(\alpha\sigma)]-\ln\dot{\varepsilon}$ 曲线，如图 4－24a 所示，直线的斜率即为应力指数，即 $n=5.5882$。绘制出 $\ln[\sinh(\alpha\sigma)]-1/T$ 的关系曲线，如图 4－24b 所示，直线斜率 $Q/nR=8.96667\times10^{-3}$。于是，可以得出合金的热变形激活能 $Q=416.597$(kJ/mol)。绘制出 $\ln Z-\ln[\sinh(\alpha\sigma)]$ 曲线，如图 4－24c 所示，用最小二乘法进行直线拟合，取截距 $\ln A=35.20396$，得出 $A=1.95\times10^{15}$ (s^{-1})。

获得的 825 合金 Z 参数和峰值应力表达式分别为：

$$Z=\dot{\varepsilon}\exp[416597/(RT)]$$

$$\dot{\varepsilon}=1.95\times10^{15}[\sinh(0.0059\sigma)]^{5.5882}\exp[-416597/(RT)]$$

将流变应力实验所得数据与方程计算结果进行比较，发现流变应力方程能很好地预测 825 合金在给定变形条件下的流变应力值。

4.4.3 两种合金热加工过程中的动态再结晶行为

对热变形后材料的显微组织进行分析是对材料热加工工艺进行评价的重要手段。通过组织分析，一方面可以与应力－应变曲线相结合推断材料在热变形过程中的组织演化方式；另一方面可以更细致地考察热变形工艺的合理性。

动态再结晶（DRX）是一种快速形核和有限长大的过程，一旦再结晶晶核形成，晶核长大随之进行。因此，再结晶过程主要受形核控制。热变形奥氏体动态再结晶晶粒的大小取决于应变速率和变形温度。

图 4－25 为 GH536 合金在同一变形速率不同温度下的微观组织照片，从图中可以看出，当变形温度较低（950℃）时，组织为被严重拉长的大晶粒，其周围出现细小的再结晶晶粒；变形温度提高到 1050℃时，合金组织中出现大量的细

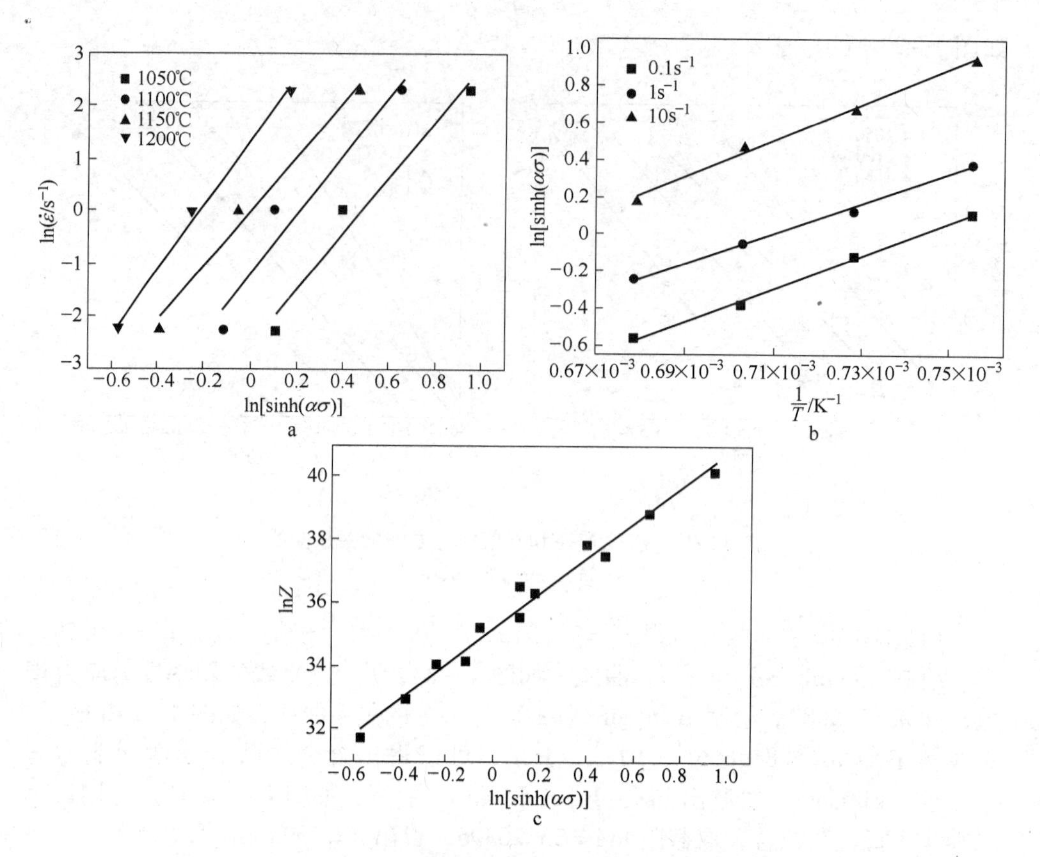

图 4－24 不同变量之间的线性拟合图

a— ln[sinh(ασ)] 和 ln$\dot{\varepsilon}$ 的关系曲线；b— ln[sinh(ασ)] 和 1/T 的关系曲线；c— ln$Z$ 与 ln[sinh(ασ)] 的关系曲线

小再结晶晶粒；变形温度进一步升高到1200℃时，合金已经完全再结晶，晶粒基本为细小的等轴晶，同时由于变形温度较高，再结晶晶粒组织呈现粗化趋势。这是因为随着变形温度的提高，原子扩散、晶界迁移能力增强，易发生动态再结晶，并且易于长大。动态再结晶的主要组织特征是形成了较稳定的大角度三角晶界，晶粒内仍存在着许多位错亚结构。在一定的应变速率下，随着变形温度升高，再结晶晶粒尺寸增大，晶内的位错亚结构也随之增大，形成更等轴的再结晶晶粒。

图 4－26 所示为变形温度较低时（1050℃）不同变形速率下的微观组织形貌。从图中可以看出，随变形速率降低，合金的再结晶程度不断提高，这是由于形变速率越快，相同条件下试样变形时间较短，晶界来不及迁移导致再结晶晶粒来不及充分地长大，这时即使提高了变形温度，再结晶晶粒尺寸也相差不大。

在图 4－27 的变形条件下，晶粒呈压扁的长条状，且具有明显的方向性，晶界弯曲破碎，变形组织基本没有得到消除，说明在变形过程中 GH536 合金未发生明显的动态再结晶，此结果与图 4－19 流变曲线不发生下降的结果是一致的。

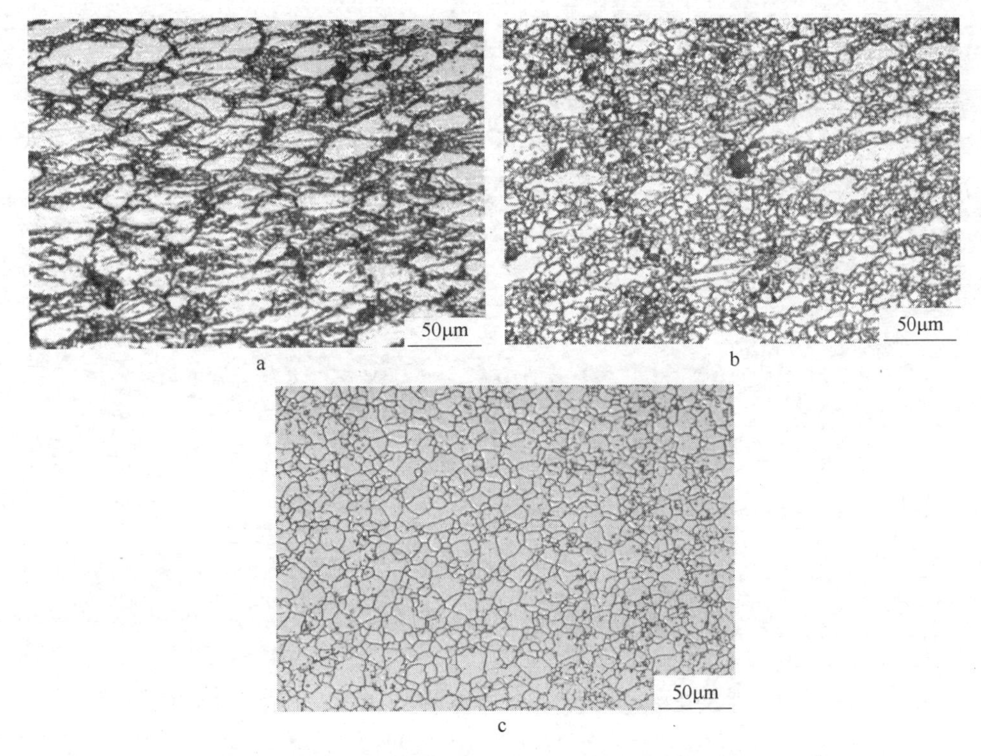

图 4－25　变形温度对 GH536 合金动态再结晶的影响规律（$1s^{-1}$）
a—950℃；b—1050℃；c—1200℃

由于 GH536 合金在室温和变形条件下都含有第二相，可能对合金形变时动态再结晶行为产生影响，下面分别介绍这两种情况下第二相粒子对再结晶行为的影响规律：如果第二相粒子在变形前已经存在，第二相粒子对再结晶有三方面的重要影响：

（1）可能增加形变前储存能而增加再结晶的驱动力。

（2）对于大而硬且间距宽的第二相粒子，由于形变时粒子附近出现更多的不均匀形变区，特别是这些区域有很大的显微取向差，就可以促发形核。如果粒子很小，形变时它使位错分布得均匀和稳定，亚晶间的平均取向差很小，因而不利于形核，甚至可能完全抑制形核。粒子间距太小，在每个亚晶能发展成为有效核心之前就和粒子相遇，使得形核困难；另外，粒子间距太小，也限制了应变诱发晶界迁动形核机制的实现。一般认为，当粒子间距小于形变基体中亚晶平均直径的两倍时，形核就困难。

（3）弥散和稠密分布的第二相粒子钉扎晶界，阻碍再结晶。但是，如果第二相粒子是共格的，则总是延缓再结晶的。

过饱和固溶体在形变和退火过程中，脱溶和再结晶两个过程互相竞争且互相影响，再结晶程度取决于两者瞬时的平衡。形变引入的点阵缺陷促进脱溶和再结

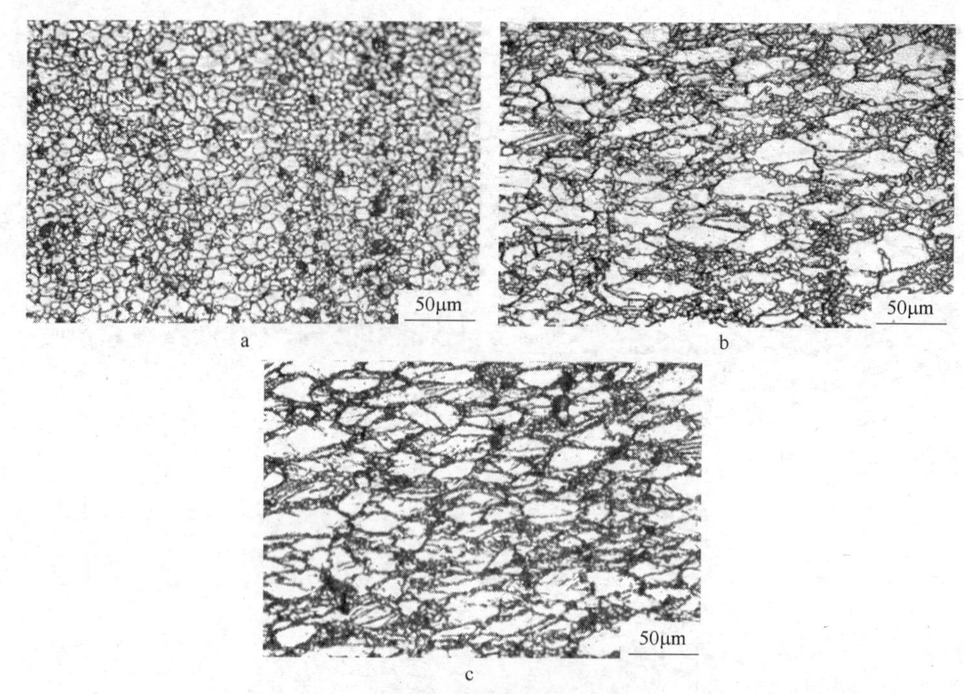

图 4－26　形变速率对 GH536 合金动态再结晶的影响规律（1050℃）

a—$0.1s^{-1}$；b—$1s^{-1}$；c—$10s^{-1}$

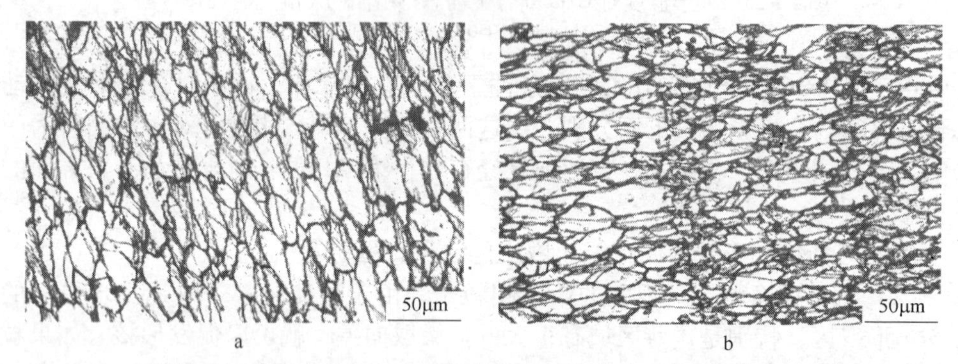

图 4－27　形变速率对 GH536 合金动态再结晶的影响规律（950℃）

a—$0.1s^{-1}$；b—$10s^{-1}$

晶形核，脱溶析出第二相粒子反过来又影响再结晶形核和钉扎晶界从而延缓再结晶。如果在回复时发生脱溶，一般脱溶析出的第二相粒子多，粒子尺寸小且间距小，使再结晶不易形核，并且因为析出的质点对晶界钉扎，结果可以完全抑制再结晶。在这种情况下，随着保温时间的延长，脱溶质点聚集长大，形变基体的位错排列发生改变，逐渐减小位错密度和调整亚晶的取向差和尺寸，最后使基体恢复为形变前的结构状态，被称为连续再结晶或原位再结晶。

按照 Gladman 的理论，加热过程中奥氏体长大过程取决于基体中存在的第二相粒子的体积分数和尺寸。当出现第二相粒子析出或溶解时，有利于某些特殊晶粒优先长大，增加了晶粒分布的不均匀性，导致发生异常晶粒长大。

图 4－28 所示为 GH536 合金热变形后的扫描电镜照片。从图中可以看出，在 950℃变形时，有少量的第二相沿着晶界析出；在 1100℃时，晶界晶内都有析出，数量达到最多，且有长大的趋势；在 1200℃时，第二相慢慢溶解到基体中，甚至消失。从合金的应力－应变曲线可以看出，在 950℃低应变速率变形后只发生了回复，没有发生再结晶，此时有少量的第二相粒子沿着晶界析出，脱溶析出的第二相粒子尺寸小且间距小，使再结晶不易形核，并且因为析出的质点对晶界钉扎，可以完全抑制再结晶；当温度升高到 1100℃时，有大量的第二相粒子在晶界和晶内析出，严重地阻碍晶粒的再结晶发展，晶粒尺寸很小；温度继续升高到 1200℃，第二相几乎全部融入基体中，对晶界的阻碍作用减小，再结晶晶粒得以长大。

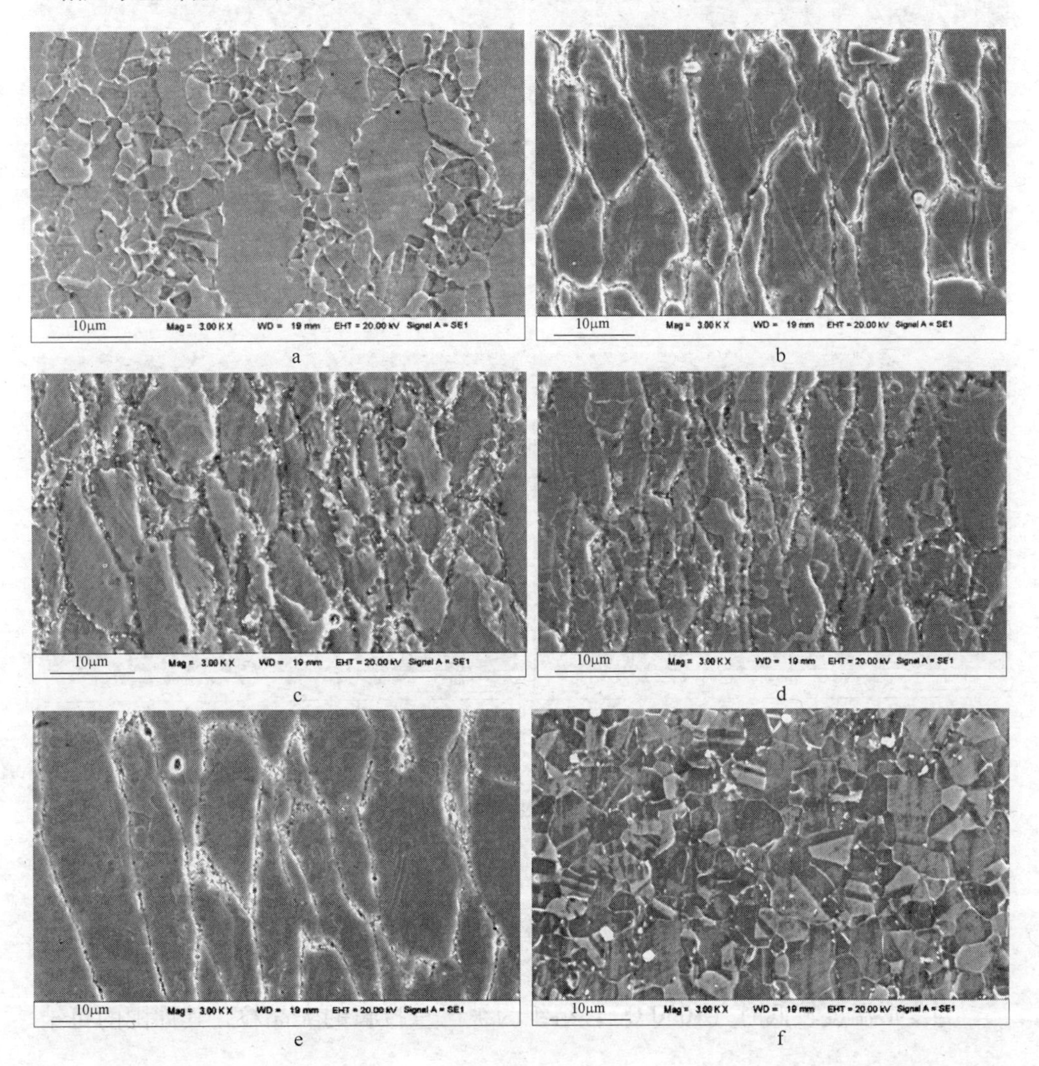

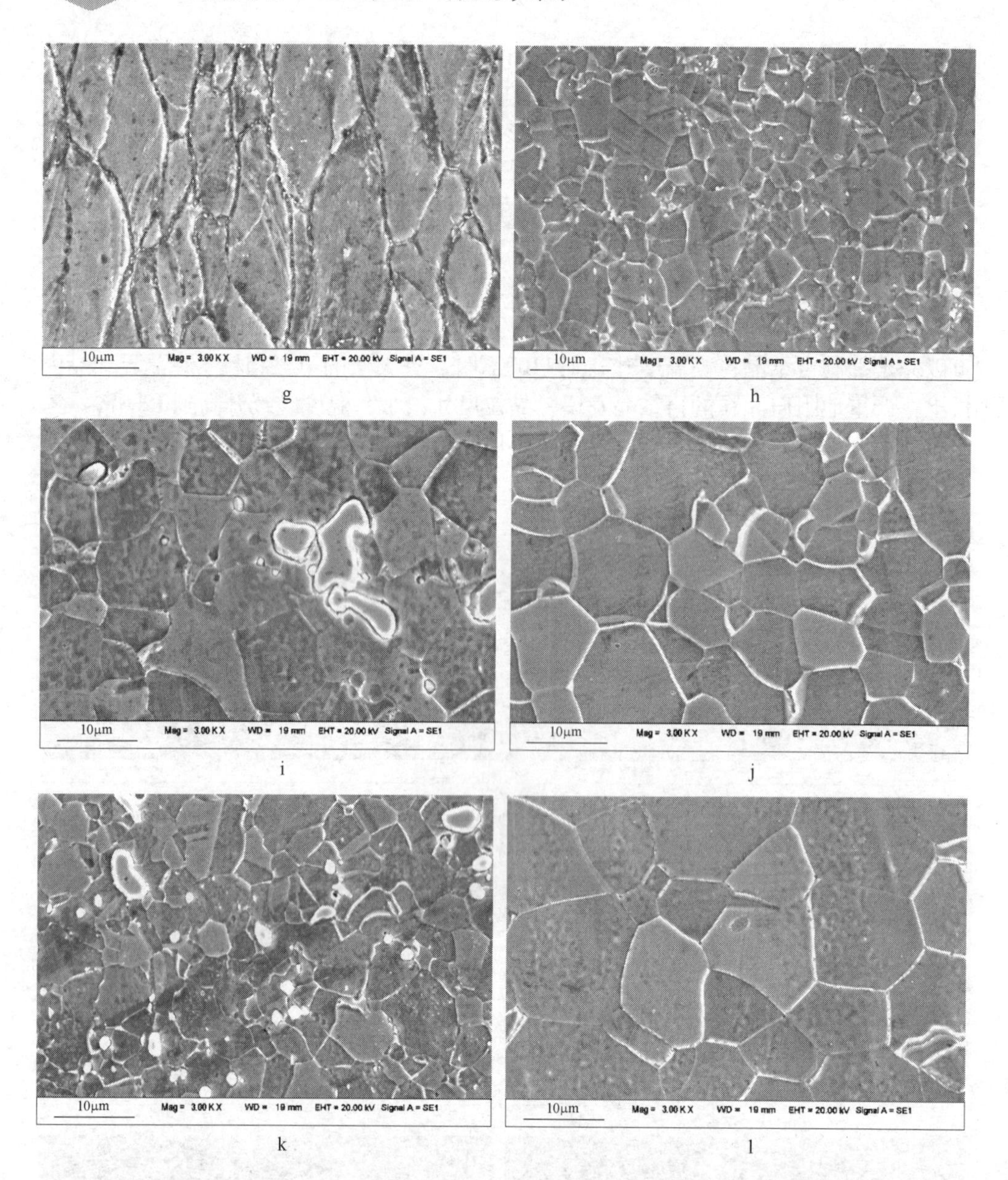

图 4－28 第二相析出对 GH536 合金热变形后动态再结晶的影响规律
a—950℃，$1s^{-1}$；b—950℃，$10s^{-1}$；c—1000℃，$1s^{-1}$；d—1000℃，$10s^{-1}$；
e—1050℃，$1s^{-1}$；f—1050℃，$10s^{-1}$；g—1100℃，$1s^{-1}$；h—1100℃，$10s^{-1}$；
i—1150℃，$1s^{-1}$；j—1150℃，$10s^{-1}$；k—1200℃，$1s^{-1}$；l—1200℃，$10s^{-1}$

图 4－29 为 825 合金在相同应变速率不同温度下变形后的组织，把相同温度不同应变速率的金相组织和相同应变速率不同温度的金相组织进行比较。

当变形温度较低时（1050℃），组织为被严重拉长的大晶粒，其周围的再结

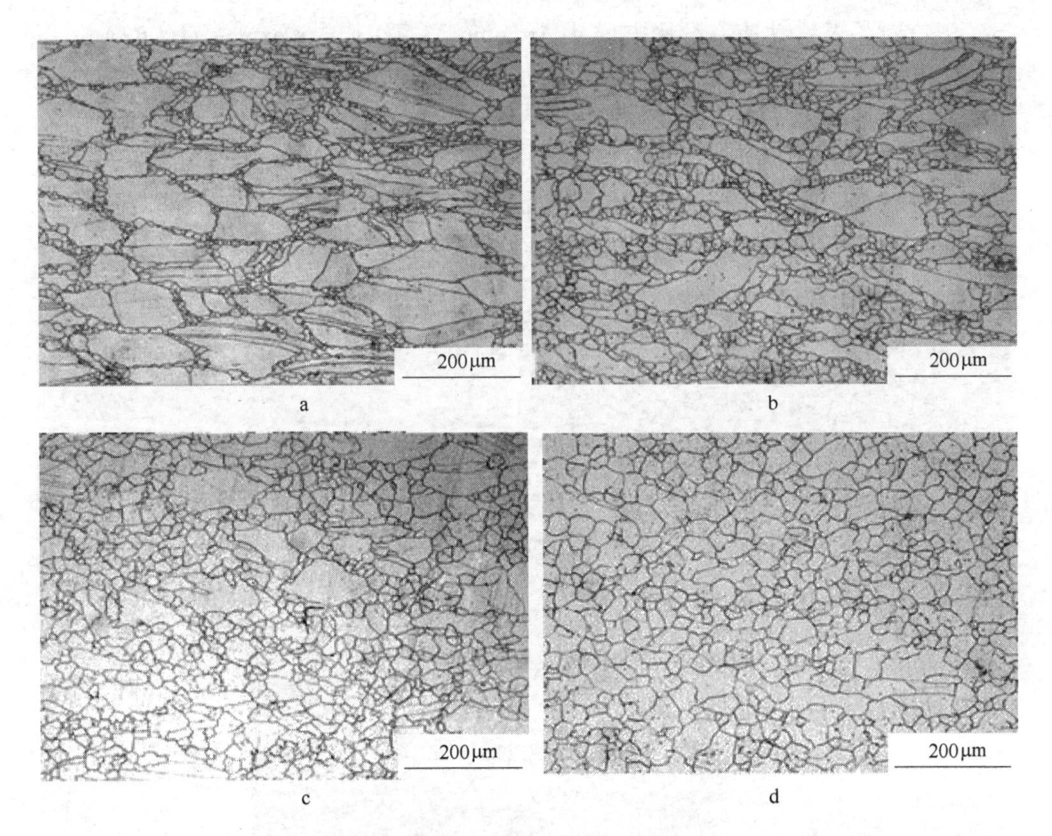

图 4 - 29 变形温度对 825 合金动态再结晶的影响规律（$1s^{-1}$）

a—1050℃；b—1100℃；c—1150℃；d—1200℃

晶晶粒较少。变形温度提高（1100℃），合金组织中出现许多细小再结晶晶粒。变形温度进一步升高时（1150℃），再结晶晶粒进一步增多。当温度提高到1200℃时，合金完全完成再结晶，晶粒基本为等轴晶，同时由于变形温度较高，再结晶晶粒组织呈现粗化趋势。

由于动态再结晶是通过形核和晶核长大两个步骤完成的，在本实验条件下，825 合金在低于 1050℃变形时，形核成为动态再结晶过程的主要影响因素；而高于 1050℃变形时，晶核长大则成为动态再结晶的主要影响因素。在高温变形时，合金塑性变形激活能与晶内自扩散激活能相当，此时位错攀移成为塑性变形的控制机制，并且随着温度升高位错攀移的速率增大。在高于 1050℃变形时，位错的快速攀移形成小角度晶界，这些小角度晶界可不断吸收运动的位错并转化成大角度晶界。个别率先长大的晶核消耗掉变形组织中较多的位错密度，甚至吞并与之相邻的小晶核，高位错密度区域的减少将导致可形核的区域的减少，所以高于1050℃变形时晶核快速长大在动态再结晶过程占有优势，导致宏观组织上出现尺寸较大的新晶粒，晶粒大小不一。

温度对晶界移动速率的影响服从 Arrhenius 关系：$v = v_0\exp[-Q/(RT)]$。不同变形条件下激活能大致一致，因此晶界的迁移速度主要依赖于温度，所以在温度较高时变形晶界的移动速度较快。

比较相同温度不同应变速率变形后的组织，如图 4－30 所示，可以发现，变形速率为 $0.1s^{-1}$时，晶粒被严重拉长，晶界上的再结晶晶粒较多。随变形速率升高到 $1s^{-1}$和 $10s^{-1}$，合金的再结晶程度降低，晶界上的再结晶晶粒也减少。

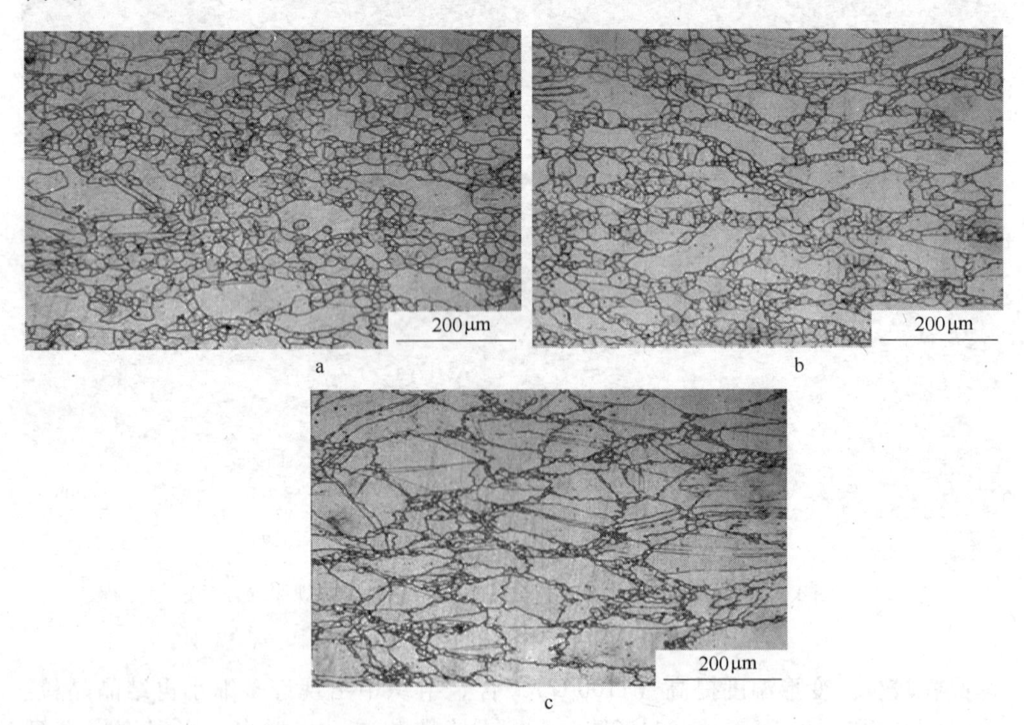

图 4－30　应变速率对 825 合金动态再结晶的影响规律（1100℃）
a—$0.1s^{-1}$；b—$1s^{-1}$；c—$10s^{-1}$

Z 参数（Zener－Hollomon 参数）表征了材料热变形过程中温度与应变速率对变形和微观组织的综合影响效果。在实际生产中，选择适当的热加工温度和应变速率的配合，即选择合适的 *Z* 值对控制组织的动态再结晶及晶粒大小具有重要作用。825 合金的 *Z* 值和动态再结晶晶粒尺寸的关系见图 4－31。图中的点较符合线性关系，经线性拟合计算，其关系为：

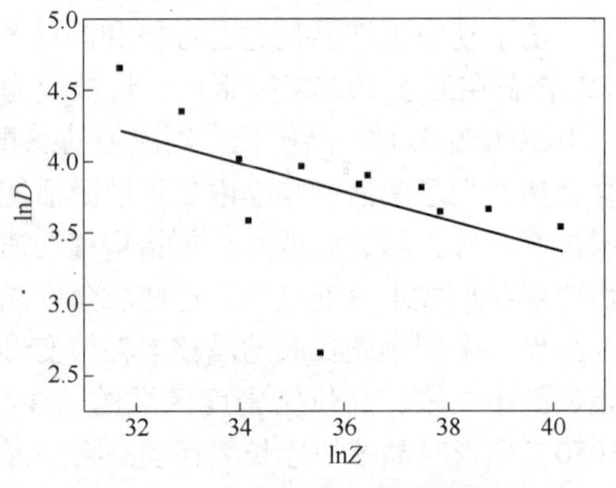

图 4－31　ln*Z* 与 ln*D* 的关系

$$\ln D = -0.09989\ln Z + 7.38148$$

经典判断动态再结晶的方法是判断应力-应变曲线上是否出现峰值，而不出现明显峰值特征的应力-应变曲线通常被认为与动态回复有关。然而对于某些奥氏体不锈钢，虽然在实验室条件下做出的应力-应变曲线上没有出现峰值，但材料在变形过程中是可能发生动态再结晶的，因此用是否出现峰值来考虑再结晶显然是不够的。奥氏体不锈钢的动态再结晶过程中曲线 $\theta-\varepsilon$（$\theta=\sigma/\varepsilon$，$\sigma$ 为真应力，ε 为真应变）出现偏转，其偏转点即为动态再结晶的开始。图 4-32 为 825 合金 1150℃时合金的加工硬化率随应变的变化关系。由图可以看出，在应变约 0.05 时曲线发生明显的偏转，即此处开始发生动态再结晶，此处的应变即为 ε_c。

在应变量相同的条件下，动态再结晶分数是由变形温度和应变速率决定的，而变形温度和应变速率的协调关系可以通过 Z 参数表示，因此找出 Z 参数和动态再结晶分数的关系可以定性描述合金变形时的再结晶情况。图 4-33 为 825 合金在应变量为 40% 的条件下的 Z 参数和动态再结晶分数的关系。由图可以看出，在应变量一定的时候（40%），动态再结晶分数 X 随着变形温度的升高，应变速率的增大而增大。当变形温度为 1050℃时（最下面的曲线），随着 Z 参数的增大，即应变速率的升高，动态再结晶分数 X 从 0 增大到 70%。当温度为 1100℃时（下面第二条曲线），随着 Z 参数的增大，动态再结晶分数从 21% 增大到 73%。当变形温度为 1200℃时（最上面的曲线），合金第一轮动态再结晶完成，晶粒为粗大的等轴晶，X 约为 100%。

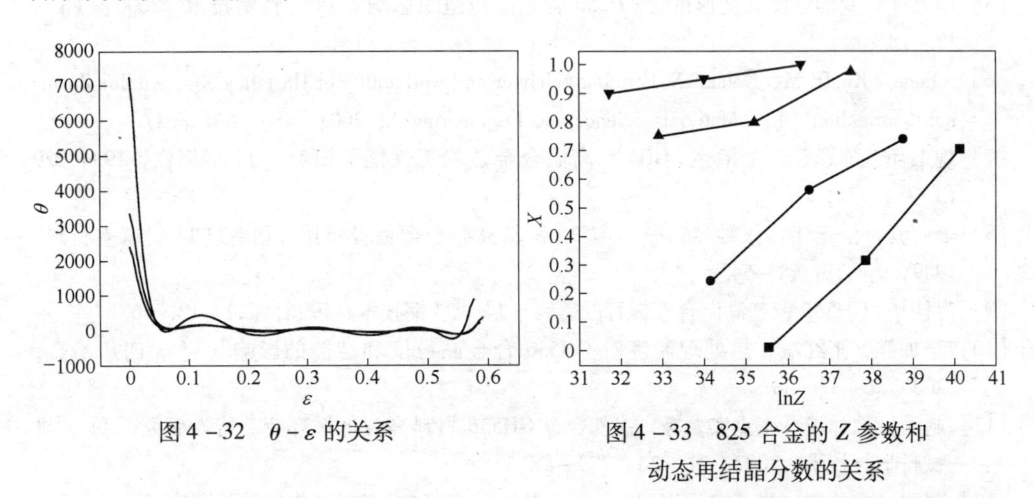

图 4-32 $\theta-\varepsilon$ 的关系

图 4-33 825 合金的 Z 参数和动态再结晶分数的关系

综上所述，用 Zener - Hollomon 参数的双曲正弦函数形式能较好地描述 GH536 合金高温变形时的峰值应力方程，获得的 GH536 合金 Z 参数和峰值应力表达式分别为：

$$Z = \dot{\varepsilon}\exp[443300/(RT)]$$

$$\dot{\varepsilon} = 7.49\times10^{16}[\sinh(0.0032\sigma)]^{5.6388}\exp[-443300/(RT)]$$

合金变形过程中，第二相在 950～1100℃温度范围内都有析出，析出量在1100℃达到最多。在1200℃时，没有发现第二相，全部融入基体中。第二相析出会钉扎晶界，阻碍再结晶的发展。

用 Zener－Hollomon 参数的双曲正弦函数形式描述 825 合金高温变形时的峰值应力方程，获得的 Z 参数和峰值应力表达式分别为：

$$Z = \dot{\varepsilon}\exp[416597/(RT)]$$

$$\dot{\varepsilon} = 1.95 \times 10^{15}[\sinh(0.0059\sigma)]^{5.5882}\exp[-416597/(RT)]$$

形变温度对微观组织的影响较大。在不同形变速率下，随着温度的升高，动态再结晶完成率明显越高，而形变速率对动态再结晶的影响小于温度。

参考文献

[1] Zhao J C, Larsen M, Ravikumar V. Phase precipitation and time－temperature－transformation diagram of Hastelloy X [J]. Materials Science and Engineering A, 2000, 293: 112～119.

[2] 李加祥. 长期时效对 GH536 力学性能和相组成的影响 [J]. 长城技术, 1993, 4: 23～26.

[3] 佟风兰, 关洪瑞, 肖文春. GH536 合金长期时效后组织稳定性研究 [J]. 北京科技大学学报, 1991, (13): 376～381.

[4] 李加祥. 长期时效对 GH536 合金力学性能的影响 [J]. 金属学报, 1995, 31: 190～192.

[5] 李家祥. 变形温度和变形量对 GH536 合金晶粒组织影响 [J]. 特钢技术, 2000, (4): 17～18.

[6] Aghaie－Khafri M, Golarzi N. Forming behavior and workability of Hastelloy X superalloy during hot deformation [J]. Materials Science and Engineering A, 2008, 486: 641～647.

[7] 魏玉环, 陈恩普, 董殿生. GH536 高温合金热加工性能的研究 [J]. 钢铁, 1994, 29 (1): 47～51.

[8] 李萌蘖, 侯玉年, 张维琴, 等. GH536 镍基高温合金板材焊接性研究 [J]. 航空材料, 1989, 9 (2): 48～54.

[9] 肖桂华. GH536 镍基高温合金焊管的研制 [J]. 特钢技术, 1996, (2): 12～16.

[10] 李加祥, 张红斌. 热处理制度对 GH536 合金晶粒度和性能的影响 [J]. 四川冶金, 2000, 1: 32～33.

[11] 赵明, 徐林耀, 张克实, 等. 镍基合金 GH536 材料高温低循环疲劳特性研究 [J]. 机械科学与技术, 2002, 21 (2): 279～281.

[12] 赵明, 徐林耀, 张克实. GH536 合金高温低周疲劳/蠕变交互作用性能研究 [J]. 机械科学与技术, 2003, 22 (4): 639～645.

[13] 汪明. Incoloy825 材质管道焊接 [J]. 焊管, 2010, 1 (33): 62～64.

[14] 陈荣, 潘红良. Incoloy825 合金腐蚀原因分析 [J]. 腐蚀与防护, 2002, 1: 705～708.

5 C－276 和 800H 镍基合金及热变形行为

C－276 合金是重要的镍基耐蚀材料，由于其同时含有 16%（质量分数）左右的 Mo 和 Cr 元素，因此在氧化性介质和还原性介质中都具有较强的抵抗能力，又被称为通用型耐蚀合金。与一般不锈钢和其他耐蚀材料相比，它在各种腐蚀环境（包括电化学腐蚀和化学腐蚀）中，具有耐各种形式腐蚀破坏（包括均匀腐蚀、局部腐蚀以及应力腐蚀等）的能力，兼有很好的力学性能及加工性能，尤其适宜于化工制造、电厂烟气脱硫、造纸、海洋开发等众多领域的苛刻介质环境，也被认为是目前世界上应用最为广泛的镍基耐蚀合金之一。

5.1 C－276 合金及其性能

Hastelloy C 系合金为 Ni－Cr－Mo 合金。由于镍本身为面心立方结构，晶体学上的稳定性使得它能够比铁基合金容纳更多的合金元素（Cr、Mo 等），因而能够组成成分范围广泛的合金，以达到抵抗各种环境的能力。Ni－Cr－Mo 耐蚀合金在同时含有大量 Cr、Mo 等元素的情况下，仍具有单相面心立方结构，即奥氏体（γ）组织结构。而且因为镍本身就具有一定的抗腐蚀能力，尤其是抵抗氯离子引起的应力腐蚀能力，是所有的不锈钢所不能比拟的。因此，Ni－Cr－Mo 耐蚀合金显示出优异的耐蚀性能。它们不仅在氧化性介质，而且在还原性介质中也均具有很好的抗腐蚀能力，特别是在 F^-、Cl^- 等离子的氧化性酸中，在有氧或氧化剂存在的还原性酸中，在氧化性酸加还原性酸的混合酸中，在湿氯和含氯气的水溶液中均具有其他耐蚀合金难以相比的耐蚀性。为了降低成本，Ni－Cr－Mo 耐蚀合金中有一些牌号还会有少量的 Fe；为了提高合金的耐蚀、力学等性能，有的 Ni－Cr－Mo 耐蚀合金还含有少量的 W。

C 系合金化学成分典型值如表 5－1 所示。

表 5－1　C 系合金化学成分典型值（质量分数）　（%）

合　金	C	Si	Ni	Cr	Mo	Fe	W	Cu
Hastelloy C	0.08①	0.10①	55	15.5	16	5	4.0	—
C－276	0.01①	0.08①	57	15.5	16	6	3.9	—
C－4	0.01①	0.08①	66	16	16	2	—	—
C－22	0.01①	0.08①	56	21.5	13.6	2.5	3.1	—
C－2000	0.01①	0.08①	59	23	16	1	—	1.6

①最高含量。

Hastelloy C合金是Ni－Cr合金和Ni－Mo合金的兼容和优化，在氧化性和还原性介质中都具有很好的耐蚀性能以及耐局部腐蚀、耐氯化物应力腐蚀破裂和海水的孔蚀。但它也有一些严重的缺点，在苛刻的氧化介质中，这种合金的含铬量不足以使其保持钝化状态而显示出高的均匀腐蚀速率；更大的应用障碍是焊接热影响区在许多氧化性、低pH值、卤化物环境中对晶间腐蚀很敏感。很多场合要求由Hastelloy C合金制作的容器焊后必须经过固溶处理来消除热影响区的偏析，这严重限制了该合金的应用。另外，固溶处理工艺也会使Hastelloy C合金的塑性及冲击韧性显著下降。现在，Hastelloy C合金除在某些铸造材料中使用外已基本上被淘汰。

Hastelloy C－276合金的出现，扫清了阻碍C合金发展的最大障碍——需要进行焊后固溶处理。对C合金来说，焊接会使焊缝及热影响区的耐蚀性能急剧下降，而焊接是绝大多数设备制造必需的加工过程。C－276合金为此难题提供了解决方案。氩氧脱碳重熔精炼工艺的出现，使得合金能够达到极低的碳硅含量，保证了在焊接区域仍能具有和基材一样的抗腐蚀性能。由于它容易加工，耐腐蚀适应性广，因此，在1965年，C－276合金一推出便迅速成为Haynes公司的拳头产品之一，得到极其广泛的应用。C－276合金主要耐湿氯、各种氧化性氯化物、氯化盐溶液、硫酸与氧化性盐的腐蚀，在低温与中温盐酸中均有很好的耐蚀性能。因此，在苛刻的腐蚀环境中，如化工制造、电厂烟气脱硫、造纸、海洋开发等工业领域有着相当广泛的应用。

但是，在某些工艺条件下，即使低碳低硅的C－276合金也对晶间腐蚀较敏感，C－276合金并不具备足够的热稳定性。在650～1090℃温度范围内长期时效后，会在晶界析出碳化物或伴随产生金属间化合物μ相，使其抗晶间腐蚀性能下降。为了克服这种敏感性，20世纪70年代人们开发了高温稳定性更好的C－4合金。

C－4合金降碳、降铁、去钨，并加入稳定化元素钛，解决了C－276合金因焊接引起的晶间腐蚀问题。C－4合金具有显著的高温稳定性，当置于650～1040℃长期时效后，呈现良好的延展性和耐晶间腐蚀性能。在焊接热影响区可抵制晶界沉积的形成。在很多腐蚀环境下C－276合金和C－4合金的一般抗腐蚀性实质上是一样的，在强还原性介质像盐酸中C－276合金表现得更好一些，在高氧化性介质中C－4合金的耐蚀性更胜一筹。

在高氧化性环境下，仅含16%铬的C－276合金和C－4合金均不能有效地提供耐蚀性，这种缺点被其他合金的发展所克服，如C－22合金等。C－4合金开发后主要满足少部分欧洲用户的需求，目前只有在较老的设备中才看得到。

C－22合金是根据原子百分因子（APF）设计的，$APF = 4x(Cr)/[2x(Mo) +$

x(W)]在2.5~3.3之间，则合金在氧化性和还原性两种介质中都具有良好的耐蚀性。C-22合金的APF恰在其间，而且热稳定性和耐晶间腐蚀能力也较C-276合金有所改善。此外，C-22合金的耐点蚀和缝隙腐蚀能力优异，耐应力腐蚀能力也超过曾被认为最好的C-276合金。不过，它在强还原性环境中和在严重缝隙腐蚀条件下的表现就不如C-276合金，因为C-276合金中含有16%的钼。目前，C-22合金常应用于烟气脱硫系统腐蚀环境及复杂的制药反应器中。

C-2000合金是Haynes公司1995年的专利产品，是在合金59配方的基础上添加1.6%的铜而成的。Ni-Cr-Mo合金是以高Cr抗氧化性介质，以高Mo和W抗还原性介质。但由于冶金的局限性，想靠增加Cr、Mo、W的含量提高抗氧化性和抗还原性是不可能的。C-2000合金是为解决这一难题设计的。它与其他Ni-Cr-Mo合金的最大不同之处在于加入了1.6%的Cu，这使合金抗还原性介质腐蚀的能力得到极大提高。然而，铜的添加导致局部腐蚀抵抗力的大幅度下降，而且热稳定性也逊色于合金59。该合金的耐点蚀和缝隙腐蚀的能力优于C-276合金，成型、焊接、机加工特性与C-276合金相似。C-2000合金作为新一代产品提供了更大的安全使用范围，非常适合能延长设备寿命和试验新工艺的用户。

综上所述，C系合金耐蚀性的优缺点如表5-2所示。由表可见，虽然C-276合金不是耐腐蚀性能最完美的合金，但是，目前工业界对于C-276合金在高还原性腐蚀介质中优于C-22合金的认识，导致C-276合金再次风靡。现在，C-276合金仍然是应用最多的Ni-Cr-Mo合金。

表5-2 C系合金耐蚀性的优缺点

合　金	强还原性介质	高氧化性介质	焊接中晶间腐蚀	点蚀	缝隙腐蚀	应力腐蚀
Hastelloy C	较好	均匀腐蚀速率高	很敏感	较好	较好	较好
C-276	极好	较好	较好	很好	很好	很好
C-4	较好	很好	极好	较好	较好	较好
C-22	较好	极好	很好	很好	很好	极好
C-2000	极好	很好	较好	极好	极好	很好

5.1.1 C-276合金生产过程

因为C-276合金不含有铝、钛等活性元素，所以首选的主要熔化过程是空气熔化。这个过程所需的原料便宜，经济价值高。原材料首先在电弧炉（EAF）中熔化，然后将熔化的钢水转移到氩氧脱碳精炼炉（AOD）中，AOD底部吹氧使熔液维持液态。在“碳沸腾期”，氧与溶于钢液中的碳反应生成CO_2，放出大量的热量，并对控制熔液最终碳含量在0.01%以下起重要作用。在熔炼后期，少吹氧多吹氩，熔液呈还原性，使铬等被氧流氧化的元素从熔渣中还原到金属液中。在精炼末期，加Al以保持熔液温度并脱氧。在整个熔炼过程中，定期地抽样检查化学成分。

精炼完成后，将熔液转移到电渣炉中，用自耗电极进行电渣重熔（ESR）以得到最终铸锭。电渣重熔是在铜质水冷结晶器内进行的，其中装有高温高碱度的熔渣，一般为CaF_2、Al_2O_3和CaO的混合物。自耗电极、渣池、金属熔池、钢锭、底水箱通过短网导线和变压器形成回路。当很大的电流通过回路时，渣池靠本身的电阻加热到高温。自耗电极的顶部被渣池逐渐加热熔化，形成金属液滴。然后金属熔滴从电极顶部脱落，穿过渣池进入金属熔池。由于水冷结晶器的冷却作用，液态金属逐渐凝固形成铸锭。期间，用计算机控制电流、电压以及自耗电极的送入速度。

铸锭由下而上逐渐凝固，使金属熔池和渣池不断向上移动。上升的渣池在水冷结晶器的内壁上首先形成一层渣壳。这层渣壳不仅使铸锭表面平滑光洁，也起到保温隔热的作用，使更多的热量从铸锭传导给底部冷却水带走，这有利于铸锭的结晶自下而上地进行。由下而上的顺序凝固过程保证了重熔金属锭的结晶组织均匀致密，并有利于抑制偏析，控制结晶方向，获得趋于轴向的结晶组织。电渣重熔工艺能明显改善合金的热加工性和塑性，使夹杂物细小且均布，并因其凝固速度较慢可减少锭型偏析。完整的冶金过程如图5－1所示。

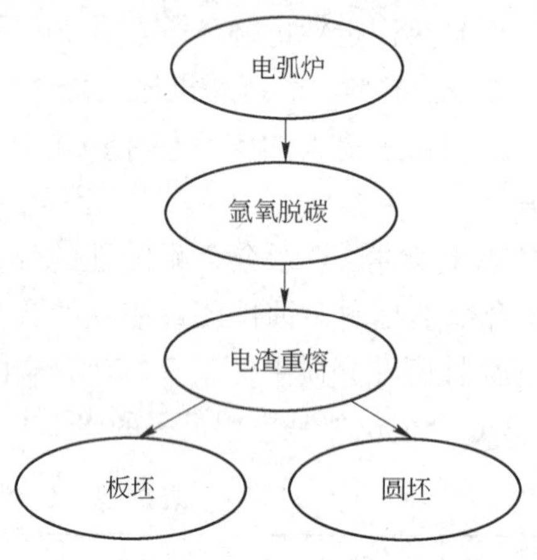

图5－1 C－276冶金过程

不过，该合金冶炼的主要难点是碳、硅及氮、氢、氧气体的控制，只在电弧炉中熔炼有时难以达到要求。更普遍的做法是采用真空感应冶炼，可更有效控制气体，缺点是提高了成本。目前，国外有的生产厂家已经实现了非真空大规模生产C－276合金，而国内对C－276合金的研究与生产还不太多。

5.1.2 C－276合金的性能

5.1.2.1 物理性能

C－276合金的密度为8.89g/cm^3，比热容为425J/(kg·K)，熔化温度范围1325～1370℃。其他性能参数如表5－3～表5－5[1]所示。

表5－3 平均动态弹性模量

来源	实验条件	测试温度/℃	平均动态弹性模量/GPa
板材	1121℃下热处理，快速淬火	室温	205
		316	188
		427	182
		538	176

表5－4 热导率

温度/℃	－168	－73	21	93	204	316	427	538
热导率/W·(m·K)$^{-1}$	7.3	8.7	10.2	11.0	13.0	15.1	17.0	19.0

表5－5 线膨胀系数

温度/℃	21～93	93～204	204～316	316～427	427～538
线膨胀系数/℃$^{-1}$	11.2×10^{-6}	12.0×10^{-6}	12.8×10^{-6}	13.2×10^{-6}	13.4×10^{-6}

由表5－3～表5－5可见，平均动态弹性模量随温度升高而降低，热导率和线膨胀系数均随温度升高而升高。

C－276合金热导率小，线膨胀系数大，焊接时产生较大的焊接应力，具有较高的热裂纹敏感性。所以应尽量降低焊接热输入量，减少焊缝金属的填充量，并设法使施焊区有利于散热，及降低焊接拘束度。

5.1.2.2 力学性能

A 拉伸性能

C－276合金可以锻造、热镦锻和冲挤加工。虽然该合金有较快的加工硬化倾向，但能很好地经受拉拔、深冲、压制成型及冲孔等。

C－276合金的拉伸试验结果如表5－6所示，材料是在1150℃退火并以水急冷。由表可知，屈服强度和抗拉强度均降低，伸长率则随温度升高而升高。

表5－6 拉伸性能试验值

试验温度/℃	屈服强度$\sigma_{0.2}$/MPa	抗拉强度σ_b/MPa	伸长率δ_5/%
－196	565	965	45
－101	480	895	50
21	415	790	50
93	380	725	50
204	345	710	50
316	315	675	55
427	290	655	60

此外，Haynes International 公司也对固溶后的试样做了大量详细的测试，结果如表 5－7 所示。可见，固溶后屈服强度和抗拉强度均降低，伸长率则有所升高。

表 5－7　固溶后的拉拔性能

试样来源	试验温度/℃	抗拉强度/MPa	屈服强度/MPa	伸长率/%
2.0mm 厚的带材	室温	792.2	355.8	61
	204	693.6	289.6	59
	316	681.2	247.5	68
	427	650.2	225.5	67
2.4mm 厚的带材	204	696.4	275.1	58
	316	673.0	231.0	64
	427	644.7	204.8	64
1.6～4.7mm 厚的带材	204①	695.0	290.3	56
	316②	668.8	259.9	64
	427②	655.0	239.9	65
	538②	613.0	233.1	60
4.8～25.4mm 厚的带材	204③	681.9	263.4	61
	316③	650.2	235.1	66
	427③	630.9	225.5	60
	538③	601.2	226.2	59
25.4mm 厚的带材	室温	785.3	364.7	59
	316	664.0	249.6	63
	427	653.6	210.3	61

① 25 次试验的平均值；

② 34～36 次试验的平均值；

③ 9～11 次试验的平均值。

B　冲击性能

对 C－276 合金进行冷变形加工会使其强度增加。在对其进行冲击试验时，U 形样采用 10mm 厚的板材（板材要经过退火处理），如果试样是采用焊接的试样，则在同样的温度范围内，它会显示出一定的柔韧性，这是由于焊缝的原因。板材冲击试验结果如表 5－8 所示。可见，室温以上时，合金的冲击强度受温度影响不大。

表5－8 板材冲击试验

试验温度/℃	－196	21	200
U形样的冲击强度/J	245	325	325

进一步处理试样，再测试其性能，结果如表5－9所示。可见，时效温度越高，时效时间越长，冲击强度下降得越厉害。

表5－9 进一步的板材冲击试验

实验条件	1121℃下固溶处理，快速淬火	260℃下时效100h	538℃下时效100h	538℃下时效1000h
－196℃下U形样的冲击强度/J	357	339	130	87

C－276合金和普通奥氏体不锈钢有相似的成型性能。但由于其比普通奥氏体不锈钢的强度要大，所以，在冷成型加工过程中会有更大的应力。此外，这种材料的加工硬化速度比普通不锈钢快得多，因此在广泛冷成型加工过程中，要采取中间退火处理。

C 耐蚀性能

C－276合金是镍－铬－钼合金，适合在氧化性与还原性之间波动的混合溶液中使用。C－276合金主要耐湿氯，各种氧化性氯化物，氯化盐溶液，混入铁离子Fe^{3+}、铜离子Cu^{2+}等强氧化性离子的盐酸、硫酸溶液以及氧化性盐，在低温与中温盐酸中均有很好的耐蚀性能。

a 均匀腐蚀

均匀腐蚀的特点是在某一腐蚀环境中金属的表面被大面积破坏，腐蚀速度均匀。均匀腐蚀具有可预见性，凭此可以估算设备的寿命。均匀腐蚀速率与腐蚀介质的浓度、温度及是否含有杂质有很大的关系。

在均匀腐蚀的情况下，金属的耐腐蚀率是用其腐蚀速度的倒数来衡量的，倒数值越大，耐蚀性越好。C－276合金在各种无机酸当中的腐蚀速率如表5－10所示。由表可见，C－276合金耐均匀腐蚀的能力是很强的，在各种高氧化性酸和强还原性酸中均具有良好的性能。

表5－10 C－276合金在酸中的均匀腐蚀

合金	腐蚀速率/mm·a^{-1}					
	5% HCl（79℃）	10% Br（79℃）	5% HF（52℃）	50% H_2SO_4（79℃）	40% HNO_3（沸腾）	60% H_3PO_4（沸腾）
C－276	0.75	0.51	0.34	0.26	4.42	0.28

b　局部腐蚀

局部腐蚀主要包括点蚀和缝隙腐蚀，点蚀发生在与介质接触的金属表面上，缝隙腐蚀发生在金属重叠部分、螺母垫片或某些残渣等沉积物和金属表面之间的缝隙处。局部腐蚀是不锈钢或 Hastelloy C 系列合金最常见的腐蚀失效形式之一，这种腐蚀形式比均匀腐蚀具有不可预见性，危险性更大。当均匀腐蚀还没被察觉时，点蚀可能已在金属全厚度上造成了穿孔。特别是在卤素（如 Cl^-）离子的环境中，经常可以看到点蚀和缝隙腐蚀的产生。

由于 C－276 合金含有较高的 Cr、Mo、W，因此该合金的耐点蚀和缝隙腐蚀的能力很强。C－276 合金在 29℃海水中的缝隙腐蚀数据如表 5－11 所示。由表可见，C－276 合金在海水环境中可被认为是惰性的，所以 C－276 合金被广泛地应用在海洋、盐水和高氯环境中，甚至在强酸低 pH 值情况下。

表 5－11　C 系合金在 29℃海水中的缝隙腐蚀

合　金	静止海水		流动海水	
	腐蚀裂纹数量	最大腐蚀深度/mm	腐蚀裂纹数量	最大腐蚀深度/mm
316L	2	1.80	2	0.32
625	2	0.11	2	<0.01
C－276	1	0.12	0	0

合金耐点蚀和缝隙腐蚀的能力可以用点蚀当量指数 PREN（Pitting Resistance Equivalency Number）来衡量，这个值越高耐蚀性越好。

点蚀当量指数 PREN 根据合金的化学成分由下式[2]计算出来，对标准成分的 C－276 合金来说，其点蚀当量指数为 45.35，表现不错：

$$PREN = w(Cr) + 1.5 \times [w(Mo) + w(W) + w(Nb) - 0.5w(Cu)]$$

各种金属对点蚀或缝隙腐蚀的抗力，也可以用该金属在某种特定溶液中发生点蚀或缝隙腐蚀的初始温度来衡量，这种温度分别称为点蚀临界温度 CPT（Critical Pitting Temperature）和缝隙腐蚀临界温度 CCT（Critical Crevice Temperature）。

在酸化氯化铁溶液（ASTM G－48）下测试 C 系合金的点蚀临界温度 CPT 和缝隙腐蚀临界温度 CCT，如表 5－12 所示。试验的最高限制温度为 85℃，若高于此温度溶液将因不稳定而分解。

表 5－12　C 系合金在酸化氯化铁溶液下的 CCT 和 CPT　（℃）

合　金	CCT	CPT	合　金	CCT	CPT
C－4	37	80	C－22	75	>85
C－276	45	>85	C－2000	>85	>85

为了更好地比较数据，需要采用比 ASTM G－48 试验溶液的腐蚀性更强的含

氧化性离子的酸性溶液即所谓的“死绿水”（11.9% H_2SO_4 + 1.3% HCl + 1% $FeCl_3$ + 1% $CuCl_2$）。试验结果如表5－13所示。

表5－13 C系合金在“死绿水”下的CPT

合 金	C－4	C－276	C－22	C－2000
CPT/℃	90	105	120	110

合金的抵抗局部腐蚀能力的强弱还可以用试样的最大缝隙侵蚀深度来评价，结果如表5－14所示。

表5－14 最大缝隙侵蚀深度

温度/℃	合 金	最大缝隙侵蚀深度/mm
103	C－4	1.6
	C－276	0.05
	C－22	0
125	C－276	1.04
	C－22	0.35
	C－2000	0.508

此外，秦紫瑞[3]指出，固溶处理后抗点蚀效果很好。随敏化处理时间延长，合金的耐点蚀性能下降。这是由于固溶处理能将大部分夹杂物、析出相溶入基体中，从而提高了合金的耐点蚀性能。

c 晶间腐蚀

晶间腐蚀（IGC）是一种常见的局部腐蚀，遭受这种腐蚀的合金，表面看来还很光亮，但经不起轻轻敲击便会破碎成细粒。由于晶间腐蚀不易检查，造成设备的突然破坏，所以危害性极大[4]，资料认为这类腐蚀约占总腐蚀类型的10%[5]。

Ni－Cr－Mo合金是为在500℃的水性溶液中应用设计的，一般情况下耐晶界腐蚀性能很好。但它可能要接受高温的影响，如焊接和不正确的热处理，焊缝金属或热影响区或母材析出金属相μ，这种现象叫敏化，在某些氧化性介质中敏化会加速晶间腐蚀。镍基合金一般具有中温敏化的特性。

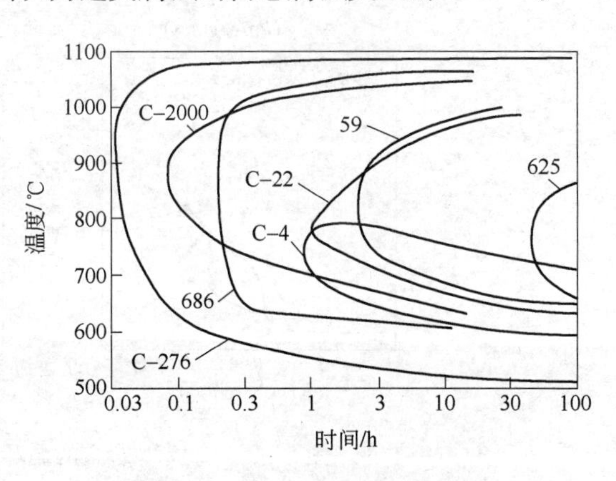

图5－2 时间－温度敏化曲线

图5－2为Ni－Cr－Mo合金

经870℃敏化后在ASTM G－28溶液（600mL 50% H_2SO_4 + 25g $Fe_2(SO_4)_3 \cdot H_2O$，24h，沸腾）的时间－温度敏化曲线，在曲线的右侧晶间腐蚀深度超过0.05mm，可以看出钨和铜在C族合金中对材料热稳定性方面的负面影响。

d　应力腐蚀

C－276合金中高含量的Ni和Mo使其对氯离子应力腐蚀断裂也有很强的抵抗能力，表5－15是不同合金在不同含氯离子溶液中的应力腐蚀断裂情况。

表5－15　氯离子应力腐蚀断裂试验

试验溶液	U形样试验时间和试验结果		
	316	AL－6XN	C－276
42% $MgCl_2$（沸腾）	失败（24h）	兼有（1000h）	抵抗（1000h）
33% LiCl（沸腾）	失败（100h）	抵抗（1000h）	抵抗（1000h）
26% NaCl（沸腾）	失败（300h）	抵抗（1000h）	抵抗（1000h）

D　电化学特性

综上所述C－276合金耐各种腐蚀的性能都很好，所以其电化学特性比较复杂。Zeky利用循环动电位极化曲线评价其耐蚀性能，具体如图5－3所示[6]。

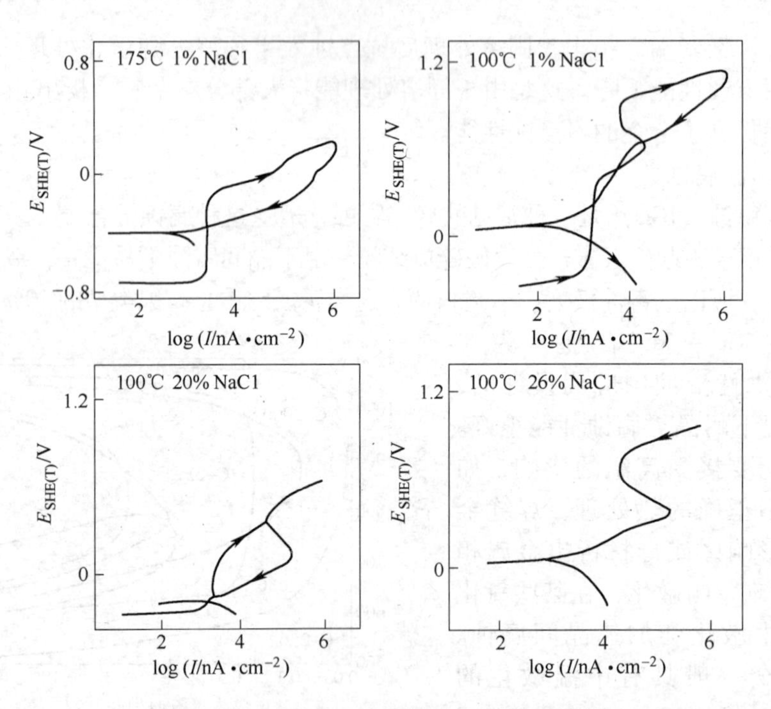

图5－3　C－276合金的循环动电位极化曲线

由图5－3可见，在高温区（175℃）合金显示出经典的滞后回线，电位先向上扫描至钝化破裂，再向下扫描到重新钝化。在这种条件下，由图可以准确读出破裂电位和再钝化电位。而当温度降到100℃时，极化曲线变得复杂，破裂电位和再钝化电位也无法轻易读出。例如当溶液为1% NaCl时，由于Mo和Cr的作用，合金并没有滞后回线。Mo使阳极氧化而在曲线下方产生过钝化区，Cr的氧化作用则使合金在曲线上方产生过钝化区。当溶液为20% NaCl时，电位向下扫描时Cr的作用表现出可逆性，在可逆区域下出现滞后回线。而当溶液为26% NaCl时，终止扫描，使电位在最高电位维持4h时，可逆情况依然类似，曲线出现时效特征。

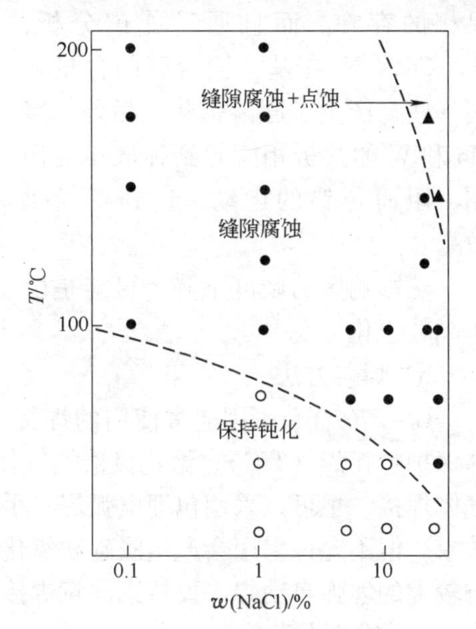

图5－4　C－276合金在NaCl溶液中的腐蚀情况

Zeky还由循环动电位极化曲线归纳出C－276合金在NaCl溶液中的耐蚀性能，如图5－4所示。由图可见温度低于100℃时，合金的耐缝隙腐蚀能力随NaCl溶液浓度上升而下降；温度在100～200℃之间，合金基本上只发生缝隙腐蚀，只有当NaCl溶液浓度高于10%时，才会同时有点蚀的发生。

E　焊接性能

a　焊接的影响

焊接会影响材料的耐蚀性，还可能会产生热裂纹现象。Ni、Cr、Mo等对保证焊缝金属的抗腐蚀性能是至关重要的，而C、P、S等杂质会增大C－276合金的晶间腐蚀倾向，也会增加焊接热裂纹倾向，所以应选择合适的焊材，例如适当提高焊材的锰含量，以提高对有害元素如磷的溶解度。通过在单相奥氏体焊缝中加入Mo、W、Ta、Mn、Cr、Nb等固溶强化元素，以达到提高焊缝的抗热裂和耐腐蚀能力。采用合适的焊接工艺手段，例如通过减小焊接热输入量、加快焊后冷却速度，使得焊缝和热影响区金属在敏化温度区间停留时间减短，从而减少σ相与Cr_6C的析出，以减小晶间腐蚀倾向。

焊接也会影响硬度。M. Ahmad在用电子束焊法焊接C－276合金时，发现熔融区（FZ）的硬度比成材的硬度高35%，热影响区（HAZ）的硬度则降低了5%～8%，如图5－5所示。

硬化效果可以通过固溶强化、析出强化、弥散强化、晶粒细化以及加工硬化等手段实现。研究认为，熔融区的硬化机制在于精细的片层结构以及微共晶相的存在。而且通过能谱分析，W、Co 和 Ni 在基体固溶区的含量要高一些，产生了固溶强化。另外，富 Mo 和 W 的共析相能起到弥散相的作用，阻碍位错的运动，达到了强化效果。

热影响区的硬度下降，可能是由于晶粒粗化。

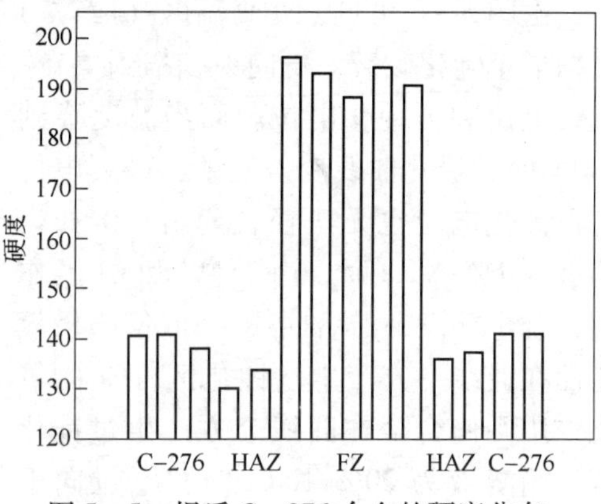

图 5－5　焊后 C－276 合金的硬度分布

b　焊接方法

C－276 合金可用通常使用的焊接方法中的任何一种来施焊，如钨极惰性气体保护电弧焊（TIG）、熔化极惰性气体保护电弧焊（MIG）、等离子弧焊等惰性气体焊接，也可以采用包埋电弧焊、手工钨极氩弧焊或电子束焊，均可达到满意效果。但不允许采用会产生浸碳和氧化的氧乙炔焊，也应尽量避免采用焊接热影响较大的埋弧自动焊。要特别注意焊接时采取一定的措施以防止过度热输入。

c　焊接材料

根据 ASME 相关标准规定，C－276 合金的焊接材料按表 5－16 选用。

表 5－16　焊接材料

母　材	美国焊接学会标准（AWS）型号	
	SMAW 焊条	GTAW 焊丝
Hastelloy C－276 与 Hastelloy C－276	ENiCrMo－4	ERNiCrMo－4
Hastelloy C－276 与碳钢或低合金钢	ENiCrMo－3 或 ENiCrMo－4	ERNiCrMo－3 或 ERNiCrMo－4

d　焊接工艺

采用手工钨极氩弧焊时，焊接工艺参数见表 5－17。

表 5－17　焊接工艺参数

焊接层次	焊接方法	填充金属		焊接电流 /A	电弧电压 /V	焊接速度 /mm·min⁻¹	电极	层间温度 /℃	氩气流量 /L·min⁻¹
		类别号	直径 /mm						
第一层	GTAW	ERNiCrMo－4	1.2	80～120	10～15	60～150	DC/SP	≤100	5～7
其余	GTAW	ERNiCrMo－4	1.2	90～140	10～15	60～150	DC/SP	≤100	5～7

5.2　C－276 合金的组织特征

耐蚀合金 C－276 的基体组织是 γ 相，一般在固溶态下使用，也可以在焊态下使用，但在某些工艺条件下即使低C、低Si的C－276也对晶间腐蚀较敏感。C－276合金在经过650～1090℃温度范围内长时间时效后不具备足够的热稳定性，会在晶界析出碳化物，使抗晶间腐蚀性能下降。要通过选择合理的热加工和热处理工艺获得良好的组织，进而提高合金的使用性能，就需要掌握相的析出规律，析出相行为与合金元素含量密切相关，因此具体工艺的制定也与合金元素的含量相关。要精确控制C－276合金的组织和性能，有必要在合金的成分变化与相的析出行为变化规律方面积累丰富的理论数据。

标准热处理态C－276合金（1121℃/0.5/WQ）的基本组织如图5－6所示（合金化学成分为：C 0.003%，Cr 15.51%，Mo 16.64%，Fe 5.67%，W 3.63%，余Ni）。从图5－6a可以看出，合金由基本均匀的等轴晶组成，平均尺寸约为100μm，而且晶粒内部有大量孪晶晶界，从图5－6b可以看出合金在标准热处理态的晶界和晶内均没有相的析出，由于耐蚀合金的使用状态为固溶态，合金的固溶处理对耐蚀合金性能存在很大的影响，参考国外耐蚀合金组织控制水平，研究国内研制的耐蚀合金的固溶处理制度。

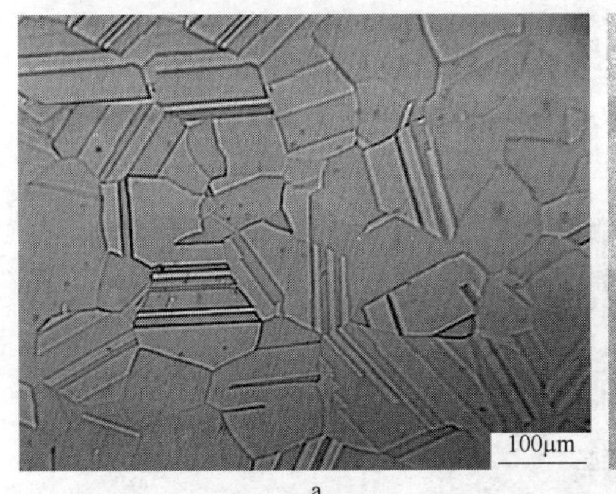

a

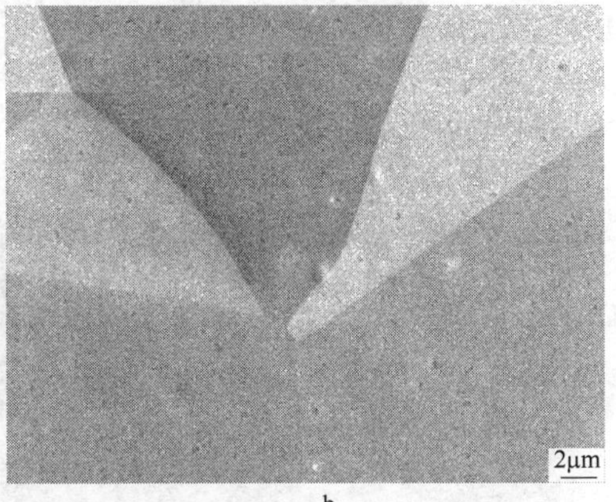

b

图5－6 固溶态C－276合金的显微组织

a—低倍组织；b—晶界的SEM形貌

C－276合金在使用过程中，尤其是在敏化温度区间内存在碳化物的析出，经研究发现碳化物中富Mo和Cr，其中包含一定的W。

为了研究时效过程中相析出规律，合金锻棒经固溶处理后分别在550℃、750℃、850℃和950℃进行时效处理，最长时间至2000h。后利用3g草酸＋100mL浓盐酸配比的溶液进行电解浸蚀（3V），用扫描电子显微镜（SEM）、能谱分析仪（EDS）和X射线衍射分析（XRD）研究试样组织情况，用Image－tool等图像处理软件统计相析出尺寸和数量等重要信息，分析不同成分试样的实际时效相析出行为。

合金固溶态及时效态的组织析出情况如图5-7所示。由图可见合金在处于使用状态时晶内基本上是没有任何析出的，但是在一定条件下时效后，μ相和碳化物均可能析出。

实验证明，550℃相对温度较低，合金在该温度下不容易析出。由图5-7可见时效300h后研究合金没有任何析出，直到时效时间超过1000h，才有零星细小的碳化物在晶界析出，且并未明显见到其他的析出相，例如μ相等。随着时间延长，碳化物并没有明显的长大和增多趋势，直到2000h后析出情况也无明显变化。因为550℃的时效温度较低，从热力学上来看相析出需要极其漫长的时间，对于C-276这种耐蚀性很好，特别是耐晶间腐蚀性能很好的合金来说，可以认为它在550℃以下使用时一般不会对相析出有敏感性。

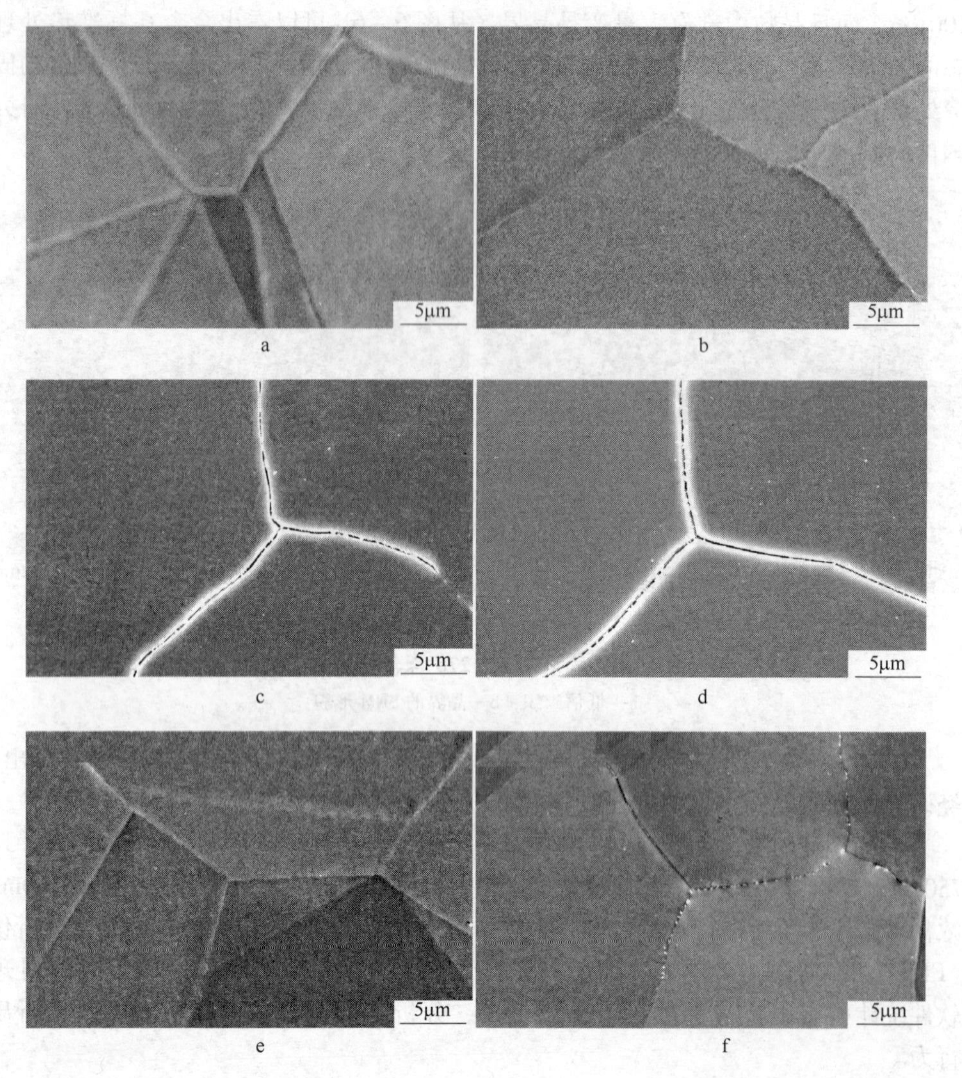

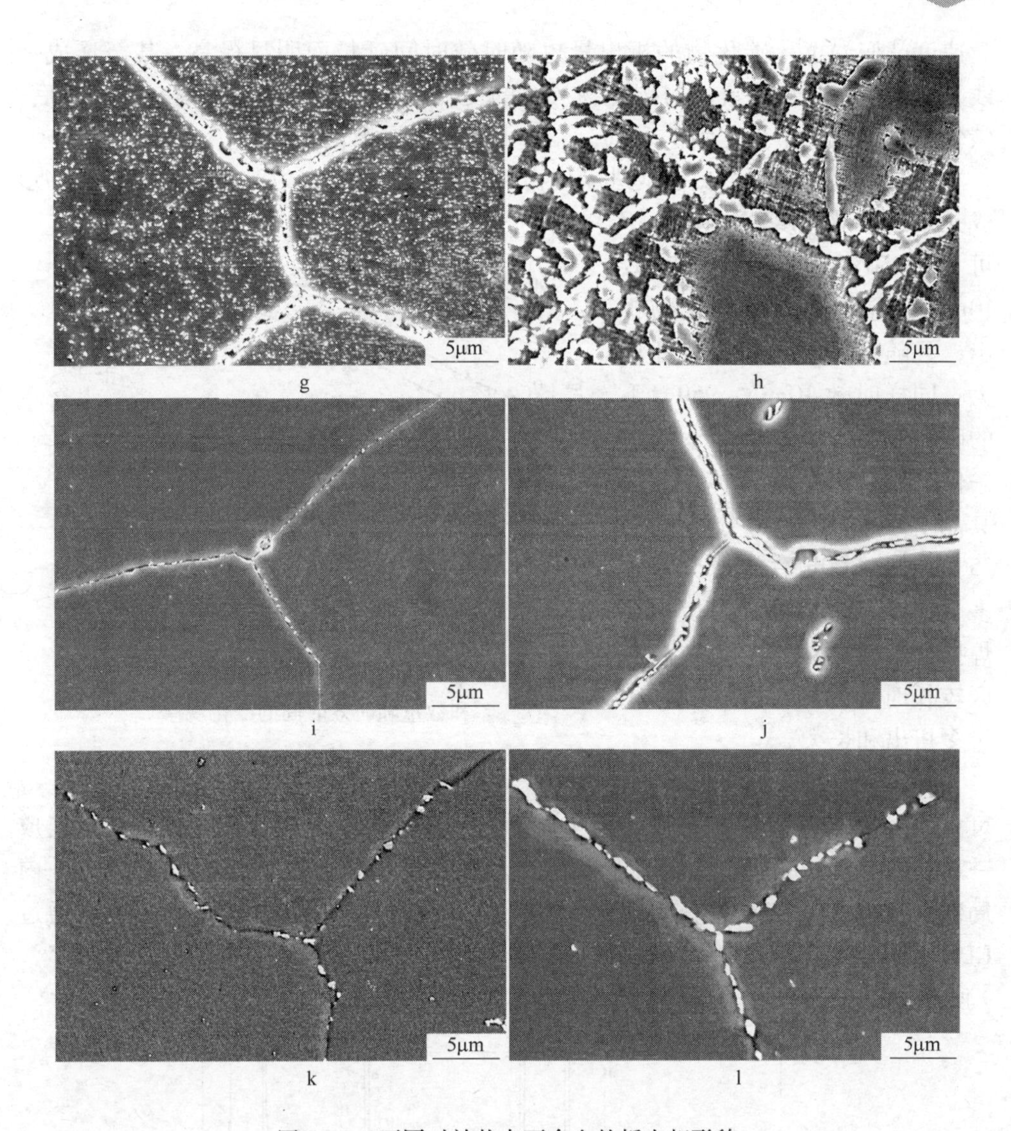

g h i j k l

图5-7 不同时效状态下合金的析出相形貌

a—固溶态；b—550℃，300h；c—550℃，1000h；d—550℃，2000h；e—750℃，10min；f—750℃，1h；g—750℃，300h；h—750℃，2000h；i—850℃，10min；j—850℃，1h；k—950℃，10min；l—950℃，1h

而在750~950℃温度范围内时效则观察到相的析出。750℃时效10min时并未有相析出，但1h后晶界上开始有极其细小的碳化物析出，呈颗粒状，长约0.3μm。随时间延长，碳化物析出增多并长大，300h后碳化物在晶界大量析出，紧密排列，几乎连成一线，长度也增至0.9μm，是1h时的3倍。时间继续增加，尺寸持续增长，不过长大速度减慢，这是因为时效初期碳化物长大的驱动力很大，而且碳化物颗粒表面积很小，所需克服的阻力也小，碳化物长大十分容易。过了很长时间后，碳化物已经长得很大，所需克服的表面能也大，阻力增加，长大速度就变慢了。碳化物的析出量也随时效时间延长而明显提高，甚至连成一线，速度也是先快后慢，与碳化物尺寸的变化规律类似，原因也是一样。最后，碳化物长大至严重粗化到1.5μm，晶界上析出也逐渐饱和。

与时间相比，温度更能促进碳化物的析出与长大，因为温度加速了碳化物形成元素的扩散速度。由图5-7可见，850℃和950℃下时效10min后晶界上就有碳化物析出，且随温度上升析出尺寸增大：同样时效10min，950℃下的碳化物尺寸比850℃下的大一倍，而且950℃下时效1h后其晶界上的碳化物分布就与750℃时效300h后的情况差不多（图5-8）。因此，使用或焊接合金时要注意避免在高温区较长时间停留，防止有害相过多析出和长大。

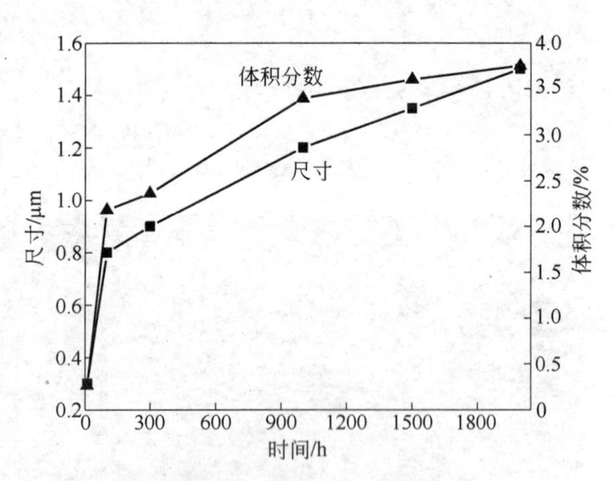

图5-8　750℃下碳化物的尺寸和数量随时效时间的变化规律

除了碳化物在晶界析出，长期时效后晶内还会有大量μ相产生。由图5-7可见，时效300h后，μ相在晶内明显析出；1000h后μ相几乎充分析出，连成一片；继续延长时间，析出增加缓慢，达到饱和状态。由于偏析的影响，晶内局部地区存在μ相异常长大现象，聚集态团状分布。析出相的识别和确定通过EDS（能谱）和XRD（X射线衍射）分析得出，X射线衍射分析结果如图5-9所示。

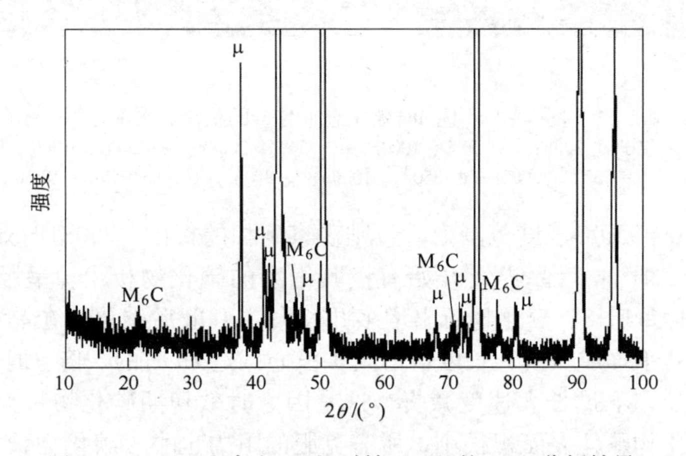

图5-9　C-276合金750℃时效2000h的XRD分析结果

5.3　C－276 合金锭均匀化

国内对 C－276 合金生产的研究还处于探索生产阶段，实际锻造中往往存在着开坯率低的情况，生产率低下。对原始铸件和开裂锻件进行组织分析，找出合金开裂原因，寻求应对措施。合金锭开坯后的组织及开裂情况如图 5－10 所示。

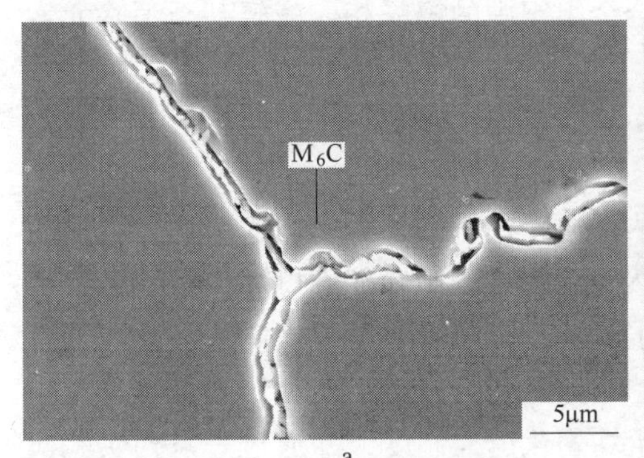

a

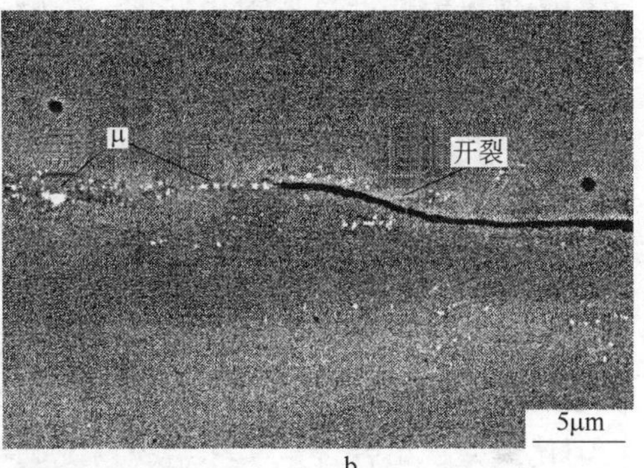

b

图 5－10　C－276 合金的组织特征

a—铸态；b—开坯后状态

由图 5－10 可见，合金铸态组织中只有沿晶界连续析出的碳化物，并未观察到其他晶内析出相。而在开坯后的组织中，在枝晶间及裂纹处还会出现一种颗粒状的富 Mo 析出相（EDS：43%（质量分数）Mo），确定为 μ 相。根据其析出位置，可以推测该相很有可能是枝晶间偏聚元素在变形中被诱发析出的。在本试验锻造组织观察中和其他文献报道都发现该相在热变形过程中很容易成为裂纹源，严重影响合金的热加工塑性。

对原始锻件进行组织分析发现，这种枝晶和析出相偏析的情况在合金中普遍存在，较为严重，如图 5－11 所示。这种组织不均匀性会加大合金开坯的开裂敏感性，对合金性能和锻造情况有很大影响。

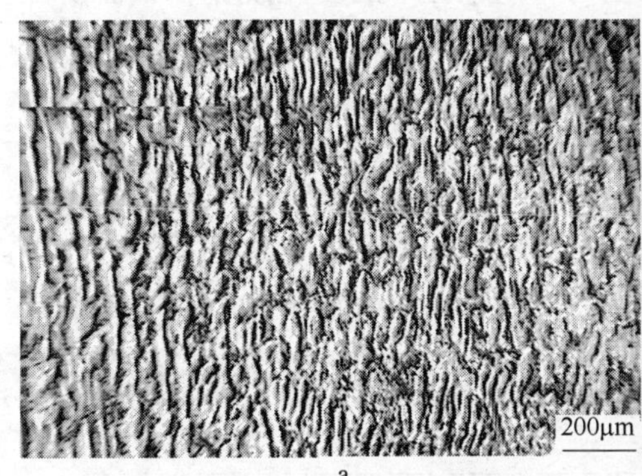

a

b

图 5－11　原始锻件的组织情况

大量合金元素和微量元素的加入，特别是大量 Mo 和 W 元素的存在，虽然会使合金化程度提高，耐蚀性明显提高，但也会使 C－276 合金具有较高的热变形抗力，而且使合金成分的不均匀性增大，容易导致在凝固过程中产生较严重的枝晶偏析；同时，Mo 和 W 等元素是 μ 相的主要形成元素，其偏聚富集易使合金在锻造过程中产生 μ 相，直接降低了合金的热加工塑性，诱发开裂。因此，在热加工前必须对铸锭进行均匀化处理，溶解合金组织中的第二相，减轻甚至消除元素偏析，从而提高其热加工塑性。

5.3.1　均匀化理论分析

一般情况下，均匀化制度的确立有两种途径：一是工程应用人员通过大量的实验和经验来选用均匀化退火工艺，虽然实验的方法比较准确可靠，但会耗费大量的人力、物力，不利于高效、低成本生产。二是采用数学建模的方法，能够有效地解决上述问题，对生产实践有一定的指导意义。本文正是利用相关理论建立均匀化模型，结合合金实际组织情况确定均匀化退火制度，并通过一系列实验检验均匀化效果，最终选定满意的均匀化工艺。

常用的确定均匀化制度的理论模型有两种，一种基于扩散动力学，一种基于残余偏析指数公式，两者都可以在已知原始偏析的情况下推测出达到均匀化所需要的温度以及相应的时间，并通过均匀化后元素偏析情况来评价均匀化工艺的合理性，从而达到指导制定均匀化工艺的目的。两种模型形式不尽相同，但实质是一样的，只是判定均匀化扩散退火完成的标准不同。

5.3.1.1　均匀化扩散动力学

加热温度和保温时间是制定均匀化退火制度的最重要的两个参数。Hillert 等研究表明，在具有显微偏析的铸态组织中，固溶体内部的合金元素含量比枝晶部分的含量低很多，各合金组元的浓度沿枝晶间分布大多呈周期性变化，这与本试验研究的结果相符。因此，研究合金组元在均匀化过程中的变化规律，只需研究相邻两枝晶间合金组元扩散规律即可。这种分布及其变化过程可近似用图 5－12 表示，图中 L 为基本波长（枝晶间距）；ΔC_0 为晶界与晶内合金元素含量差；$\overline{C}$为完全均匀化后合金元素的平均含量。当合金元素含量起伏波幅衰减为 1％ · ΔC_0 时，均匀化过程基本结束。

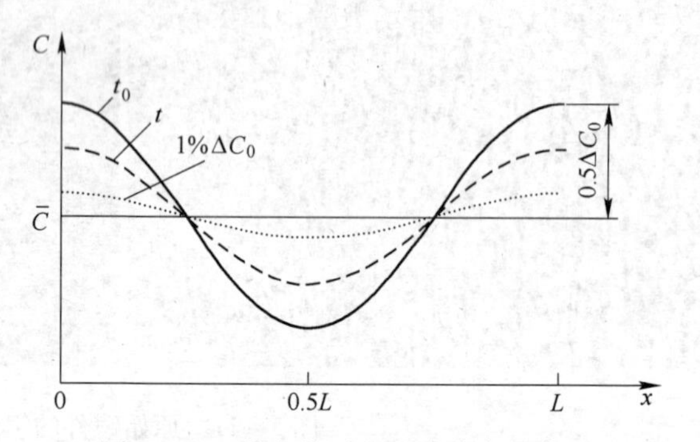

图 5－12　均匀化过程元素分布示意图

Shewmon 认为均匀化过程中合金元素的分布状态可用余

弦函数的傅里叶级数分量逼近：

$$C(x) = \overline{C} + A\cos\frac{2\pi x}{L} \tag{5-1}$$

式中，$A=\frac{1}{2}\Delta C_0$，$C(x)$ 表示 x 位置处元素的浓度。在式（5－1）逼近的分布状态中每一个基波分量均随加热时间按一定速度独立衰减，基波衰减函数可描述为：

$$C(x,t) = \overline{C} + \frac{1}{2}\Delta C_0\cos\left(\frac{2\pi x}{L}\right)\exp\left(-\frac{4\pi^2}{L^2}Dt\right) \tag{5-2}$$

式中，D 为合金元素在基体中的扩散系数；t 为均匀化时间。上式的余弦分布衰减规律可由衰减函数表示：

$$C(x,\ t) = \frac{1}{2}\Delta C_0\exp\left(-\frac{4\pi^2}{L^2}Dt\right) \tag{5-3}$$

在均匀化热处理过程中，当合金元素含量差衰减到$\frac{1}{100}\times\frac{1}{2}\Delta C_0$ 时，认为均匀化结束，则有：

$$\frac{1}{100}\times\frac{1}{2}\Delta C_0 = \frac{1}{2}\Delta C_0\exp\left(-\frac{4\pi^2}{L^2}Dt\right) \tag{5-4}$$

考虑到扩散系数与温度的关系为：

$$D = D_0\exp\left(-\frac{Q}{RT}\right) \tag{5-5}$$

式中，D_0 为与温度无关的常数；Q 为扩散激活能；R 为气体常数；T 为均匀化热力学温度。式（5－5）表明，随着温度的升高，扩散过程的速度大大加快。

将式（5－5）代入式（5－4）中，整理后得：

$$\frac{1}{T} = \frac{R}{Q}\ln(t) - \frac{R}{Q}\ln\left(\frac{4.6L^2}{4\pi^2 D_0}\right) \tag{5-6}$$

令 $P=\frac{R}{Q}$，$G=\frac{4.6}{4\pi^2 D_0}$，便得出均匀化动力学方程：

$$\frac{1}{T} = P\ln\left(\frac{t}{GL^2}\right) \tag{5-7}$$

对于给定成分的合金，P、G 为常数，只要给出铸锭的原始组织参量 L，即可作出铸锭加热转变的动力学曲线，由曲线可以直接读出不同条件下完成均匀化所需的温度和时间。但是，该方法判定均匀化结束的标准比较严苛，只有当合金元素含量起伏波幅衰减为1%$\cdot\Delta C_0$ 时才认为均匀化过程基本结束。而在实际生产中，往往不需要如此严格的限制条件。

5.3.1.2 残余偏析指数

如前所述，枝晶元素浓度分布近似符合余弦分布，这种浓度的变化可以用如下的公式表述：

$$C(x) = \overline{C} + \frac{1}{2}\Delta C_0 \cos\frac{2\pi x}{L} \tag{5-8}$$

对枝晶组织进行均匀化处理时，在给定温度下其浓度随着时间和位置按下列规律变化：

$$C(x) = \overline{C} + \frac{1}{2}\Delta C_0 \cos\frac{2\pi x}{L}\exp\left(-\frac{4\pi^2}{L^2}Dt\right) \tag{5-9}$$

为了更清楚地表明扩散结果，同时也为了计算方便，用δ来表征合金中元素的偏析程度，只取浓度最高点和最低点，即$x=0$和$x=\frac{L}{2}$，这时式（5－9）变为：

$$\delta = \frac{C_{max} - C_{min}}{C_{0max} - C_{0min}} = \exp\left(-\frac{4\pi^2}{L^2}Dt\right) \tag{5-10}$$

式中，δ为残余偏析指数；C_{max}、C_{min}分别为经均匀化处理后的最高浓度和最低浓度；C_{0max}、C_{0min}为原铸态的最高和最低浓度值。从式（5－10）中可以看出，偏析指数δ与元素的扩散系数、枝晶间距和均匀化时间等参量有关。

在实际生产中，一般认为当$\delta=0.2$时，可视为均匀化结束。为了方便本文计算均匀化制度，借鉴均匀化扩散动力学的算法，将$\delta=0.2$和式（5－5）代入式（5－10），整理得到：

$$\frac{1}{T} = \frac{R}{Q}\ln(t) - \frac{R}{Q}\ln\left(\frac{1.61L^2}{4\pi^2 D_0}\right) \tag{5-11}$$

令$P'=\frac{R}{Q}$，$G'=\frac{1.61}{4\pi^2 D_0}$，便得出以残余偏析指数为基础的均匀化制度计算公式：

$$\frac{1}{T} = P'\ln\left(\frac{t}{G'L^2}\right) \tag{5-12}$$

利用此公式，结合C－276合金试样实际的枝晶间距和主要偏析元素的扩散系数，就可以较为准确直观地预测出合金达到工业上要求的均匀化程度所需的温度和时间，方便易行。

5.3.2　合金铸锭的组织分析

在各合金铸锭边缘、铸锭半径的1/2处（$R/2$）以及铸锭中心位置分别取20mm×20mm×20mm的方形试样，经机械打磨抛光，利用3g草酸＋100mL浓盐酸配比的溶液进行电解浸蚀（3V）后在光学显微镜（OM）和扫描电子显微镜（SEM）下观察组织形貌，并用能谱分析仪（EDS）分别在枝晶间和枝晶干处取点测量元素含量，每个试样测10点，取其平均值，得到试样内元素浓度分布，明确偏析情况。

将铸锭 $R/2$ 处的方形试样切成 10mm × 10mm × 20mm 的小块，进行均匀化实验，温度选择为1120℃、1150℃、1170℃和1200℃，最长时间至70h。然后进行组织观察和成分测试以确定均匀化的效果。

原始铸锭的组织情况如图5－13所示。由图可见原始铸锭中存在着枝晶组织。由于铸锭冷却过程中不同部位冷速不同，不同位置枝晶间距不尽相同。利用Image－tool软件，测得试样中心、$R/2$ 及边缘处的平均枝晶间距，如表5－18所示。

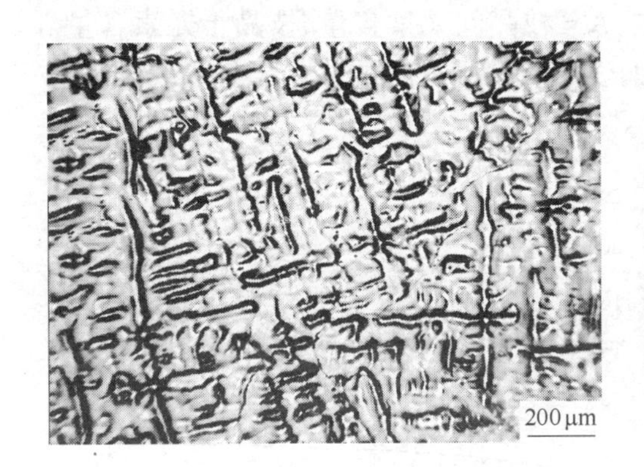

a

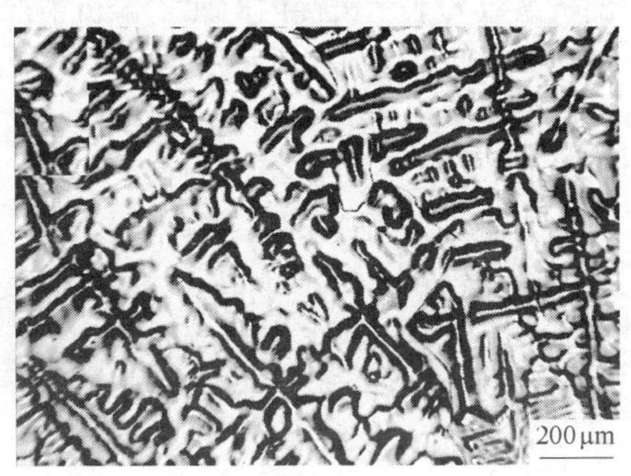

b

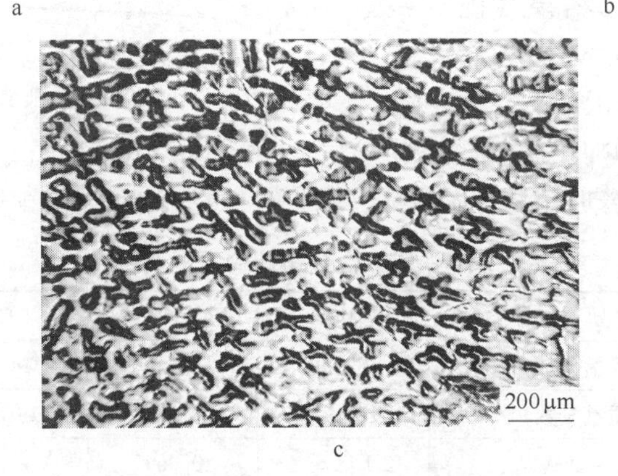

c

图5－13　合金铸锭的枝晶分布

a—铸锭中心；b—$R/2$；c—边缘

表5－18　合金铸锭的枝晶间距　（μm）

位　置	一次枝晶间距	二次枝晶间距
中心	106.1	25.8
$R/2$	117.0	30.2
边缘	64.0	22.3

可见枝晶间距：$R/2$处＞中心＞边缘。这是因为合金铸锭在凝固时，边缘首先受到强烈的激冷，温度梯度很大，冷却速度最快，加上模壁对形核的促进作用，迅速形成一层细小等轴晶。铸锭中部液体温度大致均匀，形核长大也生成等轴晶区。而在铸锭$R/2$处，由于模壁与金属分离，金属收缩又产生空隙，加上结晶潜热的作用，冷却速度迅速减小，形核率下降，此时垂直于模壁方向散热最快，各晶粒充分地以枝晶形式伸向液相中成长，所以此处树枝晶最为发达。因此，边缘处枝晶最为细小，而$R/2$处枝晶间距最大。

利用能谱分析仪分别测得各试样枝晶间和枝晶干处各元素的平均浓度，并用偏析系数K表示铸锭内的元素偏析情况，K＝枝晶间元素含量/枝晶干元素含量。K值越接近1表示偏析程度越小，结果如表5－19所示。可见，合金中最主要的元素偏析来自Mo元素，K_{mean}值大于1，表示其主要富集于枝晶间。合金在凝固过程中的溶质再分配是产生偏析的根本原因。利用Thermal－calc软件中的Scheil－guller模型模拟计算非平衡凝固过程中元素随温度和液相含量变化的再分配规律，其结果（图5－14）与表5－19的实验结果基本一致，Mo和Cr为正偏析元素，随着液相体积的减少，它们在液相中的含量呈快速增加趋势，在凝

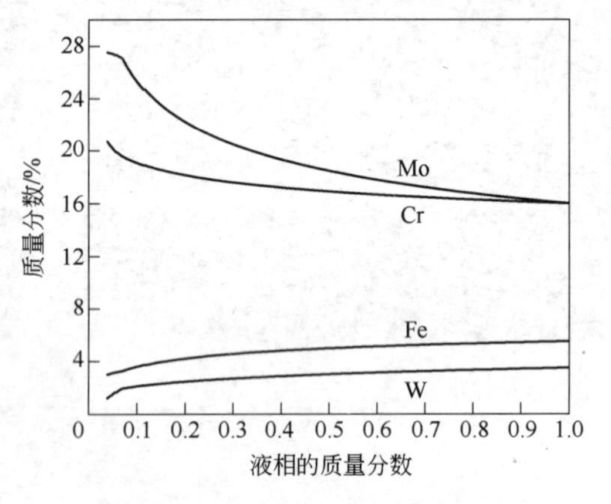

图5－14　C－276合金凝固过程中元素的再分配规律

表5－19　合金铸锭的元素偏析

偏析情况		Mo	W	Cr	Fe
中心	枝晶间（质量分数）/%	18.240	3.920	14.02	5.300
	枝晶干（质量分数）/%	14.877	4.063	13.770	5.730
	偏析系数K	1.226	0.969	1.018	0.925
$R/2$	枝晶间（质量分数）/%	18.165	3.955	13.800	5.245
	枝晶干（质量分数）/%	14.215	4.160	13.585	5.825
	偏析系数K	1.278	0.951	1.016	0.900
边缘	枝晶间（质量分数）/%	17.910	3.955	13.783	5.285
	枝晶干（质量分数）/%	14.742	3.983	13.700	5.590
	偏析系数K	1.215	0.993	1.006	0.945
平均偏析系数K_{mean}		1.240	0.969	1.013	0.924

固的最后阶段含量最高，偏聚于液相最后凝固区域，即枝晶间；W 和 Fe 作为负偏析元素则偏聚于枝晶干。铸锭边缘和中心大多均为等轴晶区，而 *R*/2 处枝晶最为发达，阻碍了凝固时液体的均匀流动，所以此处偏析最为严重。Mo 元素的熔点高密度大，在 C－276 合金中具有最高的质量分数，同时偏析程度相对最大，而且由 Thermo－calc 软件配套的 DICTRA 动力学软件计算得知，温度相同时，Mo 的扩散比同样含量较高的 Cr 困难，例如 1220℃时，Mo 的扩散系数为 1.4×10^{-14} m^2/s，Cr 的扩散系数则为 $1.7\times10^{-14}m^2/s$，即 Cr 元素更容易扩散均匀。W 和 Fe 虽然较 Mo 而言扩散困难，1220℃时扩散系数分别为 $3.1\times10^{-15}m^2/s$ 和 $6.7\times10^{-15}m^2/s$，但这两者都在 C－276 中含量很少，偏析也不严重，因此在制定均匀化制度时需要以 Mo 元素的扩散情况为基准。从数值上看，其实 Mo 的偏析程度并不算严重（$K_{mean}=1.199$），但是，考虑到其在加工过程中会优先形成 μ 相从而严重影响加工塑性，所以必须加以消除。

5.3.3 均匀化制度

使用 Thermo－calc 软件和 DICTRA 动力学软件包可以计算求得 Mo 在 C－276 合金中 1000～1350℃下的 $D_0=3.64\times10^{-6}m^2/s$，$Q=239.9kJ$。结合公式（5－12），得到以残余偏析指数为基础的均匀化动力学曲线，如图 5－15 所示。

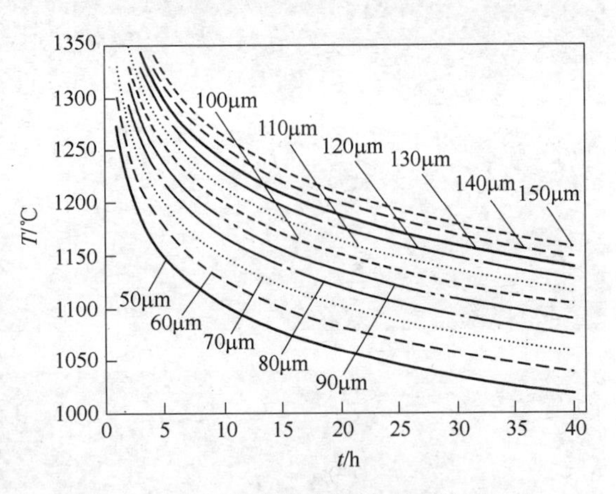

图 5－15 残余偏析指数模型计算得出的 C－276 合金均匀化动力学曲线

由图 5－15 可见，一定枝晶尺寸情况下，随着均匀化温度升高，均匀化时间逐渐缩短；一定均匀化温度下，枝晶尺寸越大，均匀化所需时间越长；一定均匀化时间情况下，枝晶尺寸越大，所需要的均匀化温度越高；随着均匀化温度的升高，均匀化时间逐渐缩短。

在选择均匀化温度时一般要低于初熔点的温度而高于有害析出相的析出温度。一方面温度不能过低，既要消除已有有害相，又要避免锻造时产生新的有害相，同时也不能时间过长增加生产成本。另一方面，温度也不能太高，否则晶粒过于粗大甚至熔化也会影响后期的热加工。依据上面相图计算得知 C－276 合金的熔点为 1360℃，碳化物 M_6C 在 1082℃开始析出，μ 相的开始回熔温度也只有 1109℃。但是文献指出，μ 相很难完全消除，需要远高于其熔点的温度，实验证明在高于 1165℃时才能基本消除 μ 相[7]。所以均匀化温度应考虑在 1165～1360℃之间。

因此通过综合考虑选择 1170℃和 1200℃两个均匀化温度，根据 C－276 合金的平均枝晶间距最大部位 $R/2$ 处 $L = 120.5\mu m$，按图 5－15 可以读出分别需要约 20h 和 15h。为了对比均匀化效果，添加两个温度下 10h 的制度为对比实验。同时，为了验证 1165℃以下合金在热处理过程中 μ 相的析出，在 1120℃和 1150℃也进行了均匀化实验，比较合金析出情况和均匀化效果。

5.3.4 均匀化效果

均匀化后合金中相的析出情况如图 5－16 所示。在 1165℃以上进行热处理时，合金各自在四种均匀化方案下均将碳化物完全回溶，且没有其他相析出，均匀化效果良好。而在 1165℃以下进行均匀化时，合金在各方案下虽然将碳化物完全回溶，但是均存在不同程度的 μ 相析出，随着时间延长，μ 相数量减少，却没有完全消除，因此应该避免在 1165℃以下进行均匀化。

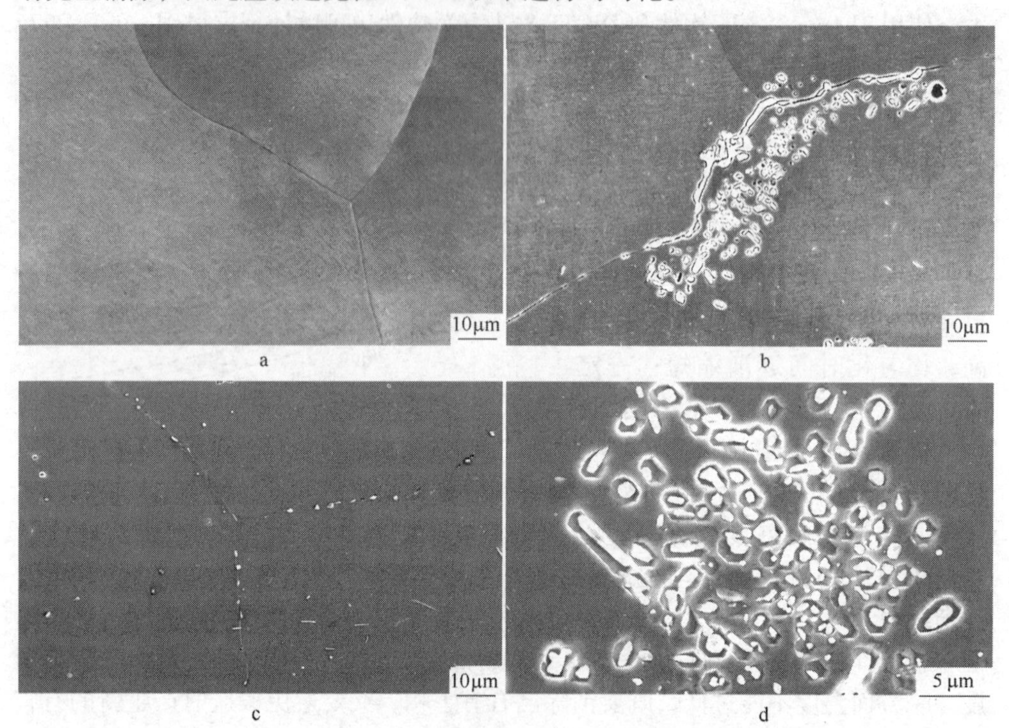

图 5－16 均匀化后的组织特征

a—1170℃加热 10h；b—1120℃下加热 10h；c—1120℃下加热 70h；d—1120℃下加热 10h 时的放大图

经过 4 种 1165℃以上均匀化处理后的合金铸锭的枝晶和元素偏析情况以及晶粒尺寸如表 5－20 所示。可以看出，结果表现出的规律基本符合动力学计算的结果，温度越高，时间越长，枝晶和元素偏析消除的程度越高，而且温度的影响比时间更大。其中 1170℃/20h 和 1200℃/15h 即按残余偏析指数模型计算出的均匀化制度效果比较理想，而 1170℃/10h 和 1200℃/10h 的均匀化效果相对较差，虽然枝晶已经大幅减少，但还未彻底消除，均匀化不完全，与原先的理论设想一致。由于计算时依据的只是一次枝晶间距，而且目标残余偏析指数设定为 0.2，所以最终得到的组织都还不同程度地存在残余枝晶，但实测结果显示残余偏析指数实际均已降至很低水平，基本已经可以达到改善热加工塑性的目的。由图 5－16 还可得知，碳化物的回溶比枝晶的消除容易得多。例如热处理 10h 后枝晶还没完全消融，但碳化物却已回溶干净。

表 5－20　合金经不同均匀化方案处理后的组织及偏析情况

均匀化制度	1170℃/10h	1170℃/20h
组　织	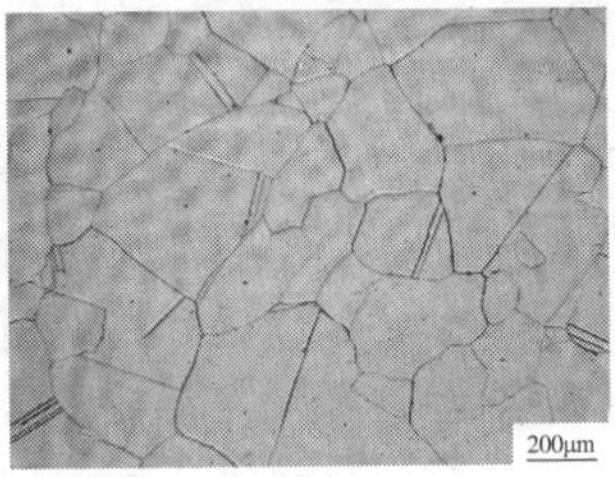	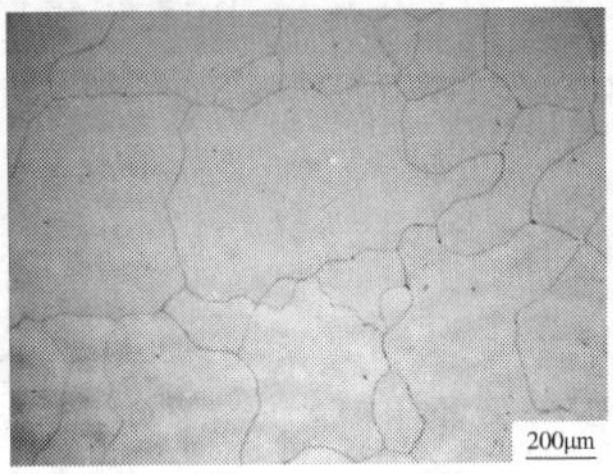
平均偏析系数	1.021	1.016
残余偏析指数	0.093	0.080
晶粒尺寸/μm	239.537	320.652
均匀化制度	1200℃/10h	1200℃/15h
组　织	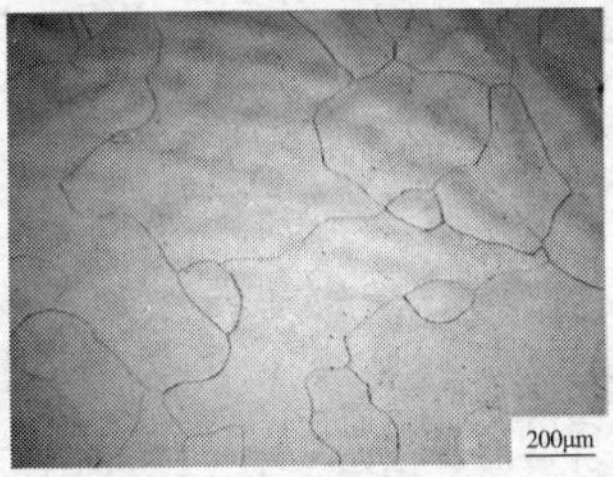	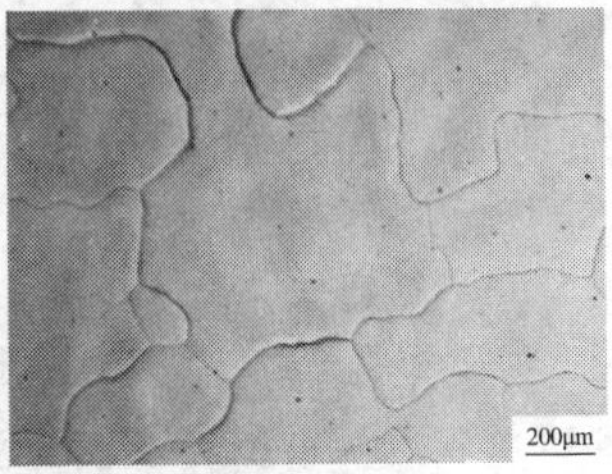
平均偏析系数	1.017	1.007
残余偏析指数	0.087	0.041
晶粒尺寸/μm	272.003	379.609

另一方面，不同的均匀化制度下，合金的晶粒尺寸也有所不同，而且随温度升高，时间增长，晶粒长大的幅度也比较明显，最大的接近 380μm。这些区别可能会成为残余偏析程度之外影响热加工塑性的另一因素。

5.4　热加工塑性

将经最合适的均匀化制度处理过的合金铸锭加工成 ϕ8mm × 12mm 的圆柱试样，在热模拟试验机上进行热模拟压缩实验。为了模拟可能存在的锻造加工区间，在 1100℃、1125℃、1150℃、1175℃、1200℃、1225℃和1250℃下，分别以 0.1s^{-1}、1s^{-1}、10s^{-1}的变形速率压缩 30%，具体实验方案见图 5－17。观察压缩后试样的开裂情况和内部组织情况，研究变形参数对热变形组织的影响，同时建立高温压缩变形的流变应力方程。

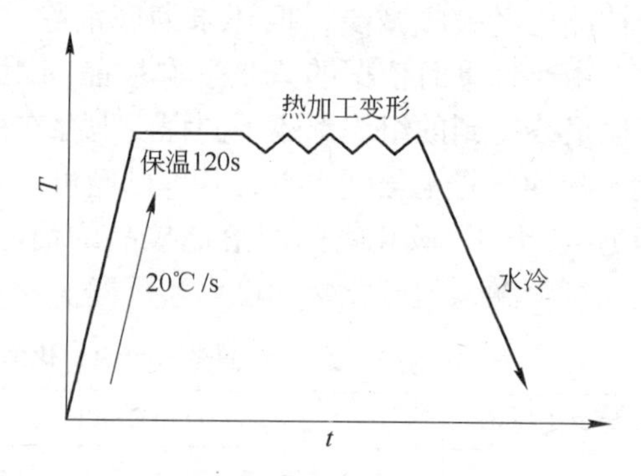

图 5－17　热模拟实验方案

采取均匀化处理的目的就是改善铸锭的热加工性，不同的均匀化实验后得到不同的组织形态，需要进一步通过模拟热加工实验来检验其效果的好坏。利用 Gleeble 试验机对合金的原始试样和均匀化后试样进行 1150℃下变形速率为 10s^{-1}，变形量为 30% 的热压缩试验，来模拟合金的空气锤快锻过程。压缩后各试样外形如图 5－18 所示。

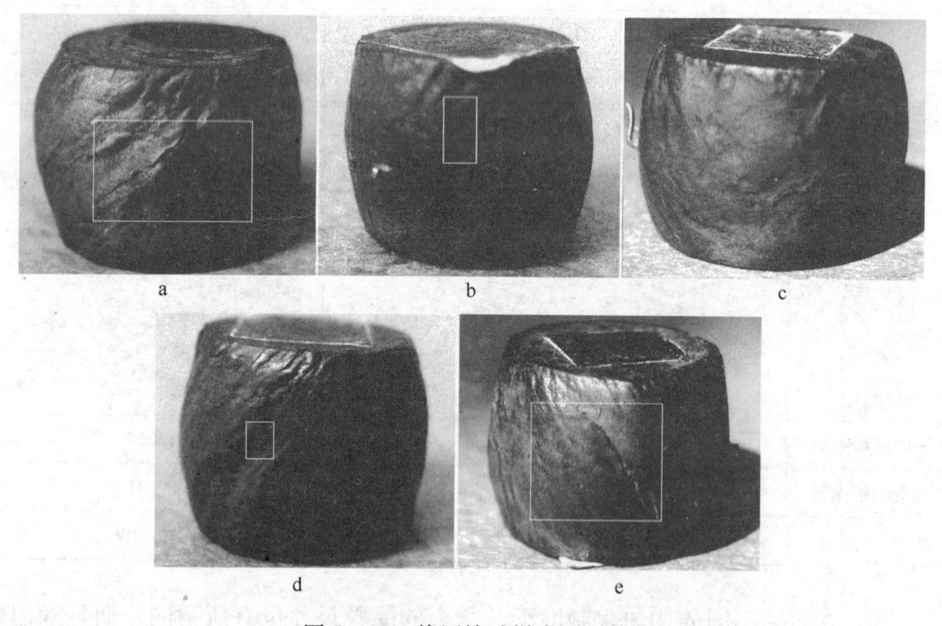

图 5－18　热压缩试样表面形貌

a—未均匀化试样；b ~ e—均匀化后试样，制度分别为：
1170℃/10h、1170℃/20h、1200℃/10h、1200℃/15h

由图5－18可见，未经均匀化处理的试样出现了明显的开裂，而经4种均匀化试验后的试样的塑性有了一定的改善，尤其是1170℃/20h处理后的试样表面较光滑，也没有开裂。其他3个试样都发生了不同程度的开裂，但不如未均匀化的严重，说明消除枝晶和成分偏析可以改善合金的热加工塑性。值得注意的是，表5－20中1200℃/15h后试样的残余偏析程度最小，枝晶消融度也最高，理应具有最好的塑性，但是由图5－18可以看到，其表面却出现了较明显的长裂纹（表面裂纹用方框标出），而且表面扭曲也比较严重。结合表5－20中的组织特征可以判断这一现象很可能是由晶粒过分长大造成的，个别晶粒甚至达到了1mm左右，这势必造成塑性急剧下降。

对试样裂纹处进行显微组织分析，如图5－19所示。由图可以看到，虽然消除偏析后变形已无有害相产生，但是裂纹多沿大晶粒的晶界扩展。这是因为在一定的体积内，细晶粒金属的晶粒数目比粗晶粒金属的多，因而塑性变形时位向有利的晶粒也较多，变形能较均匀地分散到各个晶粒上；又从每个晶粒的应变分布来看，细晶粒时晶界的影响区域相对加大，使得晶粒心部的应变与晶界处的应变的差异减小，所以较细的晶粒可以使变形力均匀地分散。而大晶粒由于变形不均匀性会引起应力集中，从而在更小的变形量就引发金属断裂。

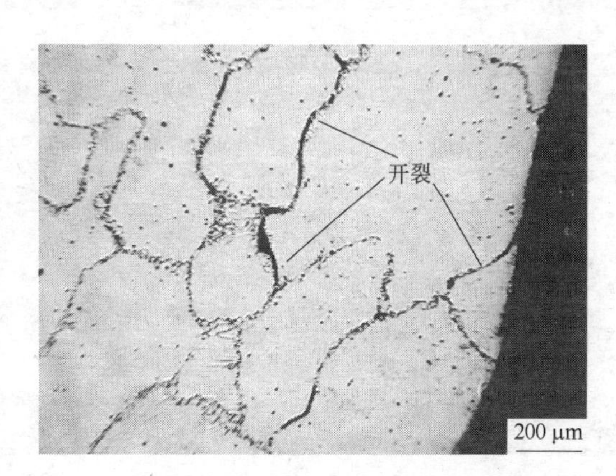

图5－19 Gleeble开裂试样组织

热压缩试样金相组织照片如图5－20所示，可见各试样均发生了不完全再结晶，均匀化温度越低，时间越短，原始晶粒越小，再结晶进行得越充分。因为细小的原始晶粒的加工硬化能力更高，使材料变形内的贮能更易达到形成再结晶核心。同等条件下，原始小晶粒的试样再结晶相对更充分。此外，原始晶粒越大，再结晶晶粒的均匀度越差，而且未完全均匀化的试样再结晶晶粒大小比基本均匀化的不均匀，混晶情况更为严重，降低了合金的加工性和使用性。同时，原始晶粒越大，再结晶晶粒的均匀度越差，而且未完全均匀化的试样再结晶晶粒大小比基本均匀化的不均匀，混晶情况更为严重，降低了合金的加工性和使用性。

综上所述，在制定均匀化制度时不能单纯追求枝晶和成分偏析消除的程度。如果均匀化温度过高或时间过长造成晶粒过大同样也会影响到加工塑性。当然，如果偏析消除程度不够也不能达到均匀化的效果，例如1170℃和1200℃下10h后的试样也发生了表面开裂。既要尽量保证合金的均匀性，也要控制原始晶粒大

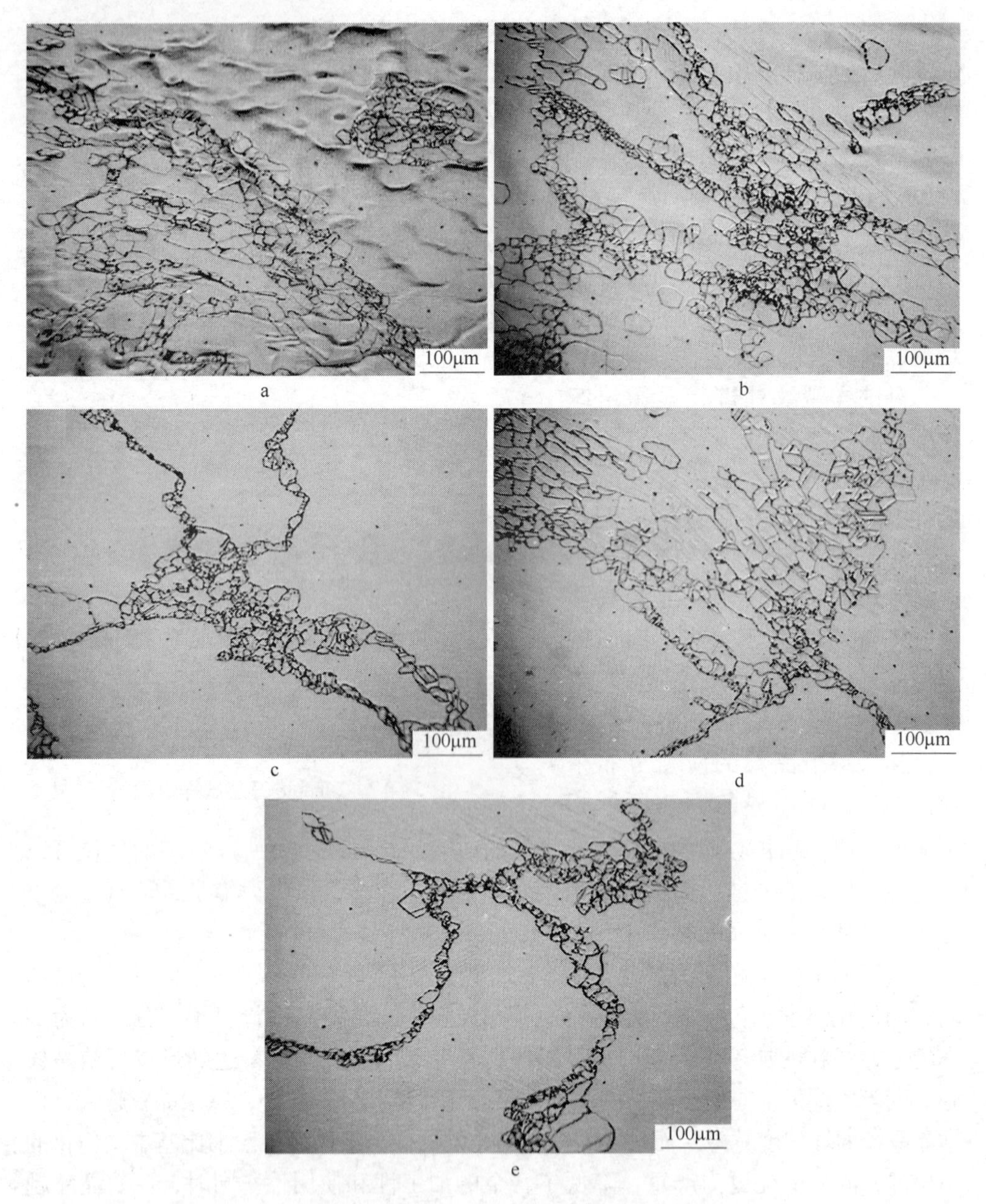

图 5－20 热压缩试样金相组织

a—未均匀化试样；b～e—均匀化后试样，制度分别为：
1170℃/10h、1170℃/20h、1200℃/10h、1200℃/15h

小，因此综合考虑均匀化后试样的组织情况和恒温压缩后试样的开裂情况，在现有的锻造工艺制度下，认为 1170℃下 20h 是针对 C－276 合金较为理想的均匀化制度。

在均匀化处理工艺中，温度是最关键的因素。图 5－21 给出了当枝晶间距为

120μm 时，不同时间下 Mo 元素的偏析系数 δ 与均匀化退火温度的关系曲线，由图可以看出，温度较低时，元素扩散不快，δ 降低得不是特别迅速；随着温度的升高，δ 下降加快，均匀化明显加速进行；到了一定高温以后，δ 降低得又不明显了，因为此时 δ 已经达到了一个很低的水平，均匀化基本结束。从理论上说，温度是通过控制扩散系数而影响扩散过程的。扩散系数与温度呈幂指数关系，而 δ 又和扩散系数呈幂指数关系，故改变温度可以明显地改善扩散效果。

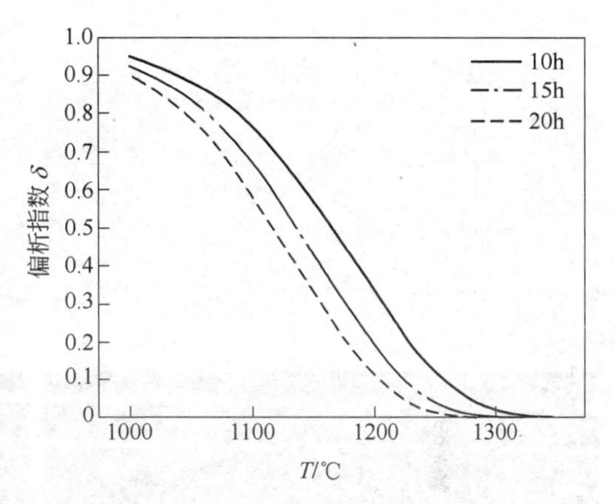

图 5－21　不同时间下 δ 与均匀化温度的关系

均匀化实验也证明了这一点，如图 5－22 所示为合金在各种均匀化温度下热处理 10h 的组织情况，可见温度越高，枝晶消融情况越好，而且当温度低于 1165℃时，合金中还存在大量的 μ 相，温度高于 1165℃时，μ 相不会出现。

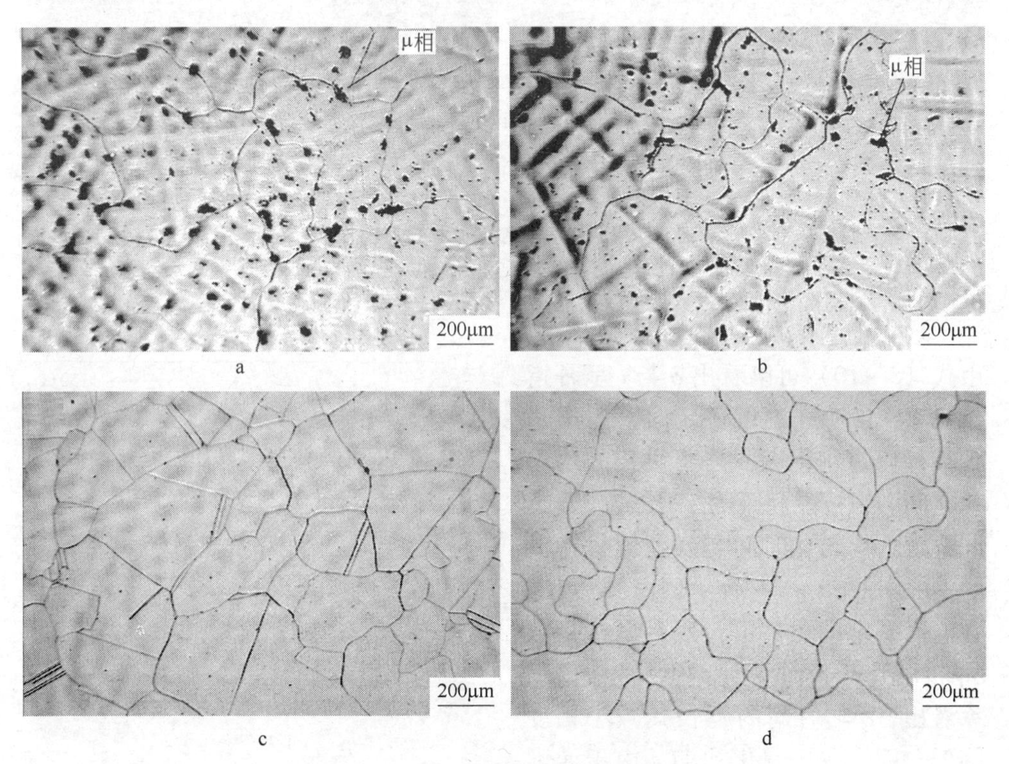

图 5－22　均匀化 10h 后的组织情况

a—1120℃；b—1150℃；c—1170℃；d—1200℃

此外，在各种温度下均匀化，当扩散退火基本完成时，温度越高的制度下合金的均匀化效果越好，如图5－23所示。

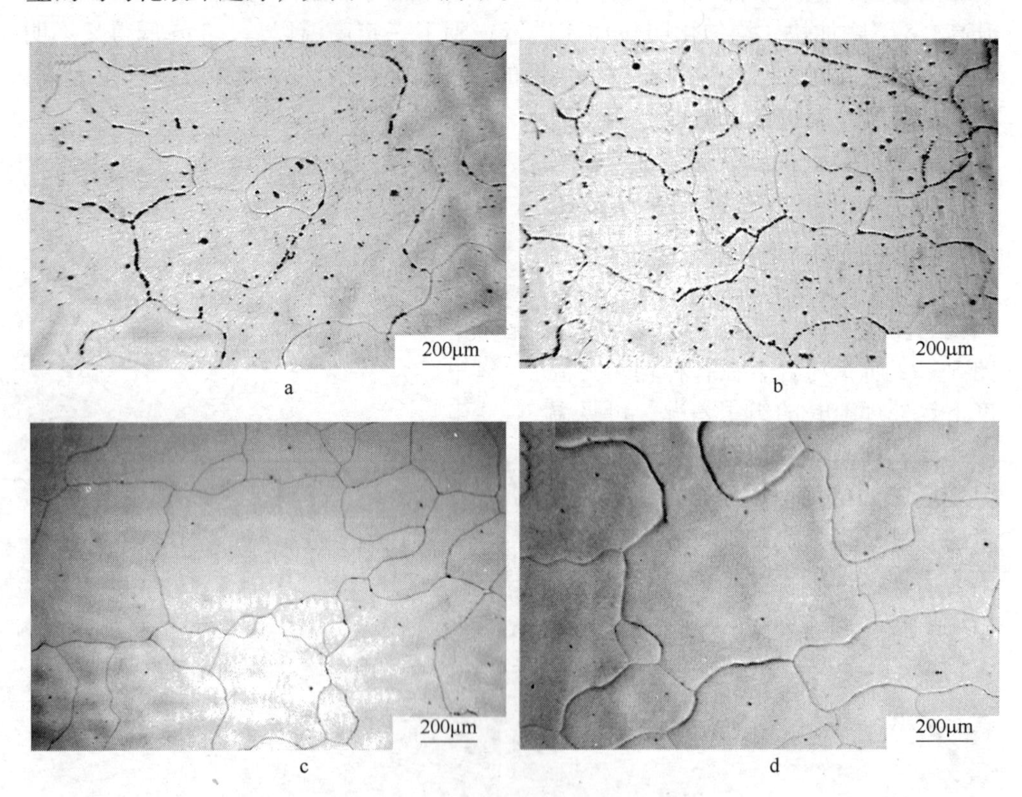

图5－23　均匀化完成后的组织情况
a—1120℃；b—1150℃；c—1170℃；d—1200℃

均匀化过程的另一个参数是时间，由式（5－10）可以看出δ与t呈幂指数关系，说明当温度一定时，为了达到某种均匀化程度，需要很长的均匀化时间。当枝晶间距为120μm时，不同温度下均匀化时间与残余偏析指数的关系如图5－24所示。由图可见：在温度一定的条件下，残余偏析指数δ随时间t延长而减小。但从曲线的斜率看出，δ随时间的延长其减小幅度降低。因为在均匀化初期，由于元素偏析较严重，合金在不同的部位存在

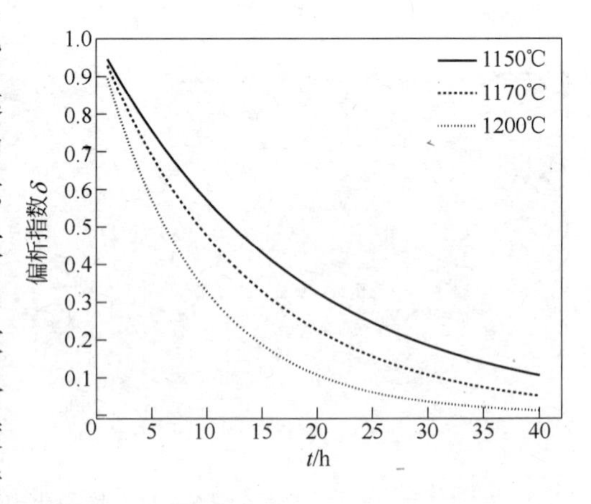

图5－24　不同温度下δ与均匀化时间的关系

较大的浓度梯度，扩散较为容易；到了均匀化后期，元素偏析减轻，浓度梯度变小，也就是随着均匀化时间延长，δ 减小幅度降低，均匀化速度变慢。此外，退火温度越高，越有利于元素的扩散，δ 减小的幅度越大，均匀化越容易早点完成。

从式（5－10）还可看出，枝晶间距是影响扩散过程的另一个非常重要的参数，δ 与 L^2 呈幂指数关系，为达到理想的均匀化效果，应当尽量降低 L 值。该值是和冶炼工艺密切相关的，如铸锭的增大、凝固速度的降低都会使 L 值增大。图 5－25 为 1200℃下，不同时间时 δ 与枝晶间距的关系。由图可知：枝晶间距越小，均匀化退火时间越长，偏析指数越小。此外，偏析指数的变化量 $\Delta\delta$ 与枝晶间距存在一定的关系，枝晶间距约在 80～180μm 时，$\Delta\delta$ 的减小量最大。这是因为枝晶间距较小时，在一定的均匀化时间内元素很容易达到均匀化，再增加均匀化时间，偏析指数的变化并不是太明显。枝晶间距较大时，由于扩散距离较长，合金各部位偏析减轻程度相对于枝晶间距约在 80～180μm 部位要小，所以其偏析指数的变化也不是特别明显。

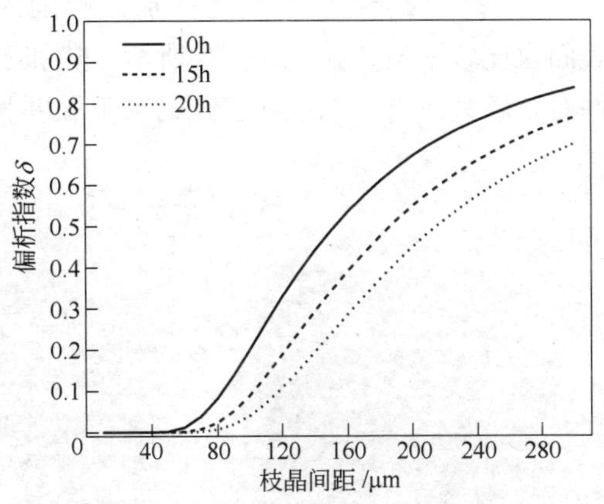

图 5－25　不同时间下 δ 与枝晶间距的关系

综上所述，针对国内在 C－276 合金的实际生产中开坯率低的问题，通过研究认为，C－276 合金中的枝晶和元素偏析会促使变形时有害相 μ 相的析出，而 μ 相往往是裂纹的萌生源，直到 1165℃以上才能完全消除，影响热加工塑性，需要通过均匀化处理来消除枝晶及元素偏析。均匀化前铸锭具有明显的枝晶组织，$R/2$ 处枝晶间距最大；偏析最严重的元素是 Mo，在枝晶间富集；析出相主要是 M_6C 型碳化物。运用残余偏析指数模型，可以根据枝晶间距和元素的扩散系数，算出不同温度下均匀化达到要求所需要的时间，实验证明该模型可以用于指导制定均匀化制度。最后，综合考虑均匀化后的偏析消除情况和晶粒长大情况，结合 Gleeble 试验机模拟锻造加工的结果，确定 1170℃下加热 20h 是 C－276 合金较为理想的均匀化制度。

5.5 热变形行为

考虑到经过 1170℃下 20h 均匀化处理后合金的热加工性能较为理想，本节将针对在该制度下均匀化后的合金，深入研究其热加工区间，模拟其在各种可能的锻造工艺下的加工性能，确定合适的加工范围，对实际生产具有指导意义。

5.5.1 变形参数对组织特征的影响

5.5.1.1 变形温度对合金微观组织影响规律

C-276合金在上节所述的加工范围内热模拟压缩后，所有试样均没有开裂，表面也比较平整，如图5-26所示，热加工性能较好。可见均匀化后合金的热加工性有了较大改善，以至在较宽的加工温度和速率范围内均具有良好的变形性能。

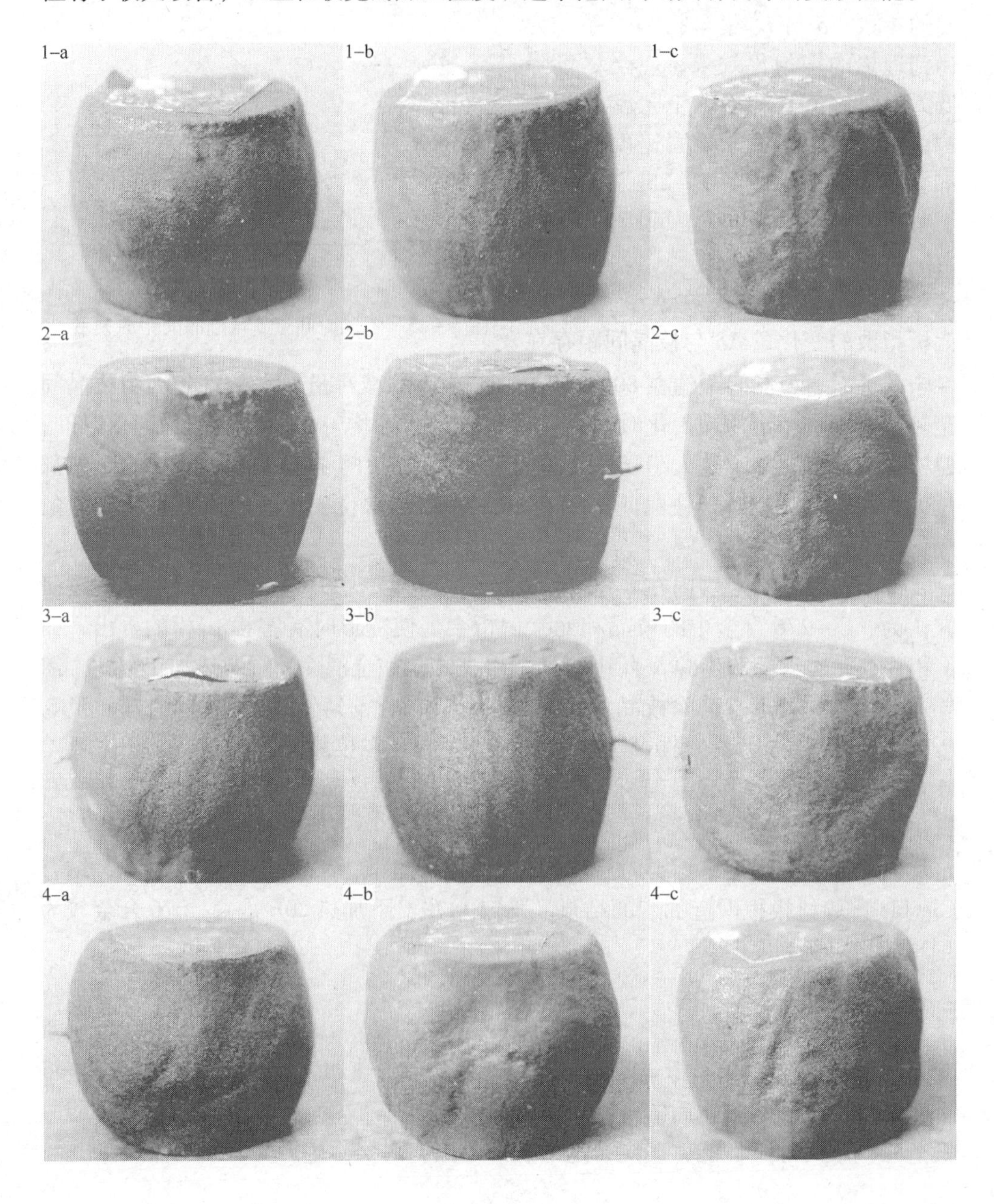

图 5-26 热模拟试样形貌
(1~7 分别代表 1100℃、1125℃、1150℃、1175℃、1200℃、1225℃和 1250℃,
a~c 分别代表 $0.1s^{-1}$、$1s^{-1}$、$10s^{-1}$)

将 Gleeble 试样沿压缩方向切开，观察试样内部组织情况如图 5-27 所示。

由图 5-27 可见，各试样均发生了不同程度的再结晶，再结晶晶粒主要出现在原始晶界和孪晶界等特殊部位，因为在晶界等特殊位置同时具备大曲率界面和塞积有高密度缺陷的条件，易于变形过程中再结晶晶粒的形成。但是，在各个热加工制度下合金均没有完成充分的动态再结晶，主要因为初始晶粒度很大，较大的初始晶粒使得单位面积上晶界的面积较小，可供形成再结晶晶粒的位置也少，因此很难实现完全的动态再结晶。变形温度和变形速率对组织的影响明显，具体内容将在下节讨论。此外，当加工温度低于 1165℃时，μ 相有可能重新产生。事实上均匀化后合金元素的浓度分布已经比较均匀了，μ 相较难析出，特别是温度很低时，μ 相析出的驱动力更加不足，数量很少。温度上升，加上变形的诱导，

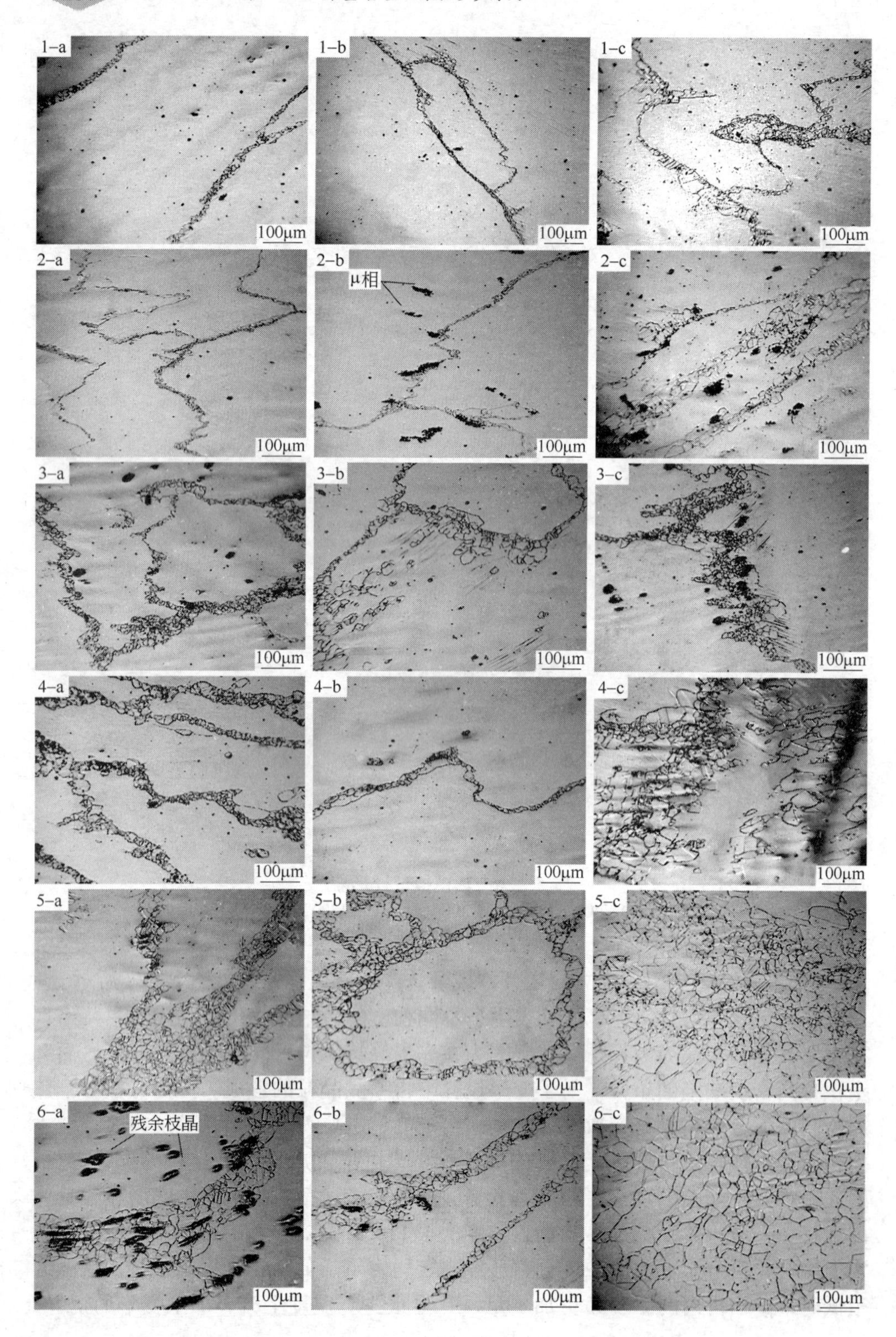
1-a
100μm
1-b
100μm
1-c
100μm
2-a
100μm
2-b
μ相
100μm
2-c
100μm
3-a
100μm
3-b
100μm
3-c
100μm
4-a
100μm
4-b
100μm
4-c
100μm
5-a
100μm
5-b
100μm
5-c
100μm
6-a
残余枝晶
100μm
6-b
100μm
6-c
100μm

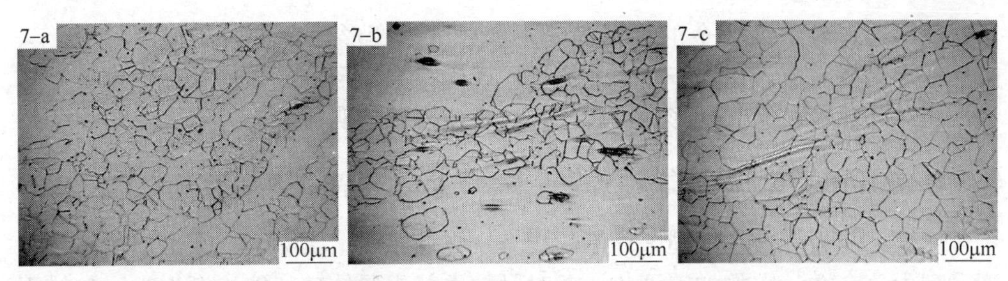

图 5 - 27 热模拟试样组织形貌
（1 ~ 7 分别代表 1100℃、1125℃、1150℃、1175℃、1200℃、1225℃和 1250℃，
a ~ c 分别代表 $0.1s^{-1}$、$1s^{-1}$、$10s^{-1}$）

μ 相析出相对容易，逐渐略有增多，直到达到 1165℃附近又全部回溶。不过合金经过均匀化后，再次产生的 μ 相的数量和聚集态体积都明显减小，均匀化改善效果显著。但是 μ 相毕竟是应该避免的有害相，所以锻造加工区间以高于 1165℃为宜，防止 μ 相在变形中诱发析出。

由图 5 - 27 各纵列可见，其他条件不变时，随着温度的升高，动态再结晶体积分数增加，晶粒尺寸也增大。温度对晶界移动速率服从 Arrhenius 关系：

$$v = v_0 \exp[-Q/(RT)] \tag{5-13}$$

不同变形条件下激活能大致一致，因此晶界的迁移速度主要依赖于温度，所以在温度较高时变形晶界的移动速度较快。凸起的晶界迁移较快，容易在较短时间长大到临界形核尺寸成为新的再结晶颗粒，同时由于晶界的移动速度大，连续变形引起的迁移晶界后方位错密度的剧烈减小很难会被补充增加到一定的值，从而产生新的位错密度差，为新的形核做好准备。温度较低时，同样的变形量由于晶界的移动速度较慢，很容易在新的潜在晶核长大到临界尺寸前被移动晶界后的增加的位错密度赶超，这样在移动晶界的两边位错密度减小，晶界移动缺少驱动力，潜在晶核停止生长。由于表面能的原因，它可能会自动消退，从而减少了再结晶体积分数。温度的提高使晶界迁移能力增强，原子的扩散能力也增强，晶粒易于长大。

5.5.1.2 变形速率对合金微观组织影响规律

由图 5 - 27 各横行可以看出，随变形速率升高，合金的再结晶程度先下降后上升。这是因为当变形速率较小为 $0.1s^{-1}$时，再结晶有充分时间可以发展；当变形速率较高为 $1s^{-1}$时，由于变形速率较快，合金的再结晶来不及发展；变形速率进一步提高到 $10s^{-1}$，由于变形速率快，产生很大变形热，致使合金温度升高，再结晶速率加快。

变形速率大于和小于 $1s^{-1}$时，其再结晶晶粒尺寸都会比变形速率为 $1s^{-1}$时要大。在不同的变形温度下，当变形速率为 $1s^{-1}$左右时，此时得到的再结晶晶粒尺寸是该温度下变形能获得的最小晶粒尺寸。这可能是由于当变形速率较小为 $0.1s^{-1}$时，再结晶晶粒有较充分时间可以发展长大；当变形速率较高为 $1s^{-1}$时，由于变形速率较快，合金的再结晶来不及长大；变形速率进一步提高到 $10s^{-1}$，虽然变形迅速完成，但由于变形速率快，产生很大变形热，致使合金温度升高较大，再结晶晶粒长大，变形温度越高，热效应表现越明显。

5.5.2　热压缩流变曲线特征

图5－28为合金在不同条件下的应力－应变曲线。实际上，在金属的塑性变形过程中总存在一定的加工硬化，此时晶粒内部积累的畸变能逐渐增大，位错不断缠结，因此金属变形的变形抗力会随应变的增加而增加。当变形量很小时变形抗力基本上随应变呈线性增长趋势。人们熟知加工硬化与位错密度密切相关，即变形抗力正比于 $\mu b\sqrt{\rho}$，其中 μ 为剪切模量，$\boldsymbol{b}$ 为柏氏矢量，ρ 为位错密度。变形量很高时，发生位错的交滑移和攀移，位错密度的增长趋势逐渐减弱，所以加工硬化效应也会逐渐低于线性增长规律，这是由动态回复造成的；变形温度高于 $0.4T_m$ 时，加工硬化效应降低得更为厉害，此时位错密度增加到一定程度即积累的畸变能足够大，形成了再结晶核心，这时材料发生了动态再结晶，位错密度随着动态再结晶的进行大大降低。

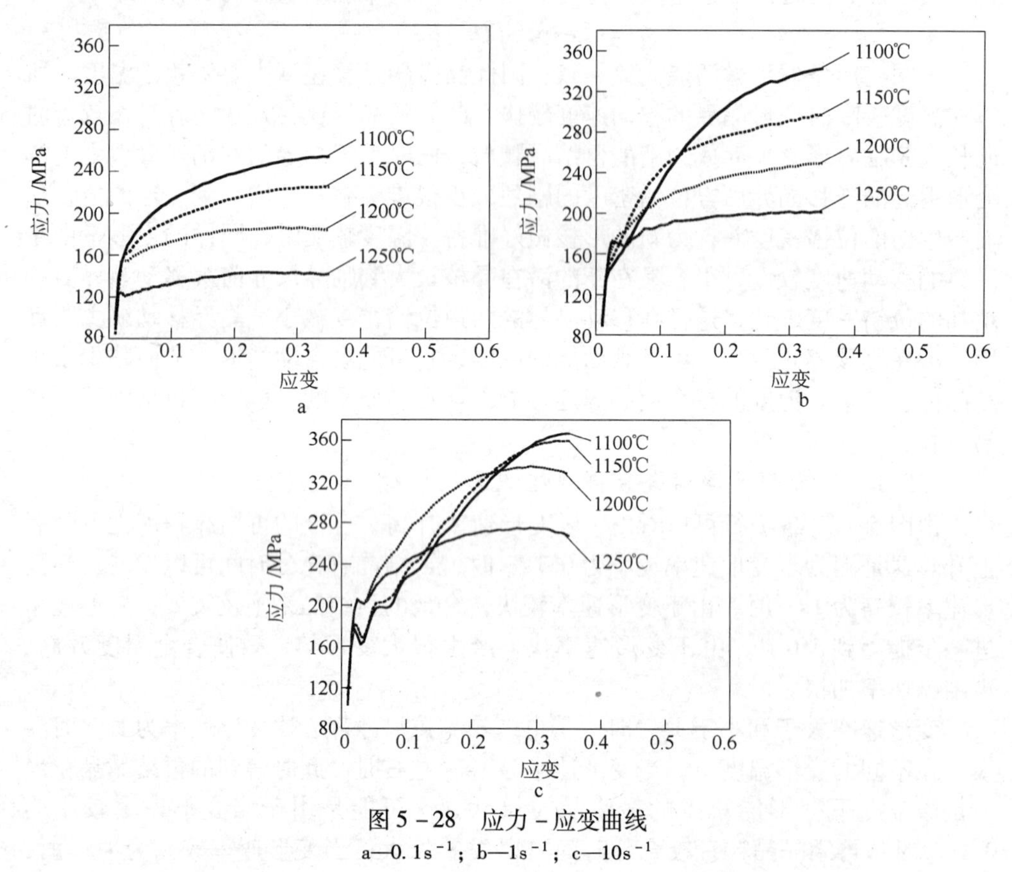

图5－28　应力－应变曲线

a—$0.1s^{-1}$；b—$1s^{-1}$；c—$10s^{-1}$

由图 5－28 还可发现，在相同的变形速率下，变形抗力随着变形温度的提高而降低；在相同的变形温度下，随着变形速率的提高，变形抗力明显增大，而且当变形速率达到 $10s^{-1}$时，由于合金的变形抗力很大，热模拟压缩比较困难，曲线波动很大，特别是在低温高变形速率下，由图可见合金的应力－应变曲线剧烈波动。由图 5－28 还可以看出，30% 变形量时 C－276 合金的应力－应变曲线并没有达到峰值或刚过峰值，较一般的钢铁材料或其他金属材料甚至其他镍基合金而言，该合金的峰值出现得很晚，且其变形抗力要高许多。分析原因可能是与钢铁材料或其他金属材料相比，C－276 合金由于大量的合金元素固溶强化，因此在变形过程中的硬化效果非常大，以至于动态回复和动态再结晶引起的软化作用不明显。

5.5.3 高温压缩的本构关系

本构关系是描述热加工时反映材料变形过程中流动应力与变形温度、等效应变、等效应变速率之间的关系，是利用有限元对塑性加工过程数值模拟的前提条件之一，也是变形热力参数选择及设备吨位确定的依据。

常用的本构关系有两种：唯象本构关系和统计本构关系[8]。唯象本构关系是用数理统计方法或人工神经网络建立的应力、应变和应变速率等可以宏观测定的物理量间的关系，而不涉及有关原子和分子结构的微观机制[9,10]。统计本构关系则建立在原子和分子模型描述的微观机制上。显然，唯象本构关系比较简单，适用于塑性加工过程的数值模拟。

在热变形过程中，材料的高温流变应力 σ 主要取决于变形温度 T(K) 和变形速率 $\dot{\varepsilon}(s^{-1})$。同理于 2.2 节的计算方法，计算求得 $A = 1.874\times10^{17}$，$\alpha = 0.00391$，$Q = 494.358$ kJ/mol，$n = 6.661$。因此可得 C－276 合金热压缩变形时的流变应力方程为：

$$\dot{\varepsilon} = 1.874\times10^{17}[\sinh(0.00391\sigma)]^{6.661}\exp[-494358/(RT)] \tag{5-14}$$

用 Z 参数表述的流变应力方程为：

$$Z = \dot{\varepsilon}\exp[494358/(RT)] \tag{5-15}$$

由上面计算还可发现，在相同应变速率条件下，流变应力的双曲正弦对数和温度的倒数间满足线性关系，这种线性关系说明合金高温塑性变形的稳态流变应力和变形温度之间满足 Arrhenius 关系，可用 Z 参数来描述合金高温塑性变形的流变应力。

将变形条件和 Q 值代入公式求出 Z 值，再绘出 $\ln Z - \ln[\sinh(\alpha\sigma)]$ 的关系曲线，进行线性回归，如图 5－29 所示，从中得到的斜率和截距以及误差分别为：$n = 6.798\pm0.381$，$\ln A = 39.863\pm0.150$，$A = 2.052\times10^{17}$，线性回归系数为 0.976。以上实验结果表明，$\ln Z - \ln[\sinh(\alpha\sigma)]$ 较好地满足了线性关系，说明实验得到的流变应力数据服从 Zener－Hollemon 参数的双曲线对数函数形式。

综上所述，通过对均匀化后的C－276合金试样进行了Gleeble热模拟压缩实验，观察试样开裂情况和组织情况，评价均匀化后的热加工性能，选择合适的热加工区间，并用最小二乘法线性回归得出C－276合金的变形量为30%时的高温压缩本构方程。研究结果认为，均匀化后合金的热加工性能有了明显改善，在较大的变形温度和变形速率范围内锻造均不会开裂，但是，考虑到温度低于1165℃时可能会有μ相在应变中诱导析出，实际生产时合适的锻造温度为1175～1250℃，变形速率从$0.1s^{-1}$到$10s^{-1}$均可。进一步研究认为，随着变形速率升高，C－276合金的再结晶程度和再结晶晶粒尺寸先降低后上升。变形温度和变形量相同时，变形速率在$1s^{-1}$左右，再结晶量和晶粒尺寸最小。综合考虑变形后的再结晶量和再结晶晶粒尺寸，对微观组织影响最大的参数为变形温度，其次为变形速率。C－276合金较高的合金度使其压缩时变形抗力很大，峰值应力出现得很晚，当变形量为30%时才接近其峰值应力，同时考虑到实际锻造中最大变形量一般为30%，本节主要计算了C－276合金的30%变形量处的双曲正弦本构方程，计算结果与实验数据基本吻合。

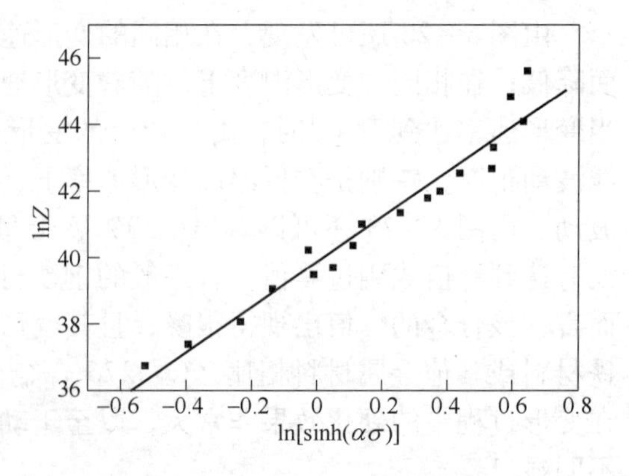

图5－29 Z参数与流变应力的关系

5.6 800H合金及热变形行为

5.6.1 800H合金及性能

800系列合金是美国Inco－corporation公司于1949年开发的镍铬铁耐蚀合金，早期的合金牌号是Incoloy800。Incoloy800H（简称800H合金）是在Incoloy800合金基础上发展形成的，相当于我国耐蚀合金Ni32Cr20型的高碳型（NS112）。该合金具有良好的高温力学性能，较高的蠕变断裂强度，优良的抗氧化和抗腐蚀能力，在长时间暴露于高温下时能保持一种稳定的奥氏体结构，持久性能优良。因此大量用于制造石化工业中的催化管、对流管、急冷管和裂化管，冶金工业炉中的辐射管、套管、蒸馏釜以及空气冷却核反应堆中的高温热交换器及其配件。

800H材料是一种镍铁铬耐蚀合金，其中含Fe 46.0%，含Ni 30.0%～35.0%，含Cr 19%～23%，含C不超过0.1%，另还含少量的Mn、Si、Cu、Al、Ti等合金元素。由于该合金中Ni不低于30%，（Fe＋Ni）不低于60%，一般亦称其为铁镍基耐蚀合金。在高温环境下该合金仍具有较高的强度，并有极优的抗氧化能力和抗渗碳能力。图5－30为该合金抗拉强度、伸长率、屈服强度随温度变化的曲线。

800H 合金对氧化性及非氧化性酸液、碱液、脂肪酸和水均具有很强的耐蚀性，能在长时间高温环境中保持其组织的稳定性，具有很强的抗氧化能力。抗氧化性主要归因于合金中高的铬含量，这是因为铬会在金属表面形成致密的氧化铬薄膜。硅和铝等合金元素对于形成结合牢固的氧化层亦有一定的贡献。

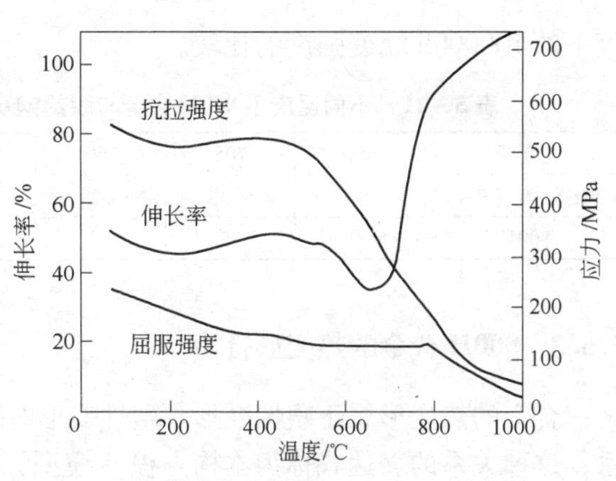

图 5－30 800H 合金性质随温度变化的曲线

图 5－31 是 800H 合金与 SUS304、SUS406 不锈钢在特定水蒸气环境中的腐蚀速度的比较。图 5－32 为 800H 合金与普通 SUS309 等不锈钢抗氧化性能的比较。

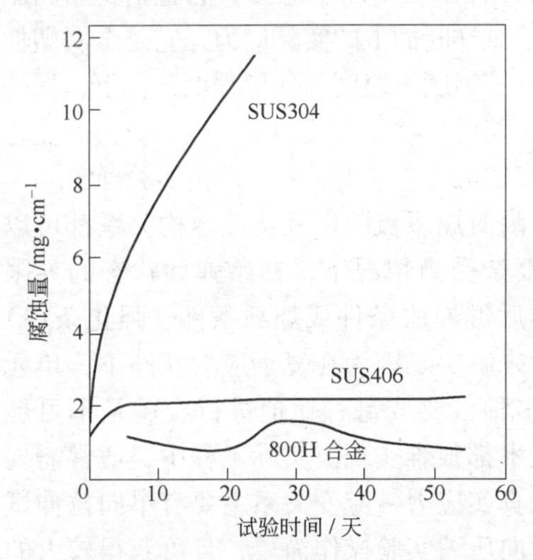

5－31 800H 合金与 SUS304、SUS406 不锈钢在特定水蒸气环境中的腐蚀速度的比较（650℃）

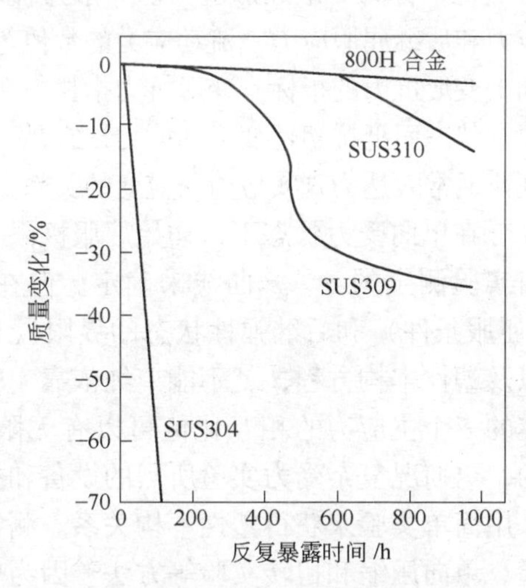

图 5－32 800H 合金与普通 SUS309 等不锈钢抗氧化性能的比较（982℃）

对于在高温环境的加载工况，在升温、降温或高温过程中，材料常数如弹性模量、泊松比、线膨胀系数等均会发生变化。这时的总应变由弹性应变、蠕变应变和温差应变所组成。如果构件存在裂纹，在裂纹尖端将产生高度的应力集中，构件的损伤将明显加快。因此，必须在施工过程严格控制构件裂纹的产生。蠕变强度是高温材料的必备特性之一。800H 合金因为镍含量高，组织的热稳定性好，因此，在 650℃ 以上的高温下，与奥氏体不锈钢相比，其蠕变强度要高一些。900℃以下无负荷时可采用 1828 型奥氏体不锈钢，而采用 800H 合金的最高使用温度在有负荷时可达 900℃。表 5－21 是 800H 合金与耐热钢 0Cr19Ni9 在不同温度下的100000h蠕变强度的比较。

表5-21　不同温度下800H合金与耐热钢0Cr19Ni9蠕变强度的比较　(MPa)

温度/℃	650	705	760	815	870	925	980
0Cr19Ni9 (304)	64	<39	<29	<20	<14		
800H	90	55	37	26	17	8.3	5.5

5.6.2　800H合金的热变形行为

合金的热变形属于塑性变形。塑性变形时应力与应变之间的关系称为本构关系，这种关系的表达式称为本构方程（模型），它和屈服准则都是求解塑性成型问题的基本方程。在加载过程中，应力和应变增量间的关系或应力增量与应变增量间的关系叫做塑性本构关系。对于理想塑性材料，屈服应力为常数 σ_s，但对于一般工程材料来说，进入塑性状态后，继续变形时，会产生强化，导致屈服应力变化，称为后继屈服应力。一般用流动方程来泛指屈服应力，它包括初始屈服应力和后继屈服应力。流动应力的数值等于试样断面上的实际应力，它是金属塑性加工变形抗力的指标。变形抗力指材料在一定温度、速度和变形程度条件下，保持原有状态而抵抗塑性变形的能力，它是一个与应力状态有关的量。流动应力的变化规律通常表达为真实应力-应变的关系，真实应力-应变关系一般由实验确定。

在单向受力状态下，初始屈服极限、瞬时屈服极限以及塑性本构关系都可以由实验测定的 $\sigma-\varepsilon$ 曲线来确定。但在复杂受力情况下，初始弹性状态的界限（屈服条件）和后继弹性状态的界限（称后继屈服条件或加载条件、强化条件）以及塑性本构方程，就不能单纯依靠实验来解决。因为在复杂应力状态下，单元体的三个主应力的相互比值可以有无限多种，要按每种比值进行实验是不可能的，更何况复杂受力实验所需的设备和技术都很难实现。实际工程中，通常需要采用简单实验来获得塑性本构关系。测定真实应力-应变关系主要有单向拉伸试验、单向压缩和扭转实验等方法。因为单向压缩实验操作简单，且可获得较大的变形程度以及较高精度的结果。

对于合金在高温下的塑性变形，由于动态回复和动态再结晶的作用，流动曲线呈现复杂的非线性。目前合金的高温流动本构模型大部分都采用Arrhenius型方程，方程形式主要有下面三种：

$$\dot{\varepsilon}\exp\frac{Q}{RT} = A_1\exp(n_1\sigma) \tag{5-16}$$

$$\dot{\varepsilon}\exp\frac{Q}{RT} = A_2\sigma^{n_2} \tag{5-17}$$

$$\dot{\varepsilon}\exp\frac{Q}{RT} = A\sinh(\alpha\sigma)^n \tag{5-18}$$

式中，$\dot{\varepsilon}$ 为等效应变速率；Q 为变形激活能；R 为气体常数；T 为变形温度（绝对温度)；σ 为流动应力；n_1、n_2、n 为与应变速率敏感性指数有关的参数；A_1、A_2、A、α 为材料常数。

根据流动应力在上述方程中出现的形式，式（5－16）～式（5－18）分别被称为指数函数、幂函数和双曲正弦方程，三种形式的 Arrhenius 方程的适用范围有所不同，幂函数应力（式（5－16））适于低应力区，指数函数应力（式(5－17)）适于高应力区，而双曲正弦函数应力（式（5－18））在不同应变水平不同应力范围内，均给出了很好的线性关系图。

根据高温塑性变形本构关系的特点，采用了 Gleeble－1500 热模拟实验机的单轴压缩实验研究镍基合金高温热成型本构关系。对 800H 镍基合金在温度为 1000℃、1050℃、1100℃、1150℃、1200℃，应变速率分别为 $0.01s^{-1}$、$0.1s^{-1}$、$1\ s^{-1}$、$10s^{-1}$，真应变为 0.69 进行了压缩实验。通过系统的实验获得 800H 合金在不同热变形条件下的真应力－应变曲线，如图 5－33 所示。

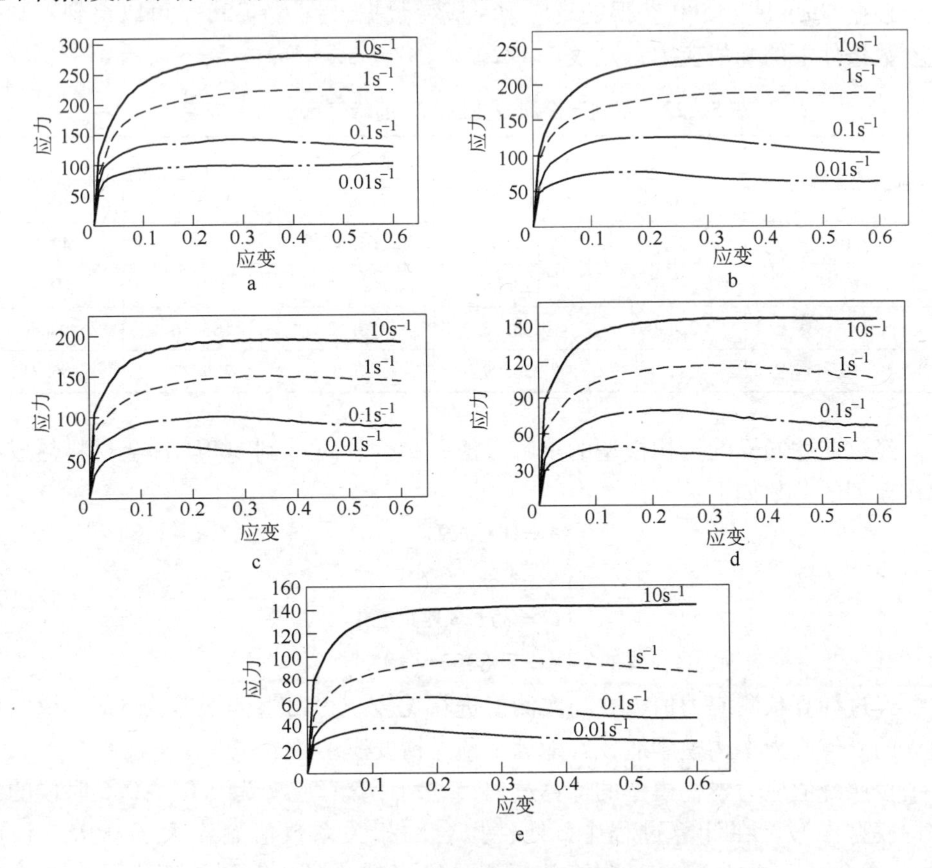

图 5－33　800H 不同温度下真应力－应变曲线

a—1000℃；b—1050℃；c—1100℃；d—1150℃；e—1200℃

通过图 5－33 可知，应变速率和变形温度对 800H 的流动应力的影响非常大，应变速率越高，其流动应力越大，变形温度越高，流动应力越小。800H 的真应力－应变曲线在不同的变形温度及应变速率下呈现不同的特征，在低温高速率的条件下主要呈现动态回复特点，在高温低速率的条件下主要呈现动态再结晶的特点。800H 是面心立方结构，层错能比较低，在低温高速条件下，随着应变的增加，软化速率与硬化速率逐渐保持动态平衡，流动应力保持稳定。800H 在高温低速率的情况，由于应变速率缓慢，动态回复处于弱势，而由于温度较高，合金发生了动态再结晶使得流动应力软化，当动态再结晶完全结束时，加工硬化与再结晶软化达到动态平衡，流动应力保持不变。800H 在应变速率大于 10 的时候，无论温度多高，其流动软化的主要机制是动态回复。

因此，通过以上分析，800H 发生动态再结晶的必要条件是，应变速率小于 $10s^{-1}$；温度越高，动态再结晶速率越快。800H 在 1000～1200℃温度范围内，在应变速率足够小的情况下，均能发生动态再结晶。

根据 Gleeble－1500 获得的真应力－应变数据（图 5－33），可以得到不同工艺参数条件下的峰值应力，见表 5－22。

表 5－22　不同温度和应变速率下的峰值真应力－应变

应变速率/s^{-1}	峰值应力/MPa				
	1000℃	1050℃	1100℃	1150℃	1200℃
0.01	97.9	77.0	63.6	76.53	49.1
0.1	142.08	125.05	100.39	120.4	79.3
1	224.07	188.08	150.12	183.36	116.8
10	281.18	236.09	195.5	229.47	156.31

经过前述同样的本构模型的求解方法并拟合，可得到 800H 合金材料热成型本构模型的参数如下：

$$\begin{cases} \alpha = 0.0079 \\ n = 4.4796 \\ Q = 251.33\mathrm{kJ/mol} \\ A = 5.6357 \times 10^{8} \end{cases} \tag{5-19}$$

经过计算预测应力值，并与实测值进行比较，得出整体误差为 3%，说明所建立的峰值应力本构模型能较好地满足预测精度。

按照峰值应力本构模型的计算过程，分别计算真应变为 0.01～0.6 时候的各本构模型参数。在计算过程中，线性拟合的相关系数值始终大于 0.95，说明 800H 合金运用 Arrhenius 双曲正弦模型是恰当的。拟合得到的四次函数关系式如下：

$$
\begin{cases}
Q/1000 = 407.39409 - 119.1146\varepsilon + 105.21533\varepsilon^2 + 197.51748\varepsilon^3 - 205.01166\varepsilon^4 \\
\ln A = 34.23778 - 10.78456\varepsilon - 0.41085\varepsilon^2 + 55.71419\varepsilon^3 - 53.11189\varepsilon^4 \\
n = 4.99412 - 0.2171\varepsilon - 30.86458\varepsilon^2 + 77.5707\varepsilon^3 - 55.07168\varepsilon^4 \\
\alpha = 0.01255 - 0.04909\varepsilon + 0.23242\varepsilon^2 - 0.43905\varepsilon^3 + 0.28953\varepsilon^4
\end{cases}
$$

通过上式，再结合式（5－13）的 Arrhenius 型方程，就可以预测不同变形温度、应变速率下的真应力－应变曲线。

下面对建立的统一本构模型进行验证。绘制预测的真应力－应变曲线与实验获得的应力应变点值，如图 5－34 所示。图中的曲线为实验的真应力－应变曲线，点的数据为统一本构模型预测的数据，可以看出统一本构模型预测的流动应力值与实验值吻合得较好。

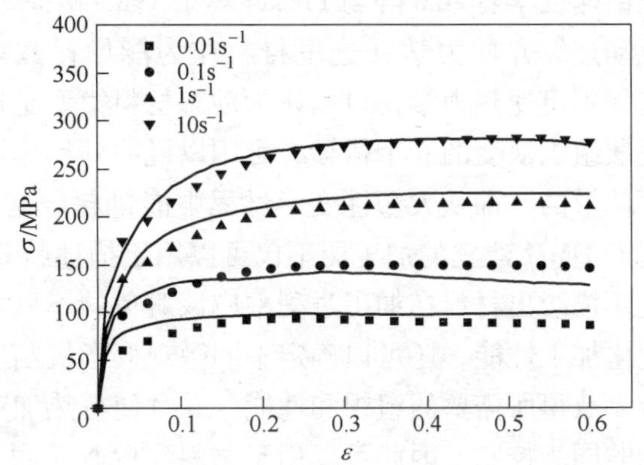

图 5－34 变形温度为 1000℃时预测应力与实验值对比

另外通过对实验误差的计算可知，所建立的统一本构模型的平均误差为 4.78%，说明所建立的统一本构模型能较准确地预测不同工艺参数条件下的流动应力值。

综上所述，通过采用热模拟实验机的单轴压缩实验研究镍基合金 800H 高温热成型本构关系，研究结果认为，800H 合金发生动态再结晶的必要条件是，应变速率小于 $10s^{-1}$；其动态再结晶的速率与温度有关，温度越高，速率越快。800H 在温度 1000～1200℃范围，在应变速率足够小的情况下，均能发生动态再结晶。进一步基于 Arrhenius 型方程建立了 800H 合金峰值应力的本构模型和不同应变时的统一本构关系，求解得到了本构模型的相关参数。采用所建立的本构关系的预测值与实验值的对比验证了建立的本构关系在所研究的温度、应变速率和应变量范围内是可靠的。

5.6.3 800H 合金的热加工图

在材料的热加工成型过程中，因材料的高温软化提供了通过大塑性变形加工成所需形状的条件，但也会因材料内部微观组织变化及其对加工条件敏感导致容易发生宏观或微观上的破坏。在材料加工过程中，为了保证材料不发生破坏，通过合理设计加工条件以提高材料可加工性、控制内部微观组织的演变极为重要。

以往都是通过试错法获得材料的这一特性数据。近些年来，基于动态材料模型（Dynamic material model，DMM）的加工图技术被广泛用于设计各种材料近净成型热加工工艺。基于动态材料模型的加工图是由能量耗散率图和非稳定图叠加而成的，以宏观确定的流动应力作为温度、应变率和应变的函数开始，以微观结果的计算和最终制品性质结束，能够反映在各种变形温度和应变速率下，材料高温变形时内部微观组织的变化。动态材料模型可有效地运用多种材料，如铝及其铝合金、铜及其铜合金、镍及超合金、镁及其镁合金、钛及其钛合金、锆合金、多种钢材以及金属基复合材料，而且被大量的微观实验所证实。动态材料模型最先由印度学者 Rao 等与 Prasad 等于 1983 年提出，DMM 方法的理论基础是大塑性流动连续介质力学（这里材料作为能量耗散体，而不是存储体）、物理系统模型、不可逆热力学，可以认为动态材料模型是连接大塑性变形的连续机制和材料耗散组织演变的一个桥梁，可用以说明外界作用的能量是如何通过工件塑性变形而耗散的，即从大塑性变形过程中能量耗散这个角度揭示材料的组织演变过程。基于 DMM 建立的加工图不仅可以用于描述特定区域中微观组织的变形机制，而且还描绘出材料在加工过程中应该避免的不稳定流动区域。利用加工图不仅可以优化加工性能，还可以确定不同微观变形机制所在的加工区域，避开失稳变形区域，获得所需要的组织和性能，并且使得热加工重复性好，实现尺寸、组织与性能的同步控制。因此可以用于材料实际加工过程中加工温度和应变速率的优化，从而改善热加工产品的微观组织，提高产品的合格率及质量。加工图可用于指导很多金属材料的热加工，是金属加工工艺设计和优化的一种强有力的工具。

动态材料模型认为：变形体（热加工工件）作为一个功率耗散体，在塑性变形过程中，将外界输入变形体的总功率 P 消耗在以下两个方面：

$$P = \sigma\dot{\varepsilon} = G + J = \int_0^{\dot{\varepsilon}} \sigma \mathrm{d}\dot{\varepsilon} + \int_0^{\sigma} \dot{\varepsilon} \mathrm{d}\sigma \tag{5-20}$$

式中，G 表示塑性变形引起的黏塑性热；J 表示变形过程中组织变化而消耗的功率。

这两种能量所占比例由热加工件在一定应力和温度下的应变速率敏感指数 m 决定：

$$m = \frac{\partial J}{\partial G} = \frac{\dot{\varepsilon}\partial\sigma}{\sigma\partial\dot{\varepsilon}} = \frac{\partial \ln\sigma}{\partial \ln\dot{\varepsilon}} \tag{5-21}$$

从原子运动角度能更清楚地阐明系统能量分配率的物理意义。众所周知，任何体系的能量包括势能和动能两部分，因此，材料能量的耗散也可分为通过势能和动能耗散两个部分（图 5－35），其中势能变化与原子间的相对位置有关，显微组织的改变势必引起原子间的相对位置的变化，从而引起势能的变化。势能的变化与显微组织对应，因而与耗散协量（J）相对应。显然，势能的变化率与时间和温度有关，因此，势能的变化率就与变形过程中的应变速率和变形温度有关。而动能的变化与原子的运动有关，即与位错的运动有关，动能转化以热能形式耗散，因而与耗散量（G）对应。势能的变化与动能的变化是密切相关的，一方面，势能的变化必会对位错的滑移产生极其重要的影响，因为它将影响到位错滑移的应力大小；另一方面，势能的变化将直接转化为动能。以刃型位错为例，位错发生滑移时，当位错对应于滑移面的原子顶位置时，此时势能增加到一个峰值，多余的半原子面的原子会迁移到另外一个滑移面上。这一原子步的迁移过程是从高势能的位置到邻近的低势能位置，因而并不需要能量，迁移过程中，多余的势能就转化为动能，最后再通过热的形式而消耗掉。我们称这个过程为动能转化过程，此过程与应变速率有关。在热变形过程中，由显微组织改变而引起的势能变化率和由位错引起的动能变化率是互补的，因为在给定应变速率下，引起位错运动的应力是由显微组织的变化程度所决定的。动态本构方程描述了引起位错运动的应力是如何随着应变速率的改变而改变的。于是曲线下方的区域就给出了由位错运动而产生的动能转化，而动能会立即地转变为温升的功率。功率的互补部分就理所当然的对应于显微组织的变化而耗散的功率。

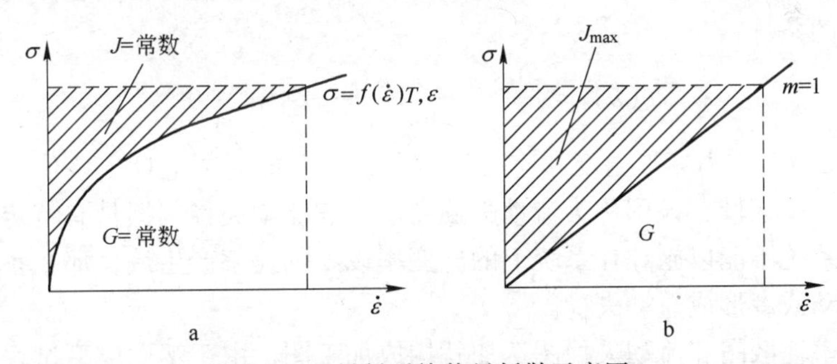

图 5-35　材料系统能量耗散示意图

一定温度和应变下，热加工工件所受的应力 σ 与应变速率 $\dot{\varepsilon}$ 存在如下动态关系：

$$\sigma = K\dot{\varepsilon}^{m} \tag{5-22}$$

组织耗散功率 J 的微分可以表示为：

$$\mathrm{d}J = \dot{\varepsilon}\mathrm{d}\sigma \tag{5-23}$$

则 J 可以表示为：

$$J = \int_0^{\dot{\varepsilon}} \sigma \mathrm{d}\dot{\varepsilon} = \frac{m}{m+1}\sigma\dot{\varepsilon} \tag{5-24}$$

对于黏塑性固体的稳态流动，m 的取值范围在 0 ~ 1 之间。当 $m=1$ 时，材料表现为理想线性耗散体，组织耗散功率 J 达到最大值：

$$J_{\max} = \frac{\sigma\dot{\varepsilon}}{2} \tag{5-25}$$

在这里引入了反映材料功率耗散特征的参数 η 为功率耗散效率（Efficiency of power dissipation）。其定义如下：

$$\eta = \frac{J}{J_{\max}} = \frac{m/(m+1)}{1/2} = \frac{2m}{m+1} \tag{5-26}$$

这里 η 是一个关于温度、应变和应变速率的三元变量。在一定应变下，就其与温度和应变速率的关系作图，可以得到功率耗散图。一般功率耗散图是在 $\dot{\varepsilon}$－T 平面上绘制功率耗散效率 η 的等值图。值得注意的是，在功率耗散图中，并不是功率耗散效率越大，材料的内在可加工性能越好。因为在加工失稳区功率耗散效率也可能会较高。所以有必要先判断出合金的加工失稳区。在动态材料模型中，加工失稳的判据是由 Ziegler 提出来的。他将不可逆热动力学的极大值原理应用于大应变塑性流动中，进而推导出保持塑性流动稳定的微商不等式：

$$\frac{\mathrm{d}D}{\mathrm{d}\dot{\varepsilon}} > \frac{D}{\dot{\varepsilon}} \tag{5-27}$$

式中，D 是一个表示材料本征行为的耗散函数。

由于 J 值反映了冶金学过程中的功率耗散，所以与冶金学稳定性有关的功率耗散函数就由 J 给出，即 $D=J$。这样就得到了在一定温度和应变下的微观组织保持稳定的条件：

$$\xi(\dot{\varepsilon}) = \frac{\partial \ln[m/(m+1)]}{\partial \ln \dot{\varepsilon}} + m > 0 \tag{5-28}$$

参数 $\xi(\dot{\varepsilon})$ 作为变形温度和应变率的函数，在能耗图上标出该值为负的区域称为流动失稳区域，该图称为流动失稳图。上述流动失稳判据具有特定的物理意义，如果系统不能以施加在系统上的应变率以上的速率产生熵，那么系统就会产生局部流动或者形成流动失稳。

将功率耗散图和流动失稳图迭加就构成加工图。由于塑性成型过程中各种损伤过程（如空洞形成和开裂）或者冶金变化过程（如动态回复、动态再结晶等）都耗散能量，因此，借助金相观察，加工图可以用来分析不同区域的变形机理和流动失稳区域。

建立 800H 合金热加工图所需要的数据取自热压缩数据。实验设备与热成型本构相同，都选择 Gleeble－1500 热模拟实验机，同样采用单向压缩实验，具体实验加载和加热冷却规范与成型本构实验方法同。需要特殊说明的是，热加工图实验时，在经过热压缩变形后，立即水淬，保持试样在高温变形时的微观组织。把实验的试样进行编号，沿压缩的方向把试样线切割成两个部分，制备成金相试样。经过化学腐蚀后，在高倍显微镜下观察其微观组织。

由于热压缩的最大真应变值为0.65，所以仅从已有的实验数据中选取真应变为0.1～0.6 的流动应力值。表 5－22 列出了不同变形温度、应变速率和应变下的流动应力。

从表 5－22 中可以看出，当应变和应变速率一定时，流动应力随变形温度的升高而减少；当应变和变形温度一定时，流动应力随应变速率的增大而增大。由加工图理论可知，只有当合金的流动应力与应变速率满足指数关系式时，才能建立比较准确的加工图。根据建立本构关系的过程可知，当温度一定时，$\ln\sigma$ 与 $\ln\dot{\varepsilon}$ 之间满足较好的线性关系，相关系数为 0.97～0.99。因此，可以采用动态材料模型建立合金的热加工图。根据动态材料模型计算的功率耗散图和失稳图如图 5－36 和图 5－37 所示。

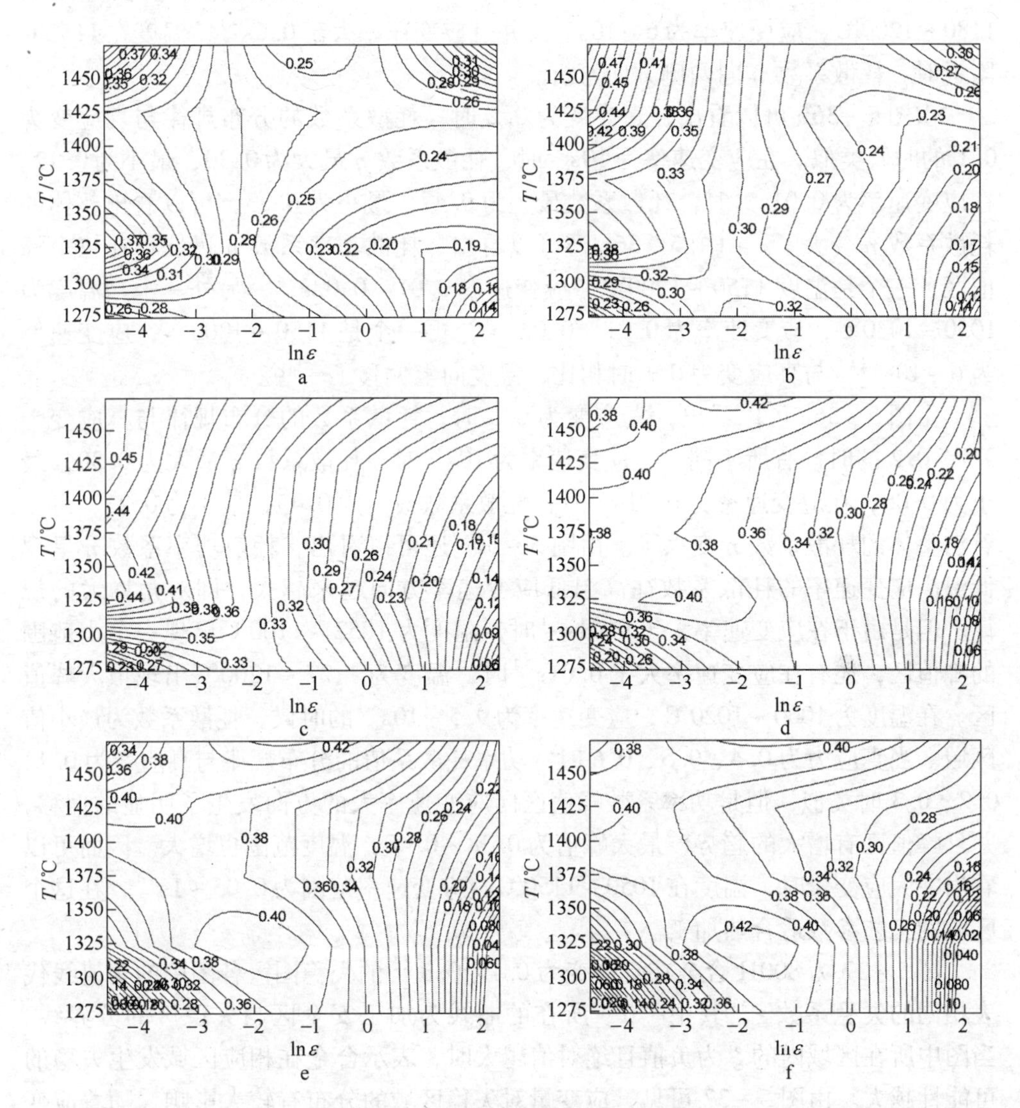

图 5－36　不同应变的功率耗散图

a—$\varepsilon=0.1$；b—$\varepsilon=0.2$；c—$\varepsilon=0.3$；d—$\varepsilon=0.4$；e—$\varepsilon=0.5$；f—$\varepsilon=0.6$

对如图功率耗散图 5－36 进行分析。由图 5－36a 可以看出，真应变为 0.1 时，耗散系数 η 的分布规律与 690 合金相似，应变速率越低，耗散系数 η 越大，温度越高，耗散系数 η 越大。在应变速率为 $10s^{-1}$ 时，耗散系数 η 最大为0.31，最小为0.14。在应变速率为 $0.01s^{-1}$ 时，耗散系数最大为0.37，最小为0.26，说明了应变速率对 η 的影响非常大。由图5-36a还可以看出，耗散功率系数 η 形成了三个峰值区，一个是温度1180~1200℃，应变速率 $0.01 \sim 0.02s^{-1}$，另外一个是温度为1020~1080℃，应变速率为 $0.01 \sim 0.02s^{-1}$，还有一个在温度为1180~1200℃，应变速率为 $6 \sim 10s^{-1}$。并且应变速率大于 $0.6s^{-1}$，温度在1152℃附近时，耗散系数 η 向两侧方向弯折。

由图5-36b可以看出，真应变为0.2时，耗散系数的分布规律与真应变为0.1的时候类似。在应变速率为 $10s^{-1}$ 时，耗散系数 η 最大为0.30，最小为0.12。在应变速率为 $0.01s^{-1}$ 时，耗散系数最大为0.47，最小为0.23，可以看出整体的耗散系数 η 变大了。由图5-36b还可以看出，耗散功率系数 η 仍然存在三个峰值区，一个是温度1150~1200℃，应变速率 $0.01 \sim 0.02s^{-1}$，另外一个是温度为1050~1070℃，应变速率为 $0.01 \sim 0.02s^{-1}$，再一个是1150~1200℃，应变速率为 $6 \sim 10s^{-1}$，与真应变为0.1时相比，温度向上偏移了一些。

由图5-36c可以看出，真应变为0.3时，耗散系数的分布规律与真应变为0.1、0.2的时候有所不同。在应变速率为 $10s^{-1}$ 时，耗散系数 η 最大为0.30，最小为0.06；在应变速率为 $0.01s^{-1}$ 时，耗散系数最大为0.45，最小为0.23，可以看出整体的耗散系数 η 变大了。由图5-36c还可以看出，耗散功率系数 η 呈现低温高应变速率的耗散系数往高温低应变速率方向越来越大，即对角增大的规律。但是由于在应变速率大于 $0.01s^{-1}$ 时，温度为1052~1100℃出现一个小范围的峰值区，还有在应变速率大于 $0.01s^{-1}$ 时，温度为1127~1200℃出现最大峰值区。在温度为1000~1020℃，应变速率为 $9.5 \sim 10s^{-1}$ 的时候，耗散系数为最小值区域。当真应力为0.4、0.5、0.6时，功率耗散系值的分布规律与真应变为0.1、0.2、0.3时类似，但是功率系数峰值区向应变速率大的方向发生了明显的偏移，并且峰值区有增大的趋势，最大峰值为0.38~0.40，温度范围也增大。因而可以看出在大应变量时，温度在1050~1150℃，应变速率范围为 $0.05 \sim 1s^{-1}$，在这个区域的工艺参数适合热加工。

图5-37为800H合金在真应变为0.1~0.6下的失稳图。各图中的等值线代表相同的失稳系数 ξ，其中“0”所在的曲线为加工安全区与失稳区的分界线。当图中所在区域内的 ξ 为负值且绝对值越大时，表示合金在相应区域发生失稳的可能性越大。由图5-37可见，应变量对失稳区域的分布有较大影响，随着应变的增加，失稳区域有所增加，但大部分分布在低温高应变速率区。真应变较小时，失稳区域大部分分布在高应变速率整个范围内，尤其是在应变速率大于 $2.7s^{-1}$ 时，其 ξ 随着应变速率的增大而减少。真应变增至0.2时，高应变速率时的失稳区域有所减少，当真应变增至0.3时，失稳区域进一步减少。其原因可能

是材料在热加工过程中逐渐达到峰值应力，然后进入稳定流动情况，一部分失稳区域变成了稳定区域，从而使得失稳区减少。随着真应变增加，达到0.4的时候，在低温低速率区出现较大的失稳区，而在低温高速率区反而不出现失稳区。真应变为0.5、0.6的时候，高温高速率的失稳区和低温低速率的失稳区都有所增大，说明材料的真应变越大时，其加工难度也越大。

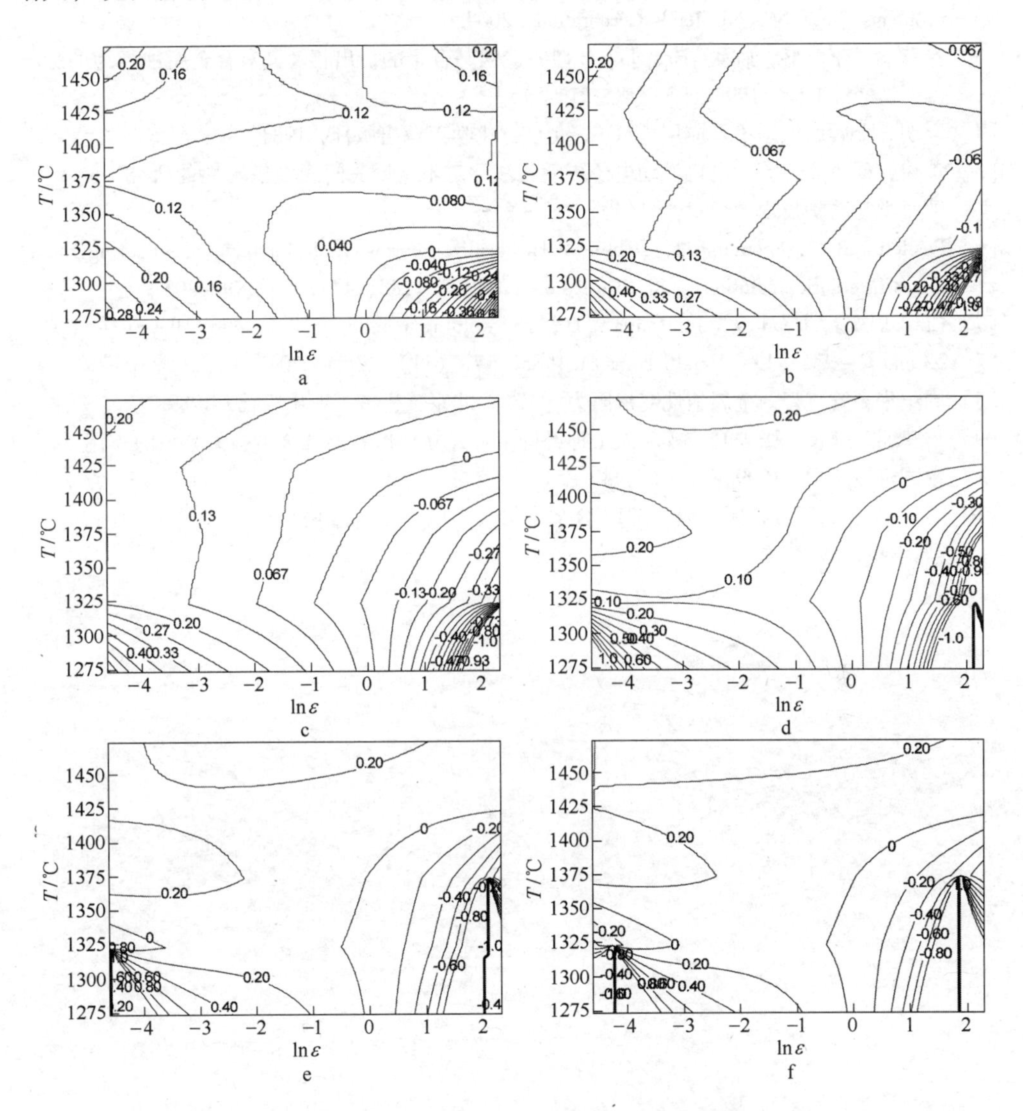

图5-37 800H合金不同应变量下的失稳图

a—$\varepsilon=0.1$；b—$\varepsilon=0.2$；c—$\varepsilon=0.3$；d—$\varepsilon=0.4$；e—$\varepsilon=0.5$；f—$\varepsilon=0.6$

综合功率耗散图和失稳图，可以得到真应变为0.4的最佳工艺参数为：温度1050~1200℃，应变速率0.01~0.4s^{-1}。在真应变为0.6时，最佳工艺参数为：

温度 1100～1200℃，应变速率 0.1～$1s^{-1}$。

参考文献

[1] Haynes international. Hastelloy® C－276 alloy，Corrosion－resistant alloys，2002.

[2] Crum J R. Shoemaker L E. Special metals and overmatch welding products solve FGD corrosion problems [J]. Special Metals Corporation，2004.

[3] 秦紫瑞，李隆盛，姚曼. Hastelloy C 型铸造镍基合金的析出相及其对合金腐蚀行为的影响 [J]. 材料工程，1995 (9)：18～21.

[4] 宝明. 金属腐蚀理论及应用 [M]. 北京：化学工业出版社，1984.

[5] 黄俊，刘小光，等. 电化学动电位再活化法评定不锈钢晶间腐蚀敏感性的研究 [J]. 腐蚀科学与防护技术，1992，4 (4)：242～249.

[6] Postlethwaite J，Scoular R J，Dobbin M H. Localized corrosion of Molybdenum－Bearing Nickel alloys in chloride solutions [J]. Corrosion－NACE，1988，44 (4)：199～203.

[7] Cieslak M J，Headley T J，Romig A D J. The welding metallurgy of Hastelloy alloys C－4，C－22 and C－276 [J]. Metall. Trans. A. 1986，17A (11)：2035～2047.

[8] 周纪华，管克智. 金属塑性变形阻力 [M]. 北京：机械工业出版社，1989.

[9] 丰建朋，郭灵，张麦仓，等. 人工神经网络在建立变形高温合金本构关系中的应用 [J]. 中国机械工程，1999，10 (1)：49～51.

[10] 张兴全，彭颖红，阮雪榆. Ti217 合金本构关系的人工神经网络模型 [J]. 中国有色金属学报，1999，9 (3)：590～595.

6 镍基合金管材基于工艺优化的模拟

随着我国石油工业、核电工业的发展，镍基耐蚀合金管材的需求量不断增加，然而目前国内对该类合金管材挤压的研究较少，各种挤压参数并没有标准的配置方式。挤压过程中的主要参数包括：挤压速度、模具角度、定径带长度、坯料及模具预热温度、摩擦系数、模具形状、挤压比等。数值模拟结果表明，挤压参数的改变可以对挤压过程中的挤压力、坯料及模具温度分布、等效应力应变分布、挤出速度等指标产生影响。由于管材挤压成型过程比较复杂，单纯地重复试验需要大量的费用，而且很不方便，所以在研究管材成型时往往采用计算机数值模拟。实际上，挤压作为一种古老的工艺，通过数值模拟对其进行分析和研究已有很长的历史了。在 20 世纪 50 年代，Hill 第一次应用平面应变滑移线理论来研究挤压工艺中的金属流动问题。Seweryn 等也应用滑移线理论分析了一些挤压工艺问题。另一种传统的数值分析方法——上限元法也被应用到挤压工艺的分析中。这些解析方法对于理解挤压工艺中的金属流动问题很有帮助，同时能够进行简单的计算，在发展塑性加工力学及其应用方面起到了重要的作用。由于计算机辅助技术和有限元方法可以描述复杂的模具形状、边界条件以及材料在大变形中的复杂力学行为，塑性加工界开始应用这一技术进行工艺和模具设计的研究。通过有限元模拟，可以深入了解金属塑性加工中的材料成型机制、预测工艺缺陷等。对于一些复杂的金属成型工艺，例如空心型材的挤压，模具参数和工艺参数对金属成型的影响是非线性的，有限元模拟可以分析这些工艺中金属流动的复杂规律，从而减少产品开发和模具设计的时间，也可以节省由于反复试模而带来的大量费用[1]。

6.1 金属热变形的数值模拟技术研究现状

6.1.1 金属塑性加工主要的数值模拟技术

金属塑性成型过程是一个复杂的变形过程。材料特性、变形热力参数、摩擦条件、坯料及模具的形状等因素对成型过程都有影响。塑性加工过程数值模拟的目的是综合考虑各种影响因素，建立精确的数学模型，在塑性力学的基础上，对材料的变形过程进行数值描述，为制定塑性加工工艺，控制产品质量以及模具优化设计提供理论依据。目前，塑性加工过程数值模拟方法主要有：滑移线矩阵算子法，有限元法（FEM），上限单元技术（UBET）和边界元法（BEM）。滑移线矩阵算子法仅适用于处理理想刚塑性体的平面应变问题，不能处理形状复杂零件的成型问题。这种方法计算量小，处理方便，是目前比较常用的数值模拟方法。但由于其单元类型单调，对形状复杂锻件的模拟精度较差，主要用于解决比较简单的稳态成型问题。BEM 方法将求解区域的控制微分方程转化为在边界上定义的积分方程进行求解。BEM 方法只对边界进行积分，离散化处理时，维数比有限元法少一维，因而求解自由度数目相应减少。对于塑性成型问题，往往弹塑性区并存，且大变形区离边界较远，使得边界积分范围难以确定，因而限制了 BEM 法的应用。目前，BEM 法在塑性加工领域大多用于模具的强度和温度场计算。有限元法使得塑性变形过程的物理特性得到了真实体现，能够全面考虑各种初值和边界条件的影响，对复杂边界有较高的拟合精度。此外，有限元法的基本理论已趋成熟，它可以在假设最少的条件下，给出详细的变形力学及流动信息。因此，有限元法是目前塑性加工领域应用最广泛的数值模拟方法。

6.1.2 有限元法在金属塑性加工中的应用

6.1.2.1 有限元法的发展概况

有限元是根据变分原理求解数学物理问题的一种数值方法。它最初是在 20 世纪 50 年代作为处理固体力学问题的方法出现的。它的基本思想早在 20 世纪 40 年代初期就有人提出，1941 年赫兰尼可夫（A. Hernnikoff）首先提出用格栅的集合表示二维与三维的结构体，这是离散化的最早思想。到了 20 世纪 50 年代，由于工程上的需要，特别是高速计算机的出现与应用，有限元法才在结构分析矩阵方法的基础上迅速发展起来，并得到越来越广泛的应用。1959 年特纳在《结构分析的直接刚度法》一文中正式提出了用直接刚度法集合有限元的总方程组。而“有限元法”这一名称到 1960 年才由克拉夫首先提出。有限元虽然起源于结构理论，但近年来由于它的理论与公式逐步得到改进和推广，不仅在结构理论本身范围内由静力分析发展到动力问题、稳定问题和波动问题，由线弹性发展到非线弹性和塑性，而且该方法已经在连续力学的一些场问题中得到应用。

有限元法利用离散化将无限自由度的连续力学问题变为有限元节点参数的计算，虽然它的解是近似的，但适当选择单元的形状与大小，可使近似解达到满意的精度。另外，有限元法引入边界条件的办法简单，不仅适用于复杂的几何形状和边界条件，而且能处理各种复杂的材料性质问题。

6.1.2.2 有限元的基本思想及解题步骤

有限元法是对塑性成型过程进行数值模拟的有效方法，它可以比较精确地求解变形体内部的各种场变量，如位移（速度）场、应变场和应力场等，从而为工艺分析提供科学依据，当给出一定条件或判据后，则可进一步对成型过程进行优化和控制，因此它在塑性成型中的应用日益广泛。有限元法的基本思想是把变形体看成有限数目单元体的集合，对每一个单元选择一个形状函数由节点量来表示单元内部各点处的量；将各个单元所建立的关系式加以集成，得到一个与有限个节点相关的总体方程，解此总体方程，即可求得有限个节点的未知量（速度或位移），进而求得整个问题的近似解，如应力、应变、应变速率等。所以有限元的实质就是将具有无限个自由度的连续体，简化成只有有限个自由度的连续体，并用一个较简单的问题的解去逼近复杂问题的解。

有限元的一般解题步骤如下：

（1）连续体的离散化。把求解的连续体离散成有限数目的单元，单元的类型包括三边形、四边形、四面体、六面体等。合理地选择单元的类型、数目、大小和排列，就能有效地表示所研究的连续体。

（2）选择满足某些要求（如在单元内保证连续性、在其边界上保证协调性等）的联系单元节点和单元内部各点位移（或速度）的插值函数，以保证数值计算结果更逼近精确解。插值函数通常选择多项式，以便于微分和积分。

（3）建立单元的刚度矩阵或能量泛函。按变分原理，对弹性和弹塑性有限元推导单元的刚度矩阵 $[K]$ e，用此矩阵把单元节点 $\{u\}$ e 和节点力 $\{P\}$ e 联系起来，即 $[K]\mathrm{e}\{u\}\mathrm{e}=\{P\}\mathrm{e}$。对于刚塑性有限元，则建立以节点速度 v_i 为自变函数的单元能量泛函 $\varphi^{\mathrm{e}}=\varphi^{\mathrm{e}}(v_i)$。

（4）建立整体方程。对于弹性和弹塑性有限元，这个过程包括由各单元的刚度矩阵集合成变形体的总体刚度矩阵 $[K]$，以及由单元节点阵列集合成的总载荷列阵 $\{P\}$，从而建立表示整个节点位移和总载荷关系的联立方程组，即 $[K]\{u\}=\{P\}$。对于刚塑性有限元，则建立整个变形体的能量泛函变分方程组，即 $\delta\sum\Phi^{\mathrm{e}}(v_i)=0$。

（5）解上述方程组，求未知的节点位移（或速度）。在弹性有限元中，这些方程组是线性的；而在弹塑性和刚塑性有限元中这些方程组是非线性的，求解时需进行线性化。

（6）由节点位移（或速度），利用几何方程和物理方程，求整个变形体的应变场（或应变速率场）、应力场，并根据问题的需要，进一步计算各种参数。

6.1.2.3 金属塑性变形的特点

在塑性变形过程中，变形区中的不同位置处，塑性变形的产生是不同时的，且变形量的分布也很不均匀，尤其是当模具和坯料之间存在着较大的摩擦时更是如此。塑性变形的产生发展随即带来材料的加工硬化，并导致弱区（或相对的弱区）位置的改变，而“弱区必先形变，变形区应为弱区”，假如在变形过程中，某个曾经是弱区的地方，在经历一定的塑性形后，失去了其弱区的地位，则该处的变形将暂时停滞，取而代之别的更弱的地方将产生塑性变形，如果该处仍然是弱区，则该处将继续变形。

金属塑性变形过程具有以下特点：工件形状通常十分复杂，导致生产工件的模具形状也同样复杂，在模具作用下金属坯料成型为最终工件所经历的变形很大，且变形量分布不均匀。为了尽可能精确描述变形过程中的应变、应力等场量的分布，不得不在有限元计算中采用具有一定密度的网格。随之而来的问题是单元数目与节点数目增多，总纲方程规模变大，可能受到计算机内存容量及运算速度的限制而难以顺利求解。

工件在成型过程中与模具之间产生很大的相对位移，与模具相接触的节点数目和接触状态处于不断变化中。如何正确判定节点与模具的接触状态，并对其选择合适的位移约束条件和摩擦边界条件，是数值模拟成败的关键。

6.1.2.4 金属塑性成型问题的有限元解法

金属塑性成型是金属加工的一种主要手段，它不仅生产效率高，产品质量稳定，原材料消耗少，而且可以有效地改善金属的组织性能。近年来，金属塑性加工不仅在量上迅速发展，在质上也获得了巨大的进步。它一方面要求制造出形状复杂，精度更高的零件；另一方面要求将其扩大到难变形的材料。所以，迫切期待着加强理论研究以指导生产实践。

金属成型过程中伴随着很大的塑性变形，既有材料的非线性（应力与应变之间的非线性），又有几何非线性（应变与位移之间的非线性），变形机制十分复杂，加上边界条件复杂及数学上的困难，人们只能通过采取简化、假设和利用实验、经验数据及图解、模型等方法，将难以精确求解的数学力学问题变为工程实际问题，从而产生了各种近似程度不同、适用范围不同的近似分析方法，常用的有主应力法、滑移线法、上限法、有限元法。其中有限元法是解决金属变形中的应力、应变、温度分布、载荷等参量关系的有效方法。

有限元法同其他计算方法比较，至少有以下优点：

（1）从理论上讲，各种金属材料的各类塑性成型过程，都可以用有限元法进行分析，而其他方法则受到种种限制。

（2）能考虑多种外界因素对变形的影响，如温度、摩擦、模具形状等。

（3）能够获得成型过程的多方面的信息，如成型力、应力分布、应变分布以及对金属流动方向的预测等。这些参数本来需要通过实验才能得到，现利用有限元法来模拟成型过程即可求得。

从20世纪70年代塑性有限元被应用于金属成型过程分析后，才可能较详尽准确地估计不同工艺参数对金属流动的影响。有限元法以它的适应性，能获得详尽解的能力和它与精确解固有的接近，证明它优于经典的分析方法。

用于分析金属成型问题的有限元法可分为两大类：一类是弹塑性有限元法，它又可以分为小变形和大变形弹塑性有限元法；另一类是刚塑性有限元法，即忽略了弹性变形部分，以简化计算。

A 小变形弹塑性有限元法

这里的小变形是指小位移小应变情况，可以忽略微元体的局部变形。这样，计算应力时仍可采用原来的未变形的微元面积，以及应变与位移之间是线性关系。

小变形有限元法是最早应用于金属成型分析的。1970 年长松等首先用此法分析了圆柱体的镦粗，后来又有不少人做了拉拔、挤压方面的分析。它解决了轴对称材料中的应力分布。但是，它只适用于分析金属成型的初期，随着变形量的逐渐增大就会出现明显的误差，这样又发展了大变形的弹塑性有限元法。

B 大变形的弹塑性有限元法

大变形的弹塑性有限元法建立在有限变形的基础上。在小变形弹塑性分析中，我们认为单元的形状和作用载荷在变形过程中是不变化的。但是，在大变形中，由于产生大位移和大转动，单元的形状发生了变化，会影响到有限元的计算，需要进行特殊处理。

大变形的理论基础研究可追溯到 1959 年 Hill 的工作，直到 1970 年 Hibit 等才首次提出大变形有限元列式。它采用的是 Lagrange 描述。根据虚功原理，导出了有限元的速率平衡方程，以四个刚度（小变形、初载荷、初应变、初应力刚度项）来考虑大变形弹塑性的效应。20 世纪 70 年代中期 Osias 及 Mcmceking 等分布采用 Euler 法（以变形后的构件做基准来描述变形物体的运动）建立了大变形有限元列式。自那时起，大变形有限元法不断完善。采用弹塑性有限元法分析金属成型问题，不仅能按照变形路径得到塑性区的发展情况、工件中的应力应变分布规律及大小、几何形状的改变，而且还能有效地处理卸载问题，计算残余应力和残余应变，从而可以分析产品的缺陷及防止产生缺陷等问题。但弹塑性有限元法的不足之处在于计算量大，它更适合小变形问题，对于大变形问题，应力、应变度量较复杂，需要较多的计算时间和费用。

C 刚塑性有限元法

在大变形的金属成型中，弹性变形部分比起塑性变形部分是很小的，人们自然会想到将弹性变形部分忽略，建立刚塑性材料的模型，从而简化有限元的列式和计算过程。变形后物体的形状，通过在离散区间上对速度积分而获得，从而避开了有限元变形中的几何非线性问题；同时可用比弹塑性有限元法大的增量步长，来减少计算时间，提高计算效率，并能保证足够的工程精度。

1947 年 Markov 第一个用变分原理获得了刚塑性问题的解。1971 年德国的 Lung 在 Markov 的变分原理基础上，把体积不可压缩条件，通过 Lagrange 乘子引入变分式中，通过这种表达建立了刚塑性有限元列式。

上面所讨论的材料的弹性和塑性，均认为在一定的外载荷作用下，物体内的应力和应变关系是恒定的，它们是同时发生的，与该外载荷作用的持续时间无关，即与时间的无关性。这在温度不高，外载作用持续时间不长和加载速度不很高的情况下，是近似地符合材料的真实性能的。但是，对于应变速率对材料屈服流动应力有影响的所谓速度敏感材料，或在高温下成型的金属，这种材料模型是不适用的。对于热加工，应变硬化效应不显著，而对变形速度有较大的敏感性，即变形速度的增加会引起变形抗力的明显增加。因此热加工时要用黏塑性本构关系，相应地发展了刚-黏塑性有限元法。当前，有限元法在金属塑性变形中的研究方兴未艾，已取得了许多成功的应用。

D 有限元在管材挤压成型中的应用

由于计算机辅助技术和有限元方法可以描述复杂的模具形状、边界条件以及材料在大变形中的复杂力学行为，塑性加工界开始应用这一技术进行工艺和模具设计的研究。通过有限元模拟，可以深入了解金属塑性加工中的材料成型机制、预测工艺缺陷等。对于一些复杂的金属成型工艺，例如空心型材的挤压，模具参数和工艺参数对金属成型的影响是非线性的，有限元模拟可以分析这些工艺中金属流动的复杂规律，从而提高产品开发和模具设计的时间，也可以节省由于反复试模而带来的大量费用。到了20世纪90年代，出现了一些用于模拟金属塑性加工工艺（体积成型）的通用商业化软件，例如MARC、ABAQUS、LS2DANA等，以及一些专业软件，例如DEFORM、FORGE、QFORM、HyperXtrude、SuperForg和AutoForge等。这些软件的应用，也使得挤压工艺的数值模拟从两维的平面应变、轴对称分析上升到三维模拟。但是，挤压工艺的数值模拟还存在许多问题，进一步完善才能在解决复杂型材挤压工艺中发挥作用。

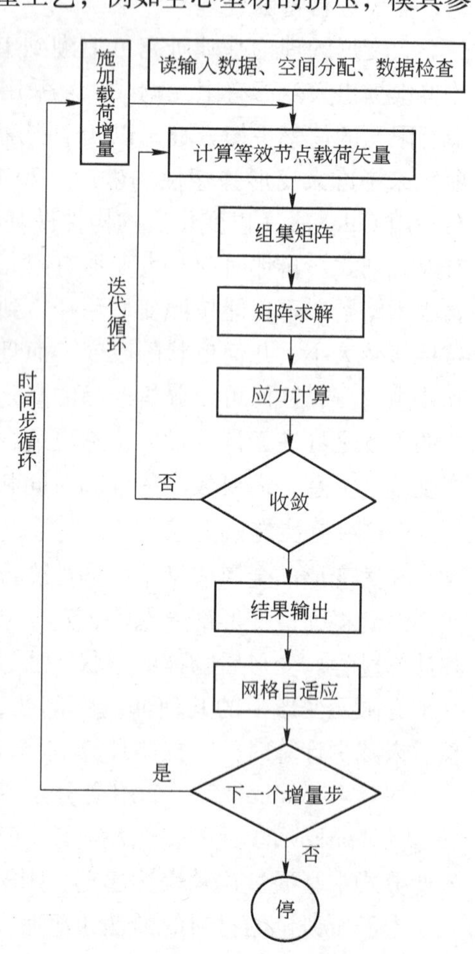

图6-1 非线性有限元求解流程

MSC. Superform是基于位移法的有限元程序，对于非线性问题采用增量解法，在各增量步内对非线性代数方程组进行迭代以满足收敛判定条件。MSC. Superform软件的非线性求解流程图如图6-1所示[2]。MSC. Superform软件分析问题时，首先确定问题的类型（二维或三维），考虑传热，然后建立几何模型，划分网格，定义单元类型、材料特性和接触条件，根据要求加载后进行计算。

运用有限元方法对 GH4169 合金、690 合金、G3 合金三种合金管材正向热挤压过程进行数值模拟，数值模拟可以得到挤压过程中各场量的变化规律，如速度场、温度场、应力应变分布、应变速率分布、挤压力分布等，通过分析以上场量的模拟结果来对挤压过程进行综合评定，并通过数值模拟的结果来推测合金内部组织的相关变化。正挤压过程中主要的参数有：挤压速度、摩擦系数、坯料及模具预热温度、坯料端部圆角半径、模角大小及定径带长度、挤压比等，模拟中通过改变以上参数的取值，分析其变化对挤压过程的影响，进而提出优化镍基耐蚀合金管材挤压工艺的建议。

6.2 GH4169 合金管材正挤压的有限元模拟

6.2.1 有限元模型的建立

根据某型号挤压机的实际尺寸，建立 GH4169 合金管材正挤压有限元模型。其中管坯尺寸为外径 217mm、内径 82mm、长度 200mm，预制管材尺寸为外径 108mm、内径 82mm，模型采用四边形节点单元，变形过程采用弹塑性有限元法，由于变形过程中存在模具与管坯之间的热交换以及热功转换等过程，所以采用热力耦合的分析方法，并且由于挤压过程在几何上的对称性而采用轴对称的处理方式。挤压筒和模具设置为具有热传递性质的刚性体，即不考虑其塑性变形。建立的有限元模型如图 6－2 所示。

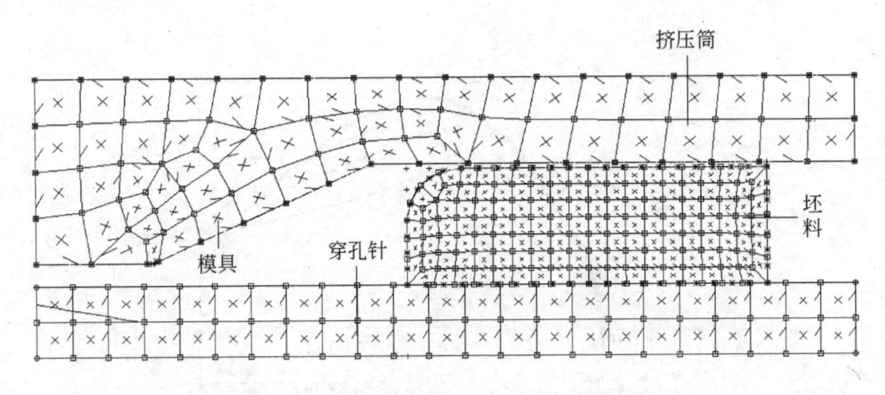

图 6－2 GH4169 合金管材挤压有限元模型

模拟中模具材料采用 H13 热作模具钢，坯料合金 GH4169 与模具材料 H13 热作模具钢的热物性参数由相关文献查得[3~4]（表 6－1），GH4169 合金的流变应力－应变数据曲线由相关文献[5]查得，如图 6－3 所示。

表 6-1 管坯与模具的材料参数

参 数	坯 料	模 具
材 料	GH4169	H13
杨氏模量/GPa	202.7	—
泊松比	0.37	—
密度/kg·m^{-3}	8.24×10^3	7.8×10^3
热导率/W·(m·K)$^{-1}$	27.6	28.4
比热容/J·(kg·K)$^{-1}$	704	560
对流换热系数/W·(m^2·K)$^{-1}$	200	200
接触热导率/W·(m^2·K)$^{-1}$	2.5×10^4	2.0×10^4
线膨胀系数/K^{-1}	1.86×10^{-5}	—

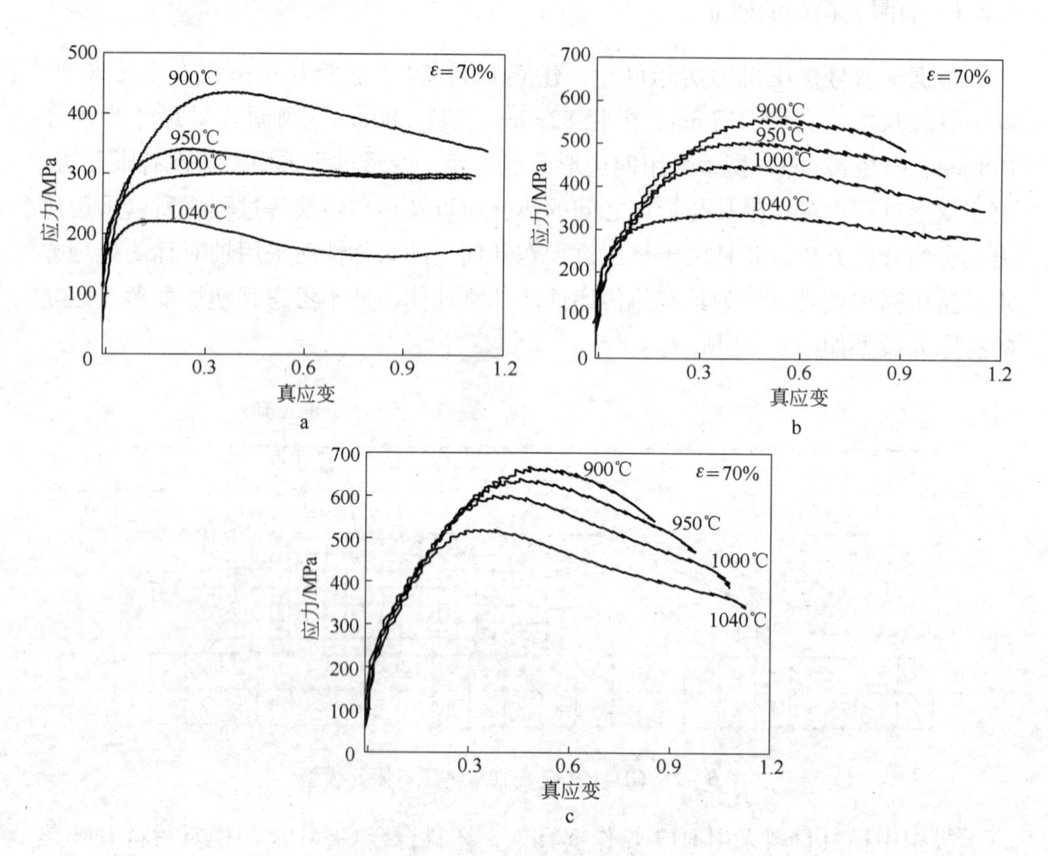

图 6-3 不同应变速率下 GH4169 合金应力-应变曲线

a—0.1s^{-1}；b—1.0s^{-1}；c—20s^{-1}

为了与实际生产相结合，使数值模拟对生产实践有一定的指导作用，本次模拟中坯料以及挤压筒的尺寸均与实际生产中一致，其尺寸规格来源于某大型挤压机原始数据。热加工过程中，要求坯料材料的组织尽可能简单，最好为单相区，GH4169 合金在 1040℃以上为奥氏体区，故坯料整体预热温度应高于 1040℃；高温合金的可加工范围窄，故应采用较大的挤压速度以确保在挤压的最后阶段不会因为过度降温而使加工困难，通过结合不锈钢、镍基合金、软质金属等其他材料的挤压速度经验选取挤压速度为 300mm/s；为了排除过多的由摩擦引起的热效应和变形均匀度的下降，初始摩擦系数设为 0.05；坯料端部进行倒圆角处理，初始圆角半径定为 30mm，以防止在预热后挤压前局部尖端温度过分降低和挤压过程中尖角处的应力集中；模具预热温度为 400℃。其基准参数列表见表 6－2。

表 6－2 基准挤压参数

挤压参数	挤压速度 /mm · s^{-1}	坯料预热温度/℃	模具形状	模具角度 /(°)	模具预热温度/℃	摩擦系数
取值	300	1040	锥模	25	400	0.05

为了优化 GH4169 合金管材正向热挤压的加工工艺，对各挤压参数分别进行调整，通过分析参数调整后挤压过程中各个指标的变化，选出适宜的挤压参数，为实际生产中挤压工艺的优化提供理论判断依据。调整方案如下：

（1）挤压速度：300mm/s、250mm/s、200mm/s、150mm/s、100mm/s；

（2）摩擦系数：0.05、0.10、0.15、0.20；

（3）坯料预热温度：1040℃、1050℃、1060℃、1070℃、1080℃；

（4）坯料端部圆角半径：0mm、15mm、20mm、30mm；

（5）模具角度：20°、25°、30°、45°；

（6）模具形状的调整。

6.2.2 挤压参数调整对结果的影响

完整的正挤压过程分为三个阶段，即填充挤压阶段、基本挤压阶段、终了挤压阶段。实验中管坯的直径小于挤压筒内径，所以在挤压的开始阶段，坯料逐渐被压入工作区的同时会产生墩粗的效果，即坯料存在填充挤压筒的过程，填充过程结束后，坯料才会由模孔正常流出；基本挤压阶段是从金属开始流出模孔到正常挤压过程即将结束时为止；当挤压筒内坯料的剩余长度减小到与稳定流动塑性区的高度相等（即垫片接触塑性变形区）时，挤压进入终了阶段，传统物理实验指出，终了阶段具有挤压力迅速升高、金属径向流动速度增加的特点。本节将重点研究填充挤压和基本挤压两个阶段的特点。

6.2.2.1 挤压速度的影响

GH4169 合金作为典型的高温合金，其可变形温度的范围很窄，这就要求较高的挤压速度，以免挤压后期由于温度过低而不适于变形，但高速挤压会带来形变不均匀，模具磨损加剧等问题，因此挤压速度的调整范围为100mm/s、150mm/s、200mm/s、250mm/s、300mm/s。

A　挤压速度调整对管材挤出速度的影响

挤压速度改变后直接导致挤出速度的变化，MSC. Superform 软件可以对节点的速度进行全程跟踪，速度场可以动态地反映每一瞬时之后每一节点材料的流动趋势，对于预测变形过程中缺陷的产生具有重要意义，图6－4为不同挤压速度下坯料内部各节点的速度场，可以看出在挤压筒内各节点速度分布比较均匀，根据体积不变原则，当坯料从模孔挤出时速度激增，并且挤出速度随着输入速度增大而增大，五种不同挤压速度下的终挤挤出速度分别为941.9mm/s、1356mm/s、1796mm/s、2201mm/s、2269mm/s。

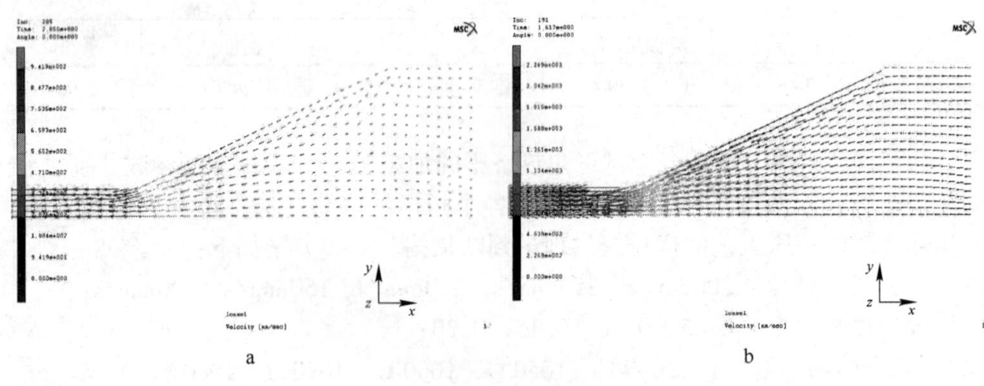

图6－4　不同挤压速度下坯料内各节点速度场

a—100mm/s；b—300mm/s

B　挤压速度的调整对挤压力的影响

由前所述，当挤压速度为300mm/s时，挤压力从开始阶段迅速上升后在35～45MN范围内波动。图6－5为不同挤压速度下的凸模坐标－挤压力图，可以看出改变挤压速度会影响挤压力的大小但不影响其变化规律，当挤压速度为100mm/s时，挤压力平均值在40MN以下，随着挤压速度的提高挤压力升高或降低，但总体上比较相近。图6－6为最高挤压力随挤压速度变化的曲线图，可以看出随着挤压速度升高，挤压力并没有出现持续上升或下降而是出现波动，在100mm/s、150mm/s、200mm/s、250mm/s、300mm/s速度下，其最高挤压力分别为47.43MN、46.26MN、54.77MN、56.03MN、49.67MN。

挤压速度对挤压力的影响比较复杂，从根本上来说是三方面的共同作用：加工带来的硬化效果，再结晶引起的软化效果，以及温度起伏引起屈服抗力变化所导致的硬化或软化效果。当挤压速度较低时，再结晶引起的软化效果可以抵消加工的硬化效果，此时提高挤压速度会增大加工引起的热效应，从而使温升增大，

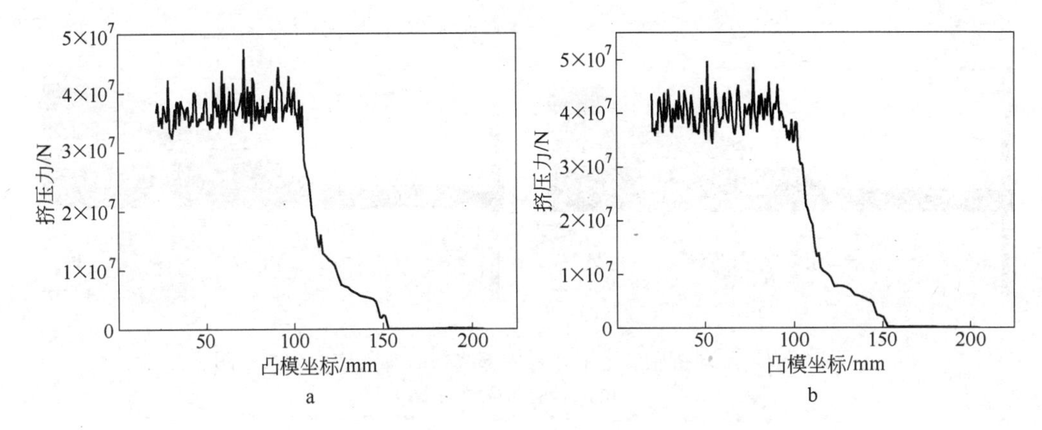

图6-5 不同挤压速度下的凸模坐标-挤压力图

a—100mm/s；b—300mm/s

材料屈服抗力降低以至挤压力降低；高速挤压时，应变速率很大（局部可达 10^2s^{-1}），挤压变形持续时间很短，所以不能发生充分的动态再结晶，再结晶的软化效果无法抵消加工硬化效果，此时提高挤压速度会积累更多的硬化效果，但同时高的挤压速度会带来大的升温，并且随着速度提高，坯料与模具的接触时间变短使热传递减少，起到了变相保温的作用，这两种相反的效果使挤压速度对挤压力的影响比较复杂，由于GH4169合金的挤压速度在100mm/s以上，属于典型的高速挤压情况，所以挤压速度与挤压力没有明显的规律，只能从数值上判断在挤压速度为100mm/s、150mm/s、300mm/s时挤压力比较小。大变形快速挤压过程中材料的软化和硬化规律及其相互作用的规律和机理，以及如何协调控制软硬化规律将是一个重要的研究方向。

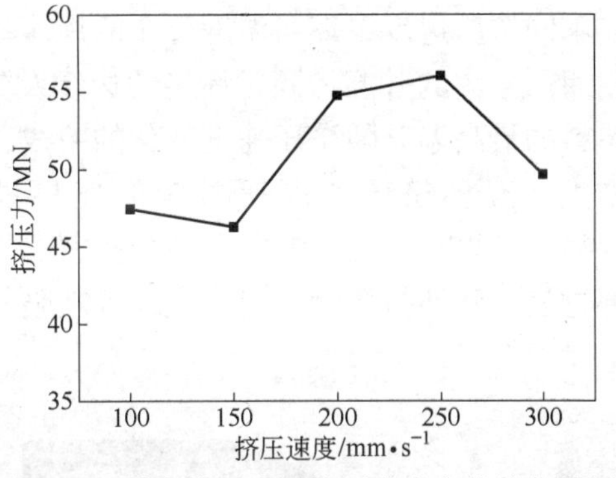

图6-6 最高挤压力随挤压速度变化的曲线图

C 挤压速度调整对等效应力的影响

坯料内部的平均等效应力水平是与坯料的温度和工作区几何形状相关的。图6-7为不同挤压速度下挤压结束时坯料内部的等效应力分布，可以看出不同挤压速度下的等效应力分布规律与基准参数下的计算结果相一致，在模具锥面上端和相对应的穿孔针表面都出现了高应力区，并且随着挤压速度的升高，应力集中区内应力值升高，当挤压速度为200mm/s、250mm/s时在模孔附近的锥面和穿孔针附近又有新的高应力区形成，应力分布较其他三种情况均匀性更差，这也从一个角度解释了在这两种挤压速度下挤压力较高的原因。

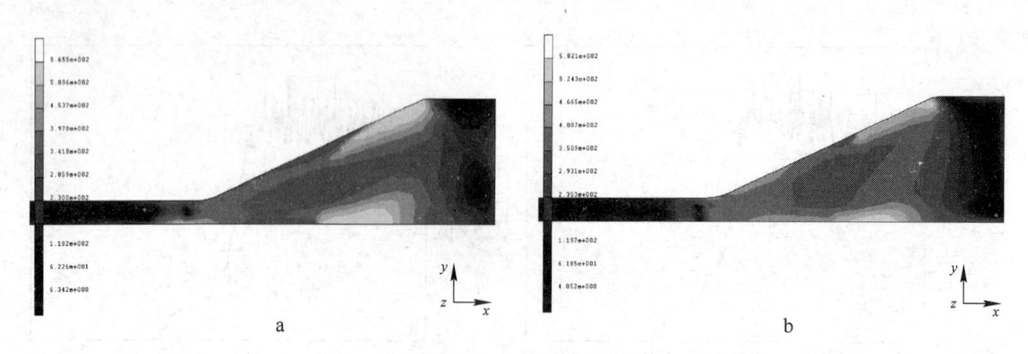

图6-7　不同挤压速度下坯料内部终挤时等效应力分布云图

a—100mm/s；b—250mm/s

D　挤压速度的调整对坯料温度的影响

图6-8为不同挤压速度下坯料获得最大温升时的温度分布云图，可以看出在不同挤压速度下坯料温度分布的规律相近，在模孔附近由于剧烈变形和摩擦作用而产生大的升温，同时坯料的边缘及尖角处温度下降。图6-9为挤压过程中坯料的最高温升随挤压速度变化的曲线，可以看出随着挤压速度的增大最高温升增大，五种挤压速度所对应的坯料最高温升分别为110℃、116℃、120℃、124℃、130℃，坯料温度升高会使内部晶粒过度长大，导致塑性降低甚至出现局部过烧，致使挤压制品出现裂纹等缺陷，这是在实际生产中值得注意的。

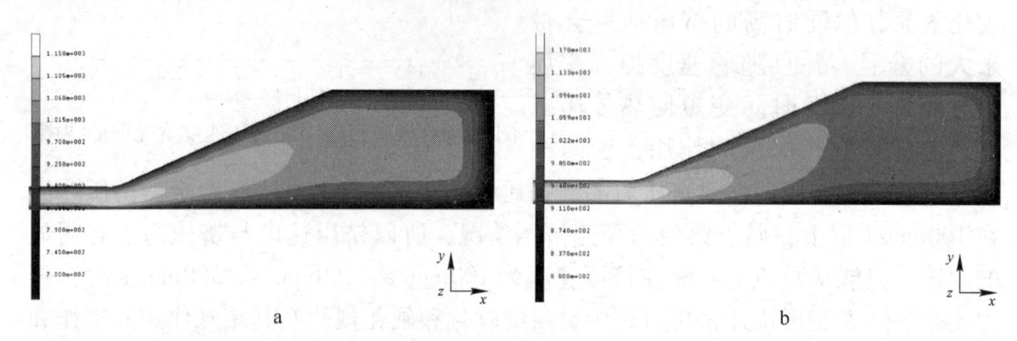

图6-8　不同挤压速度下坯料获得最大温升时的温度分布云图

a—100mm/s；b—300mm/s

6.2.2.2　模具角度调整对结果的影响

模角是指模具轴心线与模具工作端面所构成的夹角。模角是影响挤压过程的重要因素，镍基合金挤压所采用的模角在15°~60°之间[6]，模拟计算中采用20°、25°、30°、45°四种不同的模角。

A　模具角度调整对挤压力的影响

模角对挤压力的影响比较复杂，研究指出模角的增大对挤压力起到相反的两种作用：一方面使金属流入流出模孔时的附加弯曲变形增加，导致变形所需的挤

压力分量 R_M 增大；另一方面，坯料与模具接触面积的减小使克服摩擦阻力的应力分量 T_M 减少。图 6-10 为不同模具角度下挤压力的分布图，可以看出在各种模具角度下挤压力的变化规律基本相同，但大小随着模角增大而升高，同时由于几何因素，大模角模具会使挤压力更快地达到稳定值，比小模角模具消耗更多的挤压力。图 6-11 为不同模角下最高挤压力曲线图，可以看出采用 20°、25°、30°、45°模角时最高挤压力对应为 42.09MN、49.67MN、54.7MN、56.49MN，这是因为实验中设定的摩擦系数为 0.05 即润滑条件良好，所以克服变形所需要的挤压力 R_M 起主要作用，克服摩擦所需要的挤压力 T_M 起到的作用相对较小，随着模角的增大变形区内金属形变所需的挤压力分量 R_M 增加，所以整体上挤压力随模角增大而增加。

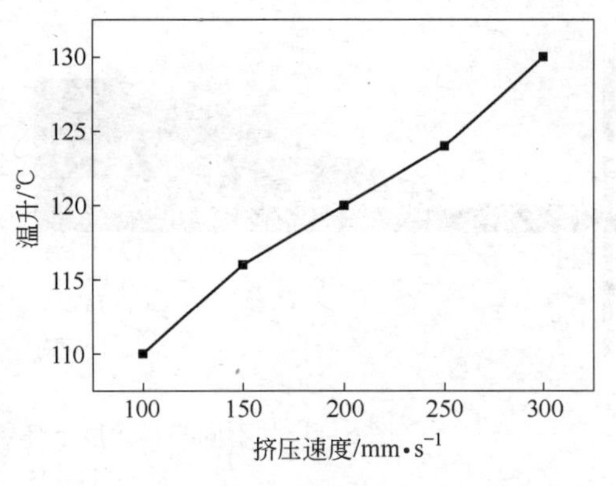

图 6-9 坯料最高温升随挤压速度变化的曲线

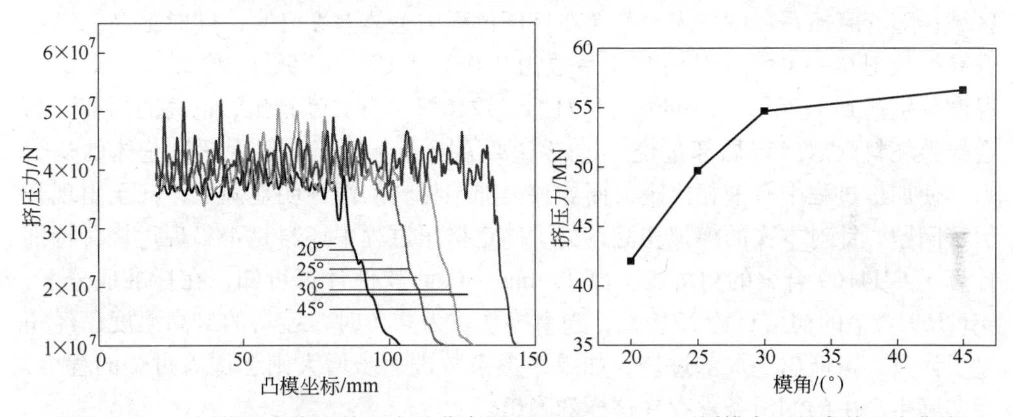

图 6-10 不同模具角度下挤压力的分布图　　图 6-11 不同模角下最高挤压力曲线图

B 模具角度调整对等效应力分布的影响

图 6-12 为不同模具角度下坯料终挤时的等效应力分布云图，可以看出随着模角的增大，应力集中区域的范围逐渐扩大，而且由沿锥面分布逐渐向挤压筒方向移动，上下两个应力集中区域有连接的趋势，同时高应力区内的最高应力值增大，四种模角对应的最高应力值分别为 574.3MPa、653.8MPa、639.8MPa、660.9MPa，等效应力分布改变的趋势和挤压力增大的趋势相一致。

6.2.2.3 摩擦系数调整对结果的影响

润滑条件对挤压过程和产品质量影响较大，因为润滑条件会直接影响挤压过程中应力场、温度场的分布，同时其他参数的改变如挤压速度、挤压温度、模角

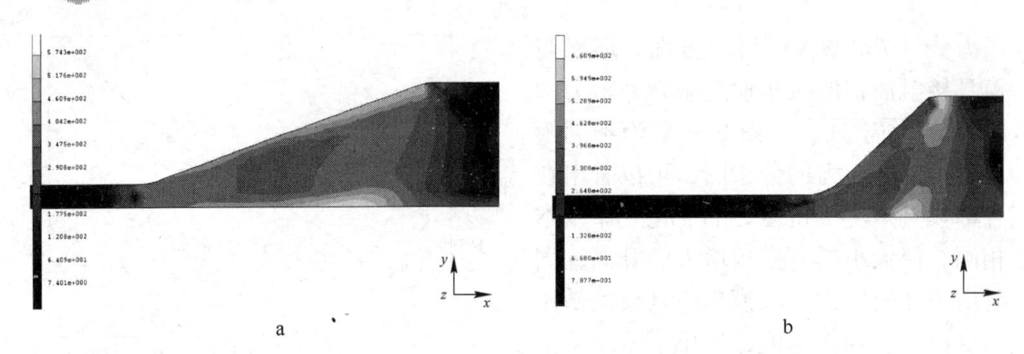

图 6 - 12 不同模具角度下坯料终挤时的等效应力分布云图

a—20°；b—45°

大小等，在不同的润滑条件下也会有不同的效果，在数值模拟中润滑条件的不同表现为摩擦系数的变化。本文中采用 4 种摩擦系数分别为 0.05、0.10、0.15、0.20。

A 摩擦系数调整对坯料升温的影响

图 6 - 13 为不同摩擦系数下当坯料获得最大升温时的温度分布云图，可以看出不同摩擦系数下的坯料温度分布规律相近，最高升温都出现在变形剧烈的模孔区域，随着摩擦系数的增大，坯料在挤压过程中整体温度升高，同时最高升温也升高，从图 6 - 14 可以看出摩擦系数为 0.05、0.10、0.15、0.20 时，局部最高温度分别达到 1170℃、1168℃、1171℃、1216℃。有文献指出，过高的局部升温会导致坯料内部出现局部过烧，过烧主要是指合金某部分温度超过基体的初熔点，使加工过程中有液相出现，而导致被加工材料的塑性明显降低，甚至出现开裂等问题。针对本文的模拟实验，为了确定挤压过程中坯料是否出现过烧，特别计算了 GH4169 合金的初熔点。由 Thermo - Calc 软件计算可知，在标准成分下，GH4169 合金的初熔点为 1210℃，当摩擦系数为 0.2 时，坯料的最高温度已经超过了该值，可能出现局部过烧，如果摩擦系数进一步增大则会增大过烧的程度，而实际生产中的润滑条件存在这样的隐患。

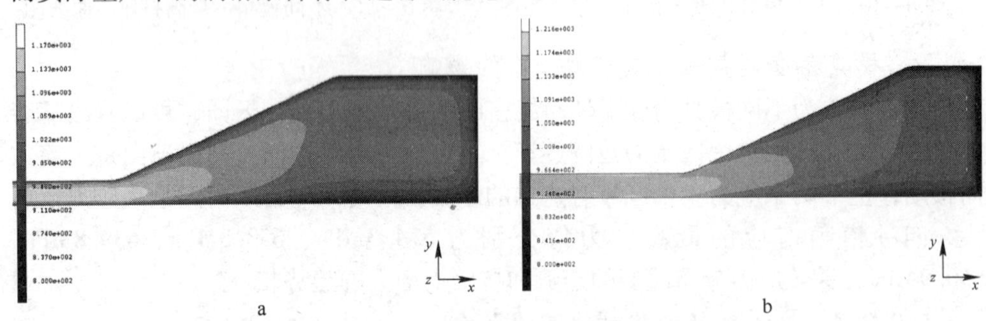

图 6 - 13 不同摩擦系数下当坯料获得最大升温时的温度分布云图

a—0.05；b—0.20

B 摩擦系数调整对挤压力的影响

图6-15和图6-16分别为不同摩擦系数下挤压时挤压力分布和最高挤压力图，可以看出不同摩擦系数下的挤压力分布规律相近，同时摩擦系数的增大会导致挤压力的显著升高，摩擦系数为0.05、0.10、0.15、0.20时，最高挤压力分别为49.67MN、60.15MN、63.81MN、77.15MN，造成变形困难。因为摩擦系数的增大不但会使坯料与模具接触的摩擦阻力增大，还会使金属流动的均匀程度下降，共同导致挤压力上升，变形困难。

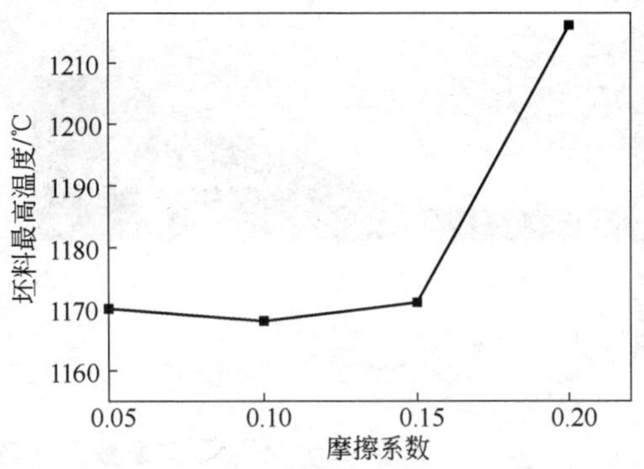

图6-14 坯料局部最高温度与摩擦系数的关系

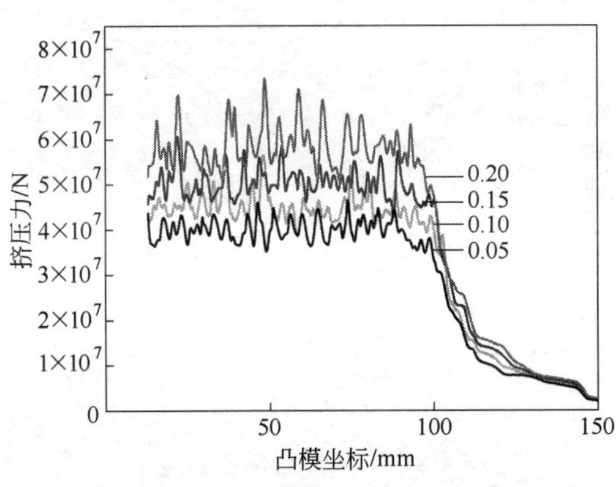

图6-15 不同摩擦系数下挤压力分布

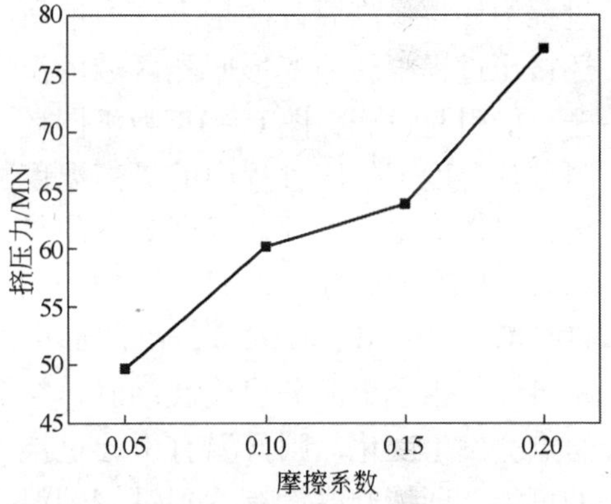

图6-16 不同摩擦系数下的最高挤压力

C 摩擦系数调整对等效应力分布的影响

图6-17为不同摩擦系数下终挤时坯料内部等效应力分布云图，可以看出在不同摩擦系数下等效应力的分布规律相近，从整体来看随着摩擦系数的增大，等效应力平均值升高，并且应力集中的区域逐渐扩大，在摩擦系数为0.2时，上下两个应力集中区域有连接的趋势，出现这种情况会使材料变形困难，挤压力升高。综合上述分析，随着摩擦系数的增大，坯料在挤压过程中升温逐渐加剧，挤压力升高，所以实际生产中应改善润滑条件，降低摩擦系数。

6.2.2.4 坯料预热温度调整对结果的影响

坯料挤压前的预热是管材热挤压成型的关键步骤之一，一方面使坯料变形温度达到适于加工的组织温度范围，另一方面在再结晶温度以上进行预热有利于塑性指标的提高。因为温度升高会使材料屈服极限降低，即提高预热温度会直接起到提高塑性、改善加工工艺的作用。本着这个目的本节对坯料预热温度进行了调

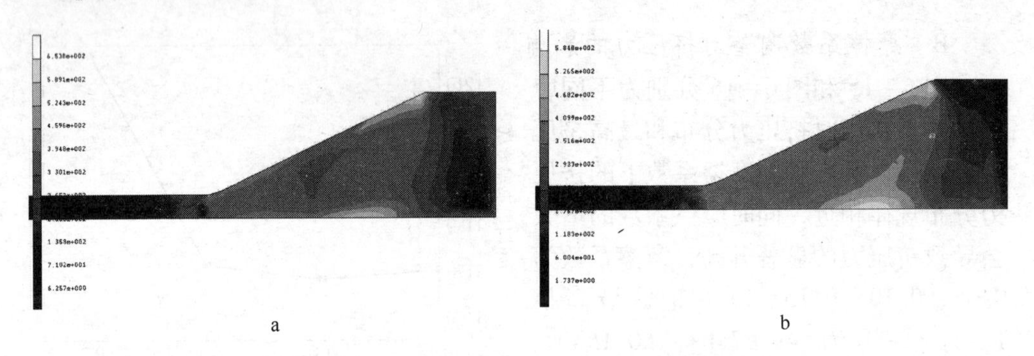

图 6－17　不同摩擦系数下终挤时坯料内部等效应力分布云图
a—0. 05；b—0. 20

整，选取 1040℃、1050℃、1060℃、1070℃、1080℃五种不同的预热温度。

坯料预热温度的升高会引起挤压过程中坯料最高温升的增大，由前所述挤压过程中局部变形剧烈区域的温升可能引起过烧，图 6－18 为不同坯料预热温度下挤压过程中的最高温度值，可以看出五种预热温度对应的最高温度分别为 1170℃、1174℃、1187℃、1197℃、1202℃，由前面分析可知，当合金成分出现波动时，初熔点会发生变化，则升温有引起过烧的可能。即使升温没有达到过烧的温度，过高的温度也会引起坯料晶粒的过度长大，导致塑性降低，不利于加工。所以综合挤压力和温度两种因素，预热温度选择 1050℃和 1040℃比较适宜。值得注意的是挤压前坯料和模具的预热往往由感应加热来实现，模具的预热温度为 400℃，远低于坯料预热温度，如此大的预热温差实现起来是比较困难的，所以实际中通过提高坯料预热温度来降低挤压力的可调整范围不大。

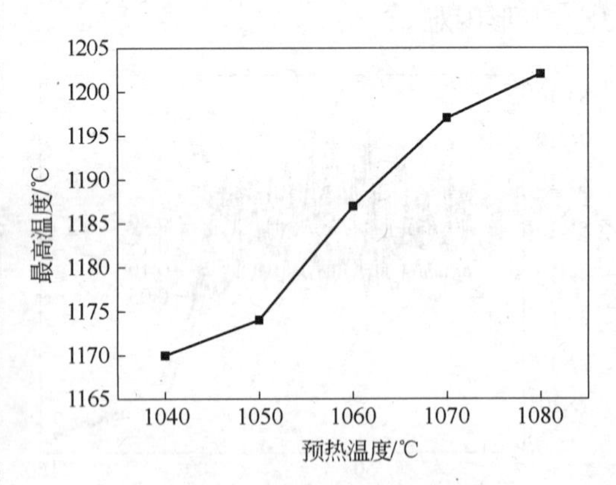

图 6－18　不同坯料预热温度下挤压过程中的最高温度值

从以上的模拟计算可以看出，在基准挤压参数下，采用锥模正挤压 GH4169 合金管材时，金属流动比较顺畅，挤压全过程没有出现“死区”；坯料内部等效应力平均在 330MPa，其中锥面和挤压筒接触点附近以及穿孔针表面存在一定的应力集中，挤压过程中坯料整体温度会有一定升高，其中模孔附近升温剧烈，而在挤压垫和尖角附近温度降低；挤压制品应变分布比较均匀，整体应变在 2.0 以上；调整挤压参数会对整个挤压过程产生影响，当挤压速度为 100mm/s、150mm/s 时挤压力较小，150mm/s、200mm/s 时挤压管材的应变分布比较理想，坯料的升温随挤压速度的增大而增大；挤压过程中应增大润滑以减小摩擦磨损；在摩擦系数较小时，模具角度取20°、25°比较合适；适宜的坯料预热温度为1040℃、1050℃，并且坯料端部应进行倒圆角处理；同时应注意模具与挤压筒的连接部分，在进行装配密封时不破坏锥模的形状而产生平模结构。

6.3 G3合金的管材挤压工艺优化有限元模拟

6.3.1 有限元模型的建立

结合某大型挤压机的实际尺寸，建立G3合金管材正挤压的有限元模型。其中管坯尺寸为外径236mm、内径90mm、长度为400mm，预制管材尺寸为外径118mm、内径90mm。为了更好地与实际生产相结合，此模型中对挤压筒的设计较GH4169合金挤压模型更为详细，由于在挤压筒的全长上，挤压应力分布是不均匀的，所以挤压筒长度与内径之比一般介于2.5~5之间，根据此规则选择挤压筒外径900mm、内径247mm，挤压筒总长度为811.7mm，长径比为3.3。模型中坯料、挤压筒、模具、穿孔针均进行离散化处理，统一采用四边形节点单元，由于变形过程中存在模具与管坯之间的热交换以及热功转换等过程，所以采用热力耦合的分析方法，根据挤压过程在几何上的对称性而采用轴对称的处理方式。挤压筒和模具设置为具有热传递性质的刚性体，即不考虑其塑性变形，凸模被表示为由速度控制的刚性体。建立的有限元模型如图6-19所示。

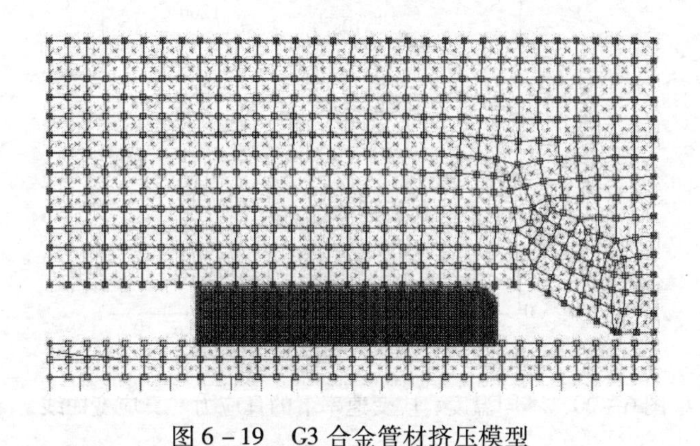

图6-19 G3合金管材挤压模型

6.3.2 材料特性与边界条件的定义

坯料材料G3合金与模具材料H13热作模具钢的热物性参数由相关文献查得[7]，见表6-3。G3合金的应力-应变曲线由Gleeble压缩实验获得，实验数据经整理选取变形温度为1050℃、1100℃、1150℃、1180℃、1200℃，应变速率为$0.1s^{-1}$、$1s^{-1}$、$10s^{-1}$，得到真应力-真应变曲线如图6-20所示。

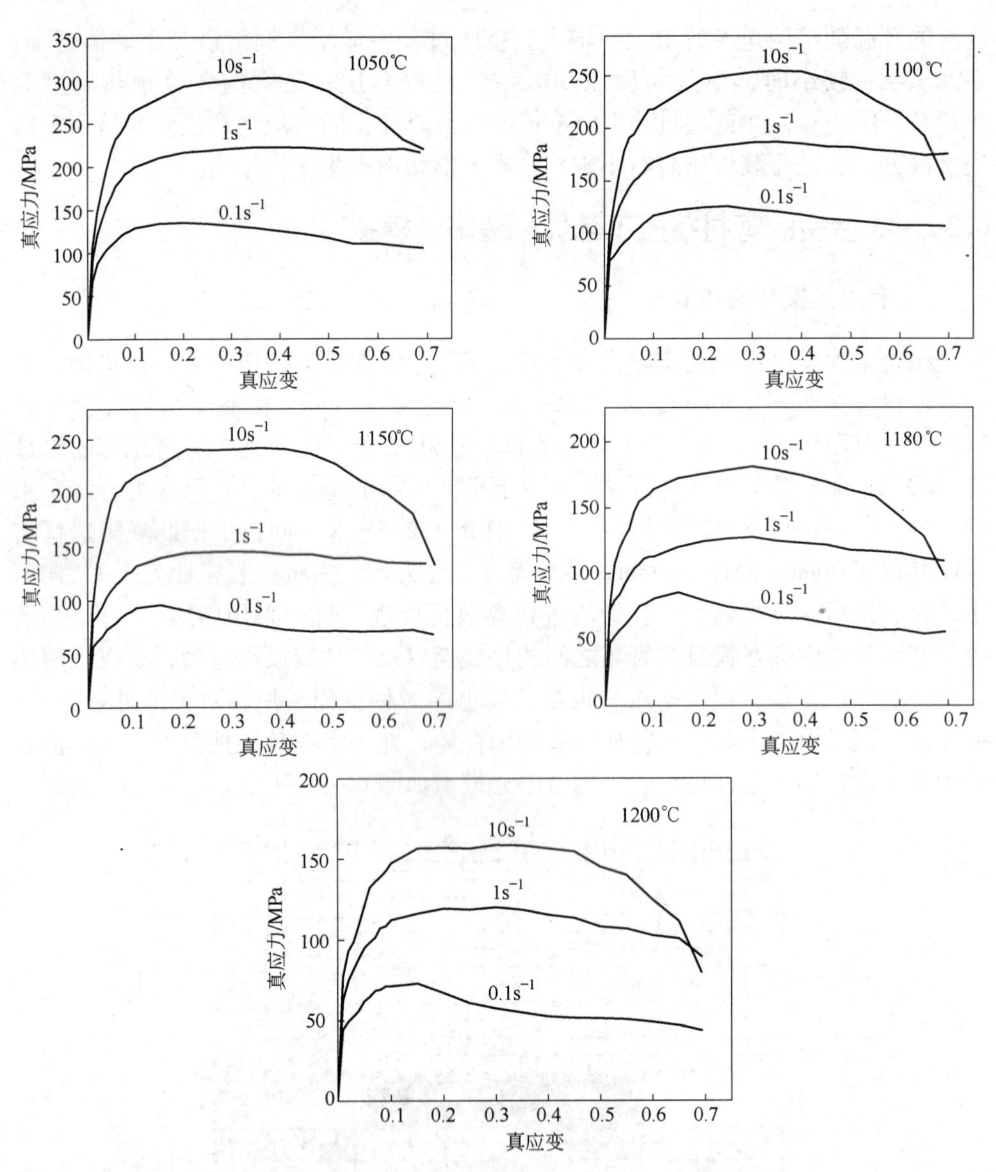

图 6-20 不同温度、应变速率下的真应力-真应变曲线

表 6-3 管坯与模具的材料参数

参 数	坯 料	模 具
材 料	G3	H13
杨氏模量/GPa	199.0	—
泊松比	0.30	—
密度/kg·m^{-3}	8.14×10^3	7.8×10^3
热导率/W·(m·K)$^{-1}$	21.8	28.4

续表 6－3

参　数	坯　料	模　具
比热容/J·(kg·K)$^{-1}$	543	560
对流换热系数/W·(m^2·K)$^{-1}$	200	200
接触热导率/W·(m^2·K)$^{-1}$	2.5×10^4	2.0×10^4
线膨胀系数/K^{-1}	1.51×10^{-5}	—

6.3.3 基准参数选择与参数调整方案

6.3.3.1 基准参数选择标准

本次模拟中坯料以及挤压筒的尺寸均与实际生产中一致，其尺寸规格来源于某大型挤压机的原始数据。为确定 G3 合金奥氏体单相区温度范围，利用 Thermo－Calc 软件计算并绘制出其热力学平衡相图（图 6－21），从图中可以看出在 1050℃以上，碳化物全部回溶，组织为单一奥氏体，故坯料整体预热温度应高于 1050℃。根据文献报道[8]，G3 合金在 200mm/s 速度拉伸时其断面收缩率在 1150℃出现峰值（图 6－22），表现出较好的塑性，故将坯料预热温度定为 1150℃。从相图中可以看出，G3 合金属于典型的可加工范围窄的镍基合金，故选取挤压速度为 300mm/s。为了排除过多的由摩擦引起的热效应和变形均匀度的下降，初始摩擦系数设为 0.05。坯料端部进行倒圆角处理以防止在预热后挤压前局部尖端的过分温降和挤压过程中尖角处的应力集中，初始圆角半径定为 30mm。模具选取 H13 热作模具钢，将其预热至 400℃。基准挤压参数列表见表 6－4。

表 6－4 G3 合金挤压基准参数

挤压参数	挤压速度/mm·s^{-1}	坯料预热温度/℃	模具形状	模具角度/(°)	模具预热温度/℃	摩擦系数
取值	300	1150	锥模	30	400	0.05

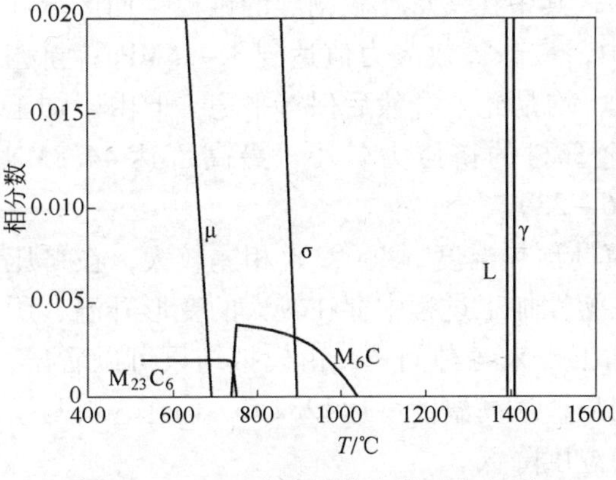

图 6－21 G3 合金的热力学平衡相图

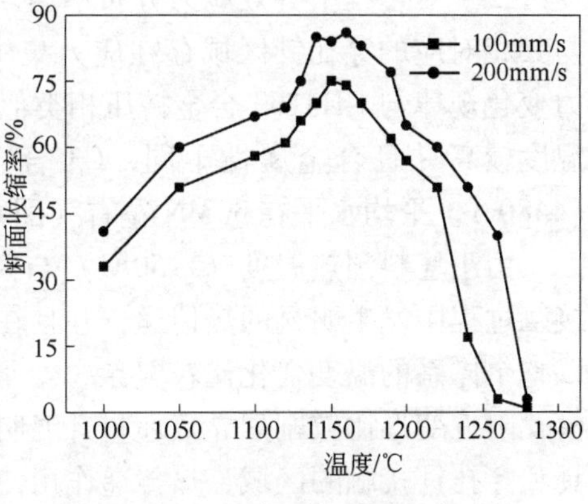

图 6－22 G3 合金在不同温度下的拉伸断面收缩率

6.3.3.2 参数调整方案

通过调整不同的挤压参数，分析其变化对挤压过程的影响，从而筛选出适宜的参数组合，以达到优化挤压工艺的目的。本章中除单一参数调整如改变挤压速度、改变摩擦系数以外，还考虑了相关性比较大的两种参数联合调整：模具角度大小和摩擦系数联合调整，模具预热温度与坯料预热温度的联合调整，以便更准确地选出适宜的挤压参数。生产不同尺寸的管材对生产设备的选择是不同的，本章中模拟了不同挤压比的管材挤压过程，重点分析挤压比对挤压力的影响，为实际生产中挤压机的选择提供参考依据。具体参数的调整计划如下：

（1）挤压速度：300mm/s、250mm/s、200mm/s、150mm/s、100mm/s。

（2）摩擦系数：0.05、0.10、0.15、0.20。

（3）模具角度与摩擦系数联合调整：模具角度共选取4种20°、25°、30°、45°，其中每种角度对应4种摩擦系数0.05、0.15、0.20、0.30，即16组对比实验。

（4）坯料预热温度与模具预热温度联合调整：坯料预热温度共选取3种1130℃、1150℃、1170℃，每种坯料预热温度对应4种模具预热温度300℃、350℃、400℃、450℃，即12组对比实验。

（5）挤压比：5.6、6.6、9.5、11.6。

6.3.4 基准参数下挤压模拟结果分析

在基准挤压参数下（挤压速度为300mm/s、坯料预热温度为1150℃、摩擦系数为0.05、模具预热温度为400℃、坯料端部圆角半径为30mm），挤压过程中金属流动比较顺畅，没有出现“死区”，最高挤出速度达到2000mm/s以上；管材整体应变分布比较均匀，应变平均值在2.0以上，但管材头部存在一定的低应变区；挤压过程中等效应力分布不均匀，其中在变形比较剧烈的锥模锥面区域和与其相对应的穿孔针区域存在应力集中，最高等效应力值达到364.5MPa；挤压力变化规律与GH4169合金挤压相类似，均是先上升然后保持平稳，但由于加工温度较高并且合金属性不同，G3合金管材的挤压力较小，最高可达44.8MN（4480t），平均水平在30MN左右（图6－23）。

由于坯料预热温度（1150℃）与模具预热温度（400℃）相差较大，在挤压接触过程中发生明显的热传递，并且在塑性加工过程中存在较大的变形升温，所以整个体系的温度变化比较复杂，给加工带来各种问题。由模拟结果可以看出，模孔附近变形比较剧烈导致坯料升温明显，最高温度可达1232℃，而在坯料与模具和穿孔针接触的区域，热传递作用使温度降低。

图6－24为不同挤压阶段，与模具锥面接触处坯料的温度分布，可以看出当挤压刚开始进行时，与模具锥面接触的坯料温度分布呈抛物线形状：中间部分由

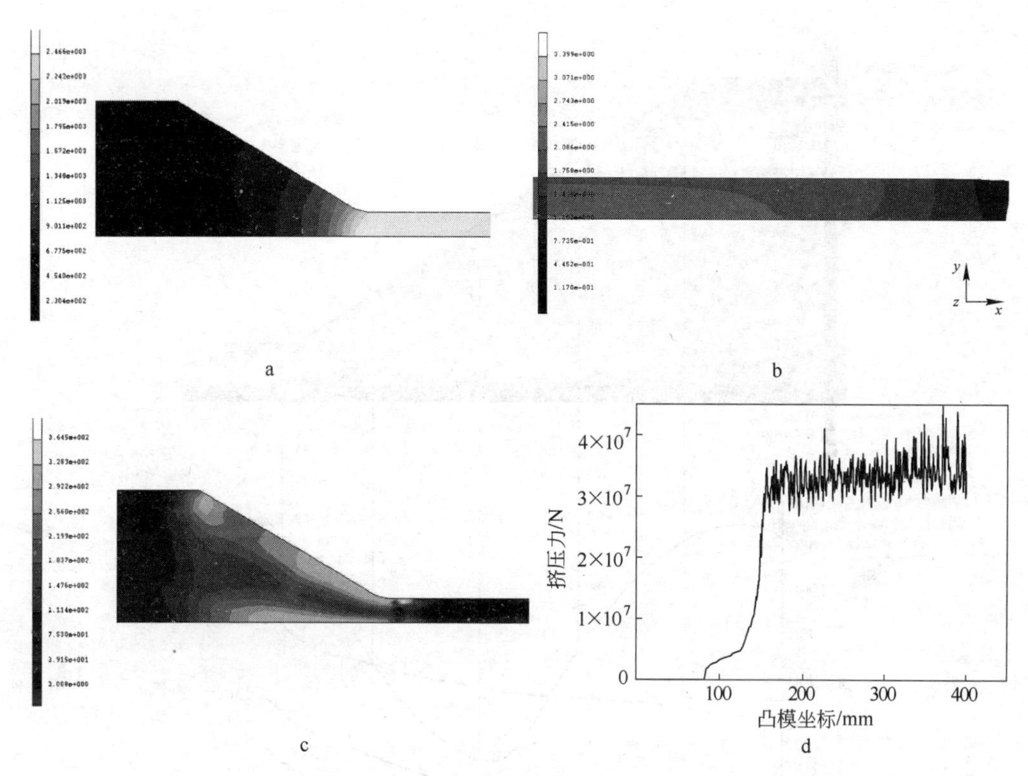

图 6 - 23 G3 合金管材挤压数值模拟结果

a—速度分布；b—应变分布；c—等效应力分布；d—凸模坐标 - 挤压力

于发生充分的热交换作用，温度最低降至 800℃ 左右；模孔附近的坯料由于热加工的升温作用，温度回升到 1100℃；模具与挤压筒接触区域的坯料温度也比较高，这是因为挤压过程存在三个阶段即填充挤压阶段、基本挤压阶段、终了挤压阶段，此时填充挤压阶段刚结束，处在挤压筒和模具接触处的坯料，其与挤压筒和模具接触时间均很短以致降温不明显，所以整体温度分布呈抛物线形状。随着挤压的进行，温度分布逐渐由抛物线形转向直线形且越靠近模孔温度越高。这可以理解为坯料与模具发生了充分的热传递，使两者温度趋于一致。除挤压开始阶段外，不同阶段温度分布的规律是一致的，而且随着挤压的进行，坯料的整体温度逐渐降低。由上述分析可知，在锥模挤压过程中会存在明显的温度分布不均，其中管材的外缘和内缘由于与模具和穿孔针接触而温度很低（约 900℃），中心部分由于变形升温而温度较高（约 1230℃），这样的温度分布会对加工性能产生很大的影响：低温区由于屈服强度的升高变形抗力增大，而由图 6 - 22 可知高温区域（约 1230℃）正好处在 G3 合金塑性较低的范围之内，所以整体加工性能较差。

温度分布不均会对合金管材的内部组织产生影响，苏玉华等[8] 对某 G3 合金

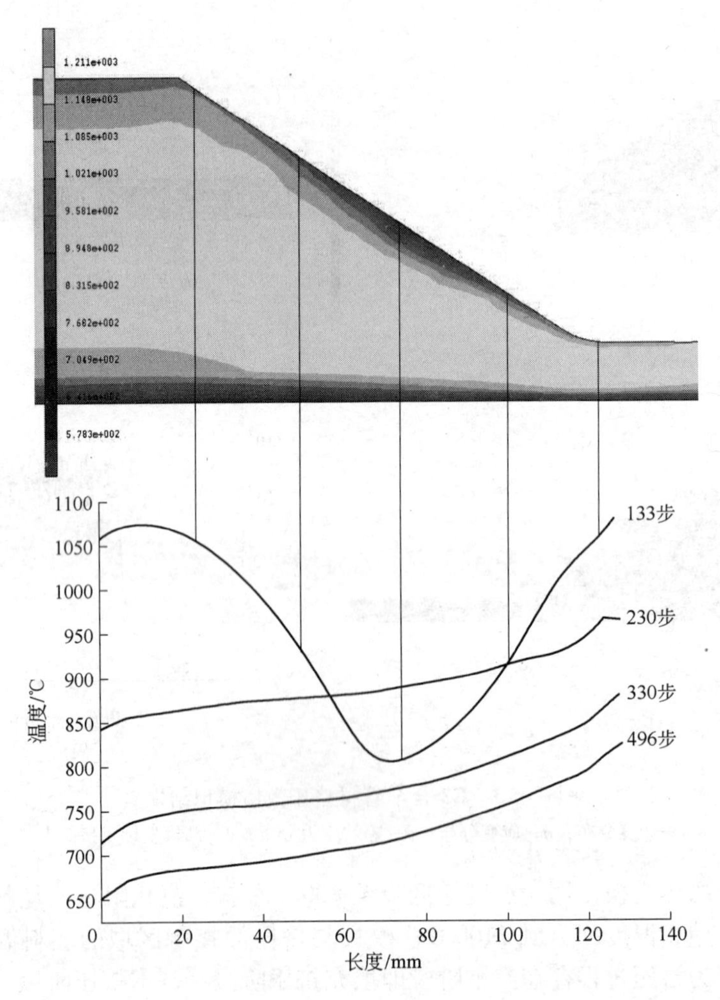

图 6-24　不同挤压阶段坯料与模具锥面接触处坯料的温度分布

热挤压荒管进行组织分析，得出处在边缘（内缘、外缘）的晶粒比较小，而中心部分晶粒较大（图 6-25）。这与本节中的数值模拟结果相符合，现应用模拟结果对“混晶”的出现作出解释：在挤压过程中，由于大的应变速率和高的变形温度，合金会发生动态再结晶。处在内外缘的金属由于与模具和挤压筒接触而承受较大的剪切应力，晶粒往往会被“挤碎”，即变形量较大，而动态再结晶初始晶粒度只与变形量有关，变形量越大初始晶粒尺寸越小，所以边缘处的再结晶晶粒尺寸小于中心部分，同时由于边缘温度低于中心，所以长大的幅度也小，造成了晶粒尺寸小于中心部分。另外，从 G3 合金的热力学平衡相图可知，温度低于 1050℃时合金中碳化物、σ 等相的析出热力学条件得到满足，即可能在温度较低的区域析出一定量的第二相，而管材的内外缘属于这类区域，析出物产生后会起到钉扎晶界阻碍晶粒长大的作用，也会造成边缘部分晶粒较小，但单独从热力学角度并不能肯定有第二相析出，因为挤压速度很快，整个过程只持续几秒，所以是否有析出还有待进一步考察。

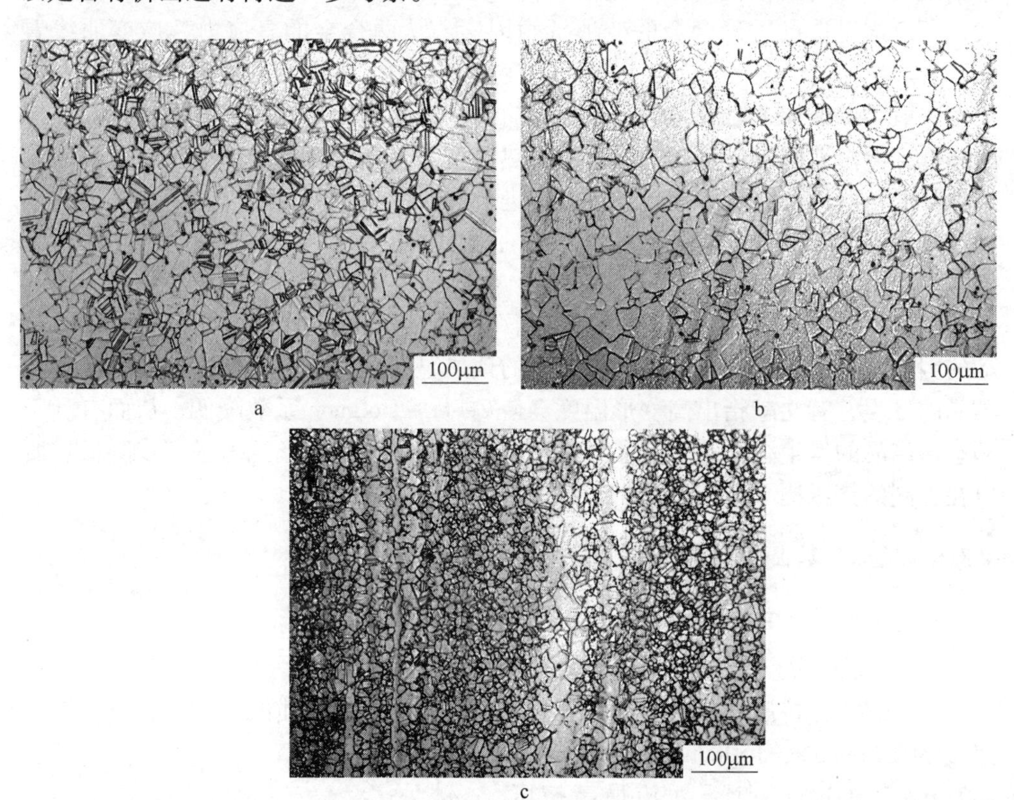

图6-25　G3合金荒管不同部分组织

a—内表面；b—心部；c—外表面

由以上分析得出，温度分布的不均匀性会导致管坯内部“混晶”现象的出现，而“混晶”组织往往是不利于塑性加工的，所以通过模拟和实际组织观察分析得出，在基准参数下进行挤压虽然金属流动性较好但可能会产生一定的缺陷，实际中有些荒管会产生沿周向的裂纹也证明了这一点。

从模拟结果看出，在基准参数下G3合金管材挤压的整体规律与GH4169合金相类似，包括金属流动性、管材的挤出速度、坯料升温降温规律、等效应力、应变分布、挤压力变化规律等，这说明在各自的基准挤压参数下，镍基合金管材挤压具有某些相近的性质。然而，两种合金挤压过程中的等效应力大小和挤压力大小明显不同，对于GH4169合金，基准参数下的最高挤压力为49.67MN，整体挤压力水平在35～45MN之间，相对应的G3合金基准参数下的最高挤压力为44.8MN，平均挤压力水平只有30MN。由于挤压力是选择挤压设备的核心依据，所以生产两种合金管材所选用的外部设备是有差别的。

影响挤压力的因素很多，根据两种合金挤压过程中挤压参数的相似性，基本排除模具等几何因素的影响，同时不同合金的热物性参数不同，比较的意义不大，所以这里重点讨论合金的变形抗力因素。从两合金的真应力 - 应变曲线看出，变形抗力与合金的热加工温度、应变速率有关。热加工过程中，合金的变形温度一般要保证加工时合金的组织尽量简单，在此基础上提高预热温度使变形抗力降低，但由前面分析可知，过高的预热温度又会导致坯料局部的过度升温而使塑性降低，所以合金能否在较低抗力下进行变形由其固溶温度与初熔点之间的温度范围决定。在标准成分下，GH4169 合金的固溶温度为 1040℃，初熔点为 1210℃，G3 合金的固溶温度为 1037℃，初熔点为 1387℃，所以 G3 合金的坯料预热温度可以比 GH4169 合金高，高温下位错的运动能力提高，同时阻碍位错运动的因素减少，表现为变形抗力低；高的预热温度同时有利于加工过程中动态再结晶的发生，有文献指出高变形温度会使 Zener - Hollmon 系数降低，从而有利于动态再结晶的发生，动态再结晶带来的软化效果可以使变形抗力进一步降低。所以在相同的挤压比下 G3 合金的挤压力低于 GH4169 合金。

6.3.5 挤压参数调整对结果的影响

6.3.5.1 挤压速度调整对结果的影响

A 挤压速度调整对挤压力的影响

图 6 - 26 为挤压过程中最高挤压力随挤压速度变化的曲线，可以看出当挤压速度为 100mm/s、150mm/s、200mm/s、250mm/s、300mm/s 时，对应最高挤压力分别为 46.41MN、41.54MN、47.44MN、47.75MN、44.83MN，与 GH4169 合金挤压相类似，在加工硬化效果、再结晶软化效果、温度起伏引起屈服抗力变化所导致的硬化或软化效果的综合作用下，挤压速度对挤压力的影响比较复杂，其中 100mm/s、150mm/s、300mm/s 速度下挤压力较小。

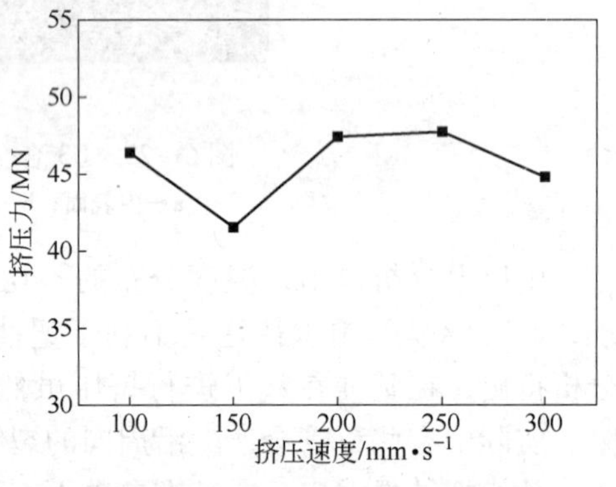

图 6 - 26 最高挤压力随挤压速度变化的曲线

B 挤压速度对坯料温度的影响

图 6 - 27 为不同挤压速度下坯料达到最高升温时的温度分布云图，可以看出温度分布规律与基准参数下挤压时的温度分布相近，均在模孔附近出现剧烈升温，五种挤压速度下坯料的最高温度分别为 1204℃、1217℃、1217℃、1217℃、1232℃，通过对挤压过程的全程观察，可以看出虽然在 150mm/s、200mm/s、250mm/s 挤压速度下坯料的最高温度相同，

但坯料整体平均温度随着挤压速度的升高而升高。

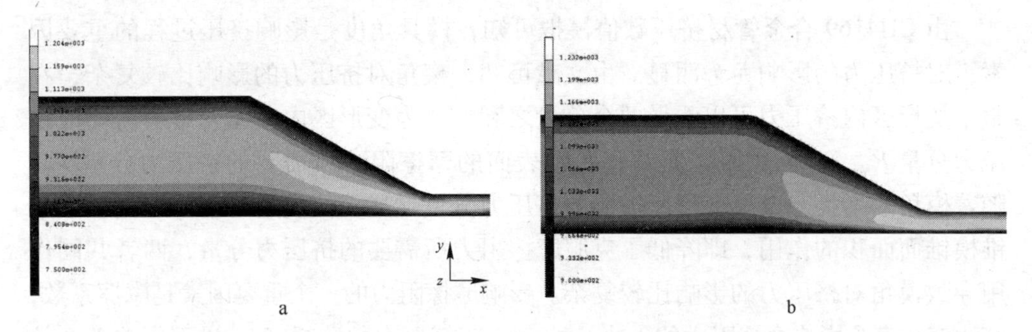

图 6－27 不同挤压速度下坯料达到最大升温时的温度分布图

a—100mm/s；b—300mm/s

6.3.5.2 摩擦系数调整对结果的影响

由 GH4169 合金挤压模拟可知，摩擦系数的增大会导致挤压力增大，局部升温加剧，使整个挤压环境变差。G3 合金的挤压也有相同的问题，图 6－28 为不同摩擦系数下的挤压力分布，可以看出随着摩擦系数的增大挤压力明显上升，其中摩擦系数为 0.1、0.15、0.2 时平均挤压力水平约为 40MN、45MN、50MN，而基准参数下的平均挤压力约为 35MN，可以看出挤压力随摩擦增大的趋势。从图 6－28 可以看出，摩擦系数为 0.15 和 0.2 时挤压最后阶段的挤压力比较接近，经分析应是升温带来的软化效果所造成的。经计算摩擦系数为 0.05、0.1、0.15、0.2 时对应的最高温度分别为 1232℃、1220℃、1223℃、1229℃，当摩擦系数达到 0.2 时升温效果明显高于摩擦系数为 0.15 的情况，后者最后阶段由于温度降低变形抗力提高，导致两者差别不大。从最大挤压力也可以看出摩擦系数为 0.2 时最大挤压力为 66MN，而摩擦系数为 0.15 时最大挤压力为 69MN（图 6－29），这也证明了前面的观点。

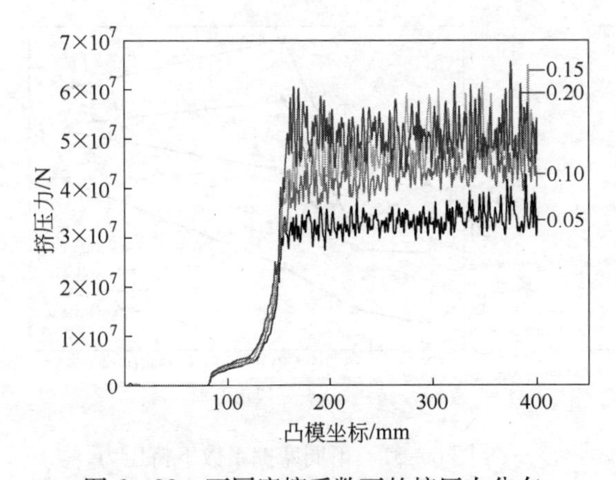

图 6－28 不同摩擦系数下的挤压力分布

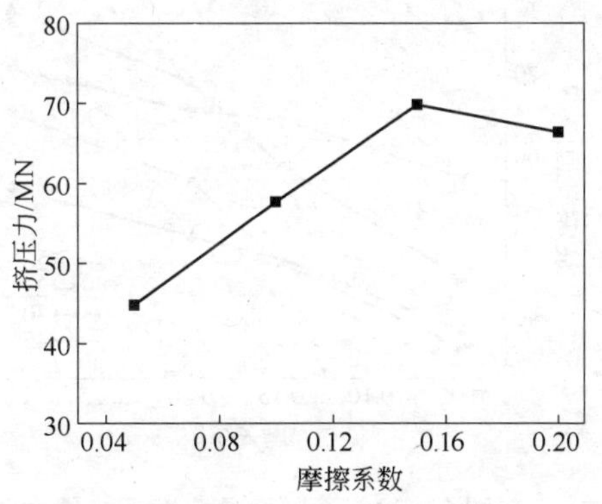

图 6－29 不同摩擦系数下的最大挤压力

6.3.5.3 模角和摩擦系数联合调整对结果的影响

由 GH4169 合金管材挤压数值模拟可知，模具角度是影响挤压过程的重要因素，对挤压力的影响尤为明显。由文献可知，模角对挤压力的影响比较复杂，在整个变形区内挤压力可以看做两个分量之和，一为变形区内金属变形所需要的挤压力分量 R_M，一为克服锥面及穿孔针表面的摩擦阻力所需要的挤压力分量 T_M，随着模角的增大，金属变形所需要的挤压力分量增加，但模角的增大起到了减小锥模锥面面积的作用，即降低了克服摩擦阻力所需要的挤压力分量，两者共同作用导致模角对挤压力的影响比较复杂。影响摩擦阻力的一个重要因素是摩擦系数，其改变会直接影响摩擦阻力的大小，即会改变挤压力的分量 T_M，进而影响整个挤压力，所以要进一步研究模角对挤压力的影响就必须考虑摩擦系数的因素。

在模拟中模角的调整范围是：20°、25°、30°、45°，对于每种模角调整 4 个摩擦系数 0.05、0.15、0.2、0.3，共 16 组试验来综合考察模角大小对挤压力的影响。图 6－30 为不同模具角度下挤压力随摩擦系数变化的曲线，可以看出随着摩擦系数的增大，在所有模角范围内，挤压力均增大但增幅不同，其中采用 20°、30°两个模角进行挤压时，挤压力增大幅度较大，而采用 25°、45°模角时，增大的幅度较小。图 6－31 为不同摩擦系数下挤压力随模角变化的曲线，可以看出当摩擦系数为 0.05、0.10 时，随着模角的增大挤压力升高，当摩擦系数达到 0.2 时，随着模角的增大挤压力产生波动，模角为 20°、25°、30°、45°时挤压力分别为 56.93MN、50.01MN、58.86MN、65.62MN，即当模角从 20°升至 25°、从 30°升至 45°时挤压力随着模角增大而下降，摩擦系数为 0.3 时整体趋势与 0.2 时相同，但各点挤压力均升高，分别为 65.35MN、56.21MN、78.09MN、70.88MN。从总体上可以看出，当摩擦系数为 0.05、0.10 时选取 20°模角比较适宜，当摩擦系数较高时选取 25°模角比较适宜。

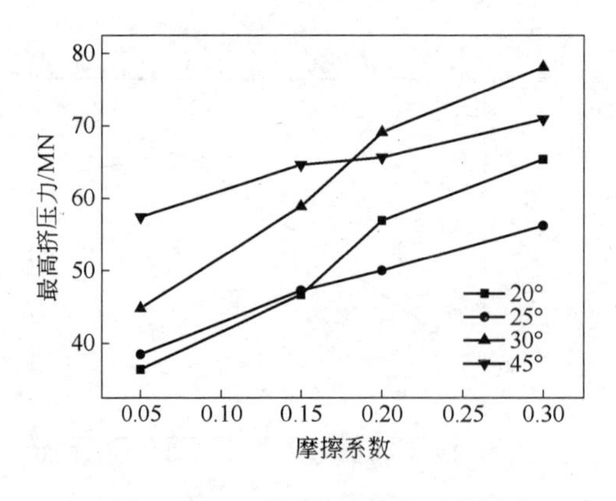

图 6－30 不同模具角度下挤压力随摩擦系数变化的曲线

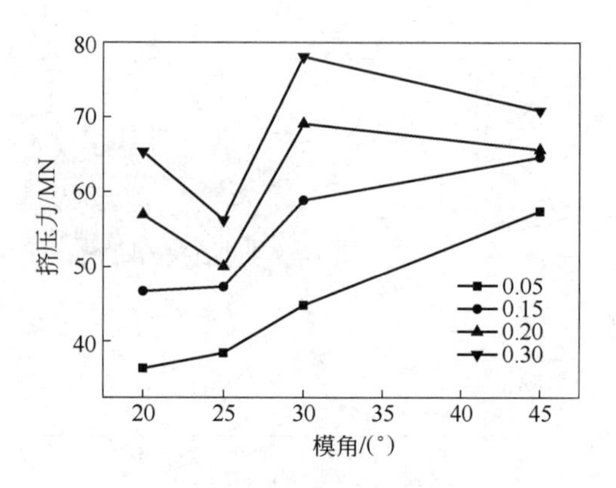

图 6－31 不同摩擦系数下挤压力随模角变化的曲线

6.3.5.4　坯料预热温度和模具预热温度联合调整对结果的影响

由 GH4169 合金管材的挤压规律可知，坯料预热温度会对挤压过程和结果产生影响，坯料预热的原则是保证变形过程尽量在单相区进行，适当提高预热温度会起到降低变形抗力的作用，但过高的预热会导致局部升温加剧甚至引起“过烧”，所以调整坯料预热温度可以作为优化挤压工艺的手段。除坯料在挤压前需要预热外，整个挤压筒内衬、穿孔针、模具都需要预热，在 G3 合金挤压的基准参数中整个模具的预热温度为 400℃，由基准参数下挤压模拟结果可知，由于坯料和模具的预热温度相差达 750℃，造成坯料在挤压过程中的温度分布不均，靠近模孔区域的中心部分由于变形剧烈，温度升高至 1220℃，而与模具接触的尖角部分由于热交换作用，温度降低至 800℃ 以下，这样的温度分布会造成“混晶”现象出现，导致变形困难，所以可以考虑适当地增大模具预热温度以降低温差带来的影响。模具在挤压过程中由于摩擦生热和与坯料的热交换会产生很大的升温，而模具材料采用 H13 热作模具钢，其适用温度应在 600℃ 以下，过高的模具预热温度加上挤压过程中的升温会导致模具材料局部失效，故有必要对模具在挤压过程中升温的情况及其对挤压过程的影响作具体的分析。

模具在挤压过程中的温度变化与坯料温度的相关度较高，故考虑两者预热温度联合变化，其中坯料的预热温度选择 1130℃、1150℃、1170℃ 三种，每种坯料预热温度对应 4 种模具预热温度，分别为 300℃、350℃、400℃、450℃，共进行 12 组模拟实验。重点考察模具与坯料各自的温度变化，以及对挤压力、等效应力、应变分布的影响。

A　挤压过程中模具温度变化

坯料预热温度为 1150℃ 时，不同模具预热温度下终挤时模具整体温度升高有限，但与坯料接触区域升温比较明显，在模具预热温度为 300℃、350℃、400℃、450℃ 时，锥面整体平均温度达 630℃、670℃、700℃、730℃，在模孔处由于坯料变形和剧烈摩擦，模具局部温度分别达到 1092℃、1108℃、1152℃、1172℃，为模具温度的最高点，此温度已超过了 H13 钢的使用温度，可以推断在挤压过程中此处模具磨损严重。图 6－32 为不同坯料预热温度、模具预热温度下终挤时锥模锥面的温度分布图，可以看出模具温度与其自身预热温度相关，预热温度越高最终温度就越高，同时与坯料预热温度关系不大：当坯料预热温度为 1130℃ 时，4 种模具预热温度下模具最高温度分别为 1070℃、1110℃、1129℃、1170℃；当坯料预热温度为 1150℃ 时，对应的 4 个最高温度分别为 1092℃、1111℃、1152℃、1171℃，即可以得出结论，影响模具最大升温幅度的主要因素为模具预热温度和挤压的热效应以及摩擦生热，而不是模具与坯料的热传递。

B　挤压过程中坯料温度变化

由基准挤压参数的模拟结果可知，与锥模锥面接触的坯料温度随着挤压的进

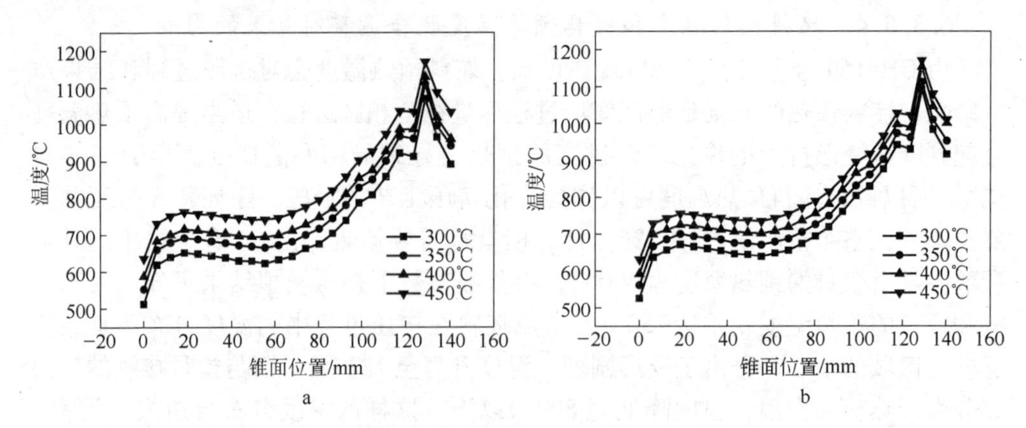

图 6 - 32 不同坯料预热温度、模具预热温度下终挤时模具锥面的温度分布

a—1130℃；b—1170℃

行，会依次呈现出抛物线形状和直线形状，本节分析了不同坯料预热温度、模具预热温度对挤压过程中坯料温度分布的影响，图 6 - 33 为坯料预热温度为 1150℃ 时，不同模具预热温度下坯料沿锥面的温度分布图，测定温度的时间选择为模拟过程的 150 步（即坯料刚由模孔挤出时）和最终步。从计算结果可以看出：在所有预热温度下随着挤压的进行，坯料沿锥面温度分布规律相近，均由抛物线过渡到直线；在同一坯料预热温度下随着模具预热温度的提高，150 步时坯料温度最低区域（即抛物线的最低点）的温度升高，终挤时坯料的温度整体升高，即提高模具的预热温度起到了较好的保温效果，这主要是由热交换作用的减弱引起的；同时随着坯料预热温度的升高，150 步和终挤状态下坯料的温度也相应升高但幅度不大，可以得出坯料与模具锥面接触处的温度分布主要受模具预热温度的影响，显然提高模具预热温度可以改善挤压过程中温度分布不均的状况。

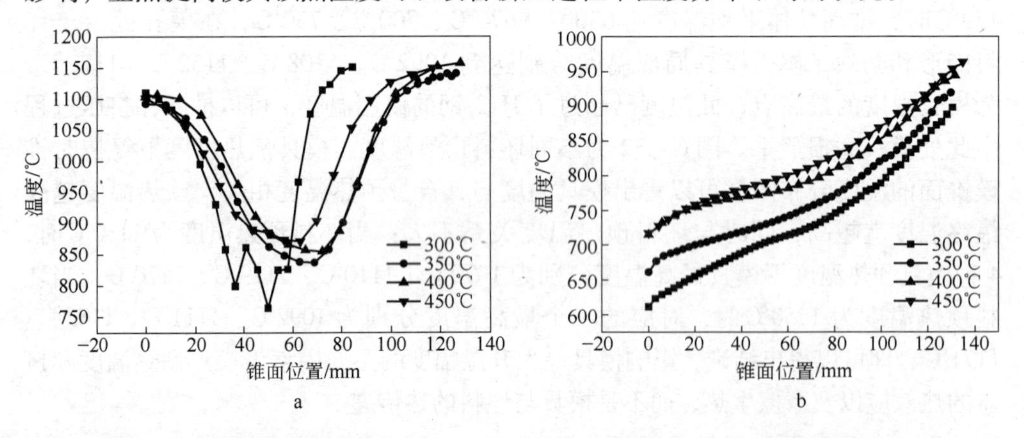

图 6 - 33 坯料预热温度为 1150℃时，不同模具预热温度下坯料沿锥面温度分布

a—测定温度的时间为模拟过程的第 150 步；b—测定温度的时间为模拟过程的最终步

在模孔附近由于变形剧烈导致局部升温现象明显，由 6.3.4 节可知在基准参数下坯料局部升温最高可达 1232℃，剧烈的局部升温会造成两种不利影响，一是可能引起“过烧”现象导致裂纹萌生，二是升温后温度恰好处在低塑性区域，导致由于晶粒过度长大而不利于加工。本节分析了不同坯料预热温度、模具预热温度对坯料最高温度的影响规律。图 6－34 是坯料预热温度为 1150℃时不同模具预热温度下变形区内坯料的温度分布云图，可以看出坯料最高升温点仍在模孔处，模具预热温度为 300℃、350℃、400℃、450℃时对应的挤压过程中坯料的最高温度分别为 1223℃、1234℃、1232℃、1208℃，其中在 350℃时出现峰值。图 6－35 为各种条件下坯料挤压过程中的最高温度分布，可以看出在其他两种坯料预热温度下的规律与 1150℃时相同，坯料在挤压过程中的最高温度随着模具预热温度的升高而先上升再下降，但随着坯料本身预热温度的上升，坯料最高温度均有升高，在坯料预热温度为 1130℃时 4 个最高升温分别为 1215℃、1219℃、1212℃、1187℃，在坯料预热温度为 1170℃时 4 个最高升温分别为 1235℃、1239℃、1216℃、1232℃。可以得出，为了确保坯料在挤压过程中不产生剧烈的局部升温，模具预热温度应避免 350℃。

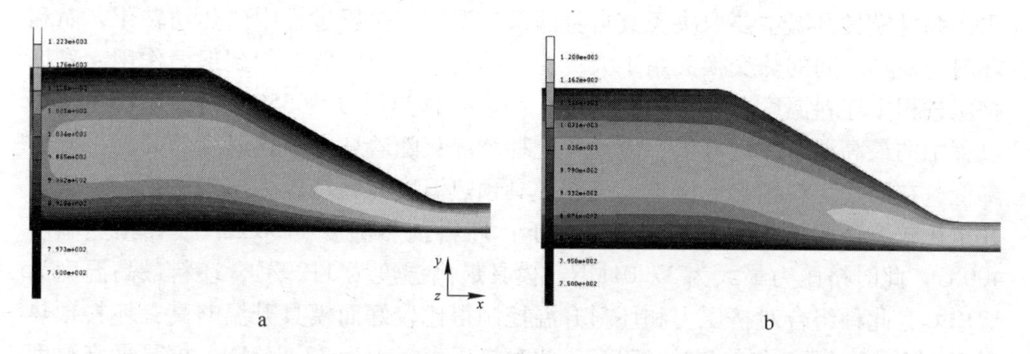

图 6－34 坯料预热温度为 1150℃时不同模具预热温度下变形区内坯料的温度分布云图

a—300℃；b—450℃

C 挤压力变化

由 GH4169 合金管材挤压结果可知提高坯料的预热温度可以降低材料的变形抗力，本节将分析不同坯料、模具预热温度下挤压力的变化情况。图 6－36 为最高挤压力随不同坯料、模具预热温度变化的曲线图，可以看出随着坯料预热温度的升高，整体挤压力水平降低，在同一坯料预热温度下，随着模具预热温度的升高，挤压力出现波动，坯料预热温度为 1130℃时，4 种模具预热温度对应的最高挤压力分别为 35.14MN、37.15MN、37.01MN、35.61MN；坯料预热温度为 1150℃时，4 种模具预热温度对应的最高挤压力分别为 35.61MN、34.90MN、38.73MN、37.84MN；坯料预热温度为 1170℃时，4 种模具预热温度对应的最高挤压力分别为34.69MN、34.27MN、34.24MN、31.54MN。

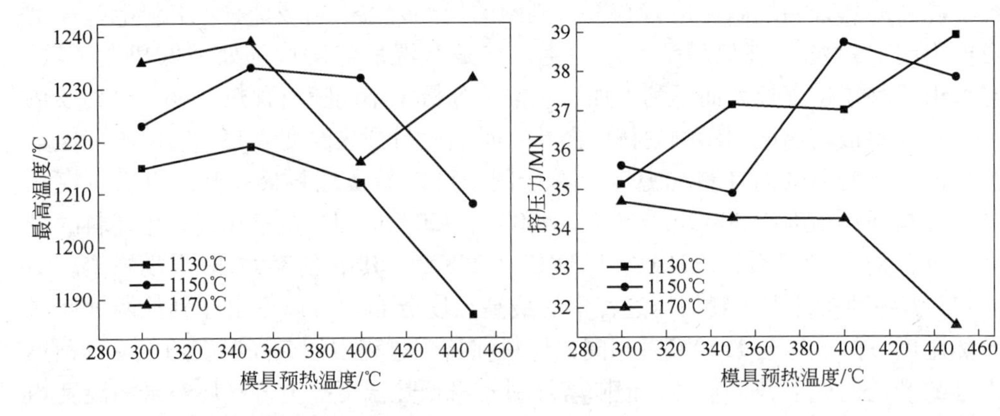

图6-35 各种条件下坯料挤压过程中的最高温度分布

图6-36 最高挤压力随不同坯料、模具预热温度变化的曲线图

根据以上分析，现对模具预热温度和坯料预热温度联合调整的结果进行小结：在现有的条件下进行挤压，模具局部温度最高可达到1000℃以上，磨损严重，并且模具升温主要取决于其自身的预热温度和挤压过程中的热功转化，而和坯料与模具之间的热交换关系不大；提高模具预热温度能够起到保温作用，降低挤压过程中坯料温度分布不均的程度；当模具预热温度为350℃时，坯料在挤压过程中的最高温升出现峰值，应避免此种情况；随着坯料预热温度的升高挤压力降低，在同一坯料预热温度下，随着模具预热温度升高挤压力出现波动。现选择几组比较合适的预热温度组合分析如下：坯料预热温度1130℃，模具预热温度400℃，此时挤压力最大为37.01MN，模具最高温度为1129℃，坯料最高温度为1212℃，此种组合对挤压力和坯料升温控制得比较好而模具升温略高；坯料预热温度1150℃，模具预热温度450℃，此时挤压力最大为37.84MN，模具最高温度为1171℃，坯料最高升温为1208℃，此种组合对坯料升温控制较好，模具升温较大；坯料预热温度1170℃，模具预热温度300℃，此时最大挤压力34.69MN，模具最高升温为1092℃，坯料最高温度为1235℃，此种组合对挤压力控制得很好，而坯料的最高温升较高。实际生产中可以根据生产要求和工作条件选择适当的预热温度组合。

6.3.5.5 管材尺寸调整对结果的影响

实际中生产不同尺寸的管材对挤压设备和模具的要求不同，所以研究管材变形程度（挤压比）对模拟结果的影响是有实际意义的。本节对外径相同内径不同的管坯进行挤压模拟，分析变形程度对模拟结果的影响，其他挤压参数定为：挤压速度300mm/s、摩擦系数0.05、坯料预热温度1150℃、模具预热温度400℃、模角30°，表6-5为数值模拟中不同管材的尺寸列表。此处挤压比定义为管坯横截面面积与管材横截面面积之比，如对于第一种尺寸的管材，其挤压比为 $(236^2-70^2)/(118^2-70^2)=5.63$，其余各尺寸管材挤压比的计算采用相同方式。

表 6－5 不同管材尺寸列表

序 号	管坯/mm			管材/mm			挤压比 λ
	外径	内径	壁厚	外径	内径	壁厚	
1	236	70	83	118	70	24	5.63
2	236	80	78	118	80	19	6.55
3	236	90	73	118	90	14	8.17
4	236	95	70.5	118	95	11.5	9.53
5	236	100	68	118	100	9	11.65

A 管材尺寸调整对挤压力的影响

从模拟结果可以看出，不同尺寸管材的挤压过程基本相同，金属流动均比较顺畅，无“死区”出现，挤压力的变化规律相同，均是先上升后达到稳定，但挤压力大小不同，图 6－37 为不同挤压比下管材的凸模坐标－挤压力曲线，当挤压比为 5.63、6.55、8.17、9.53、11.65 时最高挤压力分别为 32.21MN、34.28MN、44.84MN、53.9MN、63.8MN，如果对挤压比取自然对数，则挤压比随 $\ln\lambda$ 变化曲线如图 6－38 所示，可以看出基本为线性关系，这与许多挤压力公式相一致。

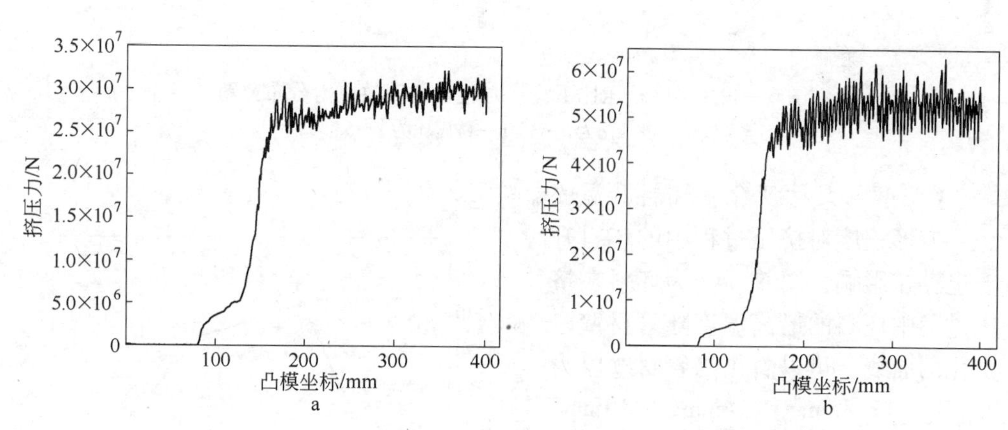

图 6－37 不同挤压比下管材的凸模坐标－挤压力曲线

a—挤压比为 5.63；b—挤压比为 11.65

B 管材尺寸变化对坯料等效应力的影响

图 6－39 为不同挤压比下终挤时坯料的等效应力分布云图，可以看出当挤压比较小时，应力分布规律与基准参数下的应力分布规律相同，均是在挤压筒与模具锥面接触的部分和与之相对应的穿孔针附近出现高应力区，三种挤压比

(5.63、6.55、8.17) 下应力集中区域应力值分别达到306.7MPa、313.1MPa、328.3MPa，与此对应在非应力集中区域，应力值普遍在250MPa以下。当挤压比较大时，应力集中区扩大到整个模孔附近，应力值达到317.8MPa、351.4MPa，因为当挤压比较小时，管坯中正对模孔的部分可以比较顺畅地挤出，而与锥面和穿孔针接触的部分，由于摩擦的作用金属流动相对滞后而产生应力集中，当挤压比较大时，几乎所有在模孔附近的金属流动均受到较大阻碍，所以应力集中区域连成了一片，并且与金属变形区的形状相似，这也解释了随着挤压比的增大挤压力逐渐增大的原因。

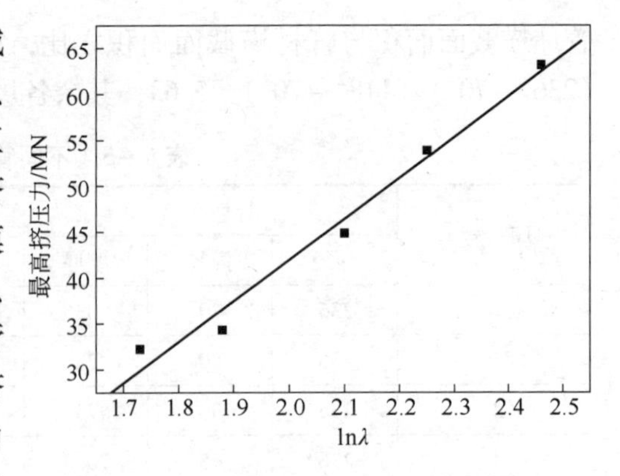

图6-38　最高挤压力与lnλ的关系图

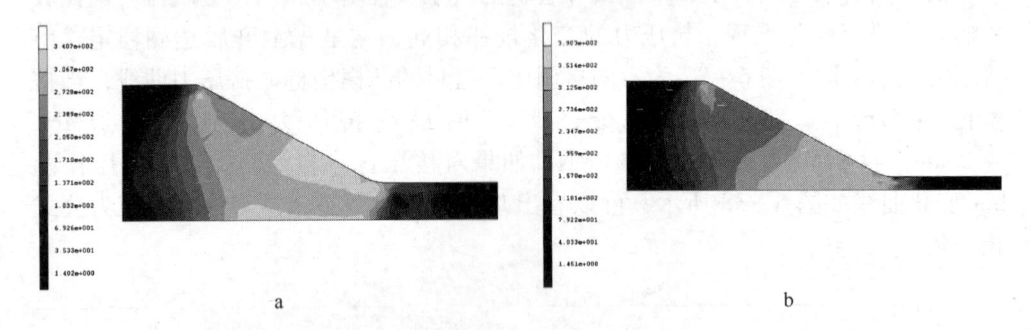

图6-39　不同挤压比下终挤时坯料的等效应力分布云图

a—挤压比为5.63；b—挤压比为11.65

C　管材尺寸变化对坯料升温的影响

变形程度对挤压过程中的坯料升温也存在影响，图6-40为坯料在挤压过程中坯料的最高温度随管材壁厚变化的曲线，可以看出当管材壁厚为9mm、11.5mm、14mm、19mm、24mm时对应的最高温度分别为1211℃、1209℃、1232℃、1223℃、1190℃，即随着管材壁厚的增加，最高温度呈先上升后下降的趋势。因为当管材壁厚较大、挤压比较小时，坯料变形程度较小，即由变形引起的升

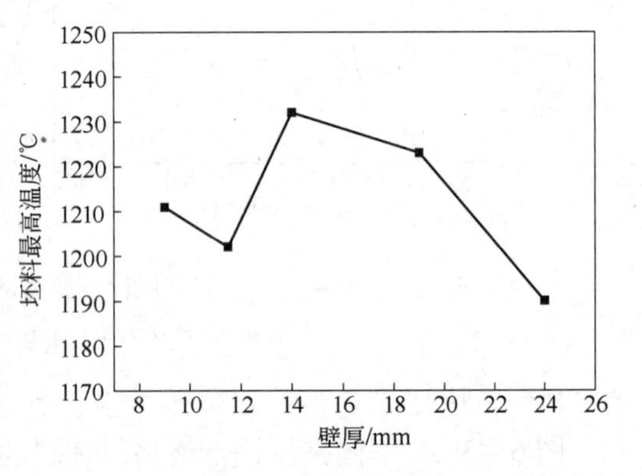

图6-40　挤压过程中坯料的最高温度随壁厚变化的曲线

温有限，当管材与定径带接触时，由于壁厚比较大，热交换所导致的温度降低较小，所以整体温度升高不大；当管材壁厚较小、挤压比较大时，变形所产生的热量增加，当管材与冷的模具接触时，由于壁厚较小温降较大，冷却作用明显，整个过程中坯料升温并不大；当管材壁厚适中时，变形产生的热量较多而热传递所导致的降温又不明显，坯料升温较大，所以在挤压中等壁厚的 G3 合金管材时尤其要注意坯料的升温问题。

通过对 G3 合金管材正向热挤压进行的数值模拟可以看出，在基准挤压参数下，采用锥模正挤压 G3 合金管材，金属流动性较好，挤压过程中没有出现“死区”，随着挤压的进行，挤压力先升高后稳定，挤压过程中存在坯料升温，其中模孔附近升温剧烈，而在挤压垫和尖角附近温度降低；挤压参数的调整会影响整个挤压过程，其中随着速度的增大挤压力出现波动，同时坯料升温加剧；随着摩擦系数的增大，挤压力升高；当摩擦系数较小时，选用 20°模角可以获得较小的挤压力，当摩擦系数较大时模角建议为 25°；挤压过程中模具表面会出现较大升温而造成严重磨损，升温幅度主要与模具预热温度和加工产热有关；提高模具的预热温度会减轻坯料温度分布不均的程度，同时会使坯料升温发生波动；随着挤压比的增大挤压力升高，挤压不同壁厚的管材，其升温幅度不同。

6.4 690 合金管材挤压的有限元模拟与正交试验优化

6.4.1 有限元模型的建立

690 合金管材与 GH4169 合金、G3 合金管材相比，更多地应用于薄壁管材领域，例如蒸汽发生器传热装置等。为了与实际应用更加接近，本节中在结合某大型挤压机的实际尺寸基础上，重点模拟了 690 合金薄壁管材的正向热挤压过程。管坯尺寸为外径 176mm、内径 90mm、长度 400mm，预制管材尺寸为外径 101mm、内径 90mm，挤压比为 10.9，挤压筒外径 700mm、内径 186mm，模拟采用轴对称模型。模型中坯料、模具、挤压筒均进行离散化处理，统一采用四边形节点单元，对挤压过程的模拟为热力耦合方式。挤压筒和模具设置为具有热传递性质的刚性体，即不考虑其塑性变形，凸模被表示为由速度控制的刚性体。建立的有限元模型如图 6－41 所示。

6.4.2 材料特性与边界条件的定义

690 合金的应力－应变曲线由 Gleeble 压缩实验获得，实验数据经整理选取变形温度为 1000℃、1050℃、1100℃、1150℃、1200℃，应变速率为 $0.1s^{-1}$、$1s^{-1}$、$10s^{-1}$，得到应力－应变曲线如图 6－42 所示。

模拟过程中的 690 合金密度为 $8.19\times10^3 kg/m^3$，表 6－6 为 690 合金在不同

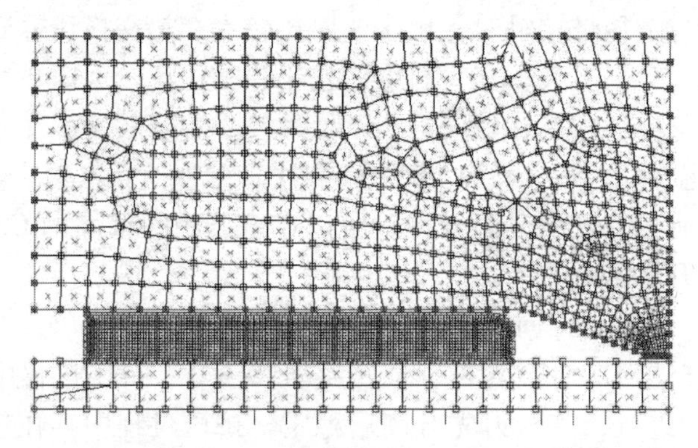

图 6－41　690 合金管材挤压有限元模型

温度下的热导率、线膨胀系数、比热容的取值，表 6－7 为 690 合金在不同温度下杨氏模量、柏松比的取值。整个模具材料选用 H13 热作模具钢，模具的材料参数与 GH4169 合金挤压模拟过程相同。

表 6－6　690 合金材料参数表（一）

温度/℃	热导率/W·(m·K)$^{-1}$	线膨胀系数/℃$^{-1}$	比热容/J·(kg·K)$^{-1}$
200	15.4	14.31×10^{-6}	497
300	17.3	14.53×10^{-6}	525
400	19.1	14.80×10^{-6}	551
500	21.0	15.19×10^{-6}	578
600	22.9	15.70×10^{-6}	604
700	24.8	16.18×10^{-6}	631
800	26.6	16.60×10^{-6}	658
900	28.5	17.01×10^{-6}	684
1000	30.1	17.41×10^{-6}	711
1100	—	17.79×10^{-6}	738

表 6－7　690 合金材料参数表（二）

温度/℃	杨氏模量/MPa	泊松比
93	202.0	0.29
204	196.5	0.30
316	190.3	0.31
427	183.4	0.31
538	174.4	0.30
619	164.8	0.28

续表6-7

温度/℃	杨氏模量/MPa	泊松比
760	155.1	0.28
871	146.9	0.30
982	136.5	0.33
1093	125.5	0.36

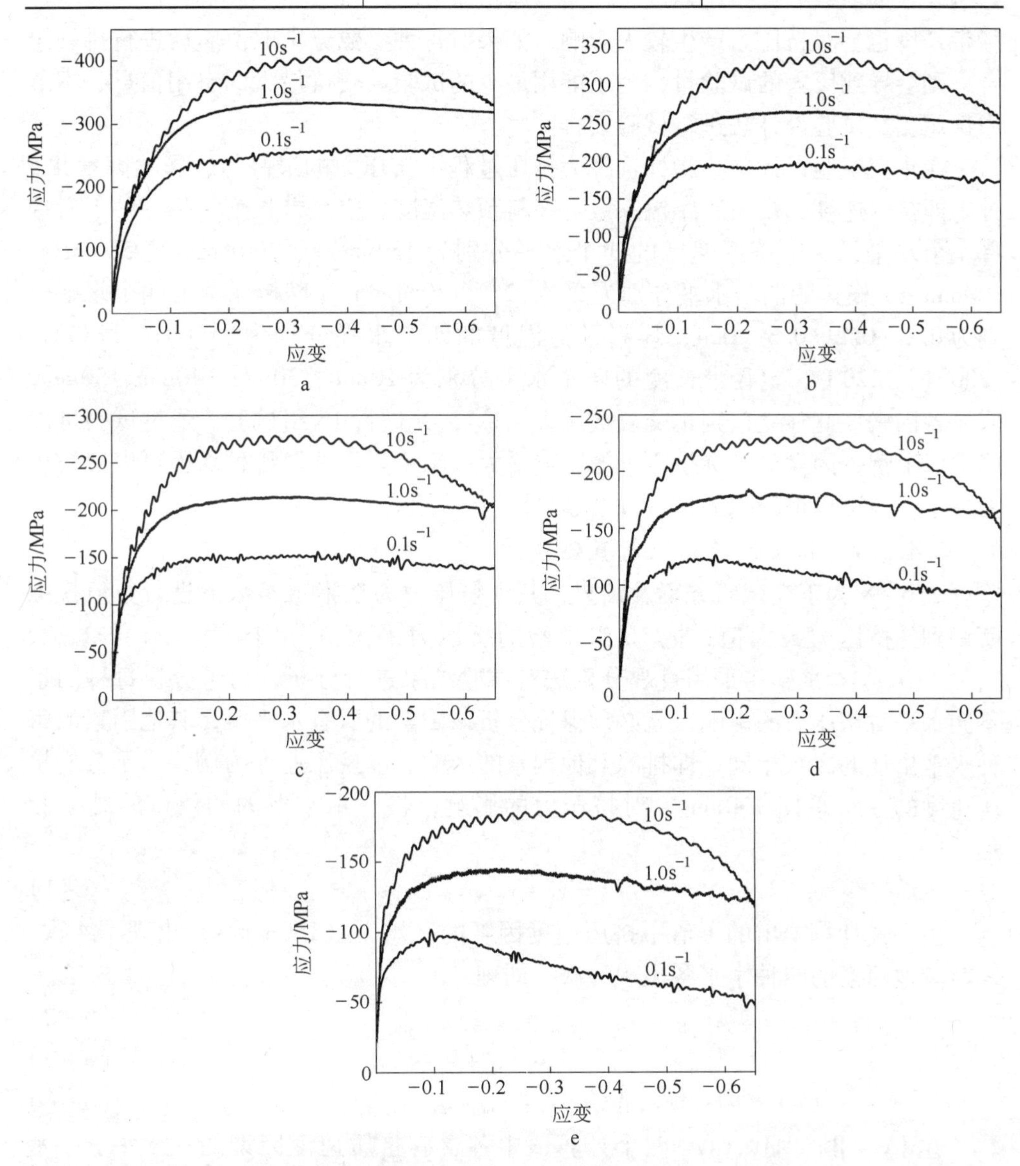

图6-42 不同温度、不同应变速率下的应力-应变曲线

a—1000℃；b—1050℃；c—1100℃；d—1150℃；e—1200℃

6.4.3 正交试验的设计

由 GH4169 合金、G3 合金管材挤压可知挤压力是选择挤压设备、确定挤压机吨位的核心标准，而几乎所有的挤压参数都会对挤压力产生影响，本节将以挤压力为突破口，系统分析不同参数改变对它的影响。从前面的模拟可知对挤压力影响较大的参数有：挤压速度、模角、摩擦系数、坯料预热温度等，研究表明定径带长度也会对挤压力产生较大影响，如果对每种参数分别取值然后进行排列组合，则会导致巨大的试验量，为了能用最少的试验量获得最大的有用信息，本节中选用正交试验设计法进行试验安排。

在正交试验设计中，指标选择为挤压过程中挤压力的最高值，影响因素共5种，即挤压速度、模角、摩擦系数、坯料预热温度、定径带长度，每一种因素选择4个水平，其中挤压速度的四个水平分别为150mm/s、200mm/s、250mm/s、300mm/s，模角的四个水平分别为20°、25°、30°、45°，摩擦系数的四个水平分别为0.1、0.2、0.3、0.4，坯料预热温度的四个水平分别为1160℃、1180℃、1200℃、1220℃，定径带长度的四个水平分别为20mm、30mm、40mm、50mm，假设各因素彼此独立，则正交表选用 $L_{16}(4^5)$，共进行16组试验。通过试验可以确定以上哪一因素对指标挤压力的影响最大，每个因素选取哪种水平可以使挤压力最小，并可以推断除此16组试验以外的更优组合。

6.4.3.1 正交试验结果与直观分析

表6-8为正交试验方案及结果，其中挤压力为在指定参数下进行数值模拟所得到的挤压力最大值，把16组试验的挤压力最大值分别记作 $y_i(i=1,2,3,\cdots,16)$。本试验将采用直观分析法对试验结果进行分析，为了分析每种因素不同水平对挤压力的影响，就必须保证分析该因素的所有水平时，其他因素的每种水平出现的次数相同，即排除其他因素的影响。以挤压速度为例，为了分析挤压速度的一水平即150mm/s对挤压力的影响，将一水平下的四组试验结果相加，即：

$$\mathrm{I}_1 = y_1 + y_2 + y_3 + y_4 \tag{6-1}$$

由上式计算得出的Ⅰ值中挤压速度因素的一水平（150mm/s）出现了4次，同时其他因素的四种水平各出现一次，同理：

$$\mathrm{II}_1 = y_5 + y_6 + y_7 + y_8 \tag{6-2}$$

$$\mathrm{III}_1 = y_9 + y_{10} + y_{11} + y_{12} \tag{6-3}$$

$$\mathrm{IV}_1 = y_{13} + y_{14} + y_{15} + y_{16} \tag{6-4}$$

在 I_1、II_1、III_1、IV_1 四个计算值中各含有挤压速度因素的一水平、二水平、三水平、四水平各4次，而其他每种因素的每种水平均出现一次，即排除了其他因素的影响，经计算 I_1、II_1、III_1、IV_1 分别为190.56MN、183.17MN、

179.47MN、168.53MN，为了更好地分析，取四个分析结果的平均值，即：

$$\text{I}_1' = \frac{1}{4}(y_1 + y_2 + y_3 + y_4) \tag{6-5}$$

同理可求出II_1'、III_1'、IV_1'。

对于后面的其他因素也采用同样的处理方法，但计算公式不同，例如对于坯料预热温度因素，有：

$$\text{I}_2 = y_1 + y_5 + y_9 + y_{13} \tag{6-6}$$

$$\text{II}_2 = y_2 + y_6 + y_{10} + y_{14} \tag{6-7}$$

$$\text{III}_2 = y_3 + y_7 + y_{11} + y_{15} \tag{6-8}$$

$$\text{IV}_2 = y_4 + y_8 + y_{12} + y_{16} \tag{6-9}$$

在I_2、II_2、III_2、IV_2四个计算值中各含有坯料预热温度因素的一水平、二水平、三水平、四水平各4次，而其他每种因素的每种水平均出现一次，即排除了其他因素的影响，同理也可以计算它们各自的平均值。对于剩下的3种因素均采用相同的处理方式，计算结果见表6-8。

表6-8　正交试验方案及结果

试验号	挤压速度 /mm·s^{-1}	坯料预热温度 /℃	摩擦系数	模角 /(°)	定径带长度 /mm	挤压力 /MN
1	1（150）	1（1160）	1（0.1）	1（20）	1（20）	36.69
2	1（150）	2（1180）	2（0.2）	2（25）	2（30）	44.65
3	1（150）	3（1200）	3（0.3）	3（30）	3（40）	56.93
4	1（150）	4（1220）	4（0.4）	4（45）	4（50）	52.29
5	2（200）	1（1160）	2（0.2）	3（30）	4（50）	48.98
6	2（200）	2（1180）	1（0.1）	4（45）	3（40）	41.70
7	2（200）	3（1200）	4（0.4）	1（20）	2（30）	54.36
8	2（200）	4（1220）	3（0.3）	2（25）	1（20）	38.13
9	3（250）	1（1160）	3（0.3）	4（45）	2（30）	42.64
10	3（250）	2（1180）	4（0.4）	3（30）	1（20）	46.67
11	3（250）	3（1200）	1（0.1）	2（25）	4（50）	46.32
12	3（250）	4（1220）	2（0.2）	1（20）	3（40）	43.84
13	4（300）	1（1160）	4（0.4）	2（25）	3（40）	49.13
14	4（300）	2（1180）	3（0.3）	1（20）	4（50）	45.26
15	4（300）	3（1200）	2（0.2）	4（45）	1（20）	34.11
16	4（300）	4（1220）	1（0.1）	3（30）	2（30）	40.03

续表6-8

试验号	挤压速度 /mm·s⁻¹	坯料预热温度 /℃	摩擦系数	模角 /(°)	定径带长度 /mm	挤压力 /MN
Ⅰ	190.56	177.44	164.74	180.15	155.60	
Ⅱ	183.17	178.64	171.58	178.23	181.68	
Ⅲ	179.47	191.72	182.96	192.61	191.60	
Ⅳ	168.53	174.29	202.45	170.74	192.85	
Ⅰ′	47.64	44.36	41.19	45.04	38.90	
Ⅱ′	45.79	44.66	42.90	44.56	45.42	
Ⅲ′	44.87	47.93	45.74	48.15	47.90	
Ⅳ′	42.13	43.57	50.61	42.69	48.21	
极差	5.51	4.36	9.42	5.46	9.31	

从结果可以看出，对于挤压速度因素，取不同水平时指标的平均值分别为47.64MN、45.79MN、44.87MN、42.13MN，取四水平时指标的值最小，即挤压力最小；对于坯料预热温度因素，取不同水平时指标的平均值分别为44.36MN、44.66MN、47.93MN、43.57MN，取四水平时指标的值最小；对于摩擦系数因素，取不同水平时指标的平均值分别为41.19MN、42.90MN、45.74MN、50.61MN，取一水平时指标的值最小；对于模角因素，取不同水平时指标的平均值分别为45.04MN、44.56MN、48.15MN、42.69MN，取一水平时指标的值最小；对于定径带长度因素，取不同水平时指标的平均值分别为38.90MN、45.42MN、47.90MN、48.21MN，取一水平时指标的值最小。

为了研究各因素对指标的影响程度，需要计算每种因素的极差值，即各因素中最大值与最小值之差，计算得挤压速度因素、坯料预热温度因素、摩擦系数因素、模角因素、定径带长度因素的极差分别为5.51MN、4.36MN、9.42MN、5.46MN、9.31MN，可以看出摩擦系数、定径带两因素对指标的影响比较大，而坯料预热温度因素对指标的影响比较小。

通过对正交试验结果的直观观察分析得出，第15组试验条件下的指标值最低为34.11MN，对应的挤压参数为挤压速度300mm/s、坯料预热温度1200℃、摩擦系数为0.1、模角为45°、定径带长度为20mm；通过对不同因素的各水平分析可得，挤压速度因素取四水平、坯料预热温度取四水平、摩擦系数取一水平、模角取四水平、定径带长度取一水平时各自对应的指标值最低，那么推测由这几种水平组成的试验会得到更低的挤压力。

6.4.3.2 正交试验的物理分析

通过上一节对正交试验的直观观察分析，表6-9所示两组试验可获得较低的指标值。结合GH4169合金、G3合金管材挤压数值模拟分析可知：挤压速度对挤压力的影响比较复杂，随着挤压速度的增大，在加工硬化、再结晶软化、温度升降引起的硬化软化的共同作用下，挤压力会出现波动，GH4169合金、G3合金在挤压速度为300mm/s时均表现出挤压力下降的趋势，所以对于正交试验得出挤压速度因素四水平（300mm/s）下指标值较小是可以接受的；摩擦系数对挤压力的影响是比较明确的，随着摩擦系数的增大挤压力升高，所以摩擦系数因素取一水平（0.1）较符合实际；定径带主要起到修正制品尺寸和保证制品表面质量的作用，定径带过短会引起表面压痕和椭圆等缺陷，过长会黏结金属，使表面产生划伤、毛刺、麻面等缺陷，同时挤压力会升高，有文献指出钢材和钛合金的挤压定径带长度约为10～30mm[9]，通过模拟试验看出在定径带因素的所有水平下均未出现明显缺陷，而在一水平（20mm）时挤压力最小，所以对于定径带长度因素取一水平也符合实际。

表6-9　优秀因素水平组合列表

项目	挤压速度/mm·s^{-1}	坯料预热温度/℃	摩擦系数	模角/(°)	定径带长度/mm
15组	300	1200	0.1	45	20
推测	300	1220	0.1	45	20

图6-43为690合金的局部热力学平衡相图，可以看出当温度达到991℃以上时，$M_{23}C_6$全部回溶，此时材料的组织为基体γ相和一次碳化物MC，即挤压时坯料的预热温度应在991℃以上。从正交试验看出，坯料预热温度因素取四水平（1220℃）时指标值比较低，由GH4169合金、G3合金管材挤压模拟可知，随着坯料预热温度的增加，挤压过程中坯料的最高温升增大，甚至可能出现局部过烧，所以高的坯料预热温度虽然可以使挤压力降低但会带来其他问题。图6-44为坯料预热温度因素选择四水平（1220℃）时，第12组在挤压过程中坯料达到最高温度时的温度分布图，可以看出除第8组试验的最高温升为71℃以外，其余三组温升都比较小，分别为15℃、22℃、18℃，这与GH4169合金和G3合金管材挤压明显不同。从图6-44可以看出，坯料升温最大的区域主要集中在模孔附近、与定径带接触的区域，因为690合金管材主要为薄壁管材，所以与冷的模具接触时发生的热传递会使温度迅速降低，导致升温不明显。第4、8组试验由于挤压速度比较小，坯料与模具接触的时间比较长，热传递充分进行，随着挤压的进行，模具整体温度升高而使坯料最高升温出现在挤压

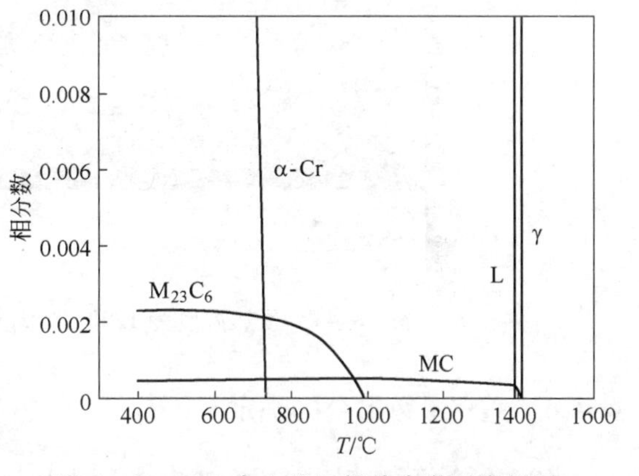

图6-43　690合金的局部热力学平衡相图

中后期，相反第12、16组试验的挤压速度比较大，模具与坯料接触时间较短导致模具整体升温较小，而始终对挤出的管材有较大的冷却作用，所以最高升温发生在挤压的开始阶段。由相图可知，基体γ相的初熔点为1393℃，当坯料预热温度为1220℃时，挤压过程中坯料的最高温度均距离初熔点比较远，所以局部过烧的可能性比较小，即正交试验得出的结论符合实际，坯料预热温度选择四水平；对于模具角度因素，由正交试验结果可知取四水平（45°）时指标值最小，由GH4169合金、G3合金管材挤压模拟可知，模角对挤压力的影响比较复杂，当模角为20°、25°时均有可能出现较低的挤压力，同时由正交试验得出模角因素对指标的影响程度比较小，可以考虑加入其他对比试验来进一步确定模角的选择。

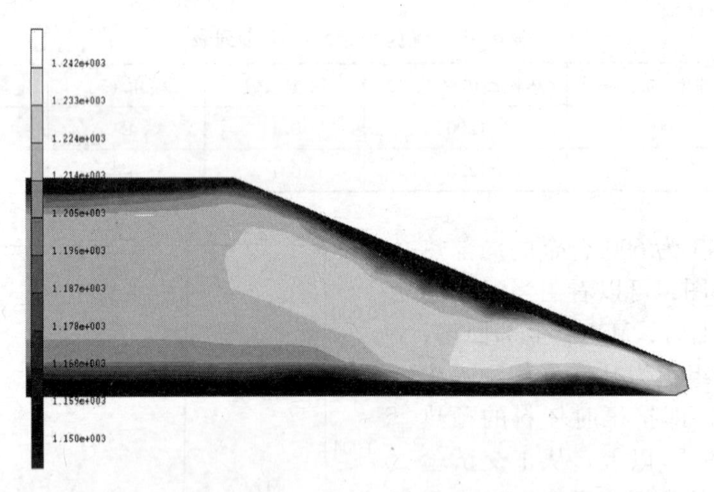

图6-44 预热温度为1220℃时坯料（第12组）最高升温

6.4.4 适宜参数组合的确定

690合金管材挤压的适宜工艺参数由以下几组参数组合评定产生：对正交试验结果的直观观察得出的参数组合即第15组参数；每一种因素中使指标值最低的水平的组合；经过物理分析后，对模角进行调整的三组试验。具体试验的参数组合见表6-10，通过对以下五组参数组合的数值模拟，分析各场量的取值和分布，从而选出690合金管材正向热挤压的最佳参数组合。

表6-10 试验参数列表

序号	挤压速度/mm·s^{-1}	坯料预热温度/℃	摩擦系数	模角/(°)	定径带长度/mm
1	300	1200	0.2	45	20
2	300	1220	0.1	45	20
3	300	1220	0.1	20	20

续表 6－10

序号	挤压速度/mm·s^{-1}	坯料预热温度/℃	摩擦系数	模角/(°)	定径带长度/mm
4	300	1220	0.1	25	20
5	300	1220	0.1	30	20

6.4.4.1　挤压力分析

因为各组参数组合已经由正交试验进行过初步筛选，并且正交试验的选择标准为挤压力，所以各组试验参数的挤压力均比较小。图 6－45 为各组凸模坐标－挤压力图，五组试验的最高挤压力分别为 34.11MN、33.19MN、33.32MN、31.5MN、31.97MN，可以看出其中后四组的挤压力要小于第一组，由于第一组试验由原始试验参数组合选出，而第二组试验参数是通过对正交试验结果进行分析推断而得出的（具体为选择每个因素中使指标值最小的水平进行组合），后面三组是对第二组进行模角调整而得出的，即可认为利用正交试验所进行的推断是正确的。

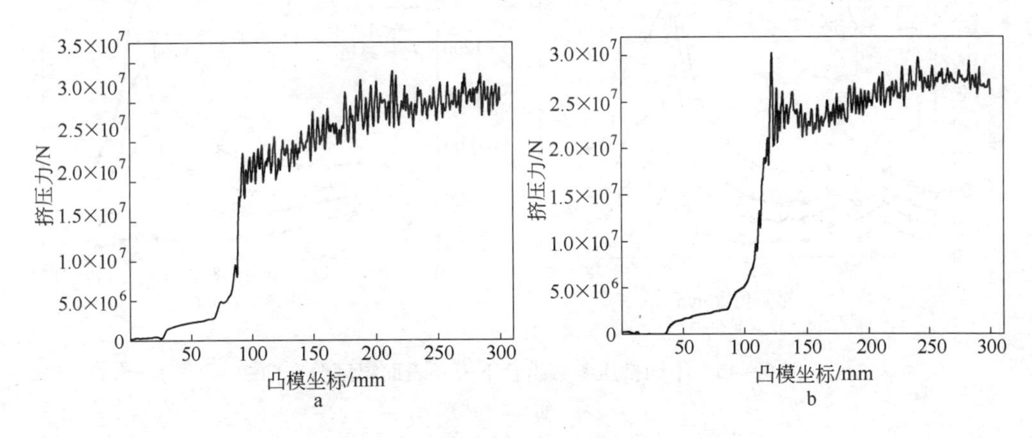

图 6－45　不同参数组合下的凸模坐标－挤压力图

a—第一组；b—第四组

在这五组试验中第四组试验的挤压力最小，此时模角为 25°，这也与 G3 合金的模拟结果相符合，即热挤压工艺参数的选择，对于不同的镍基合金具有一定的普遍适用性。

6.4.4.2　坯料温度分析

由上一节分析可知，690 合金管材在挤压过程中，并没有出现坯料局部剧烈升温的现象，经计算，从 1～5 组试验中坯料出现最高升温时的温度分别为 1211℃（预热温度 1200℃）、1231℃、1242℃、1239℃、1240℃，升温幅度都不大，同时坯料出现最高温度的步数分别为 63 步、62 步、160 步、119 步、110 步，均发生在挤压的开始阶段，由前面讨论可知是由管材的壁厚较小、挤压速度较快造成的，即从坯料升温角度来看，以上试验的参数组合都满足要求。

6.4.4.3 模具温度分析

690合金薄壁管材在挤压过程中模具的升温十分明显，对于每组试验，取挤压过程中第150步、300步、450步、最终步时模具锥面和定径带的温度分布。从图6-46看出经正交试验选出的五组挤压力较小的参数组合，各自的模具升温有很大不同，其最高温度分别达到2076℃、1606℃、1261℃、1466℃、1539℃，但每种参数组合的模具温度分布规律基本相同，均是随着挤压的进行温度逐渐升高，并且最高升温点的位置基本相同，均为锥面和定径带的交汇点，原因为此处坯料发生最剧烈的变形，并且存在一定的尖角，同时定径带表面温度也较高，因为定径带主要通过摩擦作用来修正管材尺寸或降低表面缺陷，大的摩擦必然会引起温度的升高，定径带与管材的作用主要集中在靠近模孔的区域，所以定径带温度随着与模孔距离的增大而降低。

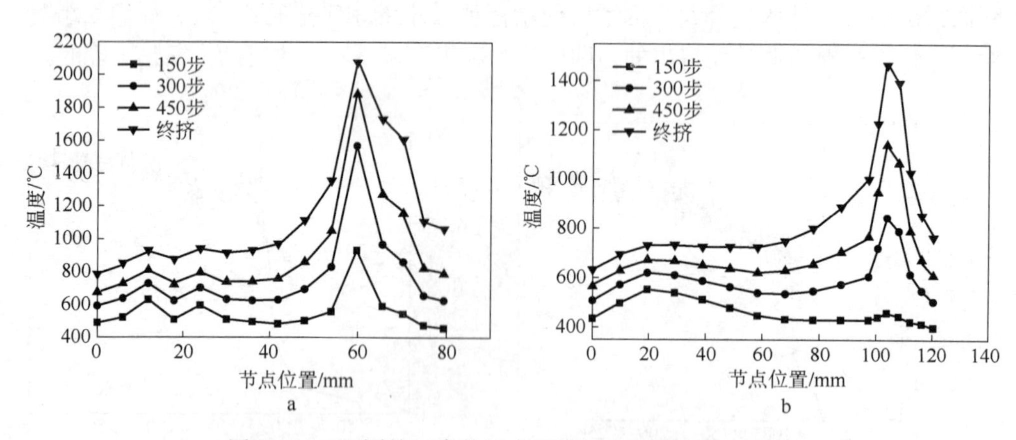

图6-46 不同挤压参数组合下模具表面温度分布曲线
a—第一组；b—第四组

模具整体的温度并没有明显升高，只是在与坯料接触的表层产生剧烈的升温，第一组试验由于摩擦系数比较高，所以模具的升温明显高于其他组，由此一点就可以将其排除。图6-47为模具表面最高和最低升温随模角变化的曲线，可以看出模具表层的升温随着模角的增大而增大，模角为20°、25°、30°、45°时对应的模具最低升温分别为607℃、632℃、647℃、738℃。因为随着模角的增大，变形区内金属的变形程度增大，即通过热功转化而来的温升增大，同时由于几何因素，随着模角

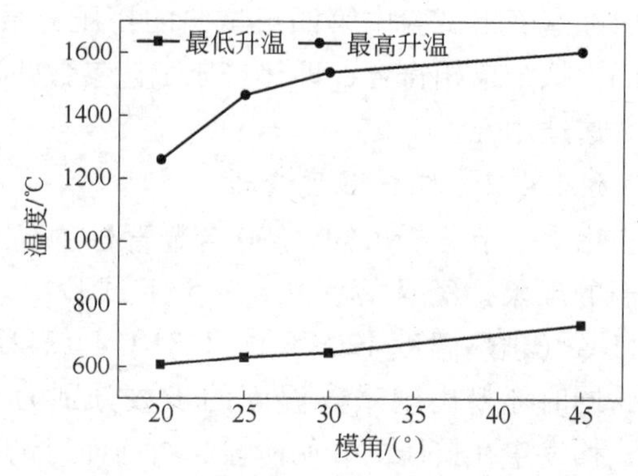

图6-47 模具表面最高和最低升温随模角变化的曲线

的增大模具锥面面积减小，散热能力降低，共同导致大模角下模具升温较大。整个模具材料选用H13热作模具钢，其工作温度应在600℃以下，显然在以上试验参数组合情况下，模具表面温度已经超过了H13模具钢的使用范围，将导致模具的加速磨损，降低其使用寿命。

6.4.4.4 等效应力分布分析

图6-48为终挤时坯料的等效应力分布图，可以看出在挤压过程中应力平均值约为200MPa，但均存在一定的应力集中，其中第一组最为明显，从锥模锥面到穿孔针存在一个弯曲的高应力带，与挤压过程中坯料的变形区形状一致，高应力带中各节点应力在320MPa以上，高应力带的存在会引起变形困难；其他各组试验中应力集中主要出现在尖角处，如挤压筒和锥面的交角，同时后两组试验中沿锥模会出现高应力区，这与GH4169合金、G3合金的挤压模拟结果相近，由前面分析可知应力集中主要由摩擦作用导致，对于未进入变形区的坯料，其中心部分的应力都比较小。从整体来看五组试验中应力集中程度均不大，这也是挤压力较小的原因之一。

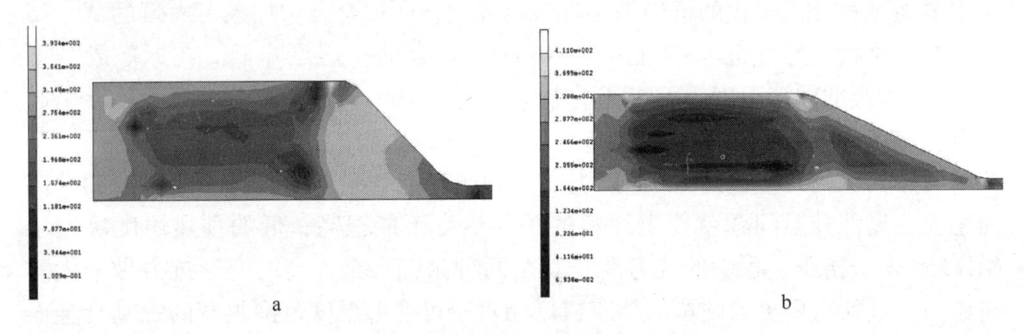

图6-48 终挤时坯料的等效应力分布图
a—第一组；b—第四组

通过对以挤压力为指标的正交试验结果的直观观察发现，第15组参数组合（挤压速度300mm/s、坯料预热温度1200℃、摩擦系数0.2、模角45°、定径带长度20mm）的挤压力在所有正交试验中最小，通过对正交试验结果进行计算筛选，推断出当参数组合为挤压速度300mm/s、坯料预热温度1220℃、摩擦系数0.1、模角45°、定径带长度20mm时有可能获得更低的挤压力，通过模角的调整获得了另外3组对比试验参数，对以上五组参数进行扩展试验，经数值模拟得出，第四组参数组合即挤压速度为300mm/s、坯料预热温度为1220℃、摩擦系数为0.1、模角为25°、定径带长度为20mm时，可以获得最低的挤压力，同时也得到最优的应变分布。以上五组扩展试验的坯料温升均不大，而模具表面的升温明显，其中第三组参数的模具温升最小，但应变分布波动较大。

综上所述，如果要获得最低的挤压力以及最优的应变分布可选用第四组参数；如果对模具升温要求严格，可以选用第三组参数以最大程度控制模具升温，同时挤压力也可以满足要求。

6.5　合金特征对挤压工艺的关联影响性

从数值模拟结果看出，在各自的基准挤压参数下，GH4169 合金、G3 合金、690 合金管材挤压过程中的金属流动性、速度场分布、温度场分布、等效应力应变分布、挤压力变化等规律具有较大的相似性，挤压参数的调整如挤压速度、坯料和模具预热温度、摩擦系数、模具角度等因素对挤压过程的影响规律也相近，说明镍基合金管材挤压的整体规律相似，然而对于不同合金，各场量的数值大小明显不同，同时某些挤压规律也呈现出对合金种类的敏感性。从本质上来说，造成三种合金挤压过程工艺差异的原因是合金成分，而合金成分的不同是由三种合金的不同用途所决定的。

GH4169 合金是典型的镍基高温合金，而 G3 合金、690 合金是镍基耐蚀合金的代表。对于 GH4169 合金，其使用过程中对合金的高温强度有较大要求，该合金主要通过 γ'相、γ''相的析出来实现沉淀强化，所以合金中加入了大量的 Al、Ti 等元素，这些低熔点元素的加入使 GH4169 合金的初熔点降低。在标准成分下 GH4169 合金的固溶温度为 1040℃，初熔点为 1210℃，同时成分的波动还会引起合金初熔点的降低。由数值模拟结果可知，挤压过程中存在严重的局部升温，某些挤压参数下的升温达到 100℃以上，同时坯料的升温随着自身预热温度的升高而增大，局部升温问题就要求坯料的预热温度不能很高，低的预热温度决定了 GH4169 合金挤压过程中的抗力高于其余两种耐蚀合金，高的变形抗力带来大的挤压力，这就需要更大吨位的挤压机。相对于可变形温度范围很窄的镍基合金而言，以 GH4169 合金为代表的镍基高温合金可挤压温度范围更窄，明显小于其余两种耐蚀合金，这就对挤压参数的选择提出了更高的要求：一方面要求高的挤压速度以保证挤压后期不会因为合金的温降过大而导致变形抗力增大，或低温下合金的强化相析出以致变形困难；另一方面又要求对润滑条件和挤压速度严格控制，以避免过大的升温导致局部过烧。针对以上问题，对于以 GH4169 合金为代表的镍基高温合金管材的挤压，今后的研究可以从以下方面重点展开：

第一，确定最佳的挤压速度，从数值模拟结果看出，挤压速度的改变会带来一系列硬化、软化机制的改变，适当地调整挤压速度可以在较低的局部升温前提下获得较小的挤压力。

第二，选择最佳的模具预热温度，模具温度的升高会提高挤压过程的保温效果以降低挤压力，但要同时注意模具自身的磨损问题。

第三，润滑剂的选择，选用润滑效果和保温效果都较好的润滑剂可以在很大程度上改善挤压环境。

对于G3合金和690合金，生产中主要应用其耐蚀性，而对高温强度没有过高要求，所以此类耐蚀合金的主要强化机制为固溶强化，合金中Al、Ti的含量明显小于GH4169合金，而含有更多的Cr、Mo和W，这就使合金的初熔点明显升高，G3合金和690合金的初熔点分别为1387℃和1393℃，而固溶温度分别为1037℃和1004℃，即这两种合金的可加工温度范围大于GH4169合金。从模拟结果看出在大部分参数组合下，坯料在挤压过程中的最高温度仍远低于合金的初熔点，这样就可以通过提高坯料预热温度来降低挤压抗力从而降低挤压力，从这一点上来看镍基耐蚀合金管材挤压工艺要比高温合金更容易控制。然而以上优点也带来其他问题，过高的预热温度会导致坯料内部晶粒的过度长大，图6-49为690合金在1050℃、1150℃、1200℃下保温30min后的金相照片，可以看出随着保温温度的升高，晶粒明显长大。

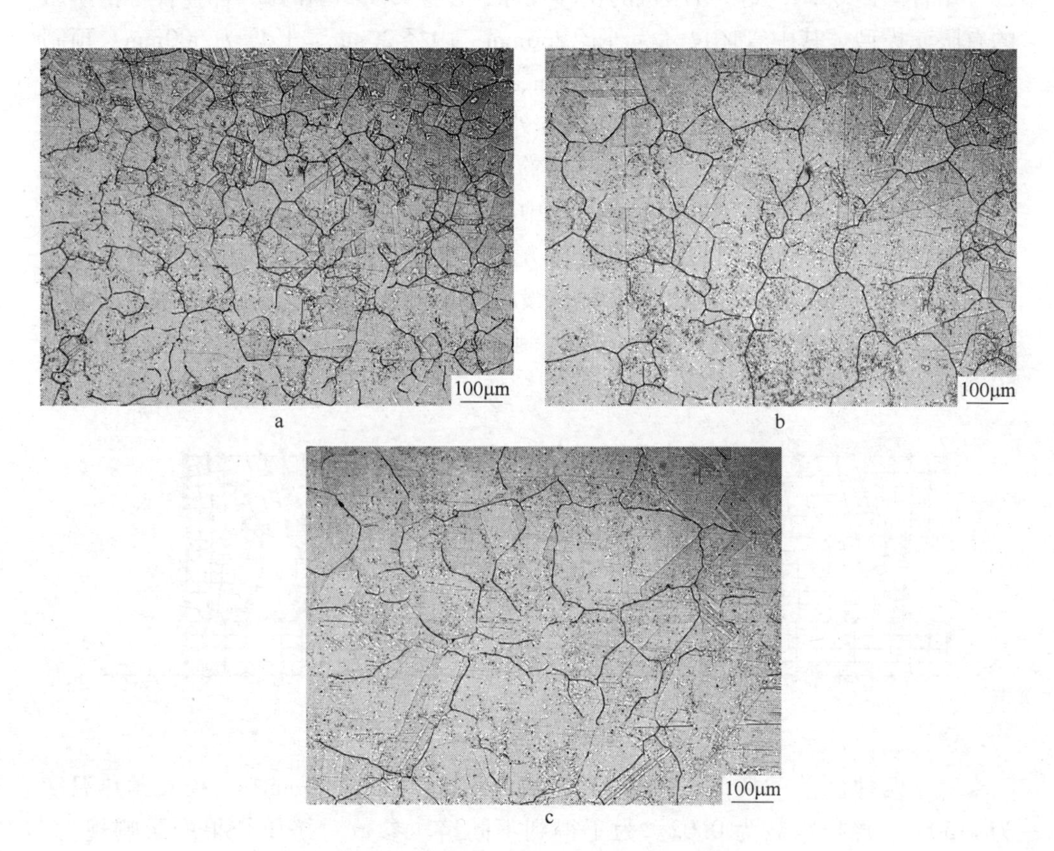

图6-49　690合金不同温度下保温的晶粒度

a—1050℃；b—1150℃；c—1200℃

大晶粒的坯料在挤压过程中塑性较差，甚至可能在挤压过程中开裂，带来严重的缺陷，所以对于镍基耐蚀合金，如何确定挤压温度使挤压力较低而又保证坯料具有良好的塑性将是研究的重点方向之一。

总之，对高合金化合金复杂体系进行挤压时，在挤压工艺的优化设计中，要充分考虑挤压过程中坯料局部区域剧烈的温度升降和高速大抗力等特征对合金晶粒度和相变等组织演变的影响，同时合金组织因素在挤压过程中的动态变化也会导致挤压工艺的进一步复杂化。因此需要在对合金特征与挤压工艺进行系统研究的基础上建立起两者之间动态关联的良好匹配，才能最终提高对管材挤压的质量控制水平。而要实现两者内在本质的动态关联匹配还需要进行大量细致的研究工作。

6.6 GH625 和 825 合金管材挤压过程数值模拟

结合国内 6000t 大型挤压机的实际尺寸，建立 GH536 和 825 合金管材正挤压的有限元模型。其中管坯尺寸为外径 236mm、内径 20mm、长度为 500mm，预制管材尺寸为外径 245mm、内径 105mm、长度 560mm。据此选择挤压筒内径 247mm，挤压模内径 115.6mm，芯棒外径 97.9mm，挤压成型后管材外径 114mm，壁厚 8mm。模型中坯料、挤压筒、模具、穿孔针均进行离散化处理，统一采用四边形节点单元，由于变形过程中存在模具与管坯之间的热交换以及热功转换等过程，所以采用热力耦合的分析方法，根据挤压过程在几何上的对称性而采用轴对称的处理方式。挤压筒和模具设置为具有热传递性质的刚性体，即不考虑其塑性变形，凸模被表示为由速度控制的刚性体。建立的有限元模型如图6－50 所示。

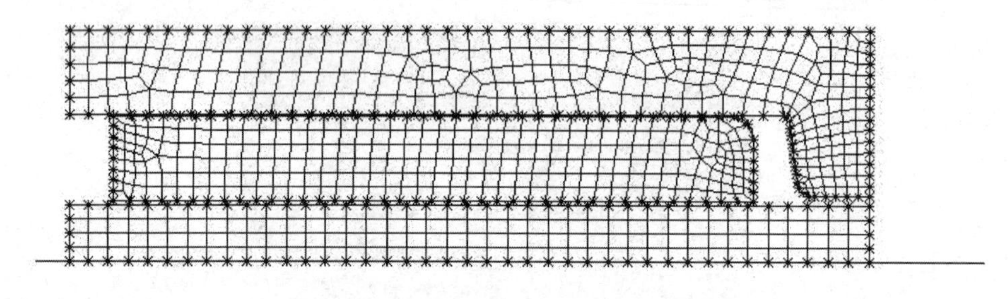

图 6－50 管材挤压有限元模型

对于两种合金，本节采用的基准参数为：挤压速度 150mm/s，模具预热温度为 1150℃，摩擦系数为 0.02。为了得到不同挤压参数对挤压结果的影响规律，采用的挤压参数调整方案为：

挤压速度：100mm/s、150mm/s、200mm/s、250mm/s；

模具预热温度：1050℃、1100℃、1150℃、1200℃；

摩擦系数：0.01、0.02、0.03。

6.6.1 GH536 合金管材挤压模拟

6.6.1.1 基准参数下模拟结果分析

为确定 GH536 合金的热挤压基准参数，根据文献报道，GH536 合金的最佳热加工温度区间为 1000～1180℃，结合 GH536 合金的相图和管材挤压现场的实际数据，采用基准参数为：坯料预热温度 1150℃、模具温度 100℃、挤压速度 150mm/s。为了排除过多的由摩擦引起的热效应和变形均匀度的下降，初始摩擦系数设为 0.02。模具选取 H13 热作模具钢。GH536 材料和模具钢的物理性能见表 6－11。

表 6－11 GH536 材料和模具钢的物理性能

参 数	坯 料	模 具
材 料	GH536	H13
杨氏模量/GPa	199	—
泊松比	0.3	—
密度/$kg \cdot m^{-3}$	8.24×10^3	7.8×10^3
热导率/$W \cdot (m \cdot K)^{-1}$	13.38	28.4
比热容/$J \cdot (kg \cdot K)^{-1}$	372.6	560
对流换热系数/$W \cdot (m^2 \cdot K)^{-1}$	200	200
线膨胀系数/K^{-1}	1.21×10^{-5}	—

在基准参数下挤压 GH536 合金管材，计算模拟结果见图 6－51。

由挤压力分布图可见，GH536 合金的挤压力比较大，最高 74.26MN（7426t）已超出 6000t 挤压力的最大挤压力 60MN，可见，挤压 GH536 合金，选择好挤压参数是关键。从挤压过程中挤压速度的分布图可见金属流动比较顺畅，没有出现“死区”，最高挤出速度达到 3000mm/s 左右，平均挤压速度在 2000mm/s 左右，且模具出口处挤压速度最高。从挤压过程中应力分布图可见最高等效应力稳定，在 300MPa 以上。但整体应力分布不均匀，其中在变形比较剧烈的锥模锥面区域和与其相对应的穿孔针区域存在应力集中，坯料和挤出的管材应力较低且分布均匀。GH536 合金挤压过程中的挤压力较大，最高在 400～500MPa，平均 300MPa 左右，这和 GH536 合金热变形过程中应力较高有直接的关系，也是导致 GH536 合金挤压力较大的原因。

GH536 合金管材基体应变分布较均匀，但挤压过程最大升温较大，为 150℃左右，位置在模口处。坯料基体由于热传递的原因温度略有下降，靠近模口处的坯料温度比初始温度略有升高，达到 1180℃。结合温度分布图和 GH536 合金相图可以发现，GH536 合金的熔点约为 1300℃，而合金挤压过程升温最高也达到了 1300℃，这样很容易导致热裂纹的产生。而坯料温度降低的话又会导致挤压力

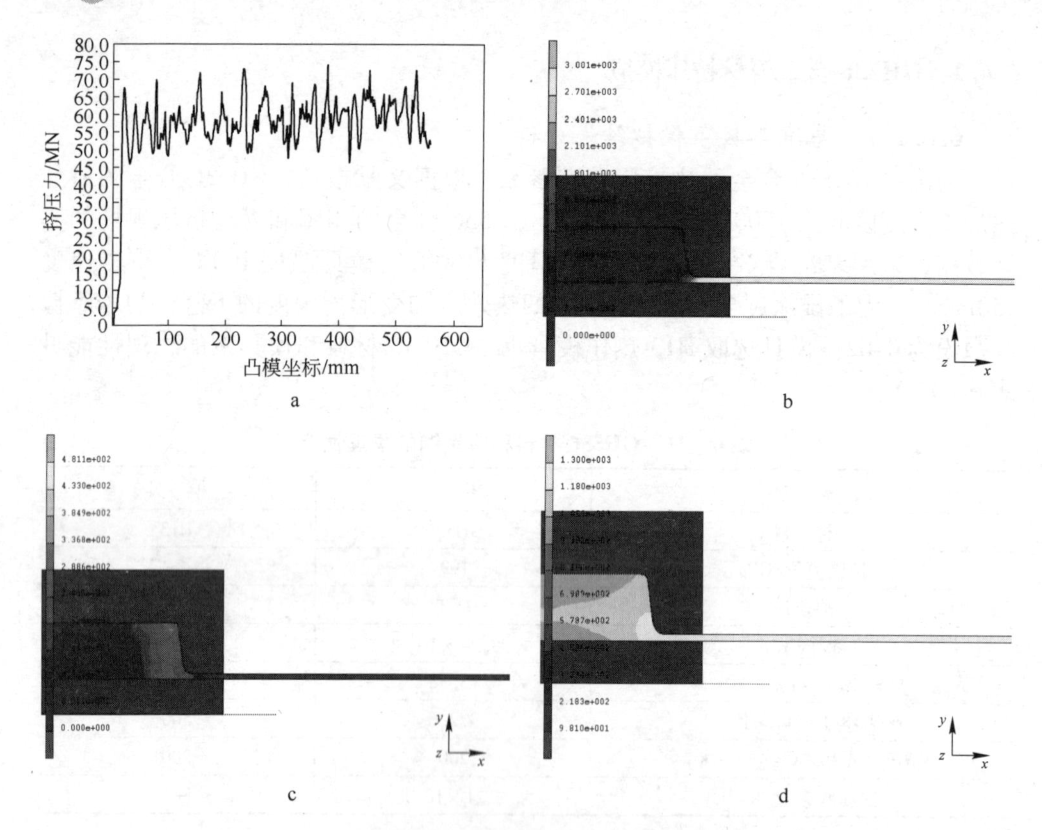

图 6－51　基准参数下 GH536 合金管材挤压数值模拟结果

a—挤压力分布；b—挤压过程速度分布；c—挤压过程应力分布；d—挤压过程温度分布

升高，超出 6000t 挤压力的挤压能力，因此 GH536 合金的挤压参数选择范围很窄，选择更严格。

6.6.1.2　挤压参数调整对结果的影响

在基准参数其他条件不变的情况下只调整挤压速度，最大挤压力和稳定挤压阶段平均挤压力的变化如图 6－52a 所示。

在基准参数其他条件不变的情况下，挤压速度分别为 100mm/s、150mm/s、200mm/s 和 250mm/s 时，最大挤压力分别为 78.3MN、74.26MN、74.8MN 和 73.18MN，平均挤压力分别为 63.3MN、59.1MN、56.6MN 和 55.8MN。可见，最大挤压力和平均挤压力都随挤压速度的增大而减小。

在基准参数其他条件不变的情况下只调整挤压速度，最大升温和稳定挤压阶段平均升温的变化如图 6－52b 所示。挤压速度分别为 100mm/s、150mm/s、200mm/s 和 250mm/s 时，模口温度（最大值）分别为 1270℃、1310℃、1335℃和 1380℃；坯料基体温度（平均值）分别为 1140℃、1190℃、1210℃和 1250℃。结合 GH536 合金的相图，可以发现 GH536 合金的熔点为 1300℃，而挤压温升最高可达 1380℃，因此，一定要严格选择挤压参数，避免挤压过程中因过热导致管材表面的热裂纹。

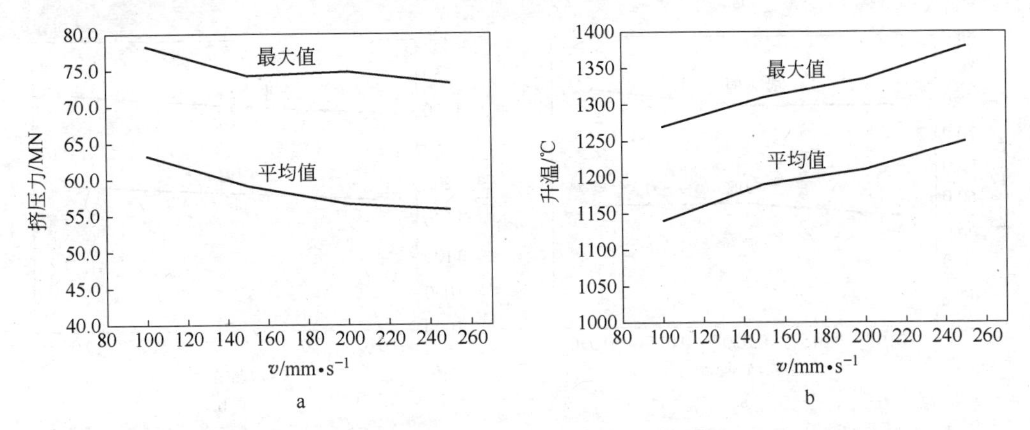

图 6－52　挤压速度对 GH536 合金挤压力（a）和升温（b）的影响

在基准参数其他条件不变的情况下只调整坯料预热温度对最大挤压力和平均挤压力的影响见图 6－53a，只调整坯料预热温度对最大升温和平均升温的影响见图 6－53b。

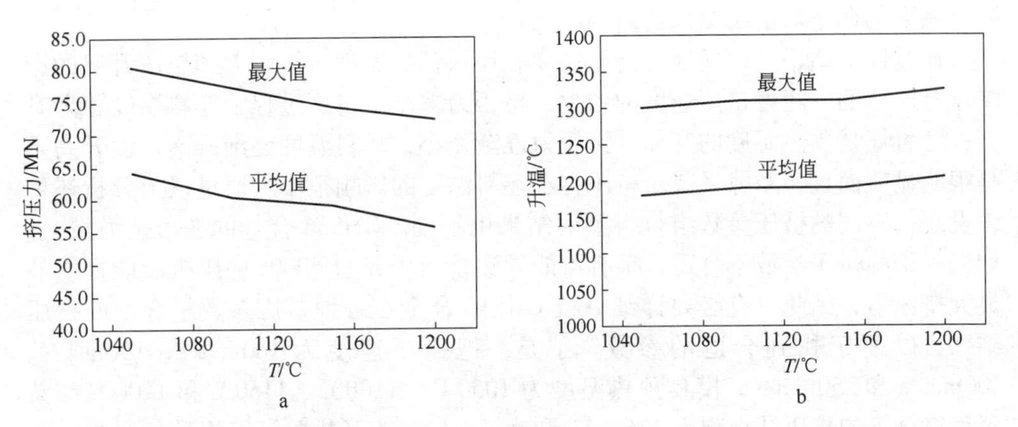

图 6－53　坯料预热温度对 GH536 合金挤压力（a）和升温（b）的影响

当坯料预热温度分别为 1050℃、1100℃、1150℃和 1200℃时，最大挤压力分别为 80.5MN、77.38MN、74.26MN 和 72.35MN；平均挤压力分别为 64.2MN、60.4MN、59.1MN 和 55.7MN。最高温度分别为 1300℃、1310℃、1310℃和 1325℃；平均温度分别为 1180℃、1190℃、1190℃和 1205℃。挤压力随着预热温度的升高而降低，最高温度和平均温度随着预热温度的升高而升高，但是变化缓慢。

在基准参数其他条件不变的情况下只调整摩擦系数对最大挤压力和平均挤压

力的影响见图 6 - 54a，只调整摩擦系数对最大升温和平均升温的影响见图 6 - 54b。

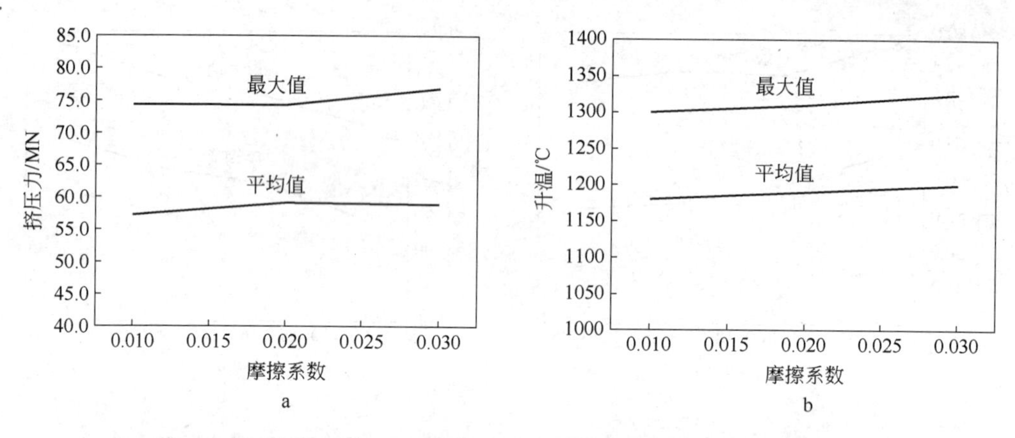

图 6 - 54 摩擦系数对 GH536 合金挤压力（a）和升温（b）的影响

摩擦系数分别为 0. 01、0. 02 和 0. 03 时，最大挤压力分别为 74. 35MN、74. 26MN 和 76. 83MN，平均挤压力分别为 57. 2MN、59. 1MN 和 58. 9MN。最高温度分别为 1300℃、1310℃和 1325℃，平均温度分别为 1180℃、1190℃和 1200℃。摩擦系数的调整对挤压结果的影响不大。

通过以上结果可以发现，挤压速度和坯料预热温度对挤压力和挤压升温的影响是有规律的。随着挤压速度的增大，挤压力减小，挤压过程中坯料温度逐渐升高；随着坯料预热温度的升高，挤压力逐渐减小，坯料温度逐渐升高，但升高不是很明显。而且，摩擦系数对挤压力和坯料温度的影响很小。通过以上分析还可以发现，不同的挤压参数组合得到的结果也不同。GH536 合金的变形抗力较大，如果采用的挤压参数不合适，很有可能导致挤压力超过 6000t 挤压机所能提供的最大挤压力，因此，有必要详细分析 GH536 合金在各种挤压参数组合下的挤压结果，以便于找到合适的参数。于是，把挤压速度为 100mm/s、150mm/s、200mm/s 和 250mm/s，模具预热温度为 1050℃、1100℃、1150℃和 1200℃参数每种组合下的挤压结果列入表 6 - 12 和表 6 - 13。为了排除计算误差的影响，只把平均挤压力和坯料平均升温作为考虑的对象。

表 6 - 12 不同挤压参数组合下 GH536 合金的挤压力 （MN）

挤压速度/mm · s^{-1}	模具预热温度/℃			
	1050	1100	1150	1200
100	68	66	63. 3	63
150	64. 2	60. 4	59. 1	55. 7
200	62. 1	58	56. 6	55
250	60. 9	57. 2	55. 8	54. 1

表 6－13　不同挤压参数组合下 GH536 合金的坯料温度　（℃）

挤压速度/mm·s^{-1}	模具预热温度			
	1050	1100	1150	1200
100	1128	1139	1140	1186
150	1180	1190	1190	1205
200	1190	1207	1210	1244
250	1233	1243	1250	1275

综合表 6－12 和表 6－13，在一组合适的挤压参数下挤压管材，首先要满足设备的要求，即挤压力不能超过 60MN（6000t），这样，可首先排除挤压力超过或者非常接近 60MN 的组合。其次还要满足材料的要求，即温度处于材料的可加工区或最佳热塑性区。GH536 合金的初熔点温度为 1300℃，为了避免材料达到初熔点温度而导致材料塑性急剧下降，就要排除使坯料温度升高到接近初熔点温度的参数组合，结合表 6－12，选择出既能满足设备要求又能满足材料要求的挤压参数组合，即表 6－12 和表 6－13 的阴影部分。

6.6.2　825 合金管材挤压模拟

6.6.2.1　基准参数下挤压模拟结果分析

为确定 825 合金奥氏体单相区温度范围，从合金相图中可以看出在 1050℃以上，碳化物全部回溶，组织为单一奥氏体，故坯料整体预热温度应高于 1050℃。根据文献报道，825 合金在 200mm/s 速度拉伸时其断面收缩率在 1240℃出现峰值，之后塑性急剧下降，而 825 合金在高应变速率下的热加工区间为 1050～1240℃，结合管材挤压现场的实际数据，采用基准参数为坯料预热温度 1150℃、模具温度 100℃、挤压速度 150mm/s。为了排除过多的由摩擦引起的热效应和变形均匀度的下降，初始摩擦系数设为 0.02。模具选取 H13 热作模具钢。825 合金和模具钢的物理性能见表 6－14。

表 6－14　管坯与模具的材料参数

参　数	坯　料	模　具
材　料	825 合金	H13
杨氏模量/GPa	196（20℃）～118（1000℃）	—
泊松比	0.29（20℃）～0.34（1000℃）	—
密度/kg·m^{-3}	8.19×10^3	7.8×10^3
热导率/W·$(m\cdot K)^{-1}$	12.3（20℃）～25.5（1000℃）	28.4
比热容/J·$(kg\cdot K)^{-1}$	440	560
对流换热系数/W·$(m^2\cdot K)^{-1}$	200	200
线膨胀系数/K^{-1}	14.1×10^{-5}（20℃）～17.3×10^{-5}（1000℃）	—

在基准挤压参数下（挤压速度为150mm/s、坯料预热温度为1150℃、摩擦系数为0.02、模具预热温度为100℃），挤压力的变化规律是先上升然后保持平稳。最高可达43.9MN（4390t），平均水平在35MN（3500t）左右。最高挤压力和平均挤压力都在6000t以下，可见6000t挤压机能满足825合金管材挤压的要求。

挤压过程中挤压速度分布图见图6-55，可见金属流动得比较顺畅，没有出现“死区”，最高挤出速度达到3000mm/s左右，平均挤压速度在2000mm/s左右，且模具出口处挤压速度最高。

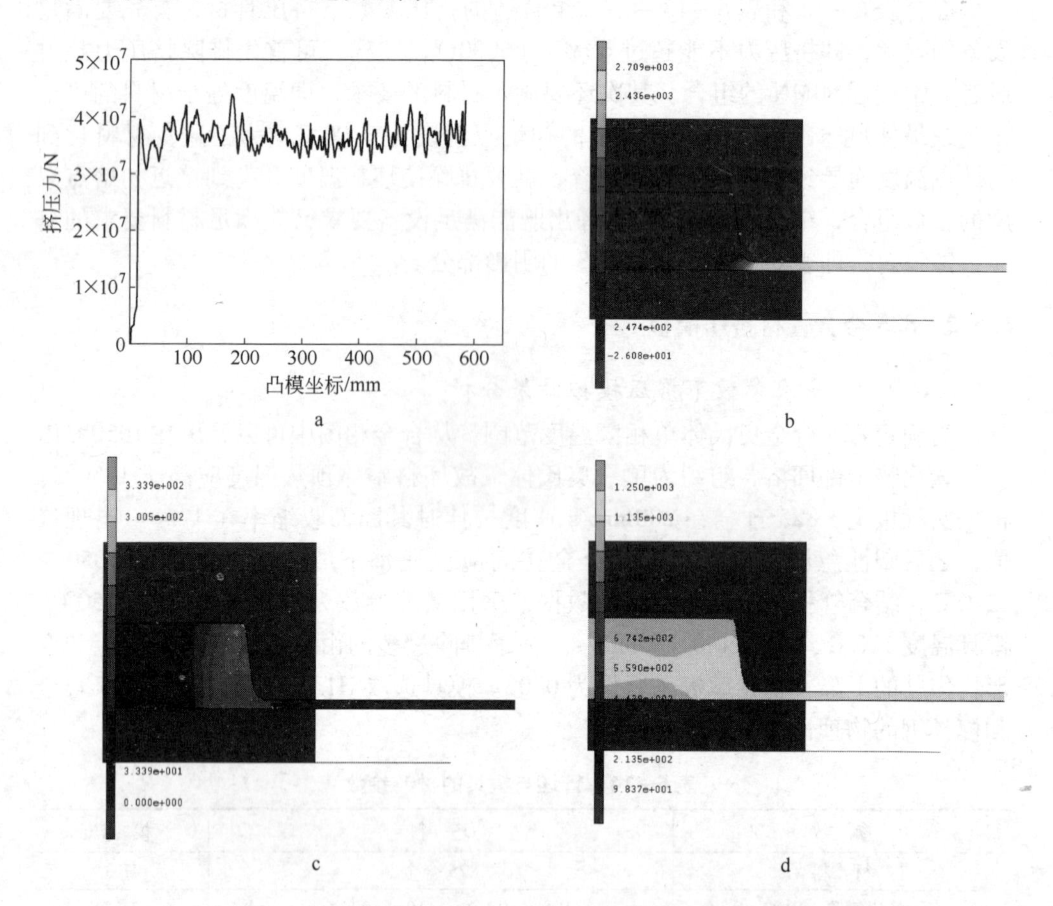

图6-55 基准参数下825合金管材挤压数值模拟结果

a—挤压力分布；b—挤压过程速度分布；c—挤压过程应力分布；d—挤压过程温度分布

从挤压过程中应力分布图可见最高等效应力稳定，在300MPa以上。但整体应力分布不均匀，其中在变形比较剧烈的锥模锥面区域和与其相对应的穿孔针区域存在应力集中，坯料和挤出的管材应力较低且分布均匀；管材的应变分布不均匀，头部应变较小，随着挤压的进行，靠近模具出口处的应变逐渐变大。应变分布图可作为挤压完成后管材头部切除量的参考。

在基准参数下挤压过程，模具模口处升温明显，最高升温达到 100℃。坯料基体温度比初始温度略有下降，这是由于坯料和模具的热传递作用，导致坯料和模具接触的部位温度略有降低。

在平稳挤压阶段，最高温度变化不明显，在 1250～1240℃之间，坯料温度在 1000～1300℃之间。挤压过程应尽量保证坯料温度均匀，这样有利于实现挤压成品质量的均一性。

6.6.2.2 挤压参数调整对结果的影响

在基准参数其他条件不变的情况下只调整挤压速度，最大挤压力和稳定挤压阶段平均挤压力的变化如图 6－56a 所示。

挤压速度为 100mm/s、150mm/s、200mm/s 和 250mm/s 时的最大挤压力分别为 49.3MN、43.9MN、42.6MN 和 44.1MN，稳定挤压阶段的平均挤压力分别为 38.6MN、36.2MN、35.1MN 和 34.9MN。

挤压速度对最高升温的影响见图 6－56b，随着挤压速度的增加，坯料基体和模口的温度逐渐变大。当挤压速度分别为 100mm/s、150mm/s、200mm/s 和 250mm/s 时，模口升温（最大值）分别为 1220℃、1250℃、1278℃ 和 1295℃，坯料基体温度（平均值）分别为 1090℃、1130℃、1160℃ 和 1176℃，在模孔附近由于变形剧烈导致局部升温现象明显，可知在基准参数下坯料局部升温最高可达 1250℃，剧烈的局部升温会造成两种不利影响，一是可能引起“过烧”现象导致裂纹萌生，二是升温后温度恰好处在低塑性区域，导致由于晶粒过度长大而不利于加工。知道预热温度对挤压力和坯料升温的影响规律，结合其他参数，可以为挤压工艺的制定提供参考。

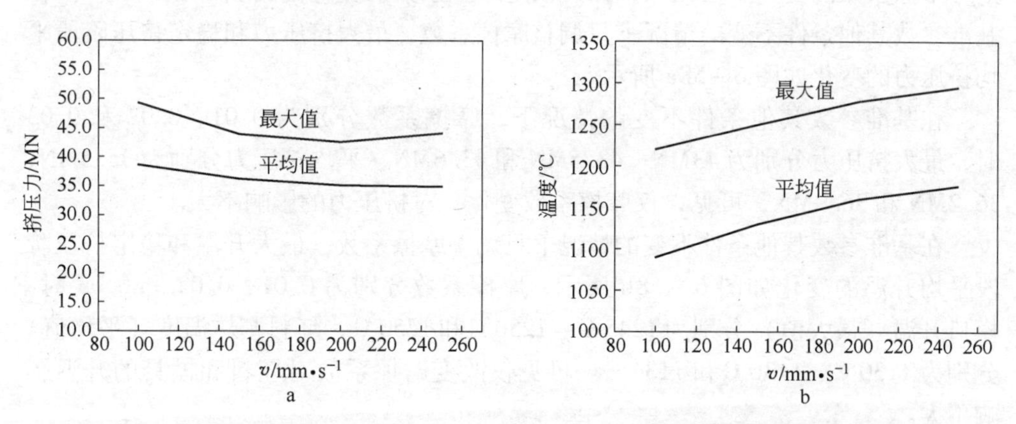

图 6－56 挤压速度对 825 合金挤压力（a）和升温（b）的影响

在基准参数其他条件不变的情况下只调整坯料预热温度，最大挤压力和稳定挤压阶段平均挤压力的变化如图 6－57a 所示。

当坯料预热温度分别为1050℃、1100℃、1150℃和1200℃时最大挤压力分别为51.7MN、47.8MN、43.5MN和40.6MN，稳定挤压阶段的平均挤压力分别为41.6MN、38.6MN、36.2MN和34.6MN。

在基准参数其他条件不变的情况下只调整坯料预热温度，最大升温和稳定挤压阶段平均升温的变化如图6－57b所示，当坯料预热温度分别为1050℃、1100℃、1150℃和1200℃时，模口升温（最大值）分别为1200℃、1220℃、1250℃和1285℃，坯料基体温度（平均值）分别为1090℃、1108℃、1130℃和1160℃。

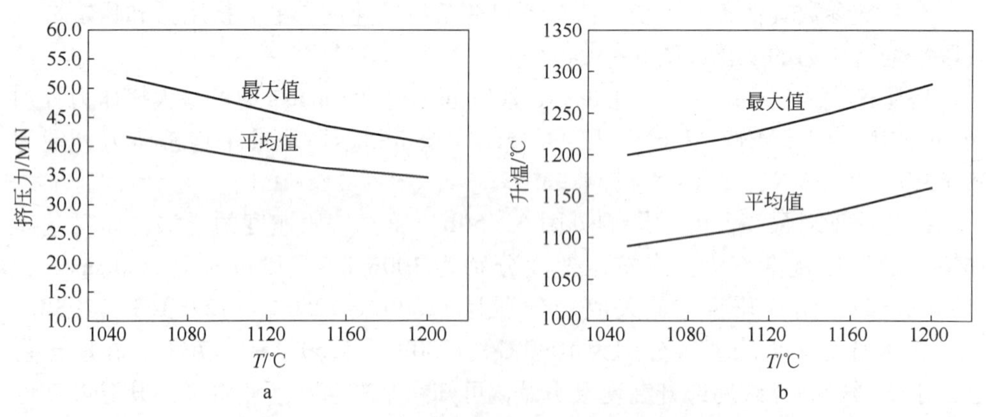

图6－57 坯料预热温度对825合金挤压力（a）和模口升温（b）的影响

由于耐蚀合金和高温合金管材挤压时都采用玻璃润滑剂润滑，坯料和挤压筒间的摩擦系数变得很小，对挤压过程的顺利进行十分有利。由于采用了玻璃润滑剂，摩擦系数的变化不会太大，因此设定摩擦系数的变化范围从0.01～0.03。在基准参数其他条件不变的情况下只调整摩擦系数，最大挤压力和稳定挤压阶段平均挤压力的变化如图6－58a所示。

在基准参数其他条件不变的情况下，摩擦系数分别为0.01、0.02和0.03时，最大挤压力分别为43MN、43.5MN和43.6MN，平均挤压力分别为35.5MN、36.2MN和36.9MN，可见，仅摩擦系数变化，对挤压力的影响不大。

在基准参数其他条件不变的情况下只调整摩擦系数，最大升温和稳定挤压阶段平均升温的变化如图6－58b所示，摩擦系数分别为0.01、0.02和0.03时，模口升温（最大值）分别为1245℃、1250℃和1250℃，坯料基体温度（平均值）分别为1130℃、1130℃和1134℃。可见仅改变摩擦系数对坯料和模具的升温影响不大。

通过以上结果可以发现，随着挤压速度的增大，挤压力减小，挤压过程中坯料温度逐渐升高；随着坯料预热温度的升高，挤压力逐渐减小，坯料温度逐渐升高，但升高不是很明显。而且，摩擦系数对挤压力和坯料温度的影响很小。通过

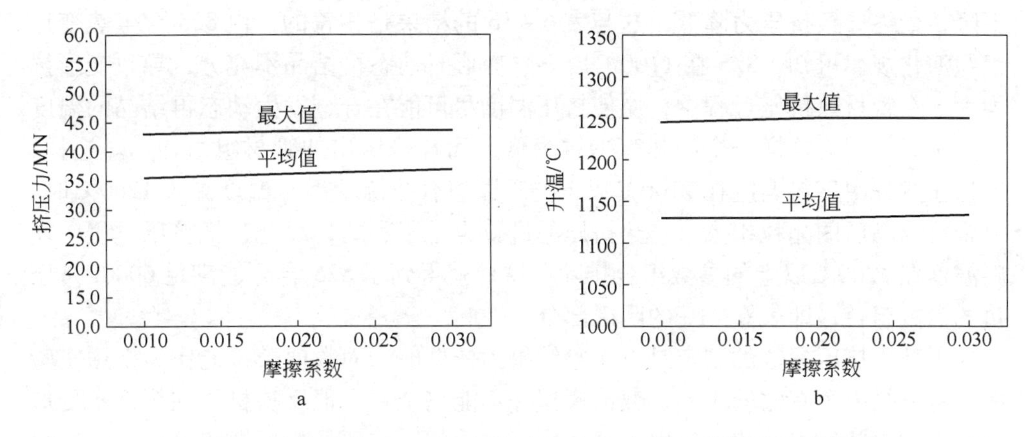

图6－58 摩擦系数对825合金挤压力（a）和模口升温（b）的影响

以上分析还可以发现，不同的挤压参数组合得到的结果也不同。把每种挤压参数组合下的挤压结果列于表6－15和表6－16，分析不同挤压参数组合下的不同结果。

表6－15 不同挤压参数组合下825合金的平均挤压力 （MN）

挤压速度/mm·s^{-1}	模具预热温度			
	1050	1100	1150	1200
100	44	41.7	38.6	36
150	41.6	38.6	36.2	34.6
200	40.1	37.8	35.1	34.3
250	38.4	36.1	34.9	33.9

表6－16 不同挤压参数组合下825合金的坯料平均温度 （℃）

挤压速度/mm·s^{-1}	模具预热温度			
	1050	1100	1150	1200
100	1064	1090	1090	1128
150	1090	1108	1130	1160
200	1113	1133	1160	1184
250	1134	1158	1176	1211

由表6－15和表6－16可见，在设定的参数变化范围内，825合金的挤压力变化范围是33.9～44MN，最大挤压力是挤压速度最低100mm/s和坯料预热温度最低1050℃时产生的，最高挤压力是挤压速度最大250mm/s和坯料预热温度最高1200℃时产生的，因为坯料预热温度的升高直接导致材料的变形抗力明显下降，而且挤压速度增加，材料的变形生热增加，进而使材料温度升高，变形抗力

下降，最终导致挤压力降低，这与表6－16的结果是相符的。由825合金热变形组织演化规律可知，825在1100℃以下热变形时动态再结晶不充分，导致变形抗力大。在管材热挤压过程中，应使挤压温度尽可能在合金发生动态再结晶的温度区间进行，因为这样合金的热变形抗力低，而且挤压出的管材组织均匀。这样，把挤压过程中坯料温度在1100℃以下的参数组合排除。但是温度高于1200℃时，完全再结晶后的晶粒粗大，对热挤压的进行也是不利的，因此，把挤压过程中坯料温度在1200℃以上的参数组合排除。这样就得到了825合金能满足6000t挤压机的参数组合，即表6－16的阴影部分。

另外，挤压参数的制定是以实验结果为依据的，而数值模拟能作为挤压实验的参考，是一个有效的工具。数值模拟并不能完全真实地反映材料在热挤压变形过程中的内部组织变化，所以，具体挤压参数的制定还是要根据实验和数值模拟相结合的方法严格制定。

通过对GH536和825两种合金管材挤压工艺的数值模拟，可以发现在挤压过程中，对挤压工艺影响最大的参数是坯料预热温度和挤压速度，摩擦系数虽然对结果也有一定的影响，但是影响不大。通过GH536和825合金管材挤压过程数值模拟可以发现，随着挤压速度的增大和坯料预热温度的升高，挤压力逐渐增大，坯料基体和模口处的温度也逐渐升高，通过挤压速度和预热温度的不同组合，可以控制挤压过程中坯料温度在一个合适的范围，挤压力在一个较低的水平，使挤压过程顺利进行。GH536合金的热变形抗力大，导致热挤压力大，升温大，对热挤压条件的要求比较苛刻。这和GH536合金的组织状态有关，通过相图和热轧态组织图可以看到，GH536合金在热变形温度区间的组织，除了基体还有碳化物存在，这些碳化物起到第二相强化的作用，导致GH536合金的热加工流变应力较高。

为了能使挤压顺利进行而且不产生热裂纹，GH536合金的热挤压工艺参数要严格制定。根据数值模拟的结果，对GH536合金可选用的挤压参数组合是1100℃－250mm/s、1150℃－200mm/s、1150℃－250mm/s、1200℃－150mm/s和1200℃－200mm/s。而Incoloy825合金的热变形抗力小，对热加压条件的要求比较宽松，可选用的挤压参数组合是1050℃－200mm/s、1050℃－250mm/s、1100℃－200mm/s、1100℃－250mm/s、1150℃－150mm/s、1150℃－200mm/s、1150℃－250mm/s、1200℃－100mm/s、1200℃－150mm/s和1200℃－200mm/s。

参考文献

[1] 方刚，王飞，雷丽萍，等．铝型材挤压数值模拟的研究进展［J］．稀有金属，2007，31(5)：683～688.
[2] 陈火红．Marc有限元实例分析教程［M］．北京：机械工业出版社，2002.
[3]《中国航空材料手册》编辑委员会．中国航空材料手册［M］．北京：中国标准出版

社，2001.
[4] 孙珍宝，朱谱藩，林慧国．合金钢手册［M］．北京：冶金工业出版社，1992.
[5] 付书红．GH4169 合金组织高稳定性及精确可控性研究［D］．北京：北京科技大学，2009.
[6]《重有色金属材料加工手册》编写组．重有色金属材料加工手册［M］．北京：冶金工业出版社，1980.
[7] 陈火红．Marc 有限元实例分析教程［M］．北京：机械工业出版社，2002.
[8] 苏玉华，包耀宗，董瀚，等．镍基耐蚀合金 GH536B（G3）的高温变形特性［J］．特殊钢，2008，29（1）：31～33.
[9] 马怀宪．金属塑性加工学［M］．北京：冶金工业出版社，1991.

7 热挤压工艺与磨损和润滑

挤压工艺早在19世纪就出现了，当时主要用于铅合金、铝合金、铜合金等有色金属的管材、棒材、型材的生产，挤压温度不是很高，挤压工艺容易实现。此后，许多工业国家都曾考虑过，甚至研究过用正向热挤压（高于再结晶温度以上的温度条件下的挤压工艺）生产条钢、型钢及钢管。由于设备容易损坏，特别是模子（如图7－1所示），常常使用一次就不能再用，从而阻碍了钢的热挤压技术的发展。

从图7－1中可以看出，正挤压工艺中，由于坯料和模具之间产生相对运动，两者之间的摩擦在所难免，从而造成热挤压模具磨损十分严重。所以，如何对热挤压模具进行润滑减摩，是降低模具磨损，提高其使用寿命的重要途径。因此，润滑剂也经历了从液体润滑剂、固体润滑剂到固液润滑剂的转变，但是模具磨损仍然没有得到很好的解决。直到1941年，法国人Sejournet发明了玻璃润滑热挤压工艺（赛茹尔内法），钢的热挤压工艺才得以顺利实现。

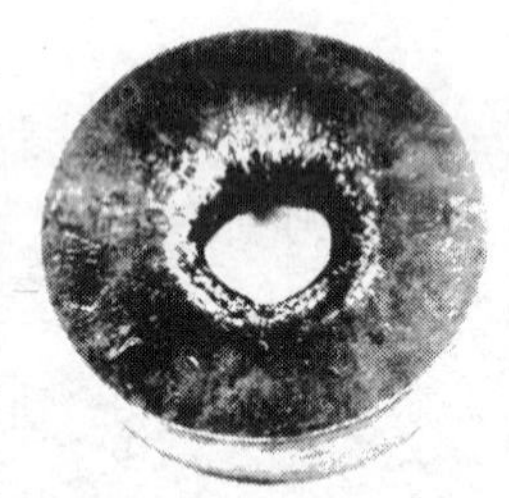
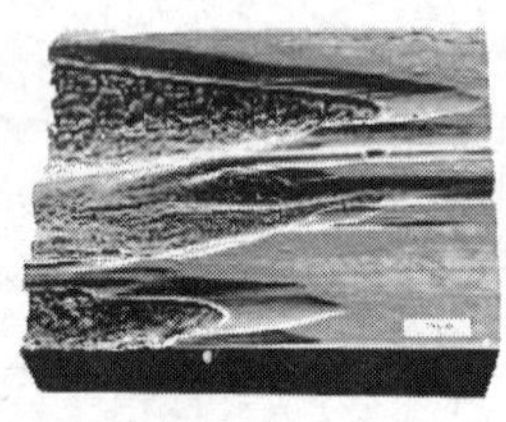

图7－1 磨损后的热挤压模具[1]

玻璃润滑热挤压工艺虽然解决了热挤压模具磨损过重的问题，但是长期以来，人们对针对特定的坯料，热挤压工艺与玻璃润滑行为之间的关系缺乏足够的认识。同时如何根据两者之间的关系对玻璃润滑剂的物理性质提出相应的要求，并根据此要求，正确设计玻璃的组成，配制出符合热挤压工艺要求的润滑剂，是一个十分重要和有现实意义的研究课题。

当玻璃润滑剂使用不当时，可能造成润滑不良，甚至润滑失效，这不仅影响到热挤压工艺的进行，还会对热挤压制品的表面质量产生不良的影响。图7－2就是不锈钢热挤压中，润滑剂使用情况对制品表面质量的影响，其中图7－2c和d就是由于润滑剂使用不当，造成制品表面出现麻坑[2]。

因此，如何选择、使用玻璃润滑剂，使其与热挤压工艺参数合理匹配是钢的热挤压工艺中的一个关键问题。它不仅影响到模具的使用寿命，还对挤压制品表面质量产生重要影响。

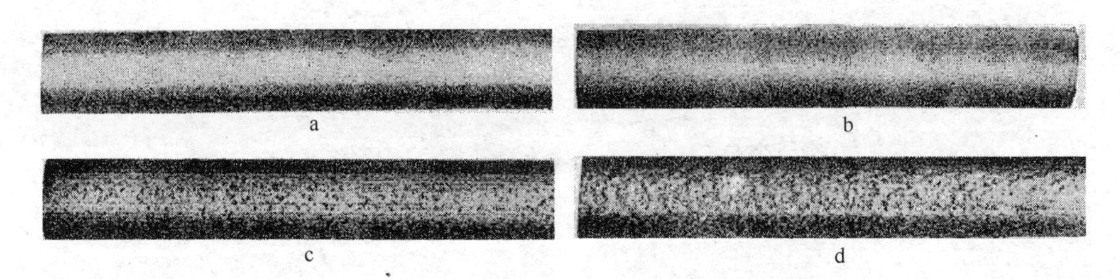

图7－2　润滑剂使用情况对挤压制品表面质量的影响

a，b—表面质量好；c，d—表面质量不好

7.1　热挤压模具磨损研究现状

高温塑性成型工艺，如热挤压和热锻造工艺中，模具除了承受高的应力外，高温坯料在成型过程中的传热温升作用，加上大量的材料流经模具表面，使得模具的工作环境变得相当复杂，因此导致模具失效的原因非常多。通常模具的失效原因可以分为热疲劳、机械性疲劳、塑性变形和磨损等。资料表明，模具因磨损而失效的情况超过70%[3]。

磨损通常是由摩擦作用而产生的，它是相互接触的物体在相对运动时，表层材料不断发生损耗的过程或发生变形的现象。热挤压成型中模具的磨损失效方式主要有粘着磨损、磨料磨损、疲劳磨损。

（1）粘着磨损：由于热挤压时，坯料温度很高，同时接触表面产生较大的应力，坯料和模具接触表面之间的颗粒微凸体很容易发生熔化和焊合，从而产生粘着现象。当金属发生塑性流动时，造成粘着点的破坏，并伴随着物质的转移从而产生磨屑，如图7－3所示。粘着磨损是干摩擦及润滑不良中最主要的磨损现象，产生粘着磨损时，接触表面间产生较大的摩擦阻力，模具磨损率也十分高。

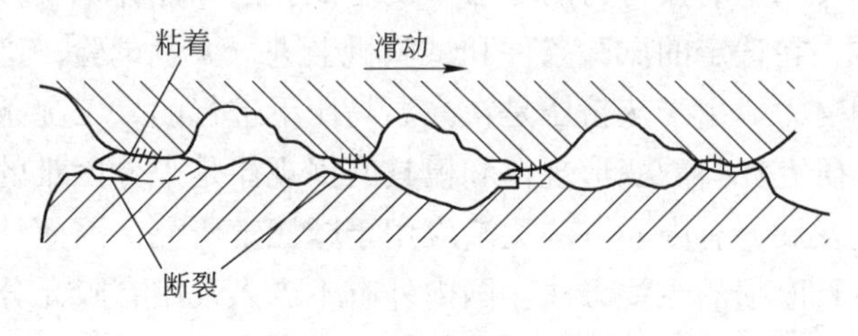

图7－3　粘着磨损示意图

（2）磨料磨损：热挤压过程中，由于坯料和模具之间产生一些硬的颗粒（如磨屑、氧化皮等），当金属发生流动时，这些磨料颗粒类似小刀具，对模具表面产生切削作用，形成磨屑。此外，由于材料表面发生反复塑性变形或疲劳作用而产生磨损，当晶界结合力较弱时，切削力甚至可以把晶粒整体拔出，产生较大的磨损，如图7－4所示。提高模具的硬度，或者润滑系统具有良好的过滤能

力，可以有效提高模具的抗磨料磨损的能力。

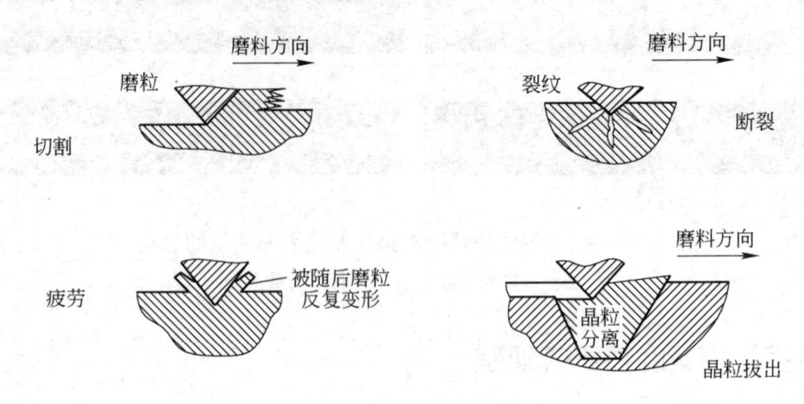

图7-4　磨料磨损示意图

（3）疲劳磨损是模具在热挤压过程中承受周期性的工作应力，虽然模具表面所受应力没有超过本身的屈服强度，但是由于应力的周期性变化而引起表面疲劳剥落的现象。疲劳磨损的主要形式是点蚀和剥落，即在模具表面留下深浅不同的麻点和较大面积的剥落坑。疲劳磨损一般分为两个阶段，即模具表面首先形成疲劳裂纹和随后的裂纹扩展，最后导致表面剥落。疲劳磨损主要是由材料塑性变形而产生的。

过度的模具磨损不仅对产品尺寸、表面质量和力学性能造成很坏的影响，而且浪费大量的物力和财力，降低企业的效益。因此，如何提高模具的耐磨性能并预测模具的使用寿命就变得十分重要。长期以来国内外的研究人员对热挤压和锻造成型中模具的摩擦磨损行为进行了大量的研究，为提高模具的使用寿命而积累了大量资料。

目前研究模具摩擦磨损行为的方法主要有试验法和计算机模拟法。试验法要求制作标准试样，在选定的试验条件和试验机上进行大量试验，这种研究方法耗费大量的时间和财力。由于热挤压是在高温高压下进行的，工况条件苛刻，采用常规的试验法来研究坯料的变形规律和模具磨损规律是十分困难的。随着计算机辅助技术的飞速发展，有限元方法逐渐应用于摩擦学研究，因而计算机模拟方法成为目前研究模具磨损的主要方法。国内外有不少人采用有限元分析并结合磨损计算模型来模拟热挤压的成型过程和磨损规律，为模具磨损预测和降低模具磨损提供了新的方法。

Felder 等人在 1980 年率先对热锻成型中的模具磨损行为进行了研究，其研究结果表明成型压力、相对滑动速度以及模具硬度会显著影响模具的磨损，模具磨损机理主要是粘着磨损。Tulsyan 等人采用 FEM 方法对汽车排气管的锻造、挤压成型进行了模拟，认为磨料磨损是模具磨损的主要机制，并采用磨料磨损模型研究了工艺参数对模具磨损的影响。其研究结果表明，成型速度主要影响坯料温度的变化，对接触面的温度、接触面压力的影响较小。模具磨损量主要受到成型速度、温度、界面压力的影响，但是三者之中哪个因素对磨损量的影响更为显著还不能确定。Painters 等人以汽车引擎阀门为研究对象，并分别采用 Si_3N_4 陶瓷模具和 H13 钢模具，用有限元方法对其挤压成型进行了模拟。然后采用磨料磨损和粘着磨损计算模型分别对陶瓷模具和钢模具的磨损进行了分析，并和实际磨损结果进行了对比。研究结果表明，在锥模入口附近由于横截面积陡降，界面压力和金属流动速度较快，是模具的主要磨损区域，如图 7－5 所示。Dag 等人研究结果表明，如果减少工件与模具的接触时间，减少压力和相对滑动长度都可以降低模具的磨损。

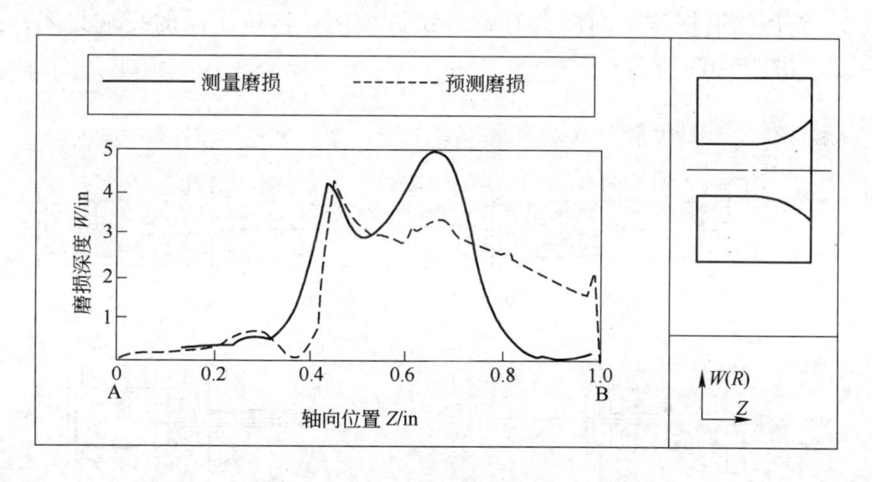

图 7－5 热挤压模具表面磨损分布图

由于摩擦磨损是一个复杂的系统，受多种因素（摩擦副的材质、接触面的状态、成型工艺参数等）影响，通常来说模具磨损并不是由单一的磨损机理形成的，而是由多种磨损机理共同作用而形成的。因此要提高模具的耐磨性能，需要采用多种途径，如优化工艺参数和模具型腔、使用润滑剂和高耐磨性模具材料。钢热挤压工艺中，用玻璃作为润滑剂是降低模具磨损的一个重要途径。

7.2 玻璃润滑热挤压工艺研究现状

7.2.1 玻璃润滑热挤压工艺介绍

玻璃润滑热挤压工艺是 1941 年法国金属拉拔与轧制公司的 Sejournet 和尤金电炉钢公司合作发明的，并于 1948 年在巴黎的泊尔桑建立了一个 1650t 的热挤压工厂。此后，他们对玻璃润滑热挤压工艺进行了改进并申报专利，不到 20 年的时间，该工艺在西方国家得到迅速传播，并主要用于不锈钢、镍基合金和难熔合金的棒材、管材和异型材的生产。镍基合金钢管通常在卧式挤压机上进行正挤压，其工装简化图可以用图 7－6 表示。

挤压开始前，将玻璃粉和一定的黏结剂混合烘干后做成垫片状，放在模具前面，进行润滑。同时，用玻璃粉末对坯料内外表面进行润滑。挤压筒为单筒滑动式，可以沿挤压轴向来回移动。挤压模座为组合式，侧向滑动（垂直于挤压轴向），每挤压一次后，模座侧向移出，清理模具后更换挤压模具和玻璃垫片。

玻璃润滑热挤压的循环动作可以概括为以下几个步骤：

（1）首先将挤压模具、模垫等组装好后放入模座中，对模具进行清理，玻璃垫片塞入挤压凹模中，模具安装过程中同时清理挤压筒。

（2）挤压筒沿挤压轴向向前移动，贴近模座，将挤压筒的一端封闭，只留下模孔，如图 7－6a 所示。

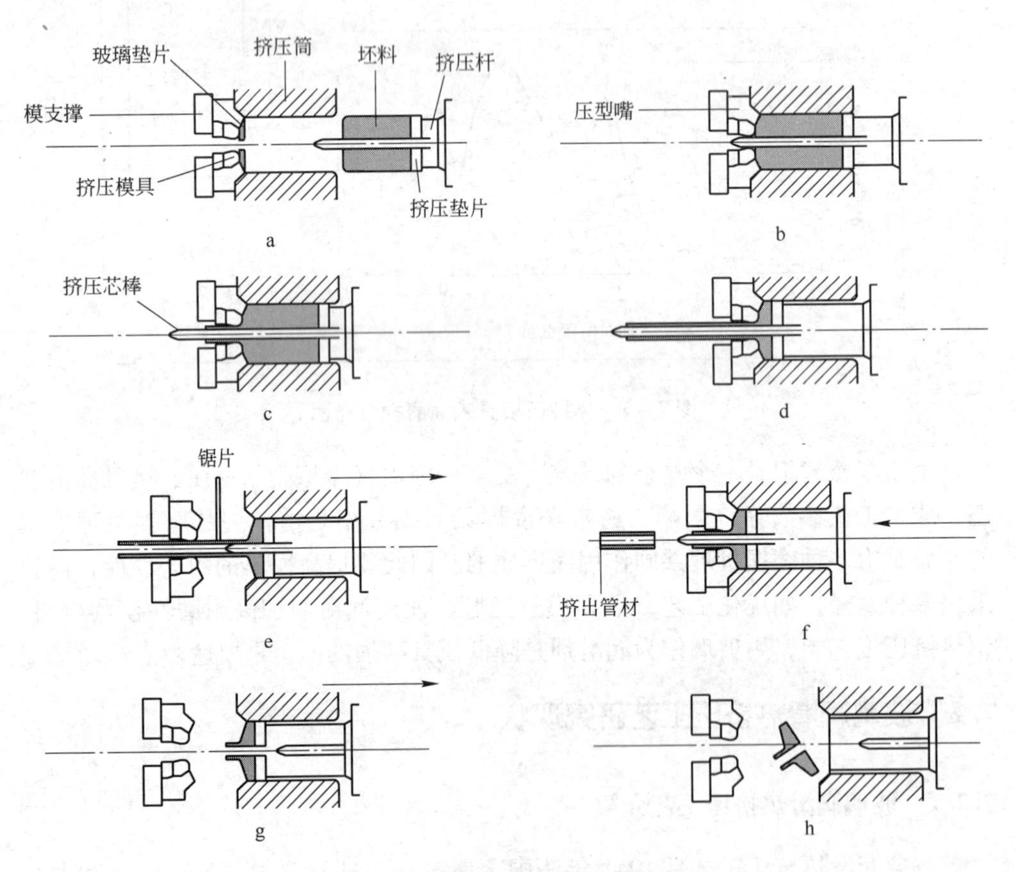

图 7－6　玻璃润滑热挤压动作图

a—挤压工模具就位；b—坯料装入挤压筒；c—预挤压；d—挤压终了；
e—压余锯切；f—挤出管材推出；g—挤压筒二次后撤；h—压余顶出

（3）将预热好的坯料运送到挤压筒前的一个带倾角的工作台上，对坯料内外表面进行玻璃粉润滑。

（4）机械手将润滑好的坯料运送到挤压筒附近的上料台，然后滚进挤压筒和柱塞之间的料槽里，将挤压垫片运送到料槽中并贴近坯料，挤压杆缓慢移动并靠近挤压垫后，伸出挤压芯棒，将坯料、挤压垫片、挤压芯棒联成一个整体，如图7－6a所示，挤压工模具全部到位。

（5）挤压杆在低压下向前移动，将坯料送入挤压筒中，如图7－6b所示，料槽自动下降，准备开始预挤压。

（6）挤压杆进一步向前移动，先进行预挤压，填充挤压筒，如图7－6c所示，玻璃垫片与热坯料接触后逐渐软化，并在坯料表面形成一层玻璃润滑膜。

（7）挤压杆在高压下继续向前移动，直到最后剩下一段很短的余料，完成一次热挤压，如图7－6d所示。

（8）压余锯切，热挤压结束时，挤压筒中残留一段压余，为了将其切断，挤压筒连同余料、挤出管材一次后撤，在挤压筒和模具之间腾出一个间隙，锯片落下对管材进行锯切，如图7－6e所示，此时压余和挤压垫仍然留在挤压筒中。

（9）为了将锯断后的管材顶出模孔，挤压筒向前移动，再次压向挤压模，从而推出管材，如图7－6f所示，挤出管材经过出料台并送走。

（10）挤压筒二次后撤，为压余的顶出腾出间隙，如图7－6g所示。最后，挤压杆向前移动，顶出压余和挤压垫，如图7－6h所示，挤压筒和挤压杆后退并复位，然后做接受下一个钢坯的准备，一次挤压结束。

如此反复，挤压操作循环进行。单筒热挤压法的最大缺点是非连续化生产，效率比较低。一根坯料挤压完后，必须清理完挤压筒后才能放入下一根坯料。通常来说，一次挤压动作往往在60s内完成，坯料真正在挤压筒中的挤压时间大约在2～5s，而大部分时间都消耗在辅助工序的操作上。因此，如果把这些辅助工序的操作移到挤压机外进行，或者使几个辅助工序同时进行，挤压动作时间就可以缩短，从而可以提高挤压小时生产量。

7.2.2　玻璃润滑剂的研究现状

玻璃润滑热挤压工艺自发明以来，就备受工业界人士的关注。人们首先对玻璃润滑剂的润滑机理、配方设计进行了相关的研究。如该工艺的发明者Sejournet首先就对其润滑机理进行了研究。

玻璃在常温下是一种无规则的非晶态固体。从固态转变为液态是在一定温度范围内进行的，因此没有确定的熔点，固液转变温度范围内就是玻璃的软化区，此时玻璃处于熔融态，呈黏稠状。玻璃作为高温润滑剂的实质就是利用了其软化区的黏度变化特性，即与热坯料接触时，冷态玻璃受热从固态逐渐变成黏稠态，从而能较好地黏附在热金属表面，在压力下和变形金属一起流动，在变形金属表面形成一层完整的流体润滑膜。这层玻璃膜既具有降低摩擦作用，又可在热挤压过程中避免金属氧化，同时还具有防止坯料温降和模具受热冲击的作用，从而促进热挤压的进行。为了保证玻璃在热挤压过程中，高压环境下能起到有效的润滑效果，特别要求玻璃润滑剂具有适当的软化点和黏度，同时还要求有良好的热扩散性、热稳定性等特点。而 Baque 等人则采用理论分析和试验相结合的方法对玻璃润滑热挤压工艺中的金属流动进行了相关研究。此后，世界各国许多研究人员对热挤压润滑剂用的玻璃品种进行了开发，从而形成了众多的玻璃润滑剂专利。

此外，在早期（20 世纪 60 ~ 70 年代）人们还对玻璃润滑剂在不锈钢、镍基合金、难熔合金钢管中的应用技术进行了相关研究，并且有人采用试验法研究了玻璃润滑热挤压工艺中坯料内部温度的变化情况。80 年代后，Damodaran 等人则研究了挤压速度对挤压制品表面质量、制品尺寸偏差的影响。而 Li 等人则对玻璃润滑剂的摩擦性能进行了相关研究。

但是，钢的玻璃润滑热挤压工艺中，具有变形温度高、应变量大和应变速率高等特点，采用实际的热挤压试验来研究热挤压工艺过程既需要时间又消耗财力，还会中断工业生产。随着计算机技术的发展，有限元模拟技术在材料成型中的应用逐渐得到发展。因此，采用热物理模拟试验和有限元结合的方法，来研究各因素对热挤压工艺的影响则逐渐被人所关注。可以说，这是钢热挤压工艺中的一个最新动向。目前已经有人开始了相关的研究工作，如 Hansson 等人研究了热挤压工艺参数和边界条件对挤压力的影响，同时建立了 316 不锈钢热挤压中的挤压力的大小与它们之间的关系，结果发现坯料预热温度对挤压力的影响最为显著。而吴任东等人以物理模拟试验结果为依据结合有限元分析，对 P91 钢管玻璃润滑热挤压工艺中的摩擦系数和换热系数进行了计算，认为玻璃垫和坯料之间的界面换热系数大约在 1000J/(m^2 · s · ℃)。

7.2.3 玻璃润滑剂的组成

通常来说，钢的种类不同，其热挤压温度（不锈钢为（1180 ± 30)℃，镍基合金为（1150 ±20)℃，钛合金为 850 ~900℃，钼基合金为 1300 ~1400℃）是大不相同的。此时，对玻璃润滑剂的要求也不尽相同。因此，必须根据热挤压工艺合理选择玻璃润滑剂的种类。

玻璃润滑剂根据其组成可以分为硅酸盐系、硼硅酸盐系、硅铝酸盐系和磷酸盐系等。润滑效果与其组成、使用方法有密切联系。表 7 -1 列出了一些玻璃润滑剂的牌号及其组成[4]。

表7-1 几种玻璃润滑剂的化学组成及使用温度

牌号	组成（质量分数）/%	使用温度/℃
9772	B_2O_3	约870
E	$54SiO_2$，$14.5Al_2O_3$，$10.0B_2O_3$，17.0CaO，4.5MgO	约1050
0010	$61SiO_2$，$7.6Na_2O$，$6K_2O$，0.3CaO，3.6MgO，20.5PbO，$1Al_2O_3$	1090~1430
7052	$70SiO_2$，$0.5K_2O$，1.4PbO，$1.1Al_2O_3$，$27B_2O_3$	1260~1730
1720	$57SiO_2$，$1.0Na_2O$，5.5CaO，12MgO，$4B_2O_3$，$20.5Al_2O_3$	约1050
A5	$55SiO_2$，$12.5Na_2O$，6.0CaO，4.0MgO，$8.0B_2O_3$，$14.5Al_2O_3$	1000~1250

SiO_2 和 B_2O_3 是构成玻璃润滑剂中的主要成分，叫做玻璃形成氧化物。通常加入一些碱金属氧化物（Na_2O、K_2O）、碱土金属氧化物（CaO、MgO、PbO）及中间氧化物（Al_2O_3、Ti_2O 等）来调整玻璃润滑剂的黏度、软化点、润湿性等。SiO_2 的含量主要提高玻璃的熔点、强度和热稳定性；B_2O_3 的含量可控制玻璃的黏度，并提高耐热性和热稳定性；Al_2O_3 能适当提高玻璃的黏度，而 Na_2O、K_2O 能适当降低玻璃的黏度。

玻璃润滑剂由于黏度的降低而逐渐软化，根据软化起始温度可以确定塑性变形能力的温度范围下限。通常在玻璃中加入 Na_2O、K_2O、B_2O_3 等时，软化起始温度下降；而增大 SiO_2、MgO、Al_2O_3 及其他难熔化合物的含量，软化起始温度将提高。因此为了得到能在高温下使用的玻璃润滑剂，需要较高含量的 SiO_2、CaO、Al_2O_3 及较低含量的 B_2O_3 等，同时加入少量的 Na_2O、K_2O 等。

因此，必须根据坯料种类及热挤压工艺参选择合适的玻璃润滑剂。玻璃垫的制作工艺为：将不同粒度的玻璃粉和一定量的黏结剂（如水玻璃、膨润土和水等）混合后，放入模具中机械压实，放入烘箱中烘干，温度大约为150℃。

7.3 G3合金热挤压模具磨损行为

金属热挤压成型工艺中模具除了承受高温、高应力外，加上大量的材料流经模具表面，使得模具的工作环境变得相当复杂，模具使用寿命较短。模具过早失效是影响早期钢热挤压工艺发展的一个重要原因。据资料统计，模具因磨损而失效的情况超过70%。因此，正确了解热挤压模具的磨损特性，是降低模具磨损、提高模具使用寿命的前提条件。

由于金属热塑性成型过程复杂，难以进行充分的数学模拟，采用实际过程的试验法来研究模具磨损规律也难以实施，因此研究人员主要采用物理模拟和数值模拟方法来研究模具磨损规律。

钢热挤压成型工艺是金属体积成型的一种，具有高温、高速等特点。采用实际试验的方法来研究热挤压模具的使用寿命不仅消耗大量财力，还会中断工业生产。因此，本节首先采用有限元（DEFORM－2D）模拟了模具欠润滑时 G3 合金管材热挤压成型工艺，并结合模具磨损理论对热挤压模具（H13 钢）磨损行为进行了分析，从而为 G3 合金玻璃润滑热挤压工艺的有限元模拟和模具磨损、润滑研究奠定了基础。

7.3.1　模具磨损计算模型

研究结果表明，在热挤压、热模锻中的磨损机制主要是粘着磨损。因此，目前有关热挤压模具磨损的计算模型主要采用粘着磨损模型，如图 7－7 所示。

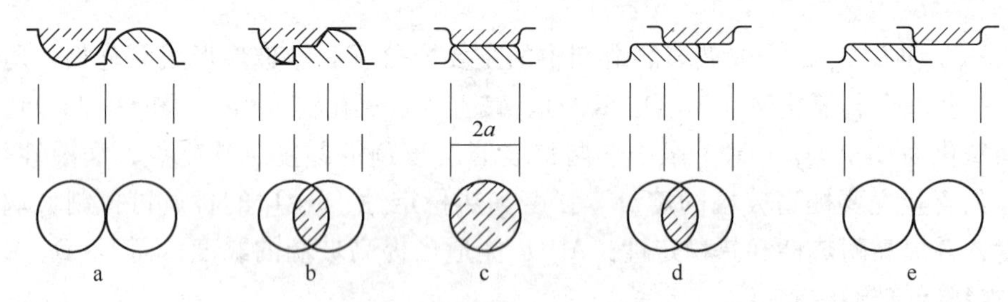

图 7－7　粘着磨损计算示意图

假设一半球形的微凸体在载荷 F 的作用下压在另一相同的微凸体上，由于载荷 F 的作用，上下半球形微凸体发生塑性流动，并假设接触面是直径为 $2a$ 的圆平面。当相对滑动至图 7－7c 时，真实接触面积达最大值 πa^2。若有 n 个同样的接触点，则总的真实接触面积 $n\pi a^2$。当为塑性接触时，塑性变形由真实的接触面积支撑，其载荷为：

$$F = \sum \Delta F = n\pi a^2 \sigma_s \qquad (7-1)$$

式中　F——法向载荷，N；

n——接触点个数；

a——微凸体半径，mm；

σ_s——塑性变形微凸体的平均流变应力（近似等于 $H/3$，H 为微凸体的压入硬度），Pa。

随着滑动过程的进行，两表面发生如图 7－7d、e 所示的位移。只要滑动 $2a$ 的距离，在载荷作用下，就会发生接触点的形成、破坏，磨屑就会在微凸体上形成并在较软材料上产生一定量的磨损。假定当微凸体被剪切时，形成半球形磨屑的体积为 $\Delta V = 2\pi a^2/3$。由于并不是所有的微凸体接触都形成磨屑，假设仅有比例系数为 k 的微凸体形成磨屑，则磨损率（单位距离上产生的总磨损体积）为：

$$W = nk\Delta V/\Delta L = (2nk\pi a^3/3)/2a = nk\pi a^2/3 \qquad (7-2)$$

式中　W——磨损率，m^3/m；

k——无量纲的磨损比例系数。

将 $F = n\sigma_s \pi a^2$ 代入上式，得：

$$W = k\frac{F}{H} \tag{7-3}$$

该式表达了磨损率与法向载荷、材料表面的硬度和磨损系数之间的关系，称为 Archard 磨损方程。

由于磨损方程的微分形式可以表示如下：

$$\mathrm{d}V = k\frac{\mathrm{d}F \cdot \mathrm{d}L}{H} \tag{7-4}$$

且

$$\mathrm{d}V = \mathrm{d}h \cdot \mathrm{d}A$$
$$\mathrm{d}F = \sigma_s \cdot \mathrm{d}A$$
$$\mathrm{d}L = u \cdot \mathrm{d}t \tag{7-5}$$

式中 $\mathrm{d}h$——磨损深度，mm；

$\mathrm{d}A$——接触面积，mm^2；

$\mathrm{d}L$——滑动距离，m；

u——滑动速度，m/s；

$\mathrm{d}t$——滑动时间，s。

将上式代入磨损方程得到：

$$\mathrm{d}h = k\frac{\sigma_s u}{H}\mathrm{d}t \tag{7-6}$$

两边同时积分可得：

$$h = k\frac{\sigma_s L}{H} \tag{7-7}$$

上式描述了模具磨损深度与磨损系数、表面应力、滑动距离和材料硬度之间的关系。早期热挤压成型工艺中模具磨损计算通常采用这个模型。该计算模型中假定模具材料磨损系数、硬度为常数，然而在金属热成型工艺中，当温度高于400℃时，材料特性和接触条件随温度变化而变化，用上述 Archard 磨损方程并不能准确地反映热挤压模具的磨损规律。因此，在计算模具的磨损深度时，必须考虑温度对模具磨损系数和硬度的影响。本节采用修正的 Archard 磨损计算模型[5]，如下式所示：

$$h(T) = k(T)\frac{LP}{H(T)} \tag{7-8}$$

式中 T——温度，K；

L——坯料相对模具的滑动距离，mm；

P——表面正压力，MPa。

$k(T)$、$h(T)$ 可通过高温磨损、高温硬度试验进行测定，且满足：

$$k(T) = (29.29\ln T - 168.73) \times 10^{-6}$$
$$H(T) = 9216.4T^{-0.505} \quad (7-9)$$

为了研究 G3 合金热挤压模具在不同时刻、不同位置的动态磨损行为，必须将热挤压过程进行空间和时间的离散化。因此，本节采用 DEFROM－2D 软件模拟 G3 合金的热挤压工艺过程。采用 G3 合金管材实际生产工艺参数作为有限元模拟条件，热挤压速度为 175mm/s，坯料预热温度为 1165℃，模具预热温度为 250℃，模具采用平模，入口圆角半径为 20mm。模具与坯料之间的摩擦系数为 0.1，模具和坯料之间的界面换热系数为 2.0N/(mm·℃·s)（模拟模具欠润滑的情况）。坯料为 G3 合金，工模具为 H13 钢。挤压筒内径 247mm，坯料外径和内径分别为 245mm 和 105mm，模具外径为 116mm，挤压芯棒外径为 95mm。图 7－8为 G3 合金管材欠润滑热挤压的有限元计算模型示意图。

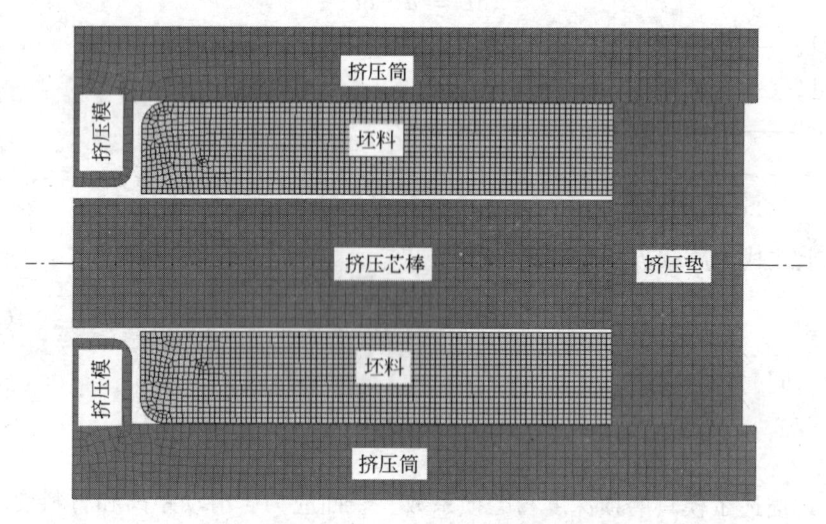

图 7－8　G3 合金管材欠润滑热挤压的有限元计算模型示意图

有限元分析时，模具表面温度、压力和坯料的速度均随时间、位置的变化而变化，因此任意时刻、任意节点的磨损深度可以用下式表示：

$$\Delta h_{ij} = k_{ij}(T)\frac{L_{ij}P_{ij}}{H_{ij}(T)} \quad (7-10)$$

式中　Δh_{ij}——模具第 i 个节点在第 j 时刻的磨损深度，mm；

P_{ij}——模具表面正应力，MPa；

T——温度，K；

L_{ij}——模具节点 i 处坯料相对模具的滑动距离，mm。

模具节点 i 处附近的坯料相对模具的滑动距离 L_{ij} 可以用下式表示：

$$L_{ij} = v_{ij}\Delta t \quad (7-11)$$

式中　v_{ij}——模具节点 i 处附近坯料相对模具的平均滑动速度，m/s；

Δt——有限元中相邻步骤的时间差，s。

从有限元分析中可得到 P_{ij}、v_{ij} 和 T。因此，模具第 i 个节点在一次热挤压成型中的磨损深度为：

$$h_i = \sum_{j=1}^{j=n} k_{ij}(T) \frac{L_{ij}P_{ij}}{H_{ij}(T)} \tag{7-12}$$

式中，n 为有限元模拟中总的模拟步数。

通过式（7-12），可以计算出模具在一次热挤压成型中任意节点的磨损深度。对模具表面所有节点的磨损深度进行分析，就可以得到 G3 合金热挤压整个模具表面的磨损分布状态。

模具的磨损深度计算流程如下：

（1）首先对 G3 合金的热挤压过程进行有限元模拟，得到某个时间段模具表面各个节点的速度场、温度场、压力场。

（2）通过硬度、磨损系数公式（7-9）计算该时间段对应的磨损系数和硬度。

（3）从各个模拟时间段节点的速度场计算相对滑动距离 L_{ij}。

（4）通过式（7-4）计算节点在每个模拟阶段的磨损深度。

（5）通过式（7-12）计算节点在一次热挤压成型模拟过程的磨损总深度。

7.3.2　模具磨损特点

图 7-9a 是采用有限元方法模拟 G3 合金管材热挤压时，结合磨损理论计算得到的热挤压模具表面的磨损分布图，热挤压工艺参数为：挤压速度为 175mm/s，坯料预热温度为 1165℃，模具预热温度为 250℃，模具圆角半径为 20mm，模具和坯料之间的摩擦系数为 0.1，界面换热系数为 2.0N/(mm · ℃ · s)。结合热挤压模具示意图 7-9b 可以看出，模具表面磨损深度分布不均匀。模具表面的磨损状态可以分为三个区域：A 区（模具入口区），模具磨损值比较高，沿着挤压方向（图 7-9 中的黑箭头）磨损深度迅速升高，并出现一个较高的磨损深度值（磨损次峰）；B 区（过渡区），模具磨损深度沿挤压方向先增后降，最大磨损深度（磨损主峰）出现在此区域；C 区（定径区），模具磨损值很低，几乎可以忽略不计。模具表面最大磨损深度值大约为 0.45mm。因此，可以认为，热挤压模具的磨损主要集中在模具入口区和过渡区。这不仅和 Painters 等人的研究结果十分相似，和早期 Sejournet 等人的研究结果也十分吻合。

摩擦磨损是一个复杂的系统工程，受多种因素（摩擦副的材质、接触面的状态、工况等）的影响。从式（7-8）、式（7-12）中发现，模具磨损的各种影响因素可以归结为模具表面温度、压力和坯料与模具之间的相对滑动速度，因此要分析模具表面磨损分布的特点，必须首先了解模具表面的温度、压力、金属流

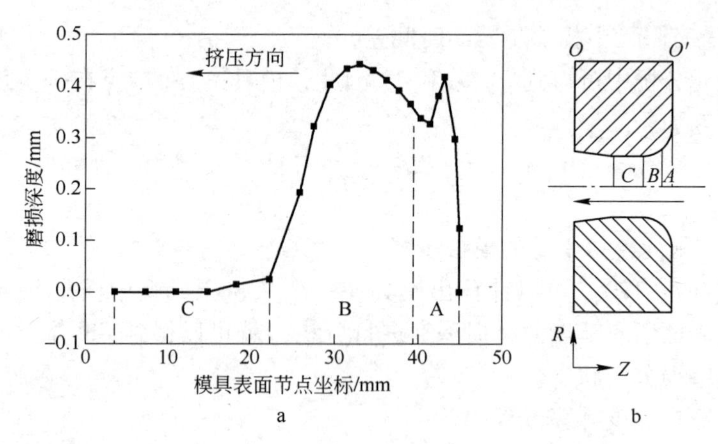

图 7-9 G3 合金热挤压模具磨损分布（a）及模具图（b）

动速度的分布特点。图 7-10 是 G3 合金热挤压时（模具与坯料之间的摩擦系数为 0.1），模具表面温度、压力、金属流动速度的分布状态图。

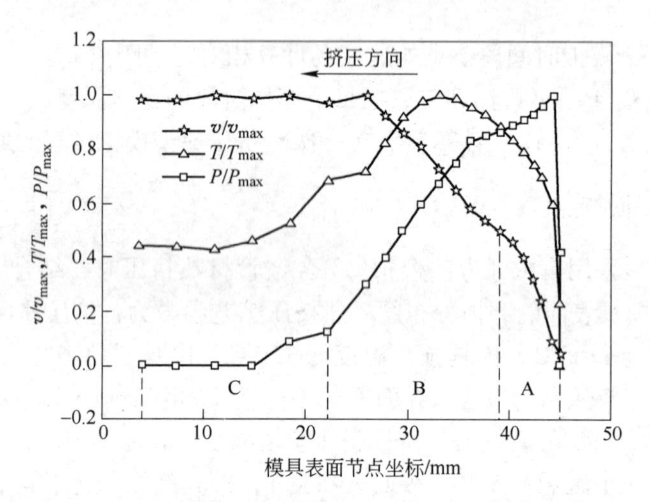

图 7-10 模具表面温度、速度、压力分布图

从图 7-10 中可以看出，G3 合金热挤压成型时，沿着挤压方向，由于模具横截面积逐渐降低，流动速度逐渐增加，在定径带（C 区）附近达到峰值。当热挤压速度为 175mm/s 时，定径带上的金属流动速度高达 1921mm/s。在 A 和 B 区域模具表面温度比较高，且模具表面温度沿挤压方向先逐渐升高，在过渡区（B 区）达到峰值后逐渐降低，在 C 区域模具表面的温度比较低。模具表面受到的正压力沿挤压方向也是先逐渐升高后下降，但是压力峰值出现在模具入口区（A 区），大约为 640MPa，在定径带区域模具受到的正压力几乎降为零，如图 7-10 所示。

因此，结合磨损计算公式（7-8）和图 7-10 可以认为，在模具定径区（C 区），虽然金属流动速度很高，模具温度也比较高，但是由于正压力几乎为零，因此磨损深度很小，大约为0~0.02mm，几乎可以忽略不计。在B区（模具过渡区），由于模具表面具有较高的温度和坯料流动速度，表面正压力适中，因此，磨损深度很高，且该区域最大磨损深度（磨损主峰）的位置和温度峰值的位置大致相对应。在A区，温度、压力都比较高，压力峰值出现在该区域，而坯料流动速度较低，因此，该区域也有较高的磨损深度值，且出现一个磨损次峰，该峰值与压力的峰值位置大致相对应。

从式（7-8）、式（7-12）中可以看出，模具温度升高时，不仅模具磨损系数增大，模具软化（硬度降低）也十分严重。因此模具温度的高低显著影响模具磨损程度。模具钢（H13钢）的组织主要是淬火马氏体组织+弥散碳化物+少量残余奥氏体。资料表明，当模具在540~650℃工作时，出现类似高温回火现象，模具硬度迅速下降，容易产生热磨损。因此通常要求其最高工作温度最好不要超过650℃。

但是，热挤压有限元计算结果发现，模具表面温度升高十分显著，局部温度有时高达1000℃。模具温度升高的热源主要是摩擦热、坯料与模具之间的热交换。摩擦热的多少则和界面摩擦系数的高低有关，而G3合金热挤压成型时接触界面间的摩擦既不同于普通物理学中的干摩擦，也不同于机械传动中的流体摩擦，而是介于两者之间的边界摩擦，界面之间的摩擦模型采用塑性剪切摩擦模型[6]，即：

$$\tau = mk$$
$$k = 0.577\sigma \qquad (7-13)$$

式中 m——摩擦因子；

σ——材料的剪切屈服强度。

该模型表示当摩擦剪切应力达到材料剪切屈服强度的一定比例时，坯料开始滑动。$m=0$表示纯滑动状态，$m=1$表示纯粘着状态。而坯料与模具之间的热交换则取决于变形功、接触时间和界面换热系数。

综上，模具磨损深度主要取决于模具表面温度。而模具表面温度的升高和坯料-模具界面状态（摩擦系数，界面换热系数）相关。当模具表面无润滑或者润滑效果差时，模具-坯料界面的摩擦系数和界面换热系数都比较高。因此，有必要研究坯料与模具之间的界面状态对模具磨损的影响规律。

7.3.3 模具-坯料界面状态对模具磨损的影响

7.3.3.1 摩擦系数

A 模具最大磨损深度

在进行模具磨损计算时，由于是采用有限元模拟G3合金热挤压过程中欠润滑时的模具磨损行为，所以模具和坯料直接接触，两者之间的摩擦系数假定为

0.1，实际上摩擦系数值可能比0.1还要高。因此，本节在前面模具磨损计算的基础上，进一步研究了摩擦系数变化时（其他热挤压参数为：坯料和模具预热温度为1165℃和250℃，模具入口圆角20mm，挤压速度为175mm/s，坯料和模具之间的界面换热系数为2.0N/(mm·℃·s)）对模具表面最大磨损深度的影响，如图7-11a所示。

有限元计算结果表明，随着摩擦系数的增加，模具表面磨损深度逐渐增加。当摩擦系数从0.05增加到0.25时，模具表面最大磨损深度大约从0.36mm上升到0.65mm。当摩擦系数增大时，由于摩擦热的增多，模具表面温度升高显著。如图7-11b所示。从图中可以看出，模具表面温度远高于H13钢的允许工作温度。模具不仅产生软化现象，硬度下降。同时，模具的磨损系数增大，两者共同促进了模具磨损值的增加。

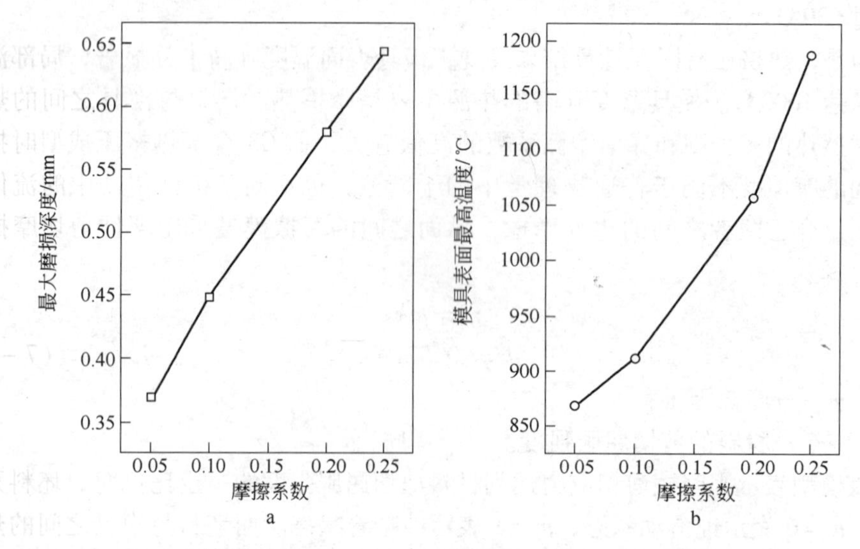

图7-11 摩擦系数对模具表面最大磨损深度（a）和最高温度（b）的影响

模具因为磨损或其他形式失效、终至不可修复而报废之前所加工的产品的件数，称为模具的使用寿命，简称模具寿命。模具寿命通常可以用其尺寸容许公差来表示，当模具的磨损深度超过其最大许可公差（如1mm）时，导致挤出产品尺寸超差，模具即算报废。结合图7-11a可以发现，当G3合金热挤压工艺中，模具欠润滑时，模具大约使用1~2次后，就会报废，模具的使用寿命十分短。

B 最大挤压力

管材热挤压工艺中，挤压力可以用下面的经验公式来表示：

$$F = \pi(R^2 - r^2)\rho\ln\delta\exp\left(\frac{2f}{R - r}l\right) \tag{7-14}$$

式中 R——坯料外径，mm；

r——坯料内径，mm；

ρ——变形阻力，N；

δ——挤压比；

f——摩擦系数；

l——坯料长度，mm。

从上式可以看出，当坯料尺寸、挤压比一定的情况下，挤压力的高低主要取决于摩擦系数和合金的变形阻力。在 G3 合金管材热挤压工艺中，如果模具欠润滑，造成摩擦系数增大，从式（7－14）中可以看出，挤压力就会显著增大。图 7－12 显示了挤压力和摩擦系数之间的关系，从图中可以看出，当摩擦系数为 0.05 时，最大挤压力大约为 38MN（3800t），随着摩擦系数增大到 0.25，最大挤压力大约为 46MN（4600t），完成热挤压所需的挤压力大大增大。可见，坯料和模具之间摩擦系数的增大不仅加速了模具的磨损，还提高了挤压机的吨位要求，阻碍了热挤压的进行，提高了热挤压工艺能耗及生产成本。

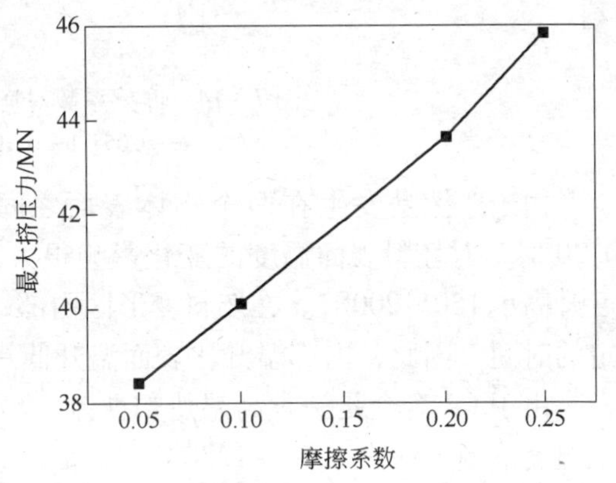

图 7－12 摩擦系数对最大挤压力的影响

C 坯料温升

G3 合金热挤压工艺中，摩擦发生在坯料和模具表面之间，因此，摩擦热的增加不仅导致模具表面温度的升高，如图 7－11b 所示，另一部分摩擦热逐渐被坯料所吸收，从而引起坯料表面和内部温度的升高，如图 7－13 和图 7－14 所示。

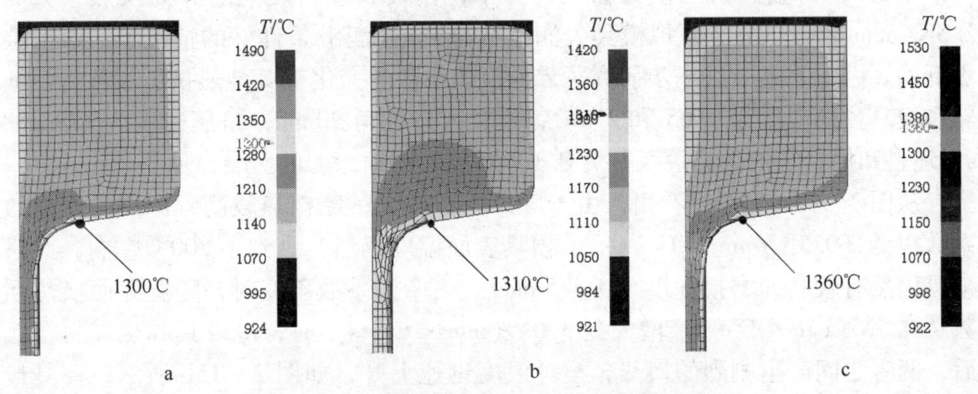

图 7－13 摩擦系数对坯料表面温升的影响

a—0.05；b—0.10；c—0.20

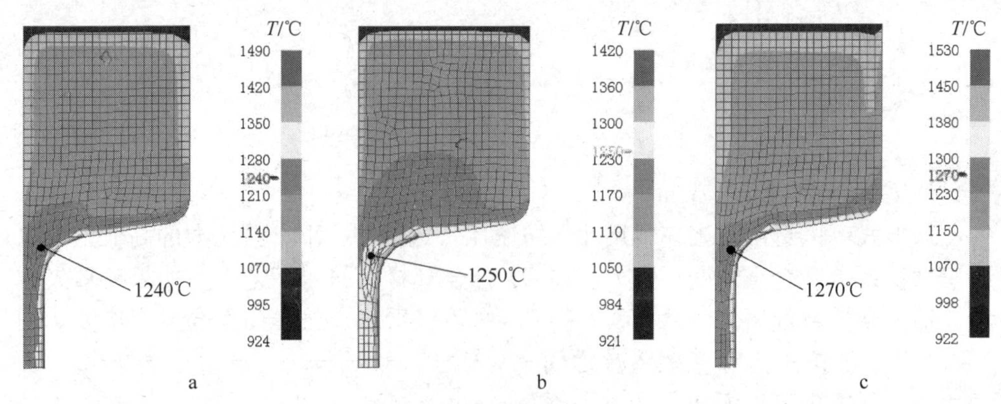

图 7－14 摩擦系数对坯料内部温升的影响

a—0.05；b—0.10；c—0.20

由于摩擦是发生在两个物体表面之间，因此，当摩擦系数从 0.05 升高到 0.20 时，对坯料表面温度的变化影响很大，且从 1310℃上升到 1360℃，表面温度升高了 150～200℃。在坯料变形区内部，由于摩擦热向坯料内部的传递需要一定的时间，因此，内部温升比表面温升低一些。但是也大约升高了 75～100℃。

由于 G3 合金是一种高温热塑性差、易变形温度范围窄的耐蚀合金，其易加工温度范围大约为 1050～1230℃[7]。因此，对比图 7－13 和图 7－14 可以发现，当摩擦系数升高时，坯料温度升高，且超过了 G3 合金的热加工温度区间。此时，合金的热塑性会大大下降。此外，温度的升高还会造成晶粒长大。当存在拉应力时，则可能在挤出管材表面产生裂纹。从而降低挤出管材的内部和外表质量。

7.3.3.2 界面换热系数

A 模具最大磨损深度

除了摩擦热，坯料和模具之间的界面换热是模具温升的另一个重要热源。

本节 G3 合金热挤压模具磨损计算中，模具和坯料之间的界面换热系数为 2.0N/(mm·℃·s)（模拟模具欠润滑状态）。当润滑条件好的情况下，该值会更低些。因此，本节进一步研究了界面换热系数的变化（其他热挤压参数为：坯料和模具预热温度为 1165 和 250℃，模具入口圆角 20mm，挤压速度为 175mm/s，坯料和模具之间的摩擦系数为 0.1）对模具磨损深度的影响，见图 7－15。

从图 7－15b 中可以看出，由于摩擦系数较大，摩擦热较高，即使界面换热系数很低（0.5N/(mm·℃·s)），模具表面温度仍然升高到了 800℃左右，此时模具仍然有较高的磨损深度（0.375mm）。当摩擦系数不变时，随着界面换热系数从 0.5N/(mm·℃·s) 增大到 3.0N/(mm·℃·s) 时，冷模具和热坯料接触后，两者之间产生剧烈的换热，模具温度迅速上升，如图 7－15b 所示，模具最大磨损深度从 0.375mm 增加到 0.576mm，如图 7－15a 所示。模具使用寿命大约为 1～2 次。

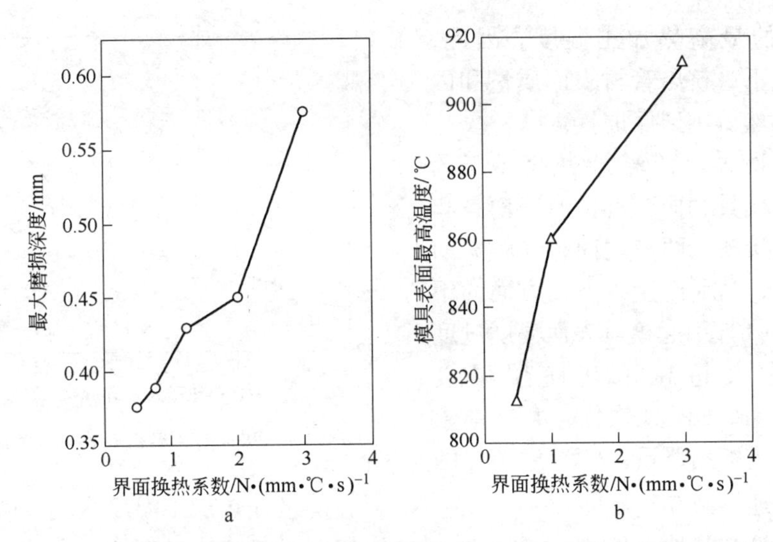

图7－15　界面换热系数对模具表面最大磨损深度（a）和最高温度（b）的影响

B　坯料温升和最大挤压力

同时，坯料和模具之间的界面换热系数增大时，促进了热量从高温部分向低温部分的转移。因此，模具温度升高的同时，坯料表面温度则下降，如图7－16所示。当界面换热系数从0.5N/(mm·℃·s)增大到3.0N/(mm·℃·s)时，坯料表面温度从1300℃降低到1240℃。坯料温度的下降导致合金的变形抗力逐渐增大，因此挤压力从38.6MN逐渐增加到43.2MN，如图7－17所示，不利于热挤压的完成。

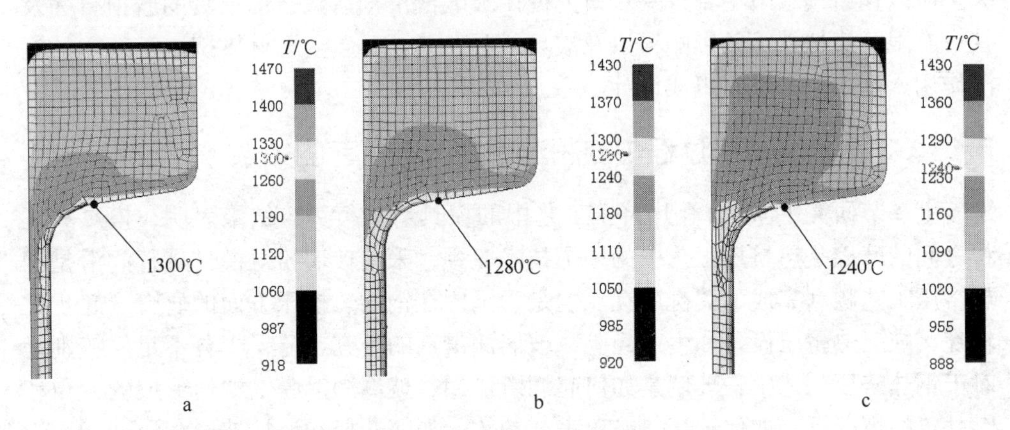

图7－16　界面换热系数对坯料表面温度的影响

a—0.05；b—1.0；c—3.0

但是，在变形区内坯料温度的变化随界面换热系数的增加变化比较小。此外，从图7－16中可以发现，变形区内的温度绝大部分仍然高于1230℃，即高于

G3合金的最高热加工温度。因此，在此情况下，挤出管材表面质量和内部质量仍然得不到保证。

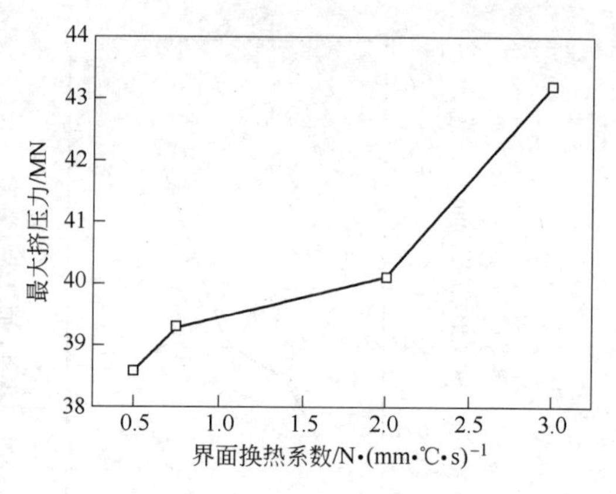

图7－17 界面换热系数对挤压力的影响

综上所述，G3合金热挤压工艺中，由于模具表面欠润滑时，模具和坯料直接接触，两者之间存在较大的摩擦阻力，从而产生以下几方面的不利作用：(1) 引起模具表面温度过度升高，大大超高了其使用温度(650℃)，造成模具软化、磨损系数增大，模具磨损严重；(2) 摩擦热的大量产生还导致坯料温度升高，超过G3合金的最佳热加工温度区间，降低了合金的热塑性和热加工性能；(3) 摩擦热的产生引起坯料温度的升高，导致晶粒发生长大。

因此，可以在模具和坯料之间放置一块玻璃垫作为模具的润滑剂，从而达到减摩、隔热效果。另外，玻璃润滑剂的使用不仅可以降低模具的温升，还可以防止坯料温度下降，使合金温度稳定在某一范围内。因此在G3合金热挤压工艺中，只要坯料预热温度合理，就可以确保坯料具有较高的高温热塑性，获得良好的热加工性能，同时确保挤出管材获得指定的内部组织。但是，使用玻璃垫后，对热挤压有限元模拟计算模型产生影响，同时影响到G3合金的流动、模具的磨损行为。所以在后续章节中将进一步研究使用玻璃润滑剂后热挤压模具的磨损行为及其对有限元模拟计算的影响，以及玻璃润滑剂在G3合金管材热挤压工艺中的润滑作用、选用原则及其组成设计。

7.4 G3合金热挤压过程中的润滑行为及与工艺的关系

上一节研究了G3合金热挤压工艺中的模具磨损行为，结果表明，模具和坯料之间的摩擦是热挤压工艺中的一个技术瓶颈，采用玻璃粉对模具进行润滑是钢热挤压工艺顺利完成的关键所在。但是，国内在钢的热挤压方面的研究，起步比较晚，缺乏热挤压设备和生产经验，玻璃润滑剂的研究也显得十分不足。特别是对于钢热挤压工艺中，玻璃是如何起润滑作用，玻璃润滑膜是如何形成的，当坯料一定的情况下，如何选择热挤压工艺参数，如何选择和设计玻璃润滑剂，人们都缺乏足够的认识。

因此，本节基于国内引进的6000t卧式热挤压机生产线，首先研究了G3合金管材玻璃润滑热挤压工艺中的玻璃润滑膜的成膜行为，并建立了G3合金管材热挤压工艺中玻璃润滑膜厚度（h）和完成一次热挤压所需玻璃垫厚度（H）的计算模型。以上述计算模型为基础，结合热挤压工艺有限元模拟（DEFROM - 2D），研究了 G3 合金热挤压工艺参数对玻璃润滑行为的影响；同时，结合 G3 合金实际的热挤压工艺参数，对润滑剂用玻璃粉的黏度性能提出了具体要求。最后，基于玻璃性能 - 组成加和法则，建立了热挤压润滑剂用玻璃黏度性质 - 组成的计算方法，并针对 G3 合金热挤压润滑剂用玻璃粉的黏度性质要求，设计了玻璃粉的化学组成，从而为 G3 合金管材热挤压工艺中的玻璃润滑剂的设计和使用奠定理论基础。

7.4.1　玻璃润滑膜厚度计算公式

G3 合金管材的玻璃润滑热挤压工艺中，玻璃垫的润滑机理与常规的润滑机理大不相同。热挤压开始时，玻璃垫和热坯料接触，接触表层受热软化形成一层润滑膜，在压力作用下随着坯料流出模孔。此时，玻璃垫亚表层受热也逐渐软化，当表层润滑膜流失的时候，软化后的玻璃垫亚表层继续提供所需的润滑膜。在一个热挤压周期内，当玻璃垫足够厚的时候，玻璃垫逐层软化，像一个润滑剂存贮池一样，持续润滑模具，从而确保热挤压顺利完成。所以，玻璃垫的润滑行为，主要取决于所用玻璃垫的熔体性质。

可见，玻璃润滑膜的形成和传热学、流体力学密切相关。因此，本节首先从传热学及流体力学出发，分析 G3 合金管材热挤压工艺中玻璃润滑膜的成膜机理及形成行为。为了研究方便，首先将 G3 合金管材玻璃润滑热挤压工艺中各个工模具和坯料的关系进行简化处理，如图 7 - 18 所示。

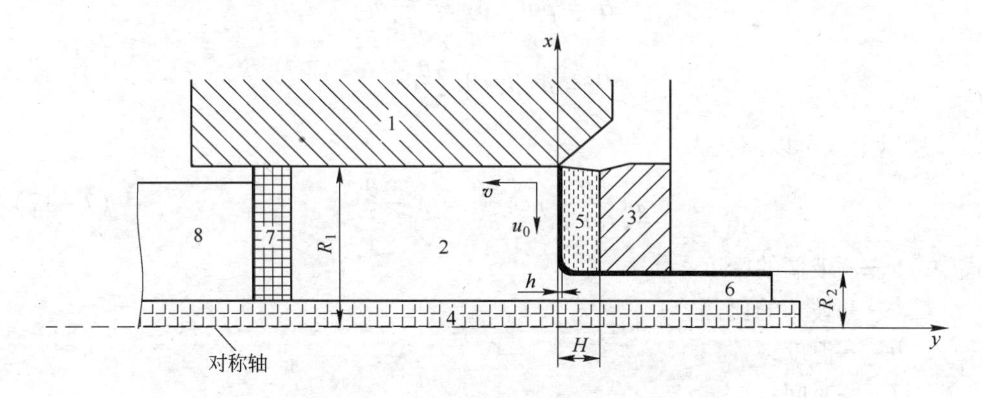

图 7 - 18　玻璃润滑膜计算简化示意图

1—挤压筒；2—坯料；3—挤压模；4—挤压芯棒；5—玻璃垫；6—挤出管材；7—挤压垫；8—挤压杆；h—玻璃润滑膜厚度；H—玻璃垫厚度；R_1—挤压筒内半径；R_2—挤压模内半径；u_0—金属沿 x 方向流动速度；v—金属沿 y 方向流动速度

在本计算模型中，挤压筒内半径为 R_1，挤压芯棒外半径为 R_2，因此可以将玻璃垫片视为空心圆柱体，内半径为 R_1，外半径为 R_2，厚度为 H，玻璃垫与坯

料的接触长度为 $L = R_1 - R_2$。接触面上的玻璃受热软化后，在金属坯料刮擦作用下逐渐流失，为了保持两者之间的密切接触，同时假设玻璃垫以速度 v 贴近坯料（$v<0$，表示玻璃垫逐渐流失）。

7.4.1.1 热平衡分析

玻璃润滑膜的形成是由于在热挤压过程中，热的坯料和冷的玻璃垫接触后，发生了热传导，玻璃受热逐渐软化，黏度逐渐降低，从而在两者接触面上形成具有润滑作用的玻璃膜。这一过程可视为玻璃润滑膜的形成过程。因此，玻璃垫的热量分析是玻璃润滑膜形成的出发点。

在玻璃垫厚度方向（y 轴）取一小段厚度为 $\mathrm{d}y$，长为 $\mathrm{d}l$ 的玻璃微元作为分析对象。假设在玻璃垫片和坯料接触表面上坯料的温度处处相等（等温假设），坯料在接触表面的流动速度也处处相等，并假设为 u_0，根据热平衡方程可知：

$$Q_y - Q_y + \Delta y = \Delta H + \dot{Q} \tag{7-15}$$

式中 ΔH——焓变；

$\dot{Q}$——流失玻璃带走的热源项。

由于：

$$Q_y = q_y \mathrm{d}l \cdot \mathrm{d}t = -\lambda \frac{\partial \theta}{\partial y} \mathrm{d}l \cdot \mathrm{d}t$$

$$Q_y + \Delta y = Q_y + \frac{\partial Q_y}{\partial y} \mathrm{d}y$$

$$\Delta H = \rho \mathrm{d}l \cdot \mathrm{d}y \cdot c \frac{\partial \theta}{\partial t} \mathrm{d}t$$

$$\dot{Q} = \rho v \mathrm{d}l \cdot \mathrm{d}t \frac{\partial \theta}{\partial y} \mathrm{d}y \tag{7-16}$$

所以上式可以简化为：

$$\rho c \frac{\partial \theta}{\partial t} + \rho c v \frac{\partial \theta}{\partial y} = \lambda \frac{\partial^2 \theta}{\partial y^2} \tag{7-17}$$

式中 ρ——玻璃的密度；

c——玻璃的比热容；

θ——温度；

t——时间；

λ——玻璃的热导率。

假设玻璃润滑膜在流动过程中并不破坏界面处的热平衡态，即采用稳态假设，则有 $\frac{\partial \theta}{\partial t} = 0$，上式可以简化为：

$$\rho c v \frac{\partial \theta}{\partial y} = \lambda \frac{\partial^2 \theta}{\partial y^2} \tag{7-18}$$

边界条件为：$y=0$，$\theta=\theta_s$；$y=H$，$\theta=\theta_i$，对上式求解后得到：

$$\theta = \frac{\theta_s - \theta_i}{1 - \exp\left(\frac{\rho cv}{\lambda}H\right)}\left[\exp\left(\frac{\rho cv}{\lambda}y\right) - 1\right] + \theta_s \tag{7-19}$$

式中 θ_s——玻璃垫的工作温度；

θ_i——玻璃垫的初始温度。

由于 $\exp\left(\frac{\rho cv}{\lambda}h\right) \to 0$，上式还可以简化为：

$$\theta = (\theta_s - \theta_i)\exp\left(\frac{\rho cv}{\lambda}y\right) + \theta_i \tag{7-20}$$

上式表示在某一时刻，玻璃垫内部的温度沿厚度方向的变化情况，将其直观化，如图 7－19 所示。从图中可以发现，离玻璃－坯料界面越远，玻璃垫的温度越低。

此外，在玻璃－坯料接触界面上的温度变化速率 β 为：

$$\beta = -\frac{d\theta}{dy} = -\frac{\rho cv}{\lambda}\cdot\frac{\theta_s - \theta_i}{1 - \exp\left(\frac{\rho cv}{\lambda}H\right)} \quad (y = 0, \beta > 0) \tag{7-21}$$

因此，玻璃垫的面积流失速率（流量）Q_t 可表示为：

$$Q_t = -vL = \frac{\lambda}{\rho c}\cdot\frac{L\beta}{\theta_s - \theta_i}\left[1 - \exp\left(\frac{\rho cv}{\lambda}H\right)\right] \tag{7-22}$$

负号表示玻璃垫厚度逐渐降低，质量不断减少。玻璃的流量和界面温度变化速率（β）之间的关系如图 7－20 所示。从图中可以看出，β 值越大，玻璃流量越大。

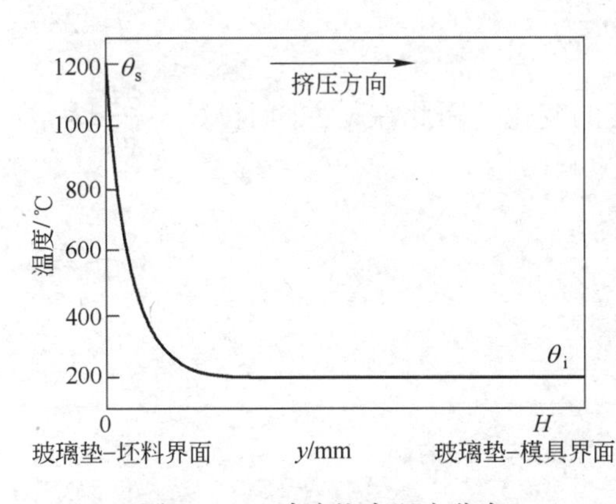

图 7－19 玻璃垫中温度分布

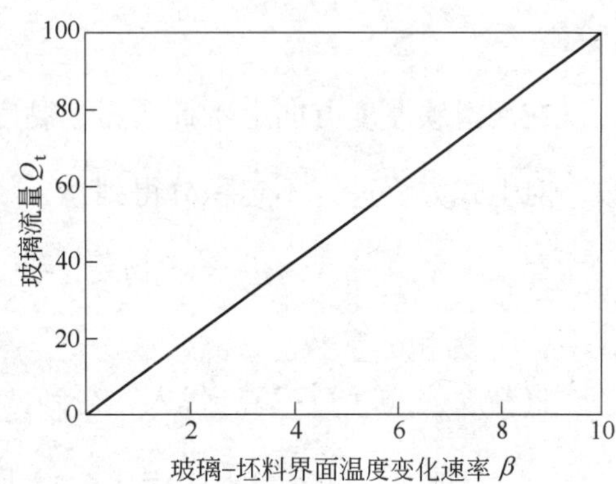

图 7－20 温度变化速率与玻璃流量关系图

玻璃润滑膜在坯料和玻璃垫之间形成后，在压力下随坯料流出模孔，并分布在挤出管材表面。因此，这一过程则可以视为玻璃润滑膜的流失过程，因此，玻璃润滑剂的流体力学分析是玻璃润滑膜分析的另一个关键所在。

7.4.1.2 流体力学分析

玻璃受热熔融后变成可以流动的黏流体，假设该黏流体为 Newton 流体，沿玻璃膜厚度方向上，不计压力、黏度的变化。由于玻璃的热扩散系数十分小，温度从玻璃－坯料界面向玻璃－模具界面陡降，如图 7－19 所示。在十分薄的玻璃润滑膜厚度内，温度变化可以等效为线性关系，即：

$$\theta = \theta_s - \beta y \tag{7-23}$$

同时，玻璃的黏度 η 随着温度的下降而迅速升高，两者关系满足下式：

$$\eta = \eta_0 \exp(-\alpha\theta) \tag{7-24}$$

式中 η——玻璃的黏度，Pa · s；

η_0——界面处玻璃的黏度，Pa · s；

α——玻璃的黏度随温度的变化速率（定义为黏温系数），℃$^{-1}$。

将温度公式（7－23）代入上式得：

$$\eta = \eta_0 \exp[-\alpha(\theta_s - \beta y)] = \eta_1 \exp(\alpha\beta y) \tag{7-25}$$

当 $y=0$ 时：

$$\eta_1 = \eta_0 \exp(-\alpha\theta_s) \tag{7-26}$$

由于玻璃润滑膜在流动过程中满足 Reynolds 方程：

$$\frac{\partial P}{\partial x} = \frac{\partial \tau}{\partial y} \tag{7-27}$$

式中 τ——沿 X 方向的剪切力；

P——沿 Y 方向上的压力。

此外，对于 Newton 流体，还满足方程：

$$\tau = \eta \frac{\partial u}{\partial y} \tag{7-28}$$

在润滑膜厚度方向上不计压力、黏度的变化，因此在 x 方向上，$C = \frac{\partial P}{\partial x}$ 为常数，对上式方程进行不定积分得到：

$$\eta \frac{\partial u}{\partial y} = y \frac{\partial P}{\partial x} + C_1 \tag{7-29}$$

式中，C_1 为积分常数。

将黏度公式（7－25）代入，得到：

$$\eta_1 \frac{\partial u}{\partial y} = \left(y \frac{\partial P}{\partial x} + C_1\right)\exp(-\alpha\beta y) \tag{7-30}$$

两边进行不定积分，并利用边界条件：$y=0$，$u=u_0$；$y=H$，$u=0$ 得到：

$$u = u_0 \frac{\exp(-\alpha\beta y) - \exp(-\alpha\beta H)}{1 - \exp(-\alpha\beta H)} \tag{7-31}$$

定义在 y 方向玻璃流动时的面积流量 Q_f 为：

$$Q_{f} = \int_{0}^{H} u\mathrm{d}y = \frac{u_0}{\alpha\beta} - \frac{u_0\exp(-\alpha\beta H)}{1-\exp(-\alpha\beta H)}H \tag{7-32}$$

7.4.1.3 玻璃润滑膜厚度的联立求解

要想使玻璃润滑膜在热挤压过程中发生稳态流动，从传热学和流体力学分析中得到的面积流量应相等，如图7－21所示。此时，玻璃垫才能像润滑剂贮存池一样，源源不断地向模具提供玻璃润滑膜，润滑整个热挤压过程。

因此有：

$$Q_{e} = \frac{u_0}{\alpha\beta} - \frac{u_0\exp(-\alpha\beta H)}{1-\exp(-\alpha\beta H)}H = \frac{\lambda}{\rho c}\cdot\frac{L\beta}{\theta_s-\theta_i}\left[1-\exp\left(\frac{\rho cv}{\lambda}H\right)\right] \tag{7-33}$$

由于 $\exp\left(\frac{\rho cv}{\lambda}H\right)\rightarrow 0, \exp(-\alpha\beta H)\rightarrow 0$，得：

$$\beta = \sqrt{\frac{\rho c}{\lambda}\cdot\frac{(\theta_s-\theta_i)u_0}{\alpha L}} \tag{7-34}$$

因此，玻璃的面积流量 Q 为：

$$Q = \sqrt{\frac{\lambda}{\rho c}\cdot\frac{Lu_0}{(\theta_s-\theta_i)\alpha}} \tag{7-35}$$

将面积流量转化为玻璃润滑膜的流失厚度 h，得：

$$h = \frac{Q}{u_0} = \sqrt{\lambda_g\frac{L}{u_0(\theta_s-\theta_i)\alpha}} \tag{7-36}$$

式中 h——热挤压工艺中的稳态玻璃润滑膜厚度，m；

λ_g——玻璃垫的热扩散系数，m^2/s；

θ_s——玻璃垫的工作温度，℃；

θ_i——玻璃垫的初始温度，℃；

L——玻璃与坯料的接触长度，m；

α——玻璃的黏温系数，$℃^{-1}$；

u_0——坯料－玻璃界面的流动速度，m/s。

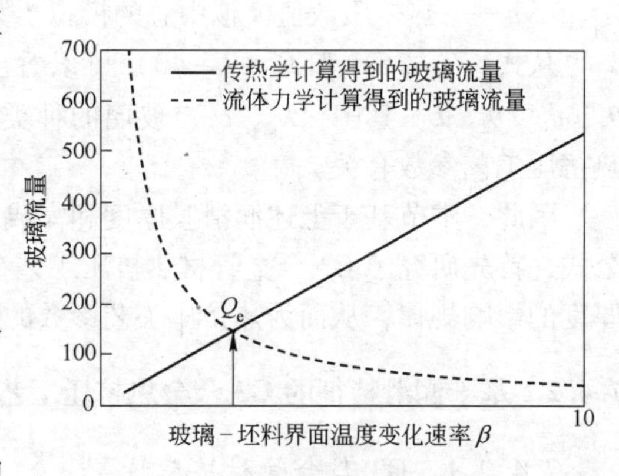

图7－21 玻璃垫的流量示意图

式（7－36）是热挤压工艺中，玻璃发生稳态流动时，在模具和坯料表面形成的玻璃润滑膜厚度的计算公式。

7.4.1.4 完成一次热挤压所需玻璃垫厚度的计算

此外，为了得到完成一次热挤压过程中，所需玻璃垫的厚度（H），还必须了解玻璃润滑膜厚度随挤压时间变化的关系。因此，采用DEFORM－2D有限元软件对 G3 镍基合金管材热挤压过程进行数值模拟，对挤压过程中的时间和空间进行离散。其计算方法为：首先得到坯料刚流出模孔，即初始时刻（$t=0$）时玻璃－坯料界面的流动速度、温度值，从而可以计算初始时刻、界面处玻璃润滑膜的厚度 h_0 及未熔化层厚度 h_p。假设在 t 时刻时，玻璃润滑膜的厚度为 h_t，未熔化层厚度为 h_p^t。当经过 dt 的时间增量后，玻璃润滑膜继续熔融软化并向前推进，假设玻璃的熔融推进速度为 v_i，并可根据质量守恒而得到：

$$v_i = \frac{h_t u_0}{L} \tag{7-37}$$

因此得到下一时刻玻璃垫未熔层的厚度为：

$$h_p^{t+\Delta t} = h_p^t - v_i \mathrm{d}t \tag{7-38}$$

利用玻璃润滑膜厚度公式（7－36）可以计算 dt 时间内的玻璃润滑膜的流失厚度为：

$$h_{i+1} = \sqrt{\lambda_g \frac{L}{u_{0,i+1}(\theta_{s,i+1} - \theta_{i,i+1})\alpha_{i+1}}} \tag{7-39}$$

对所有时间间隔内的玻璃润滑膜厚度进行累加，就可以得到完成一次热挤压时，所需的玻璃垫厚度（H），如图 7－18 所示，且：

$$H = \sum_{i=1}^{n} h_i \tag{7-40}$$

式中 H——完成一次热挤压时，所需玻璃垫厚度；

n——热挤压数值模拟中总的模拟步数。

从式（7－36）和式（7－40）可以看出，影响 h、H 的主要因素有 λ_g、α、θ_s、u_0、θ_i、L。其中，λ_g、α 与玻璃的种类（组成）有关，而 θ_s、u_0、θ_i、L 与热挤压工艺参数有关。

因此，本节基于上述润滑膜厚度和完成一次热挤压所需玻璃垫厚度理论计算公式，首先研究了 G3 合金管材热挤压工艺参数对完成一次热挤压所需的玻璃垫厚度的影响规律，从而为热挤压工艺参数的制定提供参考。

7.4.2 基于润滑特征的 G3 合金热挤压工艺参数的制定

7.4.2.1 G3 合金管材挤压特点

G3 合金是一种含 Mo、Cu 的 Ni－Cr－Fe 系镍基耐蚀合金。同时，它也是一种高温热塑性差、易变形温度范围窄的耐蚀合金，其热加工温度范围大约在 1050～1230℃之间。此外，G3 合金由于几乎没有 Al、Ti 等第二强化相元素，是一种冷变形强化型合金，为了得到较高的力学性能，必须进行冷加工强化。在随后的加工工艺中，还需进行热处理，以获得单一的奥氏体相，确保获得优良的耐蚀性能。因此，在 G3 合金管材生产工艺中，当冷、热加工工艺，热处理工艺制定不合理时，对管材的加工性能及使用性能产生不良的影响。

图 7-22 为三根 G3 合金热挤压荒管，其中 1 号荒管坯在管材的圆周方向上，靠近管坯内径处产生了宏观裂纹。而 2 号和 3 号荒管坯宏观质量良好。为了分析 1 号荒管坯开裂原因，从管坯上截下一段，制备金相试样，并对管坯轴向（纵截面）和径向（横截面）的内部晶粒组织进行观察。同时，在另外两根外观完好的管坯上也截取一段试样，观察了两个方向上的内部晶粒组织。

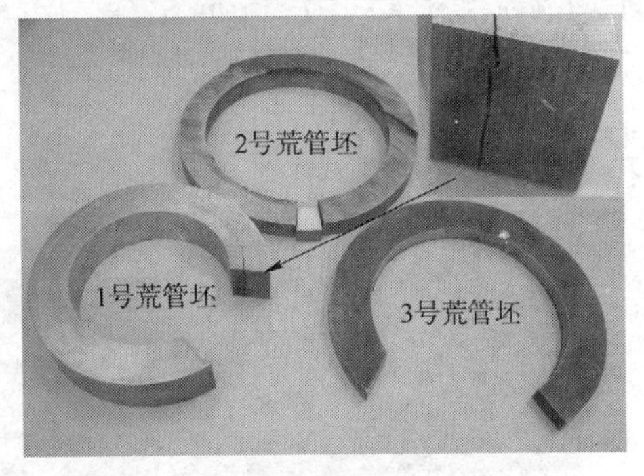

图 7-22　三根 G3 合金热挤压荒管

图 7-23 是 1 号开裂荒管内部组织金相图，从图中可以看出在管坯径向方向上，晶粒尺寸有所不同，内径处和外径处晶粒尺寸相差不大，大约为 55 ~ 70μm，而在 1/2*R* 处晶粒尺寸稍微大些。在轴向方向上，管坯外径处的晶粒尺寸偏小。在三个不同的观察位置处，晶粒为扁平状，且呈现流线状，方向和挤压方向一致。

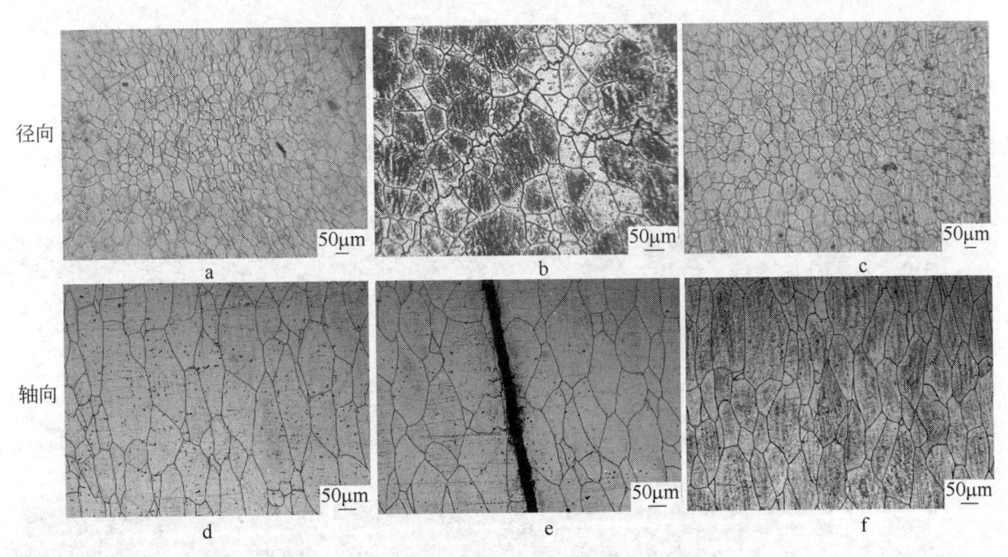

图 7-23　1 号开裂荒管坯不同位置的组织

a，d—内径处；b，e—1/2*R* 处；c，f—外径处

图 7-24 是 2 号荒管坯径向和轴向上不同位置的晶粒组织分布图。从图中可以看出，在管坯径向上，内径、外径、1/2*R* 处晶粒尺寸分布均匀，大小几乎相等，平均晶粒尺寸大约在 53μm。在轴向上，三个观察位置的晶粒几乎都为等轴晶，这与 1 号开裂荒管坯显著不同。因 2 号荒管经过了固溶热处理，所以在径向和轴向方向的晶粒分布均匀，且都为等轴晶。图 7-25 是 3 号荒管坯在径向和轴

向上不同位置处的晶粒组织分布图。从图中可以看出，晶粒在径向上分布均匀，平均晶粒尺寸大约为30μm左右，1/2R处晶粒尺寸稍大些。在轴向上，晶粒明显呈带状，流线方向明显和挤压方向平行。这和1号荒管坯轴向上的晶粒分布类似，但是平均晶粒尺寸比1号荒管小。此外，在管坯外径处晶粒尺寸稍微小于内径处的晶粒尺寸。

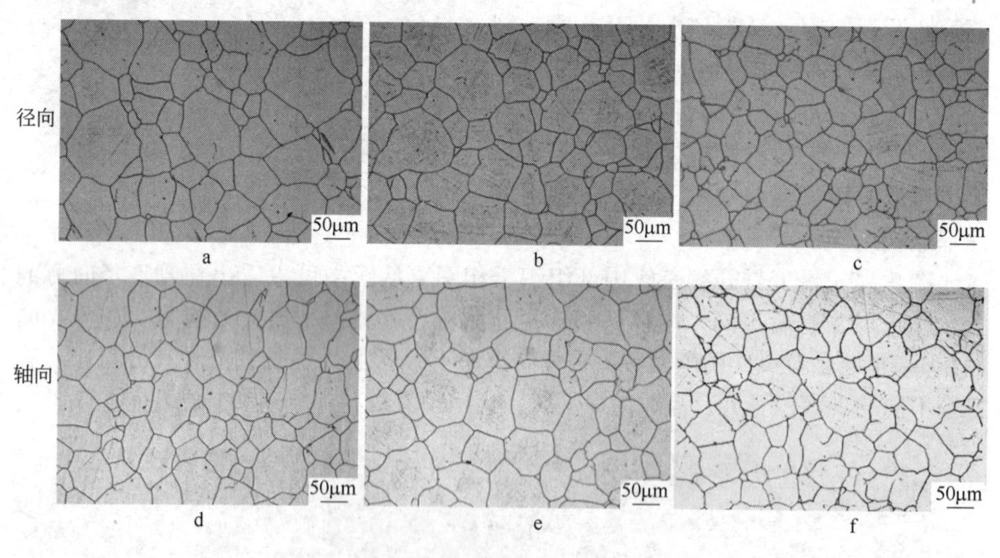

图7－24　2号荒管坯不同位置的组织

a，d—内径处；b，e—1/2R处；c，f—外径处

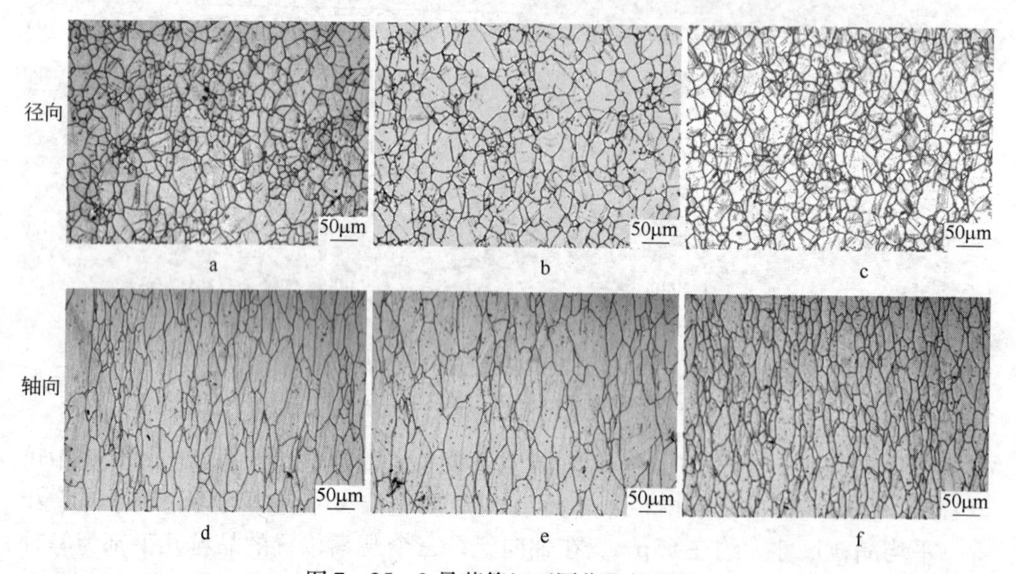

图7－25　3号荒管坯不同位置的组织

a，d—内径处；b，e—1/2R处；c，f—外径处

三根荒管中，1 号荒管径向方向上平均晶粒尺寸最大，大约为 60μm。2 号荒管径向上的平均晶粒尺寸大约在 53μm。两者明显大于 3 号荒管径向上的晶粒尺寸（30μm 左右）。1 号、3 号荒管坯没有经过热处理，因此，在轴向的晶粒呈现带状，流线与挤压方向平行。

G3 合金是一种高温热塑性差、易变形温度范围窄的合金，其热加工温度范围大约为 1050～1230℃。因此，当 G3 合金管材热挤压工艺中，坯料温度升高过大时，造成合金的热塑性降低，这可能是挤压荒管产生开裂的一个原因。

苏玉华[7]采用热拉伸试验研究了 G3 合金高温热塑性随温度变化的特性，如图 7－26 所示。从图中可以看出，当拉伸速率为 200mm/s 时，断面收缩率随温度先增加后逐渐下降，温度升高到 1230℃左右时，断面收缩率降为 60% 左右，温度继续升高到 1240℃时，试样发生断裂。温度为 1150℃左右时，合金的热塑性达到峰值。实际热加工工艺中，通常要求合金断面收缩率为 50% 以上。据此，可以认为，G3 合金的热加工温度范围大约为 1050～1230℃。

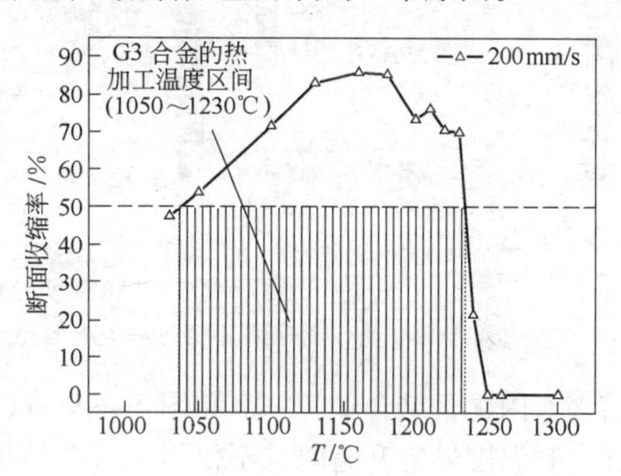

图 7－26 G3 合金断面收缩率随温度变化关系[7]

图 7－27 是采用有限元模拟 G3 合金热挤压工艺中，当模具润滑不良、坯料预热温度和挤压速度过高时，坯料中的温度分布图。图 7－27a 中的热挤压工艺参数为：热挤压速度为 175mm/s，坯料和模具预热温度分别为 1165℃和 250℃时，模具和坯料之间的摩擦系数为 0.1，模具入口圆角半径为 20mm。图 7－27b 中的热挤压工艺参数为：热挤压速度为 175mm/s，坯料和模具预热温度分别为 1215℃和 250℃时，模具和坯料之间的摩擦系数为 0.015，模具入口圆角半径为 20mm。图 7－27c 中的热挤压工艺参数为：热挤压速度为 275mm/s，坯料和模具预热温度分别为 1165℃和 250℃时，模具和坯料之间的摩擦系数为 0.015，模具入口圆角半径为 20mm。热挤压有限元计算模型如图 7－28 所示。

从图中可以看出，当三个工艺参数（摩擦系数、坯料预热温度和挤压速度）异常时，坯料的温度均高于 1230℃。特别是在挤压模具入口（热挤压变形区）附近，温度分别大约为 1250℃、1290℃和 1260℃。因此，结合图 7－26 可以看出，此时热挤压变形区内的 G3 合金热塑性大大降低，合金的热加工性能变差。

此外，苏玉华[7]还研究了固溶温度对晶粒尺寸的影响，如图 7－29 所示。从图中可以看出，温度低于 1100℃时，合金的晶粒尺寸随温度变化很小。当温度继续从 1100℃升高到 1220℃时，晶粒尺寸从 80μm 左右增加到 180μm，增加了一

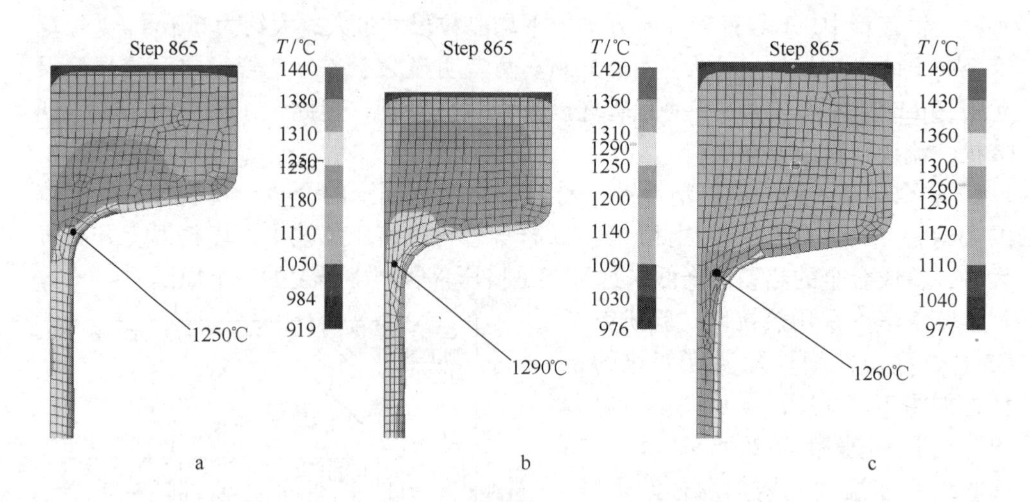

图 7－27 坯料温度异常升高的三种原因

a—润滑不良；b—坯料预热过高；c—挤压速度过高

倍多。因此，结合图 7－27 和图 7－29 可以认为，当三个热挤压工艺参数异常引起坯料温度异常升高时，不仅引起合金的热塑性的降低，还会造成挤出管材内部晶粒长大。这可能是 1 号荒管坯的晶粒尺寸高于 3 号荒管坯晶粒尺寸的原因。

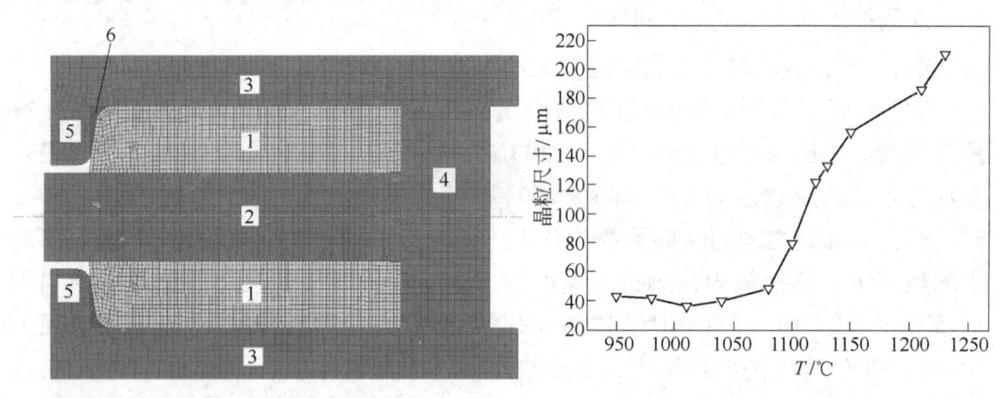

图 7－28 G3 合金玻璃润滑热挤压有限元计算模型

1—坯料；2—挤压杆；3—挤压筒；4—挤压垫；5—挤压模具；6—玻璃垫

图 7－29 G3 合金晶粒尺寸与固溶温度关系

G3 合金热挤压工艺中，当坯料的热塑性降低时，这就为裂纹的产生创造了条件。由于热挤压变形区域内的坯料处于三向压应力状态，即使出现了热塑性下降，也不一定就会产生裂纹。但是存在拉应力时，情况就会发生变化。本节接着研究了上述三个工艺参数（润滑条件、坯料预热温度和挤压速度）异常时，挤出管材内部三个不同位置（内径、1/2R 处、外径）的应力分布状态，如图 7－30～图 7－32 所示。

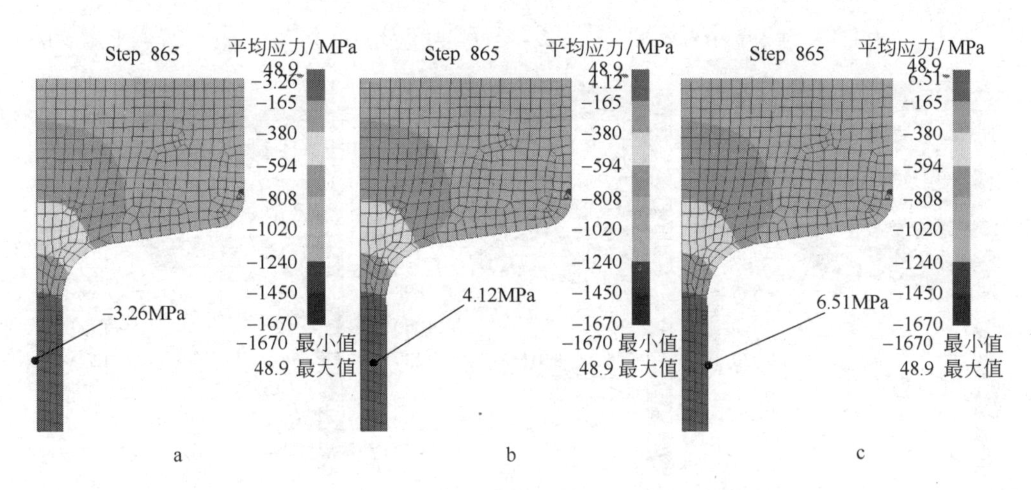

图7-30 润滑不良时挤出管材不同位置应力分布

a—内径；b—1/2*R*；c—外径

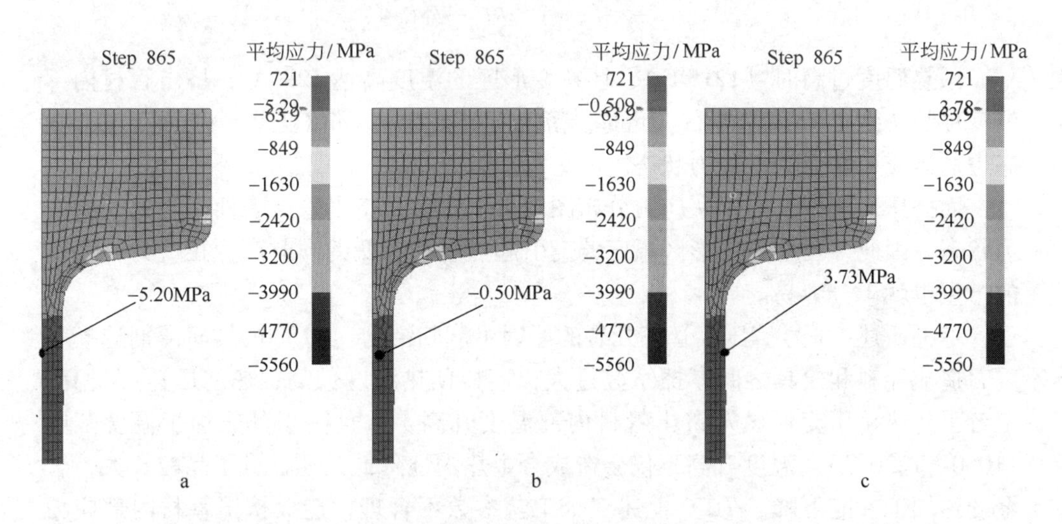

图7-31 坯料预热过高时挤出管材不同位置应力分布

a—内径；b—1/2*R*；c—外径

从图7-30中可以看出，当模具和坯料之间润滑不良时，变形区内仍然为压应力状态，但是，挤出管材在定径带附近，应力状态明显发生转变。在挤出管材内径附近，即管材内表面仍为压应力状态。但是在挤出管材1/2*R*处，即靠近内表面附近，应力状态发生突变，即由压应力转变为拉应力状态，在挤出管材外表面附近则出现拉应力状态。因此，润滑不良造成挤出管材内部温度升高，引起热塑性降低的同时，伴随着拉应力的出现。此时，挤出管材从1/2*R*处至外表面就很容易产生裂纹。

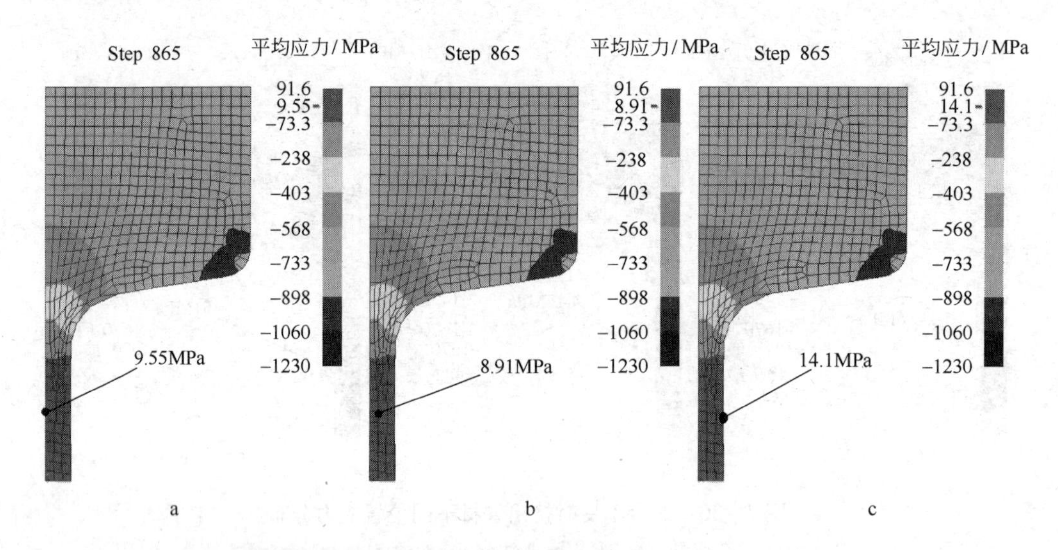

图 7－32　挤压速度偏高时挤出管材不同位置应力分布

a—内径；b—1/2*R*；c—外径

预热温度过高时（1215℃），坯料变形区的温度高达 1290℃，挤出管材内部温度更是达到了 1310℃左右。此时，挤出管材大约从 1/2*R* 处到外表面，应力状态也从压应力转变为拉应力状态。

而挤压速度偏高时，从应力分布图中可以看出，挤出管材表面一直处于拉应力状态。因此，当坯料变形区温度偏高引起热塑性降低的同时产生拉应力，裂纹的产生也就十分容易。

综上所述，1 号挤压荒管坯开裂的原因可能归结为：（1）模具润滑剂选择不妥，造成坯料和模具之间摩擦系数过大；坯料预热温度偏高；热挤压速度过高，三者引起热挤压变形区及挤出管材内部温度升高，并且高于其热加工温度范围（1050～1230℃）。温度升高不仅会造成合金热塑性降低，还促进了晶粒长大，合金的热加工性能下降。（2）上述三个工艺参数不合理，造成挤出管材内部应力状态从压应力突变为拉应力，或者直接产生了拉应力。

可见，G3 合金管材热挤压工艺中，必须对模具进行合理润滑，降低坯料和模具之间的摩擦热，从而可以防止坯料内部温升过高。同时，必须在充分认识 G3 合金组织特点、热变形行为及组织演变过程的基础上，对 G3 合金的热挤压工艺参数进行正确选择，确保合金在热挤压变形中即使发生温度升高现象，坯料仍有较高的热塑性，从而可以得到符合技术要求的管材。

G3 合金是一种合金化元素复杂导致相组成也复杂的镍基耐蚀合金。Thermo－Calc 热力学软件相计算结果（如图 7－33 和表 7－2 所示）表明，G3 合金以奥氏体为主，同时含有少量的 M_6C、$M_{23}C_6$ 和 σ 相等。合金初熔温度大约为

1380℃，终熔温度大约为1415℃。当温度降低时，会析出第二相，其中M_6C的析出温度范围大约为739～1037℃，$M_{23}C_6$在温度低于755℃左右时会析出，σ相在温度低于895℃左右时会析出。

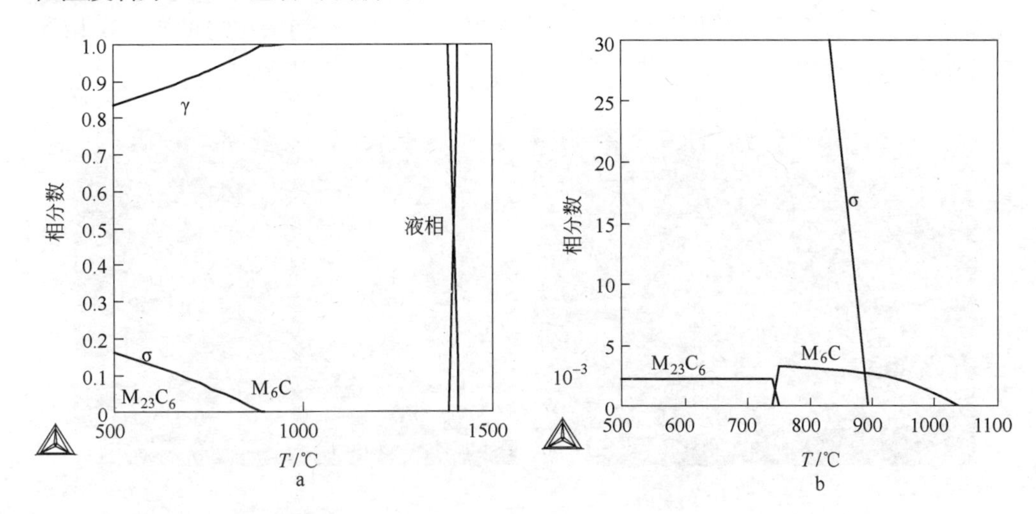

图7－33 G3合金平衡态下的相组成

a—相组成；b—a图的局部放大图

表7－2 G3合金平衡相含量及相平衡成分（750℃） （%）

相	摩尔分数	元素的质量分数						
		Ni	Cr	Mo	Fe	Co	W	C
γ	0.9292	51.41	21.22	4.46	20.56	1.49	0.86	—
σ	0.0676	19.58	32.01	32.44	13.64	1.38	0.94	—
M_6C	0.0030	17.39	13.09	50.97	7.56	0.25	8.21	2.53
$M_{23}C_6$	0.0002	5.81	66.62	19.70	2.23	0.25	0.27	5.11

镍基高温合金中，通常认为第二相微小颗粒（如碳化物、δ相等）的存在，有利于钉扎晶界，阻碍晶界迁移。因此，当合金中含有一定量的第二相时，温度的变化对晶粒尺寸的变化影响较小。但是，随着温度的增加，第二相逐渐发生溶解，此时，钉扎晶界作用降低，合金的晶粒尺寸逐渐增大，当第二相完全溶解时，则晶粒尺寸甚至成倍增长，如图7－29所示。因此，第二相的存在，是镍基高温合金晶粒度控制的一个关键手段。

G3合金虽然是一种耐蚀合金，内部也存在一定量的碳化物及σ相。但是，第二相的存在对晶粒尺寸的控制以及合金的热塑性仍然有显著影响。苏玉华[7]研究了G3合金在980～1150℃时的敏化（敏化时间为300s）及晶粒尺寸变化行为，如图7－34所示。从图中可以看出，在低温区域（980～1050℃）晶内及晶界有大量析出物，随着温度升高，析出相逐渐减少，到1150℃以上基本以固溶态存在。对各个温度下的析出相进行能谱分析，发现析出相中合金元素C含量明显降低，Mo、W稍有提高，Cr含量无明显变化。可见随着温度升高，$M_{23}C_6$ 及 M_6C 溶解度增大，且C元素不断溶于奥氏体基体中。因此，认为碳化物可能向σ相发生了转化。

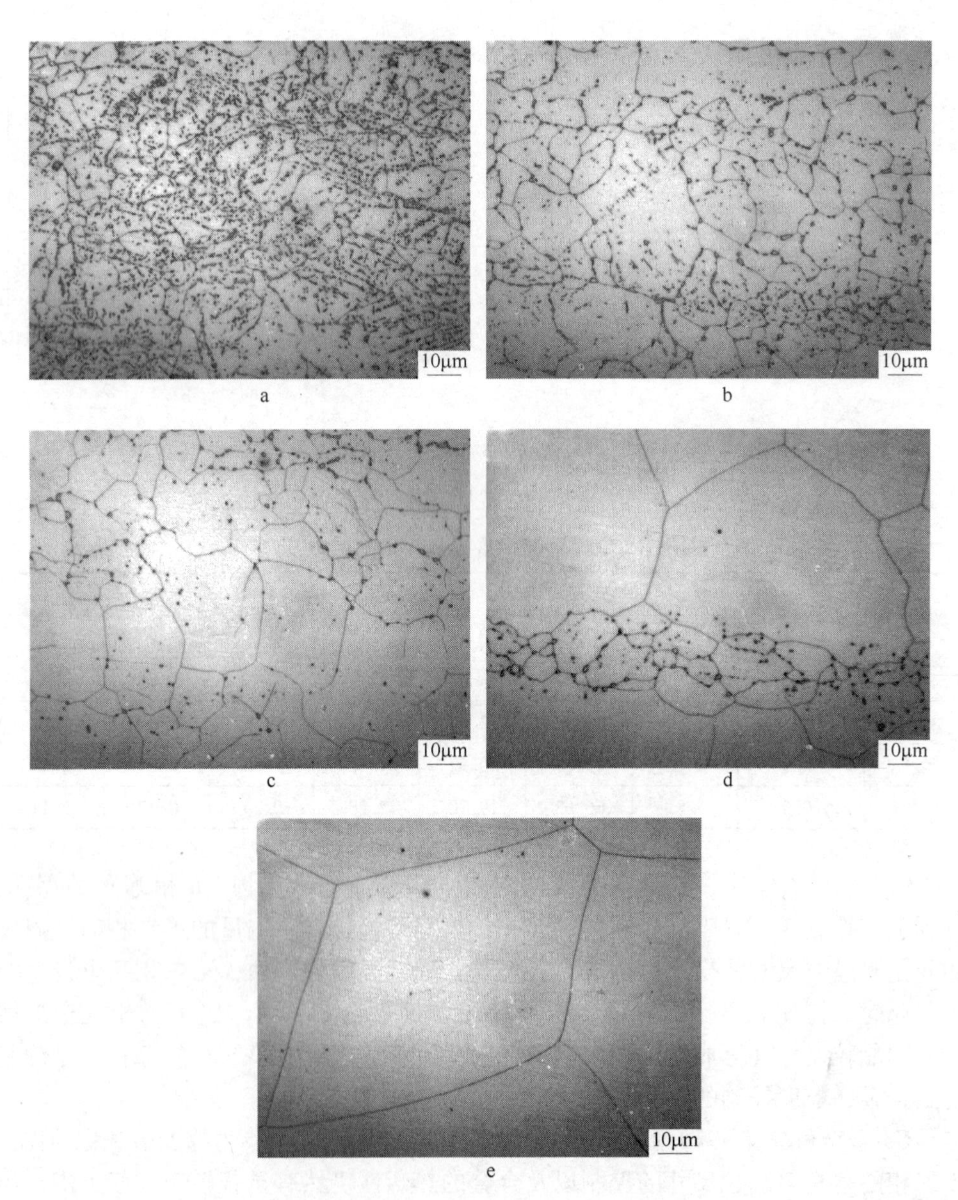

图7-34 G3合金在不同温度下敏化（300s）后的内部组织图[7]

a—980℃；b—1050℃；c—1080℃；d—1130℃；e—1150℃

结合图 7－29 和图 7－34 可以发现，当温度不大于 1100℃时，由于 G3 合金内部存在一定量的碳化物及 σ 相，尽管晶粒尺寸小，且随温度变化比较小，但是合金的热塑性仍然比较低（图 7－26）。随着温度的升高，合金晶界和晶内第二相逐渐溶解，晶粒尺寸增大，合金热塑性也逐渐提高。温度在 1150℃左右时，合金热塑性达到峰值（图 7－26）。但是随着温度的进一步升高，第二相完全溶解后，晶界迁移变得更为容易，晶粒迅速长大，合金的热塑性反而逐渐降低（图 7－26）。因此 G3 合金在温度不小于 1240℃时，晶粒尺寸高达 180μm 左右，此时，合金甚至发生了脆性断裂。因此，本文中 1 号荒管热挤压成型工艺中，当坯料和模具之间的摩擦系数、坯料预热温度或挤压速度偏高时，不仅造成坯料温度升高，超出热加工温度区间的上限值，还造成晶粒迅速长大，从而产生裂纹。所以 1 号荒管的平均晶粒尺寸大约是 3 号荒管平均晶粒尺寸的 2 倍。

此外，本节进一步研究了 G3 合金在 750℃下保温不同时间（2h、24h、48h、1000h）的相演变行为，并采用 SEM 对其内部组织（图 7－35）进行了观察。从图中可以看出经过 2h 的时效，在晶界上析出了块状第二相，在晶内有少量、细小的析出相产生。时效时间超过 24h 后，在奥氏体晶内产生了大量的针状和颗粒状析出相，晶界上仍有块状析出相，但是块状明显变小。

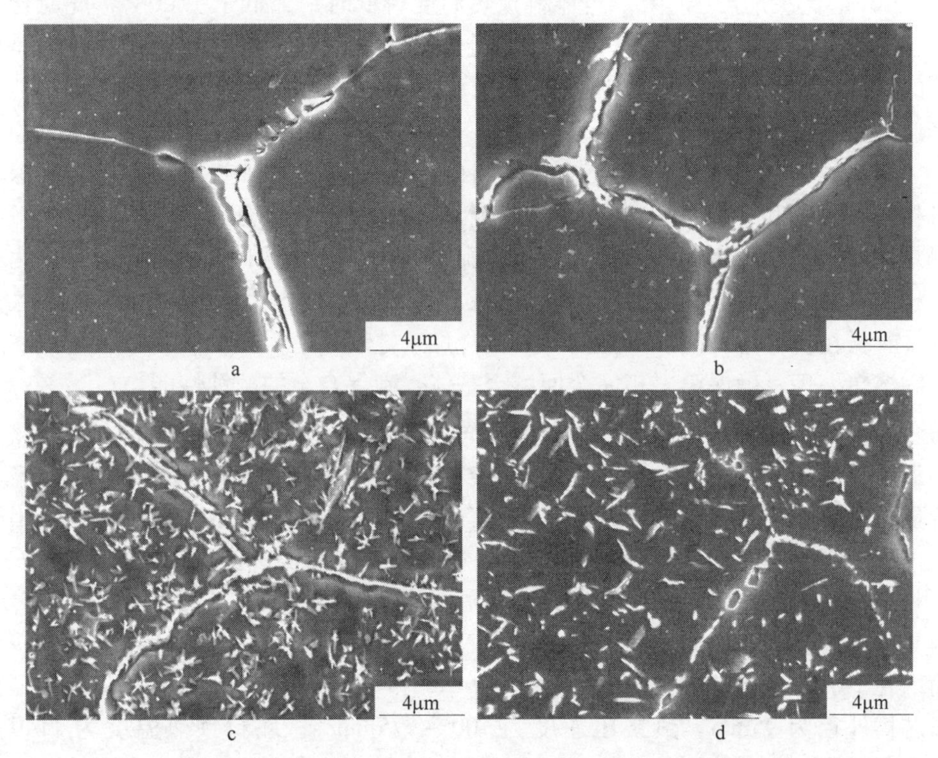

图 7－35　750℃下保温不同时间对 G3 合金内部组织的影响

a—2h；b—24h；c—48h；d—1000h

C 具有稳定奥氏体和扩大奥氏体区域的作用，且和 Cr 具有较高的亲和力，从而形成复杂的碳化物。当 Cr 含量高于 10% 时，两者容易形成 M_7C 和 $M_{23}C_6$ 型碳化物。碳含量越高，越容易生成 $M_{23}C_6$，$M_{23}C_6$ 通常沿晶界呈条状、块状析出。由此可见，G3 合金晶界上的析出相可能是 $M_{23}C_6$。

σ 相属于拓扑密排相，而 Cr、Mo、Fe、W 是促进 σ 相形成的元素，它一般由一个或几个具有正电性的元素（Cr、Mo、W）和其他具有负电性元素（Fe、Co、Ni）以电子键生成，它是一种电子化合物。在 Fe－Cr－Ni 系合金中，σ 相一般在 650～850℃时效时析出，以颗粒状和针状存在，由此可以推测晶内的针状和小颗粒状为 σ 相。

σ 相与 $M_{23}C_6$ 在结构上非常相似，假如按几何方式从 $M_{23}C_6$ 中抽取 C 原子，轻微改变一下原子间关系，$M_{23}C_6$ 的晶体结构将变成 σ 相结构。$M_{23}C_6$ 中 Cr、Mo 含量很高，而 Cr、Mo 正是形成 σ 相所需的元素。$M_{23}C_6$ 和 σ 相常常呈共格状，当 $M_{23}C_6$ 脱碳时，σ 相很容易在其位置形成，即发生 $M_{23}C_6 \rightarrow \sigma$ 相转变。因此，可以认为在晶界上由于 Fe、Cr 的扩散而在 $M_{23}C_6$ 上直接形核并长大。所以经过长期时效（1000h）后，晶界上的条块状碳化物逐渐溶解，并变成小颗粒状。

G3 合金热挤压工艺中，当坯料预热温度较低时，如低于 1100℃，此时合金中容易产生碳化物、σ 相等，此时，合金处于敏化状态。脆性 σ 相硬而脆，是所谓的“硬相”，它的出现常引起晶界贫 Cr，导致晶间腐蚀，合金脆性增加，从而降低合金的塑性和耐蚀性能。

综上，G3 合金热挤压工艺中，坯料的预热温度应该在 1150℃左右，确保第二相（碳化物和 σ 相）完全回溶至基体中。此时，合金还具有较高的热塑性。但是温度又不能太高，如超过 1215℃，此时合金不仅热塑性大大降低，还因为第二相完全溶解，造成晶界迁移加剧，晶粒尺寸迅速增大。因此热加工性能大大下降。管材在挤出后到冷加工之间，以及冷加工之后，还需在 1100℃以上对制品进行固溶热处理，确保第二相完全回溶至基体，确保合金的耐蚀性能。

7.4.2.2 热挤压工艺参数对润滑行为的影响

本节采用 DEFROM－2D 有限元软件对 G3 合金管材热挤压成型进行模拟，结合玻璃润滑膜厚度的理论计算公式，从有限元中提取所需的数据，可以计算出完成一次热挤压所需的玻璃垫厚度（H）。热挤压有限元模拟模型如图 7－28 所示，坯料为 G3 合金，工模具材料为 H13 钢。模具与坯料之间的摩擦系数为 0.015，模具和坯料之间的界面换热系数为 0.75N/(mm·℃·s)（模拟玻璃润滑）。挤压筒内径 247mm，坯料外径和内径分别为 245 和 105mm，模具外径为 116mm，挤压芯棒外径为 95mm。热挤压速度为 100～275mm/s，坯料预热温度为 1140～1215℃，模具预热温度为 150～350℃，模具采用平模，入口圆角半径为 10～25mm。

本节以国产A5玻璃润滑剂（主要用于不锈钢、镍基合金的热挤压）为例[8]，首先研究了热挤压工艺参数变化时对润滑膜厚度（h）以及完成一次热挤压所需玻璃垫厚度（H）的影响规律。图7－36和图7－37是热挤压工艺中，挤压工艺参数（热挤压速度、坯料预热温度、模具预热温度和模具入口圆角半径）发生变化时，对玻璃润滑膜厚度（h）和一次热挤压所需玻璃垫厚度（H）的影响规律。

从两图中的计算结果可以发现，工艺参数的变化对h、H有很大的影响。随着热挤压速度、模具入口圆角半径的增大，形成的玻璃润滑膜厚度h逐渐下降，完成一次热挤压所需的玻璃垫厚度H值也相应地降低，如图7－36a、d和图7－37a、d所示。相反，随着坯料、模具预热温度的增加，玻璃润滑膜厚度h和完成一次热挤压所需玻璃垫厚度H值逐渐增加，如图7－36b、c和图7－37b、c所示。如挤压速度从100mm/s增加到275mm/s时，h值从90.2μm降低到55.2μm，H值相应地从36.4mm降低到22.3mm。当坯料预热温度从1140℃增加到1215℃时，h和H值分别从67.4μm、26.6mm增加到75.6μm、35.4mm。

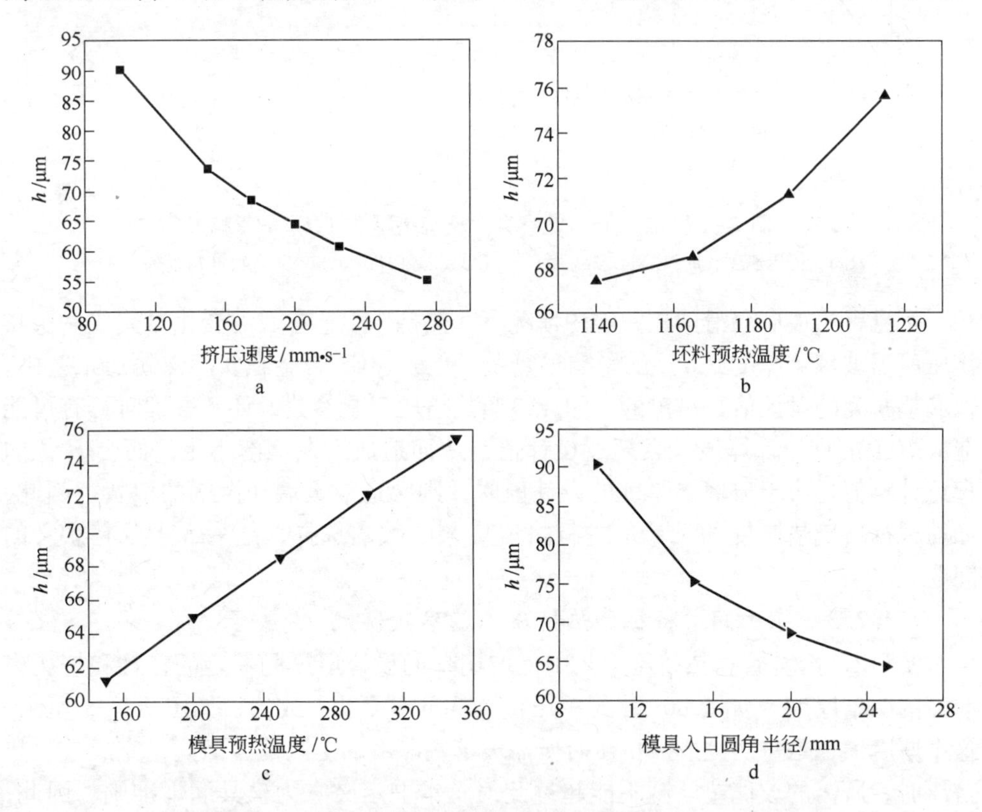

图7－36 热挤压工艺参数对玻璃润滑膜厚度（h）的影响

a—挤压速度；b—坯料预热温度；c—模具预热温度；d—模具入口圆角半径

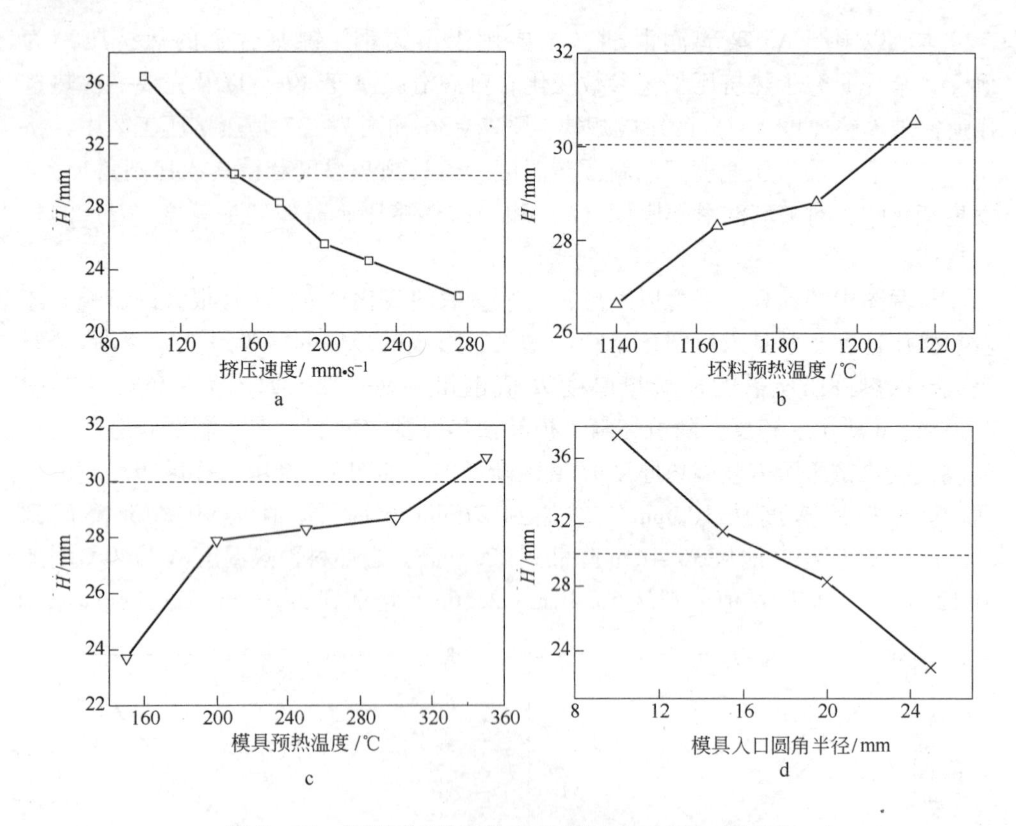

图 7－37 热挤压工艺参数对玻璃垫厚度（H）的影响

a—挤压速度；b—坯料预热温度；c—模具预热温度；d—模具入口圆角半径

可见，当玻璃润滑剂在一定的情况下，热挤压工艺参数的变化对完成一次热挤压所需玻璃垫厚度（H）的影响很复杂。但是，G3 合金在实际热挤压工艺中，玻璃垫厚度的设计值是一定的。因此，当热挤压工艺参数设计不合理时，有可能造成 H 值的理论计算值大大超过设计值，从而造成后期润滑不足。而当 H 值的理论计算值远小于玻璃垫厚度的设计值时，则会造成玻璃润滑剂的浪费。因此，如何根据玻璃垫厚度的设计值进行挤压工艺参数的选择，是一个十分有意义的问题。

7.4.2.3 基于润滑特征的热挤压工艺参数制定

实际 G3 合金管材热挤压工艺中，玻璃垫的设计厚度是一定的，且和挤压模前面的凹槽厚度（如 6000t 卧式挤压机为 30mm）是一致的，如图 7－38 所示。这个厚度值也是每次完成热挤压时所需玻璃垫厚度的上限值，因此，完成一次热挤压时，所需的玻璃垫厚度不能超过此值，本书定义它为模具润滑准则。因此，本节以模具润滑准则作为 G3 合金热挤压工艺参数选择的理论依据。

从玻璃润滑膜的理论计算公式中可以看出，影响完成一次热挤压所需玻璃垫厚度值的主要因素是玻璃的物性参数、玻璃-模具界面金属流动速度、温度和接触长度。当玻璃润滑剂成分、玻璃垫形状确定时，挤压工艺参数的变化将同时对金属-玻璃界面处的流动速度和温度产生影响，从而影响到玻璃润滑膜的形成和演变并对 H 值产生相应的变化，如图7-37所示。

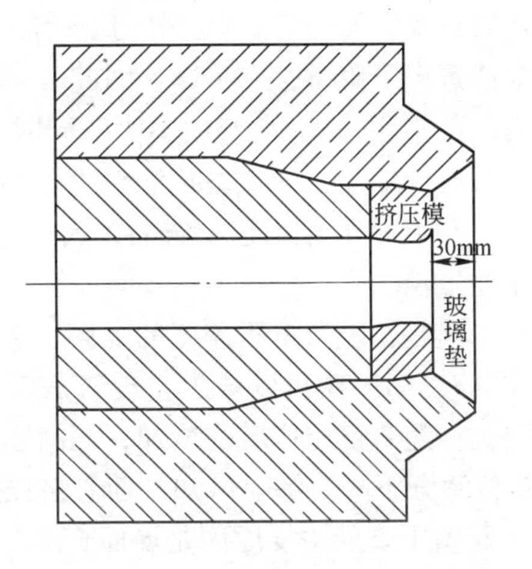

图7-38 G3合金热挤压模具系统

A 热挤压速度

图7-39显示的是挤压速度改变时对玻璃垫-坯料接触界面温度和金属流动速度的影响，从图7-39a中可以看出，随着热挤压速度的提高，界面温度迅速升高。从整体上来看，随着挤压速度的增加，接触界面的温度逐渐增加。如挤压速度从100mm/s增加到275mm/s时，接触界面的最高温度从760℃左右增加到810℃左右。此外，从图7-39b中可以看出，随着热挤压速度从100mm/s增加到275mm/s，界面金属流动速度从100mm/s左右升高到350mm/s左右。而此时，h 和 H 分别从90.2μm、36.44mm下降到55.2μm、22.3mm，两者的下降幅度大约为39%。

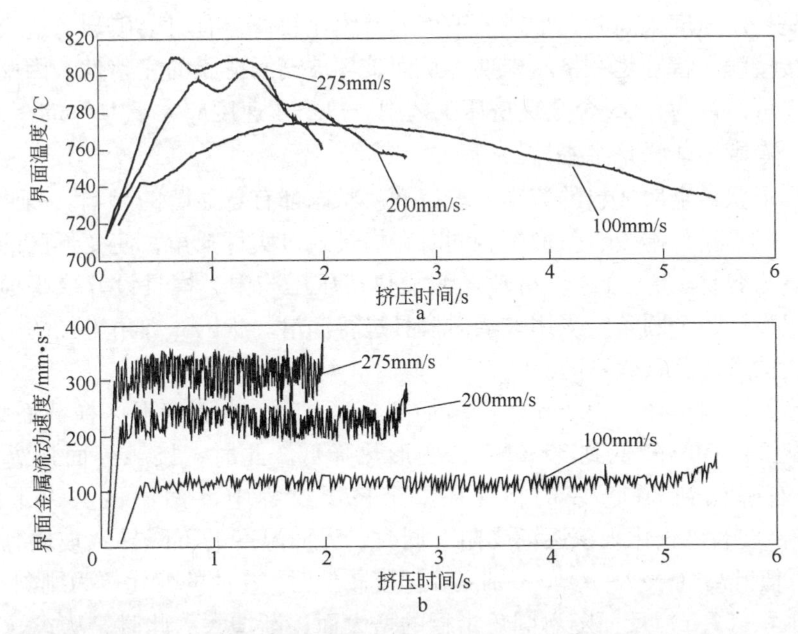

图7-39 挤压速度对玻璃垫-坯料接触界面的温度（a）和金属流动速度（b）的影响

随着热挤压速度的提高，界面温度 θ_s 的值增加，玻璃更容易受热软化，h 和

H值有增大的趋势。但是由于随着界面温度 θ_s 的增加，玻璃黏温系数 α 值的绝对值逐渐下降（表7－4）。因此，当界面温度 θ_s 增加时，在式（7－36）中，这两者的乘积（$\theta_s\alpha$）变化不大。同时，由于热挤压速度的提高，坯料与玻璃垫的接触时间缩短，导致玻璃润滑膜厚逐渐降低，H 值也相应地下降。可见，θ_s 和 α 对 h 和 H 值的作用是矛盾的，因此这两者同时变化时，对 h 和 H 值的作用可以相互抵消。

但是，随着挤压速度的提高，界面金属流动速度 u_0 逐渐增加，从理论计算式（7－36）中可以看出，玻璃润滑膜厚度 h 与界面金属流动速度成反比关系。因此，随着挤压速度的增加，润滑膜厚度 h 值及完成一次热挤压所需玻璃垫厚度 H 值逐渐下降。综上可知，随着挤压速度的提高，完成一次热挤压所需玻璃垫厚度 H 值下降的主要原因是界面金属流动速度的增加，而界面温度的升高对其下降作用不是很明显。

因此，在热挤压工艺中，对挤压速度的选择非常重要，如果热挤压速度低，在模具表面形成的玻璃润滑膜厚度比较厚，虽然这有助于降低挤压力，但是这也会导致玻璃垫迅速消耗，这对于长坯料的挤压非常不利，造成挤压后期润滑不足。同时由于玻璃垫和热坯料的接触时间增加，坯料温度下降，挤压力和模具温升均增大，导致模具磨损加剧。挤压速度过低时，界面温度相应的会更低，润滑剂选用不合理时，将导致润滑剂不能软化，从而不能形成润滑膜，造成闷车现象。但是挤压速度太高时，形成的玻璃润滑膜比较薄，有时会破裂，造成坯料和模具直接接触，特别是在挤压末期，从而破坏玻璃润滑膜的完整性。因此，结合图7－36可以认为，G3合金热挤压工艺中，热挤压速度应大于150mm/s。

B 模具入口圆角半径

模具形状对金属坯料的流动、玻璃润滑状态都有着显著的影响。因此，模具一般设计成平模、锥模、弧形模，同时在模具入口实行圆角，使变形区的金属流动变得更为容易。G3合金管材玻璃润滑热挤压工艺中，模具设计成平模，在平模入口只设计一个圆角，采用玻璃对模具进行润滑。所以，圆角半径的大小对玻璃润滑模的形成有很大影响。

当模具圆角半径从10mm逐渐增加到20mm时，由于变形区横截面积增大，挤压力从34.6MN降低到32.6MN，变形热降低。此时，接触界面最高温度从975℃左右降低到800℃左右，且在整个挤压过程中界面温度大大下降（图7－40a），玻璃垫软化现象逐渐受阻。同时，界面温度的下降导致玻璃黏温系数 α 的绝对值升高（表7－4），特别是在温度较低时，α 值的变化更为剧烈，因此，两者的乘积（$T_s\alpha$）反而随着圆角半径的增大而逐渐增大。此时，从式（7－36）中可以看出，这将导致所需玻璃垫厚度值逐渐降低（图7－37d）。

同时，由于变形区横截面积增大，界面金属流动速度有所降低（图7－40b）。

从式（7－36）中可以看出，这将导致 H 值的增大。因此，当模具圆角半径发生变化时，界面金属流动速度和温度的变化，对玻璃润滑膜的形成作用是矛盾的。

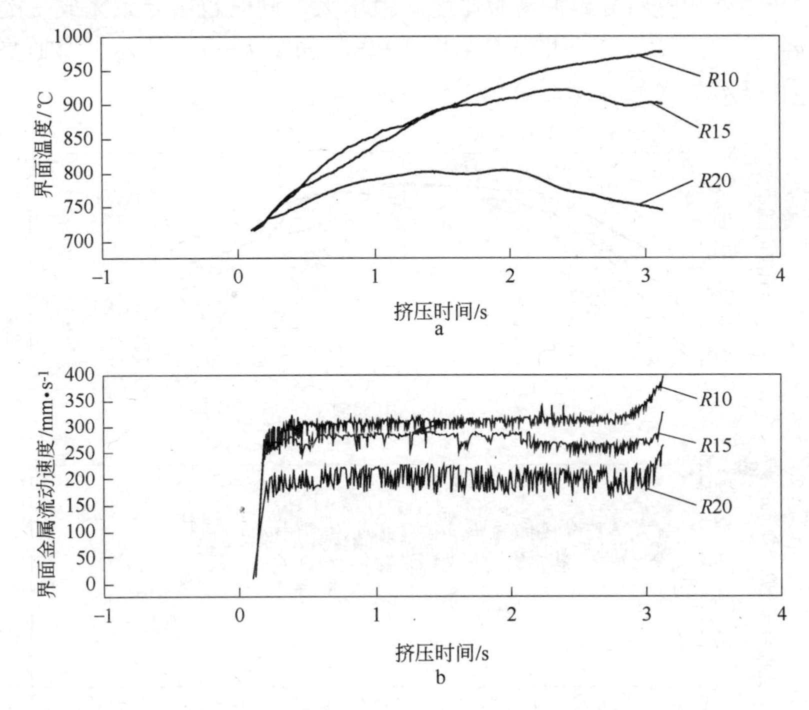

图7－40　模具入口圆角半径变化时对玻璃垫－坯料接触界面的温度（a）和金属流动速度（b）的影响

但是，在本文研究中，随着模具入口圆角半径的增大，完成一次热挤压所需玻璃垫厚度 H 值有降低的趋势，说明界面温度的变化是 H 值变化的主要影响作用，而界面金属流动速度的变化对于 H 值的变化是一个次要作用。

可见，模具入口圆角半径的变化对于玻璃垫的消耗影响很大。结合图7－37可以认为，G3合金热挤压工艺中，入口圆角半径为15～20mm比较合适。

C　坯料预热温度

图7－41反映了坯料预热温度变化时对界面流动速度和温度的影响。从图7－41a中还可以看出，坯料预热温度不同时，对玻璃－坯料界面的温度有一定的影响。在挤压刚开始阶段和挤压中后期，随着坯料预热温度的提高，界面的温度稍有升高。而在挤压中期阶段，界面温度随坯料预热温度变化很小。此外，坯料预热温度变化时，界面最高温度大约都是800℃，对玻璃垫的软化成膜作用影响也很小。所以说，坯料预热温度的提高有利于热挤压前期玻璃润滑膜的迅速形成。一旦润滑膜形成以后，坯料预热温度对玻璃润滑膜厚度、完成一次热挤压所需玻璃垫厚度的影响则十分小。

但是，随着坯料预热温度的升高（从1140℃升高到1215℃），界面附近的金属流动速度逐渐从220mm/s降低到150mm/s左右，如图7－41b所示。从式(7－36)可以看出这将导致润滑膜厚度h值增大，同时也会导致完成一次热挤压所需玻璃垫厚度（H）逐渐增加，如图7－36b和图7－37b所示，增加幅度大约为11%和13%。

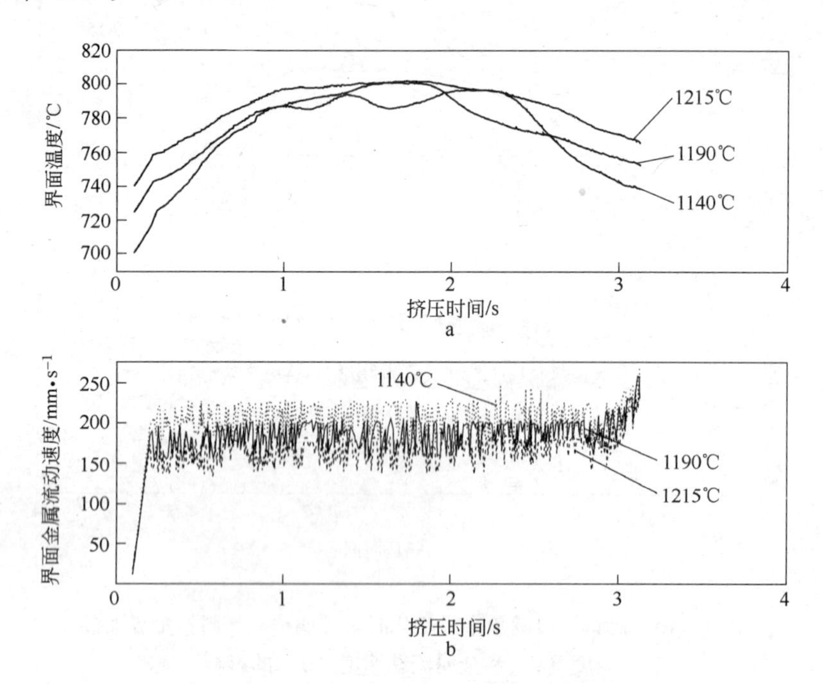

图7－41 坯料预热温度变化时对玻璃垫－坯料接触界面的温度（a）和金属流动速度（b）的影响

因此，从上述分析可以发现，坯料预热温度的增加，导致界面金属流动速度下降，是玻璃润滑厚度和玻璃垫厚度逐渐增加的主要原因。所以，在实际热挤压工艺中，坯料的预热温度最好不要超过1215℃。

D 模具预热温度

热挤压工艺中，为了降低模具和热坯料之间的温度应力，通常需要对模具进行一定的预热。其预热温度的高低对热挤压工艺中润滑膜的形成、玻璃垫的消耗也有一定的影响。图7－42是模具预热温度对界面温度和金属流动速度的影响图。热挤压时，随着模具预热温度的升高，界面附近的金属流动速度几乎没有变化，如图7－42b所示。但是，随着模具预热温度的升高，界面的温度逐渐上升。如模具预热温度从150℃增加到200℃时，界面温度将整体增加大约50℃。模具预热温度从200℃增加到300℃时，界面温度将整体增加大约100℃，如图7－42a所示。模具预热温度变化时，界面温度仍然高于A5玻璃粉的软化温度。因此，在接触时间不变化的前提下，界面温度升高，玻璃软化更为容易，此时玻璃润滑膜厚度有增加的趋势，将导致完成一次热挤压所需玻璃垫厚度 H 值随着模具预热温度的升高而增加，如图7－36c和图7－37c所示。

从图7－36c中可以发现，当模具预热温度高于320℃左右时，完成一次热挤压所需玻璃垫的厚度值超过了设计上限值。因此，模具预热温度值不能高于320℃左右。

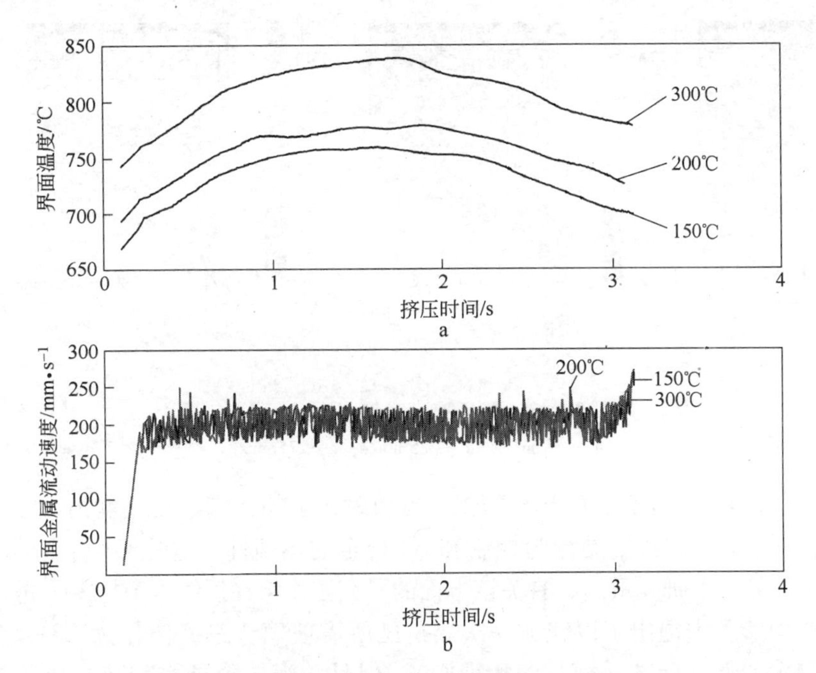

图7－42 模具预热温度变化时对玻璃垫－坯料接触界面的温度（a）和金属流动速度（b）的影响

因此，为了使G3合金完成一次热挤压工艺所需玻璃垫的厚度 H 值小于30mm，热挤压工艺参数必须满足以下条件：挤压速度大于150mm/s，坯料和模具的预热温度分别低于1215℃和320℃左右，模具入口圆角半径为15～20mm。此时，玻璃垫的消耗值满足玻璃垫的设计上限值，热挤压能顺利进行。

在上述G3合金热挤压工艺参数下，虽然可以使玻璃垫的消耗值满足模具润滑准则，促进热挤压工艺的进行，确保挤出管材的表面质量。但是，G3合金热挤压工艺中，由于具有变形温度高、应变速率和应变量大的特点，坯料不仅发生形状的变化，内部组织也产生重组（如动态再结晶）。因此，为了得到质量合格的挤出管材，在热挤压工艺参数满足润滑条件前提下，还必须对G3合金的热变形行为及组织演变有准确的了解。

此外，由于管材挤压过程中，坯料内部还会产生剧烈的温升效应，从而影响到合金的热塑性和热加工性能。图7-43是挤压速度从150mm/s增加到275mm/s时，坯料变形区的温度分布。从图中可以看出，当热挤压速度在150~225mm/s时，坯料温度升高到1230℃左右。结合G3合金的热加工温度区间，可以发现此时合金仍然具有较好的热塑性。但是当挤压速度增加到275mm/s时，坯料内部温度升高到1240℃左右，高于G3合金热加工温度区间。

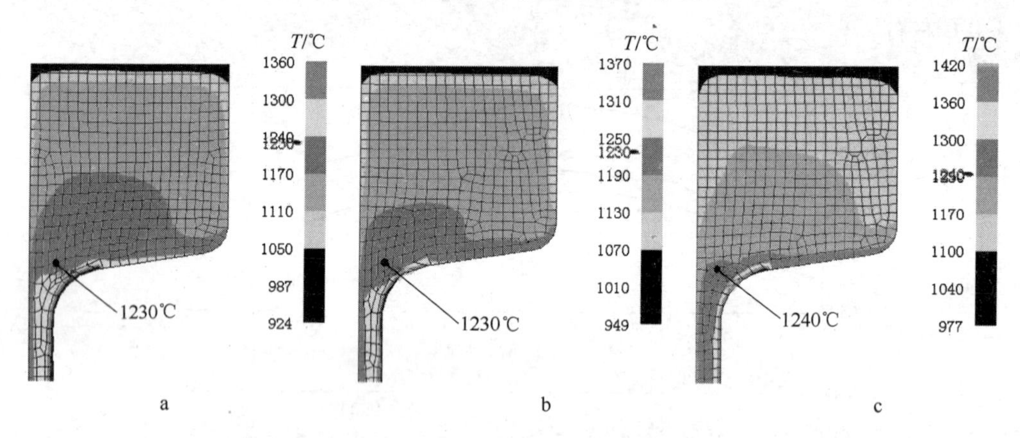

图7-43 挤压速度对坯料温升的影响
a—150mm/s；b—225mm/s；c—275mm/s

因此，在制定G3合金的热挤压工艺参数时，必须在满足模具润滑准则的基础上，综合考虑坯料的再结晶行为控制和G3合金的热塑性，这是G3合金管材热挤压工艺中的另一个研究重点。有关该方面的研究工作将在后续章节中深入进行。

本节中，首先提出了以完成一次热挤压所需玻璃垫厚度值作为G3合金热挤压工艺参数的选择标准（模具润滑准则）。但是，当坯料种类和热挤压工艺参数一定时，一次热挤压所需玻璃垫厚度的计算值主要依赖于玻璃的物理性质（黏温系数、热扩散系数）。事实上，不同种类玻璃的热扩散系数大致一样，而黏温系数则差异很大。因此，当热挤压模型和工艺参数确定后，完成一次热挤压所需玻璃垫厚度值则和玻璃润滑剂的黏度性质有关。所以，G3合金热挤压工艺中，在热挤压工艺参数一定的情况下，为了确保完成一次热挤压所需玻璃垫的厚度值小于玻璃垫设计值的上限值，如何对玻璃润滑剂的黏度性质提出要求，从而为G3合金热挤压工艺中玻璃润滑剂的选择提供理论指导，这是一个重要和有现实意义的研究问题。

7.4.3 G3合金热挤压工艺对润滑用玻璃粉的黏度要求

在G3合金实际热挤压工艺参数下（挤压速度175mm/s，坯料预热温度1165℃，模具预热温度250℃，芯棒及挤压垫预热350℃，模具圆角半径20mm，坯料和模具之间的摩擦系数为0.015），本节采用12种不同的玻璃粉作为润滑剂，对完成一次热挤压所需玻璃垫厚度值进行计算，并以玻璃垫的设计上限值为标准，最终对 G3 合金热挤压润滑用玻璃粉的黏度性质提出要求，从而为 G3 合金热挤压润滑用玻璃粉的选择提供理论指导。这 12 种玻璃中[4,9]，1 号为国产 A5 玻璃粉，常作为不锈钢、镍基合金热挤压工艺中的润滑剂，2 ~ 5 号、12 号主要用于中碳钢的热挤压，7 号、8 号、11 号可用于 Udimet700 合金的热挤压，8 号、9 号主要用于难熔合金（如钼基合金）的热挤压。从相关文献中只获取了几种玻璃粉的化学成分，见表 7 - 3。

表 7 - 3 几种玻璃粉的化学成分（质量分数） （%）

玻璃粉种类	化学成分						
	SiO_2	Al_2O_3	CaO	MgO	Na_2O	B_2O_3	其他
1 号	55	14.5	6.0	4.0	12.5	8.0	—
4 号	56.5	5.4	—	—	8.6	—	29.5
6 号	35.0	—	—	—	7.0	—	58.0
7 号	61.0	1.0	0.3	3.6	13.6	—	20.5
8 号	70.0	1.1	—	—	0.5	27.0	1.4
9 号	81.0	2.0	—	—	4.0	13.0	—

注：—表示没有此成分，其他主要指 PbO。

众所周知，材料组成决定材料性能。因此，玻璃粉种类的变化的实质就是改变了玻璃的黏度、软化温度（黏度为 $1.0\times10^{6.6}$ Pa · s 时对应的温度）、黏度随温度的变化速率（即黏温系数 α 值）等黏度性质参数。为了描述玻璃粉的黏度随温度变化的性质，将 12 种玻璃粉的对数黏度随温度变化的关系（黏温关系式）用下式表示：

$$\ln\eta = a + \frac{b}{\theta} \tag{7-41}$$

式中 θ——摄氏温度，℃；

a，b——与玻璃组成有关的常数。

在某一温度下，将玻璃的自然对数值对温度求导，就可以得到该温度下的黏温系数值（即 α 值）。本节计算中所用 12 种玻璃粉的黏度随温度变化的曲线如图 7 - 44 所示。

12 种玻璃粉的黏温关系式中的系数值（a、b）、黏温系数、软化温度可参见表 7 - 4。图 7 - 45 是采用 12 种不同的玻璃粉做润滑剂时，经过计算得到的 h 值和 H 值。其中 1 号为国产 A5 玻璃润滑剂，2 ~ 12 号玻璃粉都是国外的一些玻璃粉。从图中可以看出，h 和 H 值受玻璃粉种类的影响很大。当采用 1 号国产的

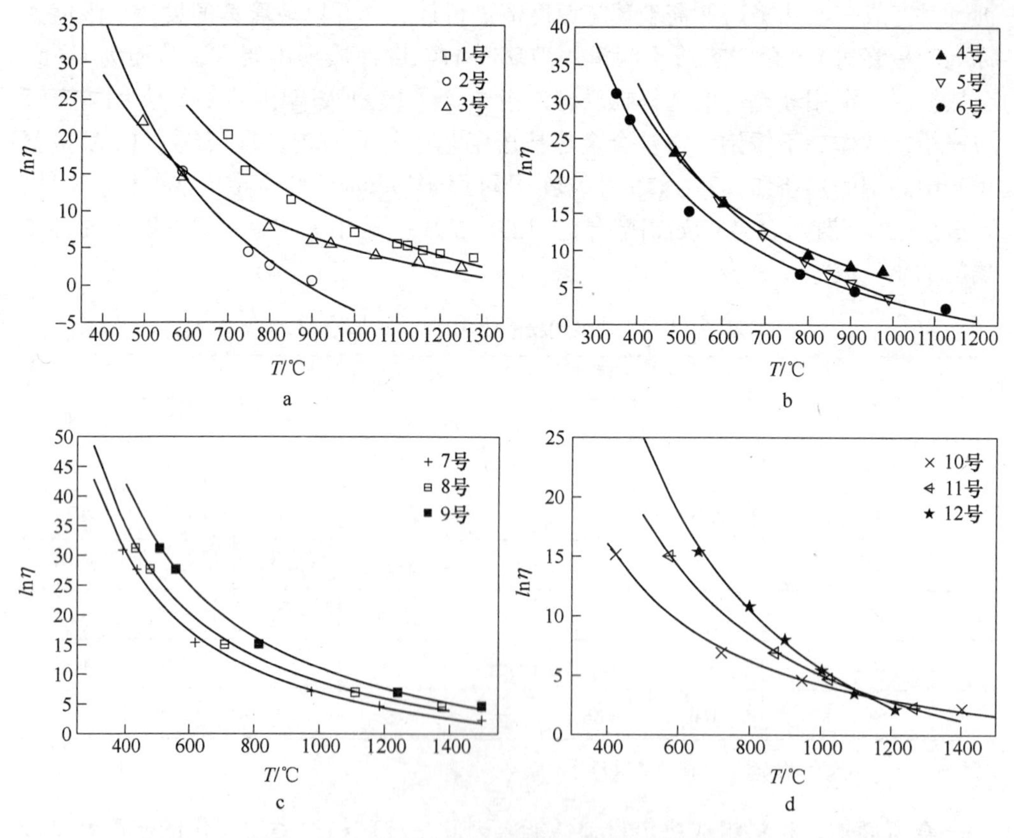

图7-44 12种玻璃粉的黏度随温度变化的曲线

a—1~3号；b—4~6号；c—7~9号；d—10~12号

A5玻璃润滑剂时，完成一次热挤压所需的玻璃垫厚（H）大约为31.5mm，形成的玻璃润滑膜厚（h）大约为77μm。采用2号国外的61MG171玻璃作为润滑剂时，h、H值分别为74μm和30.1mm。而采用3~12号玻璃粉做润滑剂时，完成一次热挤压所需的玻璃垫厚（H）均明显大于30mm，形成的玻璃润滑膜的厚度（h）均高于74μm。

特别值得一提的是，当以10号、11号玻璃粉作为润滑剂时，得到的h值分别为134μm、103μm，对应的H值分别高达55.0mm、42.2mm。而现实G3合金热挤压工艺中，玻璃垫厚度是一定的，且厚度和挤压模前面的凹槽厚度（30mm）是一致的（图7-38）。因此，结合图7-38和图7-45b可以发现，当采用3~12号玻璃粉做润滑剂时，完成一次热挤压所需的玻璃垫厚度值（H）明显大于30mm，明显不符合G3合金的热挤压要求。当采用2号国外的61MG171玻璃作为润滑剂时，玻璃垫厚度值（H）符合要求。而采用1号国产A5玻璃作为润滑剂时，H值大约在31mm。因此，在忽略理论计算时的一些假设条件的影响下，可以认为当采用 1 号、2 号玻璃粉作为润滑剂时，从完成一次热挤压所需玻璃垫厚度值基本上符合热挤压的要求。

表 7－4　12 种玻璃粉的黏度性质

玻璃粉种类	$\ln\eta = a + b/\theta$		α 值（720～800℃）	软化温度/℃
	a	b		
1 号	−16.18	24220	−0.0467～−0.0378	740
2 号	−29.78	26380	−0.0509～−0.0412	587
3 号	−11.00	15710	−0.0303～−0.0246	600
4 号	−9.95	16030	−0.0309～−0.0251	637
5 号	−15.69	19270	−0.0372～−0.0301	624
6 号	−11.90	14920	−0.0288～−0.0233	551
7 号	−8.49	15390	−0.0297～−0.0241	650
8 号	−8.31	17050	−0.0329～−0.0266	725
9 号	−9.62	20670	−0.0398～−0.0323	833
10 号	−3.71	7930	−0.0153～−0.0124	419
11 号	−8.44	13480	−0.0260～−0.0211	570
12 号	−13.94	19500	−0.0376～−0.0305	669

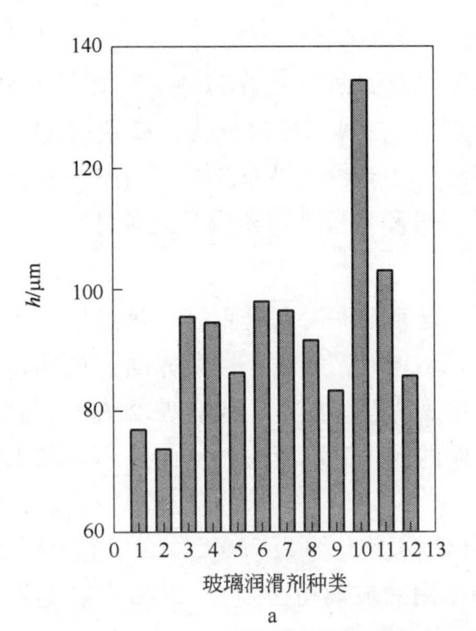

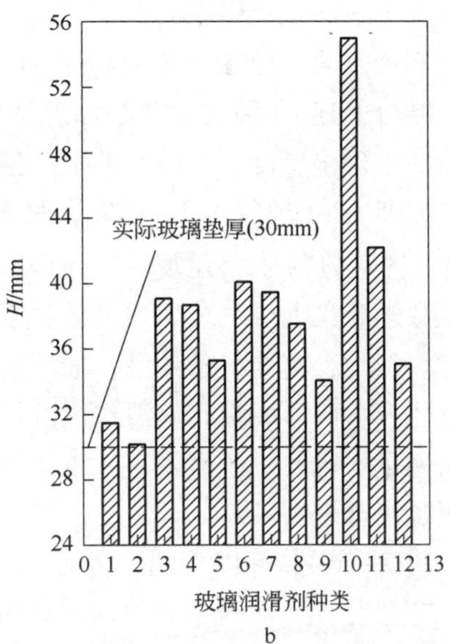

图 7－45　玻璃润滑剂的种类对 h 和 H 的影响

事实上，我们可以发现在 G3 合金实际的热挤压工艺参数下，从式（7－36）

中计算出来的玻璃垫厚度值只是一个数学意义上的值，该值主要与玻璃粉在界面温度范围内的黏温系数（α值）有关。因此，首先可以通过上述计算值对玻璃润滑剂在界面温度范围内的黏温系数（α值）提出要求。

A 黏温系数（α值）要求

图7－46是G3合金管材热挤压过程中，坯料和玻璃垫接触面上的温度随挤压时间的变化关系。从图中可以看出，界面温度范围大约在720～800℃之间。12种玻璃粉在界面温度范围内的黏温系数值可参见表7－4。

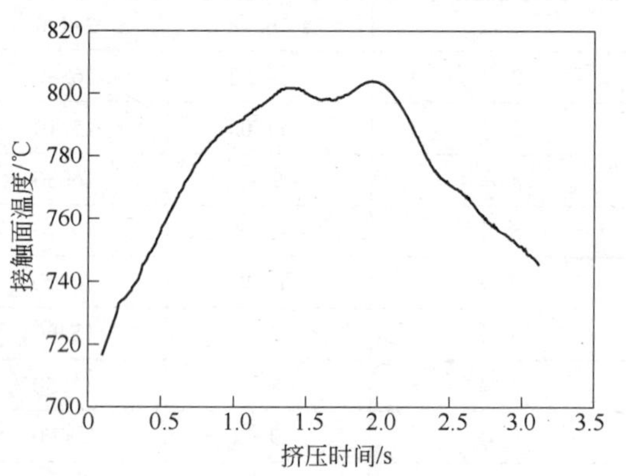

图7－46 玻璃垫和坯料接触表面的温度随挤压时间的变化

图7－45的计算结果表明，当采用1号和2号玻璃粉时，完成一次热挤压所需玻璃垫厚度值满足热挤压要求。此时，这两种玻璃粉在玻璃－坯料接触界面温度范围内的α值大约在－0.05～－0.04之间。当玻璃粉在界面温度范围内的α值的绝对值降低时，如采用3～12号玻璃粉作为润滑剂，根据式（7－36）和式（7－40），可以发现，此时玻璃垫厚度计算值逐渐增大，且大于30mm，无法满足热挤压要求。特别值得注意的是，当使用10号玻璃粉作为润滑剂时，由于α值大约为－0.01，此时所需的玻璃垫厚度值高达55cm。因此，结合上述12种玻璃粉的黏温系数特点，我们可以认为，要使完成一次热挤压所需玻璃垫厚度小于设计的上限值时，玻璃粉在界面温度范围内的α值应该介于－0.05～－0.04之间。此时，只有1号和2号玻璃粉满足此条件。

B 玻璃粉的软化温度

从数学意义上讲，玻璃粉的黏温系数是判断润滑剂是否符合热挤压要求的一个条件。但是，其前提条件是，玻璃粉与热坯料接触时，接触界面的玻璃粉必须发生软化，从而形成具有润滑作用的玻璃润滑膜。因此，仅有玻璃粉的黏温系数这个条件是不行的。还需要进一步从玻璃的软化温度考虑，从而判断玻璃润滑剂的使用是否合理。

从图7－46中可以看出，界面的最低温度大约为720℃，最高温度大约为800℃。因此，在G3合金热挤压工艺中使用的玻璃粉必须在720℃左右能发生软化，即玻璃粉的软化温度大约在720℃。

1号国产A5玻璃粉是金属热加工常用的一种润滑剂，其软化温度大约为740℃。因此，采用1号玻璃粉作为润滑剂时，刚开始热挤压时，玻璃粉可能不能发生足够的软化。但是经过一段时间的接触后（大约为0.5s），坯料和玻璃垫产生足够的热交换，玻璃-坯料接触表面的温度达到软化点后，玻璃垫就会产生足够的软化，即挤压前期润滑膜形成的时间要稍微滞后于挤压时间。此后，玻璃润滑膜就非常容易形成。因此，在挤压前期不能形成良好的润滑，而在挤压中后期，则能形成良好的润滑膜。挤压制品前端由于润滑膜不能及时形成，而出现表面缺陷。挤压制品中、末端表面质量可能会优于挤压制品前端质量。

2号玻璃粉为国外用61MG171润滑剂，曾用于中碳钢热挤压的润滑。从表7-4中可以看出2号玻璃的软化点大约为587℃，低于接触面上的最低温度，比较符合热挤压要求。因此，在热挤压过程中，玻璃润滑膜能迅速形成，且在挤压开始阶段，形成的玻璃润滑膜厚度偏高。但是，由于α值比较合理（-0.05～-0.04），因此，从玻璃粉的黏温系数和软化温度这两个要求来看，满足G3合金热挤压的润滑。

从表7-4还可以发现3～8号、10～12号玻璃粉的软化温度都低于720℃，因此，采用它们作为润滑剂时，玻璃润滑膜能迅速形成。但是，由于α值的绝对值比较小（-0.04～-0.02），且对数黏度随温度变化太小，如图7-44所示。因此，根据理论计算公式（7-36）计算出来的H值比1号、2号要高。特别是10号、11号玻璃粉的α值的绝对值很小（-0.02～-0.01），因此计算出来的所需玻璃垫厚度值非常高（大于40mm）。因此，用这几种玻璃粉作为润滑剂时，只要一开始热挤压，玻璃垫就会软化，而且会导致玻璃垫过度软化，从而形成的玻璃润滑膜厚度比较高（80～140μm），此时H的理论计算值也很高（34～55mm）。而热挤压模具设计的玻璃垫厚度只有30mm。因此，采用它们作为润滑剂进行挤压时，玻璃垫很容易就迅速流失掉，在热挤压后期阶段产生润滑不足，G3合金的热挤压也不能顺利完成。

9号玻璃粉的软化点为843℃，比界面温度最高温度还要高出将近50℃。因此，用这种玻璃粉作为润滑剂时，热坯料与玻璃垫接触后，接触表面温度达不到软化温度，接触表面就不容易形成润滑膜。而在玻璃垫内部，即使玻璃的热扩散系数高，发生了热量传递，也达不到软化的要求。在挤压过程中是不能形成润滑膜的。但是，由于9号玻璃粉的α值的绝对值比较小（-0.03左右），因此，H值的理论计算值比较小。这就造成了一种假象，即只从玻璃粉的黏温系数来看，是符合热挤压要求的。实际上其软化温度却不满足润滑膜形成条件。

因此，从软化温度条件来看，2～8号、10～12号玻璃粉能满足此条件。

C　高温（热变形温度）黏度值

早期钢的热挤压润滑剂研究结果表明，玻璃粉作为熔体润滑剂，在热变形温度区间，玻璃粉需要有一定的黏度，随着润滑膜的形成，它才能在较高的压力作用下，随着坯料发生流动，在整个管材表面形成稳定而连续的润滑膜。因此，要求玻璃在高温下，具有一定的黏度。当高温黏度较小时，玻璃润滑膜的抗压能力小，玻璃受热熔化成液态，在压力作用下发生不规则喷出，类似液体润滑剂而迅速流失掉。黏度较高时，润滑膜的流动能力不足，形成的玻璃润滑膜就可能滞留在模具表面，摩擦系数增大，不利于坯料表面和模具的润滑。

本节中2号玻璃粉的黏温系数、软化温度均符合热挤压要求。但是，从图7-44a中可以发现，当温度高于900℃时，玻璃粉的黏度非常小，大约为1.0Pa·s。当热挤压温度高于此温度时，玻璃粉完全熔化，迅速流失，从而不可能起到润滑作用。综合上述12种玻璃粉的黏度分布特点及文献研究结果[9]，我们认为，G3合金热挤压中，在1100℃以上时，玻璃粉的黏度需要介于25～200Pa·s之间。

综合上述G3合金热挤压工艺中的润滑研究结果，对润滑剂的要求可以归结为以下几点：（1）玻璃的软化温度大约为720℃。（2）在720～800℃左右时，玻璃的对数黏度随温度的变化速率大约为-0.05～-0.04。（3）高温黏度值大约在25～200Pa·s。对照本文中12种玻璃粉的物理特性，发现均有一项或两项不符合G3合金热挤压要求。因此，如何根据此要求，设计出一种成分合理的润滑剂，是热挤压工艺中未来的一个重要研究方向。

7.4.4 G3合金热挤压润滑用玻璃粉的组成设计

上一节结合G3合金的实际热挤压工艺参数，对G3合金热挤压润滑用玻璃的黏度性质提出了三个具体要求。但是，如何针对该要求来设计和制备润滑剂却是一个关键问题。要解决该关键问题，就要建立润滑用玻璃粉的黏度性质与组成之间的关系，从而反向设计出一种组成合理的玻璃润滑剂，使其同时满足上述三个条件。但是，至今未见有关该方面的研究报道，所以，如何建立润滑剂用玻璃粉的黏度性质与组成之间的直接联系，把上文获得的研究结果直接指导玻璃润滑剂的组成设计，是热挤压工艺中的一个重要研究方向，也是一个重要和有现实意义的研究问题。

因此，本节将基于以上的研究思路，从玻璃黏度性质与组成关系的经典理论出发，尝试建立G3合金热挤压润滑剂用玻璃粉的化学组成和黏度性质（黏度及黏温系数）关系的数学计算方法，并结合前一节对玻璃润滑剂提出的具体要求，为G3合金热挤压工艺中玻璃润滑剂的组成设计提供理论指导。

7.4.4.1 玻璃黏度-组成关系计算方法的建立

玻璃的性质是由玻璃的结构决定的，而玻璃成分决定了玻璃结构。因此，玻璃的性质实际上是由组成决定的。早在20世纪初，温克尔曼和肖特等人，就建立了玻璃的性质从广义上说是其质量组成的加和函数这样一种理论。即加入组成中的每一种组分在各种环境下都对给定的物理性质作出一定贡献。贡献的大小正比于组分出现的百分含量及该组分本身的特征，可以用下式表示：

$$G = \sum_i g_i x_i \tag{7-42}$$

式中 G——玻璃性质；

g_i——各组元对该性质的经验常数；

x_i——组元的质量分数。

通常来说，玻璃组成与黏度性质之间的关系复杂，有关玻璃黏度的计算大多是根据玻璃成分计算出给定黏度下的温度或给定温度下的黏度值。采用现已发表的黏度计算模型，其应用范围有一定的限制，而且计算结果和实测误差不是完全令人满意的。不同的人，针对不同的玻璃系统得到的性质计算公式也不尽一致。早期人们认为对玻璃黏度和组成之间的关系可以采用费雪尔法[10]来表示：

$$\begin{aligned} \ln\eta &= a + b/(\theta - \theta_0) \\ a &= 1.455 + \sum a_i p_i \\ b &= 5736.4 + \sum b_i p_i \\ \theta_0 &= 198.1 + \sum t_i p_i \end{aligned} \tag{7-43}$$

式中 η——玻璃的黏度；

a_i，b_i，t_i——经验系数；

p_i——玻璃组元与 SiO_2 含量（摩尔分数）之比。

上述方程在很宽的黏度范围内有着良好的拟合度，可以用于一般工业玻璃的黏度计算，但是该计算模型中所包含的氧化物种类少（SiO_2、Al_2O_3、CaO、MgO、Na_2O），而缺乏 B_2O_3 的经验系数。而玻璃润滑热挤压工艺中用的玻璃粉通常为硼硅酸盐系，其主要组成为：SiO_2、Al_2O_3、CaO、MgO、Na_2O、B_2O_3。所以，采用费雪尔法来计算硼硅酸盐玻璃的黏度性质时，会产生较大的误差。

A 计算方法的建立

因此，本文在费雪尔法的基础上，认为玻璃黏度和温度之间的函数关系满足Arrhenius方程，如下式所示：

$$\ln\eta = A + 1000 \times \frac{B}{\theta} \tag{7-44}$$

式中 η——玻璃黏度，Pa·s；

θ——摄氏温度，℃；

A，B——黏度-温度函数关系常数。

此时，玻璃组元含量和黏度-温度函数关系常数 A、B 之间的关系满足：

$$A = \sum_{i=1}^{n} A_i x_i = A_1 x_{(SiO_2)} + A_2 x_{(Al_2O_3)} + A_3 x_{(CaO)} + A_4 x_{(MgO)} + A_5 x_{(Na_2O)} + A_6 x_{(B_2O_3)} + A_7 x_{(Fe_2O_3)}$$

$$B = \sum_{i=1}^{n} B_i x_i = B_1 x_{(SiO_2)} + B_2 x_{(Al_2O_3)} + B_3 x_{(CaO)} + B_4 x_{(MgO)} + B_5 x_{(Na_2O)} + B_6 x_{(B_2O_3)} + B_7 x_{(Fe_2O_3)} \quad (7-45)$$

式中　A，B——黏度－温度函数关系常数；

A_i，B_i——各组元的经验系数；

x_i——玻璃组元含量，摩尔分数。

上述两个公式将玻璃的组元含量和黏度性质就联系起来了。因此，将式（7－44）和式（7－45）定义为修正的费雪尔法，并认为可以用此公式来计算热挤压用玻璃润滑剂的黏度性质。要计算组成不同的硼硅酸盐玻璃在不同温度下的黏度、黏温系数，必须首先确定模型中与玻璃组元有关的经验系数 A_i、B_i。当这两组常数确定后，玻璃组成发生变化时，首先通过式（7－45）计算出玻璃黏度－温度函数式中的两个系数 A 和 B，然后用式（7－44）计算出某一指定温度下玻璃的黏度值及黏温系数值。通过不断调整玻璃的组成，可以使其黏度性质同时满足 G3 合金热挤压润滑要求。

B　黏度－温度函数系数 A、B 值的求解

Vargas 等[11]总结了 21 世纪硅酸盐材料的流变性能与组成之间的各种理论及流变性能数据的测量方法，并对一些玻璃在 700℃ 以上时的流变性能数据进行了总结。因此，首先从该文献中得到了 7 种组成不同的硼硅酸盐玻璃在不同温度下的黏度值，玻璃的成分如表 7－5 所示。为了得到不同种类的玻璃黏度－温度函数方程中的 A、B 值，本文结合最小二乘法，用式（7－44）拟合玻璃黏度和温度的关系。7 种玻璃黏度温度函数关系中的系数 A、B 值可参见表 7－6。

表 7－5　7 种玻璃的化学组成（摩尔分数）

编号	组元及含量						
	SiO_2	Al_2O_3	Fe_2O_3	CaO	MgO	Na_2O	B_2O_3
1	0.7611	0.0795	0.0018	0.0018	0	0.1575	0
2	0.7491	0.0420	0.0012	0.0012	0	0.2078	0
3	0.7523	0.0050	0.0050	0.0050	0.1332	0.1096	0
4	0.7510	0.0018	0.0003	0.0876	0.0039	0.1553	0
5	0.7579	0.0070	0.0070	0.0070	0.0070	0.1958	0.0393
6	0.3774	0.0065	0.0065	0.0065	0.0065	0.2463	0.3699
7	0.6476	0.0029	0.0002	0.1679	0.0012	0.1803	0

表7-6 7种玻璃粉的A、B值

A、B值	1号	2号	3号	4号	5号	6号	7号
A	-8.317	-6.165	-5.934	-11.235	-9.559	-12.662	-16.278
B	19.872	19.573	19.472	22.964	20.749	21.490	23.997

图7-47显示了7种不同玻璃在不同温度下的实际黏度值及拟合值。从图中可以看出，采用最小二乘法拟合得到的黏度值和文献中给出的实际黏度值吻合度较高。说明式（7-44）可以很好地表达这7种玻璃的黏度-温度函数关系。

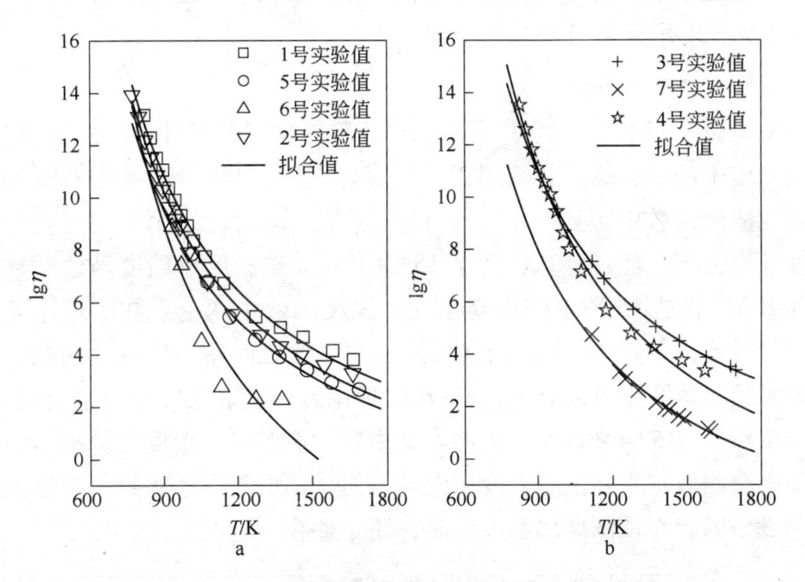

图7-47 7种不同组成玻璃的黏度随温度变化图

C 组元系数 A_i、B_i 的求解

利用式（7-45）及表7-6中的A、B值，通过解线性方程组从而可以得到7个组元的经验系数 A_i、B_i 值，如表7-7所示。

表7-7 硼硅酸盐玻璃组元经验系数值

A_i、B_i值	组元						
	SiO_2	Al_2O_3	Fe_2O_3	CaO	MgO	Na_2O	B_2O_3
A_i	-12.071	32.767	502.581	-22.912	7.161	-3.335	-50.642
B_i	35.501	-29.743	-853	1.604	-2.884	-22.317	64.305

D 玻璃黏度-组成关系表达式

因此，结合上面的求解，热挤压润滑用的硼硅酸盐玻璃的黏度-组成关系可用下式表示：

$$\ln\eta = A + 1000 \times \frac{B}{\theta}$$

$$\begin{aligned} A = & -[12.071x_{(SiO_2)} - 32.767x_{(Al_2O_3)} - 502.581x_{(Fe_2O_3)} + \\ & 22.912x_{(CaO)} - 7.161x_{(MgO)} + 3.335x_{(Na_2O)} + 50.642x_{(B_2O_3)}] \\ B = & 35.501x_{(SiO_2)} - 29.743x_{(Al_2O_3)} - 853x_{(Fe_2O_3)} + 1.604x_{(CaO)} - \\ & 2.884x_{(MgO)} - 73.908x_{(Na_2O)} + 64.305x_{(B_2O_3)} \end{aligned} \tag{7-46}$$

上述方程表达了文献中 7 种不同的硼硅酸盐的黏度 - 组成之间的关系。但是在别的硼硅酸盐玻璃中，该方程的可靠性和推广能力还需进一步验证。

7.4.4.2 计算方法的验证及应用

A 计算方法的验证

首先从文献［11］中获得了不同于前面 7 种玻璃的另外 15 种不同成分的玻璃在不同温度下的黏度值，并采用式（7-44）进行拟合，得到了这 15 种不同玻璃的黏度 - 温度函数中系数（A、B）的实际值。同时，采用本文建立的玻璃组成 - 黏度计算模型，经过计算得到了 15 种不同玻璃黏度 - 温度函数系数的预测值（A'和 B'）。将这 15 种不同玻璃黏度 - 温度函数中两个系数的理论预测值和实际值进行对比，并将 A、B 理论预测值和实际值之间用一次线性函数表示，如图 7-48 所示。从图中可以看出，A、B 的理论预测值和实际值分别可以用：$y = 1.0586x$ 和 $y = 1.0152x$ 来表示。表明本文中建立的黏度 - 温度计算模型中，两个系数的理论预测值与实际值吻合度比较高。但是，由于两个系数的理论预测值稍高于实际值，因此在预测玻璃黏度值时，还是存在一定的误差。

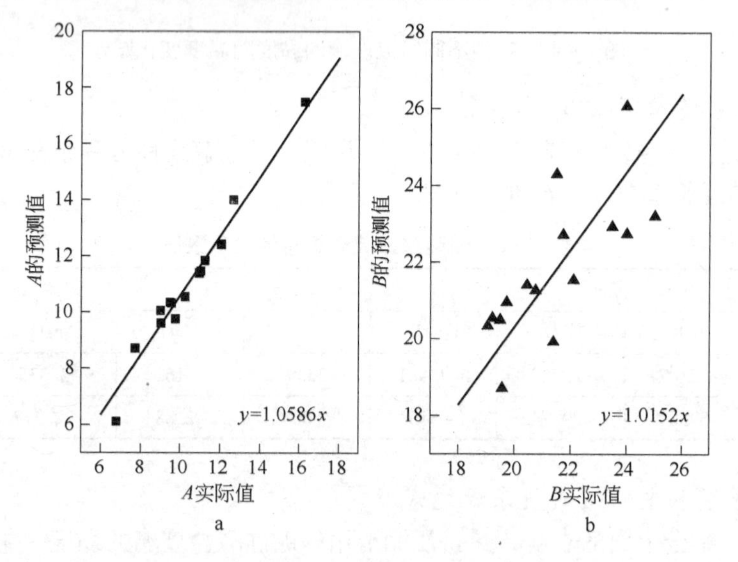

图 7-48 参数 A、B 的理论预测值和实际值对比

综合前面的研究结果，我们可以认为，本文建立的有关热挤压润滑用玻璃的组成与黏度之间的关系式是可以用来预测玻璃的黏度性质的。并可以采用此计算方法反向设计出玻璃粉的组成，使其黏度性质满足 G3 合金管材热挤压中玻璃润滑剂的要求，从而为其润滑剂的选择提供理论指导。

B 计算方法的应用

在 G3 合金热挤压成型工艺中对玻璃黏度性能提出要求后，就可以采用本节的玻璃黏度计算方法来设计玻璃润滑剂的组成，使其满足上述要求。

结合已有热挤压润滑用玻璃的组成及黏度性质特点，发现润滑剂的主要组元为 SiO_2、Al_2O_3、CaO、B_2O_3，其中 SiO_2 的摩尔分数大约为 0.3 ~ 0.7，B_2O_3 和 Al_2O_3 的摩尔分数大约为 0 ~ 0.3。MgO、Na_2O 组元含量则十分少，Fe_2O_3 的含量可以忽略不计。前面四种主要组元的含量是决定黏度及其黏温系数的主要因素。因此，在进行玻璃组成设计时，实际上就是设计 B_2O_3、SiO_2、CaO、Al_2O_3 含量不同的组合，从而判断玻璃的黏度性质是否同时满足 G3 合金的热挤压要求。但是，此时由于黏度与组元是四元函数关系，不能直观体现四种组元含量变化时，其黏度性质是否满足要求。因此，必须将四种组元中的其中一种（如 B_2O_3）设定为常量，此时利用三维图就可以将玻璃黏度性质和另外三种组元之间的关系体现出来。

因此，在对玻璃组成进行设计时，参照国内外的玻璃组成特点，对其组元含量做如下假定：将 Fe_2O_3、MgO、Na_2O 的摩尔分数分别设定为 0、0.04 和 0.05。B_2O_3 的摩尔分数（m）分别设定为 0.1、0.2、0.25、0.30。假定 SiO_2 的摩尔分数为 x，且从 0.3 变化到 0.7，Al_2O_3 的摩尔分数为 y，从 0 变化到 0.3。它们之间的关系可以下式表示：

$$\left.\begin{aligned} x_{(MgO)} &= 0.04 \\ x_{(Na_2O)} &= 0.05 \\ x_{(Fe_2O_3)} &= 0 \\ x_{(SiO_2)} &= x,\ x \in (0.3,0.7) \\ x_{(Al_2O_3)} &= y,\ y \in (0,0.3) \\ x_{(B_2O_3)} &= m,\ m \in (0,0.3) \\ x_{(CaO)} &= 0.91 - m - x - y \end{aligned}\right\} \tag{7-47}$$

利用式（7 - 46）就可以计算出任意组成时玻璃黏度 - 温度函数关系式中的两个系数 A、B 值，结合式（7 - 44）则可以计算出任意温度下玻璃的黏度值、黏温系数值，以及玻璃黏度为 $1.0 \times 10^{6.6}$ Pa · s 时对应的温度值（软化温度）。图 7 - 49 是 B_2O_3 的摩尔分数为 0.1，SiO_2、Al_2O_3、CaO 组元含量变化时玻璃的高温黏度（1100 ~ 1200℃），720℃时玻璃的黏温系数，以及软化温度的分布图。从图中可知玻璃的组元含量变化对玻璃黏度性质的影响很大。

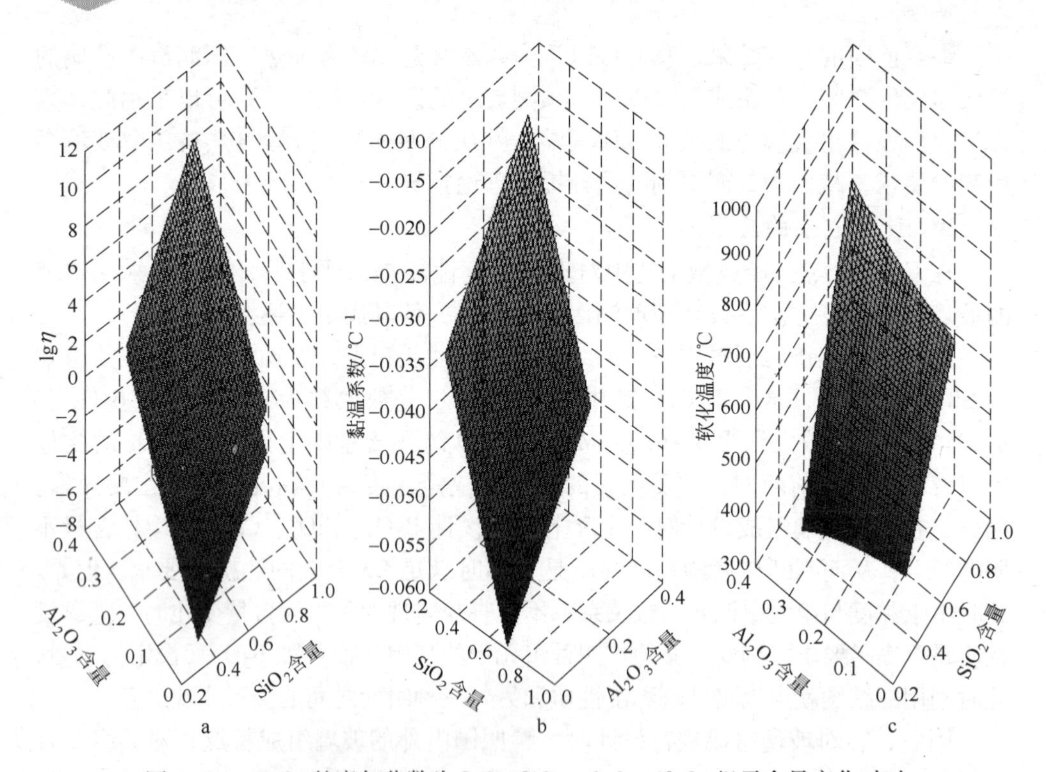

图 7－49 B_2O_3 的摩尔分数为 0.1，SiO_2、CaO、Al_2O_3 组元含量变化时对高温黏度（a）、黏温系数（b）和软化温度（c）的影响

为了更加直观地显示玻璃组元含量变化时，三个玻璃黏度性质是否同时符合 G3 合金热挤压要求，分别将图 7－49 中黏度为 25Pa・s 和 100Pa・s，黏温系数值为 －0.05 和 －0.04，软化温度为 710～730℃（三组等值线）对应的组成投影到组元含量平面上，三组等值线的交集就是同时满足三个黏度条件的玻璃组成分布区域，如图 7－50 中阴影线所在的区域。

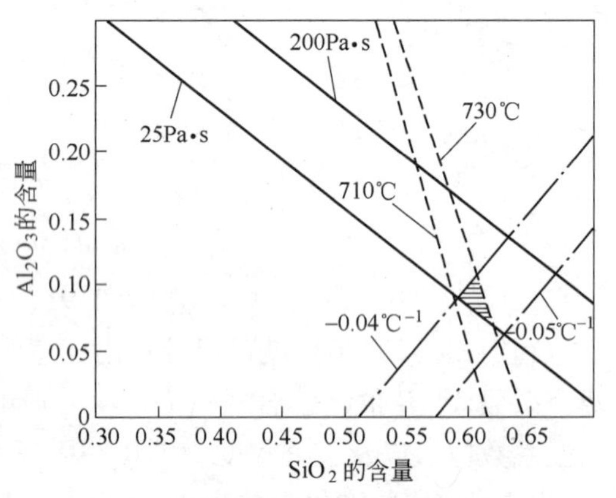

图 7－50 玻璃三个黏度性质等值线与组成之间的关系（$MgO-0.05Na_2O-0.10B_2O_3$）

此外，由于 B_2O_3 的摩尔分数大约为 0～0.3，因此还计算了 B_2O_3 的摩尔分数为 0.05、0.20、0.25 时，SiO_2、Al_2O_3、CaO 组元含量变化时，玻璃的三个黏度性质随其变化的关系，如图 7－51 所示。另外，计算结果表明，当 B_2O_3 的摩尔分数大于 0.25 或小于 0.05 时，均无法同时满足三个黏度性质条件。因此，可以认

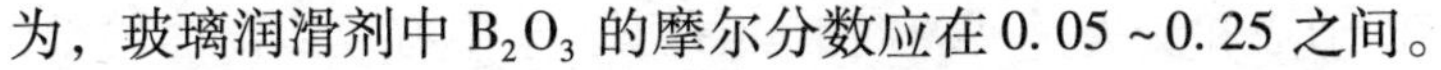

为，玻璃润滑剂中 B_2O_3 的摩尔分数应在 0.05～0.25 之间。

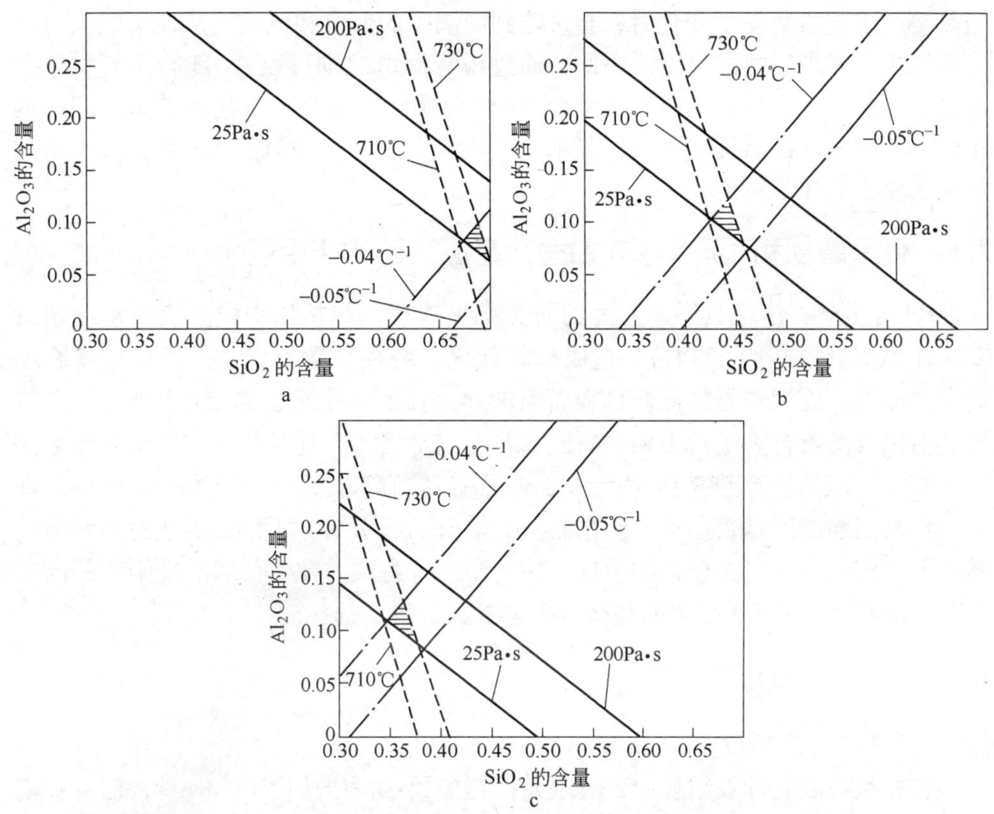

图 7－51　B_2O_3 的含量（摩尔分数）变化对玻璃黏度性质的影响

a—0.05；b—0.20；c—0.25

此外，分析图 7－51 中其他组元的含量时，发现当 B_2O_3 的摩尔分数为 0.05 时，SiO_2、Al_2O_3、CaO 的含量分别为 0.67～0.70、0.06～0.10、0.07～0.11。当 B_2O_3 的摩尔分数为 0.25 时，SiO_2、Al_2O_3、CaO 的含量分别为 0.35～0.38、0.09～0.13、0.16～0.20，即随着 B_2O_3 的摩尔分数从 0.05 增加到 0.25，玻璃润滑剂中的 Al_2O_3、CaO 含量逐渐增加，SiO_2 的含量则相应地降低。因此，同一温度下，玻璃的黏度值逐渐下降。

因此，综合上述研究结果可以认为，当完全满足 G3 合金热挤压用玻璃粉黏度性质要求时玻璃粉的最佳成分范围（摩尔分数）是：MgO 约 0.04，Na_2O 约 0.05，SiO_2 0.36～0.70，Al_2O_3 0.07～0.13，CaO 0.07～0.20，B_2O_3 0.05～0.25。

可见，本节建立的有关 G3 合金热挤压润滑用玻璃粉黏度－组成的计算方法是可行的，可以用于玻璃粉的组成设计，从而为 G3 合金管材热挤压工艺中玻璃润滑剂的使用提供理论指导。并根据上述计算方法得到了完全满足 G3 合金热挤压润滑用玻璃粉黏度性质条件的玻璃化学组成。

综上，玻璃润滑膜的形成和流失是玻璃润滑热挤压工艺中有效润滑的关键，当热挤压工艺参数发生变化时，会影响到润滑膜的形成和流失，从而影响到每次热挤压中所需玻璃垫的厚度。因此，通过模具润滑准则可以对 G3 合金管材热挤压工艺参数进行选择。同时，还结合 G3 合金实际的热挤压工艺参数，对润滑剂用玻璃粉的黏度性质提出了具体要求。并根据此要求，设计了 G3 合金热挤压润滑用玻璃粉的化学组成。

7.5 模具磨损和润滑对 G3 合金热挤压工艺的作用规律

G3 合金热挤压模具磨损行为的研究结果表明，热挤压中模具表面温度超过其工作温度上限（约 650℃），造成模具软化、磨损系数增大，是模具过度磨损的主要原因，而润滑是降低模具表面温度和磨损的一个重要途径。因此，第 7.4 节针对模具润滑行为进行了相关研究，并对满足润滑准则时的热挤压工艺参数提出了要求。但是，当热挤压工艺参数满足模具润滑准则时，模具的磨损是否降低，模具表面温度是否超过其工作温度上限值仍然未知。所以，本节在前两节的基础上，进一步研究了模具润滑良好后的磨损行为，并在模具润滑准则和最高工作温度准则下，对 G3 合金的热挤压工艺参数进行了选择。

7.5.1 润滑良好的模具磨损行为

7.5.1.1 挤压力

首先从有限元计算结果中，有限元计算参数：挤压速度 175mm/s，坯料和模具的预热温度分别为 1165℃ 和 250℃ 左右，模具入口圆角半径为 20mm，模具和坯料之间的摩擦系数分别为 0.1（模拟模具欠润滑）和 0.015（模拟模具润滑良好），获取了 G3 合金热挤压工艺模具欠润滑和润滑良好时的挤压力曲线，如图 7-52所示。

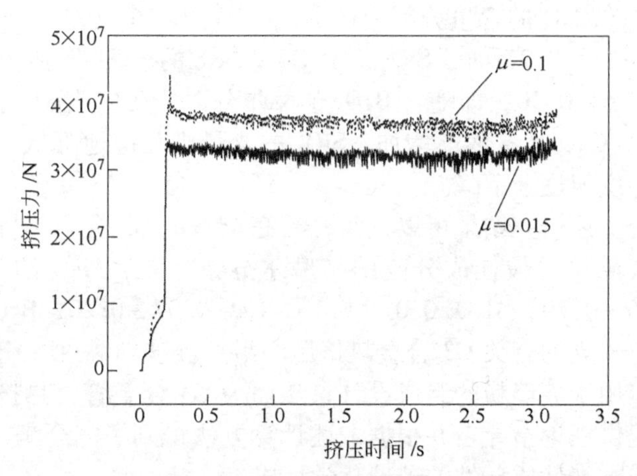

图 7-52 G3 合金热挤压模具欠润滑和润滑良好时的挤压力对比

从图7－52中可以看出，模具润滑良好后的挤压力曲线中，在挤压刚开始阶段没有出现明显的峰值挤压力，基本挤压阶段挤压力波动小，终了阶段挤压力虽然有所上升，但是增加幅度不明显。整个挤压过程中最大挤压力大约为35MN，基本挤压阶段的挤压力大约为33MN。而模具欠润滑时，随着坯料逐渐填充挤压筒，坯料和工具之间的摩擦阻力逐渐增大，因此挤压力在坯料填充阶段迅速上升，并且在完全充满时，挤压力达到最大，最大挤压力大约为43MN。随着坯料从模孔中流出后，由于坯料逐渐缩短，坯料和工具之间的接触面积逐渐缩小，因此基本挤压阶段的挤压力随着挤压的进行而有所降低，整个基本挤压阶段的挤压力大约为38MN。挤压终了阶段，虽然摩擦阻力有所下降，但是由于坯料产生冷却，变形阻力增大，因此，挤压力反而逐渐增大，如图7－52所示。对比挤压力曲线可以发现，使用玻璃润滑剂对模具进行有效润滑后的第一个显著作用就是降低了挤压力，填充阶段的最大挤压力降幅约为19%，基本挤压阶段的挤压力降幅大约为13%。

7.5.1.2 模具磨损

图7－53是G3合金管材热挤压工艺中摩擦系数为0.1（模拟模具欠润滑）和0.015（模拟润滑良好）时，模具表面磨损分布的对比图。从图中可以发现，两种情况下，模具表面的磨损分布形式基本上没有太大变化，三个磨损区域分布也大致相同。但是，模具欠润滑时，模具表面的最大磨损深度大约为0.45mm。模具润滑良好时，模具表面最大磨损深度降低到了0.14mm左右，与欠润滑状态相比，磨损深度降低了大约70%，模具使用寿命提高了约3倍。

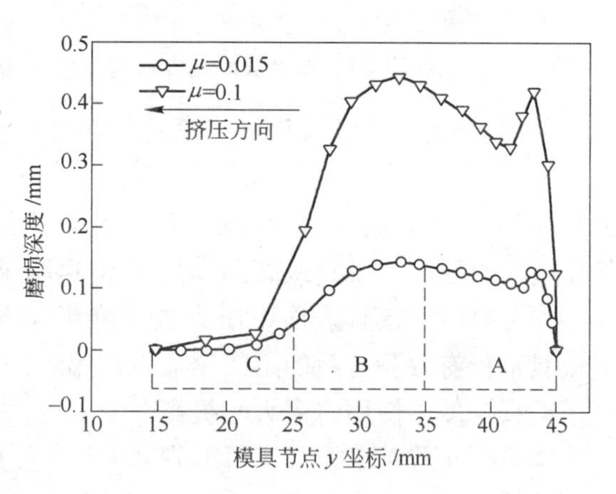

图7－53 热挤压模具欠润滑和润滑良好时磨损分布特点

研究结果表明，模具磨损可以用式（7－8）、式（7－12）来表示。从这两个式子中可以发现，其各种影响因素可以归结为模具表面温度、压力、坯料与模具之间的相对滑动速度。

G3合金热挤压工艺中，模具润滑良好时，坯料不再和模具直接接触，而是被一层玻璃润滑膜所隔离。有文献表明，模具被玻璃润滑膜所隔离后，坯料和模具之间的摩擦系数大大降低，大约为0.01～0.03，甚至更低，两者之间的界面换热系数可以降低到1.0N/(mm·℃·s）以下，从而大大降低模具的温升。有限元计算结果表明，模具欠润滑和润滑良好时，坯料相对于模具的流动速度变化很小，而模具表面温度、正压力则变化显著，如图 7－54 所示。

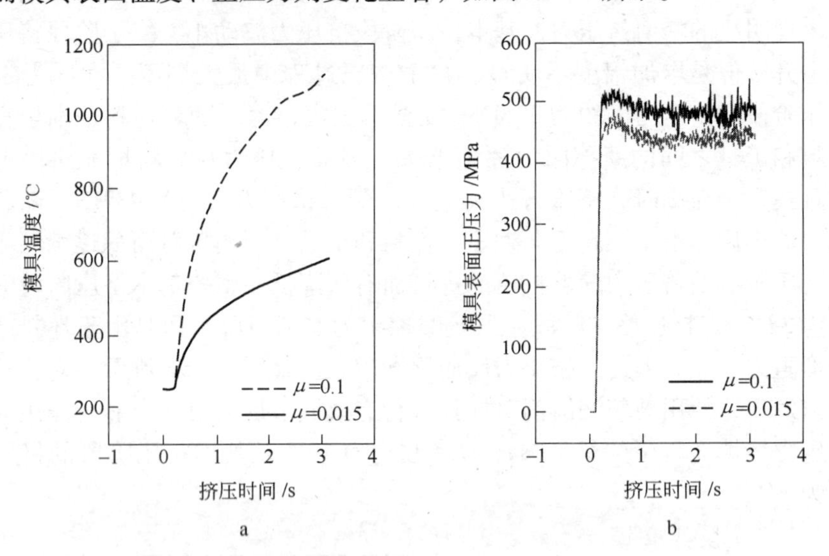

图 7－54　模具表面温度（a）、正压力（b）随挤压时间的变化

从图 7－54a 中可以看出，模具欠润滑时，随着热挤压的进行，模具表面温度逐渐上升，且在挤压后期阶段，温度高达 1150℃。而模具润滑良好时，模具表面温度随着挤压的进行也逐渐上升，但是温度升高大大降低。从图中可以看出，挤压终了阶段时，模具最高温度只有 600℃。此外，从图 7－54b 中可以看出，模具润滑良好时，模具表面正压力也下降了 50MPa 左右。因此，采用玻璃润滑剂对模具进行有效润滑后的第二个显著作用就是降低模具表面的工作温度，从而降低了磨损深度，使用寿命大幅提高。

本章 7.4 节基于模具润滑准则对 G3 合金热挤压工艺的参数进行了选择，并且认为热挤压工艺参数必须满足以下条件：挤压速度大于 150mm/s，坯料和模具的预热温度分别低于 1215℃ 和 320℃ 左右，模具入口圆角半径为 15～20mm。此时，玻璃垫的消耗值满足玻璃垫的设计上限值，热挤压能顺利进行。但是，有关在该准则下的模具磨损如何，模具使用寿命是否有所提高，仍需进一步研究。

因此，本节在满足模具润滑准则的前提条件下，进一步研究了热挤压工艺参数（挤压速度 100～275mm/s，坯料和模具的预热温度分别为 1140～1215℃ 和 150～300℃左右，模具入口圆角半径为 15～25mm）对模具磨损的影响，如图 7－55所示。即在模具润滑的前提下，以模具磨损为限定条件对 G3 合金的热挤压工艺参数进行选择。

从图 7－55a 中可以看出，模具表面最大磨损深度随着挤压速度的增加而增加。模具预热温度对模具表面最大磨损深度也有类似的影响规律，如图 7－55c 所示。相反，模具表面最大磨损深度随着坯料预热温度的增加而逐渐下降，如图

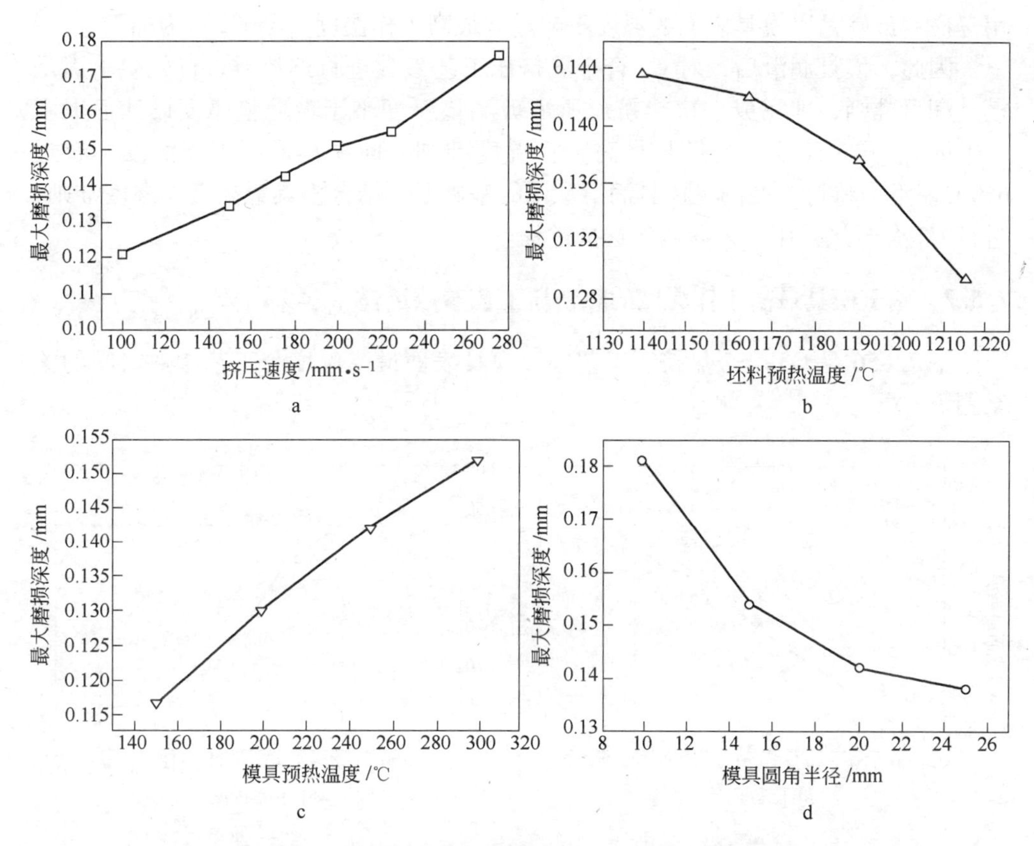

图7-55　热挤压工艺参数对模具最大磨损深度的影响

7-55b所示。随着模具入口圆角半径的增大，模具最大磨损深度大幅下降。可见，即使在模具润滑良好的情况下，热挤压工艺参数的变化对模具的磨损行为仍有很大影响。此外，从图中可以看出，在限定工艺参数范围内，模具的磨损深度大约为0.11～0.18mm，与模具欠润滑时的模具磨损深度相比，下降了大约60%～75%，模具使用寿命大约提高3倍。可见当热挤压工艺参数在满足模具润滑准则时，模具磨损很小。

模具磨损的实质是模具受热后超过其工作温度范围，造成软化，磨损系数增大。模具（H13钢）在540～650℃工作时，类似高温回火，模具和工件接触的时间越长，模具硬度下降越严重，容易产生热磨损。通常要求其最高工作温度最好不要超过650℃。但是，从磨损理论公式（7-8）中可以看出，模具磨损深度仅仅是一个理论计算值，不仅和模具表面温度有关，还和模具表面压力及金属流动速度密切相关，即使模具表面温度较高时，如超过其最高工作温度，只要压力和金属流动速度足够小，也可以得到较低的磨损深度，从而造成一种模具已经软化，但是磨损计算值仍较低的假象。可见，要想提高热挤压模具的耐磨性能和使用寿命，最好是以模具表面的温度不超过其最高工作温度（650℃）为准则。

因此，模具润滑后，对 G3 合金热挤压工艺参数进行选择时，首先要求满足模具润滑准则，即完成一次热挤压所需玻璃垫厚度小于玻璃垫厚度设计值上限（30mm）。同时还须满足模具最高工作温度准则，即模具最高工作温度不超过650℃。下面将讨论在满足模具润滑准则的基础上，结合模具最高工作温度准则，进行 G3 合金热挤压工艺参数的选择过程。

7.5.2 基于模具最高工作温度的热挤压工艺参数选择

图 7－56 是 G3 合金热挤压工艺中，模具表面最高温度与工艺参数之间的关系图。

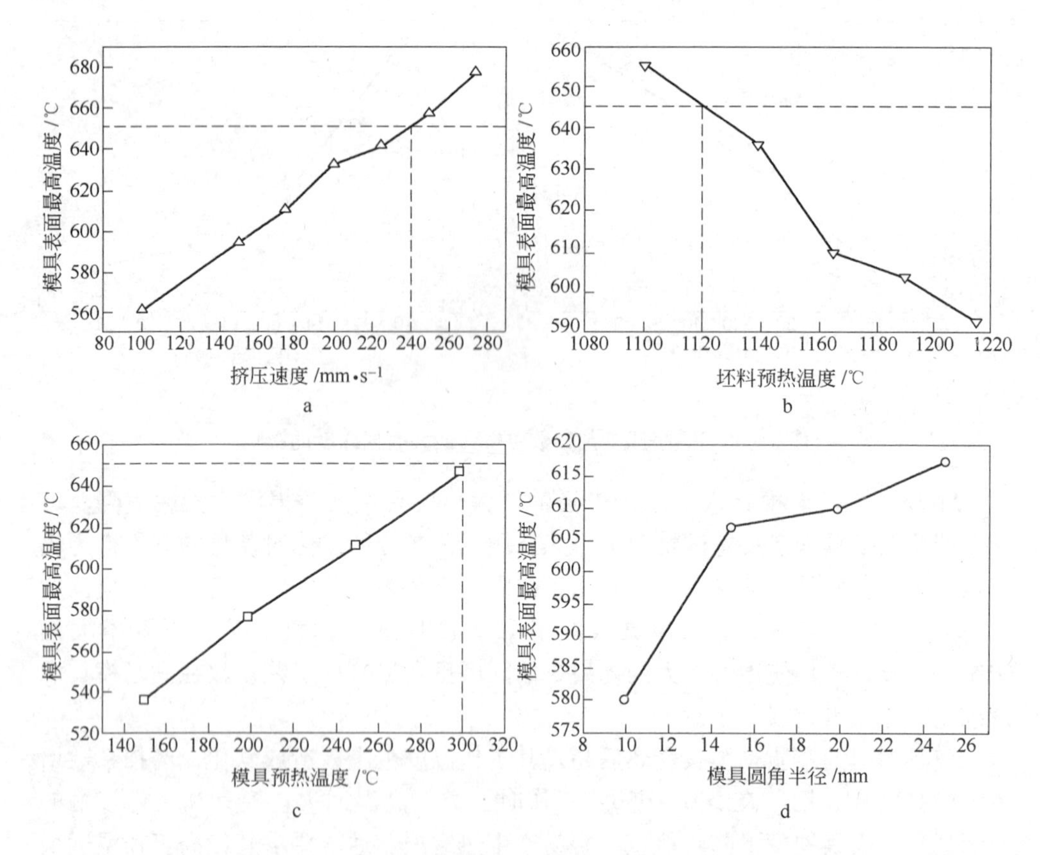

图 7－56 热挤压工艺参数对模具表面最高温度的影响

从图 7－56 中可以看出，随着挤压速度的增加，模具表面温度逐渐增加，且挤压速度为 240mm/s 时，模具表面温度超过模具钢的工作温度上限值（650℃）。随着模具预热温度的增加，模具表面温度也逐渐升高，当模具预热温度为 300℃时，模具表面温度就会高于其工作温度范围。相反，只要坯料预热温度高于 1120℃，模具入口圆角半径小于25mm，模具表面温度就不会超过其工作温度上限值。

结合图7－37和图7－55可以发现，当热挤压工艺参数满足润滑准则时，得到的模具磨损深度很低，即在满足模具润滑准则下，模具磨损值比较低。但是，在有些参数下不能满足模具最高工作温度准则。因此，借鉴金属材料热加工图的制作方法，将满足模具最高工作温度准则下的热挤压工艺参数图叠加在满足模具润滑准则下的热挤压工艺参数图上，即将图7－56叠加在图7－37上，就得到了在模具润滑准则和模具最高工作温度下，G3合金热挤压工艺参数选择的示意图，如图7－57所示。

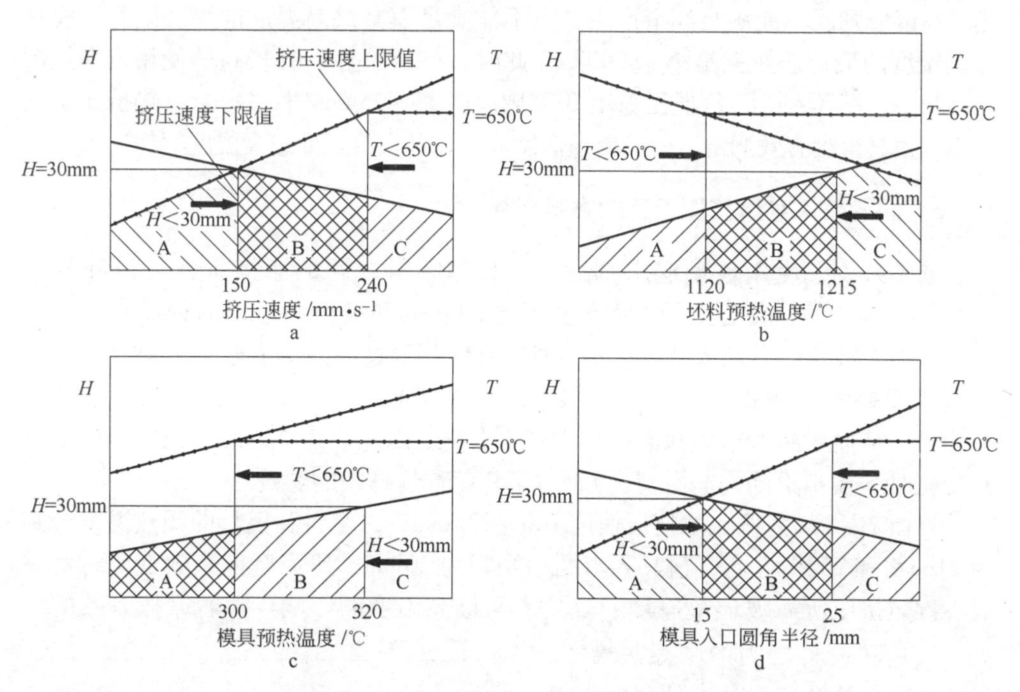

图7－57　基于模具润滑准则及最高工作温度准则的工艺参数选择图

—— H随工艺参数变化线；-•-•- T随工艺参数变化线

图7－57中，根据热挤压工艺参数对模具润滑和模具最高工作温度的影响，每一个挤压工艺参数可以分为三个区域，A区、B区和C区。如在图7－57a中，为了满足模具润滑准则，挤压速度必须大于150mm/s，即图中的B区和C区。为了满足模具最高工作温度准则，热挤压速度则必须小于240mm/s，即图中的A区和B区。而为了同时满足模具润滑和最高工作温度准则，则只有B区的热挤压速度才符合。因此，在G3合金热挤压工艺中，当润滑良好（摩擦系数为0.015）时，采用B区域的热挤压速度时，完成一次热挤压所需玻璃垫的厚度小于玻璃垫厚度的设计上限值（30mm），即满足润滑准则，并且模具的磨损深度大约为0.14～0.18mm，与模具欠润滑（摩擦系数为0.1）时相比，模具磨损深度降低

60%以上，使用寿命大约提高了3倍。此外，热挤压模具表面最高温度低于650℃，也满足最高工作温度准则。因此，当要求热挤压工艺同时满足两个准则时，热挤压速度的最佳选择范围是150～240mm/s。

同理，图7－57b中，为了满足模具润滑准则，选择A区域和B区域的坯料预热温度比较合适。而B区域和C区域的坯料预热温度则满足模具最高工作温度准则。只有采用B区域（坯料预热温度为1120～1215℃），才能同时满足上述两个准则。图7－57c中，采用A区域和B区域的模具预热温度时，能满足模具润滑准则，但是只有A区域内的模具预热温度才能同时满足模具最高工作温度准则。C区域则既不能满足润滑准则，也不能满足模具最高温度准则。因此，模具预热温度的最佳选择就是小于300℃，此时，挤压模具具有较高的使用寿命。图7－57d中，模具入口圆角半径采用B区域，即15～25mm时，G3合金热挤压工艺中不仅模具得到有效润滑，模具磨损深度较低，且模具表面最高温度不超过650℃。

7.5.3 润滑效果对热挤压工艺的影响规律

通常来说，使用玻璃润滑剂后，模具和坯料之间的摩擦系数可以降低到0.01～0.03之间，甚至更低。而摩擦系数的高低和玻璃润滑剂的种类有一定的关系，如果玻璃润滑剂成分设计不合理，在挤压温度下，具有较高的黏度，则可能造成摩擦系数稍微偏大（如0.05），而黏度较低时，则摩擦系数偏小（如0.005），从而对润滑行为和磨损行为产生影响。因此，本节继续研究了当摩擦系数变化时（模拟不同的润滑情况），对工艺参数选择图的影响。

以图7－56a为例，取挤压速度100～225mm/s，坯料和模具的预热温度分别为1165℃和250℃左右，模具入口圆角半径为20mm，研究摩擦系数变化时对完成一次热挤压所需玻璃垫厚度、模具表面最高温度的影响。随着摩擦系数的增大，模具和坯料之间的摩擦热增大，导致界面温度升高，玻璃软化变得更为容易，玻璃成膜更为容易，因此完成一次热挤压所需玻璃垫厚度增加，越不容易满足模具润滑准则。如在满足模具润滑准则条件下，摩擦系数为0.015时，热挤压速度必须大于140mm/s左右。而摩擦系数增大到0.05时，热挤压速度则必须大于180mm/s左右。可见，当摩擦系数增大时，为了满足模具润滑准则，必须提高挤压速度，如图7－58所示。

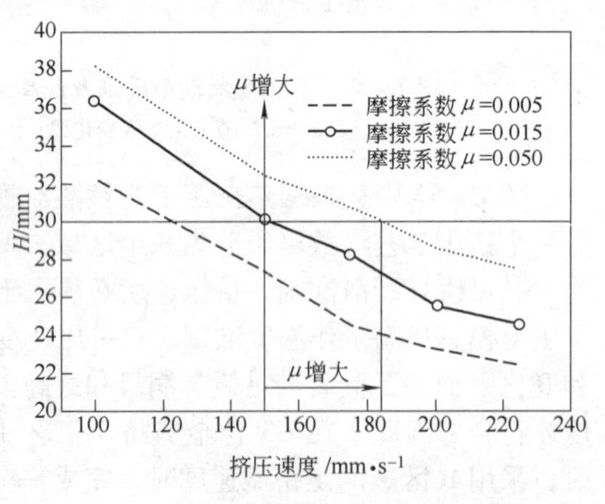

图7－58 摩擦系数对完成一次热挤压所需玻璃垫厚度（H）的影响

另外，摩擦系数的增大，还导致模具的表面温度升高，因此模具磨损深度增加，使用寿命降低，如图 7-59 所示。当摩擦系数为 0.015，热挤压速度低于 240mm/s 时，模具表面温度就不会超过其最高工作温度。但是，当摩擦系数增大到 0.05 时，为了满足模具最高工作温度准则，热挤压速度必须小于 190mm/s。

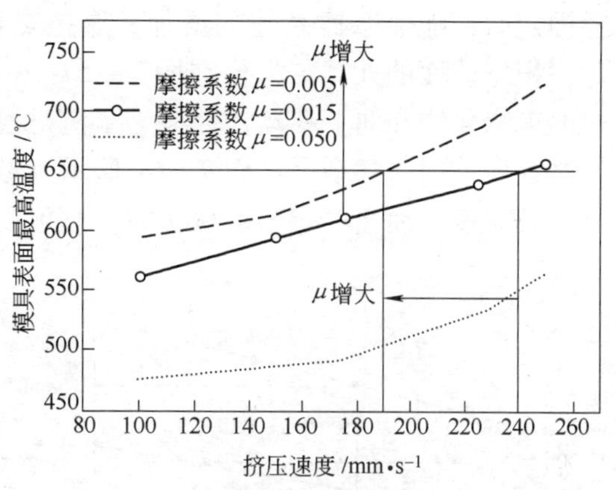

图 7-59　摩擦系数对模具表面最大磨损深度和最高温度的影响

综上所述，图 7-56a 中，G3 合金热挤压工艺中，随着摩擦系数的增大，为了满足模具润滑准则，热挤压速度下限值必须向右移动（即增大），而为了满足模具最高工作温度准则，热挤压速度上限值则必须向左移动（即降低），如图7-60所示。即随着摩擦系数的增大，热挤压速度的选择区间缩小了。因此，不利于热挤压速度的控制。否则，只要热挤压速度稍微变化，就会对模具表面温度和玻璃润滑膜产生较大的负面作用。相反，摩擦系数减小时，则可以扩大热挤压速度的选择区，有利于热挤压速度的选择。

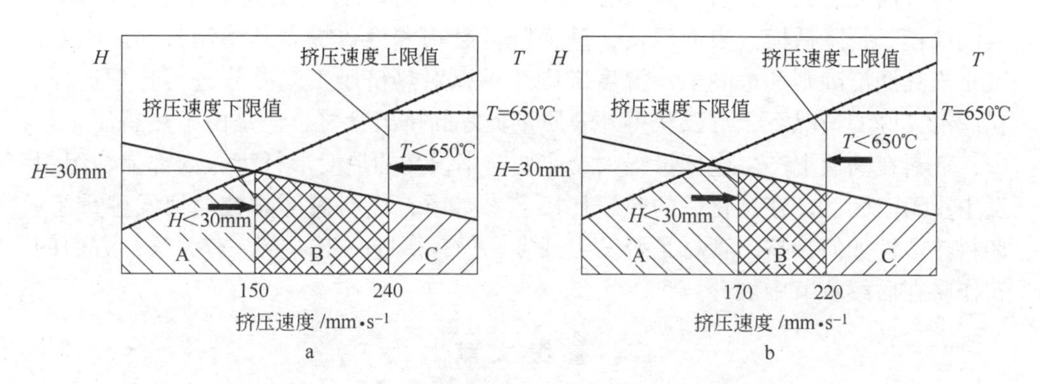

图 7-60　挤压速度区间随摩擦系数（μ）变化趋势图

a—$\mu=0.015$；b—$\mu>0.015$

—— H 随挤压速度变化线；←→ T 随挤压速度变化线

由于圆角半径、坯料预热温度对模具润滑和磨损、模具表面最高温度的影响作用类似热挤压速度，因此，经过计算发现，当摩擦系数增大时，圆角半径和坯料预热温度的选择区间也相应地缩小。摩擦系数降低时，两者的选择区间扩大。

当摩擦系数变化时，对模具预热温度的选择区间也会产生影响。但是变化规律则和其他三个工艺参数不一样。当热挤压速度、坯料和模具预热温度、圆角半径固定时，随着摩擦系数的增加，摩擦热增多，导致模具温度升高更容易。因此，根据前面的计算结果，在图 7－57c 中，模具表面最高温度线、H 随模具预热温度变化线会向上移动，因此为了满足模具最高工作温度准则，模具预热温度控制线应该向左移动，如图 7－61 所示。可见，当摩擦系数增大时，需要降低模具预热温度。而当摩擦系数减小时，则可以适当提高模具的预热温度。

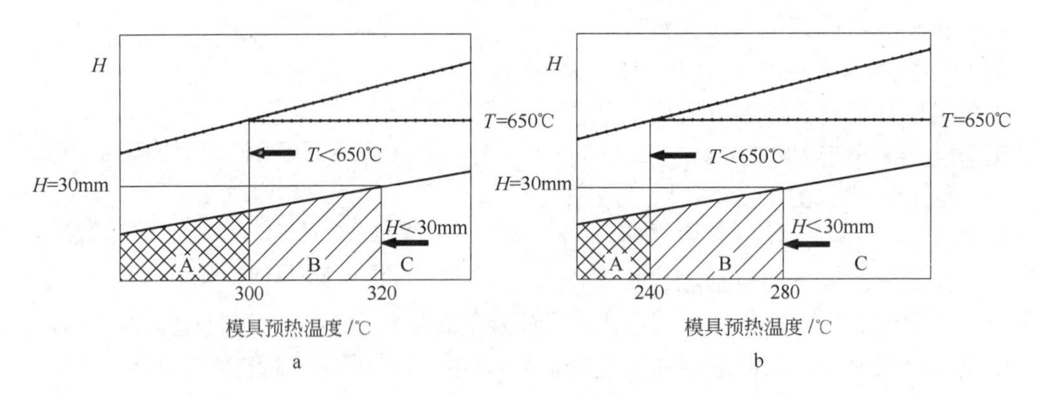

图 7－61 模具预热温度区间随摩擦系数（μ）变化趋势图

a—μ = 0.015；b—μ > 0.015

—— H 随模具预热温度变化线；⟷ T 随模具预热温度变化线

综合前面有关模具磨损和润滑的研究结果可以发现，采用玻璃润滑剂可以有效润滑模具，降低模具表面温度，从而降低磨损深度，提高其使用寿命。同时，基于模具润滑准则和最高工作温度准则还可以对热挤压工艺参数进行合理选择。在润滑良好的情况下，可以获得外表质量良好的挤出管材。但是由于热挤压工艺中，坯料在高温下产生应变量很大、应变速率很高的热变形行为，内部晶粒组织发生重组。因此，在优化后的热挤压工艺参数下，坯料内部晶粒如何发生重组，坯料热塑性如何，挤出管材是否发生开裂，仍有待进一步研究，有关这一方面的工作将在后续章节中展开。

参考文献

[1] Lepadatu D, Hambli R, Kobi A, et al. Statistical investigation of die wear in metal extrusion processes [J]. International Journal of Advanced Manufacturing Technology, 2006, 28 (3): 272～278.

[2] Gupta A K, Hughes K E, Sellars C M. Glass lubricated hot extrusion of stainless steel [J]. Metals Technology, 1980, 7 (8): 323～331.

[3] Iwama T, Morimoto Y. Die life and lubrication in warm forging [J]. Journal of Materials Processing Technology, 1997, 71 (1): 43～48.

[4] Wallace P W, Kulkarni K M, Schey J A. Thick－film lubrication in model extrusions with low extrusion ratios [J]. Journal of the Institute of Metals, 1972, 2677: 78～85.

[5] Lee R S, Jou J L. Application of numerical simulation for wear analysis of warm forging dies [J]. Journal of Materials Processing Technology, 2003, 140 (1~3): 43~48.

[6] Schery J A. Tribology in metalworking [M]. USA Ohio: American Society of Metals, 1984.

[7] 苏玉华. 高酸性气田用镍基耐蚀合金 G3 油管的研究 [D]. 昆明: 昆明理工大学, 2006.

[8] Li L X, Peng D S, Liu J A. An experimental study of the lubrication behavior of A5 glass lubricant by means of the ring compress test [J]. Journal of Materials Processing Technology, 2000, 102 (1): 138~142.

[9] 稀有金属材料加工手册编写组. 稀有金属材料加工手册 [M]. 北京: 冶金工业出版社, 1984.

[10] 王承遇, 陶瑛. 玻璃成分设计与调整 [M]. 北京: 化学工业出版社, 2006.

[11] Vargas S, Frandsen F J, Damjohansen K. Rheological properties of high temperature melts of coal ashes and other silicates [J]. Progress in Energy and Combustion Science: 2001, (27): 237~429.

8 热挤压工艺与组织控制

钢热挤压工艺中，具有高温、高压、大应变、高应变速率的特点。热挤压过程中坯料不仅发生外部形状的改变，内部组织同时也产生巨变。一般来说，在热挤压的同时，变形区域内的坯料产生动态再结晶行为。挤压结束时，需要切断压余。同时，挤出制品还需要在辊道上进行输送、切断定尺。在这一过程中，挤出制品内部还会发生亚动态再结晶、静态再结晶行为，甚至是晶粒长大。一般来说，对挤压制品有一定的力学性能（如塑性指标、晶粒度）要求，而性能是由内部组织所决定的。当热挤压工艺参数选择不当时，坯料内部温升过大，晶粒尺寸迅速增大，热塑性和可加工性下降，从而产生挤出废品。因此，准确了解合金在热挤压过程中的组织演变，获得指定的组织要求，同时确保合金具有良好的热加工性能，是合金热挤压工艺中又一个关键问题。

通常来说，为了得到质量良好的挤压制品，不仅要求制品表面质量良好，尺寸符合要求，还对挤压质量的内部组织有严格要求。如核电站蒸汽发生器用690管材，要求晶粒度大约在ASTM5 ~ 7 级之间。因此，准确了解热挤压工艺与玻璃润滑行为之间的关系，同时，选择合理的热挤压工艺参数，获得符合指定要求的内部组织，确保合金具有较高的热加工性能，是合金热挤压工艺中的关键问题。

第2章使用再结晶图和加工图定性地描述了690合金热变形过程中的组织变化规律，并且基于690合金的热变形行为特性，给出了能实现690合金管材顺利挤出的热挤压工艺参数控制范围。但是，核电蒸汽发生器传热管主要通过热挤压工艺加工成型，镍基合金的热挤压工艺的特点是温度较高、高应变速率以及大应变。高应变速率大应变条件下热变形的组织演化情况无法通过常规实验获得，要实现690合金热挤压荒管组织的精确控制，仅仅基于再结晶图和加工图分析成型过程还是不够的。

随着有限元数值模拟及仿真技术在金属塑性成型中的广泛应用，对金属塑性成型过程的分析不再困难。有限元数值模拟法不仅能直观描述金属塑性成型过程中的应力、应变、温度等的分布状态，还能为金属塑性成型优化设计提供基本依据，如模具型腔与结构的合理性，工件成型缺陷、成型形状尺寸对质量的影响等。在众多模拟材料成型的软件中，DEFORM是能在一个集成环境内完成建模、成型、热传导和成型设备特性分析的有限元模拟仿真软件。它可以用于各种金属成型过程和热处理工艺的模拟仿真分析，能模拟自由锻、模锻、挤压、拉拔、轧制等多种塑性成型工艺过程，可提供极有价值的工艺分析数据，如材料流动、模具填充、锻造负荷、模具应力、晶粒流动、金属微观组织和缺陷产生发展情况等。

通过有限元软件对 G3 和 690 合金热挤压变形过程进行仿真模拟和组织精确控制，就必须建立完整、精确的组织演变模型，它是进行组织预测和控制的基础。本章首先建立 G3 和 690 合金在热变形过程中的组织演变模型，并通过 DEFORM - 2D 软件验证所建立热变形组织演变模型的正确性，然后对该软件进行二次开发，用以实现热挤压过程中组织演变预测和控制。

8.1 G3 合金组织演变模型的验证

金属热变形时的组织演变包括在变形过程中、变形间隙和变形后的显微组织变化。在热变形过程中主要发生动态再结晶，在变形间隙或变形后的高温停留阶段会发生亚动态再结晶、静态再结晶以及晶粒长大，三者可以统称为后动态再结晶。建立精确的动态再结晶和后动态再结晶数学模型可以定量描述 690 合金在热变形过程中发生的显微组织变化。

本章在热压缩变形实验基础上建立的 G3（690）合金热变形组织演变模型，将其与 DEFORM - 2D 有限元软件结合，模拟计算等温恒应变速率热压缩变形过程中的晶粒组织分布，验证组织演变模型的准确性和外推性。之后进行 DEFORM - 2D 用户子程序二次开发，使其具有热挤压成型组织演变预测功能。通过对不同挤压工艺参数下挤出荒管晶粒尺寸的预测，揭示了多种挤压工艺参数对晶粒组织的影响规律。

第 3 章已经得到了 G3 合金在高温热变形时的内部组织演变的数学模型。该模型是否可靠，还需试验进行验证。因此，本节首先获得了一根实际的 G3 合金热挤压荒管，并对其内部晶粒尺寸进行了分析。然后，将第 3 章已得到的 G3 合金流变应力曲线及动态再结晶动力学、亚动态再结晶动力学和晶粒长大方程与 DEFROM - 2D 软件相结合，对 G3 合金管材热挤压过程及再结晶组织进行模拟，经计算得到了挤出管材内部晶粒尺寸的分布特点，晶粒尺寸有限元计算流程如图 8 - 1所示。通过对比试验结果和有限元计算结果，可以判断本建立的组织演变模型是否准确。

晶粒尺寸有限元计算步骤如下：

（1）从热挤压有限元计算结果中提取每一计算步各个节点的温度、应变量和应变速率。

（2）判断当前计算步，节点的应变量是否大于 G3 合金动态再结晶临界应变量。若小于临界应变量，则晶粒尺寸保持初始状态，转到步骤（6）；若大于临

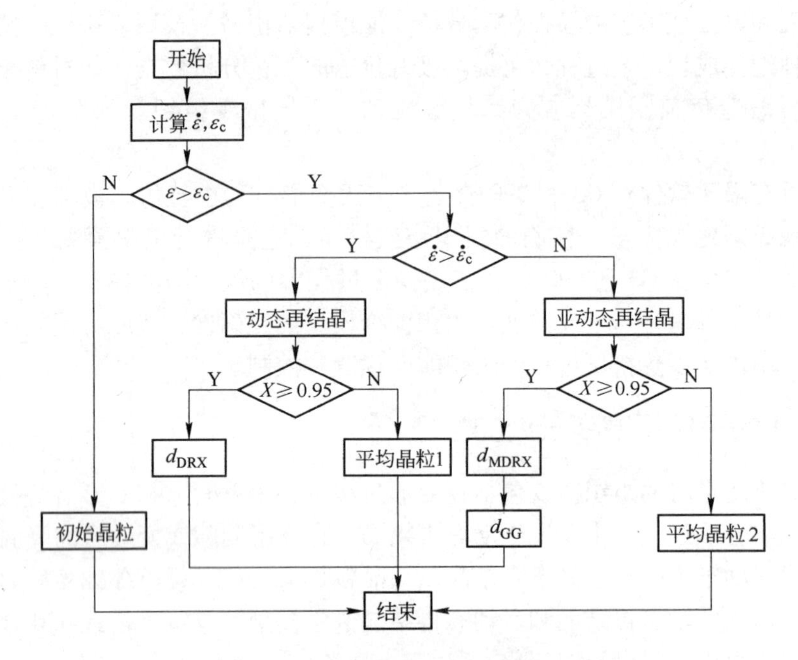

图 8－1 有限元晶粒尺寸计算流程图

界应变量，则表示发生动态再结晶，转到步骤（3）。

（3）判断当前计算步应变速率是否大于临界应变速率。若大于，调用动态再结晶方程，计算动态再结晶分数，转到步骤（4）；若小于，则调用亚动态再结晶方程，并计算亚动态再结晶分数，转到步骤（5）。

（4）判断动态再结晶分数是否大于 0.95，若大于，则计算动态再结晶晶粒尺寸，转到步骤（6）；若小于，计算动态再结晶晶粒尺寸，并根据动态再结晶分数和未完成动态再结晶的分数、原始晶粒尺寸计算变形后的平均晶粒尺寸，转到步骤（6）。

（5）判断亚动态再结晶分数是否大于 0.95，如果大于，则计算亚动态再结晶的晶粒尺寸和晶粒长大后的尺寸，转到步骤（6）；若小于 0.95，计算亚动态再结晶晶粒尺寸，根据亚动态再结晶分数，和上一步的晶粒尺寸，计算平均晶粒尺寸，转到步骤（6）。

（6）更新计算步，获取下一计算步的温度、应变速率和应变量，重复步骤（2）。G3 合金热挤压工艺中模拟晶粒尺寸时，在热挤压变形区由于具有较大的应变量，通常发生动态再结晶，而在挤出管材部分由于应变量和应变速率很小，因此发生亚动态再结晶和晶粒长大。

为了验证建立的组织演变模型，从 6000t 热挤压机现场采集数据和样品，进行模拟计算，并与实际观察结果的对比分析。图 8－2 是采用玻璃润滑热挤压工艺得到的一根G3合金挤压荒管。荒管热挤压工艺参数为：热挤压速度180mm/s，模具预热温度200℃，坯料预热温度1150℃时，模具入口圆角半径15mm。

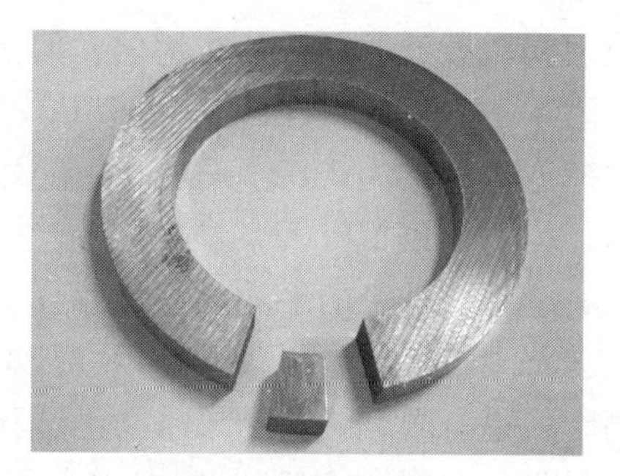

图8-2　采用热挤压生产的G3合金荒管

首先从管坯环上切下一小块试样进行金相制样，在光学显微镜（OM）下观察荒管内径、1/2*R*处、外径的晶粒分布特点，三个区域的晶粒尺寸参见表8-1，三个区域的晶粒组织分布如图8-3所示。

表8-1　G3合金挤压荒管不同位置的晶粒尺寸

观察位置	内　径	1/2*R*处	外　径
晶粒尺寸/μm	27	30	28

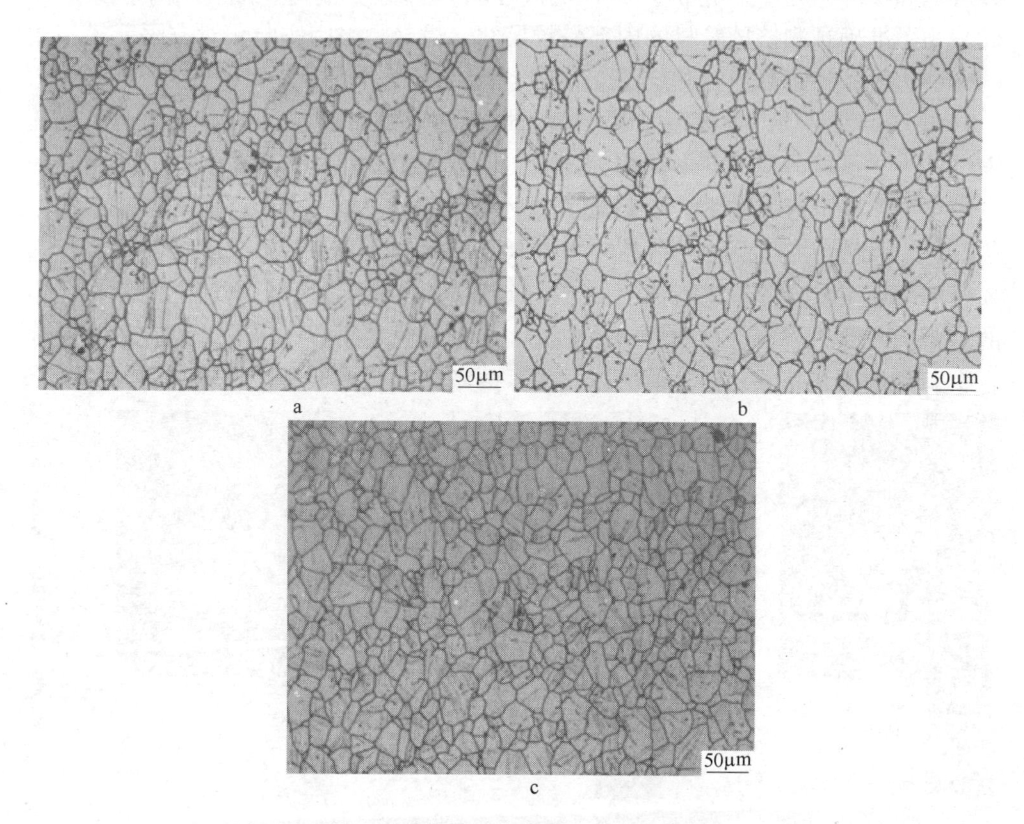

图8-3　实际挤压荒管径向内部组织图

a—内径；b—1/2*R*处；c—外径

结合图8-3和表8-1可以发现，挤出荒管内部几乎全部为再结晶晶粒，三个不同位置处的晶粒分布均匀，但是心部晶粒尺寸略大于外径和内径处的尺寸。而图8-4是采用有限元法模拟G3合金管材的热挤压过程（工艺参数如前所述，摩擦系数设定为0.02），并结合前文建立的组织演变模型，对挤出管材内部再结晶行为进行模拟计算后得到的晶粒尺寸分布图。从图中可以发现，挤出管材内径、心部、外径的平均晶粒尺寸分别为：33.3μm、31.9μm、31.3μm。对比实际G3合金挤压荒管内部晶粒尺寸可以发现，有限元计算结果和实验测量值吻合度高，但是有限元计算结果略高于试验测量值。原因可能如下：

（1）从再结晶动力学方程中可以看出，晶粒尺寸和变形温度、应变速率、应变量等有关。本章有限元计算中，由于假设模具和坯料之间存在玻璃润滑剂。因此，两者之间的热交换系数设定为0.5～1.0N/(mm·℃·s)。在实际的玻璃润滑热挤压工艺中，这个值是一个待定的经验值，需要进行试验来测定。但是，目前有关这个经验值的报道很少，且无法验证其准确性。因此，设定的热交换系数可能和实际值还有一定的差距，造成坯料内部温度偏高和晶粒尺寸偏大。因此，为了准确预测挤压管材的内部晶粒尺寸，最好是采用实验法对有限元模拟中的一些边界条件参数进行测定。

（2）再结晶动力学模型是基于单向恒温热压缩试验结果而建立的，而热压缩试验中，试样的最大变形速率为$30s^{-1}$，应变量最大也就0.8左右。而在热挤压模拟中，变形区域内的应变量最大值可以在3.0左右，应变速率也高达20～$100s^{-1}$。因此，将建立的再结晶动力学模型应用到DEFORM-2D软件中时，需要对应变速率、应变量进行插值外推。这就造成了实际值和外推值之间存在一定的差距。因此，挤出管材内部的晶粒尺寸和实际值之间有一定的差距。但是，综合实验测量值和有限元计算值可以发现，两者之间的差异还是比较小的，基本上

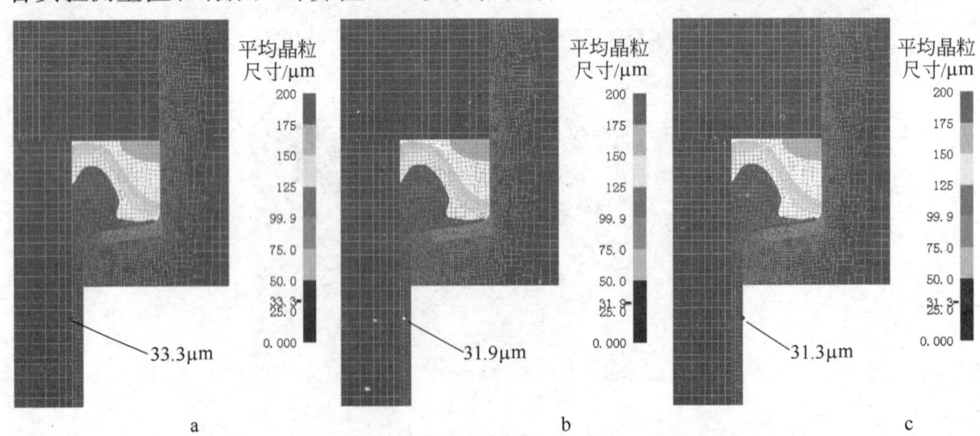

图8-4 有限元计算得到的G3合金挤出管材晶粒尺寸分布

a—内径；b—1/2R处；c—外径

可以满足工程应用。因此，可以认为，建立的G3合金再结晶动力学方程是可靠的，可以用来预测和控制G3合金管材热挤压工艺中的再结晶组织的演变。

为了进一步对挤压后玻璃润滑膜厚度的变化规律进行对比观察，以验证润滑膜厚度模型的可预报性。还获得了G3合金管材热挤压调试期间润滑用的玻璃粉如图8－5a所示。采用荧光分析法对其成分进行了测定，结果表明其主要组成（摩尔分数）为：SiO_2约0.56，Al_2O_3约0.08，CaO约0.11，MgO约0.07，Na_2O约0.12，B_2O_3约0.05。因此，根据第7章玻璃组成－计算方法对其黏度性质进行了预测，如图8－5b所示。进一步采用第7章建立的玻璃润滑膜厚度及完成一次热挤压所需玻璃垫厚度计算模型，结合热挤压有限元模拟得到了G3合金完成一次热挤压所需玻璃垫厚度大约为27.32mm。而实际热挤压工艺中，玻璃垫厚度为30mm，从现场跟踪观察分析可以看出，每挤压一次，挤压结束后压余掉入地坑中，现场观察玻璃垫仅有少量剩余，说明第7章中玻璃润滑膜厚度的计算公式是可行的。

a

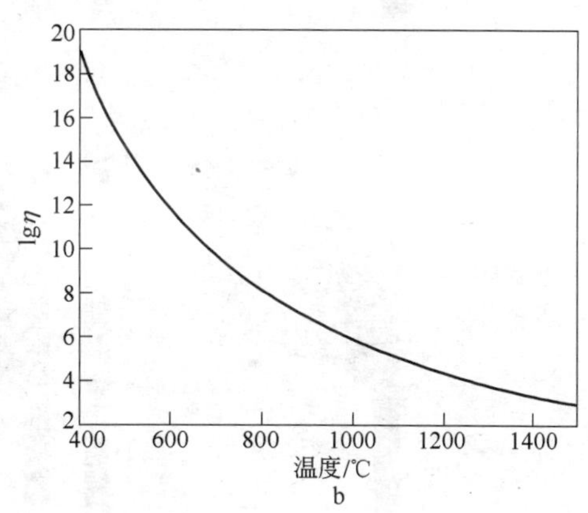

b

图8－5 热挤压用玻璃粉的形貌（a）及黏度随温度变化的曲线（b）

在上述基础上，并根据模具润滑准则提出的热挤压工艺参数区间（挤压速度大于150mm/s，坯料和模具的预热温度分别低于1215℃和320℃左右，模具入口圆角半径为15～20mm），进一步研究了坯料和模具的预热温度、挤压速度、模具入口圆角半径和初始晶粒尺寸对热挤压变形区和挤出管材内部晶粒尺寸的影响。

8.2 热挤压工艺参数对G3合金管材内部晶粒的影响

8.2.1 坯料预热温度

图8－6是热挤压速度为175mm/s，模具预热温度为250℃，模具入口圆角半径为20mm，坯料预热温度分别为1140℃、1190℃、1215℃，摩擦系数为0.015

时，挤压管材内部和挤压变形区内的晶粒尺寸分布图。根据再结晶晶粒模拟计算算法，可以判断，在靠近模具入口的热挤压变形区主要发生的是动态再结晶，而在定径带及模孔出口区则是在动态再结晶晶粒的基础上发生亚动态再结晶和晶粒长大。从模拟计算图中可以看出，随着坯料预热温度的升高，这两个区域内的晶粒尺寸均逐渐增大。

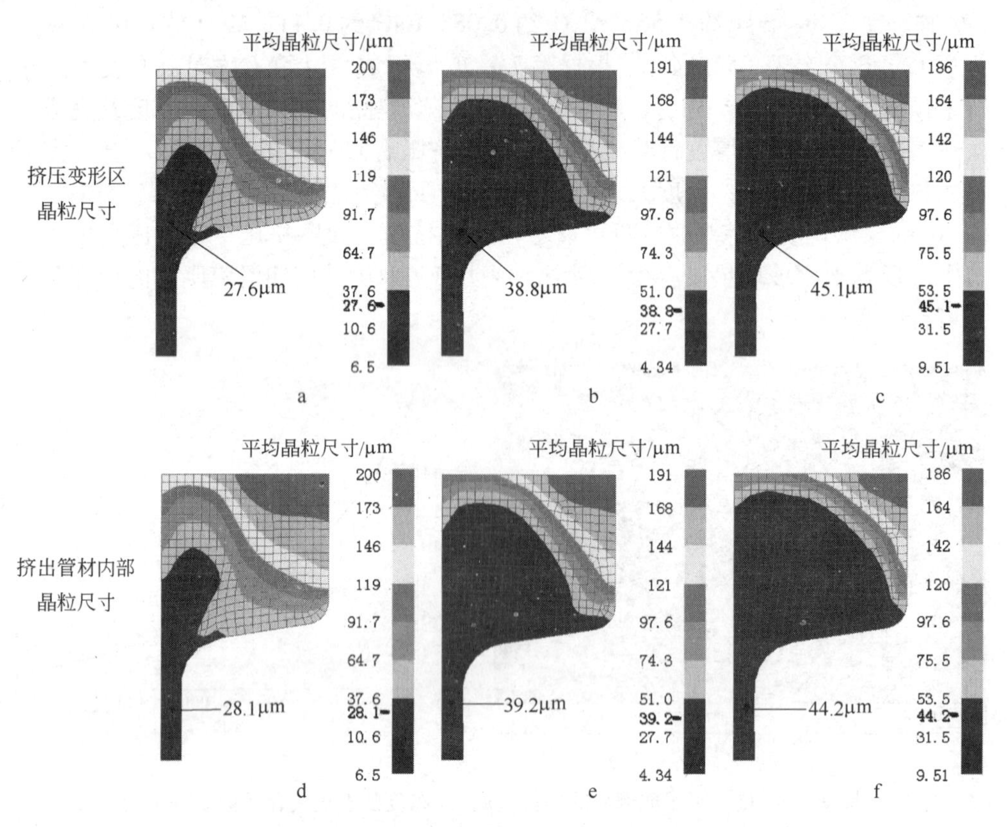

图 8－6　坯料预热温度对晶粒尺寸的影响

a，d—1140℃；b，e—1190℃；c，f—1215℃

有限元计算结果表明，当坯料温度从 1140℃升高到 1215℃时，变形区内的平均应变速率从 52.8s^{-1} 升高到 71.5s^{-1} 左右。同时，变形区域内的温度从 1210℃升高到 1270℃左右，如图 8－7 所示。而热挤压变形区域内的晶粒主要是动态再结晶晶粒，因此，根据动态再结晶动力学方程，式（3－31）可以发现，随着应变速率的增加，动态再结晶晶粒尺寸应该减小。但是，由于变形区内温度很高，根据图 7－29 可以发现，此时温度大大高于 G3 合金第二相的溶解温度，因此，第二相的钉扎晶界作用减弱，再结晶晶粒长大变得更为容易[1]。可见，对于再结晶晶粒尺寸而言，应变速率和温度是一对相互矛盾的因素，但是本章的结果表明，在热挤压变形区的再结晶晶粒随着坯料预热温度的提高而逐渐增大，如

图 8 - 6a ~ c 所示。因此，温度对晶粒尺寸的影响作用高于应变速率。

随着坯料预热温度的升高，挤出管材内部的温度也逐渐升高（图 8 - 7），而且亚动态再结晶刚开始时的晶粒尺寸（即热变形区域动态再结晶完成后的晶粒尺寸）也逐渐增大。因此，根据亚动态再结晶动力学方程可以看出，亚动态再结晶完成所需时间更短，得到的亚动态再结晶晶粒尺寸也逐渐增大。如果时间足够长时，亚动态再结晶晶粒甚至还发生晶粒长大，得到的晶粒尺寸更大。因此，在挤出管材内部的平均晶粒尺寸也随着预热温度的升高而逐渐增大。如果伴有拉应力，则有可能造成挤压荒管开裂。所以，挤压变形区和挤出管材内部的晶粒均随着坯料预热温度的升高而增大，如图 8 - 6 所示。

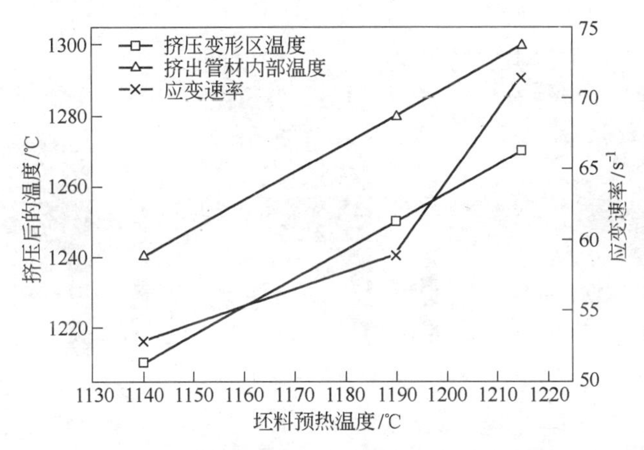

图 8 - 7 坯料预热温度对热挤压变形区和挤出管材内部温度的影响

8.2.2 挤压速度

图 8 - 8 是坯料预热温度为 1165℃，模具预热温度为 250℃，模具入口圆角半径为 20mm，挤压速度从 150mm/s 升高到 225mm/s，摩擦系数为 0.015 时，挤压管材内部和变形区域内部的晶粒尺寸变化。从图中可以看出，这两个区域内的晶粒尺寸随着挤压速度的变化很小。挤压速度从 150mm/s 升高到 225mm/s 时，在热挤压变形区热效应会导致温度有所升高，有限元计算结果表明，变形区域内的平均温度在 1210 ~ 1230℃之间。同时，随着挤压速度的提高，应变速率则从 48.3s^{-1}升高到 61.8s^{-1}左右，如图 8 - 9 所示。动态再结晶行为研究结果表明，温度和应变速率对再结晶晶粒的作用是矛盾的，如图 3 - 26 所示。在热变形区域，随着挤压速度的提高，应变速率增加，再结晶晶粒尺寸应该有所降低。而在变形区温度有所升高，虽然只有 10℃左右，但是文献［2］表明，在 1150℃以上，只要温度稍微升高，晶粒尺寸就会迅速增长。因此，在热变形区域，温度的变化削弱了晶粒的缩小，平均晶粒尺寸随挤压速度的变化很小。可见，温度的变化对晶粒尺寸的影响作用高于应变速率。

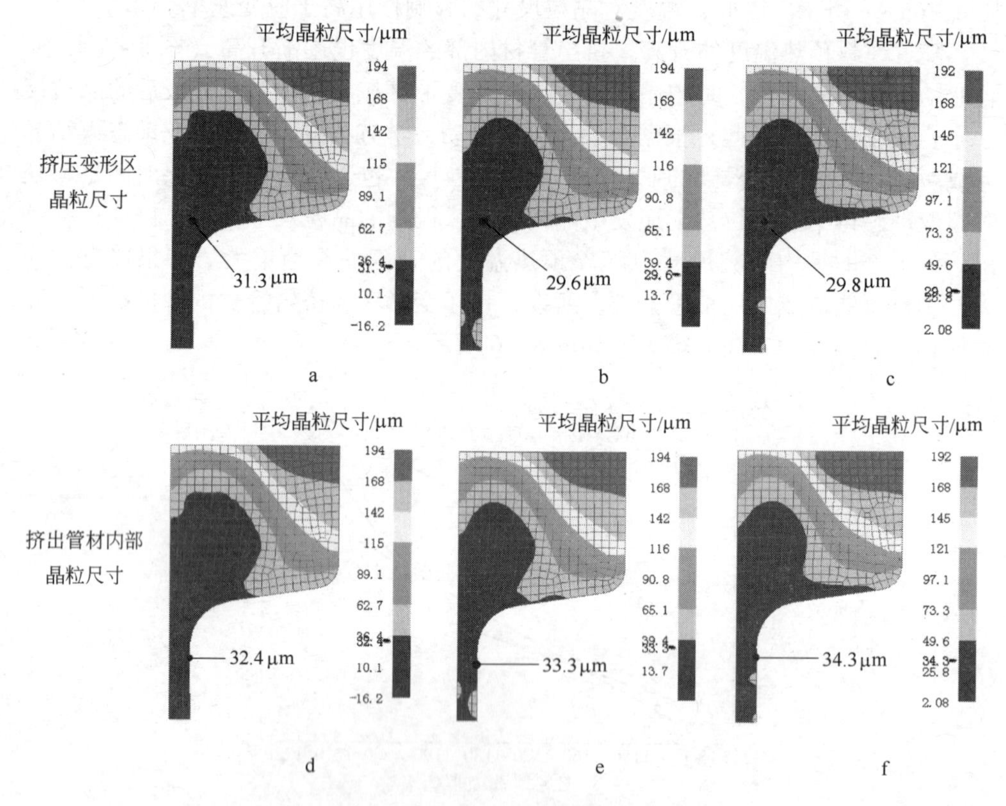

图 8－8 挤压速度对晶粒尺寸的影响

a，d—150mm/s；b，e—200mm/s；c，f—225mm/s

挤出管材内部由于发生的是亚动态再结晶和晶粒长大，此时晶粒尺寸主要取决于温度。而挤出管材内部温度大约在1240℃，且随热挤压速度的变化很小。因此，根据本章建立的亚动态再结晶动力学方程可以发现，挤出管材内部的晶粒尺寸随挤压速度变化很小。

8.2.3 圆角半径和模具预热温度

当坯料预热温度为1165℃，模具预热温度为250℃，挤压速度为175mm/s，模具入口圆角半径从10mm增加到25mm时，挤压管材内部和变形区域内部的晶粒尺寸变化很小，几乎可以忽略不计。圆角半径逐渐增大时，坯料更容易从模孔流出，即坯料也更容易产生变形，因此在靠近模具入口区域的变形区坯料的应变速率逐渐降低，但是温度随圆角半径的变化较小，特别是圆角半径大于15mm后，变形区的温度受其影响则可以不计，如图8－10所示。同时，有限元计算结果发现，挤出管材内部区域的温度也与圆角半径无关，大约在1240℃。因此，根据再结晶动力学方程中温度对晶粒尺寸的影响作用，则可以认为，热变形区域和

挤出管材内部晶粒尺寸变化几乎不受圆角半径的影响。

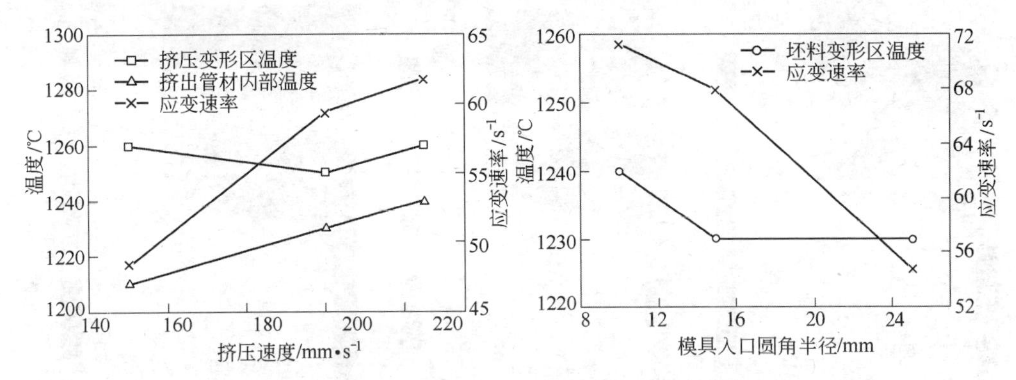

图8－9 挤压速度对变形区及挤出管材内部的温度的影响

图8－10 圆角半径对热挤压变形区的温度和应变速率的影响

当模具预热温度从150℃升高到300℃时，热挤压区域的应变速率变化很小，应变速率大约为74.8～79.7s^{-1}，温度大约在1230℃。在挤出管材区域的温度也几乎不变化。因此根据动态再结晶动力学可以认为，热挤压变形区的平均晶粒尺寸受模具预热温度的影响很小。

8.2.4 初始晶粒尺寸

初始晶粒尺寸对挤压管材内部晶粒尺寸的影响，如图8－11所示。在研究G3合金动态再结晶行为时，忽略了初始晶粒尺寸对它的影响。在热挤压变形区域时，主要发生动态再结晶。因此，根据建立的动态再结晶动力学方程可以推测，热挤压变形区的再结晶晶粒应该大致相当。这和有限元的计算结果基本上吻合。

但是，管材从挤压变形区流出来以来，主要发生的是亚动态再结晶及晶粒长大行为，而G3合金的亚动态再结晶行为的研究结果表明，初始晶粒尺寸对亚动态再结晶行为的影响则不可以忽略，并且根据亚动态再结晶动力学方程式（3－32），可以发现，随着初始晶粒尺寸的增大，亚动态再结晶完成的时间逐渐缩短，再结晶晶粒尺寸增大。因此，有限元计算结果表明，随着初始晶粒尺寸从100μm增加到300μm，挤出管材内部的晶粒尺寸逐渐增大，如图8－11所示。

上面的计算结果表明，热挤压工艺参数单因素变化时，对挤出管材的晶粒尺寸产生不同影响。如果热挤压工艺参数同时变化时，则可能对晶粒尺寸产生更为显著的影响作用。

图8－12是模拟热挤压工艺参数异常时（热挤压速度为320mm/s，坯料和模具预热温度分别为1265℃和350℃，模具圆角半径为20mm，模具和坯料之间的摩擦系数为0.03），经过计算得到的挤压管材和坯料变形区的晶粒组织分布图。从图中可以发现，此时挤压管材内部晶粒尺寸达到了55μm左右，挤压变形区的

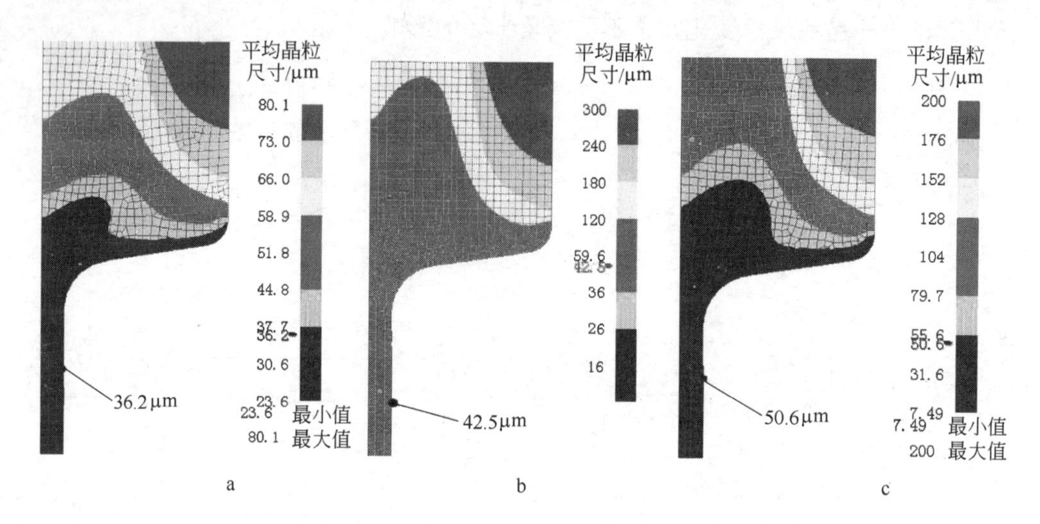

图 8－11 初始晶粒尺寸对挤出管材再结晶组织的影响

a—100μm；b—200μm；c—300μm

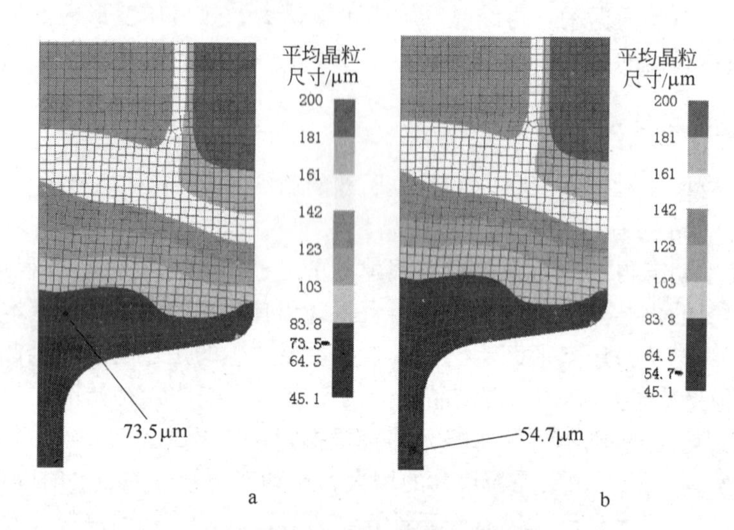

图 8－12 热挤压工艺参数异常时的晶粒分布图

a—挤压变形区；b—挤压管材内部

晶粒尺寸更是高达 75μm 左右，与图 8－6a、d 进行对比发现，变形区内的晶粒尺寸增大了一倍多，挤出管材内部晶粒尺寸也增大了将近一倍。同时，有限元计算结果表明挤压变形区的温度更是高达 1310℃，大大超过了 G3 合金的热加工温度区间。由此可见，当热挤压工艺参数同时异常时，对挤出管材内部的晶粒尺寸将产生重大影响，影响 G3 合金的热塑性和加工性能。因此，有必要对 G3 合金的热挤压工艺参数进行合理控制。

综上可知，热挤压工艺参数对再结晶晶粒尺寸的影响是显著不同的。坯料预热温度的升高大大提高了热挤压变形区域内的温升和应变速率，促进了再结晶的发生，并显著提高了再结晶晶粒尺寸。挤压速度、模具预热温度和圆角半径的变化则对晶粒尺寸的影响很小。坯料初始晶粒尺寸则主要影响到 G3 合金热挤压后期的亚动态再结晶和晶粒长大行为。因此，在控制挤出管材的晶粒尺寸时，需要特别注意坯料预热温度的选择。

但是，在 G3 合金热挤压工艺中，工艺参数发生变化时，对热挤压变形区的温度升高有很大影响。由于 G3 合金的热加工温度区间很窄，当温度升高时，合金的热塑性大大降低。因此，在控制 G3 合金热挤压组织的时候，还要结合 G3 合金的热加工温度区间，合理选择热挤压工艺参数的组合。

8.3 G3 合金管材热挤压工艺参数选择

综合 G3 合金热挤压的润滑、磨损行为和热变形行为研究，可以发现热挤压工艺参数对模具润滑、磨损有显著影响。同时，热挤压荒管内部组织与工艺参数密切相关。其中，热挤压速度主要影响 G3 合金的润滑行为，而坯料预热温度则主要影响合金的再结晶行为。此外，热挤压工艺中，坯料内部产生较大的温升，工艺参数还影响到 G3 合金的热塑性和热加工性能。因此，在 G3 合金热挤压工艺中，如何选择热挤压工艺参数，使其与玻璃润滑剂合理匹配，降低模具表面的工作温度和磨损，同时确保 G3 合金具有良好的热塑性和热加工性能，从而得到外部和内部质量合格的管材具有十分重要的意义。

因此，本节综合 G3 合金模具润滑、磨损和热变形的研究结果，以模具润滑准则、模具最高工作温度准则和 G3 合金的最高热加工温度准则为标准，对 G3 合金热挤压工艺参数进行选择，为 G3 合金管材热挤压工艺的制定提供理论指导。

8.3.1 热挤压工艺参数选择准则

8.3.1.1 模具润滑准则

G3 合金热挤压工艺中，由于采用玻璃垫作为模具的润滑剂。热挤压工艺中，玻璃垫逐层熔融软化形成玻璃润滑膜并在挤压力作用下流失，从而达到模具润滑的作用。玻璃润滑膜的形成、流失和热挤压工艺参数密切相关，因此在不同的热挤压工艺参数下，完成一次热挤压所需玻璃垫的厚度也不尽相同。但是，由于 G3 合金热挤压工艺中，玻璃垫厚度的设计值是一定的（如 30mm）。因此，在选择 G3 合金热挤压工艺参数时，每完成一次热挤压时所需的玻璃垫厚度（H）不能超过玻璃垫厚度的设计值（30mm）。否则，在热挤压后期就会出现润滑不足现象，影响热挤压的进行和挤出管材表面质量。而如果 H 值大大低于玻璃垫设计值，则会造成润滑剂的浪费。这是 G3 合金热挤压工艺参数选择的第一个标准，即模具润滑准则，详见第7章的7.4.2节。

8.3.1.2 模具最高工作温度准则

文献［3］表明，模具钢（H13钢）的组织主要是淬火马氏体组织+弥散碳化物+少量残余奥氏体。当模具在540~650℃工作时，类似高温回火，模具硬度迅速下降，容易产生热磨损。因此，当以H13钢作为热挤压模具时，要求其最高工作温度最好不要超过650℃。

G3合金玻璃润滑热挤压工艺中，虽然对模具进行了润滑，模具磨损深度有所降低，但热挤压工艺参数对模具润滑后的磨损行为仍有显著影响。此外，从磨损理论公式（7-8）中可以看出，模具磨损深度仅仅是一个理论计算值，不仅和模具表面温度有关，还和模具表面压力及金属流动速度密切相关，即使模具表面温度较高时，如超过其最高工作温度，只要压力和金属流动速度足够小，也可以得到较低的磨损深度，从而造成一种模具已经软化，但是磨损计算值仍较低的假象。

可见，在满足模具润滑准则下，要想提高热挤压模具的耐磨性能和使用寿命，还应该以模具表面温度不超过其最高工作温度（650℃）为准则，对G3合金热挤压工艺参数进行选择，详见第7章的7.5.2节。

8.3.1.3 G3合金的最高热加工温度

G3合金热挤压中，当热挤压工艺参数同时满足上述两个准则时，虽然可以确保挤出管材的表面质量和模具的使用寿命，但是，由于在G3合金挤压过程中，坯料内部还会产生剧烈的温升效应，从而影响到合金的再结晶行为，并最终影响其热塑性、热加工性能和挤出管材的内部质量。

G3合金在温度为1000~1280℃之间，拉伸速率为200mm/s时进行拉伸实验，测定合金的断面收缩率与变形温度之间的关系，如图7-26所示。结果表明，G3合金在1050~1150℃之间，断面收缩率大于50%，且随温度升高而逐渐增加。温度大于1150℃后，断面收缩率开始下降，温度升高到1230℃左右时，断面收缩率降为60%左右，温度继续升高到1240℃时，试样发生脆性断裂。实际生产中，若以断面收缩率不小于50%为其热塑性临界值，则G3合金在拉伸速率为200mm/s的热加工温度区间为1050~1230℃，最佳加工温度大约为1150℃。G3合金玻璃热挤压工艺中，采用高速成型，热挤压速度通常在100mm/s以上。因此，可以认为，G3合金热挤压中，1050~1230℃就是其热加工温度区间，1230℃是其最高热加工温度。

因此，对G3合金热挤压工艺参数进行选择时，必须在前两个选择准则的基础上，同时以G3合金最高热加工温度为准则，此时才能确保合金具有较高的热加工性能，得到外观质量和内部组织良好的挤出管材。

8.3.2 G3 合金热挤压工艺参数选择

8.3.2.1 热挤压速度

第 7 章的研究结果（图 7 – 57a）表明，G3 玻璃润滑热挤压工艺中，为了满足模具润滑和最高工作温度准则，热挤压速度必须在 150 ~ 240mm/s 之间。同时，有限元计算结果表明，G3 合金挤压变形区坯料的温升随着热挤压速度的增大而升高，从而影响到 G3 合金的热加工性能，如图 8 – 13 所示。从图中可以看出，当热挤压工艺参数超过 225mm/s 时，会造成坯料内部温升超过 1230℃，即 G3 合金的最高热加工温度，在该挤压速度以上进行热挤压时，合金热塑性大大下降（图 7 – 26）。因此，只有选择在阴影区域的热挤压速度，G3 合金坯料内部温升不超过其热加工温度上限，才能确保合金具有较高的热塑性，即只有挤压速度小于 225mm/s 时，G3 合金才能满足其最高热加工温度准则。

因此，将满足 G3 合金最高热加工温度准则的热挤压速度选择区间图，叠加在图 7 – 57a 上，就得到了同时满足三个准则时，热挤压速度的可选区间为 150 ~ 225mm/s，如图 8 – 14 中阴影区域所示。如果坯料和模具之间的摩擦系数增大时，同一热挤压速度下，会导致坯料内部温度升高，即图 8 – 13 中的坯料内部温度随热挤压速度变化曲线向上移动。因此为了满足 G3 合金最高热加工温度准则，图 8 – 13 中的最高热挤压速度会向左移动。另外，第 7 章研究结果表明摩擦系数的增大，会缩小热挤压速度的选择区域。因此，摩擦系数的增大，将导致 G3 合金热挤压工艺中热挤压速度选择范围的缩小，不利于热挤压速度的控制。

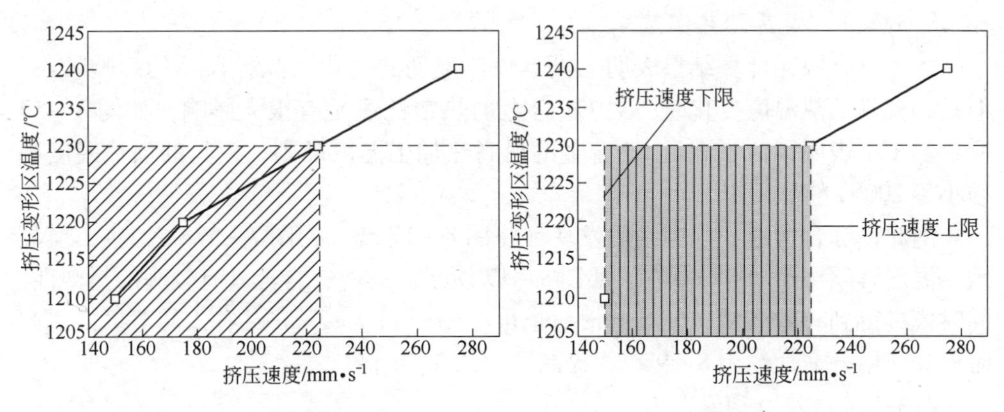

图 8 – 13 满足 G3 合金最高热加工温度要求的热挤压参数区间

图 8 – 14 G3 合金热挤压速度选择图

8.3.2.2 坯料预热温度

G3 合金热挤压有限元模拟结果表明，随着坯料预热温度的增加，坯料变形区的温度大大升高，如图 8 – 15 所示。坯料预热温度为 1215℃时，在挤压变形区内的温度可升高到1270℃左右。因此，结合图7－26可知，此时合金的热塑性大大降低。同时结合坯料预热温度对G3合金挤出管材晶粒尺寸的影响图8－6可知，此时挤出管材内部晶粒易发生长大，不利于晶粒尺寸的控制。所以，在需要对晶粒尺寸进行精确控制时，则需要重点控制坯料预热温度的选择。

因此为了满足G3合金的最高热加工温度准则，坯料预热温度必须小于1180℃左右。因此，结合第7章中的模具润滑准则和最高工作温度准则（将图8－15叠加在图7－57b之上）可以发现，坯料预热温度的最佳选择区间是1120～1180℃之间，如图8－16中阴影区域所示。

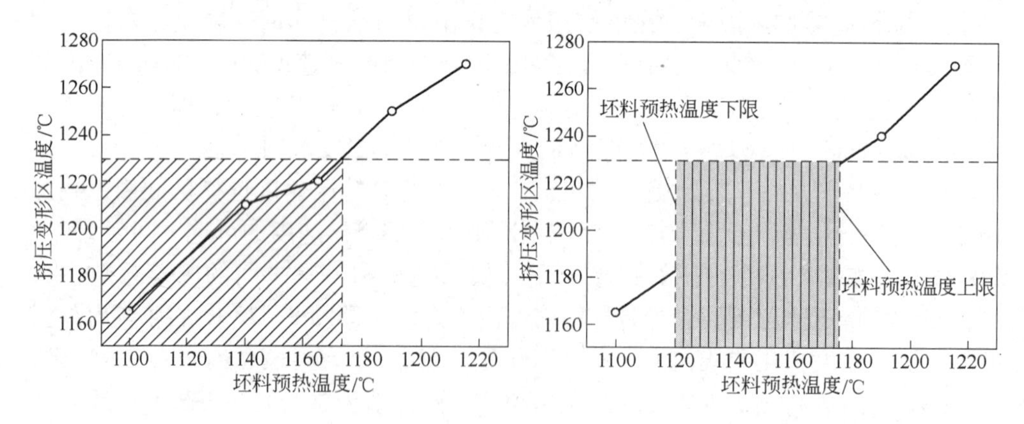

图8－15 满足G3合金最高热加工温度要求的坯料预热温度区间图

图8－16 G3合金热挤压工艺坯料预热温度选择图

8.3.2.3 模具预热温度

第7章有限元计算结果表明，模具预热温度的变化对晶粒尺寸的影响较小。但是，模具预热温度变化时，对G3合金的热塑性还是有很大影响，如图8－17所示。图中表明，为了满足G3合金的最高热加工温度准则，模具的预热温度必须小于200℃左右。

因此，综合考虑三个准则后发现（将图8－17叠加在图7－57c之上），模具预热温度必须小于200℃左右，如图8－17所示。此时，合金具有较高的热塑性，同时模具得到有效润滑，模具磨损值也可以降低到0.13mm左右，甚至更低，此时模具使用寿命大约为8～9次，提高了大约3～4倍。

8.3.2.4 入口圆角半径

圆角半径对金属流动有很大影响作用，当圆角半径较小时（10mm），由于模具入口横截面积突然缩小，金属流动速度增加，导致变形区温度升高明显（1250℃）。当圆角半径增大到15mm以后，则发现变形区坯料的温度大约在1230℃左右，基本上满足G3合金最高热加工温度准则，如图8－18所示。因此，将图7－57d和图8－18进行叠加后发现，圆角半径在15～25mm时，同时满足三个热挤压工艺参数选择准则。

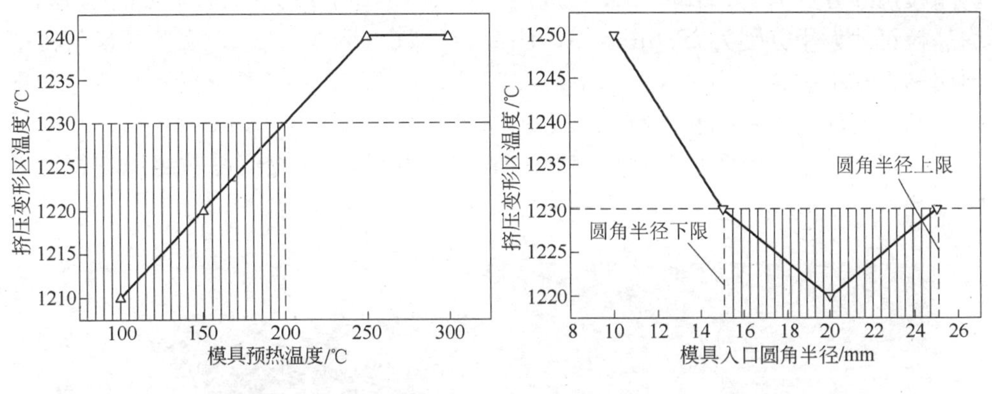

图8-17　G3合金热挤压工艺模具预热温度选择图

图8-18　G3合金热挤压工艺模具入口圆角半径选择图

因此，综合上述三个热挤压工艺参数选择准则，发现只有满足挤压速度为150~225mm/s，坯料预热温度为1120~1180℃，模具预热温度应不大于200℃，模具入口圆角半径为15~25mm，此时不仅满足玻璃垫厚度的设计要求，一次热挤压工艺中，玻璃垫始终能润滑模具，模具具有较低的磨损深度，模具工作温度也不超过其工作温度上限值（650℃）。同时，在热挤压变形区域内G3合金的温度最高升到1230℃左右，此时合金具有较高的热塑性，晶粒长大也不是很明显。此时才能获得外观质量和内部质量均合格的G3合金挤压管材。

总之，采用有限元分析与实验相结合的方法系统研究了G3合金热挤压工艺与模具润滑、磨损、组织演变之间的关系。研究结果表明建立的玻璃润滑膜、玻璃垫厚度的计算公式以及G3合金组织演变模型是正确、可行的。此外，根据模具润滑、磨损及G3合金热变形行为提出了三个热挤压工艺参数选择准则（模具润滑准则、模具最高工作温度准则和G3合金最高热加工温度准则）。最后，结合这三个准则给出了G3合金热挤压工艺参数的最佳选择范围，从而可以为G3合金热挤压工艺的参数选择提供理论指导。

8.4　690合金热变形过程组织演变模型验证

8.4.1　690合金热压缩实验条件下的验证

在设定的热压缩变形参数范围内，进行等温恒应变速率热压缩过程数值模拟，计算热压缩试样的晶粒组织分布，验证组织演变模型的准确性。

图8-19~图8-22为有限元模拟计算得到的平均晶粒尺寸分布图和相同热变形条件下由热压缩实验得到的试样金相组织照片之间的对比。分别模拟发生动态再结晶、完全亚动态再结晶和晶粒长大后的平均晶粒尺寸分布情况，具体实验

条件和平均晶粒尺寸如表 8 - 2 所示。四种热变形条件下实验测得的中心部位平均晶粒尺寸分别为 33.2μm、31.5μm、48.4μm 和 65.1μm，而有限元模拟预测平均晶粒尺寸大小分别为 29.6μm、31.1μm、47.2μm 和 60.5μm，实验结果与模拟预测结果基本吻合，相对误差均不超过 10%，这表明前面所建立的 690 合金动态再结晶、亚动态再结晶和晶粒长大组织演变模型能够用于 DEFORM - 2D 有限元数值模拟，可以对 690 合金在热变形过程中的组织演变及最终晶粒组织进行可靠的预测。

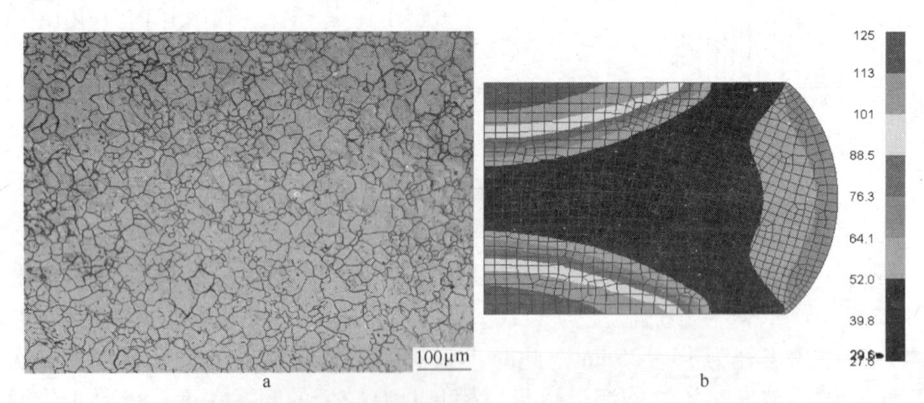

图 8 - 19 初始晶粒尺寸为 125μm 在 1100℃ 下以 $0.1s^{-1}$ 压缩 60% 的动态再结晶

a—热压缩实验晶粒组织；b—计算值

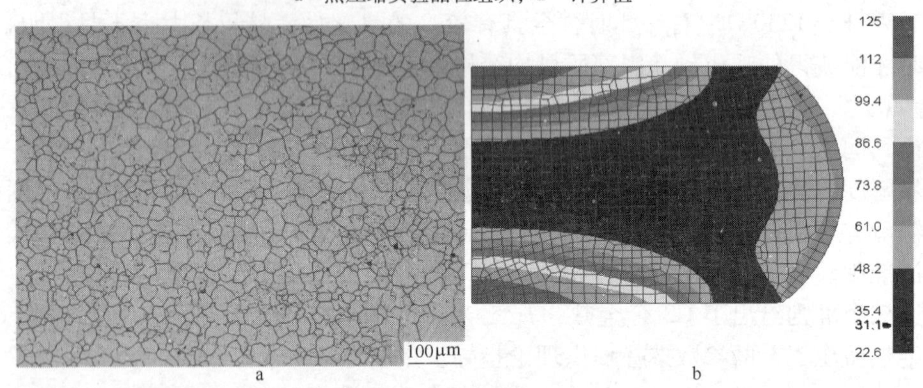

图 8 - 20 初始晶粒尺寸为 125μm 在 1200℃ 下以 $1s^{-1}$ 压缩 60% 的动态再结晶

a—热压缩实验晶粒组织；b—计算值

表 8 - 2 热压缩变形实验值与有限元计算值比较

项 目	实验条件			
	DRX	DRX	MDRX	GG
初始晶粒尺寸/μm	125	125	211	211
温度/℃	1100	1200	1150	1200
应变速率/s^{-1}	0.1	1	0.1	10

续表8－2

项　目	实验条件			
	DRX	DRX	MDRX	GG
应变量/%	60	60	15	15
保温时间/s	0	0	8.61	15
试样中心晶粒尺寸实验值/μm	33.2	31.5	48.4	65.1
试样中心晶粒尺寸计算值/μm	29.6	31.1	47.2	60.5

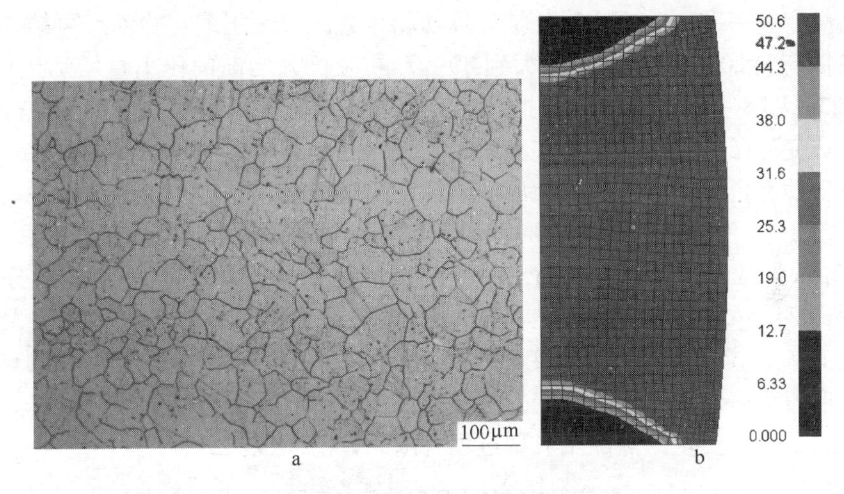

图8－21　初始晶粒尺寸为211μm在1150℃下以0.1s^{-1}压缩15%保温8.61s的亚动态再结晶

a—热压缩实验晶粒组织；b—计算值

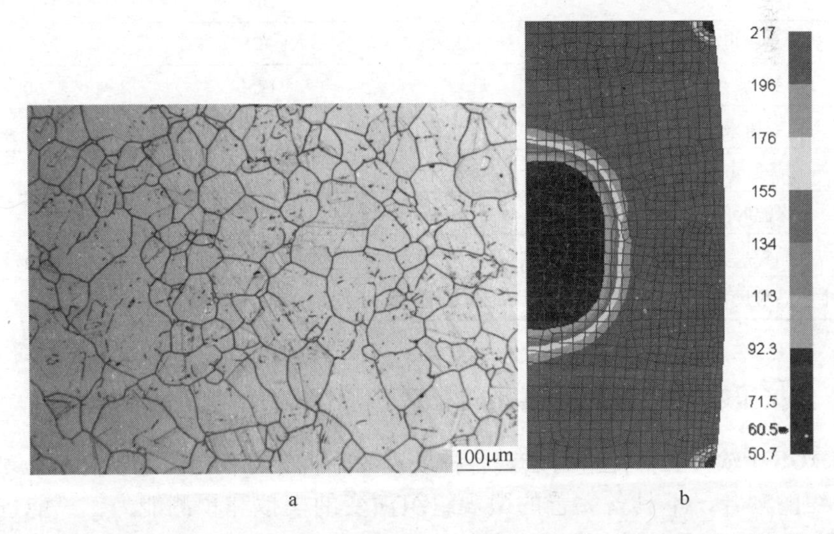

图8－22　初始晶粒尺寸为211μm在1200℃下以10s^{-1}压缩15%保温15s的晶粒长大

a—热压缩实验晶粒组织；b—计算值

8.4.2　模型外推验证

热挤压过程是一个高应变速率、大应变量的热变形过程。研究设定的热压缩变形实验条件是：变形温度范围1100～1250℃、应变速率范围0.01～10s^{-1}、应变量范围15%～60%，挤压变形区内的变形条件均超过了实验范围，因此，基于Gleeble热压缩实验所建立的690合金热变形过程中组织演变模型能否适用于热挤压过程模拟还有待进一步验证，也就是说需要确认所建组织演变模型是否具有向更高应变速率和更大应变量外推计算功能。为此将热压缩实验动态再结晶的应变速率提高到20s^{-1}，应变量增大到80%，晶粒长大之前的压下量增加到50%。图8－23～图8－25为有限元模拟外推实验条件计算得到的平均晶粒尺寸分布图和相同热变形条件下由热压缩实验所得到试样的金相组织照片之间的对比。分别模拟发生动态再结晶和晶粒长大后的晶粒度分布情况，具体实验条件和平均晶粒尺寸如表8－3所示。三种热变形条件下实验测得的中心部位平均晶粒尺寸分别为16.2μm、27.5μm和91.6μm，而有限元模拟预测平均晶粒尺寸大小分别为14.6μm、24.6μm和85.2μm，实验结果与模拟预测结果基本吻合，相对误差均不超过10%，说明基于有限热变形条件范围的热物理模拟实验建立起来的690合金热变形组织演变模型具有一定的可外推性，它可以用于更高变形温度、更高应变速率和更大应变量的热加工成型过程有限元数值模拟。

表8－3　热变形参数扩大后实验值与有限元计算值比较

项　　目	实验条件		
	DRX	DRX	GG
初始晶粒尺寸/μm	125	125	211
温度/℃	1150	1250	1200
应变速率/s^{-1}	10	20	1
应变量/%	80	50	50
保温时间/s	0	0	30
试样中心晶粒尺寸实验值/μm	16.2	27.5	91.6
试样中心晶粒尺寸计算值/μm	14.6	24.6	85.2

8.4.3　热挤压过程组织演变模拟的可行性

DEFORM软件虽然能进行宏观各种场量的分析计算，但是它没有考虑宏观与微观组织的耦合，不具备完善的微观组织演变的模拟和预测能力，只能进行如8.4.1节内容里那种简单的预测计算。不过DEFORM为软件的二次开发提供了用户定义子程序，该子程序代码存储在def_ usr.f中，用户可以根据自己的需要编

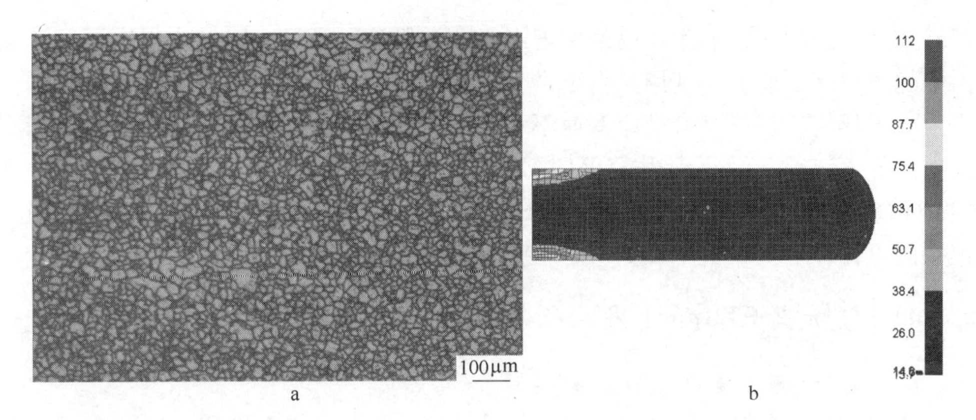

图 8 - 23 初始晶粒尺寸为 125μm 在 1150℃下以 $10s^{-1}$ 压缩 80% 的动态再结晶

a—热压缩实验晶粒组织；b—计算值

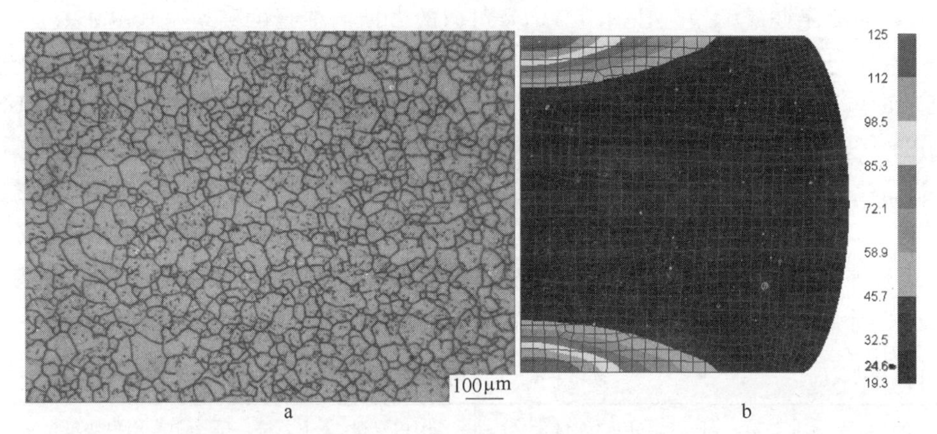

图 8 - 24 初始晶粒尺寸为 125μm 在 1250℃下以 $20s^{-1}$ 压缩 50% 的动态再结晶

a—热压缩实验晶粒组织；b—计算值

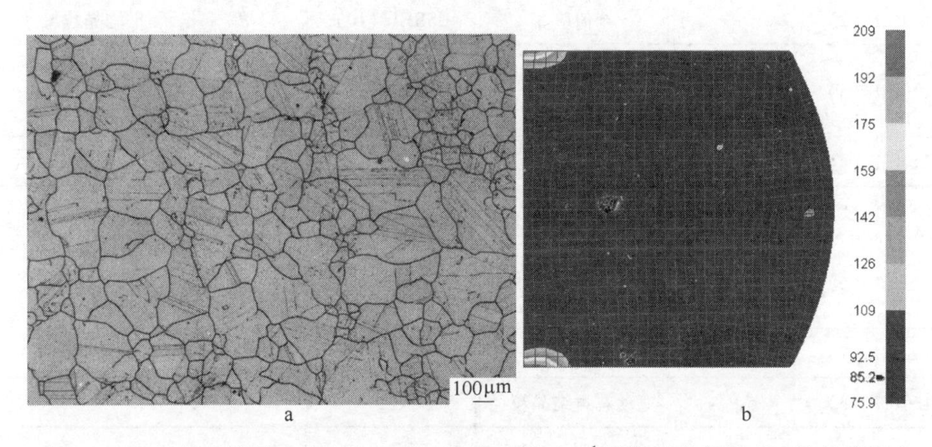

图 8 - 25 初始晶粒尺寸为 211μm 在 1200℃下以 $1s^{-1}$ 压缩 50% 保温 30s 的晶粒长大

a—热压缩实验晶粒组织；b—计算值

写修改这个子程序，加入自己的微观组织数学模型，通过有限元主程序调用该文件中的子程序，能够实现用户自定义变量的值，完成对微观组织演变的预测。

由于热挤压变形具有高应变速率和大应变量的特点，挤出荒管组织很难在实验室条件下获得，因此利用 FORTRAN 语言对 DEFORM－2D 进行二次开发，将 690 合金热变形组织演变模型编入用户定义子程序中，分析热挤压过程组织演变模拟的可行性。

8.4.4 用户定义子程序的开发

8.4.4.1 用户定义子程序的编写

为了满足不同的计算需求，def_ usr. f 文件提供了四个模块：流动应力子程序模块（USRMTR、UFLOW）、用户定义物体运动控制模块（USRDSP）、用户定义节点和单元变量模块（USRUPD）及可以改变所有变量的模块（USRMSH）。

用户定义子程序开发的重要内容就是将第 2 章 2.5 节建立的 690 合金热变形组织演变模型，以用户子程序的方式嵌入到用户定义节点和单元变量模块（USRUPD）当中。并将该模型中的一些重要变量，如动态再结晶体积分数、动态再结晶晶粒尺寸、亚动态再结晶晶粒尺寸、平均晶粒尺寸等定义成用户单元变量，以便在 DEFORM－2D 的后处理中可以看到这些变量的分布信息。在 DEFROM－2D 子程序的功能中，所有的用户变量都必须在 USRUPD 子程序中定义。一共定义了 15 个用户变量，各用户变量的含义如表 8－4 所示。

表 8－4 用户变量的含义

用户变量	符 号	用户变量含义	用户变量	符 号	用户变量含义
USRE1（1）	ε_c	临界应变	USRE1（9）	d_0	初始晶粒尺寸
USRE1（2）	ε_p	峰值应变	USRE1（10）	$\bar{d}$	平均晶粒尺寸
USRE1（3）	$\varepsilon_{0.5}$	动态再结晶分数为 50% 时的应变	USRE1（11）	T	温度
USRE1（4）	X_{DRX}	动态再结晶分数	USRE1（12）	$\dot{\varepsilon}$	有效应变率
USRE1（5）	d_{DRX}	动态再结晶粒径	USRE1（13）	ε	总有效应变
USRE1（6）	$t_{0.5}$	亚动态再结晶分数为 50% 时的时间	USRE1（14）	t	当前时间
USRE1（7）	X_{MDRX}	亚动态再结晶分数	USRE1（15）	Δt	当前时间步
USRE1（8）	d_{MDRX}	亚动态再结晶粒径			

本节所完成的用户子程序 USRUPD 计算步骤如图 8－26 所示。

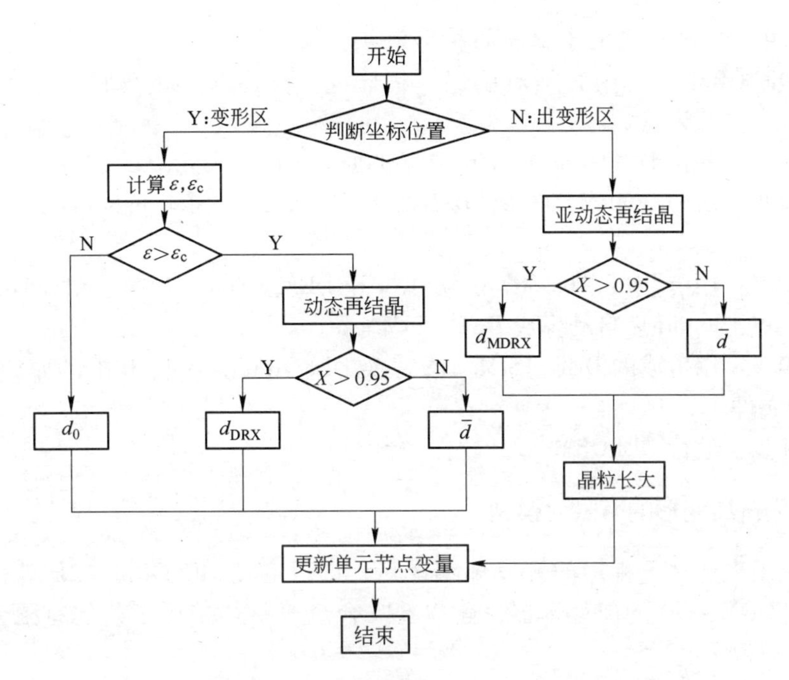

图 8-26　USRUPD 用户子程序热挤压变形组织预测模型

（1）判断各个节点的坐标位置，若在热挤压变形区内，则进行步骤（2）；若离开变形区，转到步骤（5）。

（2）从热挤压有限元计算结果中提取每一计算步各个节点的温度、应变量和应变速率。

（3）判断当前计算步，节点的应变量是否大于动态再结晶临界应变量。若小于临界应变量，则晶粒尺寸保持初始状态，转到步骤（5）；若大于临界应变量，则表示发生动态再结晶，转到步骤（4）。

（4）判断动态再结晶体积分数是否大于0.95。若大于，则计算动态再结晶晶粒尺寸作为平均晶粒尺寸；若小于，根据动态再结晶体积分数计算平均晶粒尺寸。

（5）节点的坐标位置离开挤压变形区发生亚动态再结晶，计算亚动态再结晶分数。

（6）判断亚动态再结晶体积分数是否大于0.95。若大于，则计算亚动态再结晶晶粒尺寸作为平均晶粒尺寸；若小于，根据亚动态再结晶体积分数计算平均晶粒尺寸。

（7）计算离开挤压变形区晶粒发生长大后的晶粒尺寸作为最终晶粒尺寸。

更新计算步节点变量和单元变量，获取下一个计算步的温度，应变速率和应变量，重复步骤（1）。

8.4.4.2 用户定义子程序的编译链接

在 DEFORM - 2D 中必须对用户子程序通过以下步骤的编译，才能被软件调用：

第一步：备份 DEFORM2D/V9_ 0 下的原始 DEF_ SIM. exe 文件。

第二步：对 DEFORM2D/V9_ 0/UserRoutine/DEF_ SIM 下的 def_ usr. f 进行修改。

第三步：用专用的 Abasoft7. 0 软件打开 DEF_ SIM_ USR_ Absoft70. gui 文件，直接点击 build 后自动生成 DEF_ SIM. exe。

第四步：用生成的 DEF_ SIM. exe 替换 DEFORM2D/V9_ 0 下的原始 DEF_ SIM. exe 文件。

第五步：运行 DEFORM - 2D 软件平台。

8.4.5 热挤压变形的有限元模型

完成用户定义子程序的开发和编译后，即可启动 DEFORM - 2D 软件平台，进入 DEFORM - 2D 的前处理器，建立 690 合金管材热挤压工艺的有限元模型，如图 8 - 27 所示。

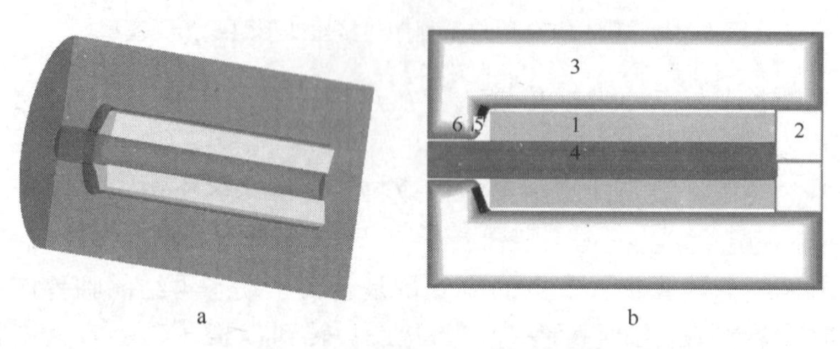

图 8 - 27 热挤压变形有限元模型
a—三维图；b—剖面图
1—坯料；2—挤压垫；3—挤压筒；4—芯棒；5—玻璃垫；6—模具

考虑到管材在热挤压过程中坯料和模具在结构上存在轴对称的几何特征，并且边界条件也近似符合轴对称的分布规律，所以整个系统采用二维轴对称几何模型，这样可以通过二维有限元运算模拟三维的实际挤压过程，在保证模拟精度的条件下提高了运算速度。坯料、模具和挤压筒等都是理想的轴对称结构，并且三者完全同轴。忽略由壁厚公差、装配公差引起的不均匀轴向变形。实际生产中玻璃垫有实心圆饼状、圆环状、锥形三种形状，在挤压过程中玻璃垫表层逐渐融化，在模具表面和坯料之间形成有效的润滑层，在数值模拟中，玻璃垫形态直接采用挤压过程中的融化状态，即在实际的平模基础上形成了一个玻璃垫锥模。模型统一采用四边形单元离散，变形过程采用刚塑性有限元法，其中坯料设置为发生塑性形变的变形体，挤压筒和模具设置为具有热传递性质的刚性体，即不考虑其塑性变形。由于变形过程中存在模具与管坯、挤压筒与管坯之间的热交换以及热功转换等过程，所以采用热力耦合的分析方法。

有限元程序在模拟计算求解前需要对变形材料的应力 - 应变曲线和材料的各种特性参数进行定义，其中应力、应变数据由热压缩实验得到，材料特性数据由相关文献查得。模拟过程中690合金密度为 $8.19\times10^3kg/m^3$，表8-5为合金在不同温度下的热导率、线膨胀系数和比热容等热物理性能的取值，表8-6为合金在不同温度下杨氏模量、泊松比等力学性能的取值。整个模具材料选用H13热作模具钢，模具材料的特性参数由DEFORM-2D软件材料库提供。

通过有限元模拟可以实现热挤压过程在计算机上的仿真运算，考察整个过程中金属流动情况和各个物理量（如温度场、速度场、应变场、应变速率和挤压力等）在不同挤压阶段的变化，从而实现对整个挤压过程的定量跟踪与描述。

表8-5　690合金的热物理性能参数

温度/℃	热导率/W·(m·K)$^{-1}$	线膨胀系数/℃$^{-1}$	比热容/J·(kg·K)$^{-1}$
200	15.4	14.31×10^{-6}	497
300	17.3	14.53×10^{-6}	525
400	19.1	14.80×10^{-6}	551
500	21.0	15.19×10^{-6}	578
600	22.9	15.70×10^{-6}	604
700	24.8	16.18×10^{-6}	631
800	26.6	16.60×10^{-6}	658
900	28.5	17.01×10^{-6}	684
1000	30.1	17.41×10^{-6}	711
1100	—	17.79×10^{-6}	738

表8-6　690合金的力学性能参数

温度/℃	杨氏模量/MPa	泊 松 比
93	202.0	0.29
204	196.5	0.30
316	190.3	0.31
427	183.4	0.31
538	174.4	0.30
619	164.8	0.28
760	155.1	0.28
871	146.9	0.30
982	136.5	0.33
1093	125.5	0.36

8.4.6 热挤压组织预测可行性分析

为了验证通过用户子程序开发预测热挤压变形组织演变的可行性，从热挤压工序现场采集坯料和模具几何尺寸信息，以及热挤压操作工艺参数，用于热挤压变形过程的仿真模拟计算，并在热挤压荒管尾部取一段样品（显微组织如图8－28所示）做分析。

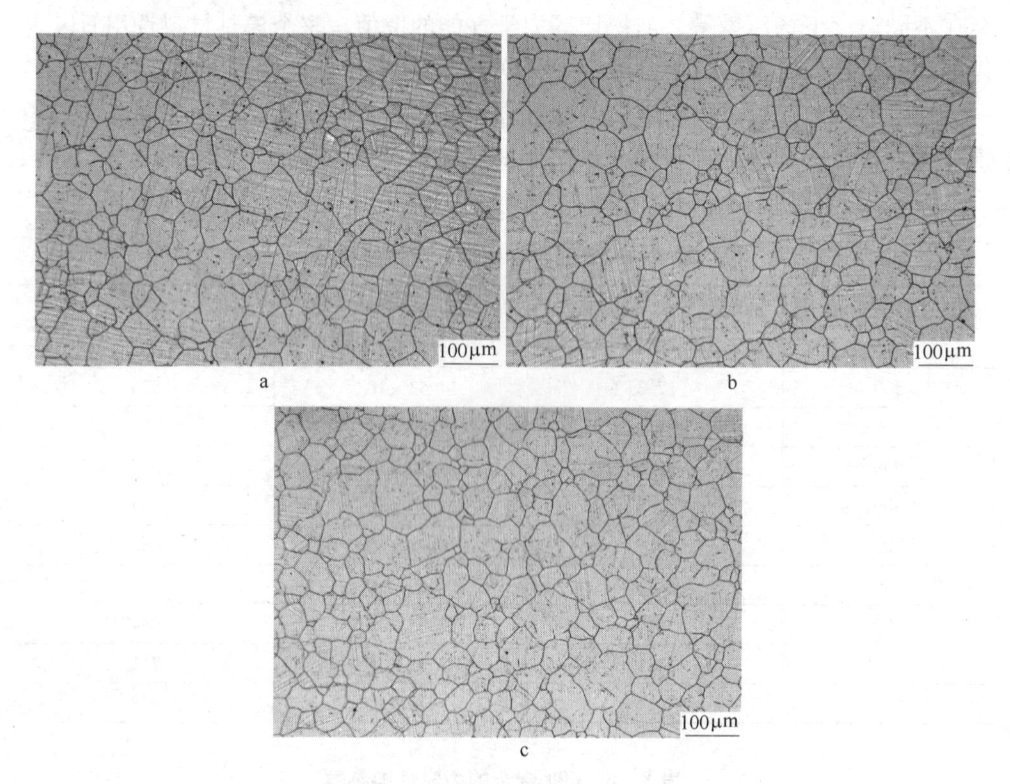

图8－28 热挤压荒管的金相组织

a—内壁；b—中心；c—外壁

具体尺寸信息如下：

坯料外径184mm，内径60mm，坯料长度588mm；挤出荒管外径68.6mm，内径52.2mm，壁厚8.2mm；模具角度75°，模具入口圆角半径15mm，挤压比为15.27。

具体热挤压操作工艺参数如下：

坯料预热温度为1200℃，模具预热温度为300℃，挤压速度为250mm/s，坯料内、外壁喷涂玻璃粉，坯料与挤压模间用玻璃垫润滑，摩擦系数为0.02，初始晶粒尺寸200μm。

用二次开发后的DEFORM－2D软件计算挤出荒管的晶粒组织分布特点，同时对热挤压荒管样品进行光学显微镜观察，统计其内壁、中心、外壁的平均晶粒尺寸，然后将计算结果与实验观察结果对比，就可以判断本章建立的热挤压变形组织演变模型是否准确。

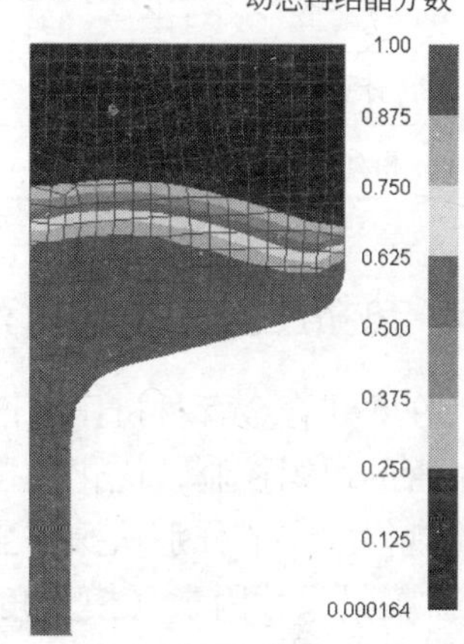

图8－29 热挤压变形有限元计算得到的690合金荒管动态再结晶体积分数分布图

图8－29所示为热挤压变形有限元计算得到的690合金挤出荒管动态再结晶体积分数分布图，由图可知，挤出模孔的荒管全部完全再结晶，再结晶分数均等于1，而实际挤出荒管的晶粒组织（图9－3）也是完全再结晶组织特征，两者一致。图8－30是有限元计算得到的690合金挤出荒管内部晶粒尺寸分布图，荒管内壁、中心、外壁的平均晶粒尺寸分别为57.9μm、62.7μm和52.3μm，其中管壁中心处的晶粒尺寸最大，这是因为荒管壁厚较小，在挤压变形区三个位置的温度基本一致，但挤出模孔后由于荒管内壁和外壁与空气接触冷却速度快，而管壁中心冷却速度慢，中心有较高的温度发生晶粒长大。同时，由于外壁接触空气温度比内壁接触空气温度低，外壁较内壁冷却速度更快，所以计算所得外壁晶粒尺寸最小。对比实际690合金挤压荒管内部晶粒尺寸，如表8－7所示，荒管内壁、中心、外壁的平均晶粒尺寸分别为56.6μm、60.1μm和48.9μm，有限元计算结果和实验测量值吻合得很好，相对误差均在10%以内。这说明第2章所建立的热挤压变形组织演变模型以及用户子程序的二次开发是准确的，该模型能够对热挤压过程中的组织演变进行预测和控制。

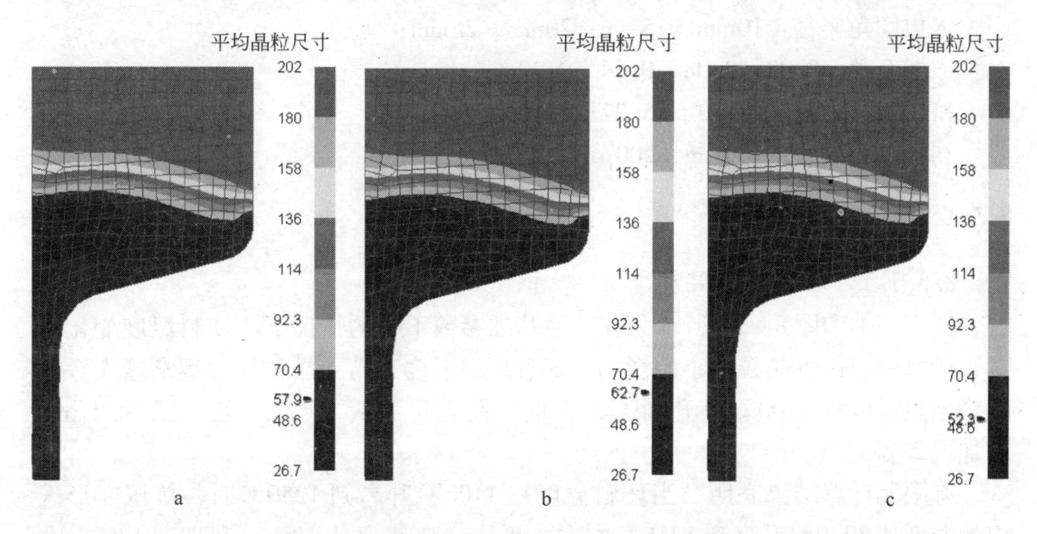

图8－30 热挤压变形有限元计算得到的690合金挤出荒管晶粒尺寸分布图

a—内壁；b—中心；c—外壁

表 8－7 690 合金荒管不同位置平均晶粒尺寸实测值与计算值比较 （μm）

项目	内壁	中心	外壁
实验值	56.6	60.1	48.9
计算值	57.9	62.7	52.3
相对误差	0.023	0.043	0.070

8.5 热挤压工艺参数对荒管晶粒组织的影响

在 690 合金管材挤压生产中，影响挤出管材显微组织的因素众多，为了实现对荒管的组织控制，优化热挤压工艺参数，需要研究各个参数对荒管晶粒组织的影响规律。本节分别从操作工艺参数（坯料预热温度、模具预热温度、挤压速度）、模具尺寸因素（模具角度、入口圆角半径）、摩擦润滑工艺参数（摩擦系数）以及其他因素（挤压比、初始晶粒尺寸）方面进行有限元计算分析。

为了得到不同挤压参数对挤压结果的影响规律，首先设定 8.4.6 节里的挤压工艺参数为基准参数（荒管管壁中心晶粒尺寸 62.7μm），然后单独调整其中的一个参数，研究其对挤出荒管管壁中心晶粒尺寸大小的影响规律，具体调整方案如下：

坯料温度：1100℃、1150℃、1200℃、1250℃；

模具温度：100℃、200℃、300℃、400℃；

挤压速度：150mm/s、200mm/s、250mm/s、300mm/s；

模具角度：70°、75°、80°、85°；

入口圆角半径：10mm、15mm、20mm、25mm；

摩擦系数：0.02、0.08、0.14、0.20；

挤压比：8.79、10.72、15.27、20.66；

初始晶粒尺寸：100μm、200μm、300μm、400μm。

8.5.1 操作工艺参数

8.5.1.1 坯料预热温度

图 8－31 和图 8－32 所示为在其他基准参数不变的情况下，坯料温度变化对荒管壁厚中心位置晶粒大小的影响。随着坯料温度升高，晶粒尺寸逐渐增大，当坯料预热温度从 1100℃ 上升到 1250℃ 时，晶粒尺寸从 47.2μm 长大到 74.1μm，增加近 27μm。

有限元计算结果表明，当坯料温度从 1100℃ 升高到 1250℃ 时，挤压变形区内的温度从 1240℃ 升高到 1310℃ 左右，平均应变速率从 $128s^{-1}$ 升高到 $170s^{-1}$ 左右，而热挤压变形区域内发生完全动态再结晶。根据动态再结晶动力学方程式

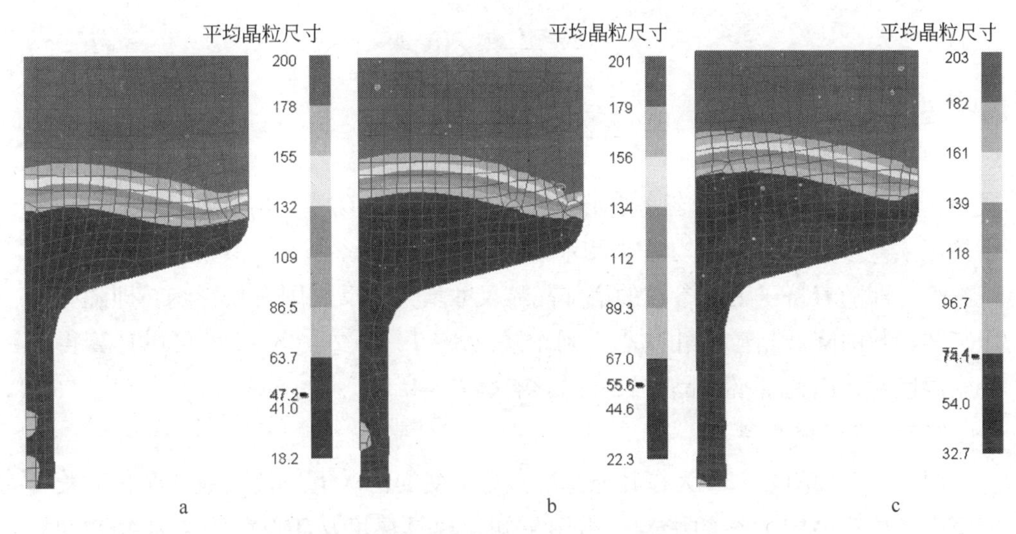

图 8－31 不同坯料预热温度下的荒管晶粒尺寸分布

a—1100℃；b—1150℃；c—1250℃

(2－39) 可知，在挤压比（应变量）一定的情况下，温度升高使动态再结晶晶粒尺寸长大粗化，应变速率增大使动态再结晶晶粒尺寸减小细化，可见，对于动态再结晶晶粒尺寸而言，应变速率和温度是一对相互矛盾的因素，但是模拟结果表明，在热挤压变形区的再结晶晶粒随着坯料预热温度的升高而逐渐增大，因此温度对晶粒尺寸的影响作用高于应变速率，这一点还会在挤压速度的影响中进行阐述。此外，坯料温度升高也会使挤出荒管自身温度升高，根据晶粒长大动力学方程式（2－46）可知，在保温相同时间的情况下，温度高的晶粒长大速度更快，导致荒管的平均晶粒尺寸增大。

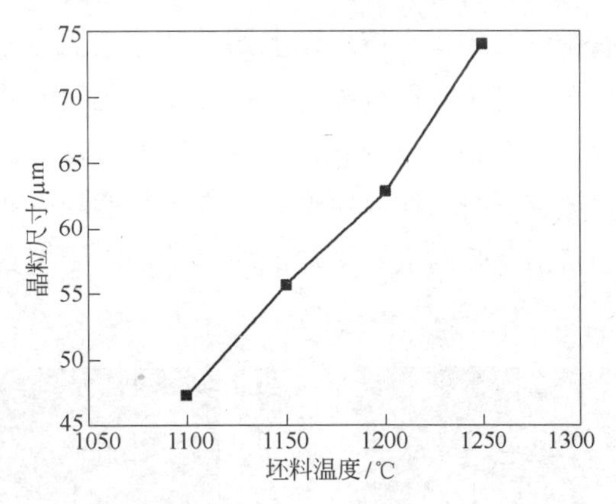

图 8－32 坯料预热温度对荒管晶粒尺寸的影响

为了便于比较不同挤压工艺参数对荒管平均晶粒尺寸影响的大小，引入挤压工艺参数影响率 R，用 R 表征挤压工艺参数变化对平均晶粒尺寸的影响大小，即：

$$R = \frac{B}{A} \tag{8-1}$$

式中，A 表示热挤压工艺参数的变化率；B 表示相应条件下平均晶粒尺寸的变化率。

$$A = \frac{P_{\max} - P_{\min}}{P_{\min}} \times 100\% \qquad (8-2)$$

$$B = \frac{G_{P_{\max}} - G_{P_{\min}}}{G_{P_{\min}}} \times 100\% \qquad (8-3)$$

式中，$P_{\max}$、$P_{\min}$为挤压工艺参数的最大值和最小值；$G_{P_{\max}}$、$G_{P_{\min}}$为对应最大、最小挤压工艺参数的荒管平均晶粒尺寸。R为正值表示挤压工艺参数对晶粒尺寸有正影响，即随着挤压工艺参数的增加晶粒尺寸增大，反之则有负影响，即随着挤压工艺参数的降低晶粒尺寸减小。利用式（8－1）～式（8－3）可以计算得到挤压温度对挤出荒管平均晶粒尺寸的影响率$R=4.18$。

8.5.1.2　模具温度

图8－33和图8－34为在其他基准参数不变的情况下，模具温度变化对荒管壁厚中心位置晶粒大小的影响。由图可知，模具温度从100℃升高到400℃时，荒管平均晶粒尺寸变化不明显，基本维持在62μm左右。这是因为有限元模拟时采用了玻璃粉润滑条件下的参数设置，实际挤压过程中涂在坯料内壁和外壁的玻璃粉以及放置在挤压模上的玻璃垫会融化形成具有良好隔热效果的玻璃润滑膜，从而使挤压变形过程中坯料与模具之间的接触热导率变小，坯料自身热量丧失减少，坯料基体温度和挤压变形区温度及应变速率基本保持不变，因此根据690合金热变形组织演变模型，在变形温度和应变速率一致时，挤压变形区的晶粒尺寸和挤出荒管的最终平均晶粒尺寸均不受模具预热温度的影响。

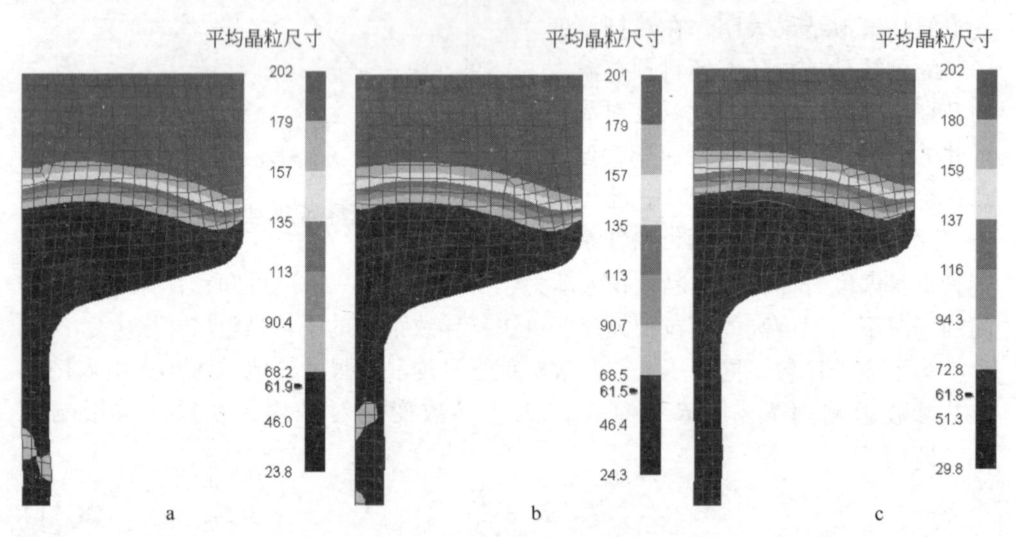

图8－33　不同模具温度下的荒管晶粒尺寸分布

a—100℃；b—200℃；c—400℃

8.5.1.3 挤压速度

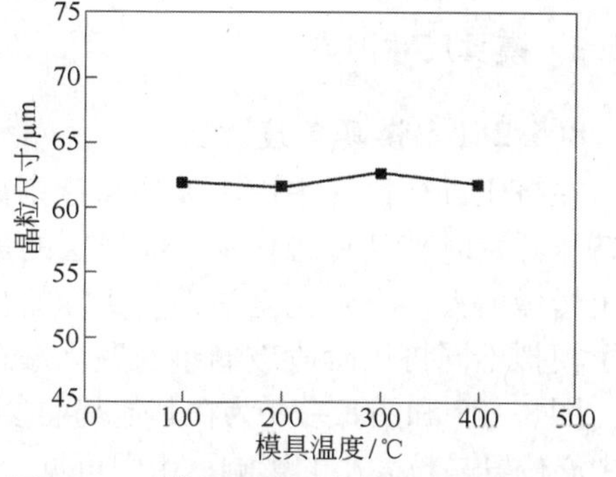

图 8－34 模具温度对荒管晶粒尺寸的影响

图 8－35 和图 8－36 为在其他基准参数不变的情况下，挤压速度变化对荒管壁厚中心位置晶粒大小的影响。随着挤压速度的升高，晶粒尺寸明显长大。当挤压速度从 150mm/s 增加到 300mm/s 时，晶粒尺寸从 51.1μm 长大到 73.8μm。

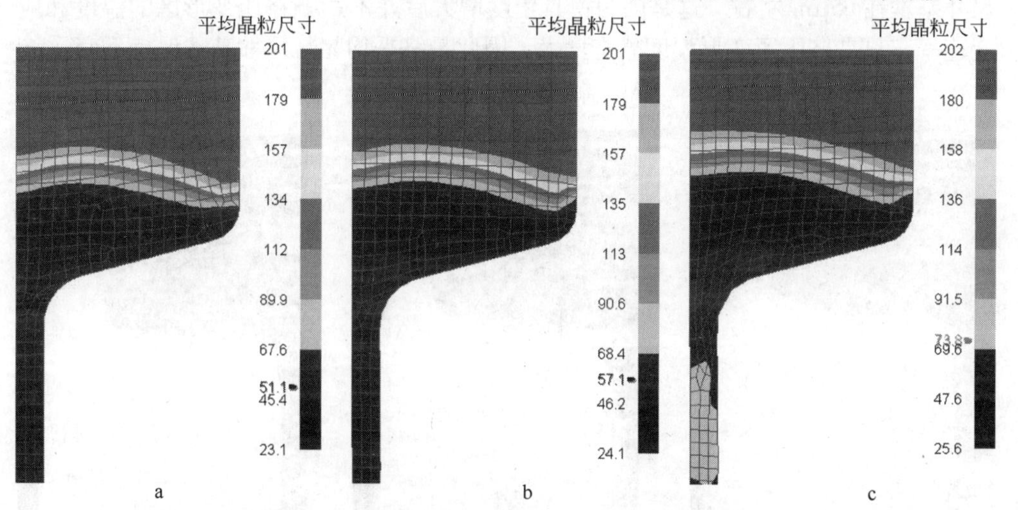

图 8－35 不同挤压速度下的荒管晶粒尺寸分布

a—150mm/s；b—200mm/s；c—300mm/s

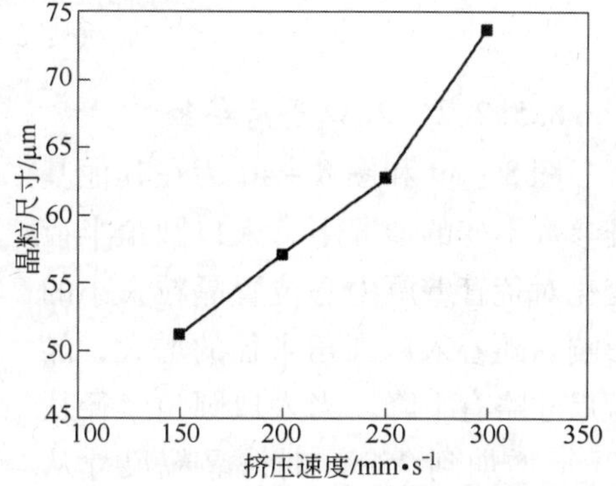

图 8－36 挤压速度对荒管晶粒尺寸的影响

有限元计算结果表明，挤压速度增大产生的热效应会使挤压变形区温度升高，变形区域内的温度在 1230～1290℃之间。同时，随着挤压速度的提高，应变速率则从 $74.4s^{-1}$ 增大到 $180s^{-1}$ 左右。温度和应变速率对动态再结晶晶粒大小的作用是相反的，应变速率增加，本应该使动态再结晶晶粒尺寸有所降低。但是在变形区温度升高会使晶粒尺寸长大，最终结果是温度的作用效果强于应变速率的影响，平均晶粒尺寸长大。这又一次说明温度的变化对晶粒尺寸的影响作用高于应变速率，而计算得到挤压速度的影响率 $R=0.44$，也证明了这一点。

8.5.2 模具尺寸因素

8.5.2.1 模具角度

在挤压进行过程中由于玻璃垫逐渐融化，玻璃润滑层的角度逐渐发生变化。在挤压开始时玻璃垫融化少，润滑层的角度比较小，随后玻璃垫被逐渐消耗，角度也慢慢增大，直到完全消耗使实际的角度变为90°的平模，改变模具角度就是为了模拟不同挤压阶段玻璃垫的融化形态。

图8－37和图8－38为在其他基准参数不变的情况下，模具角度变化对荒管壁厚中心位置晶粒大小的影响。由图可见，模具角度对晶粒尺寸几乎没有影响，晶粒尺寸基本在65μm左右。这是因为模具角度增大后并不影响挤压变形区的温度和应变速率，只是挤压区变形程度略有增大，因此最终平均晶粒尺寸基本保持不变。

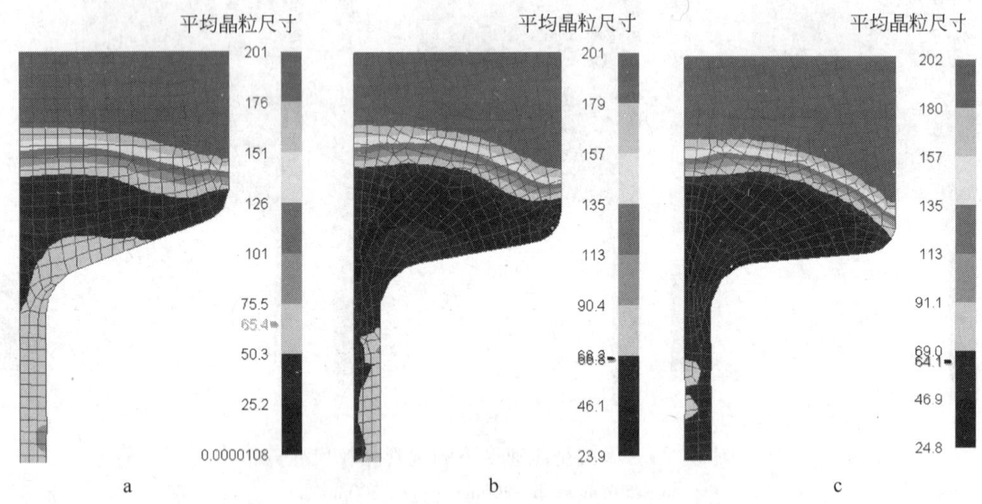

图8－37 不同模具角度下的荒管晶粒尺寸分布

a—70°；b—80°；c—85°

8.5.2.2 入口圆角半径

图8－39和图8－40为在其他基准参数不变的情况下，入口圆角半径变化对荒管壁厚中心位置晶粒大小的影响。随着入口圆角半径的增大，晶粒尺寸略有下降。当入口圆角半径从10mm增加到25mm时，晶粒尺寸从62.2μm减小到57.8μm。这是因为圆角半径增大后，坯料更容易从模孔流出，即坯料也更容易产生变形，挤压

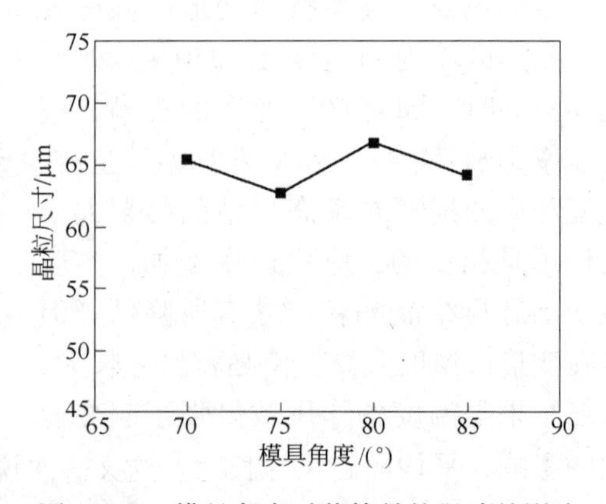

图8－38 模具角度对荒管晶粒尺寸的影响

变形区温度会降低15℃左右，应变速率会升高$10s^{-1}$，因此，晶粒尺寸会有所减小。计算得到入口圆角半径对平均晶粒尺寸的影响系数$R=-0.05$。

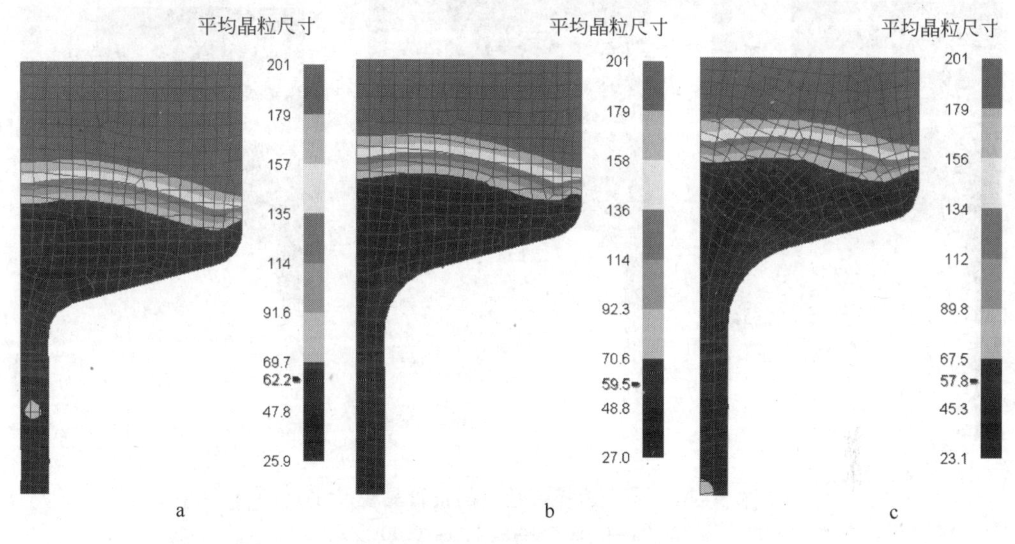

图8-39 不同入口圆角半径下的荒管晶粒尺寸分布
a—10mm；b—20mm；c—25mm

8.5.3 摩擦润滑工艺条件

在挤压过程中除了因玻璃垫融化造成模具角度发生变化外，坯料和模具之间的摩擦系数也会发生改变。在干粉润滑剂涂抹坯料内外壁均匀和玻璃垫消耗量较小的挤压初期，摩擦系数很小，随着挤压的进行，润滑剂被不断消耗，致使摩擦系数逐渐增大，这势必会对挤出荒管的晶粒尺寸产生影响。

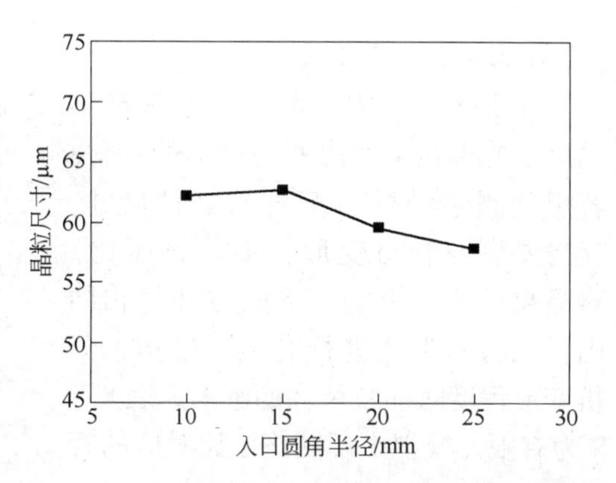

图8-40 入口圆角半径对荒管晶粒尺寸的影响

图8-41和图8-42所示为在其他基准参数不变的情况下，摩擦系数变化对荒管壁厚中心位置晶粒大小的影响。由图可见，增大摩擦系数，荒管晶粒尺寸也会长大。当摩擦系数从0.02增加到0.20时，晶粒尺寸从62.7μm长大到75.5μm。摩擦系数增大会导致挤压过程中摩擦生热效应更加明显，有限元计算结果表明，当摩擦系数从0.02增加到0.20时，挤压变形区内的温度上升了近40℃，平均应变速率从$157s^{-1}$下降到$136s^{-1}$左右，根据动态再结晶动力学可知，再结晶晶粒尺寸会长大。计算得到摩擦系数对平均晶粒尺寸的影响系

数$R=0.02$。

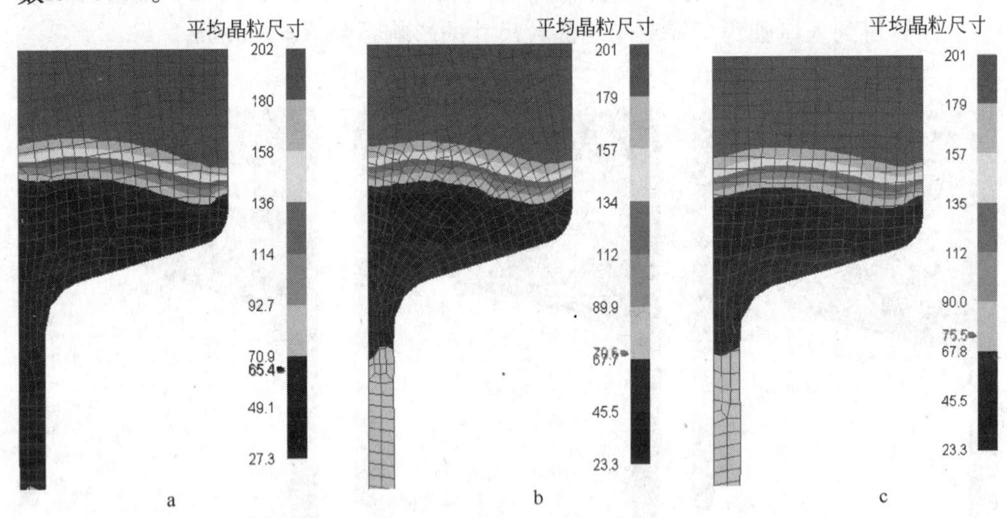

图 8－41　不同摩擦系数下的荒管晶粒尺寸分布

a—0.08；b—0.14；c—0.20

8.5.4　其他因素

8.5.4.1　挤压比

在实际生产中，可以通过选择不同尺寸的模孔生产出不同壁厚的管材。若想预测不同壁厚荒管的晶粒尺寸，就需要研究管材变形程度（挤压比）对晶粒尺寸的影响。下面对外径相同内径不同的管坯进行有限元模拟，分析变形程度对晶粒尺寸的影响，表 8－8 为有限元模拟中不同挤压比对应的管材尺寸信息。

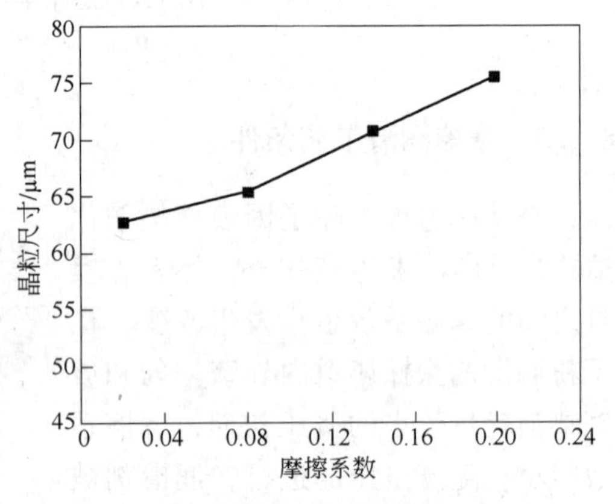

图 8－42　摩擦系数对荒管晶粒尺寸的影响

表 8－8　不同挤压比对应的管材尺寸

序号	管坯/mm			荒管/mm			挤压比
	外径	内径	壁厚	外径	内径	壁厚	
1	184	40	72	68.6	32.2	18.2	8.79
2	184	50	67	68.6	42.2	13.2	10.72
3	184	60	62	68.6	52.2	8.2	15.27
4	184	65	59.5	68.6	57.2	5.7	20.66

图 8－43 和图 8－44 所示为在其他基准参数不变的情况下，挤压比变化对荒管壁厚中心位置晶粒大小的影响。随着挤压比的增大，荒管晶粒尺寸先减小，然后基本保持不变。当挤压比为 8.79 时，荒管晶粒尺寸最大为 72.8μm，这是因为该挤压比下挤压变形区的应变速率最小。挤压比继续增加时荒管晶粒基本维持在 64μm 左右。计算得到挤压比对平均晶粒尺寸的影响系数 $R=-0.08$。

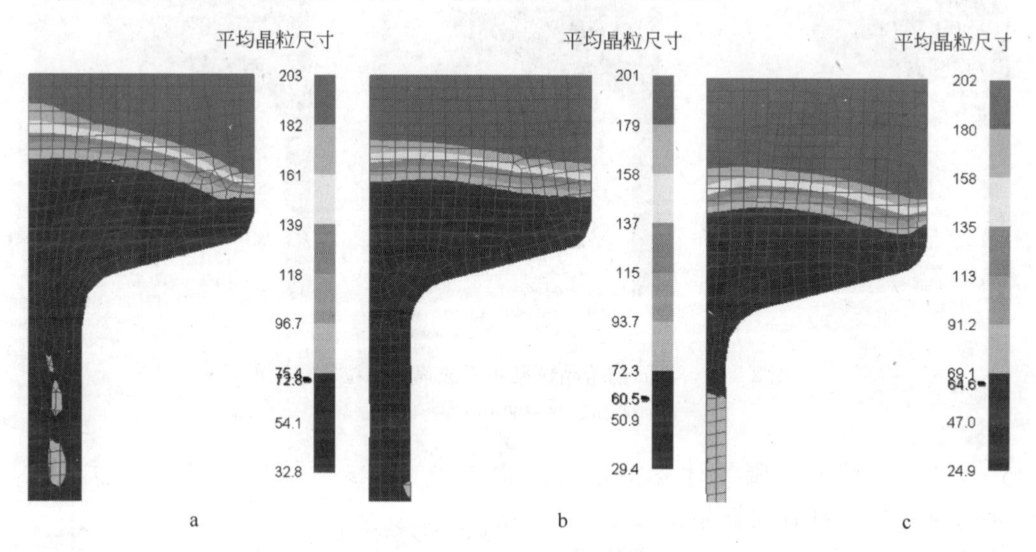

图 8－43　不同挤压比下的荒管晶粒尺寸分布

a—8.79；b—10.72；c—20.66

8.5.4.2　*初始晶粒尺寸*

虽然本书在第 2 章考虑了初始晶粒尺寸对 690 合金动态再结晶行为的影响，得出初始晶粒尺寸影响动态再结晶体积分数的结论，而在建立 690 合金的动态再结晶动力学方程时，并没有引入初始晶粒尺寸因素，但是，从热挤压模拟结果和荒管样品分析可知挤出荒管均发生完全再结晶，即初始晶粒尺寸的影响被挤压过程中的大应变量消除。

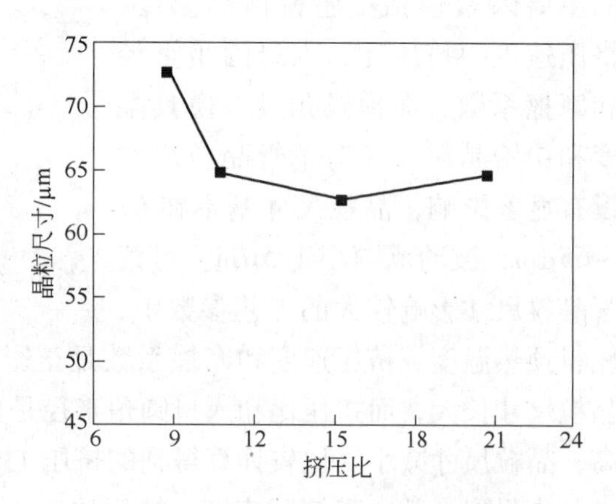

图 8－44　挤压比对荒管晶粒尺寸的影响

图 8－45 和图 8－46 所示为在其他基准参数不变的情况下，初始晶粒尺寸变化对荒管壁厚中心位置晶粒大小的影响。由图可知，初始晶粒尺寸对挤出荒管平均晶粒尺寸的影响不大。

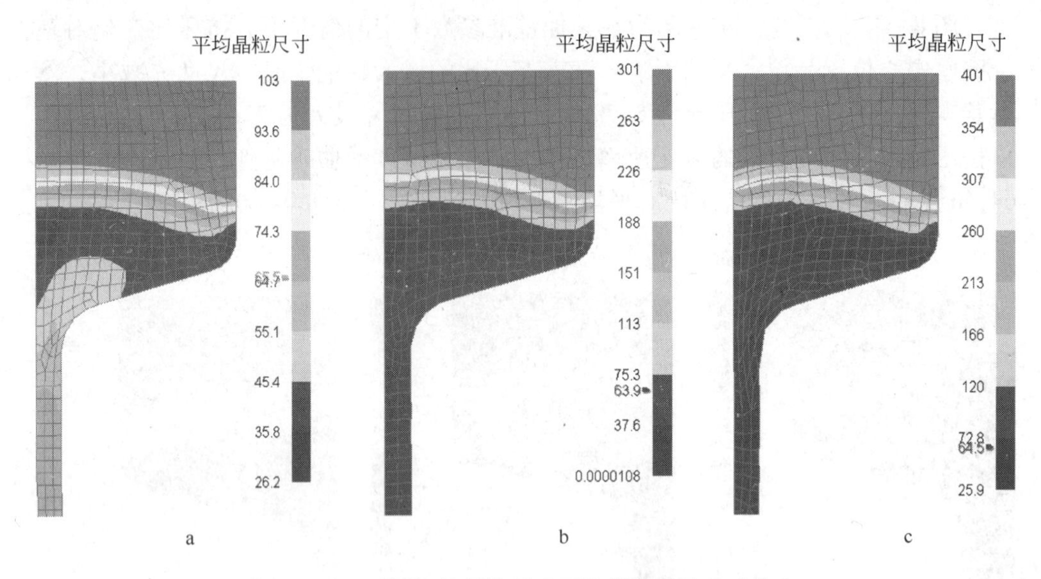

图 8 - 45　不同初始晶粒尺寸下的荒管晶粒尺寸分布

a—100μm；b—300μm；c—400μm

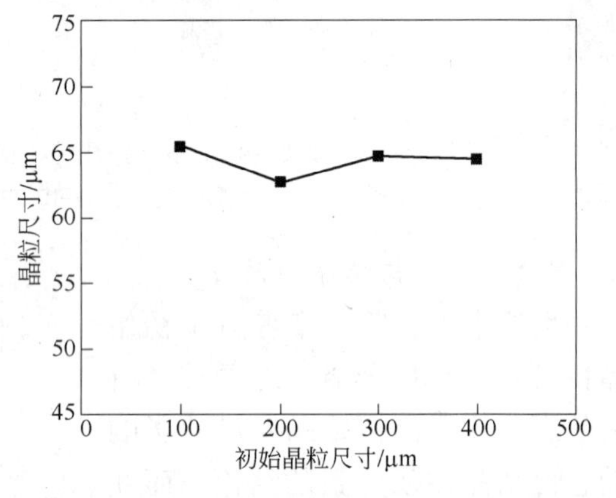

图 8 - 46　初始晶粒尺寸对荒管晶粒尺寸的影响

通过上述的有限元计算结果，将挤压工艺参数对荒管晶粒尺寸的影响总结于表 8 - 9 中，从表中数据可以看出，影响荒管最终晶粒尺寸的主要因素包括：坯料预热温度、挤压速度、挤压比、入口圆角半径和摩擦系数，而模具角度、模具温度和初始晶粒尺寸对荒管晶粒尺寸没有显著影响，晶粒尺寸基本在 62 ~65μm，波动范围小于 5μm。对荒管晶粒尺寸影响较大的工艺参数中，坯料预热温度、挤压速度和摩擦系数是正影响因素，即随着三个参数值的增加，晶粒尺寸长大，而挤压比和入口圆角半径是负影响因素，随着两个参数水平的提高，晶粒尺寸减小。比较计算得到的挤压工艺参数影响率 R 可知，坯料温度的影响最为强烈，其次是挤压速度，挤压比、入口圆角半径和摩擦系数的影响较弱，模具角度、模具温度和初始晶粒尺寸基本无影响。同时，还需要注意的是虽然摩擦系数对晶粒尺寸的影响较弱，但当摩擦系数是 0.2 时能计算得到最大晶粒尺寸为 75.5μm，可以说摩擦与润滑行为是挤压操作非常重要的环节，如果挤压变形润滑效果不好，很容易造成晶粒长大粗化，这一点文献［4］有详细论述。

表8－9 挤压工艺参数对荒管晶粒尺寸的影响

项 目	工艺参数范围	晶粒尺寸范围/μm	影响率 R
坯料预热温度	1100～1250℃	47.2～74.1	4.18
挤压速度	150～300mm/s	51.1～73.8	0.44
挤压比	8.79～20.66	72.8～62.7	－0.08
入口圆角半径	10～25mm	62.2～57.8	－0.05
摩擦系数	0.02～0.2	62.7～75.5	0.02
模具角度	70°～85°	62.7～66.8	—
模具温度	100～400℃	62.7～65.5	—
初始晶粒尺寸	100～400μm	61.5～62.7	—

综上所述，为了实现热挤压荒管晶粒组织的预测控制，在进行挤压工艺参数优化设计时，应首先确定好对晶粒尺寸影响强烈的坯料预热温度和挤压速度，然后可以通过改变挤压工模的形状尺寸来调整晶粒尺寸。在挤压比（荒管尺寸规格）一定的情况下，要想得到晶粒尺寸较小的荒管，可以使用降低坯料预热温度和挤压速度、改善润滑条件和增大挤压工模入口圆角半径的方法实现。

参考文献

[1] 张立红. GH80A合金相的溶解析出规律及热处理制度研究［J］. 金属热处理，2003，18(3)：26～30.

[2] 苏玉华. 高酸性气田用镍基耐蚀合金G3油管的研究［D］. 昆明：昆明理工大学，2006.

[3] Kang J H，Park I W，Jae J S. A study on die wear model considering thermal softening（Ⅰ）：Construction of the wear model［J］. Journal of Materials Processing Technology，1999，96(1～3)：53～58.

[4] 王宝顺. G3合金热挤压工艺与润滑行为及组织控制的关系研究［D］. 北京：北京科技大学，2011.

9 690合金冷轧退火组织控制及管材组织可控性

690合金传热管的主要性能要求是抗晶间应力腐蚀的能力，而晶粒尺寸大小及其均匀性、晶界的铬贫化、晶间碳化物及其对应力集中的力学效应，都是引起材料腐蚀的原因。690合金传热管基本上都是采用热挤压方式生产荒管，然后经双道次的冷轧及退火处理来生产成品尺寸管。国内外对690合金传热管的组织与耐蚀性能关系已有大量研究报道，但是对690合金的冷加工和退火处理工艺与合金组织性能间的关系报道较少[1]，而冷加工及后续的中间退火处理和固溶热处理是690合金管特殊热处理前的最后变形热处理工序，此步工序直接决定了成品管的组织状态，从而决定了管材使用性能。因此需要对每一工序所得管材组织进行跟踪观察，及时发现工艺中存在的问题，实现690合金传热管内部组织的精确控制。第8章已经研究了挤出荒管的晶粒组织分布情况，本章将重点关注荒管在后续的双道次冷轧和再结晶退火处理过程中的组织演变规律。同时进一步总结并给出组织可控镍基合金管材关键生产工艺优化原则。

9.1 冷轧及退火处理工艺组织演变研究方案

国内外关于690合金无缝管的生产都是采用热挤压方式生产荒管，然后经双道次的冷轧和退火处理来生产成品尺寸直管，其生产工序如图9-1所示，图中包含两个冷轧、热处理工序，即图中的①和②标识。

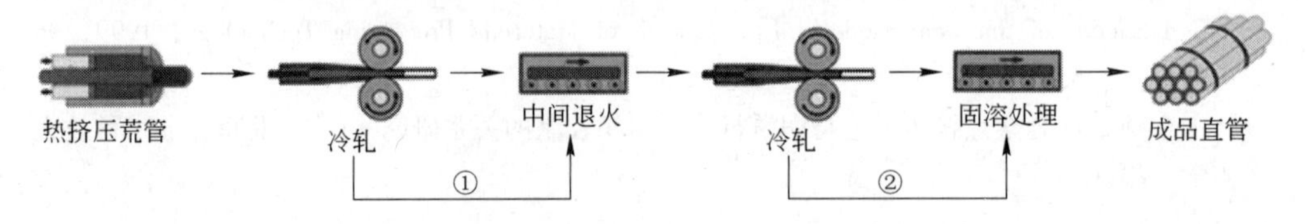

图9-1 690合金成品尺寸直管的生产流程图

对不同批次的690经中间退火处理的一次冷轧管和固溶处理后的成品尺寸管进行组织观察，如图9-2所示。一次冷轧管的平均晶粒尺寸为30.9μm，冷轧及后续的中间退火处理工艺可以明显细化荒管的原始奥氏体大晶粒。一次冷轧管再经过一道次轧制和固溶处理后即可得到成品尺寸管，图9-2c、e分别为不同批次的成品管晶粒度，统计两者的平均晶粒尺寸分别为19.5μm和23.5μm，成品尺寸管的晶粒进一步细化。但是，对应图9-2e批次的成品管晶粒度更加均匀。

在冷轧变形量一定的情况下，中间退火处理和固溶处理工艺对晶粒度的均匀性有一定的影响。不均匀的组织会加重690合金传热管在服役环境下的腐蚀破坏，使用寿命大大缩短。

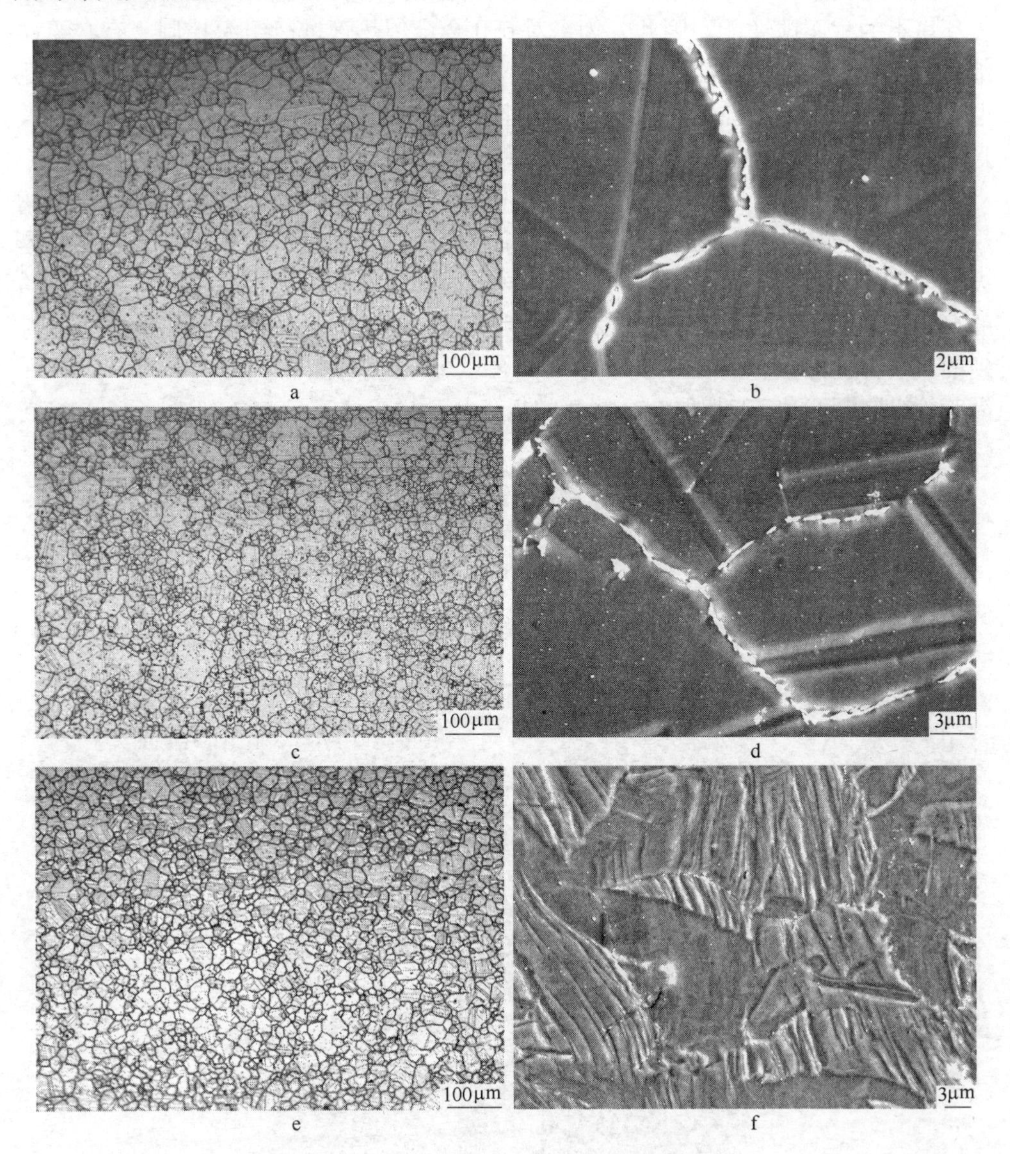

图9－2　690合金管的晶粒度和微观组织

a，b—一次冷轧管；c，d—成品尺寸管组织；e，f—成品尺寸管均匀的组织

另外，由图9－2b、d可知一次冷轧管和成品尺寸管虽然都经过了中间退火和固溶处理，但晶界上仍残留有大量的$M_{23}C_6$型碳化物，而图9－2f中晶界上只有很少量的$M_{23}C_6$型碳化物存在。690合金无缝管进行中间退火处理的目的就是

要消除加工硬化作用，使合金的塑性得以恢复以便继续加工，同时固溶处理也要求尽可能回溶晶界碳化物，使基体化学成分均匀，这样有利于 $M_{23}C_6$ 型碳化物能够在晶界上呈颗粒状连续析出，提高晶界附近铬溶度，增加 690 合金传热管在服役环境下的耐腐蚀性能。因此，为了对 690 合金传热管进行组织控制，有必要详细研究 690 合金荒管在冷轧退火处理过程中的组织演变规律，通过调整优化冷轧退火处理工艺参数来控制晶粒尺寸的大小和均匀性，获得晶粒尺寸符合标准要求且晶粒度均匀的组织。

为了研究 690 合金在单、双道次冷轧变形和中间退火处理过程中的组织演变规律，包括晶粒长大和均匀性分析，进行恒应变速率室温压缩实验和荒管冷轧退火处理实验。恒应变速率室温压缩实验材料为固溶处理后平均晶粒尺寸为 125μm 的 690 合金锭坯，如图 2－1b 所示。冷轧及退火处理实验材料取自热挤压变形得到的 690 合金荒管，荒管尺寸为 ϕ78mm × 8.2mm，荒管内部组织如图 9－3 所示，沿荒管纵向圆心角 30°切取合金管壁的板条状试样。

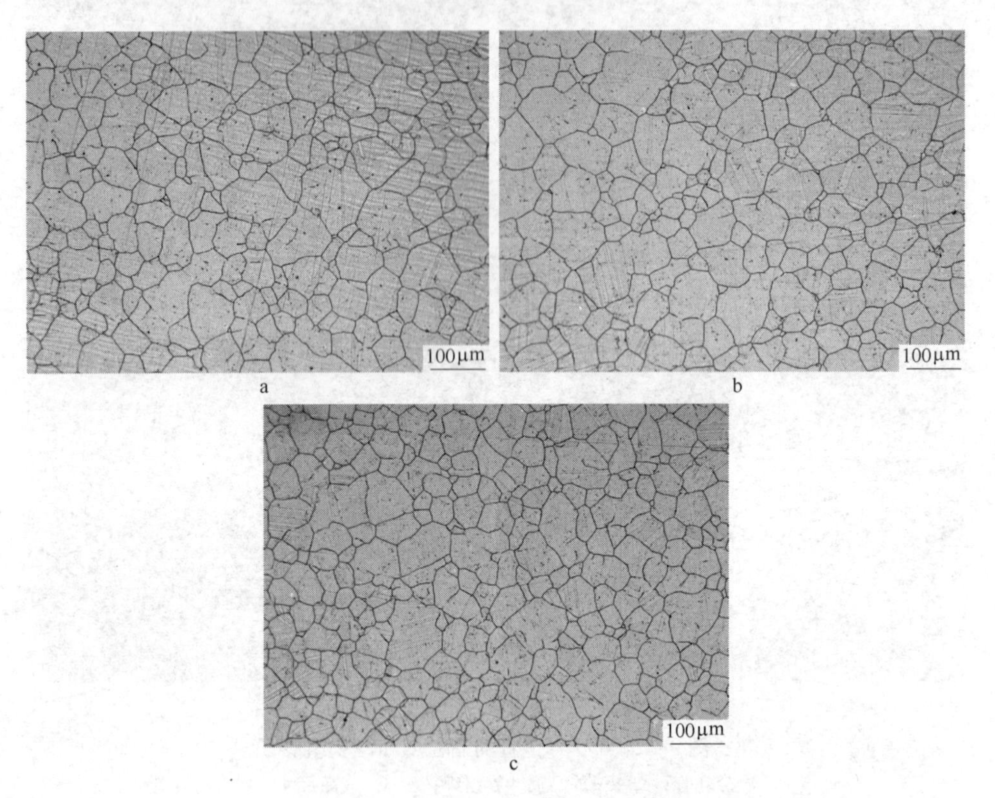

图 9－3　冷轧退火实验用荒管的金相组织

a—内壁；b—中心；c—外壁

（1）恒应变速率室温压缩。为了研究应变速率对 690 合金冷变形组织和硬度的影响规律，采用 Gleeble 恒应变速率室温压缩实验。室温压缩实验要求圆柱试样尺寸最小为 ϕ6mm ×9mm，要从 8.2mm 的荒管上加工出圆柱试样非常困难，所以使用固溶处理后平均晶粒尺寸为 125μm 的 690 合金锭坯（图 2 -1b）经机加工制成圆柱试样，分别以 0.01s^{-1}、0.1s^{-1}、1s^{-1} 和 10s^{-1} 的应变速率压缩 15%、25% 和 40%，然后观察变形后合金的金相组织形貌，研究应变速率和应变量对合金冷变形组织的影响规律。

（2）单道次冷轧及退火处理。运用单道次冷轧加退火处理的研究方案来模拟 690 合金管实际生产中的第一道次的冷轧和中间退火处理工艺，即对应图 9 -1 中的标识①。在二辊轧机上分别进行 30%、50% 和 70% 压下量的冷轧实验。冷轧之后再横向切取小块试样，在电阻炉内进行等温再结晶退火处理，退火处理温度分别为 1060℃、1080℃ 和 1100℃，保温时间分别为 3min、5min、7min、10min、12min 和 15min，具体实验方案见表 9 -1。退火处理后将试样的横截面进行机械研磨、抛光，制备成金相试样，利用光学金相显微镜观察晶粒组织形貌，测量再结晶晶粒的尺寸分布，统计再结晶平均晶粒尺寸。根据得到的平均晶粒尺寸和晶粒尺寸分布进行 690 合金静态再结晶晶粒长大方程拟合以及组织均匀性评定，从而得到第一道次冷轧和退火处理的最佳工艺参数组合。

表 9 -1　单道次冷轧及退火实验方案

冷轧压下量	中间退火温度/℃	保温时间/min
30%	1060	3、5、7、10、12、15
	1080	3、5、7、10、12、15
	1100	3、5、7、10、12、15
50%	1060	3、5、7、10、12、15
	1080	3、5、7、10、12、15
	1100	3、5、7、10、12、15
70%	1060	3、5、7、10、12、15
	1080	3、5、7、10、12、15
	1100	3、5、7、10、12、15

（3）双道次冷轧及退火处理。在了解 690 合金热挤压荒管单道次冷轧和中间退火处理再结晶规律的基础上，挑选第一道次冷轧中间退火处理后具有代表性组织状态的冷轧管壁板条试样，继续进行第二道次的冷轧固溶处理实验，即对应图 9 -1 中的标识②。此处说的有代表性的组织状态是指试样晶粒组织均匀性良好。根据单道次冷轧和中间退火处理研究结果，选取 1060℃/3min、1060℃/5min、1100℃/5min 和 1100℃/10min 四个中间退火工艺点。第二道次冷轧之后的固溶处理温度分别设定为 1060℃ 和 1100℃，保温时间分别为 3min、5min 和 10min。本

实验采用的热挤压荒管厚度为 8.2mm，而最终的成品管壁厚尺寸为 1.09mm，也就是说两道冷轧变形一头一尾的尺寸是定值，制定双道次冷轧的总变形量受限于这两个尺寸定值，结合第一道次冷轧研究成果，具体的实验组合方案见表 9－2。实验设定了三组变形量组合方式，第一道次冷轧变形压下量和第二道次冷轧变形压下量的配比分别是：30%＋78%、50%＋70%和 70%＋50%，同时采用本章提出的组织均匀性研究方法来衡量各工艺组织均匀性的好坏，最终得出最佳的双道次冷轧及再结晶退火处理工艺。

表 9－2　双道次冷轧及退火实验方案

第一道冷轧	中间退火处理	第二道冷轧	固溶处理
30%	1060℃/3min	78%	1060℃/(3、5、10) min 1100℃/(3、5、10) min
	1060℃/5min	78%	1060℃/(3、5、10) min 1100℃/(3、5、10) min
	1100℃/5min	78%	1060℃/(3、5、10) min 1100℃/(3、5、10) min
	1100℃/10min	78%	1060℃/(3、5、10) min 1100℃/(3、5、10) min
50%	1060℃/3min	70%	1060℃/(3、5、10) min 1100℃/(3、5、10) min
	1060℃/5min	70%	1060℃/(3、5、10) min 1100℃/(3、5、10) min
	1100℃/5min	70%	1060℃/(3、5、10) min 1100℃/(3、5、10) min
	1100℃/10min	70%	1060℃/(3、5、10) min 1100℃/(3、5、10) min
70%	1060℃/3min	50%	1060℃/(3、5、10) min 1100℃/(3、5、10) min
	1060℃/5min	50%	1060℃/(3、5、10) min 1100℃/(3、5、10) min
	1100℃/5min	50%	1060℃/(3、5、10) min 1100℃/(3、5、10) min
	1100℃/10min	50%	1060℃/(3、5、10) min 1100℃/(3、5、10) min

9.2　冷加工对组织和硬度的影响规律

因为本章使用的二辊冷轧机不能进行恒应变速率轧制，为了研究应变速率和应变量对 690 合金冷变形组织和硬度的影响规律，采用 Gleeble 恒应变速率室温压缩实验。热挤压荒管的壁厚是8.2mm，而室温压缩实验要求圆柱试样尺寸最小为ϕ6mm×9mm，要从荒管上加工出圆柱试样非常困难，所以使用固溶处理后的690合金锭坯（图2－1b）加工圆柱试样进行压缩实验。

9.2.1 冷加工对显微组织的影响

图9－4所示为690合金在室温下以不同应变速率压缩变形15%、25%和40%后的晶粒组织形貌。对比同一应变量下不同应变速率的晶粒形貌，可知应变速率对压缩变形后的晶粒组织没有明显影响，不同应变速率下晶界受压弯曲的曲率基本一致。对比同一应变速率不同应变量的晶粒形貌，可见应变量对压缩变形后的晶粒组织有非常显著的影响，随着应变量的增大，晶粒的变形程度加大。应变量为15%时，合金内部的晶粒未发生明显变形，晶界基本未发生明显弯曲现

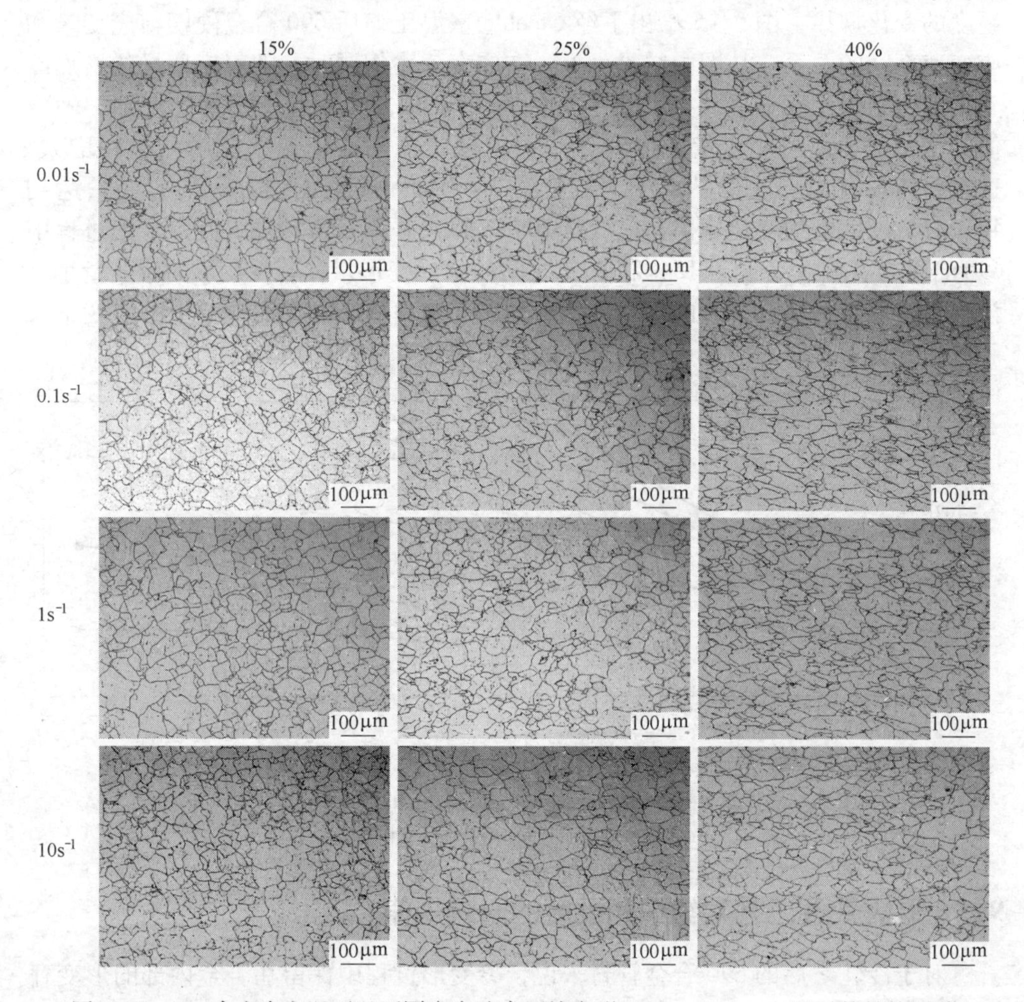

图9－4 690合金在室温下以不同应变速率压缩变形15%、25%、40%后的晶粒形貌

象，晶粒组织与原始锻态组织相比变化不明显，仍呈等轴状；当应变量增加到25%时，合金内部晶粒组织受压变形开始呈现扁平状；当应变量达到40%时，晶粒变形程度更大呈细条状，晶界走向呈现出与加载载荷方向垂直排布的特点。

9.2.2 冷加工对硬度的影响

在冷加工变形时，除了晶粒形状发生改变外，晶内组织也会发生包括产生空位和形变孪晶、点阵畸变和位错密度增加等在内的微观变化，这些变化会直接表现在合金宏观力学性能上，比如变形抗力、硬度增加和韧塑性降低，即出现明显的加工硬化现象。在法国 RCC - M 零部件采购技术规范——M4105 压水堆蒸汽发生器管束用无缝镍 - 铬 - 铁合金（NC30Fe）管标准里，对690合金传热管力学性能中硬度的要求是洛氏硬度 HRB≤92，因此有必要研究冷加工过程中690合金硬度的变化规律，图9－5给出了经 Gleeble 室温压缩后690合金硬度与应变量和应变速率间的关系。从图中结果可见，在应变速率相同时，随着应变量的增加冷变形后合金的硬度显著增加。当应变量为15%时，随着应变速率的增加，硬度值的变化很小；当变形量增加到25%时，硬度值随应变速率的增加略有增大，这主要体现在应变速率从 $0.1s^{-1}$ 提高到 $1s^{-1}$ 时硬度值的增加；当应变量达到40%时，硬度值的变化规律与应变量20%一致。图9－5b 说明，在冷变形过程中690合金也存在一个介于15%和25%之间的临界变形量，若冷变形的应变量小于该临界变形量，那么合金的加工硬化不受应变速率的影响，而冷变形的应变量大于该临界变形量时，应变速率对合金的加工硬化有一定影响。

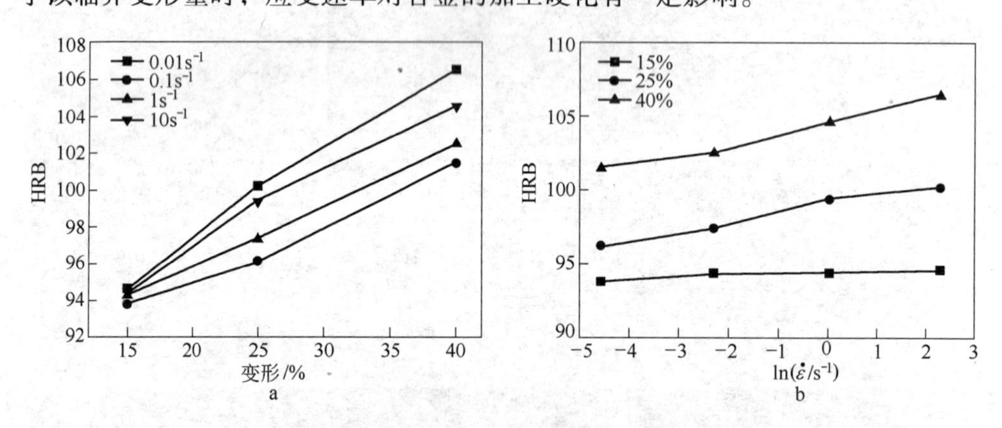

图9－5 冷加工对690合金硬度的影响规律

a—应变速率相同；b—应变量相同

9.3 退火处理工艺对组织和硬度的影响规律

对于冷轧之后的690合金管材来说，冷变形过程中保留在合金内部的形变存储能除晶界附近的大密度位错堆积带来的畸变能之外，还有很多是形变孪晶带来的畸变能以及和形变孪晶交互作用的位错带来的能量增加。这些不稳定的结构和能量状态，必须经过再结晶退火来消除，从而恢复合金的加工塑性，故再结晶退火处理是生产690合金传热管非常重要的环节。对于具有低层错能的镍基面心立方奥氏体合金，除了高密度位错塞积的三叉晶界和发生弓弯的晶界处，孪晶内部以及孪晶界附近也能提供再结晶形核位置，因为690合金冷变形时会产生大量的形变孪晶，这为合金的再结晶提供了大量的形核位置，静态再结晶会很快完成，之后便会发生再结晶晶粒长大。冷变形合金经退火处理后的晶粒大小主要与合金初始晶粒尺寸、冷轧变形量、退火温度和保温时间等有关，根据法国RCC－M零部件采购技术规范——M4105压水堆蒸汽发生器管束用无缝镍－铬－铁合金（NC30Fe）管标准，供货的690合金成品管的晶粒度应介于5～9级，也就是对应晶粒尺寸约在14～57μm。本节将主要研究690合金热挤压荒管在经不同冷轧变形量和退火处理（见表9－1）后的显微组织（包括晶粒尺寸和碳化物回溶）以及力学硬度变化情况，总结690合金退火再结晶晶粒尺寸的变化规律，建立退火再结晶晶粒长大模型，为690合金管冷轧及退火处理过程中的组织控制奠定基础。

9.3.1 退火处理工艺对晶粒尺寸的影响

图9－6是690合金荒管冷轧变形30%后，在不同退火温度下保温3min、5min、7min、10min、12min、15min后的金相组织。从图中显示的结果可以看出，在温度1060℃下再结晶退火，保温3min时还会残留部分未再结晶的变形晶粒，当保温时间延长到5min时，已完全静态再结晶，继续延长保温时间发生晶粒长大的趋势不大，这是因为1060℃的退火温度相对较低，再结晶晶粒长大的驱动力不足。在1080℃和1100℃相对较高的温度下退火保温，再结晶形核和长大有较大的驱动力，静态再结晶发展得更快更充分，保温3min就已经全部静态再结晶，并且随着保温时间的延长，晶粒长大趋势非常明显。

图9－7是690合金荒管冷轧变形50%后，在不同退火温度下保温3min、5min、7min、10min、12min、15min后的金相组织。从图中显示的结果可以看出，相同退火温度下冷轧变形量从30%增加到50%后，静态再结晶的驱动力也加大，在1060℃加热3min已经完全静态再结晶。晶粒长大的倾向性和冷轧变形量30%的规律基本一致，即1060℃再结晶晶粒长大趋势没有1080℃和1100℃大。此外，对比相同退火温度不同保温时间的金相组织，还可以看出随着保温时间的延长，合金金相组织中开始出现个别晶粒异常长大的分化现象。

图9－8是690合金荒管冷轧变形70%后，在不同退火温度下保温3min、5min、7min、10min、12min、15min后的金相组织。从图中显示的结果可以看出，经70%和50%的冷轧变形，在相同退火处理工艺下的表观规律基本一致，准确区分晶粒组织的差别需要对金相组织做进一步定量分析。

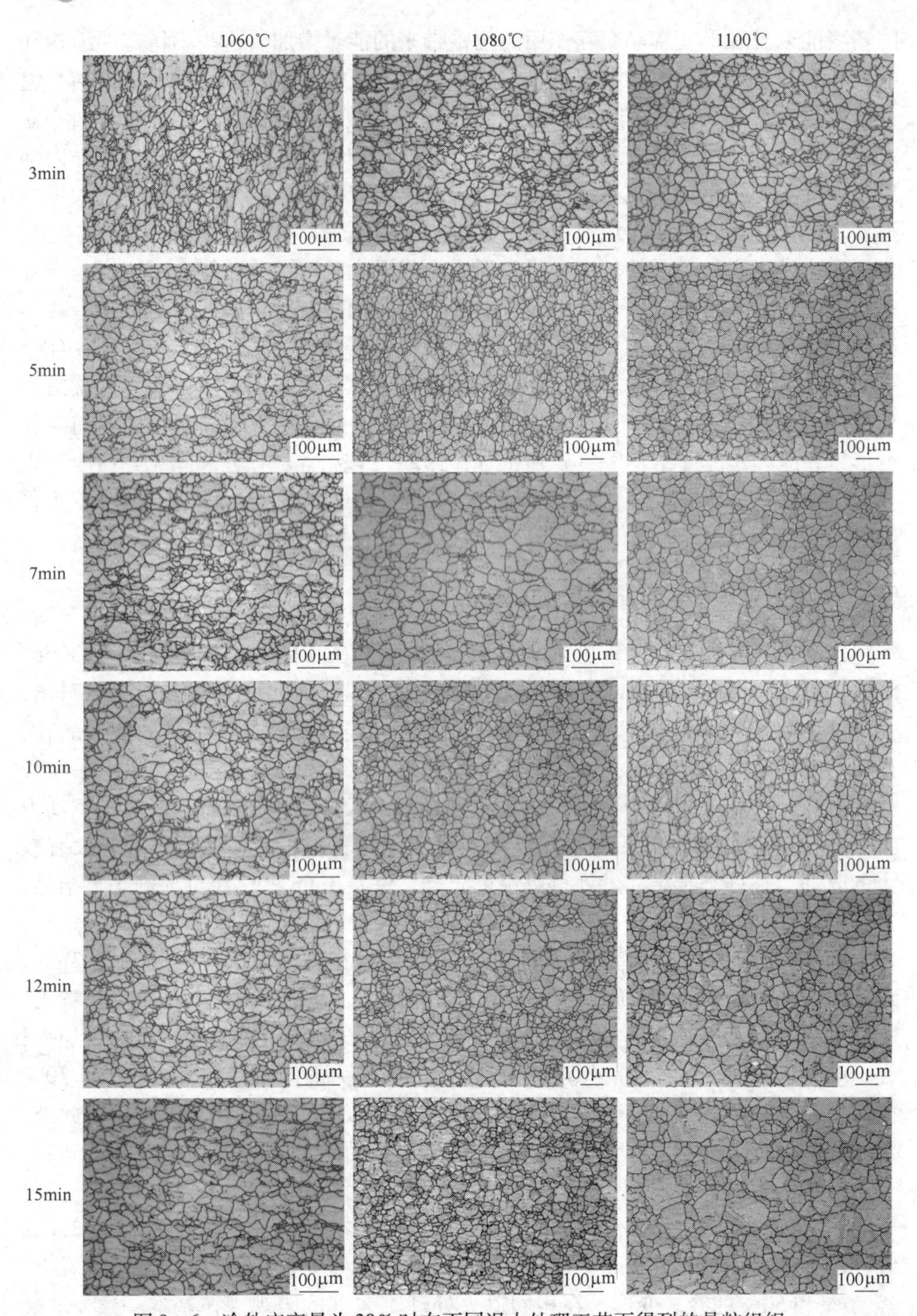

图9-6 冷轧应变量为30%时在不同退火处理工艺下得到的晶粒组织

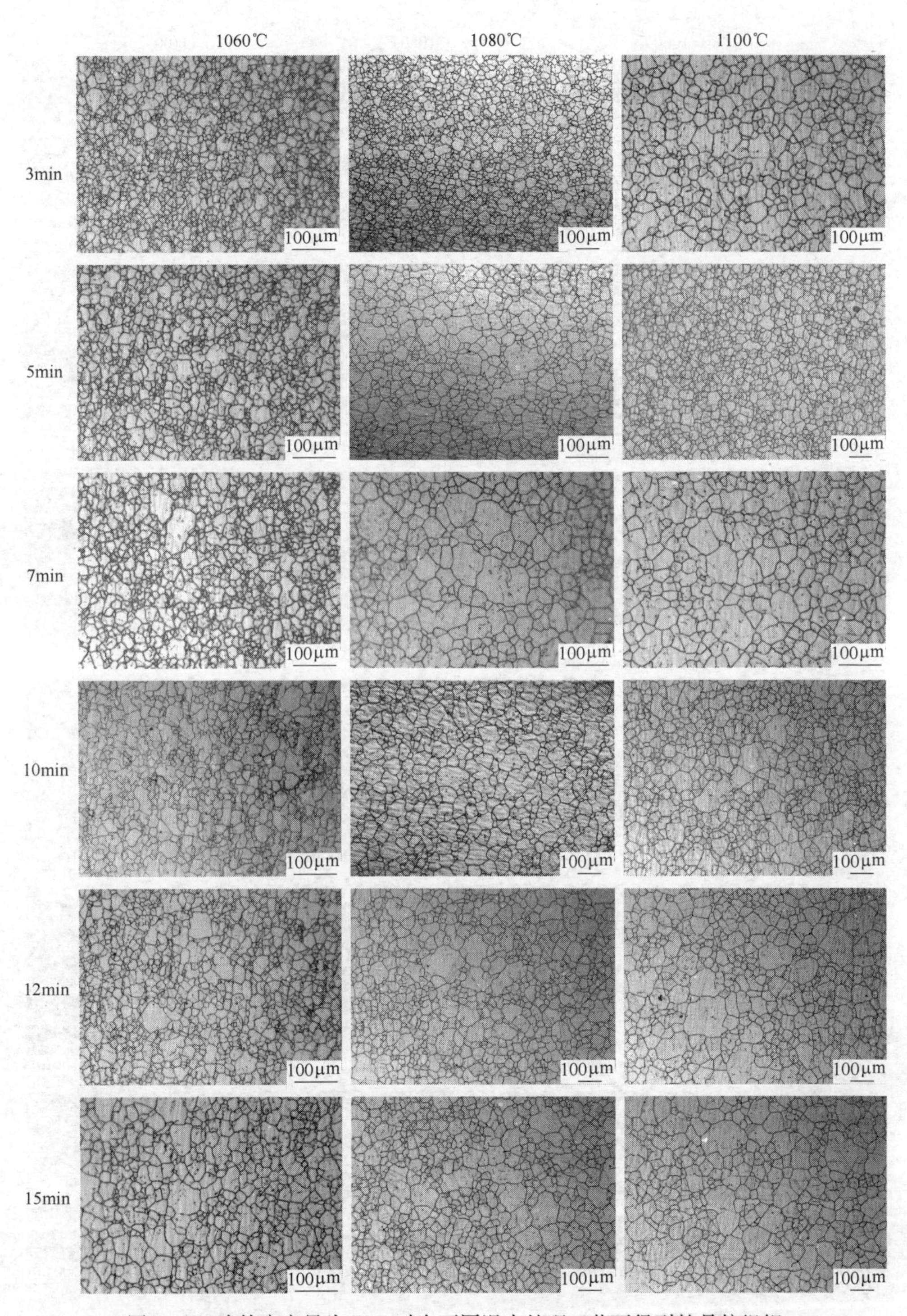

图 9-7 冷轧应变量为50%时在不同退火处理工艺下得到的晶粒组织

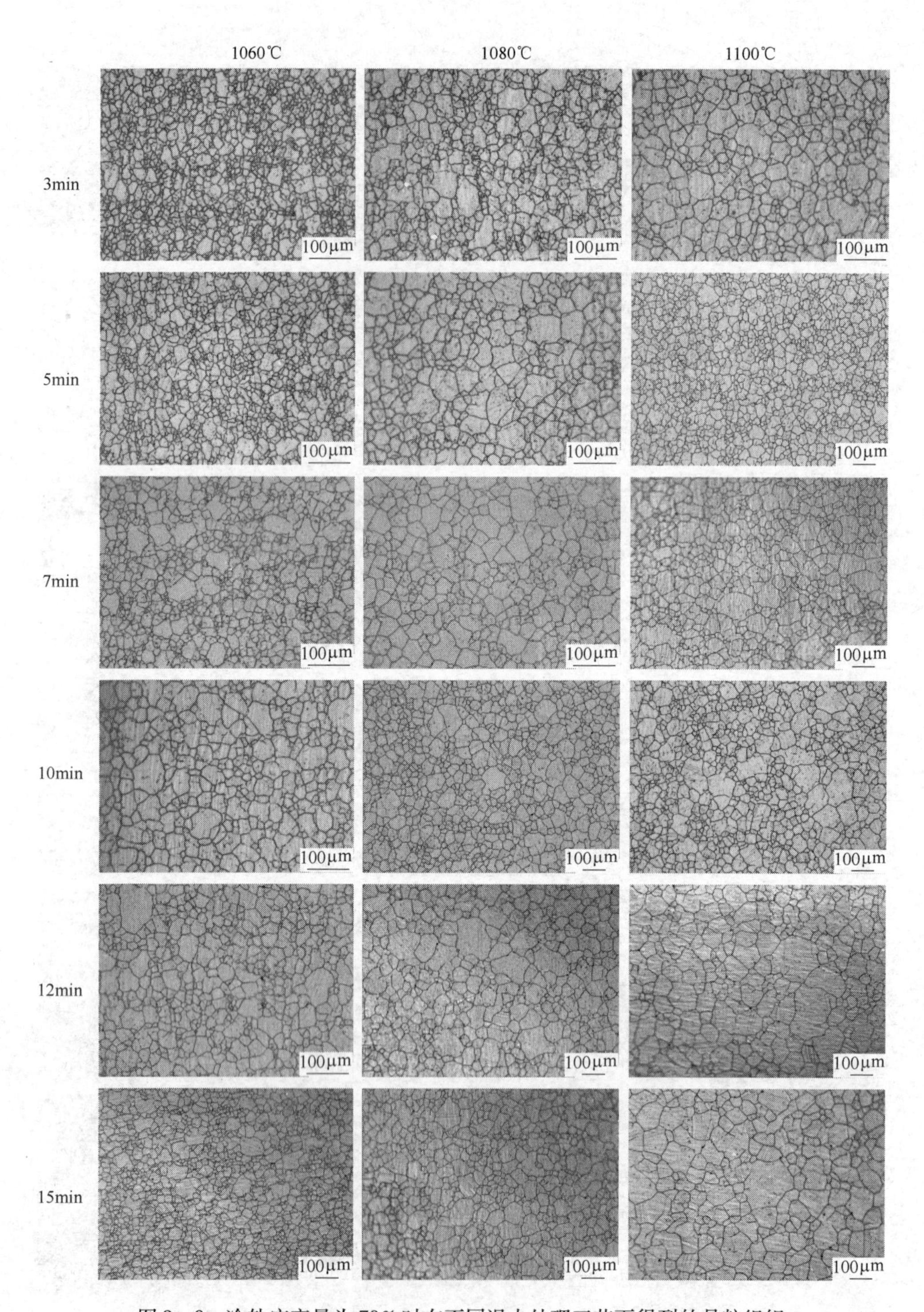

图9-8 冷轧应变量为70%时在不同退火处理工艺下得到的晶粒组织

统计图9－6～图9－8中金相组织的平均晶粒尺寸，分别作冷轧变形量30%、50%和70%不同退火处理后的平均晶粒尺寸与保温时间的关系图，如图9－9所示。从图中可以直观地看出，在1060℃的退火温度下延长保温时间，晶粒长大趋势不大，图中相应曲线的斜率小；但退火温度升高到1080℃和1100℃后，随着保温时间的延长，晶粒长大的趋势明显加大，且冷轧变形70%比变形50%更容易长大，即图中冷轧变形70%时晶粒长大曲线斜率最大。在保温时间相同时，随着退火温度的升高晶粒尺寸增大。

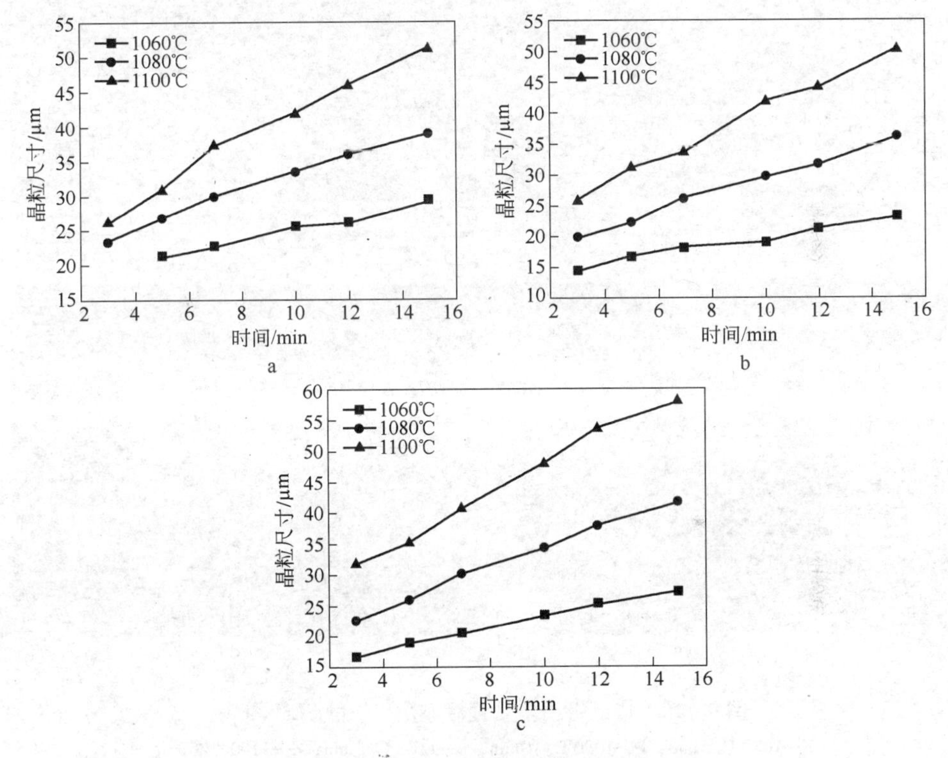

图9－9　晶粒尺寸与退火工艺参数的关系

a—冷轧30%退火；b—冷轧50%退火；c—冷轧70%退火

9.3.2　退火处理工艺对碳化物回溶的影响

690合金退火处理过程中的组织控制除了晶粒尺寸外，还要求晶界碳化物尽可能多的回溶，使基体化学成分均匀，这样有利于$M_{23}C_6$型碳化物能够在晶界上呈颗粒状连续析出，提高晶界附近铬溶度。图9－10所示为经过不同固溶处理的成品管微观组织，图中的亮斑即是残存的碳化物。在相同的固溶温度条件下，固溶处理的时间越长亮斑越少，这说明未溶碳化物的数量随着保温时间的延长逐渐减少；在相同的保温时间条件下，退火温度越高亮斑越少，这说明未溶碳化物的数量随着固溶温度的提高逐渐减少。对于1080℃和1100℃固溶处理5min以上的试样，晶内碳化物已经完全回溶于基体之中，但3min以下的试样晶内仍然存在少量的碳化物未回溶于基体之中。由此可知使碳化物完全回溶的固溶处理工艺为1080～1100℃/5min。

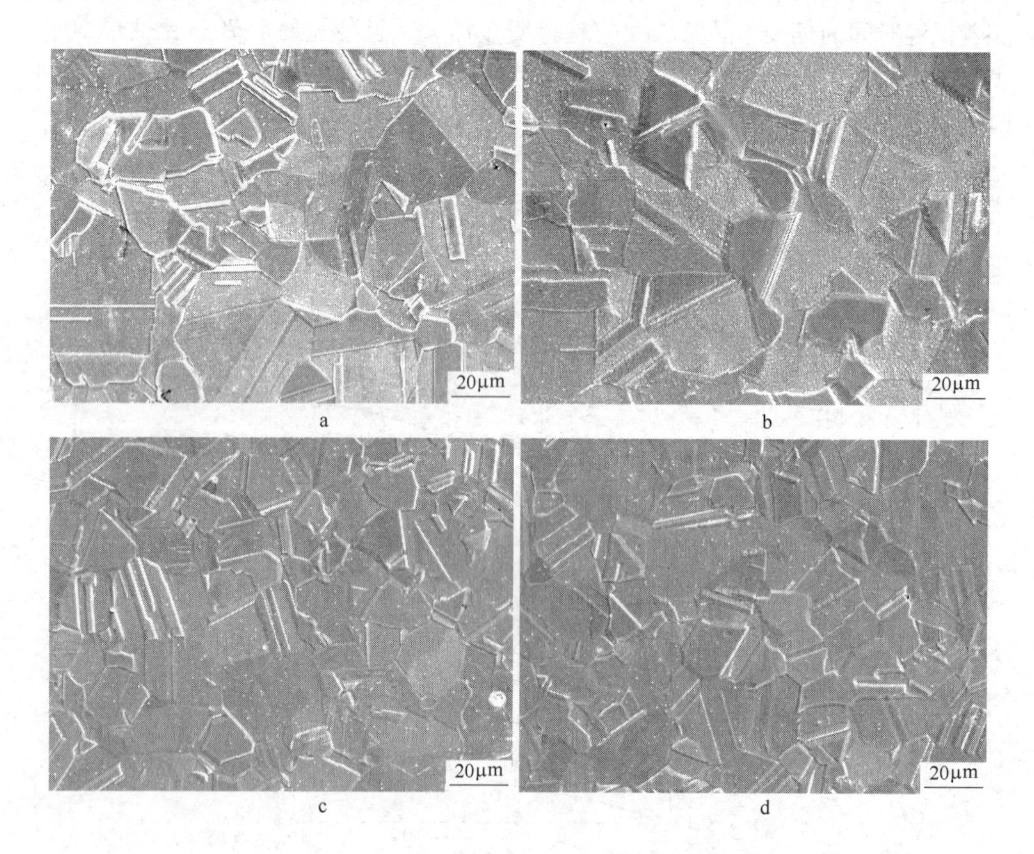

图9－10 成品管固溶处理后显微组织的SEM图片

a—1080℃/5min；b—1080℃/10min；c—1100℃/3min；d—1100℃/5min

9.3.3 退火处理工艺对硬度的影响

690合金在冷轧过程中产生加工硬化，冷变形合金的硬度升高，需要通过退火再结晶热处理来消除加工硬化，降低合金的硬度。图9－11所示为690合金荒管经不同变形量的冷轧后在退火过程中的硬度变化，由图可见，退火温度和保温时间均对硬度有影响。冷轧变形量分别为30%、50%、70%时，冷轧态试样的硬度达到104.2HRB、109.0HRB、112.7HRB，但在1060℃、1080℃、1100℃下进行退火处理后，保温3min合金便已发生明显的再结晶软化，硬度值迅速减小。此后随着保温时间的延长，硬度值会继续减小，只是减小幅度不是很大。在同一保温时间条件下，高退火温度比低退火温度的再结晶软化效果更显著，随着退火温度的升高，硬度值也会逐渐减小。

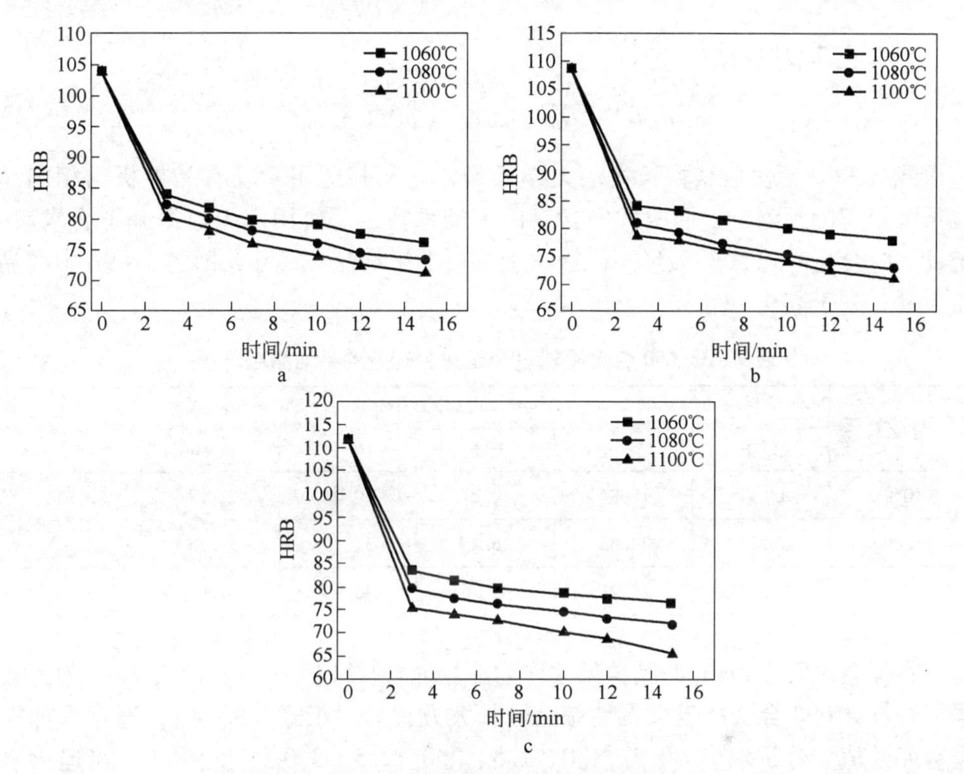

图 9－11 硬度与退火工艺参数的关系

a—冷轧 30% 退火；b—冷轧 50% 退火；c—冷轧 70% 退火

9.3.4 退火再结晶晶粒长大模型

目前预报奥氏体晶粒正常长大的模型通常采用 C. M. Sellars 和 E. Anelli 提出的模型，分别是式（9－1）和式（9－2）：

$$D^n = D_0^n + At\exp\left(-\frac{Q_g}{RT}\right) \tag{9-1}$$

$$D = Bt^m\exp\left(-\frac{Q_g}{RT}\right) \tag{9-2}$$

式中，D 为最终的晶粒尺寸（μm）；D_0 为再结晶完成时的晶粒尺寸，也可以是任意一个晶粒长大过程初始的晶粒尺寸（μm）；t 是保温时间（s）；T 是加热温度（K）；Q_g 是晶粒长大激活能（J/mol）；A、n、B 和 m 均为常数。

C. M. Sellars 模型中考虑了原始晶粒大小的影响，而 E. Anelli 模型引入了时间指数 m，但当 t 为 0 时晶粒尺寸为 0，这与实际情况不符，因而有学者将两个模型综合起来[2]，即在式（9－1）中引入时间指数 m，即：

$$D^n = D_0^n + At^m \exp\left(-\frac{Q_g}{RT}\right) \tag{9-3}$$

对上式两边取对数，得：

$$\ln(D^n - D_0^n) = \ln A + m\ln t - \frac{Q_g}{RT} \tag{9-4}$$

式（9－3）就是晶粒长大动力学模型，它尤其适用于没有晶界析出相的晶粒长大组织的预测，上面两式中含有的未知系数，需要用实验数据来拟合求解。统计 690 合金冷轧 50% 后经不同退火处理后的平均晶粒尺寸，即图 9－9b 中的晶粒尺寸，列于表 9－3。

表 9－3　690 合金冷轧 50%退火处理后的平均晶粒尺寸

温度/℃	晶粒尺寸/μm					
	3min	5min	7min	10min	12min	15min
1060	14.41	16.84	18.27	19.04	21.27	23.13
1080	19.73	22.35	26.25	31.75	34.58	36.21
1100	24.91	28.21	32.56	36.94	41.08	46.37

将保温时间为 3min 的晶粒尺寸作为原始晶粒尺寸值 D_0，利用表 9－3 中的数据拟合推导 690 合金的退火再结晶晶粒长大方程。对于式（9－4），通常可加先设定 n 的值，分别取 $n = 0.5$、1.0、1.5、2.0、2.5、3.0、3.5、4.0，当退火再结晶热处理的保温时间一定时，$\ln(D^n - D_0^n)$ 就是 $1/T$ 的线性函数，对表 9－3 的实验数据进行线性回归可确定晶粒长大激活能 Q_g 的值；同理当退火再结晶热处理的加热温度一定时，$\ln(D^n - D_0^n)$ 是 $\ln t$ 的线性函数，同样，对表 9－3 的实验数据进行线性回归可得时间指数 m 的值，取上述各退火处理条件下求得的多个 Q_g 值和 m 值的平均值，然后再根据式（9－4）即可求得 A 的值。图 9－12 所示为部分 n 值对应晶粒长大激活能 Q_g 的拟合图，可见图中的线性回归直线近似平行，这说明晶粒长大激活能 Q_g 是唯一的，整个晶粒长大过程中的长大机制不变。

在拟合退火再结晶晶粒长大方程时，可以引入误差函数 $h(n)$，对上述所取的每一个 n 值对应得到的晶粒长大方程，代入加热温度 T 和保温时间 t，得到晶粒长大尺寸的模型计算值 D'，则 $h(n)$ 为所有计算值减去表 9－3 中相应退火处理工艺下实测的晶粒尺寸值 D 的平方和，即：

$$h(n) = \sum_i (D'_i - D)^2 \tag{9-5}$$

作 $h(n) - n$ 的散点图，以误差函数值最小为优化目标，用六次多项式拟合图中的数据，得到拟合函数式 $h(n) = 424.541 - 1206.031x + 1572.346x^2 -$

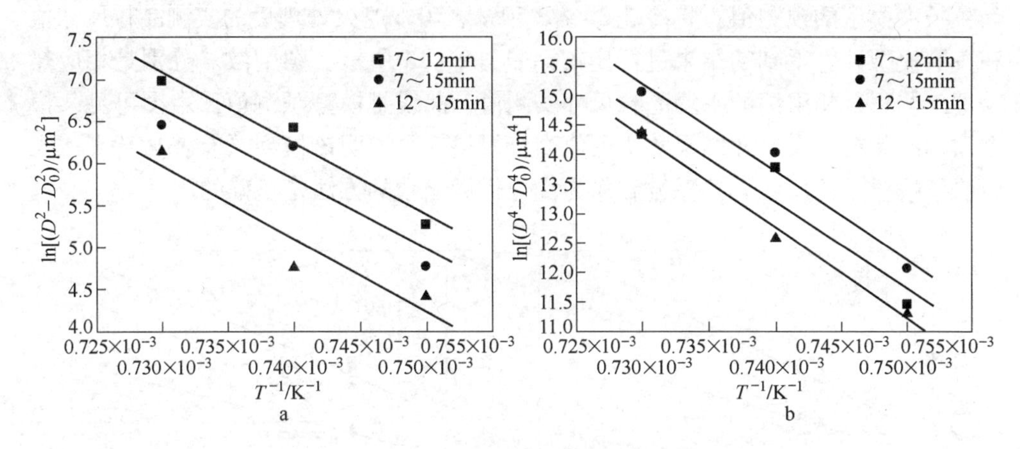

图 9－12　晶粒长大激活能的线性拟合

a—$n=2$；b—$n=4$

$965.552x^3+306.733x^4-48.517x^5+3.016x^6$，拟合曲线如图 9－13a 所示，可见确实存在一个误差函数的最小值，为了精确找到误差函数最小值对应的 n 值，对图 9－13a 中的多项式拟合曲线取微分，结果如图 9－13b 所示，导数等于 0 时的 n 值为 0.8765，此值就是 690 合金的退火再结晶晶粒长大指数。

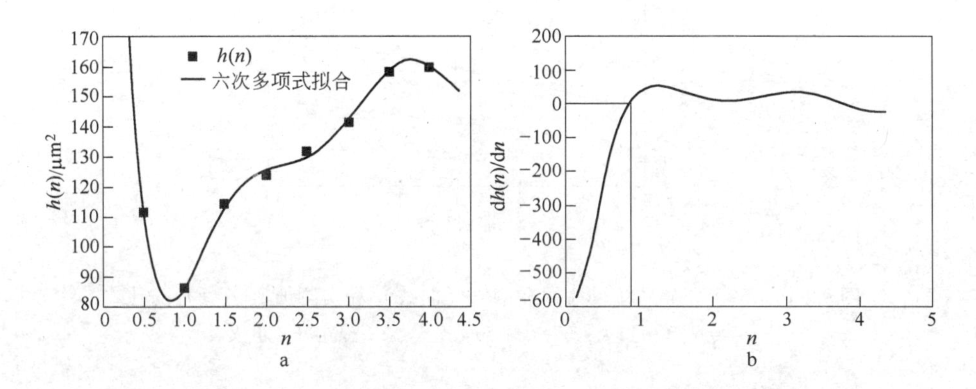

图 9－13　误差函数的多项式拟合（a）与微分曲线（b）

按照前文所述的方法，将 $n=0.8765$ 代入式（9－4）中，重新拟合出最优 n 值对应的晶粒长大激活能 Q_g 和时间指数 m，得 $Q_g=400985.7997\text{J/mol}$、$m=0.9072$、$A=2.8726\times10^{15}$，于是适用于 690 合金在不同退火再结晶热处理制度下的晶粒长大模型为：

$$D^{0.8765}=D_0^{0.8765}+2.8726\times10^{15}t^{0.9072}\exp\left(-\frac{400985.7997}{RT}\right)\qquad(9-6)$$

为了验证 690 合金退火再结晶晶粒长大模型的普遍适用性，同样将三个冷轧变形量下保温 3min 的晶粒尺寸作为初始晶粒尺寸 D_0，依据式（9－6）即可求得晶粒长大模型的预测值。将冷轧30%、50%、70%退火处理后的实测晶粒尺寸值和按照模型计算得到的结果进行比较，如图9-14所示，图中散点分别是相应热处理工艺下金相组织的平均晶粒尺寸实测值，曲线是模型预测值。由图可见，模型预测的晶粒长大尺寸结果与实测值吻合得很好，说明该模型具有普适意义，也说明了按照晶粒尺寸误差平方和作为优化目标函数的方法是正确的。

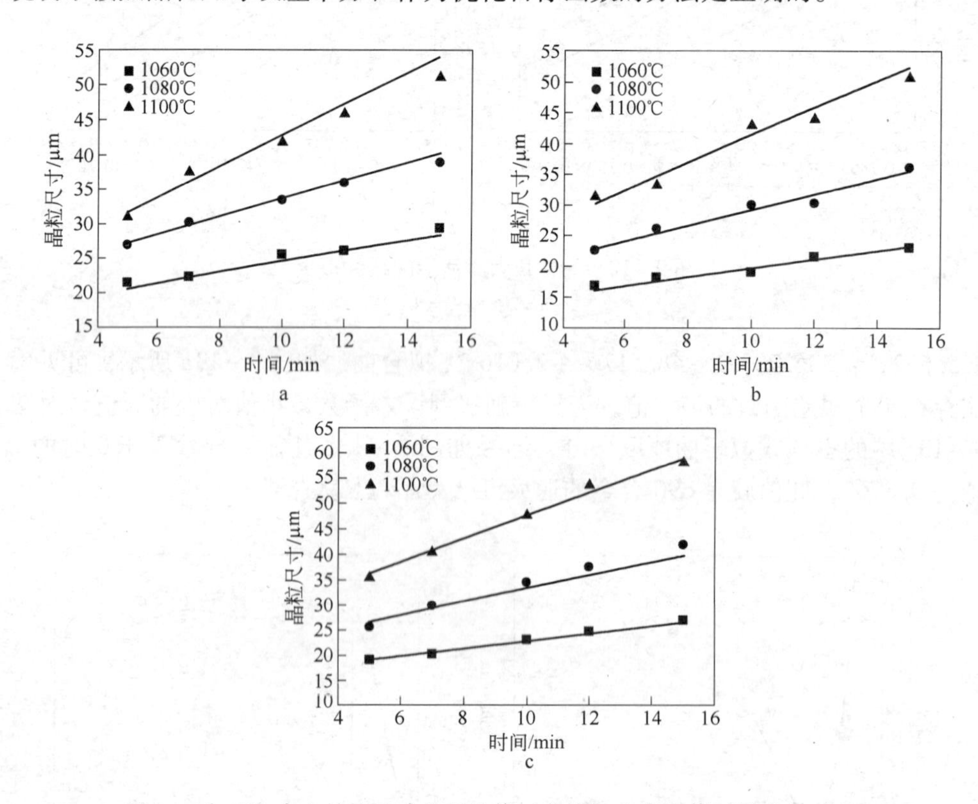

图9-14　690合金晶粒尺寸的理论值（曲线）和实测值（散点）对比

a—冷轧30%退火；b—冷轧50%退火；c—冷轧70%退火

9.4　基于组织均匀性的冷轧退火处理工艺优化

国内目前试生产的690合金管可以把平均晶粒尺寸控制在标准要求的范围内，但有些690合金传热管还是达不到腐蚀性能要求，主要就是690合金管的组织均匀性控制不好，晶粒之间尺寸差别过大，这直接造成了合金内部不同位置的电极电位差异，加重了合金在高温水介质服役环境中的晶间腐蚀及应力腐蚀。如果荒管和一次冷轧退火后的组织均匀性不好，将直接导致下一道次的变形不均匀，从而使得组织不均匀得以遗传加重。因此，如何控制好690合金的组织均匀性是一个亟待解决的问题。

在晶粒不均匀性评价方法的探索中，文献提出用最大晶粒的尺寸 D_{max} 和分布几率最高的晶粒尺寸 D_K，并定义不均匀因子 $Z = D_{max}/D_K$ 来衡量组织均匀性，获得了良好的效果[3]。针对 690 合金成品直管的冷轧和退火处理工序，设计了 690 合金荒管单、双道次冷轧再结晶退火试验，测量退火再结晶金相组织中所有晶粒的具体尺寸，从而获得晶粒尺寸概率分布，采用 $Z = D_{max}/D_K$ 来衡量不同的冷轧和退火处理工艺组合所得的组织均匀性，通过组织均匀性来反馈调节得到最佳的退火处理工艺。

由于影响冷轧和退火热处理金相组织的因素众多，而每个影响因素的取值也是多种多样的，因此借助于正交试验设计方法。在正交试验中，指标确定为不均匀因子 Z，该值越小代表组织均匀性越好，对组织均匀性有重要影响的因素包括冷轧变形量、退火温度和保温时间，依据工厂实际生产工艺，将每一种因素取 3 个水平，其中冷轧变形量的 3 个水平是 30%、50%、70%；退火温度的 3 个水平是 1060℃、1080℃、1100℃；保温时间的 3 个水平是 3min、5min、10min，按照正交试验的思想，认为 3 个因素相互独立影响组织的均匀性，则采用标准的正交表 $L_9(3^3)$，共进行 9 组试验。通过衡量不均匀因子指标，可以确定哪个因素对组织的均匀性影响最大，各个因素取什么水平可以使不均匀因子最小，即组织均匀性最好，并可以推测这 9 组试验以外更优的工艺组合。

9.4.1　组织均匀性研究方法

要想通过组织均匀性的研究来调控冷轧和退火工艺，不能只是笼统地定性分析，需要简洁、精确的指标来量化组织均匀性，本文采用不均匀因子 $Z = D_{max}/D_K$ 来评定组织均匀性，下面以第一道次冷轧前的热挤压荒管晶粒组织（图9－3）来说明此方法的具体分析步骤。按照《GB/T 24177—2009 金属双重晶粒度表征与测定方法》中的方法，使用间隔为 5mm 的平行网格线，在金相组织照片中按 0°、45°、90°和 135°覆盖截取晶粒，沿着每条网格线量取两节点间的晶粒截取长度，将从全部网格线上得到的所有测量结果作为一组数据进行处理，并按预先设定的晶粒尺寸分类区间对截取长度进行分类。这些数据可用于评定所观察到的晶粒度分布特点，确定平均截取长度和不同分类区间所占的体积分数，表 9－4 给出了测量的统计数据。以表 9－4 中各晶粒分类区间的上限值为横坐标，相应的体积分数为纵坐标作图，得到荒管的晶粒尺寸分布图，如图 9－15 所示，其中纵坐标值最大的即为分布几率最高的晶粒尺寸 D_K。由图可见，50～60μm 的分类区间为分布几率最高的晶粒尺寸，对原始测量数据取平均值得到分布几率最高的晶粒尺寸 $D_K = 53.4\mu m$，将晶粒尺寸在 170～200μm 的晶粒作为最大晶粒尺寸 D_{max}，同理算得 $D_{max} = 183.8\mu m$，于是 $Z = 3.44$。

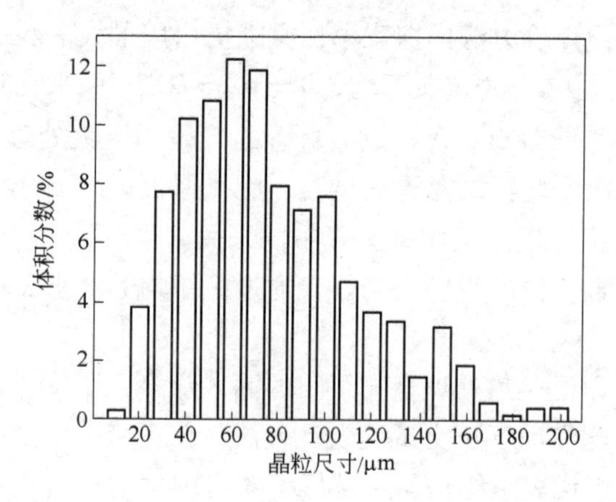

图9－15 荒管晶粒尺寸分布直方图

表9－4 热挤压荒管的晶粒尺寸分布统计

晶粒尺寸分类区间	0°	45°	90°	135°	平均截取个数	截取长度/μm	体积分数/%
(0, 10]	5	13	8	2	7	70	0.33
(10, 20]	38	50	37	36	40.25	805	3.82
(20, 30]	61	51	46	60	54.5	1635	7.76
(30, 40]	59	58	54	45	54	2160	10.25
(40, 50]	49	51	36	47	45.75	2287.5	10.86
(50, 60]	43	44	44	41	43	2580	12.24
(60, 70]	37	39	34	33	35.75	2502.5	11.88
(70, 80]	15	18	21	30	21	1680	7.97
(80, 90]	21	18	17	11	16.75	1507.5	7.15
(90, 100]	9	20	20	15	16	1600	7.59
(100, 110]	8	9	8	11	9	990	4.7
(110, 120]	10	5	5	6	6.5	780	3.7
(120, 130]	7	5	3	7	5.5	715	3.39
(130, 140]	1	3	3	2	2.25	315	1.49
(140, 150]	3	6	7	2	4.5	675	3.2
(150, 160]	3	3	2	2	2.5	400	1.9
(160, 170]	0	0	2	1	0.75	127.5	0.61
(170, 180]	0	0	0	1	0.25	45	0.21
(180, 190]	1	0	1	0	0.5	95	0.45
(190, 200]	0	1	1	0	0.5	100	0.47
					Σ＝366.25	Σ＝21070	Σ＝99.97

9.4.2　单道次冷轧退火后的组织均匀性

图9－16所示为按照三因素三水平的标准正交试验方案设计得到的金相组织，同时表9－5中列出了具体统计结果，其中不均匀因子是按照上节所述的方法统计图9－15中各个金相组织的最大晶粒尺寸 D_{max} 和分布几率最高的晶粒尺寸 D_K，从而计算得到的 Z 值。

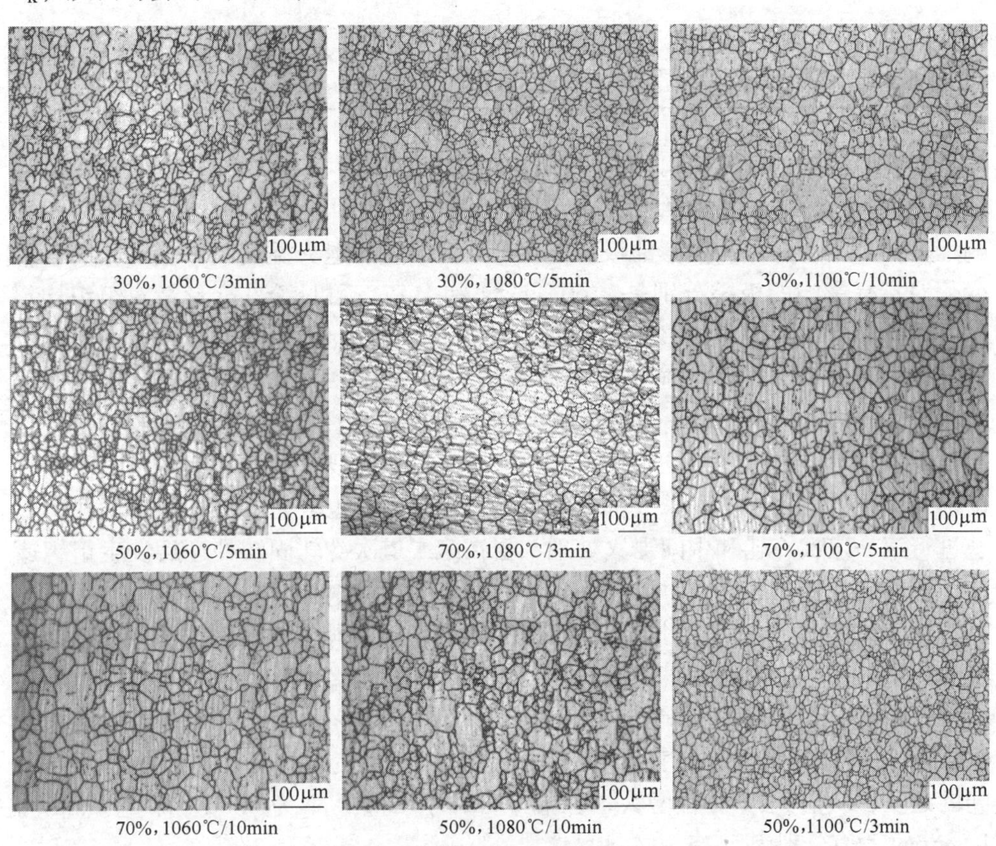

图9－16　正交试验设计不同冷轧及退火处理后的晶粒组织结果

表9－5　$L_9(3^3)$ 正交试验设计及结果

试验号	冷轧变形量 A（%）	退火温度 B（℃）	保温时间 C（min）	不均匀因子 Z
1	1（30）	1（1060）	1（3）	8.00
2	1（30）	2（1080）	2（5）	5.78
3	1（30）	3（1100）	3（10）	4.44
4	2（50）	1（1060）	2（5）	2.55
5	2（50）	2（1080）	3（10）	4.22
6	2（50）	3（1100）	1（3）	3.63

续表9－5

试验号	冷轧变形量A（%）	退火温度B（℃）	保温时间C（min）	不均匀因子Z
7	3（70）	1（1060）	3（10）	4.53
8	3（70）	2（1080）	1（3）	3.82
9	3（70）	3（1100）	2（5）	2.41
$K1$	6.07	5.03	5.15	
$K2$	3.47	4.61	3.58	
$K3$	3.59	3.49	4.40	
极差R	2.60	1.54	1.57	

对实验结果进行分析可知，在九个实验中第9组（A3B3C2）实验对应的Z值最小（$Z=2.41$），即组织最均匀。为了比较三个因素对不均匀因子指标的影响程度，需要计算每种因素的极差值，冷轧变形量、退火温度和保温时间的水平变化对指标影响的极差分别是2.60、1.54和1.57，可见冷轧变形量对组织均匀性的影响最大，从表中的具体数据来看，这个大的极差是由30%冷轧变形量下的Z值过大所致，结合晶粒组织具体分析如下：图9－16中给出了冷轧变形量30%，1060℃退火3min和1080℃退火5min的晶粒组织，可见前者未完全再结晶，是部分再结晶组织，均匀性很差；而后者虽然完成了再结晶，但是由于冷轧变形量小，再结晶形核和长大都不均匀，组织均匀性也较差。如果采用这两个工艺进行第一道次冷轧和中间退火处理，会在第二道次冷轧固溶处理后发生组织遗传，使均匀性更差。

正交试验的三个因素对组织均匀性指标Z值的具体影响见图9－17。随着冷轧变形量的增大，Z值逐渐减小，三个水平对应的Z值分别为6.07、3.47和3.59；随着退火温度的升高，Z值也减小，三个水平对应的Z值分别为5.03、4.61和3.49，即增大冷轧变形量和提高退火温度能使组织更均匀；随着保温时间的延长，Z值先减小后增大，保温5min的Z值最小为3.58，保温3min和10min的Z值分别为5.15和4.40。

基于正交试验设计结果得出A3B3C2实验对应的Z值最小，但是这还不能确定A3B3C2方案是三个因素水平的最佳搭配。为了确定各个因素取什么水平时，不均匀因子指标最小，还要根据已有的9组实验结果进一步计算分析。从图9－17中的结果可知：冷轧变形量为50%时，Z值最小；退火温度为1100℃时，Z值最小；保温时间为5min时，Z值最小。因此可以推断A2B3C2，即冷轧变形量为50%，在1100℃退火保温5min可能是最优的参数组合。表9－6所示为第9组和最优组实验获得的不均匀因子值，图9－18是两组实验对应的金相组织，由图可见最优组的均匀性比第9组稍好，其不均匀因子Z值仅为2.11，而且两组实验得到的平均晶粒尺寸分别是35.2μm和28.2μm，均达到了标准要求。

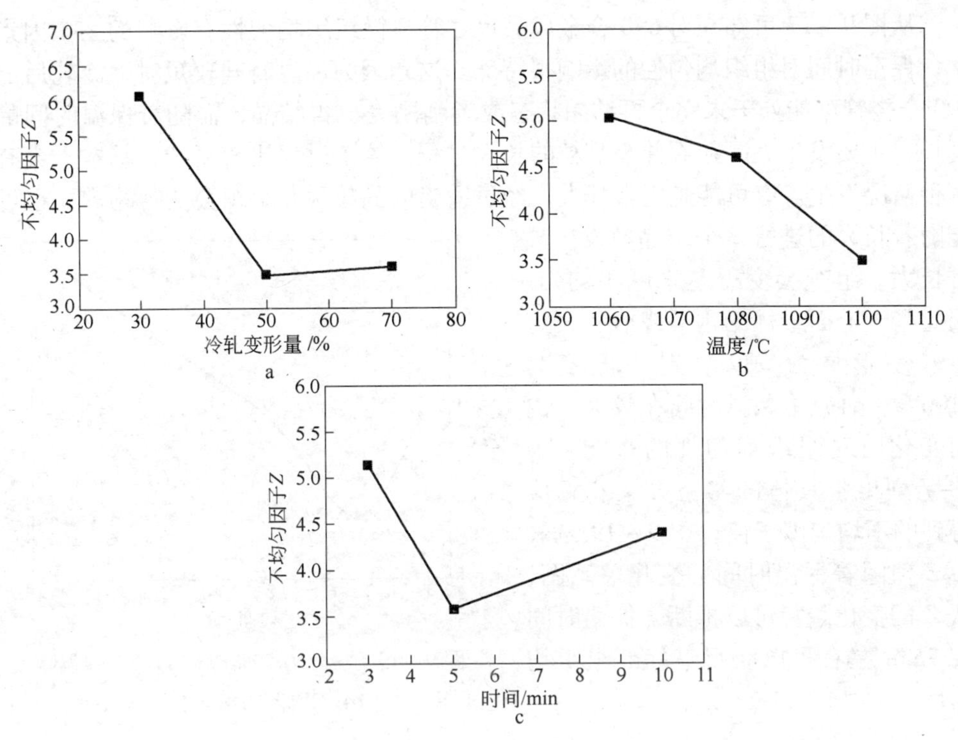

图 9－17 正交试验三个因素对组织均匀性指标 Z 的影响

a—冷轧变形量；b—退火温度；c—保温时间

表 9－6 优秀因素水平组合列表

试验号	冷轧变形量 A（%）	退火温度 B（℃）	保温时间 C（min）	不均匀因子 Z
第 9 组	3（70）	3（1100）	2（5）	2.41
最优组	2（50）	3（1100）	2（5）	2.11

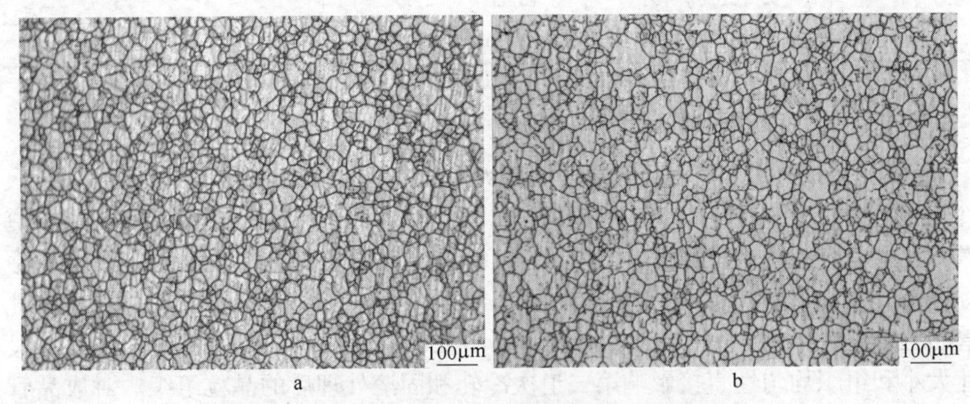

图 9－18 最优组与正交试验第 9 组金相组织对比

a—最优组；b—正交试验第 9 组

从图9－17可知在对690合金成品尺寸管显微组织均匀性有影响的三个因素中，保温时间对组织均匀性的影响很特殊。这是因为保温时间较短时，冷轧后的690合金管可能处于未完全再结晶状态或者刚刚完成再结晶，而随着保温时间的延长，主要发生大晶粒吞并小晶粒的长大过程。这个过程比较复杂，基本上会有两种情况发生。有可能是正常长大，经过适当的晶粒吞并组织会变得均匀；也可能随着长大的进行，个别晶粒发生异常长大，组织会变得越来越不均匀。因此基于上面最优的水平组合，设定冷轧变形量为50%，退火温度为1100℃，研究了保温时间在较大范围内变化时对组织均匀性的影响。表9－7列出了具体的实验方案和相应得到的不均匀因子值，图9－19是表中Z值随着保温时间的变化关系图，从Z的变化趋势可以推断，保温时间在5min左右可以获得最好的组织均匀性。

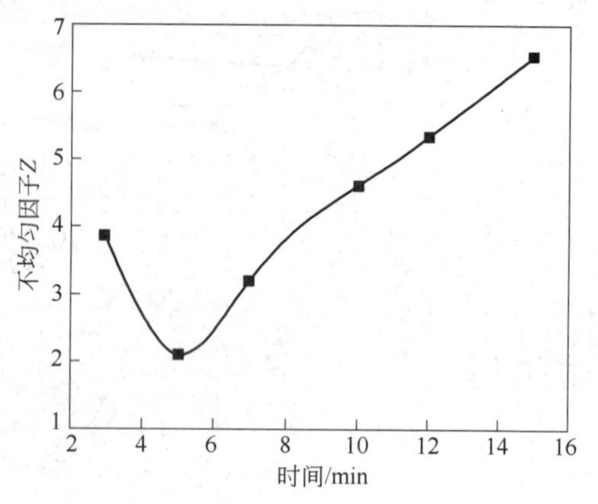

图9－19　冷轧为50%时在1100℃保温不同时间后的Z值

表9－7　保温时间对组织均匀性的影响

试验号	冷轧变形量A（%）	退火温度B（℃）	保温时间C（min）	不均匀因子Z
1	2（50%）	3（1100）	3	3.86
2	2（50%）	3（1100）	5	2.11
3	2（50%）	3（1100）	7	3.19
4	2（50%）	3（1100）	10	4.61
5	2（50%）	3（1100）	12	5.33
6	2（50%）	3（1100）	15	6.52

9.4.3　双道次冷轧退火后的组织均匀性

690合金成品尺寸管是经过第一次道次冷轧中间退火处理后，再进行第二道次冷轧和固溶处理得到的，如图9－20所示。上一节在正交试验的基础上分析了单道次冷轧和中间退火处理工艺对690合金组织均匀性的影响结果，是反映图9－20中标识①的工艺对合金组织性能的影响规律。第一道次冷轧和中间处理后的一次冷轧管晶粒组织作为标识②第二道次冷轧和固溶处理工艺的初始晶粒组织，其晶粒尺寸大小和组织均匀性直接影响第二道次冷轧和固溶处理后的晶粒组织。对成品管晶粒组织的控制就是要求经中间退火处理后的一次冷轧管具有均匀的晶粒组织，然后选择合适的第二道次冷轧和固溶处理工艺参数，保证成品管的组织均匀。

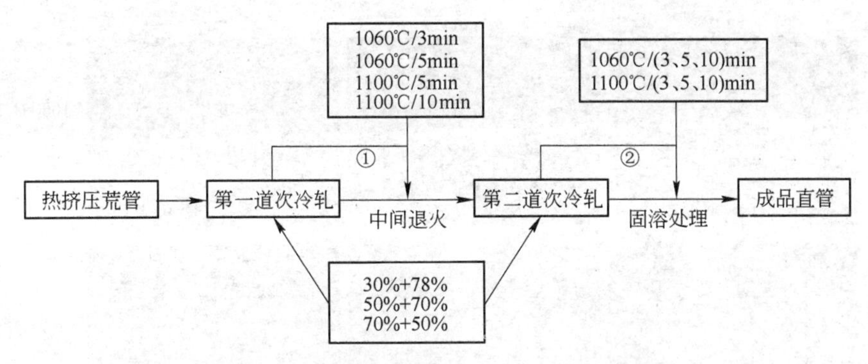

图9－20　双道次冷轧和退火处理实验流程图

本节研究的双道次冷轧退火后的690合金组织均匀性，指的是图9－20中①、②两个工艺组合的有机统一体，两者一起决定着最终的晶粒尺寸和晶粒组织均匀性。实验所用的热挤压荒管厚度为8.2mm，而最终的成品管壁厚为1.09mm，也就是说两道冷轧变形的一头一尾的尺寸是定值，中间两道的总变形量受限于这两个尺寸定值要求，因此实验设定了三组第一道次冷轧变形量和第二道次冷轧变形量组合方式：30%＋78%、50%＋70%和70%＋50%，选取了1060℃/3min、1060℃/5min、1100℃/5min、1100℃/10min四个中间退火处理工艺点。第二道次冷轧之后的固溶处理温度分别设定为1060℃和1100℃，保温时间分别为3min、5min和10min。采用前面提出的组织均匀性研究方法来衡量金相组织的均匀性，最终得出最佳的双道次冷轧及再结晶退火处理工艺参数。

图9－21是双道次变形量按照30%、78%冷轧，经过四个不同制度的中间退火处理，固溶处理后的金相组织，对比同一中间退火制度下的金相组织可知，平均晶粒尺寸随着保温时间的延长而增大；当保温时间相同时，1100℃固溶的晶粒尺寸明显比1060℃大。

图9－22是双道次变形量按照50%、70%冷轧，经过四个不同制度的中间退火处理，固溶处理后的金相组织，对比同一中间退火制度下的金相组织可知，固溶后的平均晶粒尺寸的变化规律和30%＋78%冷轧变形量配比相近。但是该变形量配合下的晶粒尺寸均匀性要更好，并且对比相同固溶处理，不同中间退火处理时的晶粒组织，发现经1100℃/5min中间退火处理后再进行第二道次冷轧固溶处理的组织要比1060℃/3min、1060℃/5min和1100℃/10min中间退火的均匀。结合上一节单道次冷轧退火过程中保温时间对组织均匀性影响的分析，690合金单道次冷轧经1100℃/10min的中间退火处理后，组织不均匀因子Z值最大，而在此基础上进行第二道次冷轧和固溶处理后，合金晶粒组织更不均匀，从这点也充分说明了690合金在整个冷轧和退火处理过程中，合金组织的不均匀性具有遗传加重性。

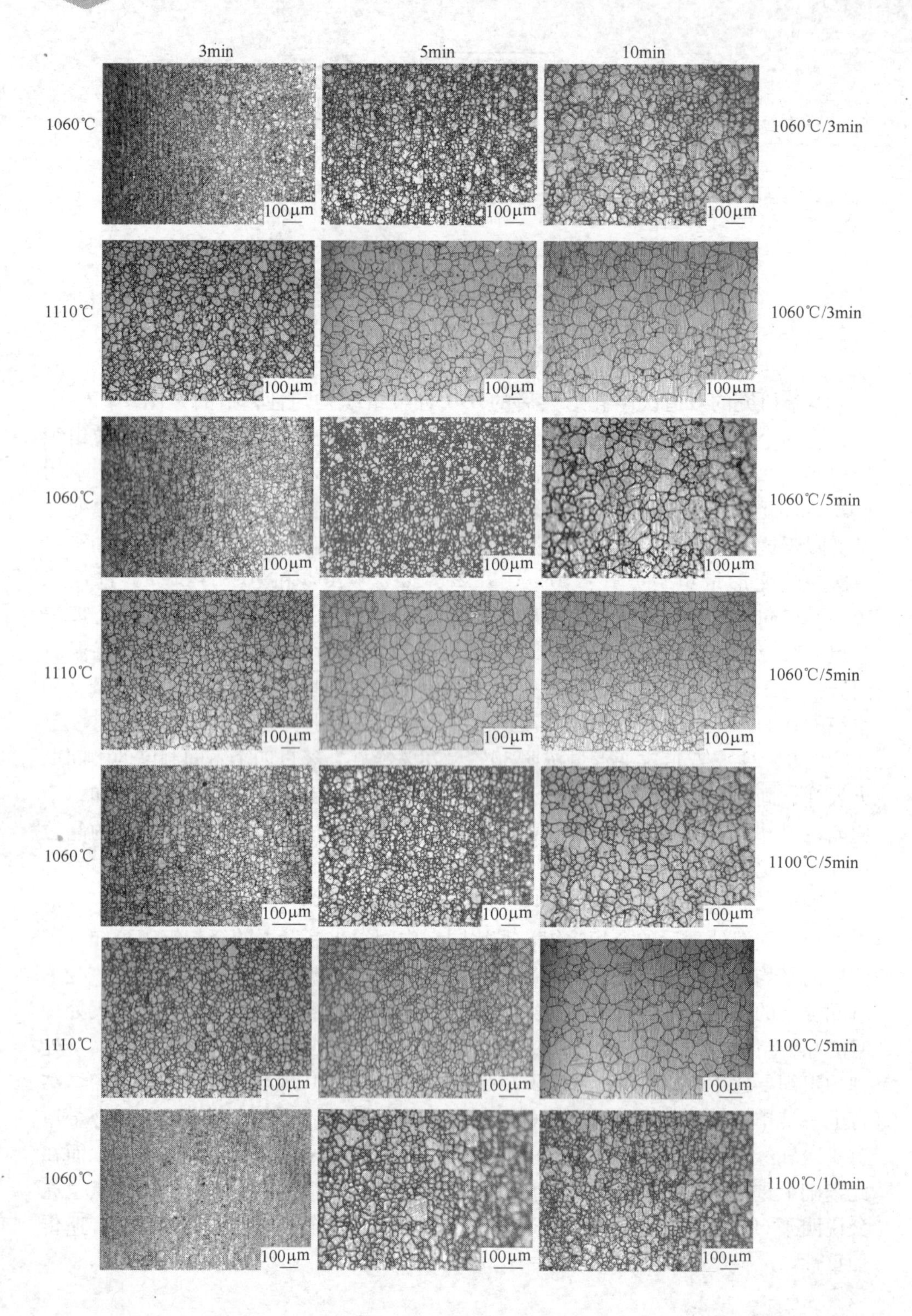
3min
5min
10min
1060℃
1060℃/3min
1110℃
1060℃/3min
1060℃
1060℃/5min
1110℃
1060℃/5min
1060℃
1100℃/5min
1110℃
1100℃/5min
1060℃
1100℃/10min
100μm

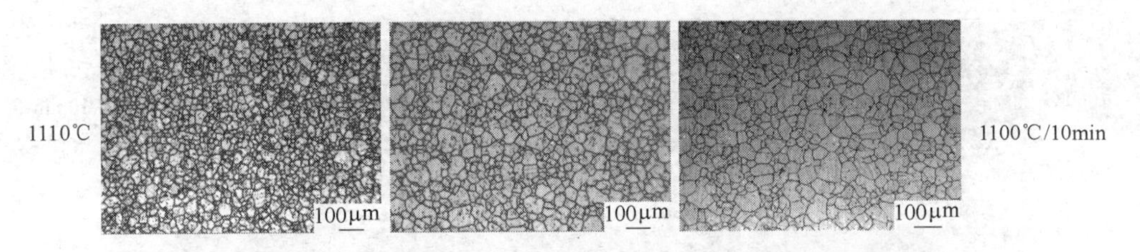

图9-21 双道次变形量30%+78%经不同中间退火固溶处理后的组织

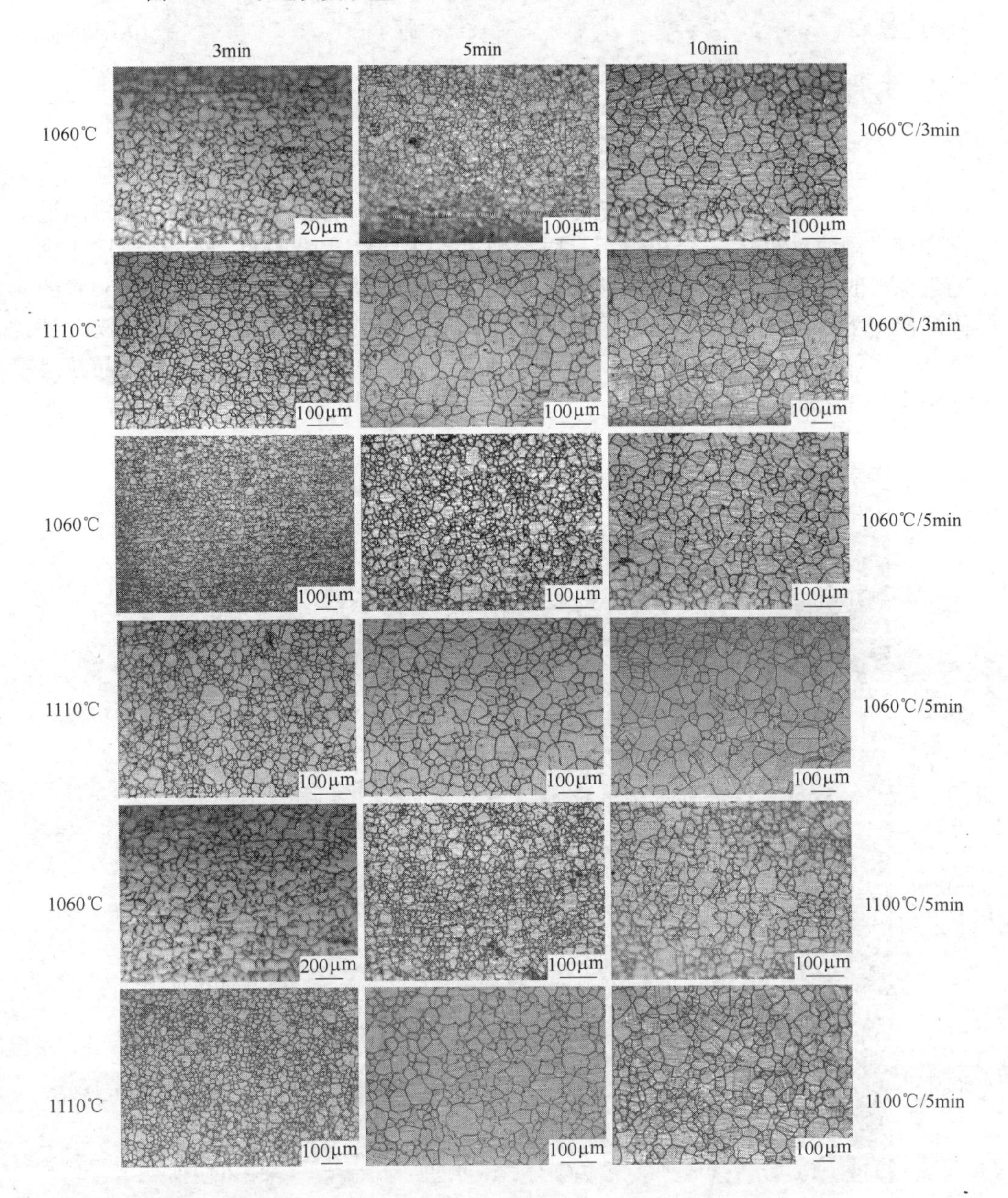

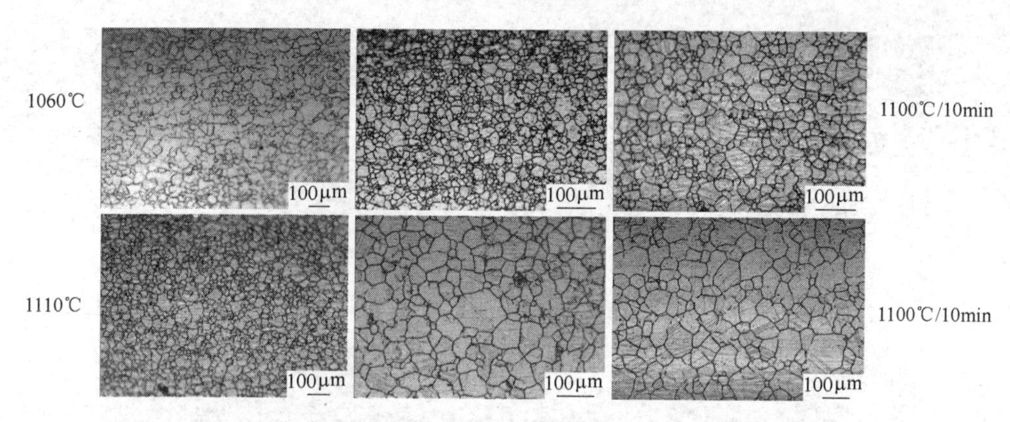

图9－22　双道次变形量50%＋70%经不同中间退火固溶处理后的组织

图9－23是双道次变形量按照70%、50%冷轧，经过四个不同制度的中间退火处理，固溶处理后的金相组织，固溶温度在1060℃和1100℃下，晶粒尺寸都随着保温时间的延长而增大，且1100℃时晶粒的长大倾向性更大。在1060℃的固溶温度下保温时间从3min延长到10min后，平均晶粒尺寸从20μm长大到35μm，而在1100℃的固溶温度下保温时间从3min延长到10min后，平均晶粒尺寸则会从35μm长大到60μm。

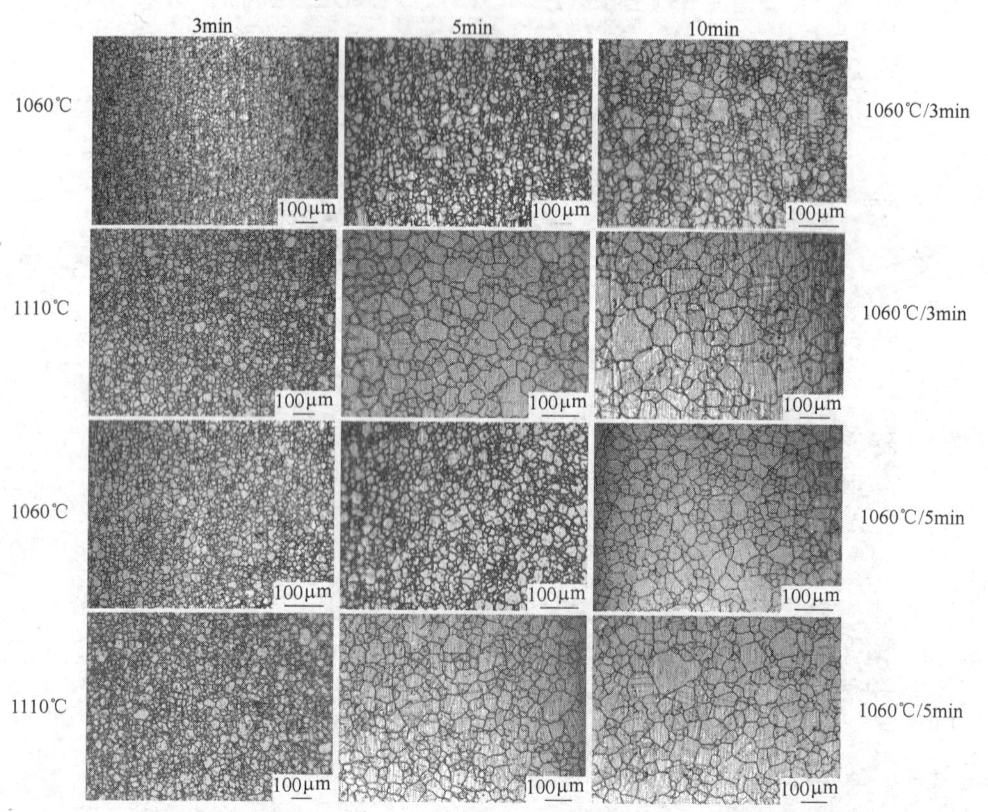

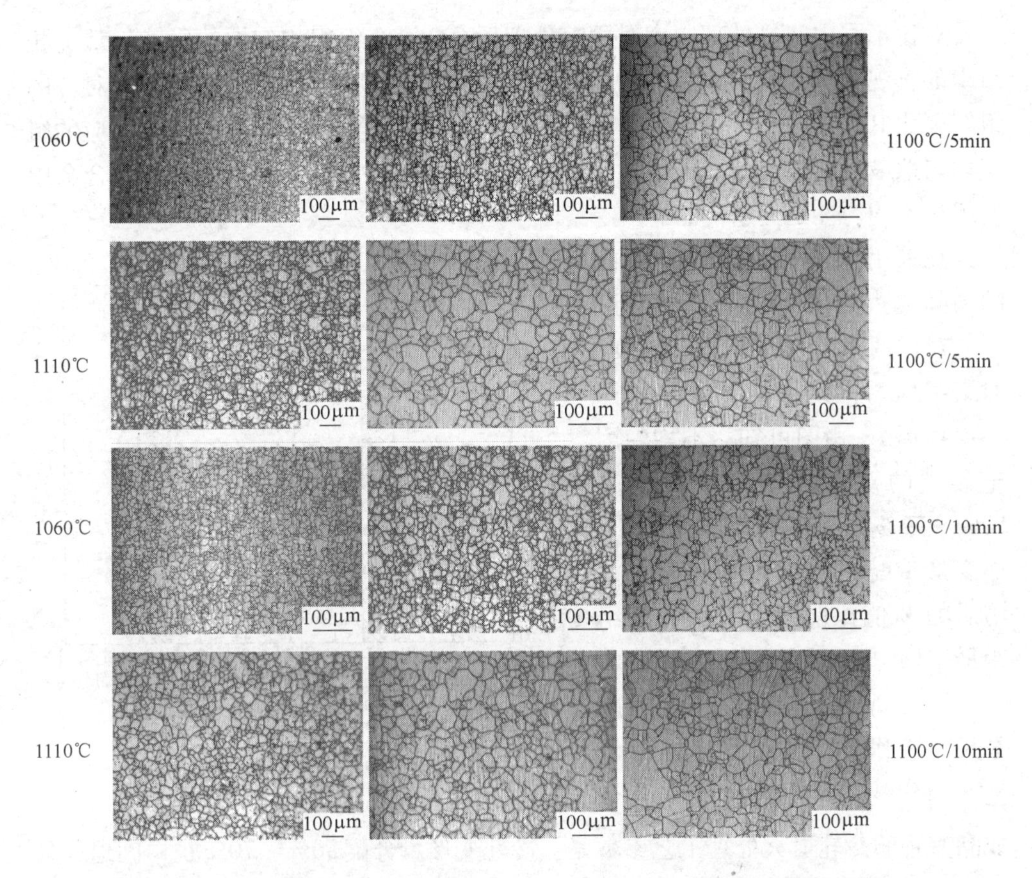

图 9－23　双道次变形量 70%＋50% 经不同中间退火固溶处理后的组织

综合图 9－21～图 9－23 的实验结果发现，在相同温度和保温时间的条件下，经第二道次冷轧固溶处理后试样的平均晶粒尺寸要比经第一道次冷轧中间退火处理后的大一些。固溶处理温度为 1060℃ 保温 3min 后试样的平均晶粒尺寸比相同情况下第一道次冷轧退火处理后的平均晶粒尺寸大 3μm，而随着保温时间的延长，保温 5min 大 7μm，保温 10min 大 12μm；当固溶温度为 1100℃ 时，保温 3min 大 5μm，保温 5min 大 8μm，保温 10min 大 15μm。这主要是由于经两道次冷轧试样的厚度比单道次冷轧试样的厚度小，厚度的下降导致合金的导热能力增加、热透效果好。在相同的名义固溶温度和保温时间下，双道次冷轧固溶处理时试样内部温度要比单道次冷轧中间退火处理时的实际温度有所增大，保温时间有所延长，因此要求成品尺寸直管的固溶处理控制更精确更严格。

同时，本节重点关注双道次冷轧退火处理后试样的组织均匀性。加热温度为 1100℃，保温时间为 3min 的固溶处理工艺得到的组织均匀性最好，其不均匀因子 Z 在 2.5～3.0 左右。

对比不同中间热处理制度对固溶处理后690合金组织均匀性的影响，从金相组织的直观分析和组织均匀性的统计结果来看，1100℃/5min的中间退火对应的组织要比1060℃/3min和1060℃/5min的好，而1100℃/10min中间退火对应的组织均匀性最差，结合前面单道次冷轧退火组织均匀性分析结果可知，690合金中的组织不均匀性是会遗传的。

在采用以上组织均匀性最好的中间退火处理和固溶处理制度下，对比两道次冷轧变形量分配对组织均匀性的影响，结果如图9－24所示，由图可知，不均匀因子最小的双道次变形量组合是50%＋70%，其次是70%＋50%，而变形量配比是30%＋78%时固溶后的Z值比前两个都大，即组织最不均匀。

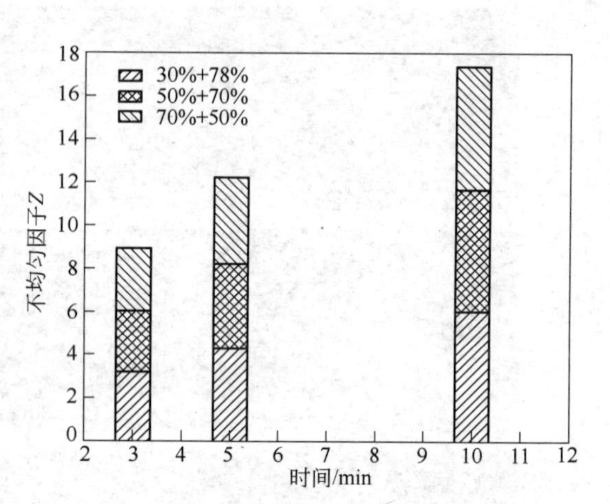

图9－24 两道次冷轧变形量组合在1100℃固溶处理后的Z值直方图

综上所述，若对成品管的晶粒尺寸不作要求，用热挤压荒管生产组织均匀性良好的690合金成品直管的冷轧退火处理工艺参数是：冷轧变形量分配50%＋70%；中间退火处理温度1100℃，保温时间5min；固溶处理温度1100℃，保温时间3min。

9.5 组织可控传热管关键生产工艺优化

690合金传热管对合金的成分纯净度、组织均匀性、表面质量和力学/理化性能等方面均有非常高的要求。实现690合金传热管的国产化，生产出完全满足法国RCC－M标准要求的690合金传热管，不仅要顺利挤出荒管和冷轧成品尺寸管，还要准确控制管材的组织及其均匀性。综合690合金的热变形行为和冷变形退火再结晶行为研究，可知管材内部组织与热挤压、冷轧和退火处理工艺参数密切相关，其中坯料预热温度、挤压速度、挤压比、模具入口圆角半径和摩擦系数对热挤压荒管的晶粒组织有较大影响，而冷轧变形量、退火温度和保温时间对成品管的组织及均匀性有明显影响。通过热压缩变形和单/双道次冷变形退火处理实验，建立热挤压工艺参数与荒管晶粒尺寸的关联性，以及冷轧—退火再结晶—晶粒度—晶粒组织均匀性的多重关联体系，能够对690合金管材热挤压和冷轧退火工序所得组织进行精确控制。

9.5.1 组织可控的热挤压工艺参数优化

在工厂进行热挤压工艺设计时，先决条件是挤压力不能超过挤压设备的承受能力（即吨位），要求必须确定合适的挤压比大小，然后才考虑热挤压工艺参数和挤压荒管组织的问题。目前国内卧式挤压机的最大吨位主要有3500t和6000t（3.5×10^7N和6.0×10^7N），一般情况下挤压690合金管材的挤压力不会超过6000t挤压机的最大承受能力，但如果工艺控制不当就有可能会超出3500t挤压机的极限载荷，这就需要优化热挤压工艺参数，制定合理的热挤压工艺。

在第2章的内容中，基于690合金的热变形行为特性、再结晶图和加工图，提出能实现690合金管材顺利挤出的热挤压工艺参数的控制范围是：挤压温度为1150~1230℃，挤压速度为160~200mm/s。该控制范围的提出并没有涉及挤压力和热挤压荒管的具体组织，因此，有必要利用通过有限元模拟建立的热挤压工艺参数与挤压组织的关联以及计算得到的最大挤压力值，对热挤压工艺参数进一步优化设计，实现对热挤压荒管组织的精确控制。设定最大挤压力小于3500t、荒管晶粒尺寸在65~30μm（晶粒度5~7级）的控制原则，按照挤压比、热挤压工艺参数（坯料预热温度和挤压速度）、模具入口圆角半径、润滑条件（摩擦系数）的热挤压工艺设计顺序，逐一优化各个参数。

9.5.1.1 挤压比

690合金热挤压变形有限元模拟计算结果表明，随着挤压比的增大，荒管晶粒尺寸从72.8μm减小到64.8μm，之后基本保持在64μm左右；而增大挤压比使最大挤压力逐渐变大，最大挤压力从挤压比为8.79的2.1×10^7N提升到挤压比为20.66的3.8×10^7N，如图9-25所示。晶粒尺寸小于65μm要求挤压比大于10.72，最大挤压力小于3.5×10^7N要求挤压比小于17.96。因此为了满足设定的控制原则，690合金热挤压变形挤压比的选择区间是10.72~17.96之间，即图9-25中阴影区域所示。

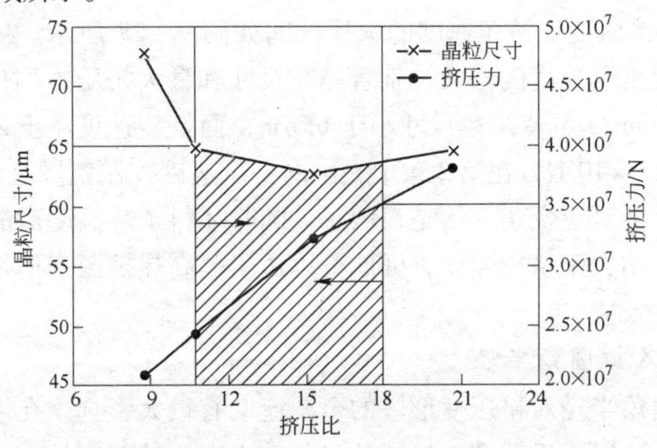

图9-25 690合金热挤压变形挤压比选择区间图

9.5.1.2 坯料预热温度

在确定挤压比选择范围后，即可优化坯料预热温度和挤压速度等热挤压工艺参数。图9－26所示为690合金热挤压变形坯料预热温度对荒管晶粒尺寸与最大挤压力的影响结果，随着坯料预热温度的升高，荒管晶粒尺寸快速增大，坯料预热温度从1100℃上升到1250℃，晶粒尺寸相应从47.2μm长大到74.1μm；而提高坯料预热温度最大挤压力迅速减小，当坯料预热温度分别为1100℃、1150℃、1200℃和1250℃时，最大挤压力分别为4.8×10^7N、4.1×10^7N、3.2×10^7N和2.3×10^7N。晶粒尺寸小于65μm要求坯料预热温度低于1210℃，最大挤压力小于3.5×10^7N要求坯料预热温度高于1180℃。因此690合金热挤压变形坯料的预热温度选择区间是1180～1210℃，与基于690合金的热变形行为特性提出的控制范围1150～1230℃相比，坯料预热温度可选择范围进一步缩小。

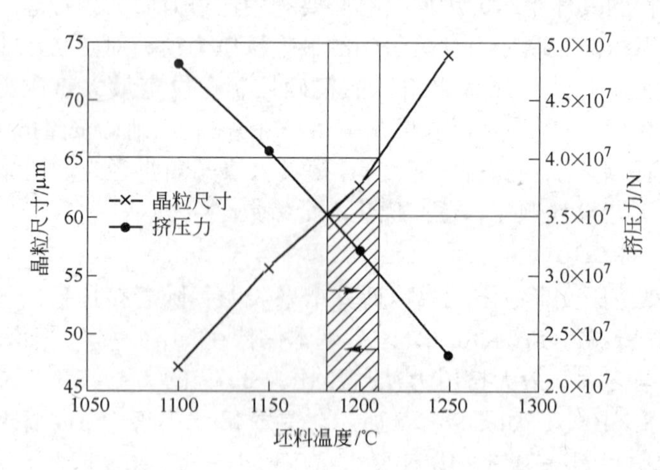

图9－26 690合金热挤压变形坯料预热温度选择区间图

9.5.1.3 挤压速度

690合金热挤压变形挤压速度的选择区间如图9－27所示。依据有限元模拟计算结果，随着挤压速度的增大，荒管晶粒尺寸和最大挤压力均呈增加趋势。挤压速度小于260mm/s可使晶粒尺寸小于65μm，而挤压速度小于295mm/s也使最大挤压力小于3.5×10^7N，在第2章中提出的挤压速度控制范围是160～200mm/s，但考虑到690合金对应变速率不是很敏感，同时坯料预热温度对晶粒尺寸和最大挤压力的影响作用大于挤压速度，因此可以适当提高热挤压变形挤压速度选择区间的上限值。

9.5.1.4 入口圆角半径

模具入口圆角半径对挤压变形区的金属流动有很大影响，在主要热挤压工艺参数确定之后，可以通过改变入口圆角半径大小来改善荒管的表面质量，减小表

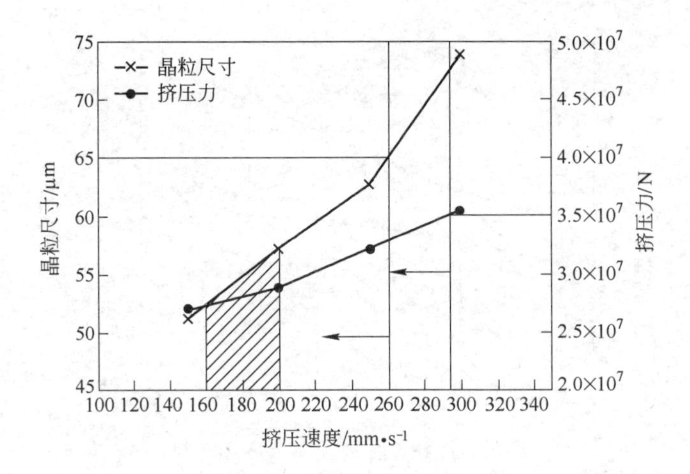

图 9-27　690 合金热挤压变形挤压速度选择区间图

面微裂纹出现的风险。入口圆角半径对荒管晶粒尺寸和最大挤压力的影响如图 9-28所示，图中结果表明，入口圆角半径区间 10～25mm 均能使荒管晶粒尺寸小于65μm，当入口圆角半径增大到 10.6mm 后，最大挤压力都在 3.5×10^7N 以下，因此满足设定控制原则的入口圆角半径选择区间是 11～25mm。

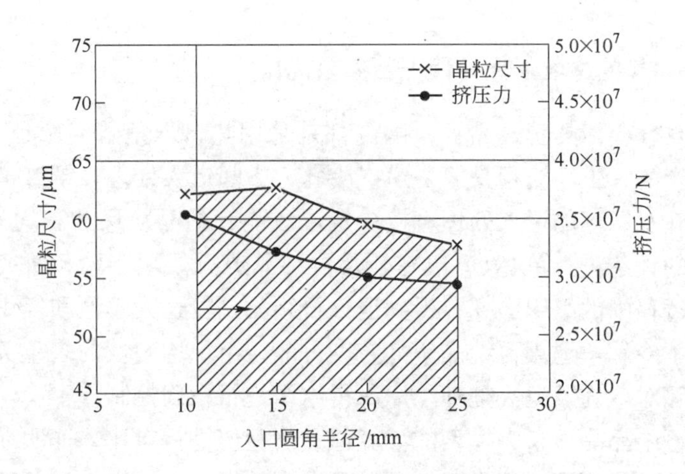

图 9-28　690 合金热挤压变形入口圆角半径选择区间图

9.5.1.5　摩擦系数

由于玻璃润滑剂在 690 合金热挤压过程中不断被消耗，致使摩擦系数逐渐增大，图 9-29 给出了摩擦系数对晶粒尺寸和最大挤压力的影响规律，从图中可以看出，随着摩擦系数的增大，荒管晶粒尺寸和最大挤压力都变大。若要满足设定的控制原则，690 合金热挤压变形摩擦系数的变化范围应在 0.02～0.07 之间。

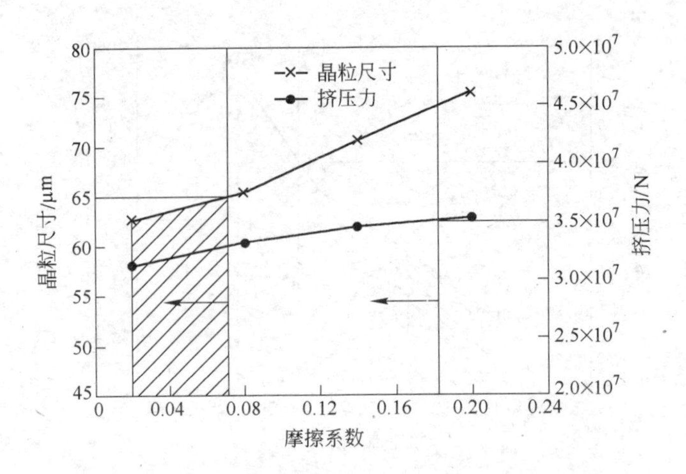

图9－29 690合金热挤压变形摩擦系数选择区间图

综上所述，基于热挤压工艺参数与荒管组织的关联性，为了得到晶粒尺寸小于65μm的热挤压荒管，且整个挤压变形过程中的最大挤压力不超过3.5×10^7N，主要工艺参数设定如下：挤压比10.72～17.96、坯料预热温度1180～1210℃、挤压速度160～200（或大于200）mm/s、入口圆角半径11～25mm、摩擦系数0.02～0.07。

9.5.2 组织可控的冷轧退火处理工艺参数优化

对于690合金传热管成品管，国内都是采用热挤压荒管经两道次冷轧/拔及退火处理生产的，工序流程是第一道次冷轧、中间退火处理、第二道次冷轧和固溶处理。冷轧及后续的退火处理直接决定了成品管的晶粒尺寸和均匀性，9.4节对取自荒管的板条进行单/双道次冷轧及再结晶退火处理实验，研究690合金在冷轧及退火过程中的组织演变，得到退火再结晶晶粒长大模型和组织均匀性变化规律，建立了冷轧—退火再结晶—晶粒度—晶粒组织均匀性的多重关联体系，此关联体系能够对冷轧及退火处理工序所得组织进行精确控制。

通过将再结晶晶粒长大模型的计算值和实验值进行对比，证明晶粒长大模型适用于单道次冷轧不同变形量后的再结晶退火处理。为了进一步验证该模型的普适性，下面对工厂生产中的第二道次冷轧未固溶处理的成品尺寸管（图9－30）进行固溶处理，研究晶粒长大模型是否适用于实际生产。统计后得出成品尺寸管的晶粒尺寸为25.1μm，晶粒尺寸分布比较均匀，固溶制度为1060℃、1080℃和1100℃下分别保温3min、5min和10min，固溶处理后试样的晶粒尺寸如表9－8所示。同样，将保温3min的晶粒尺寸作为初始晶粒尺寸D_0，代入式（9－6）即可求得晶粒长大动力学模型的预测值，图9－31为实验设定温度下保温5min和

10min 的金相晶粒尺寸预测值与表 9－8 中实验值的对比，可以看出两者吻合得很好，因此第 7 章中建立的退火再结晶晶粒长大模型能用于实际生产中成品管固溶处理后晶粒尺寸的预测。

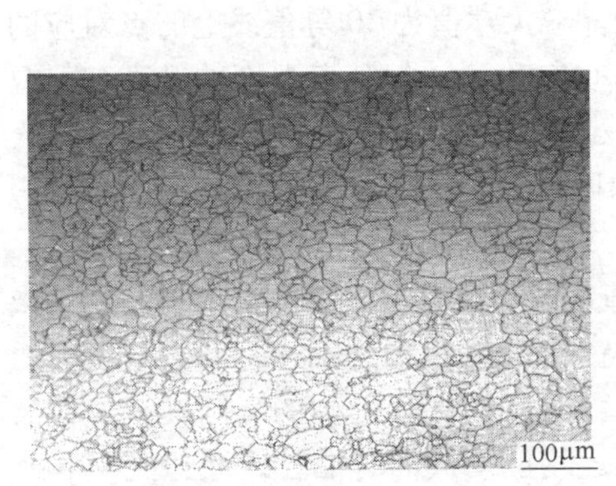

图 9－30 实际生产中 690 合金成品尺寸管的金相组织（未固溶）

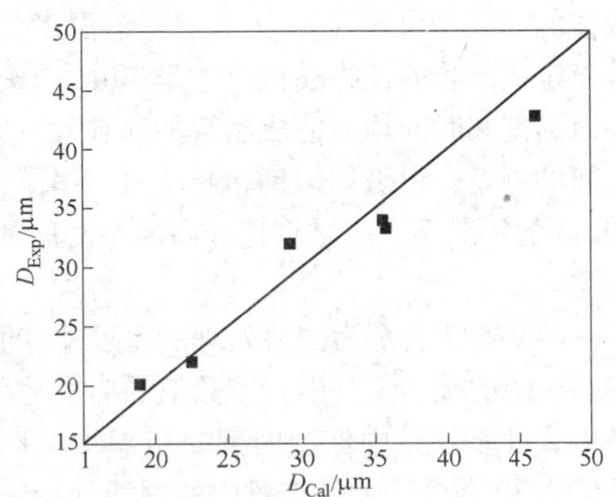

图 9－31 退火再结晶晶粒长大模型计算值与成品管固溶处理实验值比较

表 9－8 成品管固溶处理后试样的平均晶粒尺寸 (μm)

温度/℃	3min	5min	10min
1060	15.0	19.9	22.0
1080	22.3	29.7	33.2
1100	23.5	33.8	42.7

对成品管组织的控制不仅包括晶粒尺寸符合标准要求，还要控制晶粒组织的均匀性。因为在固溶处理过程中达到同一晶粒尺寸可以采取不同的固溶制度，而不同固溶制度对应的组织均匀性指标 Z 值有很大差别，因此生产晶粒度符合标准要求且组织均匀的 690 合金传热管，需要使用组织均匀性指标的反馈信息，通过晶粒度—晶粒组织的均匀性之间的关联，对固溶处理制度进行优化。

在单道次冷轧退火后的组织均匀性研究中，得到了冷轧变形量、退火温度和保温时间对组织均匀性指标 Z 值的影响规律，如图 9－17 所示。据此结果使用二次多项式拟合建立数学表达式，用来计算 Z 值。综合退火再结晶晶粒长大模型和冷轧变形量、退火温度、保温时间对 Z 值的数学表达式，即：

$$\left.\begin{aligned} D^{0.8765} &= D_0^{0.8765} + 2.8726\times10^{15}t^{0.9072}\exp\left(-\frac{400985.7997}{RT}\right) \\ Z &= 15.07 - 0.402\varepsilon + 0.003\varepsilon^2 \\ Z &= -1545.082 + 2.329T - 8.75\times10^{-4}T^2 \\ Z &= 9.539 - 0.031t + 3.766\times10^{-5}t^2 \end{aligned}\right\} \quad (9-7)$$

利用式（9-7）即可精确控制成品管的晶粒组织及其均匀性，优化冷轧和退火处理工艺参数。图9-32为固溶处理晶粒尺寸等值线图与固溶温度对晶粒组织均匀性影响曲线图的叠加，其中带有数值的曲线是晶粒尺寸等值线，而未标明数值的曲线是由式（9-7）中固溶温度对组织均匀性的影响公式计算得到的。若设定成品管的最终晶粒尺寸是30μm，则晶粒尺寸值为30等值线上的点对应的固溶温度和时间均能使成品管的晶粒尺寸达到30μm，但随着温度的升高和保温时间的缩短，组织均匀性指标 Z 值逐渐减小，因此在固溶处理后晶粒尺寸都为30μm的情况下，应尽量选择高温短时间的固溶处理工艺，这样得到的晶粒组织最均匀。

图9-33所示为固溶处理晶粒尺寸等值线图与保温时间对晶粒组织均匀性影响曲线图的叠加，其中带有数值的曲线是晶粒尺寸等值线，而未标明数值的曲线是由式（9-7）中保温时间对组织均匀性影响公式计算得到的。同样，晶粒尺寸值为30等值线上的点对应的固溶处理制度均能使成品管晶粒尺寸达到30μm，但从保温时间对晶粒组织均匀性的影响曲线可知，只有固溶处理保温6min左右时组织均匀性指标 Z 值最低，对应晶粒尺寸30μm等值线上的固溶温度为1080℃。因此，1080℃/6min的固溶处理制度最终能得到晶粒尺寸为30μm且晶粒度最均匀的组织。

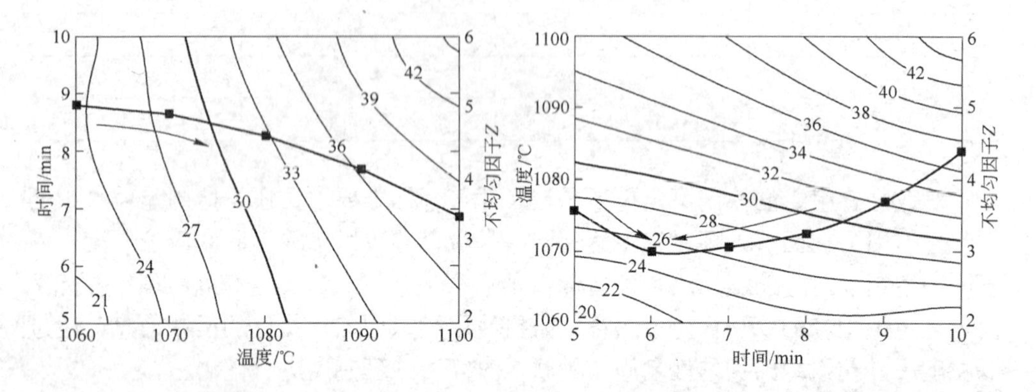

图9-32 固溶处理晶粒尺寸等值线与固溶温度对晶粒组织均匀性影响曲线图的叠加

图9-33 固溶处理晶粒尺寸等值线图与保温时间对组织均匀性影响曲线图的叠加

总之，本章提出了组织可控的690合金传热管生产研究目标，采用有限元模拟分析与热压缩变形实验相结合的方法建立了热挤压工艺参数与挤出荒管组织之间的关联，通过单/双道次冷轧退火处理实验建立了冷轧—退火再结晶—晶粒度—晶粒组织均匀性的多重关联体系。研究结果表明本章所建立的两个重要关联体系能够用于热挤压成型工艺参数以及冷轧退火处理工艺参数的优化设计，从而实现690合金传热管组织的精确控制。

参考文献

[1] 张松闯，郑文杰，宋志刚，等. 冷变形对 Inconel 690 合金力学行为与组织的影响 [J]. 钢铁研究学报，2009，21 (12)：49 ~ 54.

[2] 陈礼清，隋凤利，刘相华. Inconel 718 合金方坯粗轧加热过程晶粒长大模型 [J]. 金属学报，2009，45 (10)：1242 ~ 1248.

[3] 马茂元，常铁军，谷照国. 晶粒不均匀性评价方法的探讨 [J]. 物理测试，1990，8 (1)：5 ~ 7.